TRAITÉ

DES

CHEMINS DE FER

———

TOME TROISIÈME

POITIERS, IMPRIMERIE BLAIS, ROY ET Cⁱᵉ

TRAITÉ

DES

CHEMINS DE FER

ÉCONOMIE POLITIQUE — COMMERCE — FINANCES

ADMINISTRATION — DROIT

ÉTUDES COMPARÉES SUR LES CHEMINS DE FER ÉTRANGERS

PAR

ALFRED PICARD

Président de la Section des Travaux publics, de l'Agriculture, du Commerce et de l'Industrie
au Conseil d'État

TOME TROISIÈME

ORGANISATION INTÉRIEURE ET PERSONNEL DES COMPAGNIES
OU ADMINISTRATIONS DE CHEMINS DE FER
ORGANISATION DU CONTRÔLE DE L'EXPLOITATION
EXPLOITATION TECHNIQUE — PRIX DE REVIENT DES TRANSPORTS
POLICE DE L'EXPLOITATION

PARIS

J. ROTHSCHILD, ÉDITEUR

13, RUE DES SAINTS-PÈRES, 13

—

1887

Droits réservés

TABLE DES MATIÈRES

PREMIÈRE PARTIE

ORGANISATION INTÉRIEURE ET PERSONNEL DES COMPAGNIES
OU ADMINISTRATIONS DE CHEMINS DE FER.
ORGANISATION DU CONTRÔLE DE L'EXPLOITATION.

CHAPITRE PREMIER. — ORGANISATION ADMINISTRATIVE DES COMPAGNIES.

CHAPITRE II. — ORGANISATION DES CHEMINS DE FER DE L'ÉTAT.

§ 1. — FRANCE.

Chapitre IV. — Organisation du contrôle de l'exploitation.

§ 1. — France.

Pages.

§ 2. — ÉTRANGER.

DEUXIÈME PARTIE

EXPLOITATION TECHNIQUE. — DÉPENSES DE L'EXPLOITATION
ET PRIX DE REVIENT DES TRANSPORTS. — POLICE DE L'EXPLOITATION.

CHAPITRE PREMIER. — DES SIGNAUX.

§ 1. — INDICATIONS GÉNÉRALES.

§ 2. — SIGNAUX MOBILES COMMUNS AUX LIGNES A DOUBLE VOIE ET AUX LIGNES A SIMPLE VOIE.

§ 3. — SIGNAUX FIXES A INDICATION PERMANENTE.

§ 4. — SIGNAUX FIXES A VOYANT MOBILE AUTRES QUE LES SIGNAUX DE CANTONNEMENT.

§ 5. Signaux pour le maintien de l'espacement des trains se succédant dans le même sens sur les lignes a double voie.

§ 6. Règles pour l'usage des signaux sur les lignes a voie unique et signaux spéciaux a ces lignes.

§ 7. — Couverture des manœuvres de gare, protection des bifurcations, des passages a niveau, des souterrains, des ponts tournants, etc...

§ 8. — Appareils divers se rattachant aux signaux.

§ 9. — Signaux pour les transports stratégiques.

§ 10. — Observations sur la variété des signaux, institution d'un code uniforme.

Chapitre II. — Manœuvre des aiguilles. — Enclenchements. Mesures et appareils divers de sécurité.

§ 1. — Manœuvre des aiguilles.

§ 2 — Enclenchements.

§ 3. — Mesures et appareils divers de sécurité.

Chapitre III. — Du matériel roulant.

§ 1. — Locomotives.

CHAPITRE X. — DES ACCIDENTS D'EXPLOITATION.

§ 1. — DÉFINITION DES ACCIDENTS D'EXPLOITATION. INSTRUCTION ADMINISTRATIVE ET JUDICIAIRE.

§ 2. — MESURES PRÉVENTIVES CONTRE LES ACCIDENTS. DISPOSITIONS RÉPRESSIVES.

§ 3. — RESPONSABILITÉ CIVILE DES COMPAGNIES.

CHAPITRE XIII. — DU PRIX DE REVIENT DES TRANSPORTS.

CHAPITRE XIV. — POLICE DE L'EXPLOITATION DES CHEMINS DE FER.

§ 1. — CRIMES ET DÉLITS PRÉVUS PAR LES ARTICLES 16 A 20 DE LA LOI DU 15 JUILLET 1845 ET LA LOI DU 13 MAI 1863.

PREMIÈRE PARTIE

ORGANISATION INTÉRIEURE ET PERSONNEL DES COMPAGNIES

OU ADMINISTRATIONS DE CHEMINS DE FER

ORGANISATION DU CONTRÔLE DE L'EXPLOITATION

TRAITÉ
DES CHEMINS DE FER

ÉCONOMIE POLITIQUE — COMMERCE — FINANCES

ADMINISTRATION — DROIT

ÉTUDES COMPARÉES SUR LES CHEMINS DE FER ÉTRANGERS

CHAPITRE PREMIER

ORGANISATION ADMINISTRATIVE DES COMPAGNIES

1. Assemblée générale des actionnaires. — Le pouvoir suprême dans l'administration des Compagnies appartient à l'assemblée générale des actionnaires.

Pour faire partie de l'assemblée générale, il faut être titulaire ou porteur d'un nombre déterminé d'actions, à savoir : Nord, 40; Est, 40; Ouest, 20; Orléans, 40; Paris-Lyon-Méditerranée, 40; Midi, 20.

Nul ne peut représenter un actionnaire, s'il n'est lui-même membre de l'assemblée générale (1).

Sauf les exceptions ci-dessous énumérées, l'assemblée générale est régulièrement constituée quand le nombre des membres présents et la fraction du capital social représenté sont au moins les suivants :

(1) Par exception, les statuts de la Compagnie de Paris-Lyon-Méditerranée n'exigent que la qualité d'actionnaire.

COMPAGNIES	NOMBRE MINIMUM de MEMBRES PRÉSENTS	FRACTION MINIMUM du FONDS SOCIAL REPRÉSENTÉE
Nord	30	1/20
Est...................................	60	1/20
Ouest.................................	30	1/20
Orléans...............................	60	1/20
P.-L.-M	40	1/20
Midi..................................	40	1/20

Dans le cas où, sur une première convocation, les actionnaires présents ne remplissent pas les conditions ci-dessus imposées pour la validité des délibérations de l'assemblée générale, il est procédé à une seconde convocation; les délibérations sont alors valables quel que soit le nombre des actionnaires présents et des actions représentées.

Les délibérations sont prises à la majorité des voix.

Le nombre minimum d'actions nécessaire pour faire partie de l'assemblée donne droit à une voix; le même actionnaire ne peut réunir, soit par lui-même, soit comme fondé de pouvoir, plus de 20 voix pour la Compagnie du Midi et plus de 10 voix pour les autres Compagnies.

Pour certains actes de la gestion, les statuts exigent une représentation plus forte du fonds social et une majorité plus considérable, comme l'indique le tableau ci-après :

COMPAGNIES	OBJET	NOMBRE MINIMUM DE MEMBRES	FRACTION MINIMUM DU CAPITAL	MAJORITÉ	OBJET	NOMBRE MINIMUM DE MEMBRES	FRACTION MINIMUM DU CAPITAL	MAJORITÉ
Nord.....	Emprunts...........	30	$^1/_{10}$	$^2/_3$	Modification des statuts. Prolongements, embranchements. Fusion ou traités avec d'autres Compagnies. Prolongation ou renouvellement de concession. Augmentation du fonds social. Prorogation ou dissolution de la Société.	30	$^1/_5$	$^2/_3$
Est	—	60	$^1/_{10}$	$^2/_3$	—	60	$^1/_5$	$^2/_3$
Ouest	— (sauf des exceptions déterminées).............	30	$^1/_{10}$	$^2/_3$	—	30	$^1/_5$	$^2/_3$
Orléans...	Emprunts. Modification des statuts. Prolongements et embranchements. Fusion ou traités avec d'autres Cies. Augmentation du fonds social	60	$^1/_5$	$^2/_3$	»	»	»	»
P.-L.-M..	— Et prorogation ou dissolution de la Société...........	»	$^1/_5$	$^2/_3$	»	»	»	»
Midi	Emprunts. Modification des statuts. Concession et rétrocession de lignes......	40	$^1/_{10}$	$^2/_3$	Augmentation du fonds social. Prorogation ou dissolution de la Société............	40	$^1/_5$	$^2/_3$

Si la première convocation n'a pas abouti, il en est fait une seconde ; les conditions de validité sont alors restreintes comme il suit :

COMPAGNIES	OBJET	NOMBRE MINIMUM DE MEMBRES	FRACTION MINIMUM DU CAPITAL	MAJORITÉ	OBJET	NOMBRE MINIMUM DE MEMBRES	FRACTION MINIMUM DU CAPITAL	MAJORITÉ
Nord.....	Comme ci-dessus	30	$^1/_{10}$	$^2/_3$	Comme ci-dessus	30	$^1/_{10}$	$^2/_3$
Est	—	Pas de condition		$^2/_3$	—	Pas de condition		$^2/_3$
Ouest	—	30	$^1/_{10}$	$^2/_3$	—	30	$^1/_{10}$	$^2/_3$
Orléans...	—	60	$^1/_{10}$	$^2/_3$	—	»	»	»
P.-L.-M..	—	50	$^1/_{10}$	$^2/_3$	—	»	»	»
Midi	—	40	$^1/_{10}$	$^2/_3$	—	40	$^1/_{10}$	$^2/_3$

L'assemblée générale se réunit de droit chaque année, dans le courant d'avril. Elle se réunit en outre extraordinairement, toutes les fois que le Conseil d'administration en reconnaît l'utilité.

Elle est présidée par le président ou le vice-président du Conseil, et, à leur défaut, par l'administrateur que le Conseil désigne pour le remplacer.

Elle entend et approuve les comptes et fixe les dividendes. Elle délibère sur les emprunts et acquisitions ou aliénations d'immeubles ; sur les questions de prolongement et d'embranchement, de fusion ou de traités avec d'autres Compagnies, de prolongation ou de renouvellement de concession ; sur les modifications ou additions aux statuts et notamment sur l'augmentation du fonds social et la prorogation de la Société ou sa dissolution.

Elle nomme les administrateurs, en remplacement de ceux dont les fonctions sont expirées ou qu'il y a lieu de remplacer par suite de décès, démission ou autre cause.

Elle prononce, en se renfermant dans la limite des statuts, sur tous les intérêts de la Société.

Elle donne aux administrateurs, dans des cas déterminés, les pouvoirs qui leur sont nécessaires.

Plusieurs actes de société portent que les délibérations relatives aux emprunts, aux extensions de concession, aux traités d'acquisitions, apports, réunions, fusions ou alliances avec d'autres Compagnies, à la modification des statuts, ne sont obligatoires qu'après avoir été approuvées par le Gouvernement (Ouest, Paris-Lyon-Méditerranée, Midi) (1).

Les statuts de la Compagnie d'Orléans disposent que l'assemblée générale déterminera le traitement et les avantages attribués au directeur.

2. **Conseil d'administration.** — Les Compagnies sont administrées par des Conseils.

Les administrateurs sont nommés par l'assemblée générale. Leur nombre est fixé ainsi qu'il suit : Nord, 26 (avec faculté de porter ce chiffre à 28) ; Est, 25 ; Ouest, 18 ; Orléans, 20 ; Paris-Lyon-Méditerranée, 25 ; Midi, 15 (2.)

Ils doivent être propriétaires d'un nombre déterminé d'actions, qui

(1) Cette disposition ne s'applique pas aux emprunts, pour le réseau du Midi ; elle n'est d'ailleurs insérée, ni aux statuts du Nord, ni à ceux de l'Est et d'Orléans. Mais ce défaut total ou partiel d'insertion ne saurait préjudicier aux droits de l'État. Toutes les grandes Compagnies bénéficiant de la garantie d'intérêt sont astreintes à solliciter l'autorisation du Ministre des travaux publics pour leurs émissions d'obligations ; tenant leur concession de l'État, elles ne peuvent en modifier la consistance sans l'intervention des Pouvoirs publics ; constituées sous le régime des sociétés autorisées, elle ne peuvent changer leurs statuts sans un décret rendu en la forme des règlements d'administration publique.

(2) Aux 15 membres nommés par l'assemblée générale des actionnaires de la Compagnie des chemins de fer du Midi, s'ajoutent, pendant la durée du bail d'affermage du Canal du Midi, 2 membres de l'assemblée générale des actionnaires de ce canal désignés par elle.

sont inaliénables pendant la durée de leurs fonctions : ce nombre est fixé uniformément à cent.

Leur exercice a une durée de 5 ans. Tout membre sortant peut être indéfiniment réélu. En cas de vacance d'une place d'administrateur, il y est pourvu provisoirement par le Conseil(1); l'administrateur ainsi nommé à titre provisoire a les mêmes pouvoirs que ses collègues.

Les administrateurs nommés en cas de vacance ne demeurent en fonctions que pendant le temps d'exercice qui restait à leur prédécesseur.

Le Conseil d'administration nomme chaque année un président et le plus souvent un ou plusieurs vice-présidents.

Le président et le vice-président peuvent être indéfiniment réélus.

Les administrateurs reçoivent des jetons de présence, dont la valeur est fixée par l'assemblée générale.

Le Conseil se réunit aussi souvent que l'intérêt de la Société l'exige ; il est, en tout cas, convoqué au moins une fois par mois, pour les Compagnies du Nord, de l'Est et du Midi, et deux fois par mois, pour les Compagnies de l'Ouest, d'Orléans et de Paris-Lyon-Méditerranée.

Les décisions sont prises à la majorité des membres présents ; en cas de partage, la voix du président est prépondérante.

Tous les statuts assignent un minimum au nombre des administrateurs dont la présence est nécessaire pour la validité des délibérations (Nord, 5; Est, 7; Ouest, 5; Orléans, 8; Paris-Lyon-Méditerranée, 5; Midi, 4). Ils portent que, lorsque ce minimum est atteint, les décisions doivent être prises à l'unanimité, pour les Compagnies du Nord, de l'Est, de l'Ouest et du Midi, et à la majorité des trois quarts, pour la Compagnie d'Orléans.

Nul ne peut voter par procuration dans le Conseil d'administration.

Conformément à l'article 12 de la loi du 15 juillet 1845, dans le cas où deux membres dissidents sur une question demanderaient qu'elle fût ajournée jusqu'à ce que l'opinion d'un ou de plusieurs administrateurs absents fût connue, il pourrait être envoyé à tous les administrateurs absents une copie ou un extrait du procès-verbal, avec invitation de venir voter dans une prochaine réunion, à jour fixe, ou d'adresser par écrit leur opinion au président ; celui-ci en donnerait lecture au Conseil, après quoi la décision serait prise à la majorité des membres présents.

Cet ajournement ne pourrait d'ailleurs retarder l'accomplissement des

---

(1) Les statuts de certaines Compagnies limitent ce droit au cas où le nombre des vacances atteint une certaine limite. Ceux de la Compagnie d'Orléans prescrivent la convocation de l'assemblée générale, au cas où le nombre des administrateurs nommés par elle serait réduit à moins de moitié ; il en est de même des statuts du Midi.

obligations imposées à la Compagnie par le cahier des charges de sa concession ou en vertu de ce cahier des charges.

Suivant l'article 32 du Code de commerce, les membres du Conseil d'administration ne contractent, à raison de leur gestion, aucune obligation personnelle ou solidaire relativement aux engagements de la Société. Ils ne répondent que de l'exécution de leur mandat.

Le Conseil d'administration est investi des pouvoirs les plus étendus pour l'administration de la Société.

Voici comment les statuts définissent en général leurs attributions principales :

Fixation des dépenses générales de l'administration ;

Passation des traités et marchés de toute nature ;

Autorisation ou ratification des achats de terrains et immeubles, sauf délibération de l'assemblée générale dans certains cas ;

Règlement des approvisionnements ;

Autorisation des achats de matériaux, machines et autres objets nécessaires à l'exploitation ;

Autorisation de vente d'objets mobiliers ; de mainlevée d'oppositions ou inscriptions hypothécaires ; d'actions judiciaires, compromis, transactions ;

Détermination du mode de placement des fonds disponibles ;

Autorisation des retraits de fonds, transferts de rentes, aliénations de valeurs ;

Délivrance de quittances ;

Règlement de l'emploi des fonds de la réserve ;

Fixation et modification des tarifs dans les limites définies par le cahier des charges ;

Approbation des règlements relatifs à l'organisation du service et à l'exploitation, sous les conditions déterminées par le cahier des charges ;

Nomination et révocation des agents et employés ; fixation de leurs attributions et de leur traitement ;

Décision sur tous les intérêts de la Société ;

Négociation des emprunts et conclusion de traités avec les autres Compagnies, en vertu des pouvoirs donnés pas l'assemblée générale ou sous réserve de l'approbation de cette assemblée ;

Vente d'immeubles, avec l'autorisation de l'assemblée générale ;

Modifications à apporter aux statuts ou à la concession, en vertu des pouvoirs donnés par l'assemblée générale ou sous réserve de l'approbation de cette assemblée.

Le Conseil peut déléguer tout ou partie de ses pouvoirs par un mandat spécial et pour une ou plusieurs affaires déterminées.

Aux termes des statuts du Nord, il a aussi la faculté de déléguer ses pouvoirs généraux à un comité composé de cinq membres. Le comité ne peut délibérer qu'à la majorité de quatre membres. Les membres dont il est formé et qui sont ainsi chargés de la direction active des affaires de la Société reçoivent une rémunération réglée par l'assemblée générale des actionnaires.

Les statuts de l'Est prévoient de même la délégation à un comité de direction de sept membres, qui ne peut délibérer qu'à la majorité de quatre membres et auquel il peut être alloué une rétribution fixée par l'assemblée générale.

Les statuts de l'Ouest se bornent à stipuler que le Conseil peut déléguer à un ou plusieurs de ses membres la totalité ou partie de ses pouvoirs généraux pour l'administration des affaires sociales.

Aux termes des statuts du Paris-Lyon-Méditerranée, le Conseil a la faculté de déléguer la totalité ou partie de ses pouvoirs généraux pour la direction et l'administration des affaires sociales, soit à un directeur, soit à un administrateur, soit à plusieurs administrateurs réunis en comité. Les administrateurs, ainsi investis d'un mandat spécial, peuvent recevoir une rémunération dont le montant est fixé par l'assemblée générale.

Les statuts du Midi prévoient une délégation facultative, pour l'expédition des affaires courantes, à un ou deux comités pris dans le sein du Conseil d'administration, composés chacun de trois membres, siégeant l'un à Paris et l'autre à Bordeaux, et recevant une allocation déterminée par l'assemblée des actionnaires.

En fait, les derniers comptes rendus de la Compagnie du Nord mentionnent un comité de direction composé du président, du vice-président et de six administrateurs, et une commission de comptabilité de cinq membres.

Ceux de l'Est mentionnent un comité composé du président, du vice-président et de cinq membres.

Sauf les exceptions ci-dessus relatées, les fonctions des administrateurs sont gratuites. Ils reçoivent des jetons de présence, dont la valeur est fixée par l'assemblée générale des actionnaires.

Le Conseil d'administration a un secrétariat, dont le rôle, sans être jamais très important, varie avec l'étendue des pouvoirs conférés au directeur.

3. **Direction.** — La direction effective et active des services est confiée

à un directeur, sauf pour la Compagnie du Nord qui n'a qu'un Comité de direction, dont nous avons fait précédemment connaître la composition.

Les statuts de la Compagnie d'Orléans sont les seuls qui aient imposé l'institution d'un directeur. Voici comment ils règlent la nomination et les attributions de ce fonctionnaire.

Le directeur est nommé par le Conseil d'administration. Le traitement et les avantages dont il est appelé à bénéficier sont déterminés par l'assemblée générale des actionnaires. Il doit être propriétaire de cent actions, qui forment la garantie de sa gestion et qui restent inaliénables pendant la durée de ses fonctions.

Il est chargé, sous l'autorité du Conseil et suivant les décisions de cette assemblée, de la gestion des affaires de la Société.

Il propose la nomination et la révocation de tous les agents, ainsi que la fixation de leurs attributions et de leurs traitements ; opère les recettes et en donne quittance ; règle et acquitte les dépenses ; passe les marchés ; procède aux acquisitions et aliénations d'immeubles ; effectue les ventes et achats d'objets mobiliers ; fait les traités et opère les transactions et compromis ; suit les actions judiciaires ; opère les placements et retraits de fonds ; présente des propositions pour les tarifs et pour les règlements relatifs à l'organisation du service, à la police et à l'exploitation du chemin de fer et de ses dépendances ; dirige le travail des bureaux ; signe la correspondance ; établit les comptes ; fait tous actes conservatoires ; reçoit les notifications ou les significations que le Gouvernement est dans le cas d'adresser à la Compagnie.

Le directeur peut déléguer, par procuration authentique, à une ou plusieurs personnes agréées à cet effet par le Conseil d'administration, le pouvoir de signer pour lui tous les actes et engagements dont la signature lui est attribuée par les statuts. Mais cette délégation est révocable et doit être retirée par le directeur, à la première réquisition du Conseil d'administration.

Telles sont les dispositions inscrites dans les statuts de la Compagnie d'Orléans.

Les statuts de la Compagnie de Paris-Lyon-Méditerranée ont également prévu l'institution d'un directeur, mais à titre facultatif et sans déterminer ses attributions.

Qu'elle ait une existence statutaire ou non, la Direction a, sur tous les réseaux qui en sont pourvus, un rôle analogue à celui qui a été fixé par les statuts de la Compagnie d'Orléans.

Le directeur est le chef suprême des services, le premier agent d'exécution de la Compagnie. Ses pouvoirs peuvent légèrement varier, suivant l'étendue de la délégation que lui confère le Conseil d'administration ; mais il y a là des nuances plutôt que des différences appréciables.

4. Organisation générale des services relevant de la Direction. — Les services se divisent en plusieurs branches, à savoir : administration centrale, exploitation, matériel et traction, entretien et surveillance de la voie, construction ou travaux neufs. L'entretien et la construction peuvent être réunis entre les mêmes mains.

Chacune de ces branches se subdivise elle-même et se ramifie suivant des principes que l'expérience a conduit toutes les Compagnies à adopter.

Voici, par exemple, quelle est l'organisation de l'un des réseaux :

a. ADMINISTRATION CENTRALE. — 1. *Secrétariat général.* — *a.* Bureau du secrétariat général ; *b.* Bureau des titres ; *c.* Caisse des titres ; *d.* Comptabilité centrale ; *e.* Caisse centrale ; *f.* Contentieux.

2. *Secrétariat de la Direction.* — *a.* Bureau du secrétariat ; *b.* Bureau du personnel et bureau militaire ; *c.* Bureau des lettres ; *d.* Bureau particulier.

3. *Caisse des retraites.*

4. *Service médical.*

b. EXPLOITATION — 1. *Service administratif.* — *1.* Bureau particulier du Chef.

2. Service central de l'exploitation : *a.* Personnel ; *b.* Comptabilité ; *c.* Contrôle des dépenses ; *d.* Magasin général ; *e.* Mobilier et petit matériel ; *f.* Éclairage et chauffage.

3. Mouvement : *a.* Service des trains et des gares ; *b.* Matériel roulant ; *c.* Télégraphie et chronométrie.

4. Service commercial : *a.* Tarifs ; *b.* Réclamations et détaxes ; litiges ; *c.* Services de factage et de camionnage par la Compagnie à Paris ; *d.* Services extérieures (bureaux de ville, à Paris) ; services de correspondance en province ; *e.* Services internationaux.

5. Contrôle et statistique : *a.* Voyageurs ; *b.* Marchandises (trafic intérieur) ; *c.* Marchandises (trafic direct et international) ; *d.* Comptes, portefeuille général et détaxes ; *e.* Statistique ; *f.* Ordre et fabrication des billets.

2. *Service actif.* — Ce service est réparti en sept divisions, dont trois ayant leur siège à Paris et les autres dans quatre villes de province.

c. MATÉRIEL ET TRACTION. — 1. *Service central.* — *1.* Bureau central : *a*. Ordre; *b*. Personnel; *c*. Statistique des parcours des trains et d u matériel.

2. Comptabilité : contrôle et comptabilité des dépenses de toute nature.

3. Magasin de Paris.

4. Combustibles : négociations, marchés et commandes;

5. Laboratoire : *a*. Analyses et essais; *b*. Surveillance de la fabrication des graisses, etc.

6. Questions techniques ; crédits et commandes.

7. Contrôle et inspection : surveillance des constructions dans les usines; réception.

8. Études et projets : installations; outillage; matériel roulant.

2. *Ateliers*.

3. *Traction*. — Ce service est réparti en sept divisions, comme le service actif de l'exploitation.

d. Direction des travaux. — **1**. *Service central de la Direction des travaux*.

2. *Construction*. — *1*. Service central; *a*. Bureau du secrétariat; *b*. Bureau de la comptabilité ; *c*. Bureau central des études; *d*. Bureau des études de l'architecture.

2. Service actif : ce service est réparti en sept circonscriptions d'ingénieur.

3. *Entretien et surveillance de la voie*. — *1*. Service administratif : *a*. Bureau particulier de l'ingénieur en chef de l'entretien et de la surveillance; *b*. Secrétariat du service; *c*. Bureau du personnel; *d*. Comptabilité du service; *e*. Bureau central des études.

2. Service actif : ce service est réparti en huit divisions d'ingénieur ayant leur siège à Paris et dans six villes de province.

4. *Services auxiliaires*. — *a*. Matériel fixe; *b*. Atelier et dépôt de la voie; *c*. Acquisitions de terrains.

5. Administration centrale. Service médical. — La comptabilté générale est chargée de centraliser, de vérifier et de contrôler toutes les opérations de comptabilité de la Compagnie ; d'étudier les améliorations que peuvent comporter la tenue des écritures et la gestion financière; d'assurer l'encaissement des recettes et le paiement des dépenses, en ayant égard aux oppositions et aux mainlevées, ainsi qu'aux réclamations des percepteurs pour contributions dues par les agents.

Le service de la caisse centralise les recettes, notamment celles des gares;

il pourvoit aux paiements sur le vu des mandats qui lui sont présentés ; toutefois ces paiements sont faits pour partie par les gares, qui versent ensuite à la caisse les mandats dûment acquittés.

Le service des titres comprend, outre le service des coupons, la délivrance des titres nominatifs ; la conservation, dans les caisses de la Compagnie, des valeurs au porteur représentées par ces titres nominatifs ; les opérations de conversion.

Le service du contentieux est chargé d'étudier les affaires litigieuses et de pourvoir à la défense des intérêts de la Compagnie devant les tribunaux compétents. Il reçoit des autres services tous les documents et renseignements qui lui sont nécessaires pour accomplir sa mission. Il est saisi des affaires qui rentrent dans ses attributions, soit par les assignations signifiées à la Compagnie, soit par les communications que lui adressent les différents services. Souvent aussi, il intervient dans les acquisitions de terrains, pour l'accomplissement des formalités d'expropriation et la régularisation des actes.

Le service du domaine a plus particulièrement pour rôle la conservation et la gestion du domaine privé, c'est-à-dire des terrains ou immeubles qui appartiennent en propre à la Compagnie et qui ne doivent pas faire retour à l'État, à l'expiration de la concession. Tantôt, il a son autonomie ; tantôt, au contraire, il est réuni à d'autres services, tels que le contentieux.

A peine avons-nous besoin de citer certains services, comme les Archives et l'Économat ; ce dernier est chargé de l'approvisionnement et de la distribution des imprimés et fournitures de bureau.

Le service médical doit assurer, dans les limites fixées par les règlements, les secours médicaux aux agents et ouvriers, ainsi qu'aux personnes étrangères blessées par accident sur les lignes ou dans les établissements de la Compagnie. C'est d'ailleurs plutôt un service extérieur ; si nous le mentionnons ici, c'est parce qu'il relève le plus souvent de la Direction.

6. **Exploitation proprement dite.** — *a.* SERVICE CENTRAL. — Nous avons indiqué pour l'une des grandes Compagnies comment se subdivise le service central. Cette subdivision varie un peu avec les réseaux.

Voici comment on peut définir et répartir les attributions du service central.

Secrétariat. Correspondance générale ; répartition des affaires ; préparation des traités pour les embranchements particuliers, l'usage des gares communes, la location des buffets, celle des terrains dans les gares ;

examen des plaintes inscrites sur les registres dans les gares; contrôle et transmission des demandes d'approvisionnement des gares ou objets de toute nature, etc.

Personnel. Tenue des registres matricules; préparation des états de mouvement; propositions de gratifications, secours et indemnités de toute nature.

Comptabilité des dépenses par comptes généraux et par gares; comptes des gares communes; bordereaux de recettes et de paiement; bordereaux de virement réglant les fournitures faites par ou pour les autres services :

Mouvement. Étude de toutes les questions relatives au mouvement des trains; vérification des journaux de marche; examen des retards; contrôle de l'emploi du personnel; transports militaires; trains de plaisir; etc.; relations directes avec les autres Compagnies.

Répartition du matériel roulant; contrôle de son utilisation; échange avec les autres Compagnies.

Statistique des parcours et du tonnage des trains et des véhicules; relevé des parcours effectués par les machines et des charges remorquées; contrôle des manœuvres par machines.

Service des lignes et des appareils télégraphiques.

Contrôle de l'éclairage et du chauffage des gares et des trains; traités avec les usines à gaz; répartition des dépenses de chauffage et d'éclairage entre les divers services; contrôle de l'entretien et de la marche des horloges; surveillance, vérification et entretien des appareils de pesage.

Vérification et rectification des taxes; établissement du crédit et du débit des gares et autres bureaux comptables; surveillance de leur comptabilité et régularisation de leur situation; relations avec l'Administration du timbre au sujet des récépissés et des autres titres de transport; cartes d'abonnement; application des règlements sur le transport des militaires et marins; réglementation de la comptabilité des gares; trafic direct avec d'autres Compagnies; relations avec les agences de voyage; centralisation des écritures relatives aux recettes; statistique générale des transports.

Recherches, enquêtes, correspondance concernant les colis postaux, égarés ou abandonnés; préparation des états de remise au domaine, en vertu du décret du 13 août 1810; présentation des requêtes par application de l'article 106 du Code de commerce; liquidation des ventes; examen des réclamations pour pertes, retards ou avaries.

Application des règlements émanant des administrations de la douane, des contributions indirectes et de l'enregistrement.

Décisions sur les détaxes et vérification des décisions prises directement par les inspections principales.

Rapports avec l'agence générale des transports de l'État; comptes courants des Ministères de la guerre et des finances ; litiges relatifs aux transports effectués pour le compte des administrations publiques.

Affaires contentieuses, pour ce qui n'est point réservé au service général du contentieux; règlement amiable des indemnités pour accidents de personnes.

Étude, préparation et application des tarifs de grande et de petite vitesse.

Services d'omnibus, de factage ou de camionnage. Traités de correspondance.

b. Service actif. — Les inspecteurs principaux dirigent les sections, dont le nombre varie avec le développement du réseau. Ils sont chargés de tout le service des gares et des trains, sauf la traction. Ils ont autorité sur le personnel; pourvoient au recrutement et aux mutations des agents non commissionnés ; présentent des propositions pour les nominations et mutations du personnel commissionné; instruisent les réclamations et litiges ; règlent les réclamations qui n'excèdent pas un chiffre déterminé et qui n'engagent pas de questions de principe; préparent ou font préparer par les chefs de gare les mandats de traitement et de salaire, ainsi que les mandats relatifs aux services extérieurs ou aux menues dépenses.

Des inspecteurs et sous-inspecteurs sont adjoints à chacun des inspecteurs principaux. Ils assurent, par une surveillance incessante, la bonne exécution des services; certains d'entre eux collaborent au travail de bureau de l'inspection principale. Les inspecteurs en service sur la ligne ont autorité sur tout le personnel des gares et des trains.

Des agents, dont le titre varie, sont appelés à surveiller les conducteurs des trains et à procéder notamment au contrôle des billets en cours de route.

Nous n'avons pas à insister sur les attributions des chefs de gare; il suffira de rappeler que ces agents sont généralement autorisés à transiger dans certaines limites sur les réclamations.

7. Matériel et traction. — *a.* Service central. — Le service central a les attributions suivantes :

Secrétariat, préparation des mouvements du personnel.

Réception des matières premières et surveillance des travaux commandés par le service du matériel et de la traction dans les ateliers étrangers.

Laboratoire d'analyse ou d'épreuve des eaux, métaux, huiles, combustibles, etc.

Centralisation de la comptabilité; établissement et contrôle des inventaires.

b. SERVICE DU MATÉRIEL. — Ce service est chargé des études relatives au matériel roulant et au matériel fixe rattaché à sa gestion; il dirige les ateliers de construction, de réparation et de petit entretien; il concourt, avec le service de la traction, à la surveillance et au contrôle des travaux d'entretien et de réparation dans les dépôts.

Le réseau est partagé en un certain nombre de circonscriptions, que dirigent des ingénieurs secondés par des adjoints et des chefs et sous-chefs d'ateliers.

c. SERVICE DE LA TRACTION. — Ce service a pour attributions la direction et la surveillance des dépôts et des agents qui y sont employés ou rattachés; la réparation des machines et tenders dans les dépôts et, en certains cas, celle des wagons; la conduite et l'entretien des machines d'alimentation; la visite et le graissage des trains, etc.

Il est réparti en un certain nombre de sections, dont chacune est dirigée par un ingénieur secondé, s'il y a lieu, par un sous-chef de traction.

Les chefs de dépôt ont des fonctions très multiples et une grande responsabilité : surveillance de jour et de nuit; allumage et mise en pression des machines; approvisionnements en eau, combustibles et matières grasses; surveillance des prises d'eau; déchargement des wagons de combustibles; lavage et petit entretien des machines; pose des pièces de rechange; fourniture des machines demandées par l'exploitation; trains de toute nature; secours aux trains en détresse; comptabilité-deniers et comptabilité-matières; roulement et service des mécaniciens et chauffeurs.

d. MAGASINS. COMBUSTIBLES. —Nous devons encore citer les services des magasins et des combustibles, qui ont à pourvoir aux opérations suivantes : surveillance et direction des magasins généraux, des magasins de distribution, des usines à agglomérés; préparation des marchés pour l'achat des matières premières, combustibles et objets manufacturés; réception, conservation et distribution de ces matières.

e. OBSERVATIONS. — Il y a lieu de remarquer que le rôle du bureau d'études est généralement limité au choix des modèles ou des types et des dispositions générales; l'étude des détails est laissée aux grands ateliers de construction.

Le matériel roulant est construit par des usines particulières n'appartenant point aux Compagnies. Des concours sont ouverts, à cet effet, sur des cahiers des charges simples et précis. Ce mode de procéder a l'avantage de décharger l'administration, déjà bien assez complexe, des grandes Compagnies ; il permet de profiter plus sûrement des progrès industriels ; il évite de lourdes dépenses de premier établissement. Toutefois, les Compagnies font, à titre exceptionnel, quelques constructions neuves dans leurs ateliers, pour occuper le personnel lorsque l'importance des travaux de réparation vient à diminuer.

8. Surveillance et entretien de la voie. — *a.* Service central. — Le service central comprend la correspondance générale ; le contrôle du personnel ; le domaine, les acquisitions et reventes de terrains ; la comptabilité et la répartition des dépenses entre le compte-capital et le compte-exploitation ; les approvisionnements et ateliers de la voie ; les études et la rédaction des projets généraux relatifs au matériel fixe (rails, coussinets, éclisses, boulons, tire-fonds, traverses, changements et croisements de voies, plaques tournantes, ponts tournants, appareils divers, grues hydrauliques, distributions d'eau, signaux fixes, etc.) ; la préparation des marchés ; les commandes ; la réception et la répartition des matériaux. Souvent aussi, il dresse directement des projets dont la rédaction pourrait, à la rigueur, être laissée aux services locaux.

b. Services locaux. — Les services locaux ont à assurer l'entretien et la surveillance de la voie, à exécuter les travaux de parachèvement sur les lignes ouvertes à l'exploitation, à faire les travaux complémentaires que le développement du trafic ou d'autres considérations peuvent rendre nécessaires (agrandissement de gares, doublement des voies, etc.). L'exécution de ces travaux présente souvent des difficultés beaucoup plus grandes que celle des travaux neufs, à cause des sujétions qu'impose le maintien de la circulation des trains ; les agents qui en sont chargés ont à déployer toutes les ressources de leur art, pour sauvegarder la sécurité et la régularité de l'exploitation, sans exagérer les délais d'achèvement et les dépenses.

Le réseau est divisé en arrondissements d'ingénieurs. Chacun des arrondissements se subdivise lui-même en sections confiées à des chefs de section, qui ont sous leurs ordres des sous-chefs de section, conducteurs de la voie ou piqueurs. Le personnel est complété par des chefs poseurs, des gardes et des poseurs.

9. Construction. — La construction des lignes nouvelles a une importance plus ou moins grande suivant l'état d'avancement des chemins concédés à la Compagnie et suivant la part prise par l'État dans l'exécution des travaux.

Elle comporte : *a :* un service central pour la correspondance générale, le personnel, les projets, les travaux, les marchés, les règlements de comptes, les acquisitions de terrains, le matériel et la pose des voies, les bâtiments des stations, la comptabilité ; *b :* des services d'arrondissement dirigés par des ingénieurs.

Les bâtiments des gares peuvent être confiés à des architectes.

La réception des matériaux de la voie peut être dévolue à des ingénieurs et autres agents spéciaux.

La construction est souvent réunie avec la surveillance et l'entretien de la voie, entre les mains d'un chef unique, ainsi que nous l'avons dit précédemment.

10. Observations diverses. — Les indications que nous venons de donner et que nous avons cherché à rendre très sommaires répondent à une organisation moyenne. Les Compagnies s'écartent plus ou moins de cette organisation pour des motifs tirés de leur constitution, de leurs besoins spéciaux, de la structure et de l'étendue de leur réseau, des principes admis à l'origine pour leur administration, de leurs transformations successives, des titres acquis par certains de leurs agents, etc. Mais les grandes lignes subsistent toujours ; les nécessités générales étant les mêmes devaient tout naturellement amener des solutions, sinon identiques, du moins semblables, et les différences ne s'accusent que dans les détails.

Le lecteur qui s'intéresserait plus spécialement à l'organisation particulière de tel ou tel réseau pourra facilement se procurer le texte des règlements et ordres de service concernant l'organisation des services.

Dans le premier volume de cet ouvrage, en traitant de l'exploitation par l'État ou par les Compagnies, nous avons eu l'occasion de relater les critiques auxquelles a donné lieu l'organisation des grandes Compagnies et de formuler notre appréciation sur ces critiques. Nous nous bornons à rappeler le vœu de voir ces puissantes Sociétés marcher plus avant dans la voie de la décentralisation, surtout pour les lignes du troisième réseau qui sont très peu productives et dont l'exploitation doit, dans l'intérêt commun des actionnaires et de l'État, être coulée dans un moule différent de celui du premier et du second réseaux.

Il ne nous reste qu'à mentionner la détermination prise par diverses Compagnies de confier à un chef unique, sous l'autorité du directeur, tous les services de certaines lignes qui n'ont pas de relation directe avec le surplus du réseau : tel est le cas des lignes de Vincennes (Est), de Sceaux et Limours (Orléans), d'Alger à Oran et de Philippeville à Constantine (Paris-Lyon-Méditerranée). Les Compagnies ont ainsi institué des directions secondaires pourvues d'une sorte d'autonomie.

CHAPITRE II

ORGANISATION DES CHEMINS DE FER DE L'ÉTAT

§ 1. — FRANCE

1. Observations préliminaires. — Dans le rapide historique que nous avons placé en tête du premier volume de cet ouvrage, nous avons relaté les circonstances dans lesquelles est né le réseau d'État.

Nous n'y reviendrons pas ici. Le lecteur qui désirerait des indications détaillées à cet égard les trouvera dans le troisième volume de notre « Étude historique sur les chemins de fer français ».

Aux termes de la loi de rachat du 18 mai 1878, article 4, « en atten-« dant qu'il fût statué sur les bases définitives du régime auquel seraient « soumis les chemins de fer rachetés, le Ministre des travaux publics « devait en assurer l'exploitation provisoire à l'aide de tels moyens « qu'il jugerait le moins onéreux pour le Trésor.... » Des décrets devaient « déterminer les conditions dans lesquelles s'effectueraient les recettes et « les dépenses de l'exploitation provisoire, ainsi que le mode suivant « lequel elles seraient justifiées. »

Deux décrets sont, en conséquence, intervenus le 25 mai 1878, après avis du Comité consultatif des chemins de fer, savoir :

— l'un, rendu sur la proposition du Ministre des travaux publics, pour régler l'organisation administrative et les conditions générales dans lesquelles il serait pourvu tant à l'achèvement des travaux qu'à l'exploitation provisoire;

— l'autre, rendu sur la proposition du Ministre des travaux publics et du Ministre des finances, pour déterminer les règles à suivre dans le service financier de l'exploitation.

Ces décrets ont été complétés par quelques actes ultérieurs, notamment par un arrêté du Ministre des travaux publics, en date du 20 juin 1878.

2. Organisation générale. — Le but que se sont proposé les auteurs des décrets de 1878 a été :

de laisser au réseau d'État une indépendance et une liberté d'allures suffisantes pour le soustraire aux lenteurs excessives de la procédure administrative et pour conserver à ses opérations le caractère commercial et industriel ;

de ne faire intervenir l'autorité ministérielle dans sa gestion que pour les mesures d'ordre général nécessaires à la sauvegarde des intérêts financiers du pays, à l'application des lois et règlements, et à l'observation des règles en vigueur sur les réseaux concédés ;

de l'assimiler autant que possible aux réseaux exploités par les Compagnies, sauf les dispositions spéciales que pourraient justifier la responsabilité du Gouvernement devant les Chambres et le rattachement du budget spécial des chemins de fer de l'État au budget général de la France ;

de ne créer, d'ailleurs, qu'un état provisoire pouvant durer ou prendre fin à la volonté du Parlement, sans apporter aucune perturbation dans les services, ni dans les rapports avec le public ;

de rendre insensible le changement de régime devant résulter, soit de la constitution du réseau d'État, soit de sa disparition éventuelle et de son retour à l'industrie privée.

Pour atteindre ce but, le réseau des chemins de fer de l'État a été constitué en service distinct confié, sous l'autorité du Ministre des travaux publics, à un Conseil d'administration de neuf membres.

Ce Conseil d'administration a été investi d'attributions analogues à celles des Conseils d'administration des chemins de fer concédés.

La direction administrative et technique est placée entre les mains d'un directeur, relevant immédiatement du Conseil d'administration.

Les services sont répartis entre :

un chef de l'exploitation, qui a dans ses attributions le service commercial ;

un ingénieur en chef du matériel et de la traction ;

un ingénieur en chef de la voie et des bâtiments.

Un fonctionnaire, ayant le titre de « caissier général des chemins de fer « de l'État » et placé sous la direction administrative et la surveillance du Conseil d'administration, est chargé de centraliser les recettes et les dépenses effectuées dans les gares et stations, d'opérer lui-même les recettes dont le recouvrement lui est confié et d'acquitter les dépenses assignées sur sa caisse. Il est justiciable de la Cour des comptes et fournit, en rentes sur l'État, un cautionnement calculé sur le pied de cinq fois ses émoluments.

Par assimilation avec le régime en vigueur pour beaucoup de lignes concédées, les travaux d'achèvement des lignes rachetées et non encore livrées à l'exploitation ont été partagés entre l'Administration centrale des travaux publics, chargée de poursuivre l'exécution de l'infrastructure, et l'Administration du réseau provisoire, chargée de poursuivre l'exécution de la superstructure et des travaux complémentaires de premier établissement.

Cette organisation diffère sensiblement de celle qui avait été adoptée, en 1849, pour le chemin de Versailles à Chartres et pour celui de Paris à Lyon. A cette époque, le Ministre, bien qu'assisté de commissions de contrôle dont l'avis était obligatoire pour les questions importantes, n'en avait pas moins conservé la véritable direction de tous les détails de l'administration ; le fonctionnement des services avait subi des lenteurs préjudiciables qui avaient provoqué les plus vives critiques et auxquelles il importait de ne plus s'exposer.

3. **Attributions du Ministre des travaux publics.** — Les attributions du Ministre des travaux publics sont les suivantes :

Nomination des membres du Conseil d'administration (par décret) ;

Nomination du directeur (par décret), après avis du Conseil d'administration ;

Nomination du chef de l'exploitation, de l'ingénieur en chef du matériel et de la traction, et de l'ingénieur en chef de la voie et des bâtiments, après avis du Conseil d'administration ;

Nomination du caissier général (par décret contresigné également du Ministre des finances), après avis du Conseil d'administration ;

Présentation, de concert avec le Ministre des finances, du projet de budget annuel ainsi que des autres lois financières concernant le réseau d'État (1); approbation du projet détaillé de budget dressé par le Conseil d'administration ;

Ouverture par décrets, contre-signés également du Ministre des finances, des crédits supplémentaires ou extraordinaires, reconnus nécessaires dans le cours d'un exercice pour assurer l'exploitation.

Présentation, de concert avec le Ministre des finances, des projets de loi portant ratification de ces décrets ;

Approbation du compte annuel d'administration ;

Fixation des traitements et indemnités attribués aux diverses catégories d'agents, ainsi que des primes de fin d'année ;

____

(1) Les projets de lois financières ne sont signés que du Ministre des finances; mais, en fait, ils sont préparés par le département des travaux publics.

Homologation des tarifs ;

Approbation des tableaux de marche des trains ; des règlements de service ; des traités de correspondance, de réexpédition, de factage et de camionnage ;

Approbation des traités pour l'exploitation de tout ou partie du réseau, après avis du Comité consultatif des chemins de fer ;

Approbation des projets relatifs aux travaux de superstructure ou aux travaux complémentaires.

4. Constitution et attributions du Conseil d'administration. — Aux termes des décrets du 25 mai 1878, le Conseil d'administration devait comprendre neuf membres nommés par décret du Président de la République. Ce nombre a été porté à seize par décret du 24 janvier 1882; mais il a été ramené à douze par un autre décret du 18 février 1882.

Un président et un vice-président sont, chaque année, désignés par le Ministre des travaux publics, parmi les membres du Conseil d'administration.

Les administrateurs restent en fonctions pendant quatre années ; ils sont renouvelés par quart, le premier juillet de chaque année ; les membres sortants peuvent être renommés. La désignation annuelle du président et du vice-président a lieu après chaque renouvellement.

En cas de décès ou de démission d'un administrateur, il est pourvu par décret à son remplacement pour le temps pendant lequel ses fonctions devaient encore durer.

Actuellement le Conseil d'administration ne compte, en fait, que dix membres. Il comprend un président de chambre à la Cour des comptes, président ; un ancien sénateur, vice-président ; deux sénateurs ; deux députés ; trois membres du Corps des ponts et chaussées ; un administrateur étranger au Parlement et à l'Administration.

Le Conseil a un secrétariat, dont le chef était autrefois un ingénieur en chef des ponts et chaussées et avait le titre de secrétaire général, et à la tête duquel est aujourd'hui placé un auditeur de première classe au Conseil d'État, avec le titre de secrétaire.

. Les principales attributions du Conseil sont les suivantes :

Nomination et révocation, sur la proposition du directeur, des agents et employés de tout ordre, autres que ceux dont la nomination doit être faite par décret ou par arrêté ministériel ; propositions pour les fonctionnaires de cette dernière catégorie ;

Préparation du projet de budget annuel, ainsi que des demandes de crédits supplémentaires et extraordinaires ;

Présentation des états de traitements et indemnités fixes, ainsi que du projet de répartition des primes de fin d'année ;

Présentation au Ministre d'une situation mensuelle des recettes et des dépenses de l'exploitation et publication hebdomadaire des recettes au journal officiel ;

Production du compte rendu des opérations de chaque exercice, avec un résumé de la situation financière et des états statistiques relatifs à la marche des travaux et aux résultats de l'exploitation ;

Propositions relatives à la création ou à la modification des tarifs, dans les formes prescrites pour les chemins de fer concédés ;

Propositions relatives à la marche des trains ;

Préparation des règlements de service destinés à recevoir l'approbation ministérielle ;

Présentation des traités de correspondance, de réexpédition, de factage et de camionnage ;

Présentation des traités pour l'exploitation de tout ou partie du réseau ;

Présentation des projets relatifs à la superstructure et aux travaux complémentaires ;

Approbation des marchés et traités relatifs aux divers services ;

Direction de l'administration financière, conformément aux règles que nous rappellerons plus loin ;

Autorisation des actions judiciaires.

Les administrateurs reçoivent des jetons de présence, dont le montant a été notablement diminué depuis l'origine et ne s'élève plus qu'à 15 000 fr. au total, soit : 1 500 fr. par administrateur.

5. Nomination et attributions du directeur. — Le directeur est nommé par décret, sur la proposition du Ministre des travaux publics, après avis du Conseil d'administration. Il est choisi parmi les membres du Corps des ponts et chaussées ou du Corps des mines.

Il assiste aux séances du Conseil d'administration, avec voix consultative.

Il a sous ses ordres le personnel des divers services, à l'exception de ceux qui relèvent directement du Conseil, c'est-à-dire à l'exception des agents du secrétariat et de la caisse générale.

Il assure l'exécution des décisions du Conseil. Il passe les marchés et traités, consent les transactions et suit les actions judiciaires, en exécution de ces décisions. Il fait tous actes conservatoires et signe la correspondance.

Il exerce, en matière financière, les attributions déterminées par le décret du 25 mai 1878.

6. Personnel. — Nous avons déjà fait connaître les conditions dans lesquelles il est pourvu à la nomination ou à la révocation des agents et employés.

Indépendamment des traitements et des indemnités fixes, journalières, mensuelles ou annuelles, attribuées aux divers emplois, des allocations peuvent être distribuées, en fin d'exercice, à titre de primes de gestion ou d'économie, aux fonctionnaires et agents qui ont le plus contribué à la bonne marche du service et aux résultats favorables de l'exploitation. Ces allocations sont fixées par le Ministre, sur la proposition du Conseil d'administration ; elles ne peuvent dépasser au total 2 °/₀ de la recette brute réalisée dans l'année.

Les mécaniciens et chauffeurs reçoivent en outre des primes d'économie, qui sont arrêtées par le Conseil d'administration.

7. Contrôle. — L'Administration créée en 1878, quoiqu'étant placée sous la tutelle de l'État, devait cependant conserver un caractère industriel et commercial comme celui des grandes Compagnies.

Il a paru, dès lors, nécessaire de la soumettre à un contrôle comme celle des autres réseaux et d'avoir, à côté d'elle, un organe en quelque sorte désintéressé, appréciant sans aucune préoccupation autre que celle de l'intérêt public les questions techniques ou commerciales, les plaintes, les réclamations, les causes des accidents, etc., et mettant ainsi l'Administration supérieure à même de statuer en toute connaissance de cause.

Telle a été la raison de l'institution, en apparence si anormale, d'un service de contrôle du réseau d'État, analogue à celui des réseaux concédés aux grandes Compagnies.

8. Règles spéciales à l'organisation financière. — L'administration financière est confiée au Conseil d'administration.

a. Exploitation. — Les recettes se composent des produits de l'exploitation ; de ceux du domaine, de la vente des objets mobiliers et des locations de matériel ; des recettes diverses et accidentelles ; des prélèvements opérés sur le crédit ouvert au budget du Ministère des travaux publics pour parer, s'il y a lieu, à l'insuffisance des produits de l'exploitation.

Les dépenses comprennent : 1° les traitements, indemnités, primes et gratifications ; 2° les salaires d'ouvriers ; 3° l'entretien et le renouvellement de la voie, du matériel fixe, du matériel roulant ; 4° celui du mobilier des bureaux, gares et stations ; 5° l'entretien et les grosses réparations des immeubles ; 6° les frais de bureau et frais d'impressions ; 7° les frais de chauffage et d'éclairage des trains, gares, stations et bureaux ; 8° les approvisionnements généraux du service ; 9° les dépenses d'exploitation résultant des règlements de compte avec les Compagnies de chemins de fer françaises ou étrangères, et les autres entreprises de transport par terre et par eau ; 10° le montant des condamnations et transactions, les frais judiciaires et autres ; 11° les restitutions pour taxes et droits indûment perçus ; les indemnités pour avaries, pertes, retards, ou toute autre cause se rattachant à l'exploitation ; 12° les impôts ; 13° le versement au Trésor des perceptions opérées pour son compte ; 14° les dépenses extraordinaires et imprévues et les assurances, s'il y a lieu ; 15° le versement au Trésor des excédents de recette.

Le projet de budget est soumis au vote du Parlement. Jusqu'à l'exercice 1881 inclus, le Gouvernement se bornait à inscrire deux chiffres : l'un au budget des finances (produits divers du budget), correspondant aux recettes nettes probables ; l'autre, pour mémoire, au budget des travaux publics, correspondant à l'insuffisance éventuelle des produits de l'exploitation. A l'appui de ses propositions, il produisait les documents nécessaires pour les apprécier, à savoir : le budget de l'exercice en cours et le compte d'administration de l'exercice précédent, approuvés provisoirement par le Ministre des travaux publics, le premier en décembre, à la veille de l'ouverture de l'exercice, et le second en mai, au lendemain de la clôture de l'exercice précédent. Ces documents étaient complétés par les publications hebdomadaires et mensuelles du *Journal officiel*, faisant connaître la situation des recettes et des dépenses de l'exploitation, et par les comptes rendus du bulletin de statistique, ainsi que par des rapports spéciaux.

Pour 1882, le chapitre des insuffisances éventuelles a été supprimé du budget du Ministère des travaux publics.

Depuis 1883, et conformément à l'invitation de la Commission du budget de 1882, le budget annexe des chemins de fer de l'État est rattaché pour ordre au budget général.

L'article 7 de la loi de finances du 29 décembre 1882 a édicté les dispositions suivantes : « A partir du 1er janvier 1883, le budget annexe des « chemins de fer de l'État sera rattaché pour ordre au budget général. — « Les crédits supplémentaires ou extraordinaires, reconnus nécessaires « dans le cours d'un exercice pour assurer l'exploitation des chemins de « fer de l'État, pourront être ouverts par décrets contre-signés des Minis-

« tres des travaux publics et des finances ; toutefois ces crédits devront
« être soumis à la sanction du Pouvoir législatif, dans le délai d'un mois,
« lorsque les Chambres seront assemblées, ou, dans le cas contraire, dans
« la première quinzaine de leur plus prochaine réunion. » Cette dernière
disposition a eu pour objet d'atténuer les difficultés qu'auraient créées des
liens budgétaires trop étroits et de pourvoir aux mécomptes auxquels on
se serait exposé en attribuant aux prévisions de recettes et de dépenses
la précision rigoureuse des prévisions relatives aux services permanents.

Les recettes sont inscrites à la loi de finances sous trois chapitres :
1° grande vitesse ; 2° petite vitesse ; 3° recettes en dehors du trafic.

Les dépenses l'étaient autrefois sous onze chapitres : 1° conseil d'administration ; 2° secrétariat général et caisse générale; 3° direction ; 4° exploitation ; 5° matériel et traction ; 6° voie et bâtiments ; 7° gratifications,
secours et indemnités ; 8° impôts et assurances ; 9° gares communes et
dépenses diverses ; 10° exercices clos ; 11° excédent des recettes sur les
dépenses à verser au Trésor. On avait même dû, depuis 1885, y ajouter un
chapitre relatif à l' « annuité due à la Compagnie d'Orléans pour différence
« des produits nets des lignes échangées entre cette Compagnie et l'État,
« en vertu de la convention de 1883 ». Depuis l'exercice 1886, les chapitres concernant l'exploitation, — le matériel et la traction, — la voie et
les bâtiments, — les gratifications, secours et indemnités, — les gares
communes et dépenses diverses, sont groupés en un chapitre unique. Les
variations du trafic, les changements dans les prix des matières et de la
main-d'œuvre, l'aléa des marchés de travaux ou de fournitures, et d'autres
causes encore rendaient indispensables des virements de l'un à l'autre de
ces chapitres ; les besoins de l'exploitation s'accommodaient mal des délais qu'exigeait l'intervention du Gouvernement et du législateur et des
liens trop étroits dans lesquels elle était enserrée. Les pouvoirs publics n'ont
fait, d'ailleurs, que suivre l'exemple de plusieurs pays étrangers et revenir, pour les chemins de fer de l'État, à la voie où ils étaient entrés pour
les budgets annexes de l'Imprimerie nationale et de l'Administration des
monnaies et médailles.

Un projet de budget détaillé, conforme à la loi de finances, est soumis
au Ministre des travaux publics par le Conseil d'administration, au moins
un mois avant l'ouverture de l'exercice.

Le Conseil d'administration met à la disposition du directeur tout ou
partie des crédits qui lui sont ouverts. Le directeur les délègue, suivant les
besoins, aux chefs des trois services de l'exploitation, du matériel et de la
traction, de la voie et des bâtiments.

Aucun service n'est fait, aucune dépense n'est engagée, aucune recette n'est effectuée qu'en vertu des autorisations du Conseil d'administration. Les recettes ne peuvent être portées à titre définitif par le caissier général qu'en vertu d'un titre de perception délivré par le directeur ou, conformément à la délégation du directeur, par un chef de service : le directeur et les chefs de service tiennent écriture des titres de perception qu'ils ont délivrés, des recouvrements faits et des restes à recouvrer. Les dépenses ne peuvent être acquittées qu'après avoir été ordonnancées par le directeur ou mandatées, sur ordonnance de délégation, par le chef du service compétent, conformément aux dispositions du règlement sur la comptabilité du Ministère des travaux publics.

La perception des droits et produits et le paiement des dépenses sont effectués, dans les gares et stations, par les agents que désigne le Conseil d'administration, sur la proposition du directeur, pour y remplir les fonctions de receveur. Ces agents fournissent un cautionnement, dont la nature et la quotité sont déterminées par le Ministre des travaux publics. Ils ne doivent acquitter aucune dépense sans un mandat d'un ordonnateur, visé par le caissier général des chemins de fer de l'État. Toutefois, ils peuvent être autorisés par le directeur et les chefs de service à prélever sur leur caisse (1) les sommes nécessaires au paiement des détaxes, transactions, menues dépenses et autres frais urgents, à la charge d'en obtenir le mandatement, au moins tous les mois, sur le vu de bordereaux dûment certifiés et appuyés, s'il y a lieu, de pièces justificatives. Ils adressent périodiquement au caissier général une situation de leurs recettes et de leurs dépenses, accompagnée des pièces justifiant les sommes payées et les excédents disponibles, et y joignent les espèces et valeurs composant ces excédents.

Le caissier général est responsable des sommes dont il doit opérer le recouvrement sur les receveurs, d'après les titres de perception qu'il reçoit des chefs de service compétents. Il l'est également des dépenses acquittées sur son visa par les receveurs, ainsi que des sommes payées par ces agents pour détaxes, transactions, etc., et rattachées à sa gestion personnelle (2).

Il peut suspendre le paiement des ordonnances et mandats qui lui sont présentés, s'ils n'ont pas été délivrés sur un crédit régulièrement ouvert,

---

(1) Une disposition analogue est en vigueur dans le service des contributions indirectes. Il dépend des règlements et de la vigilance des chefs de service d'en conjurer le danger, en renfermant les prélèvements dans de justes limites et en les surveillant rigoureusement.

(2) Le caissier général ne pouvait être responsable, sans limite, de la gestion des receveurs qui sont des agents de l'exploitation et qui ne relèvent pas de son autorité.

s'ils excèdent ce crédit, s'il y a omission ou irrégularité matérielle dans les pièces justificatives. En ce cas, une déclaration motivée est immédiatement remise par le caissier général au porteur de l'ordonnance ou du mandat, lequel en réfère à l'ordonnateur. Si celui-ci requiert par écrit et sous sa responsabilité qu'il soit passé outre au paiement, le caissier général y procède en conformité de l'article 91 du décret **du 31 mai 1862.**

La comptabilité du caissier général est tenue en partie double, suivant les instructions concertées entre le Ministre des finances et le Ministre des travaux publics. Celle des receveurs l'est en partie simple, dans les formes arrêtées par le Conseil d'administration.

La situation de la caisse et du portefeuille du caissier général est arrêtée, à la fin de chaque mois, par un ou plusieurs administrateurs délégués à cet effet par le Conseil d'administration. Des contrôleurs, nommés par le Conseil sur la proposition du directeur, surveillent la perception des taxes, vérifient au moins une fois par mois la comptabilité et les caisses des gares et stations, et contrôlent les écritures.

Le caissier général et les agents désignés comme receveurs sont soumis aux vérifications de l'inspection des finances.

Le caissier général est tenu d'adresser au Ministère des finances un bordereau mensuel de ses recettes et dépenses avec pièces justificatives. Il rend compte, chaque mois, au directeur et aux ordonnateurs secondaires, du paiement des ordonnances et mandats par eux délivrés ; il rend également compte au directeur et aux chefs de service des recouvrements effectués en vertu des titres de perception qui lui sont transmis.

La durée de la période pendant laquelle doivent être consommés les faits de recettes et de dépenses se prolonge : 1° jusqu'au 31 mars de la deuxième année de l'exercice, pour la liquidation et l'ordonnancement des dépenses ; 2° jusqu'au 30 avril de la même année, pour le recouvrement des produits et le paiement des dépenses (1).

Dans le mois qui suit l'expiration de chaque exercice, le Conseil d'administration présente au Ministre des travaux publics un compte par ligne ou groupe de lignes. Une copie certifiée en est jointe au compte de gestion du caissier général. L'approbation donnée par le Ministre n'est définitive qu'après rapprochement avec les arrêts rendus par la Cour des comptes sur la gestion du caissier général. Les résultats généraux de l'exercice sont insérés dans le compte publié annuellement par le Ministre des travaux publics.

Le caissier général adresse, de son côté, au Ministre des finances des

____

(1) Ces dispositions sont semblables à celles qui régissent la comptabilité départementale.

comptes de gestion conformes aux prescriptions du décret du 31 mai 1862 ; ces comptes doivent être produits dans le trimestre qui suit la période pour laquelle ils sont rendus ; le Ministre des finances les transmet à la Cour des comptes avant l'expiration des trois mois suivants.

Les sommes nécessaires, en cas d'insuffisance des produits, sont remises au caissier général ou, pour son compte, aux receveurs, soit par le caissier central du Trésor à Paris, soit par les trésoriers payeurs généraux des départements, sur une demande visée par le directeur et appuyée d'une quittance du caissier général.

Les excédents de recettes sont versés par le caissier général et par les receveurs, soit à la Caisse centrale du Trésor à Paris, soit à celles des receveurs des finances, et il en est délivré récépissé au nom du caissier général.

A cet effet, il est ouvert, dans les écritures du caissier du Trésor, un compte courant qui est crédité des sommes versées et débité des sommes prélevées par le caissier général ; ce compte est soldé, s'il y a insuffisance de produit, par l'imputation de l'excédent des dépenses sur le crédit ouvert pour cet objet au Ministère des travaux publics, ou, dans le cas contraire, par l'application du bénéfice aux produits divers du budget de l'État.

On le voit, les règles en vigueur pour la comptabilité-deniers sont conformes aux principes généraux de la comptabilité de l'État. Néanmoins, on a cherché à leur donner, dans une certaine mesure, la souplesse indispensable à toute opération industrielle et commerciale.

Nous devons ajouter que les comptes des chemins de fer de l'État sont soumis au contrôle de la Commission de vérification des comptes, instituée pour les réseaux concédés.

b. Travaux neufs. — Les dépenses relatives à la continuation et à l'achèvement des lignes rachetées et toutes autres dépenses de premier établissement sont imputées sur le budget général de l'État. Les dépenses d'infrastructure sont engagées, liquidées et ordonnancées suivant les règles applicables aux autres dépenses de l'administration générale des travaux publics. Quant aux travaux de superstructure et à l'achat du matériel roulant dont l'Administration des chemins de fer de l'État est chargée, le Ministre délègue les crédits au directeur, ordonnateur secondaire, qui peut les sous-déléguer, en tout ou en partie, à l'ingénieur en chef de la voie et à l'ingénieur en chef du matériel et de la traction. Le paiement est effectué pour la superstructure comme pour l'infrastructure, par le caissier payeur central du Trésor et par les trésoriers payeurs généraux, sans intervention du caissier général des chemins de fer de l'État.

c. Observations diverses de la cour des comptes sur la comptabilité des chemins de fer de l'état. — La comptabilité des chemins de fer de l'État a donné lieu à un certain nombre d'observations de principe de la part de la Cour des comptes.

L'article 25 du décret du 25 mai 1878 sur l'organisation financière portait qu'une instruction concertée entre les Ministres des travaux publics et des finances déterminerait la nature et la forme des pièces à joindre aux comptes de gestion pour justifier les recettes et les dépenses. Les études entreprises pour assurer l'exécution de cette disposition n'ont pas encore complètement abouti. Pendant plusieurs années, le caissier général s'est borné à inscrire en bloc, dans ses écritures, les versements des gares correspondant à la différence entre les perceptions et les paiements, d'après les ordres du directeur. Un ordre de service du 1er janvier 1883 a remédié en partie à cette situation, en prescrivant la tenue et l'envoi au caissier général, par les receveurs des gares, de bordereaux récapitulatifs des recettes et des dépenses à la fin de chaque décade. Les opérations élémentaires des comptables locaux viennent ainsi se reproduire dans les écritures du caissier général et la Cour des comptes peut exercer son contrôle, sinon sur les pièces élémentaires de comptabilité, du moins sur des documents portant l'attache des comptables. Il avait paru difficile d'aller plus loin, d'imposer au caissier général le très lourd travail de vérification de toutes les pièces élémentaires, de refaire ainsi une œuvre déjà accomplie par le contrôle central des recettes et de la statistique, de se résoudre au surcroît considérable de frais qui en résulterait. Cependant, pour déférer aux observations de l'inspection des finances, des mesures nouvelles ont été mises à l'étude.

En second lieu, la Cour des comptes a signalé le défaut de production de compte-matières. L'Administration des chemins de fer de l'État a tout d'abord fourni des situations relatant les mouvements annuels des magasins, en ce qui concernait le service de l'exploitation. Elle a été, plus tard, invitée par décision du Ministre des travaux publics, en date du 24 juillet 1884, à se conformer aux dispositions des articles 861 et suivants du règlement du 31 mai 1862 sur la comptabilité publique. Enfin un décret, dont il serait trop long d'examiner ici les dispositions de détail, est intervenu, le 29 janvier 1887, sur la proposition des Ministres des travaux publics et des finances.

La Cour a encore signalé l'inexécution de l'article 8 du décret du 25 mai 1878 sur l'organisation administrative, article aux termes duquel un arrêté ministériel devait déterminer les pouvoirs du Conseil d'administration pour le choix à faire entre les divers modes d'exécution des travaux ou fournitures (adjudication publique ou restreinte, marchés de gré à gré, régie, achats sur simple facture), ainsi que pour l'approbation des adjudications, traités ou marchés. Il convient de remarquer que l'arrêté du 20 juin 1878 a, par son article 6, réglementé au moins partiellement la matière. L'Administration a mis toutefois à l'étude des instructions complémentaires.

Enfin la Cour avait fait porter ses observations sur la difficulté qu'elle éprouvait à contrôler la régularité de l'imputation de certaines dépenses, soit au compte de premier établissement, soit au compte d'exploitation. Il est certain, en effet, que certaines dépenses ayant le caractère mixte de dépenses d'exploitation et de dépenses de premier établissement, comme les réfections de voies avec consolidation, les agrandissements de gares, etc., figuraient, tantôt dans les comptes du caissier général, tantôt dans ceux des trésoriers payeurs généraux, sauf répartition ultérieure. Cette dissémination des écritures est un fait inévitable. La difficulté réside beaucoup moins dans la vérification matérielle des imputations que dans l'appréciation de la part à imputer à chacun des comptes, et le double contrôle du Ministre des travaux publics et de la Commission de vérification des comptes offrent à cet égard des garanties suffisantes.

9. Dépenses complémentaires. Renouvellement des voies et du matériel roulant. — Les dépenses afférentes aux travaux complémentaires ou à l'acquisition des machines et véhicules sont imputées sur les crédits de premier établissement.

Toutefois, conformément aux règles en vigueur pour les réseaux concédés aux grandes Compagnies, on n'inscrit au compte de premier établissement que la part de ces dépenses qui correspond effectivement à une augmentation dans la consistance de l'outillage. Le surplus, c'est-à-dire la part correspondant aux simples déplacements ou à la valeur du matériel et des constructions supprimés, reste à la charge du compte d'exploitation. Nous ne pouvons, sur ce point, que renvoyer le lecteur au tome II, première partie, chapitre XV.

Lorsque l'Administration des chemins de fer de l'État a été constituée, plusieurs des lignes formant son réseau présentaient des voies fort défectueuses et en très mauvais état. Elle a dû y pourvoir par des réfections considérables. Il y avait là pour son budget une charge anormale et extrêmement lourde, qu'elle aurait pu, à la rigueur, chercher à reporter au compte de premier établissement. Suivant les principes admis par la Commission de vérification des comptes pour les travaux de réfection générale exécutés par les grandes Compagnies, le Ministre des travaux publics a décidé, sur la proposition du Conseil d'administration, que la dépense serait ventilée entre le compte de premier établissement et le compte d'exploitation, le premier de ces comptes n'étant grevé que de la plus-value résultant de la substitution de rails en acier aux anciens rails en fer d'un poids moindre (Décision du 3 décembre 1878). La dépense que le compte d'exploitation a eu à supporter annuellement de ce chef, pour les lignes de l'ancien réseau, s'est élevée jusqu'ici à un million en nombre rond.

Le budget de l'exploitation aura également à faire face, pendant un certain nombre d'exercices, à des travaux importants de remise en état sur les lignes qui ont été cédées par la Compagnie d'Orléans en vertu de la convention de 1883. Cette Compagnie, menacée du rachat depuis plusieurs années, avait réduit au strict minimum ses frais d'entretien, afin d'accroître le produit net devant servir de base au règlement de l'annuité à laquelle elle aurait eu droit en cas de reprise de son réseau. Il y a là, pour l'Administration des chemins de fer de l'État, une nouvelle source de dépenses à laquelle on n'a pas assez égard, quand on critique sa gestion. Le réseau ne devant d'ailleurs acquérir aucune plus-value de ce chef, la dépense est intégralement portée au compte d'exploitation.

Il en est de même des frais de renouvellement proprement dits du matériel roulant.

Justice doit donc être faite des prétendues irrégularités d'imputation dont on a trop souvent accusé l'Administration des chemins de fer de l'État.

10. Fonds de roulement. — Dans toute entreprise industrielle et notamment dans toute exploitation de chemins de fer, les approvisionnements des magasins sont achetés sur des ressources généralement désignées sous le nom de « Fonds de roulement ».

Il ne saurait en être autrement. En effet, parmi les matières approvisionnées, il en est qui ne sont pas immédiatement consommées et qui parfois peuvent rester plusieurs années en magasin. Tant que l'entreprise n'a pas utilisé ces matières, il est impossible, à moins de fausser le prix de revient de l'exploitation, de lui en faire supporter la charge. Il faut donc imputer leur valeur, pendant le délai qui sépare l'achat de l'emploi, sur un compte spécial dont les opérations n'affectent en rien les résultats généraux. Ce compte est alimenté par le fonds de roulement, qui se transforme ainsi successivement en matières et en numéraire, mais dont la valeur reste constante et peut être à chaque instant représentée.

Comme toutes les Compagnies, l'Administration des chemins de fer de l'État dispose d'un fonds de roulement. Ce compte a été constitué dès l'origine sous forme d'approvisionnements provenant des Compagnies rachetées. Mais son insuffisance a été presque immédiatement reconnue, et le Ministre des travaux publics, agissant en vertu de l'article 4 de la loi du 18 mai 1878, a dû l'augmenter provisoirement par un arrêté du 17 novembre 1879, autorisant un prélèvement de 1 million sur le produit des recettes de l'exercice. Le réseau s'étant étendu depuis, une loi du 21 août 1882 a fixé à 3 000 francs par kilomètre le fonds de roulement sur l'ensemble des lignes exploitées ou à livrer à l'exploitation pendant le cours de chaque année. Le chiffre de 3 000 francs, adopté comme base d'évaluation, est très inférieur à celui des grandes Compagnies qui, au commencement de 1882, s'élevait à 6 462 francs pour le Nord, 8 775 francs pour l'Est, 5 448 francs pour l'Ouest, 5 293 francs pour l'Orléans et 5 822 francs pour le Paris-Lyon-Méditerrannée (1).

Le principe de l'imputation du fonds de roulement au compte de premier établissement a été définitivement admis par les conventions de 1883, pour les réseaux concédés aux grandes Compagnies. Cette imputation a été en effet autorisée dans les limites indiquées par le tableau suivant :

DÉSIGNATION des RÉSEAUX	LONGUEUR Y COMPRIS LES LIGNES non dénommées	MAXIMUM DU FONDS DE ROULEMENT	MAXIMUM PAR KILOMÈTRE
	km.	fr.	fr.
Nord............	3.705	30.000.000	8.100
Est.............	4.899	35.000.000	7.140
Ouest..........	5.823	35.000.000	6.010
Orléans.........	7.475	40.000.000	5.350
P.-L.-M.........	9.616	40.000.000	4.160
Midi...........	4.272	25.000.000	5.850

Il était d'ailleurs absolument légitime de comprendre dans le calcul, non seulement les lignes ouvertes à l'exploitation, mais encore celles qui devaient être livrées à la circulation dans le cours de l'année, attendu qu'il était indispensable de constituer, avant l'ouverture de ces dernières lignes, les approvisionnements destinés à leur exploitation.

Le compte des approvisionnements est respectivement crédité ou débité des sommes que paient les différents services pour les matières à eux livrées par les magasins, ou des paiements faits pour l'achat des matières. Des formules arrêtées par le Conseil d'administration permettent de suivre,

(1) Voir l'exposé des motifs du projet de loi.

jour par jour, le mouvement des opérations et d'établir la comparaison entre la comptabilité et les inventaires.

Actuellement le fonds de roulement des chemins de fer de l'État est de 7 613 000 francs, dont 4 613 000 francs représentent la valeur des approvisionnements cédés par les anciennes Compagnies et 3 000 000 correspondent à un crédit ouvert par arrêté ministériel du 16 septembre 1882.

Le Conseil d'administration rend compte de la situation du fonds de roulement dans son compte annuel sur chaque exercice.

11. Observations sur l'organisation des chemins de fer de l'État. — A l'occasion de l'examen du budget de l'exercice 1885 par la Chambre des députés, M. Cavaignac, rapporteur, a exprimé l'avis que l'Administration des chemins de fer de l'État pouvait comporter d'utiles modifications.

Nous croyons devoir reproduire ici un extrait de son rapport :

« Aujourd'hui que le réseau d'État entre dans une nouvelle période de « son existence, il est permis de se demander s'il ne serait pas possible de « revenir sur ce qu'il y a eu d'excessif dans les précautions prises au début « (pour éviter l'ingérence excessive des bureaux du Ministère et l'abus des « formalités administratives) et d'apporter à son organisation certaines « améliorations.

« L'organisation actuelle du réseau d'État, avec son Conseil d'admi- « nistration, place la direction effective du réseau presque en dehors de « l'action du Ministre, qui a la responsabilité effective de sa gestion et des « conséquences financières de cette gestion. Tout corps autonome, comme « l'est le réseau d'État, a une tendance à s'étendre, à se développer ; ses « intérêts propres peuvent ne pas toujours être identiques à ceux de l'État. « Si des divergences se produisaient et, pour choisir un exemple, si le « Ministre voulait modifier la tarification du réseau, il n'aurait d'autre « moyen de faire prévaloir ses vues que de substituer au Conseil d'admi- « nistration actuel un conseil animé des mêmes idées que lui.

« D'autre part, il n'est pas inutile de faire remarquer la multiplicité « des organes qui peuvent avoir à intervenir dans l'administration du « réseau de l'État. Le directeur et les chefs de service, d'une part, le « Conseil d'administration de l'autre, enfin le contrôle, ont chacun leur « part d'autorité et de responsabilité. N'est-il pas à craindre qu'il n'en « puisse résulter des froissements et des conflits ?

« Enfin, l'organisation matérielle de l'Administration du réseau d'État « appelle elle-même des réformes. Les services centraux installés à Tours « dans des conditions assez défectueuses placent les chefs de service, c'est- « à-dire la direction immédiate et effective des affaires, loin du directeur.

« Cette organisation, que pouvait justifier la constitution primitive du
« réseau d'État, n'aurait plus de raison d'être au jour prochain où le
« réseau aura un débouché sur Paris. Elle présenterait même de sérieux
« inconvénients : car on a dû créer auprès du directeur, sous le nom de
« services techniques de la direction, un organe qui fait en quelque sorte
« double emploi avec les services centraux installés à Tours et qui étudie
« à nouveau les affaires pour préparer, soit les décisions du directeur lui-
« même, soit celles du Conseil d'administration.

« Nous pensons, en ce qui nous concerne personnellement, qu'au
« moment où le réseau d'État aura achevé les lignes qui lui donneront le
« débouché direct sur Paris, il serait possible, par la suppression du
« Conseil d'administration et des services techniques de la Direction, par
« l'installation à Paris des services centraux, d'apporter à l'organisation
« actuelle du réseau d'État, tout en réalisant de sérieuses économies, une
« amélioration notable.

« Il serait facile ainsi, tout en laissant à l'Administration des chemins
« de fer de l'État l'indépendance et la liberté d'allures nécessaires à une
« exploitation commerciale, de modifier une organisation dont nous
« avons signalé plus haut les inconvénients possibles. »

Des désidérata formulés par M. Cavaignac, il en était un sur lequel le
doute n'était guère possible et qui a reçu satisfaction : nous voulons parler de la translation à Paris des services centraux primitivement installés à
Tours pour l'exploitation, le matériel et la traction, la voie et les bâtiments. Cet éloignement des trois principaux chefs de service, par rapport
au siège du Conseil d'administration et de la Direction, s'imposait à l'origine, puisque la ville de Tours était la tête du réseau. Mais l'ouverture de
la section de Saumur à Château-du-Loir, la cession par la Compagnie d'Orléans de la ligne de Château-du-Loir à St-Calais et la faculté concédée à
l'Administration des chemins de fer de l'État, par la convention de 1883
avec la Compagnie de l'Ouest, d'utiliser dans des conditions économiques
la section de Chartres à Paris pour amener ses trains à la capitale, sont
venues modifier profondément la situation. Paris est devenu la tête de
ligne du réseau. Il y avait dès lors tout intérêt à y ramener les chefs des
services techniques. Cette mesure devait faciliter singulièrement l'œuvre
du directeur, permettre la suppression d'organes qui faisaient double
emploi, assurer ainsi des économies, et surtout rendre le fonctionnement
de l'administration plus simple, plus rapide et meilleur.

L'autre désidératum, celui qui a trait à la suppression du Conseil d'administration, est beaucoup plus délicat. Il a été cependant formulé et

soutenu, non seulement par M. Cavaignac, mais encore par d'autres personnes fort compétentes et profondément dévouées aux intérêts de l'État.

On a fait valoir à l'appui les vices inhérents à la coexistence d'un Conseil d'administration et d'un directeur. On a montré le directeur, tantôt acceptant un rôle effacé et laissant ainsi passer la direction effective entre les mains du Conseil, avec tous les inconvénients d'une responsabilité divisée; tantôt, au contraire, usant et abusant de la grande autorité que lui confère en fait sa situation de chef de tous les services, amoindrissant et annihilant le Conseil, provoquant des conflits préjudiciables à l'intérêt public.

On a aussi insisté sur l'indépendance excessive d'un Conseil doté de pouvoirs étendus, ayant des attaches avec les Chambres, disposant d'influences extérieures, assez puissant pour entrer en lutte avec le Ministre des travaux publics, qui cependant porte devant le Parlement toute la responsabilité de la gestion du réseau d'État.

On a critiqué surtout l'introduction de l'élément parlementaire dans l'administration de ce réseau. Voici un passage extrait d'une note qui n'a pas été publiée, mais que nous avons eue entre les mains : « Les mem-« bres de la Chambre des députés et du Sénat ont à remplir une lourde « tâche, celle de faire des lois et de contrôler les actes du Gouvernement: « cette grande et belle tâche doit leur suffire. Leur immixtion trop directe « dans l'Administration risquerait de fausser les organes de la Constitution, « engendrerait inévitablement la confusion des pouvoirs, exposerait les « Ministres à voir leur autorité affaiblie et mise en échec, et pourrait « nuire à la bonne marche des services publics. Autant leur participation « aux travaux des commissions consultatives peut se justifier par leur com-« pétence spéciale et par le lien qu'ils établissent ainsi entre le Pouvoir « législatif et le Pouvoir exécutif, autant leur nomination à des emplois « actifs et subordonnés aux Ministres pourrait présenter des inconvénients « pour les Chambres comme pour le Gouvernement. Le danger est assez « réel pour que le législateur ait cru devoir le prévenir dans certain pays, « par exemple en Italie, où la loi instituant le réseau d'État a interdit aux « membres du Parlement l'accès du Conseil d'administration....»

Il y a certainement quelque chose de fondé dans les observations que nous venons de résumer brièvement. Mais la question n'est plus entière. Lors de la création du réseau d'État, le Gouvernement a voulu instituer un organisme calqué autant que possible sur celui des Compagnies, jouissant d'une certaine liberté d'allures, ne faisant intervenir l'action ministérielle que pour les mesures les plus importantes, échappant à l'excès de centralisation que l'on avait reproché aux essais antérieurs d'exploitation directe. Cet organisme existe, et l'on comprend que les Ministres même les plus convaincus de ses imperfections hésitent à le modifier et reculent devant le trouble que les changements jettent toujours dans une grande administration. La situation financière actuelle commande d'ailleurs une extrême prudence et ne se prête guère à une expérience nouvelle. Il faut compter sur la fermeté du Gouvernement et sur la sagesse des membres du Conseil et du directeur pour tirer le meilleur parti de l'organisation en vigueur.

Quoi qu'il en soit, si des modifications devaient être réalisées dans le sens indiqué par M. Cavaignac, quel serait le système qui devrait prévaloir ?

Diverses combinaisons ont été proposées. Nous nous bornons à en signaler deux.

La première consisterait à remettre l'administration des chemins de fer de l'État entre les mains d'un Comité de direction, dont l'un des membres, ayant le titre de président, serait chargé des services généraux, tandis que les autres se répartiraient le surplus des services. Elle aurait le défaut de diviser les responsabilités.

La seconde combinaison nous semblerait préférable. L'exploitation serait confiée, sous l'autorité du Ministre des travaux publics, à un directeur assisté de quatre chefs de service, pour l'exploitation, le matériel et la traction, la voie et les bâtiments, la comptabilité et le contentieux.

Un Comité d'administration serait institué sous la présidence du directeur et comprendrait, outre les quatre chefs de service, des membres extérieurs, tels que deux maîtres des requêtes du Conseil d'État, un conseiller référendaire de la Cour des comptes, deux ingénieurs des ponts et chaussés ou des mines, deux représentants du commerce, un représentant de l'agriculture. Il serait nécessairement consulté sur toutes les affaires qui nécessiteraient une loi ou un décret et sur les autres affaires à déterminer par un arrêté ministériel. Le directeur du contrôle aurait le droit d'assister à ses délibérations.

Les mesures que comporte la gestion du réseau seraient divisées en trois catégories, à savoir :

— celles sur lesquelles le Ministre devrait statuer ;

— celles sur lesquelles le directeur pourrait prononcer, mais seulement après avis du Comité ;

— celles qui seraient laissées à la décision du directeur seul.

Pour les affaires de la deuxième catégorie, en cas de désaccord entre le directeur et le Comité, il en serait référé au Ministre ; toutefois, s'il y avait urgence, le directeur serait autorisé à faire immédiatement le nécessaire, à charge d'en rendre compte immédiatement au Ministre des travaux publics.

Nous n'insistons pas sur ce croquis d'organisation : il nous suffira de l'avoir esquissé pour le cas où les vues de l'honorable rapporteur du budget de 1885 à la Chambre des députés viendraient à être reprises. La principale objection qui lui ait été opposé était tirée de l'embarras où se trouverait l'Administration pour le choix d'un directeur ayant des connaissances et des aptitudes assez étendues : mais il est difficile d'admettre que l'État ne puisse faire ce à quoi ont réussi les grandes Compagnies.

§ 2. — PAYS ÉTRANGERS

1. Autriche. — *a*. ORGANISATION GÉNÉRALE. — L'Administration des chemins de fer de l'État en Autriche est placée sous la haute direction du Ministre du commerce.

Sous les ordres immédiats du Ministre est placé un directeur général, nommé par l'Empereur et portant le titre de président.

Le directeur général est assisté :

1° par un Comité consultatif des chemins de fer de l'État ;

2° par un Conseil permanent.

Le Comité consultatif se compose d'un président et de 50 membres nommés pour une durée de trois années. Sur ces 50 membres, deux sont désignés par le Ministre des finances, deux par le Ministre de l'agriculture, un par le Ministre de la guerre, vingt-quatre par les Chambres de commerce et d'industrie et douze par le Cercle économique et le Comité d'agriculture.

Le Conseil permanent est formé de cinq membres du Comité consultatif désignés par le Ministre.

Les chemins de fer sont répartis en un certain nombre de directions d'exploitation ; un arrêté du Ministre du commerce, approuvé par décret du 8 juin 1884, a fixé le nombre de ces directions à onze.

L'élément politique est exclu de toutes les branches de l'Administration des chemins de fer de l'État d'Autriche ; seul le président était, à la fin de 1883, membre de la Chambre des députés.

b. ATTRIBUTIONS DU MINISTRE. — Le Ministre exerce des attributions multiples, dont les principales sont les suivantes :

1° Fixation des attributions du Comité consultatif, du Conseil permanent et de la Direction générale. Approbation des dispositions organiques les plus importantes.

2° Etablissement du budget annuel. Autorisation de faire des dépenses non prévues au budget, sous la réserve que les crédits nécessaires seront accordés plus tard par le Parlement.

3° Nomination des membres du Comité consultatif, du Conseil permanent et du directeur général adjoint.

4° Nomination, promotion, mise à la retraite et révocation des chefs de service de la Direction générale, ainsi que des employés ayant un traitement supérieur à 5 000 fr.

5° Approbation de l'état du personnel, des règlements le concernant, ainsi que des statuts des caisses de retraite et de secours ou de prévoyance.

6° Approbation des tarifs de voyageurs et de marchandises.

7° Homologation des contrats de cession d'immeubles; des traités d'achat, de vente, de travaux, etc., dont l'importance atteint ou excède 125 000 fr.; et des traités de location, pour lesquels le prix annuel dépasse 1 250 fr.

8° Levée des redressements de taxes, de créances non recouvrables, ainsi que des déficits de matières ou d'objets d'inventaire, lorsque la valeur correspondante est supérieure à 2 500 fr., et lorsque, dans une même année, le chiffre total excède un chiffre déterminé.

9° Décisions relatives à certaines réclamations.

10° Délivrance des permis valables pour plusieurs parcours; approbation des règlements concernant la délivrance des permis pour parcours isolés et des cartes à prix réduits.

Le Ministre du commerce exerce en outre son action comme chef suprême du contrôle, notamment en ce qui touche la sécurité, les itinéraires, les traités de partage de trafic, d'exploitation ou de gares communes.

c. ATTRIBUTIONS DU DIRECTEUR GÉNÉRAL. — La Direction générale est chargée de l'exécution des mesures prises par le Ministre du commerce.

Elle publie, modifie ou supprime les règlements, ordres de services et instructions spéciales; elle résout les questions de budget et de comptabilité.

Dans ses attributions rentrent les nominations et mutations du personnel, les mesures disciplinaires, les caisses de retraite et de secours.

Elle a la haute direction des services de la voie et des travaux, de la traction et du matériel. Elle règle les horaires des trains et des tarifs.

d. ATTRIBUTIONS DU COMITÉ CONSULTATIF. — Le Comité consultatif se réunit au moins deux fois par an, au printemps et en automne. Le président le convoque, en outre, chaque fois qu'il le juge opportun.

Ce Conseil donne son avis:

— sur les propositions les plus importantes concernant les tarifs, notamment sur les tarifs généraux et sur les principes à adopter pour les tarifs spéciaux;

— sur la marche des trains, pour le service d'été et pour le service d'hiver;

— sur les modifications des règlements, en tant que ces modifications n'ont pas un caractère exceptionnel et provisoire ;

— sur les principes à adopter dans les adjudications et les marchés de fournitures et de travaux ;

— sur les questions générales relatives aux chemins de fer, que le Ministre jugerait à propos de lui soumettre.

Il a le droit d'adresser des vœux, des plaintes ou des demandes d'explication à la direction des chemins de l'État.

En cas de désaccord avec le Comité consultatif, le président a le droit de faire insérer son avis au procès-verbal et la question reste en l'état jusqu'à ce que le Ministre ait pris une décision. Néanmoins, s'il y a urgence, le président est autorisé à prendre, sous sa responsabilité personnelle, telles mesures qu'il juge nécessaires dans l'intérêt du service ; il doit immédiatement en rendre compte au Ministre, avec un rapport à l'appui.

e. ATTRIBUTIONS DU CONSEIL PERMANENT. — Le Conseil permanent se réunit une fois par semaine au siège de la Direction générale, pour examiner avec le président les principales affaires à traiter. Son avis est obligatoire pour toutes les questions importantes du service commercial et financier. Il statue notamment sur les réductions de tarifs et sur les offres formulées par les soumissionnaires.

En cas de désaccord avec le président, il est procédé comme nous l'avons indiqué pour le Comité consultatif.

Les membres du Conseil assistent aux conférences des chefs de service, lorsque le président les y invite.

Ils prennent part aux vérifications de la caisse principale et à la gestion des fonds de pension et de secours, dans la limite des droits réservés à l'Administration centrale.

f. PERSONNEL. — Les chefs des divers services entre lesquels est répartie l'administration se réunissent tous les mois en conférence dans le cabinet du président, pour traiter les affaires communes à plusieurs services.

L'organisation générale du personnel est restée à peu près ce qu'elle était avant le rachat des lignes qui composent le réseau d'État.

g. CONTRÔLE. — Les chemins de fer de l'État sont, comme les chemins de fer concédés, soumis au contrôle de l'inspection générale.

Cette inspection a son siège à Vienne et comprend cinq divisions : 1° voie et travaux neufs ; 2° mouvement et traction ; 3° tarifs ; 4° comptabilité de la garantie à payer par l'État ; 5° administration générale.

Des commissaires sont attachés à ces différentes divisions. Ils résident à Vienne, font des tournées sur les lignes soumises à leur surveillance, présentent des observations verbales ou écrites aux administrations de chemins de fer, donnent ou provoquent de la part du Ministre des ordres en cas d'urgence, et peuvent même, s'il y a péril, adresser des prescriptions aux agents locaux qui sont tenus d'y obtempérer immédiatement, sauf appel devant l'inspection générale ou devant le Ministre du commerce.

h. COMPTABILITÉ. — La comptabilité des chemins de fer de l'État autrichien était encore en voie d'organisation lorsqu'ont été recueillis les renseignements que nous relatons ici. Nous nous bornons à indiquer qu'elle comportait l'application des principes de décentralisation ; qu'elle mettait en évidence les crédits et les dépenses sur le budget extraordinaire et les distinguait soigneusement des crédits et dépenses ordinaires ; enfin, qu'après avoir été arrêtée annuellement par la direction générale, elle était soumise à la double vérification du Ministère du commerce (section des finances) et de la Cour des comptes.

i. OBSERVATIONS SUR LE BUDGET ET SUR LES TARIFS. — On remarquera que nous avons laissé de côté l'élaboration et le vote du budget d'exploitation, ainsi que les règles générales concernant la répartition et l'emploi des crédits. Le sujet a déjà été traité dans le premier volume (page 631), auquel nous ne pouvons que renvoyer pour l'Autriche, comme pour les autres pays.

Nous détachons également la question des tarifs, pour la traiter séparément.

2. **Bavière.** — *a*. ORGANISATION GÉNÉRALE. — Les chemins de fer de l'État sont placés sous la haute direction et la haute surveillance du Ministre d'État de la maison royale et des affaires étrangères, dans le ressort duquel se trouve également l'administration des postes et des télégraphes.

Au second degré de la hiérarchie est une Direction générale, comprenant un directeur général, deux directeurs des services de la construction et de l'exploitation, des conseillers de la Direction générale, et tout le personnel nécessaire à l'expédition des affaires.

Il n'y a ni Conseil d'administration, ni Comité de direction. Toutefois le directeur général, les deux directeurs et les conseillers forment un collège auquel sont déférées certaines questions, ainsi que nous l'expliquerons plus loin.

La Direction de l'exploitation se subdivise en dix services, à la tête de chacun desquels est un conseiller, savoir : 1° personnel et service médical ; 2° tarifs et manutention ; 3° comptabilité ; 4° économat ; 5° traction ; 6° voie ; 7° réclamations ; 8° répartition du matériel roulant ; 9° mouvement ; 10° contentieux.

Comme en Autriche, l'élément politique est exclu de l'administration des chemins de fer de l'État.

b. ATTRIBUTIONS DU MINISTRE. — Les attributions du Ministre d'État de la maison royale et des affaires étrangères sont réglées par l'ordonnance du 28 juin 1882. Ce sont particulièrement les suivantes :

1° Fixation des principes généraux à adopter dans l'administration des chemins de fer de l'État.

2° Préparation du budget. Ouverture de crédits spéciaux et supplémentaires. Droit de disposer des économies réalisées sur les crédits ordinaires et spéciaux.

3° Négociations avec les États étrangers et approbation des conventions d'exploitation avec les autres Administrations de chemins de fer.

4° Fixation des règles générales de la tarification et approbation des taxes à percevoir.

5° Autorisation de créer de nouvelles stations.

6° Approbation des règlements généraux et des tableaux de marche des trains.

7° Autorisation de tous les travaux neufs et des acquisitions d'objets d'inventaire en dehors des prévisions budgétaires.

8° Préparation des règlements auxquels sont soumis la nomination, les déplacements, l'avancement et la mise à la retraite de ceux des agents du réseau d'État qui ont la qualité de fonctionnaires.

9° Approbation des règlements pour l'admission des aspirants.

10° Autorisation des congés d'une durée supérieure à six semaines, pour les agents ayant rang de fonctionnaires.

11° Approbation des statuts des caisses de retraite et de secours.

12° Préparation des propositions de gratifications pour les agents fonctionnaires et approbation de ces propositions pour les autres agents.

13° Décisions sur les recours contre les actes de la Direction générale, en tant que ces recours sont recevables.

Le Ministre peut, soit se réserver toute affaire qu'il jugerait digne de son attention, soit au contraire déléguer provisoirement à la Direction générale telle ou telle des attributions ci-dessus énumérées.

c. Attributions du collège formé du directeur général, des deux directeurs et des conseillers. — Aux termes de l'ordonnance royale du 28 juin 1882, les questions de principe, les ordres ayant un caractère général, les règlements, les propositions relatives au personnel des fonctionnaires du service actif, les questions communes à plusieurs services et toutes celles qui seraient spécialement désignées par le Ministre, doivent être résolues dans le collège formé du directeur général, des deux directeurs et des conseillers.

d. Attributions du directeur général. — La Direction générale a notamment pour mandat de :
— Exécuter les ordres et instructions du Roi et du Ministre ;
— Développer et perfectionner les services qui lui sont confiés ; examiner avec soin les lignes nouvelles à construire et les stations à créer ;
— Établir les avant-projets ; exécuter les travaux autorisés ; entretenir toutes les constructions en bon état ;
— Entretenir également les objets d'inventaire, et acquérir ceux qui sont nécessaires dans les limites des allocations budgétaires ;
— Organiser, régler et surveiller le service du mouvement ; préparer les tableaux de marche des trains et les règlements de transport ;
— Surveiller et diriger tout le personnel ; arrêter ou préparer les instructions de service ;
— Recruter les agents non fonctionnaires et arrêter, en ce qui les concerne, les mesures de déplacement, d'avancement et de révocation ; recruter les aspirants fonctionnaires, d'après les règles fixées par le Ministre :
— Statuer sur les réclamations résultant, soit de la construction, soit de l'exploitation ;
— Soutenir les procès ;
— Établir les prévisions budgétaires annuelles de dépenses et de recettes pour chaque service ;
— Dresser la statistique de l'exploitation ;
— Veiller avec soin à l'augmentation du trafic et de la recette ;
— Accorder les congés aux agents, les pouvoirs de la Direction générale étant toutefois limités aux congés de six semaines pour les agents fonctionnaires ;
— Régler les pensions ;

— Accorder des secours, dans les limites des allocations budgétaires ;

La Direction générale a le droit, avec l'autorisation du Ministre, de déléguer aux inspections principales une partie de ses attributions.

e. Personnel. — Les agents des chemins de fer de l'État se divisent en agents fonctionnaires et en agents non fonctionnaires.

Ceux de la première catégorie sont répartis en cinq classes et ceux de la seconde en trois classes.

Tous les agents fonctionnaires sont nommés par décret royal; ils ont un traitement supérieur à 2 625 fr. C'est le Roi qui leur accorde des augmentations d'émoluments.

Les agents non fonctionnaires ont au contraire un traitement inférieur à 2 625 fr.

Il faut, en règle générale, trois ans de stage pour être nommé fonctionnaire.

Les agents fonctionnaires ne peuvent être révoqués qu'à la suite d'un jugement rendu contre eux.

f. Contrôle. — En Bavière, il n'existe pas de contrôle sur le réseau d'État.

g. Comptabilité. — *1. Exploitation.* — Chacun des inspecteurs principaux placés à la tête des Directions locales tient la comptabilité des lignes comprises dans sa Direction. Il assure les paiements, dans la limite des crédits mis à sa disposition. Ses comptes sont établis mensuellement et envoyés trimestriellement à la Direction générale, qui les contrôle et les retourne dûment rectifiés. A la fin de l'année, l'inspecteur principal produit une situation récapitulative de l'exercice, qui n'est autre que la somme des quatre comptes trimestriels déjà vérifiés. Le service central additionne les comptes des diverses inspections principales et y ajoute les dépenses de la Direction générale et celles des services des ateliers et de l'économat.

Le compte annuel des dépenses et des recettes, ainsi arrêté, est envoyé au Ministre, avec la justification des différences qu'il présente relativement aux chiffres du budget voté par les Chambres (moitié des chiffres du budget biennal). Il est soumis au contrôle financier d'un conseiller à la Cour des comptes. Ce fonctionnaire agit en conformité du décret du 11 janvier 1820; Il a le droit de procéder aux vérifications de pièces qu'il juge utiles, au siège de la Direction générale, et de demander les renseignements complémentaires dont il peut avoir besoin; toutefois, il n'a pas qualité pour critiquer et remettre en question les décisions de la Direction générale ; son rôle se borne à s'assurer que les écritures ont été passées conformément aux lois et règlements. La vérification d'un exercice est terminée à la fin de l'année suivante.

Une fois ce travail achevé, le compte annuel est soumis aux Chambres.

A la tête du service financier et comptable des chemins de fer de l'État est un contrôleur général qui a pour mission de maintenir les dépenses dans les limites des crédits budgétaires. Cet agent supérieur contre-signe les ordres de paiement, les ouvertures de crédits, les ordres devant entraîner un paiement ultérieur.

Il est interdit aux caisses des chemins de fer de l'État d'effectuer aucun paiement sans ce contre-seing. Sont toutefois exceptées de la règle les feuilles de traitements, de salaires, etc., qui correspondent à des dépenses inscrites au budget et calculées d'après des règles invariables.

Le contrôleur général tient un état de situation des crédits, porte en regard les dépenses dont il a contre-signé les ordres de paiement, avertit les chefs de service de l'épuisement des allocations mises à leur disposition et de la nécessité de demander des crédits supplémentaires, et, s'il n'est pas tenu compte de ses observations, en informe directement le Ministre.

Les recettes du trafic, encaissées par les gares ou stations, sont centralisés par la caisse de l'inspection principale. Néanmoins, les gares n'envoient à la caisse de l'inspection principale que l'excédent des recettes sur les dépenses acquittées contre ordre de paiement de l'inspecteur principal, de l'ingénieur de la voie ou de l'ingénieur de la traction. Les appointements des agents sont payés contre reçu sans feuille mensuelle spéciale ; de simples quittances, signées par les agents fonctionnaires, suffisent aussi pour les frais de bureau, de chauffage, d'éclairage et autres dépenses définies d'une manière invariable par le budget. Lorsqu'une gare n'a pas assez d'argent en caisse pour faire face aux paiements, elle demande des fonds à la caisse de l'inspection principale.

La caisse de l'inspection principale dresse des comptes mensuels par débit et crédit et envoie des comptes trimestriels à la Direction générale. Elle est débitée du montant des envois des gares et stations et créditée du montant des dépenses qu'elle a payées et des envois d'argent qu'elle a faits. Elle verse elle-même ses excédents au Trésor.

2. Travaux neufs. — Les crédits spéciaux votés par les Chambres pour les lignes nouvelles sont répartis entre les ingénieurs de section par nature d'ouvrage. Ils portent sur toute la durée de la période de construction.

Les ingénieurs envoient tous les mois à la caisse centrale leurs prévisions de dépenses mensuelles.

Ils dressent les décomptes provisoires ou définitifs. Ces décomptes sont ensuite vérifiés par la comptabilité centrale des travaux neufs, transmis à la caisse centrale qui les porte en compte, et retournés aux ingénieurs de section.

Les paiements sont faits directement soit par la caisse centrale, soit par les ingénieurs de section.

Les fonds nécessaires sont d'ailleurs versés, sur l'ordre du Ministre des finances, à la caisse centrale des travaux neufs par la caisse principale de la dotation des lignes nouvelles, qui dépend de la Commission royale d'amortissement de la dette de l'État.

Les opérations pour travaux neufs sont soumises à la surveillance du contrôleur général et à la vérification de la Cour des comptes, comme celles de l'exploitation.

h. FONDS DES MATIÈRES DE L'EXPLOITATION. — Jusqu'en 1879, on portait annuellement en compte les dépenses d'acquisition de matières faites pendant le courant de l'année et non la valeur des matières réellement employées. En 1880, le système a été modifié et on n'a plus imputé au compte des dépenses d'exploitation que la valeur des matières employées. On a, en même temps, créé un fonds des matières d'exploitation, qui est débité des matières achetées et crédité des matières livrées, soit pour l'entretien, soit pour le renouvellement.

i. TRAVAUX COMPLÉMENTAIRES ET DE RÉFECTION. — Les dépenses complémentaires sont imputées sur des crédits ouverts par des lois spéciales ou par la loi de finances ; elles sont inscrites au compte de premier établissement. Les crédits sont valables jusqu'à l'achèvement des travaux.

3. **Belgique.** — *a.* ORGANISATION GÉNÉRALE. — Les dispositions organiques qui régissent l'Administration des chemins de fer de l'État sont réglées par les arrêtés royaux du 15 novembre 1877 et du 31 décembre 1882.

Cette administration est placée sous l'autorité immédiate du Ministre des chemins de fer, des postes et des télégraphes, et dirigée par un Comité de quatre administrateurs, entre lesquels sont répartis l'examen et la signature des affaires et qui sont chargés : l'un de la voie et des travaux, le second de la traction et du matériel, le troisième de l'exploitation, et le quatrième du contrôle des matières et des recettes ainsi que du service général.

Un Conseil d'administration, présidé par le Ministre, peut être appelé à émettre son avis sur toutes les questions que le Ministre juge utile de lui soumettre.

Le service actif est divisé en quatre Directions : voie et travaux, traction et matériel, exploitation, contrôle des matières et des recettes.

Trois inspecteurs généraux exercent sur ce service une haute surveillance.

b. ATTRIBUTIONS DU MINISTRE. — Ces attributions sont les suivantes :
Répartition des affaires entre les quatre administrateurs.

Division du service actif ; répartition de la surveillance entre les inspecteurs généraux.

Nomination et révocation des titulaires des emplois, à partir et au-dessous de la 2ᵉ classe, c'est-à-dire des agents ayant au plus 2 200 francs de traitement annuel (les autres emplois étant réservés à la décision du Roi).

Approbation des tarifs, des tableaux de marche des trains, ainsi que des règlements et instructions.

Expédition des affaires pour lesquelles le Ministre n'a pas donné délégation au Comité d'administration ou aux directeurs.

Approbation des propositions concernant les adjudications publiques ou les marchés de gré à gré, ainsi que des projets de travaux neufs.

Fixation du projet de budget annuel, sur la présentation du Comité.

Autorisation des dépenses supérieures à 2 000 francs.

Allocation de suppléments de traitement (dans les cas prévus par l'arrêté royal du 15 novembre 1877) ; d'indemnités annuelles pour frais de loyer, de chauffage, d'éclairage et de bureau ; de gratifications pour bons services ; d'indemnités de déplacement.

Détermination du taux et des conditions de répartition des primes.

Fixation des cautionnements.

Attribution des congés d'un mois à une année ; etc...

c. ATTRIBUTIONS DU COMITÉ D'ADMINISTRATION. — Les quatre membres du Comité exercent collectivement la direction générale et supérieure de l'ensemble des services. Le Gouvernement belge a jugé qu'il valait mieux diviser ainsi la haute administration que de la concentrer entre les mains d'un seul homme, dont la compétence s'étendrait difficilement à toutes les branches de cette administration.

Les administrateurs sont nommés par le Roi.

Ils travaillent directement avec le Ministre et sont responsables vis-à-vis de lui.

Ils se réunissent fréquemment pour traiter des affaires importantes ou communes ; ces réunions corrigent les inconvénients de la pluralité de direction.

Le Comité veille à l'observation des règlements, au bon fonctionnement des services, à la régularité et à la rapidité de l'expédition des affaires. Il présente lui-même des rapports au Ministre, s'il y a lieu.

Il arrête, sur les propositions des Directions, le projet de budget à soumettre au Ministre, ainsi que les développements à l'appui.

Il statue directement sur les dépenses de 2 000 francs au plus.

Chaque administrateur peut recevoir du Ministre une délégation générale ou spéciale. Le président du Comité est désigné par le Ministre.

d. Attributions du conseil d'administration. — Le Conseil d'administration est formé, sous la présidence du Ministre, du secrétaire général du département, vice-président, des quatre membres du comité, des inspecteurs généraux et éventuellement des directeurs désignés à cet effet par le Ministre.

Il ne se réunit guère que pour examiner les propositions budgétaires et les propositions d'avancement en faveur des agents d'un grade supérieur à celui de commis-chef.

e. Attributions des inspecteurs généraux. — Comme nous l'avons dit précédemment, les inspecteurs généraux exercent une haute surveillance sur les services actifs. Il en a été institué trois : l'un pour la voie et les travaux, le second pour le matériel et la traction, et le troisième pour l'exploitation.

Ces fonctionnaires donnent au Ministre les avis qui leur sont demandés. Ils font une ou plusieurs visites annuelles des lignes et accomplissent en outre les missions ou procèdent aux enquêtes qui leur sont confiées.

Dans le cours de leurs tournées, ils s'assurent de l'exécution des lois, règlements et instructions; de la régularité du service et de sa bonne organisation, au point de vue de la sécurité et des légitimes satisfactions à donner au public; des aptitudes du personnel; de l'économie apportée aux travaux et à l'exploitation; du bon état de la voie et du matériel, etc.

Après chaque inspection, mission ou enquête, ils rendent compte, par un rapport, du résultat de leurs investigations ou observations, et formulent telles propositions que de droit.

Les inspecteurs généraux en tournée peuvent, s'il y a urgence absolue, ordonner des mesures qui sont immédiatement exécutoires sous leur responsabilité; ils en avisent sans délai le Ministre.

f. Attributions des directeurs. — Les directeurs gèrent les services sous l'autorité de l'administrateur dont ils relèvent. Ils sont assimilés comme grade aux inspecteurs généraux.

g. PERSONNEL. — Nous avons déjà fait connaître les pouvoirs du Ministre pour la nomination et la révocation de certaines catégories d'agents.

Le roi nomme et révoque les fonctionnaires ayant un traitement de plus de 2 200 fr., ainsi que les chefs-gardes et les facteurs de station.

h. CONTRÔLE. — Il n'existe pas, à proprement parler, de service du contrôle pour le réseau de l'État belge. Les inspecteurs généraux ont exclusivement un rôle de surveillance générale; les projets de travaux, les tarifs et la marche des trains ne leur sont pas soumis.

i. COMPTABILITÉ. — La comptabilité en vigueur sur le réseau est celle de l'État.

Les dépenses sont payées, soit sur mandats, soit sur ordonnances.

Les mandats sont employés pour le paiement des traitements, salaires, frais de route, etc. L'Administration centrale les dresse et les fait viser par un fonctionnaire désigné *ad hoc*. Il n'en est établi qu'un par gare, avec feuille de paie à l'appui. A la fin de chaque mois, les comptables produisent ces mandats acquittés, qui sont ensuite transmis au département des finances, lequel soumet à la Cour des comptes une ordonnance collective de régularisation.

C'est également par des mandats que sont payés les expéditeurs des marchandises livrables contre-remboursement; ces titres sont alors délivrés par le Ministre des finances, sur la demande de l'Administration des chemins de fer de l'État, et passés successivement à l'ordre du chef de gare et de l'expéditeur, qui en touche le montant dans les caisses du Trésor.

Quant aux ordonnances de paiement, elles servent à acquitter les sommes dues aux entrepreneurs, fournisseurs, etc. Elles sont dressées par le Ministre des chemins de fer, sur le vu de l'état de réception établi par le chef de service, accepté par l'entrepreneur ou le fournisseur et certifié par le directeur. Elles sont ensuite soumises à la Cour des comptes qui les vise, puis enregistrées au Ministère des finances et enfin retournées au Ministère des chemins de fer pour être remises à la partie prenante. Le paiement est effectué par les caisses du Trésor.

Les recettes disponibles des gares sont versées à la caisse de l'État la plus proche. Toutefois, les gares conservent les fonds nécessaires au paiement des mandats de traitements, salaires, etc. ; en cas d'insuffisance de leurs recettes, elles demandent à l'Administration centrale l'appoint dont elles ont besoin.

La comptabilité des recettes et des dépenses est centralisée au Ministère des chemins de fer. Il est tenu, pour chaque crédit, un état de situation sur lequel sont inscrites les dépenses et les recettes et qui permet d'établir mensuellement le bilan de ce crédit et des prélèvements déjà effectués.

La Cour des comptes exerce son contrôle sur la comptabilité des chemins de fer de l'État. Elle vérifie l'observation des lois et règlements et l'exécution des marchés.

j. TRAVAUX COMPLÉMENTAIRES ET DE RÉFECTION. — Les travaux complémentaires et les acquisitions de matériel roulant sont imputés au compte-capital et payés au moyen de crédits spéciaux votés par le Parlement. Est également inscrite à ce compte, en cas de remplacement des rails en fer par des rails en acier, la différence de prix de ces deux catégories de rails.

Toutefois le budget de l'exploitation supporte les dépenses afférentes aux travaux d'amélioration d'une importance secondaire. On impute aussi sur ce budget le renouvellement des rails et des traverses, ainsi que le remplacement et les améliorations du matériel roulant, alors même que ces améliorations en augmenteraient notablement la valeur.

4. Hongrie. — *a*. ORGANISATION GÉNÉRALE. — A la tête des chemins de fer de l'État se trouve, sous les ordres immédiats du Ministre des communications, un Comité de direction composé d'un Président, d'un vice-président et de cinq membres ayant le titre de directeurs.

Les services administratifs, financiers ou actifs comprennent onze divisions, savoir :

1re Division. — Administration générale.

2e   —   — Service financier.

3e   —   — Entretien de la voie.

4e   —   — Travaux neufs.

5e   —   — Mouvement.

6e   —   — Service commercial.

7e   —   — Manutention et réclamations.

8e   —   — Contrôle des recettes et des dépenses.

9e   —   — Traction.

10e   —   — Ateliers.

11e   —   — Économat et inventaires.

Ces divisions sont réparties entre les membres du Comité. Le Président a sous ses ordres immédiats le chef de la 6e division, c'est-à-dire du service commercial, qui a été considéré comme le plus important. Le vice-président a dans ses attributions le contrôle des recettes et des dépenses (8e division).

b. ATTRIBUTIONS DU MINISTRE. — Les attributions spécialement réservées au Ministre sont les suivantes :

Approbation des règlements organiques et fixation des attributions du Comité de direction.

Nomination, promotion et révocation des agents des chemins de fer de l'État, jusqu'au grade d'inspecteur.

Établissement du budget.

Fixation des appointements.

Approbation des traités relatifs aux travaux prévus dans le budget extraordinaire et dont la dépense excède 125 000 fr.

Approbation des nouvelles dispositions techniques à adopter.

Approbation des tarifs, des traités de partage, des tableaux de marche des trains, des règlements et instructions concernant l'exploitation.

Levée des redressements et des créances non recouvrables, quand leur valeur est supérieure à 2 500 fr. et lorsque, dans une même année, le chiffre total excède 25 000 fr.

c. ATTRIBUTIONS DU COMITÉ DE DIRECTION. — Deux délégués du Ministre des travaux publics assistent aux séances du Comité, avec voix délibérative. Quant ils considèrent comme dangereuse ou fâcheuse une décision du Comité, ils font inscrire leur avis au procès-verbal de la séance. La décision ne peut alors être appliquée avant que le Ministre ait statué. Cette procédure a l'avantage de couper court, ab ovo, à certaines difficultés entre le Ministère et l'Administration des chemins de fer de l'État ; mais, pour être efficace, elle exige une grande compétence de la part des deux commissaires.

Le Comité se réunit au moins une fois par semaine.

Il a hérité des attributions du Conseil d'administration, dont il a pris la place au commencement de 1884, savoir :

Examen préalable de toutes les affaires réservées au Ministre.

Présentation du projet de budget annuel.

Approbation des prévisions budgétaires mensuelles.

Approbation des marchés, livraisons, fournitures et dépenses concernant le service de l'exploitation.

Approbation des contrats de location, si la durée du bail est de plus d'une année ou si le prix du loyer est supérieur à 25 000 fr.

Punitions à infliger au personnel, sauf les cas déterminés qui ne nécessitent pas l'intervention du Comité.

Allocation de gratifications et secours.

Congés d'une durée supérieure à un mois.

Préparation des règlements et instructions à soumettre au Ministre.

Ordres relatifs à la vérification bisannuelle de la caisse principale des chemins de fer de l'État.

Approbation des détaxes. (La publication de ces détaxes est aujourd'hui obligatoire.)

Levée des redressements et des créances non recouvrables, jusqu'à concurrence d'une somme totale de 25 000 fr. par an.

Approbation des cartes de circulation permanente.

d. Contrôle. — Avant 1884, le contrôle exercé sur les chemins de fer concédés de la Hongrie s'étendait aux chemins de fer de l'État. L'organisation du service d'inspection générale, institué à cet effet, était analogue à celle de l'inspection autrichienne. Toutefois l'action et l'autorité des inspecteurs généraux avaient rencontré une assez vive opposition de la part des agents du réseau de l'État; leur rôle se bornait presque exclusivement, en fait, à la police des chemins de fer et à l'inspection des lignes nouvelles avant leur mise en exploitation. Depuis 1884, l'inspection générale a cessé d'exister comme organe indépendant ; les attributions qui lui étaient antérieurement confiées sont dévolues à « la section de l'exploitation » du « Ministère des communications ».

5. **Italie.** — *a.* Organisation générale — De 1878 à 1885, les chemins de fer de la Haute-Italie ont été exploités par l'État. L'organisation de l'Administration a été réglée par la loi du 8 juillet 1878 et le décret du 6 mars 1879. Nous n'y insisterons pas outre mesure, puisqu'elle a disparu depuis 1885.

Le principal organe en était un Conseil d'administration placé sous la dépendance du Ministre des travaux publics et ayant sous ses ordres le directeur de l'exploitation, le caissier central et le contrôleur central.

b. Attributions du ministre. — Les attributions réservées au Ministre des travaux publics étaient les suivantes :

Approbation des conventions pour entreprendre ou continuer l'exploitation des chemins de fer non incorporés au réseau de la Haute-Italie.

Nomination et avancement des chefs de service.

Approbation des tableaux de marche des trains de voyageurs et des trains mixtes.

Approbation des modifications partielles à apporter aux tarifs intérieurs, ainsi que des tarifs communs.

Autorisation de vente des immeubles reconnus inutiles pour le service.

Approbation des adjudications, transactions, nominations d'arbitres pour affaires litigieuses et ventes d'objets mobiliers, quand les sommes à dépenser ou à recevoir dépassaient 100 000 fr.

Approbation des propositions du Conseil d'administration pour les travaux, approvisionnements et marchés imputables au compte-capital sur le budget spécial du Ministère des travaux publics.

Réformes à introduire dans le service.

Approbation du budget préparé par le Conseil d'administration.

Décision sur les recours contre les décisions de ce Conseil.

c. ATTRIBUTIONS DU CONSEIL D'ADMINISTRATION. — Le Conseil d'administration était composé de sept membres, dont un président. Aux termes de la loi de rachat du réseau de la Haute-Italie, il ne pouvait être recruté parmi les membres du Parlement. Les administrateurs étaient nommés par décret et recevaient des appointements.

Les attributions du Conseil étaient les suivantes :

Examen et transmission au Ministre du budget annuel des recettes préparé par le contrôle central.

Approbation, modification et résiliation des marchés de travaux et d'approvisionnements pour l'exploitation et l'entretien de la voie dans la limite des crédits ouverts ; approbation des contrats de vente d'objets mobiliers ou autres reconnus hors d'usage, jusqu'à concurrence du chiffre de 100 000 fr.

Approbation des traités de factage et de camionnage, ainsi que des traités relatifs aux embranchements particuliers.

Autorisation des passages inférieurs ou supérieurs, des passages à niveau, des aqueducs et des conduites de gaz.

Approbation des dépenses en régie de plus de 2 000 fr., pour travaux d'entretien ou menues fournitures, ainsi que des adjudications au-dessous de 100 000 fr.

Transactions amiables jusqu'à concurrence du même chiffre ; nomination d'arbitres pour régler, dans les mêmes limites, les difficultés contentieuses.

Autorisation d'instances judiciaires.

Fixation des tarifs de retour et des tarifs réduits pour trains de plaisir.

Détermination des règles d'admission pour le personnel auxiliaire.

Nomination et avancement du personnel commissionné, à l'exception des chefs de service.

Rédaction des comptes définitifs annuels destinés au contrôle de la Cour des comptes.

Présentation de comptes moraux indiquant la marche générale de
'Administration, les méthodes suivies, les résultats obtenus, et renseignant
le Ministre sur tous les faits de quelque importance se rattachant à la ges-
ion du réseau d'État.

Exécution des travaux extraordinaires payés sur le budget spécial du
Ministère des travaux publics, etc.

d. Contrôle. — En principe, les chemins de fer de l'État étaient contrôlés comme les chemins concédés aux Compagnies. Mais, en fait, le rôle
du service de contrôle sur le réseau de l'État s'était notablement amoindri
et le Ministre statuait, sans le consulter, sur la plupart des affaires.

e. Comptabilité et caisse. — L'Administration des chemins de fer de
l'État avait conservé le système de comptabilité commerciale de l'ancienne
Compagnie, en ce qui touchait l'exploitation, mais en le compliquant de
l'intervention de la Cour des comptes dans la délivrance des mandats et
l'approbation des marchés.

Pour les travaux neufs, elle avait adopté la comptabilité de l'État.

Chaque jour, les gares et stations envoyaient leurs produits à la caisse
centrale du réseau. Ces produits étaient employés pour faire face aux dépenses de l'exploitation. L'excédent devait être versé au Trésor; cependant
l'Administration des chemins de fer de l'État en usait souvent, pour le
paiement des dépenses de premier établissement ayant donné lieu à l'ouverture d'un crédit spécial.

Une Commission de la Cour des comptes était chargée de contrôler les
opérations de recettes et de dépenses; d'en vérifier la conformité avec les
prévisions budgétaires; de veiller à ce que les allocations pour travaux
neufs ne fussent pas dépassées; de s'assurer de la régularité des justifications. Toutefois, son contrôle ne s'étendait pas aux détails; il était limité
aux chiffres globaux.

f. Travaux complémentaires et de réfection. — Une loi spéciale avait
autorisé des dépenses complémentaires de premier établissement, jusqu'à
concurrence de 65 millions, pour une période de six années. Cette allocation se décomposait sans aucun sous-détail en deux chiffres, dont l'un
pour les acquisitions de matériel roulant et l'autre pour les travaux à exécuter dans les gares. La répartition en était laissée au Ministre. Chaque
année un crédit était inscrit au budget.

Il n'existait pas de fonds de renouvellement des rails, des traverses et
du matériel roulant. Les dépenses correspondantes étaient imputées, sui-

vant des règles variables, soit au compte de premier établissement, soit au **compte d'exploitation**.

6. **Prusse**. — *a*. Organisation générale. — L'organisation générale des chemins de fer de l'État de Prusse est réglée par un décret du 24 novembre 1879.

L'Administration est placée sous la haute autorité **du** Ministre des travaux publics. Elle est répartie en un certain nombre de Directions, dont l'étendue varie de 1 100 à 3 200 kilomètres en nombre rond.

Les diverses Directions ont dans leurs attributions, non seulement l'exploitation, mais encore la construction de toutes les lignes de leur région. Elles sont composées d'un président et d'un nombre déterminé de membres.

Dans chaque Direction, les services sont répartis comme il suit : 1° entretien et surveillance de la voie ; 2° service des gares et des trains ; 3° traction ; 4° service d'expédition ; 5° ateliers ; 6° économat ; 7° télégraphe ; 8° construction ; 9° caisse et comptabilité ; 10° contentieux.

Chacun des réseaux est divisé en plusieurs inspections principales. Toutes les branches du service de l'exploitation relèvent d'un directeur unique.

L'élément politique n'est pas représenté dans l'administration des chemins de fer de l'État de Prusse.

b. Attributions du ministre. — Indépendamment des recours formés contre les décisions des Directions royales, le Ministre a les attributions suivantes :

1° *En ce qui concerne la construction :*

Approbation des avant-projets, ainsi que des programmes d'exécution des travaux.

Établissement des projets de détail et des devis estimatifs qui doivent être soumis à une autorité supérieure (travaux stratégiques).

Autorisation de livrer à la circulation les sections dont les travaux sont achevés et qui doivent être affectées au transport public des voyageurs et des marchandises.

Fixation des traitements du personnel.

Approbation des marchés de gré à gré pour la fourniture des matériaux ou du matériel roulant, quand l'importance de ces marchés dépasse 62 500 francs ; autorisation d'adjudication des lots de travaux dont l'évaluation excède 187 500 francs.

. 2° *En ce qui concerne l'exploitation :*

Approbation et modification des tarifs intérieurs et communs, en tant que les Directions n'en ont pas été chargées.

Approbation des tableaux de marche des trains de voyageurs et postaux, au commencement de l'hiver et de l'été, ainsi que des modifications proposées dans l'intervalle, si ces modifications sont relatives au nombre ou à la catégorie des trains, ou s'il y a désaccord entre le service du chemin de fer et celui de la poste.

Approbation des marchés de travaux dont il n'a pas été tenu compte lors de l'établissement du budget.

Approbation des marchés de gré à gré et autorisation des adjudications, dans les limites précédemment indiquées pour la construction.

Modifications à apporter aux types du matériel roulant et de l'outillage.

Modification des règlements et instructions arrêtés par le Ministre; établissement des instructions de service pour les employés nommés par arrêté ministériel.

Autorisation de changer le mode d'exploitation par la mise en vigueur ou par la suppression de l'application des règlements relatifs aux chemins de fer secondaires en Allemagne.

3° *En ce qui concerne le personnel :*

Nomination et déplacement des membres des Directions royales (1) et des fonctionnaires suivants : chefs et membres des inspections principales de l'exploitation, ainsi que des Commissions de construction ; inspecteurs de la construction, de la traction, du mouvement, du télégraphe ; chefs de section des travaux ; chefs de dépôt.

Modifications à apporter dans l'échelle des traitements de ces agents.

Transfert d'un employé d'une Direction à une autre, en tant que cette mesure n'est pas de la compétence des Directions ou de leurs présidents.

Gratifications et secours supérieurs à 375 francs, imputés au compte de l'exploitation.

c. ATTRIBUTIONS DES DIRECTIONS ROYALES. — Comme nous l'avons dit précédemment, les Directions se composent d'un président nommé par décret et d'un certain nombre de membres nommés par arrêté ministériel.

Leurs attributions sont les suivantes :

1° *En ce qui concerne l'administration générale :*

Règlements généraux de service.

Préparation du projet de budget de l'exploitation, ainsi que du compte annuel des recettes et des dépenses.

---

(1) Le président est nommé par décret, mais peut être déplacé par arrêté ministériel.

Ouverture aux Directions locales de l'exploitation, des crédits nécessaires à l'exécution des travaux.

Affaires diverses concernant le personnel de l'administration centrale et une partie du personnel du service actif, à savoir : personnel dirigeant des Directions locales de construction et d'exploitation ; employés supérieurs techniques de ces directions ; contrôleurs de la voie et de l'exploitation.

Nomination et transfert d'une direction locale à l'autre de ces agents.

Affaires relatives à l'extension du réseau, à la prise à ferme de l'exploitation des lignes nouvelles et aux embranchements particuliers.

Questions relatives à l'Union des chemins de fer allemands, à la statistique, aux impôts.

2° *En ce qui concerne la construction :*

Préparation des avant-projets des lignes nouvelles ; délivrance des ordres d'exécution aux Directions locales entre lesquelles sont répartis les travaux.

Etablissement des projets et estimations à soumettre à l'approbation de l'Administration supérieure.

Etablissement de tous les autres projets concernant les types d'ouvrages d'art, les voies et les travaux dont le montant dépasse 12 500 fr.

Nomination des chefs de section.

Acquisition des matières consommées par les services de la voie, des ateliers et de l'exploitation ; achat du matériel roulant.

Bilan des dépenses de premier établissement pour les lignes concédées, mais exploitées par l'État.

Propositions de réception et de mise en exploitation des chemins, après leur achèvement.

Traités de gré à gré pour fournitures et travaux, et autorisation d'adjudications, sauf les cas réservés au Ministre.

3° *En ce qui concerne l'exploitation :*

Établissement et modification des tableaux de marche des trains, ainsi que des tarifs, sous réserve des pouvoirs attribués au Ministre.

Décision sur les réclamations et demandes en indemnités, concernant le transport des voyageurs et des marchandises, quand ces réclamations soulèvent des questions d'interprétation et d'application des taxes, quand elles intéressent en même temps d'autres administrations de chemins de fer, ou quand elles portent soit sur des indemnités supérieures à 37 500 francs en capital, soit sur des annuités de 375 francs.

Disposition du parc des machines et wagons, pour tout ce qui n'est pas spécialement affecté au service des Directions locales.

Administration de l'économat et des ateliers.

Achat des matières nécessaires aux services de la voie, de l'exploitation et des ateliers.

Acquisition du matériel roulant.

Approbation des traités de gré à gré ayant pour objet des fournitures ou travaux d'une valeur supérieure à 6 250 francs ; autorisation de mise en adjudication des lots de 18 750 francs au moins.

Établissement des projets à soumettre à l'approbation de l'Administration supérieure.

Revision et contrôle des projets établis par les Directions locales.

Rédaction des projets concernant les types nouveaux d'ouvrages d'art, les voies, les travaux neufs dont la dépense excède 3 750 francs et les travaux de réparation montant à plus de 6 250 francs.

Allocation des gratifications et secours de 187 fr. 50 à 375 fr. et propositions pour les allocations d'un chiffre plus élevé.

Les Directions royales statuent sur toutes les plaintes ou réclamations élevées contre les décisions des Directions locales d'exploitation et des Commissions de construction.

Le collège des membres de la Direction est nécessairement appelé à statuer sur les réclamations des employés contre les décisions des Directions locales d'exploitation ou de construction et même de la Direction royale, quand ces réclamations sont motivées par une révocation, par des amendes supérieures à la moitié du traitement d'un mois, ou par des recours en garantie excédant le traitement mensuel. Il est, en outre, réuni pour l'examen de certaines affaires importantes ou communes à plusieurs services.

d. Personnel. — Les employés des chemins de fer de l'État se répartissent en deux catégories, à savoir : une catégorie de fonctionnaires pour les emplois supérieurs et une catégorie d'agents commissionnés pour les emplois inférieurs.

Le titre de fonctionnaire ne peut être acquis qu'après un stage de cinq années.

Les fonctionnaires ayant passé les examens d'État supérieurs peuvent arriver aux fonctions de président ou membre des Directions royales, et de chef d'une Direction locale.

Les candidats aux divers emplois ont à subir des épreuves préalables pour leur admission.

e. Contrôle. — Les chemins de fer de l'État en Prusse ne sont pas contrôlés.

Les commissaires royaux ne sont chargés que de la surveillance et du contrôle des réseaux concédés.

f. Comptabilité et caisse. — Depuis 1873, les principes de décentralisation ont été appliqués à la comptabilité des chemins de fer de l'État de Prusse.

Lorsque le budget a été voté, le Ministre des travaux publics met à la disposition de chacune des Directions royales les crédits nécessaires à l'exploitation du réseau. Le président de la Direction fait, à son tour, une répartition entre les Directions locales.

Les directeurs locaux peuvent liquider eux-mêmes les dépenses d'exploitation des lignes placées sous leur direction, jusqu'à concurrence des crédits qui leur ont été sous-délégués.

Voici comment il est procédé au paiement des dépenses qui sont directement acquittées par les soins de la Direction royale. Les comptes sont dressés, deux fois par mois, par les différents services ; soumis à l'examen du conseiller de direction dans le service duquel ils ont été établis ; puis vérifiés par le contrôleur de la caisse. Il est ensuite délivré des ordres de paiement ou mandats par titre du budget ; ces mandats, revêtus de la signature du contrôleur de la caisse et de celle du président, si ce dernier ne cumule pas les deux fonctions, sont transmis, avec les pièces comptables nécessaires, à la caisse principale qui envoie les fonds.

Des règles semblables s'appliquent aux paiements à effectuer par les Directions locales.

Les salaires des ouvriers sont payés directement contre reçu par les caisses des gares et stations, qui sont avisées, par avance, du jour et du montant de la paie, pour pouvoir garder leur recettes et ne pas les envoyer à la caisse principale.

Les traitements des fonctionnaires et agents sont également payés par les caisses des gares, lorsque les recettes de ces gares sont assez élevées pour faire face à la dépense.

Quand une gare doit assurer des paiements, mais n'a point des recettes suffisantes, la caisse de la Direction locale lui fait parvenir les fonds dont elle a besoin.

Les caisses des gares et stations envoient régulièrement leurs excédents de recettes à la caisse de la Direction locale, qui transmet, à son tour, les fonds disponibles à la caisse principale ; celle-ci est chargée du recouvrement des recettes diverses et extraordinaires ; elle verse ses fonds disponibles au Trésor.

Les ordres de paiement donnés aux caisses des Directions locales par la caisse principale doivent être revêtus du visa du contrôleur de cette dernière caisse.

A la fin de chaque mois, les caisses des Directions locales dressent la situation de leurs recettes et de leurs dépenses et envoient les résultats de leurs écritures à la caisse de la Direction royale, qui fait la récapitulation pour toutes les lignes relevant de cette Direction.

Il est fait, en outre, des situations annuelles, dans lesquelles les dépenses sont classées suivant la nomenclature du budget.

Les dépenses complémentaires de travaux ou d'acquisition de matériel roulant font l'objet de crédits extraordinaires, qui sont votés en une fois, quelles que soient l'importance et la durée de l'opération. Ces crédits ne sont mis à la disposition des Directions qu'après approbation des plans définitifs et détails estimatifs par le Ministre des travaux publics. Le Ministre peut charger de l'exécution de certains travaux, soit les Directions locales, en dehors de l'intervention de la Direction royale, soit des Commissions de construction. Les dépenses sont payées par des caisses spéciales, qui reçoivent à cet effet les avances nécessaires de la caisse de la Direction locale d'exploitation. Cette dernière est remboursée par la caisse spéciale de l'État, à laquelle incombe le paiement des dépenses pour travaux neufs.

La Cour des comptes contrôle la comptabilité de l'exploitation des chemins de fer de l'État. Elle vérifie la régularité des pièces justificatives et s'assure que les écritures sont conformes aux lois et règlements. Les comptes annuels lui sont soumis par les Directions royales, du 1er septembre au 15 décembre de chaque année. Elle peut ordonner des inspections extraordinaires des caisses ou des magasins.

Le contrôle de la Cour s'étend à la comptabilité des travaux neufs. Les décomptes sont spéciaux à chaque travail, à moins que la loi de finances n'ait autorisé les virements éventuels avec des crédits affectés à d'autres travaux ; dans ce dernier cas, il n'est établi qu'un décompte cumulé.

· Si le crédit est inférieur à 187 500 francs, la Cour des comptes permet qu'il ne lui soit adressé de décompte définitif qu'à la fin des travaux. Si le crédit est supérieur à 187 500 francs, elle admet que l'Administration ne lui soumette un décompte en fin d'exercice qu'au cas où le montant des dépenses faites dépasserait lui-même ce chiffre.

g. TRAVAUX COMPLÉMENTAIRES ET DE RÉFECTION. — Ainsi que nous l'avons déjà indiqué, les dépenses complémentaires font l'objet de crédits spéciaux inscrits au budget extraordinaire. Elles sont imputées au compte de premier établissement.

Il n'existe pas en Prusse de fonds de renouvellement de la voie et du matériel roulant. Les dépenses correspondantes sont portées au budget ordinaire de l'exploitation et approuvées en même temps que ce budget par la loi de finances.

Toutefois, la Direction royale de Magdebourg est, à cet égard, dans une situation exceptionnelle. Elle possède un fonds de renouvellement composé d'anciens fonds des réseaux rachetés par l'État dans la région.

7. **Saxe.** — *a*. ORGANISATION GÉNÉRALE. — Le Ministre des finances est placé à la tête de la hiérarchie. Il a sous ses ordres un Directeur général des chemins de fer de l'État.

Ce haut fonctionnaire statue, tantôt seul, tantôt avec le collège des chefs de service ou conseillers de la Direction générale.

Les services se divisent en deux branches, à savoir: 1° administration générale; 2° service technique (voie et travaux, matériel roulant et traction, télégraphe).

La Direction générale a sous son autorité immédiate les services généraux d'administration.

Le réseau est divisé en circonscriptions, dont l'étendue varie de 275 à 400 kilomètres et auxquelles sont préposés un inspecteur principal et un ingénieur; toutefois, pour éviter le retour des conflits survenus entre ces deux fonctionnaires, il était question, à la fin de 1883, de remettre la direction locale entre les mains d'un chef de service unique.

b. ATTRIBUTIONS DU MINISTRE. — Les attributions réservées au Ministre sont les suivantes :

Nomination et révocation des employés jusqu'à la 7ᵉ classe.

Fixation de l'état du personnel et du chiffre des traitements.

Congés du directeur général; approbation des congés donnés aux membres de la Direction générale, quand ces congés ont une durée supérieure à quinze jours; congés d'un mois aux autres agents jusqu'à la 7ᵉ classe.

Gratifications, secours et primes, quand le montant doit en être supérieur à 37 fr. 50, de l'avis du directeur général; secours, même inférieurs à 37 fr. 50, quand ils sont périodiques ou qu'il en est accordé plus d'un en deux années.

Vérification et approbation des projets de budget.

Approbation des tableaux de marche des trains, des tarifs et des détaxes.

Établissement des règlements et des instructions pour l'exploitation.

Approbation des transactions intervenues au sujet des créances douteuses, quand la somme à payer ne dépasse pas 125 francs.

Autorisation d'acheter et de vendre des terrains.

Modifications aux types des voies, du matériel roulant, des ouvrages d'art et des signaux.

Approbation des traités d'affermage de l'exploitation, pour les lignes concédées à des Compagnies.

Approbation des marchés pour fourniture de rails ou de matériel roulant.

Approbation des changements dans l'organisation administrative ; autorisation de modifier les stations existantes ou d'en créer de nouvelles.

Contrôle de la comptabilité.

c. ATTRIBUTIONS DE LA DIRECTION GÉNÉRALE. — Les affaires réservées à la discussion et à la décision du Collège des conseillers de la Direction générale sont les suivantes :

Dispositions organiques.

Budget.

Tableaux de marche des trains ; tarifs ; instructions et règlements.

Propositions pour tous les emplois dont les titulaires doivent recevoir leur investiture du Ministre.

Travaux neufs.

Construction du matériel roulant ; acquisition de ce matériel ainsi que de celui de la voie.

Vente de terrains.

Avis sur les plaintes ou recours soumis au Ministre et sur les questions spéciales au sujet desquelles le chef suprême de l'Administration consulterait le Collège des conseillers.

Le Directeur général a sous ses ordres immédiats les services ci-après énumérés : caisse principale, comptabilité ; bureau du contrôle général et de l'inspection des caisses ; bureau du contrôle du matériel roulant ; comptabilité des dépôts ; dépôt des uniformes ; économat ; statistique.

d. PERSONNEL.—Le personnel des chemins de fer de l'Etat est réparti en douze classes. Les agents des sept premières classes sont fonctionnaires de l'État ; ils sont nommés par le Ministre.

e. CONTRÔLE. —Il n'existe pas de contrôle proprement dit sur le réseau d'État. Toutefois, les quatre fonctionnaires de la 3ᵉ section du Ministère des finances, chargés spécialement de l'étude et de l'examen des affaires relatives à ce réseau, font des tournées sur les lignes; leurs observations sont transmises à la Direction générale.

f. COMPTABILITÉ ET CAISSE. — **La comptabilité est celle de l'État; elle est centralisée à la Direction générale.**

Le système des mandats n'existe pas en Saxe. Les feuilles de paie des traitements sont dressées par les gares et stations et envoyées à la Direction générale, qui les vise pour paiement par les caisses des gares.

Les stations ne peuvent garder en caisse qu'un maximum déterminé, constituant un fonds de roulement. Le surplus est envoyé à la caisse centrale, sauf le cas où la caisse de la gare a reçu l'ordre d'acquitter certaines dépenses.

Deux ou trois fois par mois, la caisse centrale des chemins de fer fait parvenir ses excédents à la caisse du Ministère des finances.

Le contrôle financier est double. Il est exercé, tout d'abord par un bureau spécial de la 3ᵉ section du Ministère des finances, puis par la Cour des comptes.

g. TRAVAUX COMPLÉMENTAIRES ET DE RÉFECTION. — Les dépenses complémentaires s'imputent, suivant leur nature et leur importance, soit au compte d'entretien, soit sur un chapitre spécial du budget ordinaire de l'exploitation, soit au compte de premier établissement et, par suite, sur le budget extraordinaire.

Les crédits du budget extraordinaire sont valables pour les deux années de la période budgétaire biennale. Les dépenses correspondantes sont payées par le Ministère des finances et non par la caisse centrale de la Direction générale.

Il existe un fonds de renouvellement de la voie et du matériel roulant, alimenté par un prélèvement sur les recettes et par le produit de la vente des matières ou du matériel hors d'usage. La gestion de ce fonds est indépendante de celle des services de l'exploitation.

8. **Résumé.** — En résumé, le Ministre dans le département duquel sont placés les chemins de fer de l'État est partout, à l'étranger, le chef direct de l'administration et de l'exploitation. Ses pouvoirs sont extrêmement étendus.

L'organisation générale peut d'ailleurs se récapituler, comme l'indique le tableau suivant:

	AUTRICHE	BAVIÈRE	BELGIQUE
Conseils d'Administration.	Néant.	Néant.	Conseil formé du [mi]nistre, président ; du [se]crétaire général, v[ice-]président ; des qu[atre] membres du comité ; trois inspecteurs gé[né]raux ; et éventuellem[ent] des directeurs des se[rvi]ces techniques désig[nés] à cet effet par le mi[nis]tre. Rôle restreint et p[urc]ment facultatif.
Comités de Direction.	Néant.	Néant.	Comité formé de q[ua]tre administrateurs, [qui] travaillent directem[ent] avec le ministre. Le [pré]sident est chargé du [ser]vice général et du c[on]trôle des matières et [des] recettes. Les trois au[tres] administrateurs ont [l'un] la voie et les trava[ux,] le second le matérie[l et] la traction, et le troi[siè]me l'exploitation. Chaque administra[teur] a sous ses ordres un [di]recteur.
Direction.	Exercée par un fonctionnaire portant le titre de président. Le président a sous ses ordres huit services confiés à autant de chefs de service : sept de ces fonctionnaires ont le titre de conseillers de direction. Seul le président est député.	Exercée par le directeur général des voies et communications, sous les ordres duquel sont placés un directeur de la construction et un directeur de l'exploitation. Les services de l'exploitation sont répartis entre dix chefs de service portant le titre de conseillers de la direction générale.	Exercée par le Co[mité] de direction.

HONGRIE	ITALIE	PRUSSE	SAXE
Néant.	Conseil composé de sept membres pris en dehors des Chambres. Rôle analogue à celui des Conseils d'administration des Compagnies françaises. Les trois chefs des services ci-dessous indiqués assistaient aux séances du Conseil, quand ils y étaient convoqués par le président.	Directions royales composées d'un président et d'un certain nombre de membres et constituant de véritables conseils dotés d'attributions très étendues.	Néant.
...nité formé d'un pré-/t, d'un vice-prési-/et de cinq membres/le titre de direc-/services sont ré-/entre les membres/imité. Le président/is ses attributions/vice commercial.	Néant.	Néant.	Néant.
...rcée par le prési-/avec la collabora-/lu vice-président et/inq directeurs, en-/squels sont répartis/nze services de la/ion.	Exercée par le Conseil d'administration.	Exercée par les Directions royales.	Exercée, sous les ordres immédiats du Ministre, par le directeur général des chemins de fer.

	AUTRICHE	BAVIÈRE	BELGIQUE
Services.	Huit services, savoir : 1° Secrétariat et bureau des jurisconsultes ; 2° Voie et travaux neufs ; 3° Traction et ateliers; 4° Mouvement et trafic; 5° Contrôle des recettes ; 6° Économat ; 7° Comptabilité; 8° Caisse principale.	Dix services, savoir : 1° Personnel et service médical ; 2° Tarifs et manutention ; 3° Comptabilité ; 4° Économat ; 5° Traction ; 6° Voie ; 7° Réclamations ; 8° Répartition du matériel roulant ; 9° Mouvement ; 10° Contentieux.	Quatre services, sav 1° Contrôle des ma res et des recettes, vice général ; 2° Voie et travaux ; 3° Matériel et tracti 4° Exploitation.
Observations.	Le président est assisté : 1° d'un Comité consultatif de 26 membres nommés par le Ministre ; 2° d'un Conseil permanent de 5 membres pris parmi ceux du Comité consultatif. Le Comité consultatif donne son avis sur les questions les plus importantes. Il se réunit au moins deux fois par an. En cas de désaccord avec lui, le président fait insérer son avis au procès-verbal et l'affaire reste en l'état jusqu'à décision du Ministre. Cependant, s'il y a urgence, le président peut prendre immédiatement les mesures nécessaires, sauf à en rendre compte au Ministre. Le Conseil permanent se réunit une fois par semaine ; son avis est obligatoire pour les affaires importantes du service commercial et financier. En cas de désaccord, il est procédé comme ci-dessus.	Certaines affaires définies par un décret du 28 juin 1882 sont traitées par le directeur général, les deux directeurs et les conseillers réunis en conseil.	Il a été institué un i pecteur général p chacun des trois d niers services. Les i pecteurs généraux d nent leur avis sur questions qui leur s soumises par le Min tre. Ils font des tor nées et contrôlent le fo tionnement des servic Ils peuvent même, cas d'urgence, don des ordres, à charge d rendre immédiatem compte au Ministre.

HONGRIE	ITALIE	PRUSSE	SAXE
ze services, confiés in à un inspecteur ipal, savoir : Administration gé- e ; Service financier ; Entretien de la voie ; Travaux neufs ; Mouvement ; Service commercial ; Manutention et ré- ations ; Contrôle des recet- t des dépenses ; Traction ; Ateliers ; Économat et in- ires.	Trois services confiés à un directeur de l'ex- ploitation, à un caissier central et à un contrô- leur central.	Dix services, savoir : 1° Entretien et surveil- lance de la voie ; 2° Service des gares et des trains ; 3° Traction ; 4° Service d'expédi- tions ; 5° Ateliers ; 6° Économat ; 7° Télégraphe ; 8° Construction : 9° Caisse et comptabi- lité ; 10° Contentieux.	Huit services relevant immédiatement du direc- teur général : 1° Caisse principale ; 2° Comptabilité ; 3° Contrôle général et surveillance des caisses ; 4° Contrôle du maté- riel roulant ; 5° Comptabilité des dépôts ; 6° Dépôt des unifor- mes ; 7° Économat ; 8° Statistique. Trois services dis- tincts, à savoir : 1° Voie et travaux sur les lignes en exploitation ; 2° Matériel roulant et traction : 3° Télégraphe.
ux fonctionnaires Ministère des com- cations assistent voix consultative éances du Comité. and ils ne parta- pas l'avis de ce té, ils peuvent faire er le leur au procés- l et la décision est ée au Ministre.	Néant.	Néant.	Un certain nombre d'affaires ne peuvent être résolues que par un Con- seil formé des chefs de service ou conseillers de la Direction générale.

L'organisation varie, on le voit, avec les pays. Cependant, il est un principe qui semble avoir prévalu : c'est que la coexistence d'un Directeur et d'un Conseil d'administration doté de pouvoirs étendus offrait des inconvénients assez graves pour la faire repousser.

Dans les pays tels que l'Autriche, la Bavière et la Saxe, où existe une Direction, il n'a pas été institué de Conseil d'administration.

Dans les pays tels que la Belgique, l'Italie ou la Prusse, dans lesquels il a été créé un Conseil d'administration, ce Conseil exerce la direction, soit par lui-même, soit par un Comité.

Il n'y a généralement pas de service de contrôle sur les réseaux exploités depuis longtemps par l'État : même dans les pays où ce service existe, on peut constater en fait un affaiblissement de son autorité et une tendance à le supprimer.

CHAPITRE III

DU PERSONNEL DES COMPAGNIES

1. Importance numérique du personnel attaché à l'exploitation des chemins de fer. — Au 31 décembre 1884, le nombre total des employés attachés à l'exploitation des chemins de fer français était le suivant :

					km.
France	Chemins de fer d'intérêt général	239.039	pour une long^r exploitée de	29.354
européenne	Chemins de fer d'intérêt local	3.854	—	1.635
Algérie	—	5.730	—	1.786
	Total................	248.623	Total.............	32.775

Le simple énoncé du chiffre total de 250 000 suffit à montrer l'importance exceptionnelle qui s'attache à toutes les questions concernant le recrutement, le travail, la discipline et le sort du personnel des Compagnies.

Les tableaux suivants indiquent comment se répartit le personnel entre les diverses Compagnies et les différents services de chacune d'elles.

1° *Chemins de fer d'intérêt général de la France européenne. Répartition du personnel au 31 décembre 1884.*

			NORD	EST	OUEST	ORLÉANS	P.-L.-M.	MIDI	ÉTAT	ENSEMBLE des chemins d'intérêt général
Longueur exploitée au 31 décembre 1884			km. 3.370	km. 3.940	km. 4.087	km. 5.303	km. 7.646	km. 2.588	km. 2.112	km. 29.334
NOMBRE TOTAL D'AGENTS	Administration centrale	Administrateurs, directeurs, comités, etc.	24	22	20	24	33	37	12	207
		Personnel des bureaux	202	373	520	272	264	384	151	2.174
		Concierges, garçons de bureaux, gens de service	5	81	22	44	75	47	12	294
		Ensemble	234	476	562	340	372	468	175	2.675
	Mouvement et trafic — Service central	Directeurs, chefs et sous-chefs de l'exploitation ou du mouvement	85	77	28	46	50	31	3	333
		Personnel des bureaux	910	663	726	746	1.784	800	263	6.078
		Garçons et gens de service	90	40	52	45	131	52	13	443
	Gares et Stations	Chefs et sous-chefs des gares	628	969	726	869	1.528	455	529	5.830
		Receveurs, facteurs enregistrants, chefs comptables	4.490	2.199	2.941	4.729	10.601	1.972	798	28.108
		Hommes d'équipe, manœuvres, ouvriers	5.476	7.640	8.010	4.368	13.424	5.898	945	46.204
	Trains	Chefs, contrôleurs, sous-inspecteurs	1.017	581	364	504	1.383	483	165	4.570
		Conducteurs, gardes-freins	1.383	1.044	1.422	1.331	1.780	550	289	7.911
		Ensemble	14.079	13.213	14.269	12.638	30.681	10.241	3.005	99.477

		NORD	EST	OUEST	ORLÉANS	P.-L.-M.	MIDI	ÉTAT	ENSEMBLE des chemins d'intérêt général
	Ingénieurs, chefs de dépôt. chefs et sous-chefs d'atelier.............	108	136	172	173	185	53	48	882
	Personnel des bureaux et des dépôts, contre-maîtres.................	1.071	986	565	1.144	1.509	398	231	5.914
Traction et Matériel	Mécaniciens, chauffeurs............	2.616	2.124	2.356	1.935	3.659	1.202	412	14.400
	Ouvriers, gens de service à l'année ou à la journée................	6.459	6.017	6.477	5.479	11.761	3.093	1.542	41.102
	Ensemble.............	10.254	9.263	9.570	8.731	17.114	4.746	2.233	62.298
	Ingénieurs, architectes, inspecteurs, chefs de section...............	81	141	88	37	116	61	43	573
Voie et Bâtiments	Personnel des bureaux, conducteurs, piqueurs...................	935	834	633	669	1.179	755	334	5.381
	Agents de la surveillance, équipes, gens de service et ouvriers.......	13.982	8.783	10.444	9.131	15.555	7.226	2.872	68.635
	Ensemble...............	14.998	9.758	11.465	9.837	16.850	8.042	3.249	74.589
	Total............	39.565	32.710	35.566	31.546	65.017	23.497	8.662	239.030

NOMBRE TOTAL D'AGENTS

		NORD	EST	OUEST	ORLÉANS	P.-L.-M.	MIDI	ÉTAT	ENSEMBLE des chemins d'intérêt général
Nombre de personnes par kilomètre	Administration	0,07	0,12	0,13	0,06	0,05	0,18	0,08	0,09
	Exploitation	4,18	3,34	3,42	2,38	4,01	3,96	1,42	3,39
	Traction et matériel	3,04	2,34	2,28	1,65	2,24	1,83	1,06	2,12
	Voie et bâtiments	4,45	2,46	2,68	1,86	2,20	3,11	1,54	2,54
	Ensemble	11,74	8,26	8,51	5,95	8,50	9,08	4,10	8,14
Proportion pour cent	Administration	0,60	1,45	1,53	1,00	0,59	1,98	1,95	1,11
	Exploitation	35,60	40,44	40,19	40,00	47,18	43,61	34,64	41,64
	Traction et matériel	25,89	28,33	26,79	27,74	26,35	20,16	25,85	26,05
	Voie et bâtiments	37,91	29,78	31,49	31,26	25,88	34,25	37,56	31,20
	Ensemble	100 »	100 »	100 »	100 »	100 »	100 »	100 »	100 »
Nombre des auxiliaires et ouvriers payés à la journée (1)		20.024	10.557	10.384	6 622	18.100	11.004	1.298	78.697
Nombre des femmes employées (2)		2.145	2.280	2.944	3.652	5.046	2.468	1.676	20.419
Nombre des anciens militaires (3)		18.153	17.969	21.340	11.987	28.009	11.300	3.388	112.978

(1) Les chiffres sont ramenés à l'année entière.
(2) Ces nombres sont compris dans les totaux précédemment indiqués.

2° *Chemins de fer algériens.*

Nombre total et nombre par kilomètre au 31 décembre 1884.

	P.-L.-M.	EST-ALGÉRIEN	BONE-GUELMA	OUEST-ALGÉRIEN	FRANCO-ALGÉRIENNE	TOTAUX
Nombre total..............	1.873	947	1.386	400	1.124	5.730
Nombre par kilomètre.......	3,65	2,55	2,67	2,41	4,72	3,21

3° *Chemins de fer d'intérêt local.*

Nombre total et nombre par kilomètre au 31 décembre 1884.

Nombre total............... 3.854

Nombre par kilomètre....... 2,58

Il peut être intéressant de rapprocher le nombre des agents par kilomètre du chiffre de la recette kilométrique et de la dépense pour les principaux réseaux. Les résultats de ce rapprochement sont les suivants pour 1884 (France européenne) :

	NORD	EST	OUEST	ORLÉANS	P.-L.-M.	MIDI	ÉTAT	Ensemble des chemins de fer d'intérêt général.
Longueur moyenne exploitée en 1884............	km. 3.345	km. 3.852	km. 4.021	km. 5.096	km. 7.433	km. 2.502	km. 2.164	km. 28.722
Recette brute kilométrique en 1884...............	fr. 50.275	fr. 34.302	fr. 33.800	fr. 35.999	fr. 44.087	fr. 37.006	fr. 11.625	fr. 37.620
Dépense kilométrique d'exploitation en 1884.......	fr. 25.958	fr. 21.282	fr. 19.444	fr. 19.176	fr. 21.620	fr. 21.095	fr. 9.594	fr. 20.596
Recette nette kilométrique en 1884	fr. 24.317	fr. 13.020	fr. 14.356	fr. 16.823	fr. 22.467	fr. 15.911	fr. 2.031	fr. 17.024
Nombre d'agents par kilomètre au 31 décembre 1884.	11,74	8,26	8,51	5,93	8,50	9,08	4,10	8,14

Comme on peut le constater à l'inspection des chiffres précédents, c'est la Compagnie d'Orléans qui, toute proportion gardée, paraît avoir le personnel d'exploitation le moins nombreux.

Le nombre des agents est loin d'être proportionnel à l'importance du trafic. Il comprend, en effet, certains éléments à peu près fixes et indépendants de l'activité de la circulation, et d'autres sur lesquels la fréquentation de la voie ferrée n'exerce qu'une influence secondaire.

C'est ainsi que les gares ou stations comportent un minimum de personnel au-dessous duquel il est impossible de descendre, quelque faible que soit le trafic ; le gardiennage des passages à niveau et la surveillance de la voie, quoique variant dans une certaine mesure suivant l'importance des lignes, exigent en tout état de cause un personnel qui ne s'accroît que fort peu, même pour des augmentations considérables de trafic ; l'entretien de la voie donne lieu à une observation analogue ; pour le service du mouvement et de la traction lui-même, qui est cependant plus particulièrement sensible aux fluctuations du trafic, il y a lieu de remarquer que l'utilisation plus ou moins complète des trains n'agit pas sur le nombre des mécaniciens, chauffeurs et conducteurs-chefs et ne peut guère avoir d'effet que sur le nombre des gardes-freins ; les services centraux nécessitent des cadres dont l'élasticité n'est nullement comparable à celle de la circulation, etc. Mais il est inutile d'insister sur ces considérations ; elles apparaissent à quiconque a la moindre notion de l'exploitation des chemins de fer.

La recette brute ne saurait davantage servir de terme de comparaison : car elle dépend non seulement du trafic et de sa nature, mais encore des tarifs perçus sur le public. Pour un trafic déterminé, le relèvement ou l'abaissement des tarifs augmente ou diminue le produit brut, sans entraîner aucune modification dans la consistance du personnel. C'est donc moins encore la recette que le mouvement de la circulation qui peut être utilement pris en considération, quand on veut apprécier la valeur d'une organisation de Compagnie au point de vue du nombre des agents attachés à l'exploitation.

Sous le bénéfice de ces observations, voici, d'après le dernier volume de statistique internationale, quels sont les chiffres relevés pour les principaux pays de l'Europe en 1883 :

	LONGUEUR EXPLOITÉE au 31 décembre 1883	NOMBRE MOYEN de voyageurs par kilomètre	TONNAGE KILO-MÉTRIQUE moyen	NOMBRE D'AGENTS par kilomètre
	km.		t.	
ALLEMAGNE...... { Chemins de fer de l'État exploités par l'État.........	25.947	214.210	447.840	9,20
Chemins privés exploités par l'État...................	3.112	155.850	556.720	8,44
Chemins privés exploités par des Compagnies.........	6.280	147.090	265.539	6,51
Ensemble........	35.339	197.140	425.030	8,67
AUTRICHE-HONGRIE { Chemins de l'État exploités par l'État...............	3.295	64.980	264.230	5,62
Chemins de l'État exploités par des Compagnies	634	43.490	52.670	3,26
Chemins privés exploités par l'État.................	2.279	113.210	265.700	5,18
Chemins privés exploités par des Compagnies.........	13.449	126.980	389.310	7,14
Ensemble........	19.657	112 300	343.160	7,02
BELGIQUE........ Chemins de l'État..........	3.038	335.480	519.340	15,53
DANEMARK........ { Chemins de l'État exploités par l'État...............	1.072	102.780	43.420	4,27
Chemins de l'État exploités par des Compagnies	520	201.210	52.180	3,76
Ensemble........	1.592	134.930	46.280	4,12
FRANCE (1).....................	29.433	248.390	389.087	8,37
ITALIE.......... { Chemins exploités par l'État.	5.376	218.610	204.600	10,47
Chemins exploités par des Compagnies.............	3.773	127.430	78.050	6,88
Ensemble........	9.149	181.010	152 450	7,96
LUXEMBOURG.....................	149	45.050	245.680	4.90
PAYS-BAS........ { Chemins de l'État exploités par une Compagnie.......	1.163	158.145	229.530	7,21
Chemins privés exploités par des Compagnies.........	827	363.550	238.080	7,52
Ensemble........	1.990	243.510	233.080	7,22
ROUMANIE.....................	1.389	75 840	120.460	5,27
RUSSIE.......... { Chemins de l'État..........	1.470	110.160	189.930	7,21
Chemins privés exploités par des Compagnies.........	22.025	173.990	388.950	9,48
Ensemble........	23.195	170.770	378.910	9,36
SUISSE.......... { Lignes normales..........	2.743	180.320	125.770	5,66
Lignes spéciales...........	86	48.240	3 050	3,22
Ensemble........	2.829	176.310	122.040	5,59

(1) Y compris les chemins de fer d'intérêt local.

2. Plaintes formulées contre l'insuffisance numérique du personnel. — Des plaintes ont souvent été formulées en France contre l'insuffisance numérique du personnel, notamment pour les agents des gares. On a attribué à cette insuffisance, en même temps qu'à d'autres causes, les encombrements qui se sont produits à certaines époques sur les chemins de fer ; on y a vu aussi la source de la fatigue excessive imposée à certains employés et l'origine d'accidents qu'il aurait peut-être été possible d'éviter avec un personnel plus nombreux.

Nous laisserons provisoirement de côté la question de la durée du travail des agents, pour la traiter spécialement dans la suite de ce chapitre, et nous nous bornerons pour l'instant à quelques observations générales.

L'examen du tableau qui précède et dans lequel sont résumées les principales données de la statistique internationale montre que, si dans divers pays le personnel est plus nombreux qu'en France eu égard au trafic, dans d'autres au contraire il l'est moins, et qu'on ne serait point fondé à accuser nos Compagnies d'un excès de parcimonie à cet égard.

En outre, le trafic est soumis à des fluctuations souvent considérables, non seulement d'une année à l'autre, mais encore dans le cours d'une même année. Les Administrations de chemins de fer ne peuvent régler la consistance de leur personnel sur les besoins correspondant au maximum d'intensité de la circulation : il en résulterait pour leur budget, et par contre-coup pour celui de l'État, des charges sans compensation ; une partie des agents serait insuffisamment occupée, en dehors des périodes de fréquentation exceptionnelle, et subirait les funestes effets de l'oisiveté à laquelle ces agents seraient condamnés.

A la vérité, les Compagnies ont la ressource d'adjoindre à leur personnel permanent des agents temporaires, pour faire face aux nécessités imprévues ou passagères ; elles peuvent aussi, dans certains cas, reporter quelques-uns de leurs agents d'un point à un autre de leur réseau. Elles ne manquent pas de recourir à ces expédients. Mais il est des emplois qu'elles ne sauraient confier à des auxiliaires, sans se priver des garanties voulues et sans compromettre l'intérêt supérieur de la sécurité. Le recrutement des agents temporaires présente d'ailleurs de sérieuses difficultés et, quoi qu'on fasse, les périodes d'encombrement trouveront toujours les Compagnies en défaut pour le personnel comme pour le matériel.

Parmi les griefs articulés contre les Compagnies, celui qui est tiré de l'insuffisance du personnel est sans contredit l'un des moins fondés. Nous serions même porté à leur adresser un reproche inverse pour les ligne secondaires, dont il importe de réduire les frais d'exploitation, sous peine de charger outre mesure le compte de la garantie de l'État.

Rappelons, en passant, que le principe de la séparation des Pouvoirs interdit à l'autorité judiciaire de prescrire aux Compagnies l'augmentation de leur personnel, mais que les tribunaux peuvent accorder à ceux qui souffriraient de l'insuffisance du nombre des agents, réparation du préjudice résultant de cette insuffisance (Cour de cassation, 27 mai 1862, Cᵉ de l'Est).

3. Recrutement du personnel. Emplois réservés aux anciens militaires. — A l'origine des chemins de fer, les Compagnies ont eu une certaine peine à recruter leurs agents. Les carrières industrielles n'étaient pas en honneur comme elles le sont aujourd'hui. Celle des chemins de fer, en particulier, n'avait pas encore des bases assez larges et n'offrait pas assez de garanties d'avenir pour attirer les candidats. Aujourd'hui, la situation s'est complètement transformée. L'importance considérable des administrations de Compagnies, la puissance de leurs cadres, la hiérarchie solide qui y a été établie, la régularité des avancements, les avantages matériels attachés à la plupart des emplois, la perspective de pensions de retraite supérieures à celles que peuvent obtenir les serviteurs de l'État, la considération qui s'attache à des fonctions comparables aux fonctions publiques, tout concourt à provoquer les candidatures les plus sérieuses. Aussi le niveau intellectuel et moral des agents est-il maintenant très élevé.

Nous n'avons point à entrer ici dans un exposé de détail des règles admises par les Compagnies pour le recrutement des employés. Il suffira de quelques indications sur certains points spéciaux.

Le personnel supérieur est le plus souvent emprunté à l'École polytechnique, et particulièrement aux corps des ponts et chaussées ou des mines ; les Compagnies ont ainsi la certitude d'être servies par des fonctionnaires possédant, outre la science théorique, une grande expérience de l'administration et, par-dessus tout, une honnêteté, une probité, un dévouement au devoir et un patriotisme éprouvés.

Aux degrés inférieurs de la hiérarchie, les Compagnies s'efforcent de faire entrer autant que possible les fils d'employés ; elles font même, au besoin, quelques sacrifices pour perfectionner l'instruction préparatoire de ceux de ces jeunes gens qui paraissent présenter des dispositions et des aptitudes spéciales. Les candidats de cette catégorie, témoins du service pendant leur enfance, c'est-à-dire à l'âge où l'intelligence a le plus de souplesse et où les leçons se gravent le plus profondément, font en général d'excellents agents. Leur entrée au service des Compagnies constitue en outre une précieuse amélioration du sort de leur famille ; en même temps, le soin et l'habileté avec lesquels ils remplissent leurs fonctions rémunèrent les Compagnies des sacrifices que celles-ci ont pu faire pour compléter leur instruction.

L'article 65 du cahier des charges des grandes Compagnies portait qu' « un règlement d'administration publique déterminerait, la Compa-« gnie entendue, les emplois dont la moitié devrait être réservée aux an-« ciens militaires de l'armée de terre et de mer libérés du service ». Le règlement que prévoyait cet article n'a jamais été édicté. A l'origine, l'Administration a cru devoir en ajourner l'élaboration jusqu'à ce que la pratique eût indiqué les postes qui pourraient être le plus utilement confiés aux anciens militaires, sans préjudice pour la sécurité de l'exploitation. Plus tard, elle a jugé inutile de donner suite à la stipulation de l'article 65, attendu que les Compagnies avaient satisfait d'elles-mêmes au vœu des Pouvoirs publics, en ouvrant largement leurs rangs aux anciens militaires qui leur fournissaient des agents ayant de la fermeté, de la tenue et un respect inviolable de la consigne : le fait était solennellement constaté dans l'enquête de 1853-1857. Aujourd'hui, l'institution du service obligatoire, qui fait passer presque tous les Français sous les drapeaux, a enlevé tout intérêt pratique à cette stipulation.

Mais, en 1873, l'Assemblée nationale s'est demandé si, tout en restant dans les limites du cahier des charges, il ne conviendrait pas de mentionner certains emplois des Compagnies, notamment ceux d'agents des trains, de facteurs, d'aiguilleurs et de surveillants, parmi les emplois réservés aux sous-officiers sortant de l'armée après 12 années de service, dont 4 dans le grade, c'est-à-dire remplissant les conditions de l'article 71 de la loi du 27 juillet 1872. La Commission chargée de présenter un ensemble de dispositions législatives sur le recrutement et l'organisation des armées de terre et de mer a conclu négativement par l'organe de M. de Chasseloup-Laubat. Elle y a été déterminée par les raisons suivantes :

1° Les obligations contractuelles imposées aux Compagnies ne les contraignaient pas à prendre tel ou tel militaire se trouvant dans le cas prévu par l'article 71 de la loi du 27 juillet 1872, de préférence à tel ou tel autre qui leur semblerait en état de rendre de meilleurs services, eu égard à son âge et à sa vigueur physique.

2° Les Compagnies assuraient à leurs employés des pensions de retraite, dans la liquidation desquelles les années passées sous les drapeaux n'entraient point en ligne de compte : or la Commission s'était imposé la règle de ne réserver aux sous-officiers que des emplois donnant droit à une pension de retraite basée sur les services militaires comme sur les services civils. Les Compagnies ne pouvaient être astreintes à accepter une semblable condition et à grever ainsi leur budget.

3° Enfin, en vertu d'une convention passée entre le Ministre de la guerre et les principales Compagnies, celles-ci étaient autorisées à reprendre, après une année de service actif, ceux de leurs employés soumis au service de 5 ans, à charge de les verser, en cas de guerre, dans les compagnies d'ouvriers de chemins de fer attachés aux régiments du génie. Il en résultait que les sous-officiers ayant passé 12 ans sous les drapeaux se seraient trouvés en concurrence avec de jeunes soldats ayant seulement une année de service.

L'Assemblée nationale a ratifié les conclusions de sa Commission, en votant la loi du 24 juillet 1873.

Récemment, le Ministre de la guerre a provoqué une nouvelle étude de la part du Ministre des travaux publics. Les grandes Compagnies ont consenti à reculer à 36 ans, en faveur des sous-officiers ayant contracté deux rengagements de 5 années et jouissant de la pension proportionnelle instituée par la loi du 23 juillet 1881, la limite d'âge fixée pour l'admission dans le personnel des chemins de fer. Le Comité consultatif a conclu à reporter cette limite à 37 ans.

Nous devons encore mentionner l'article 74 de l'ordonnance du 15 novembre 1846, aux termes duquel « nul ne devait être employé en qua-« lité de mécanicien conducteur de train, s'il ne produisait des certificats « de capacité délivrés dans les formes qui seraient déterminées par le « Ministre des travaux publics ». Cette disposition est restée sans suite ; les Compagnies ont toujours des candidats instruits et capables pour les emplois de mécanicien, qui sont bien rétribués.

4. **Emploi des femmes.** — Les Compagnies ont, pour ainsi dire, de tout temps, confié un certain nombre d'emplois à des femmes. Elles y ont trouvé, outre un léger profit résultant de la modicité des émoluments alloués aux agents du sexe féminin, le grand avantage d'améliorer la situation d'une partie de leurs agents mariés, et surtout d'assurer le sort des veuves et des filles de leurs anciens employés.

Les principaux postes occupés par les femmes sont les suivants :
— receveuses titulaires, chargées de tenir les guichets et de distribuer les billets dans les grandes gares ;
— aides-receveuses, concourant avec leur mari à la distribution des billets dans les gares de moyenne importance ;

— gardes-barrières des passages à niveau ;

— préposées à la salubrité.

Certaines Compagnies emploient également des femmes dans les bureaux de l'administration centrale, pour les opérations de contrôle de la comptabilité.

L'expérience a prouvé que les femmes acquièrent souvent une dextérité sans égale pour l'accomplissement des fonctions dont elles sont ainsi chargées, notamment pour la distribution rapide des billets et l'échange de la monnaie.

Beaucoup de femmes, filles ou veuves d'agents sont aussi occupées à la tenue des bibliothèques et bazars, ainsi qu'à la vente des journaux et de certains objets de consommation.

L'un des principaux champions du travail des femmes dans les exploitations de chemins de fer a été M. Félix Mangini, ancien président du Conseil d'administration de la Compagnie des Dombes, qui a présenté, à ce sujet, un rapport fort intéressant à la Société d'économie politique de Lyon (février 1883). Dans ce rapport, M. Mangini a cherché à mettre en relief les avantages que pouvait présenter l'extension de l'emploi des femmes, au point de vue de la réduction dans les dépenses d'exploitation et surtout au point de vue moral, en offrant un nouvel aliment à l'activité du sexe féminin et en obligeant l'homme à chercher un travail plus en rapport avec ses aptitudes. Il s'est appuyé sur sa propre expérience et a soigneusement exposé les tentatives auxquelles il s'était livré sur le réseau des Dombes, ainsi que les résultats qu'il en avait obtenus. En dehors des emplois que nous avons déjà énumérés comme confiés à des femmes par les grandes Compagnies, il cite les suivants : chefs des stations secondaires (sauf à faire aider les titulaires aux jours d'affluence provoquée par un marché, une foire ou toute autre cause, et à les décharger de l'entretien et de l'éclairage des lanternes d'aiguilles, ainsi que du nettoyage des voies et des quais à marchandises) ; adjointes aux chefs des gares plus importantes, pour la distribution des billets et la tenue des écritures ; attachées aux bureaux de contrôle et de statistique, non seulement pour les billets de voyageurs, mais encore pour le transport des marchandises, la vérification des taxes, les échanges de matériel, le portefeuille, les comptes communs et la comptabilité générale.

5. Droits de l'État en ce qui concerne le personnel des Compagnies. — L'État a un droit de coercition, en ce qui touche la consistance numérique de certaines catégories d'agents. C'est ainsi qu'aux termes de l'article 3 de l'ordonnance du 15 novembre 1846, « en cas d'insuffisance

« du nombre des gardiens préposés à la surveillance et à la manœuvre
« des aiguilles, ce nombre est fixé par le Ministre des travaux publics, la
« Compagnie entendue ». L'article 18 de la même ordonnance confère au
Ministre le pouvoir de déterminer, sur la proposition de la Compagnie,
suivant la composition des trains et le profil des lignes, le nombre des conducteurs gardes-freins devant accompagner les trains de voyageurs. L'article 31 lui attribue un droit analogue pour les agents chargés de veiller
à l'entretien (1) et à la surveillance de la voie, d'assurer la libre circulation
des trains et la transmission des signaux. Les articles 60 et 69 obligent en
outre la Compagnie à soumettre à l'approbation ministérielle tous leurs
règlements relatifs au service et à l'exploitation des chemins de fer et disposent que, faute par les Compagnies d'avoir présenté leurs propositions
dans le délai qui leur aura été imparti, il sera statué d'office par le
Ministre. Enfin, le cas échéant, des règlements d'administration publique
pourraient être édictés, en exécution de l'article 9 de la loi du 11 juin
1842, si cela était jugé nécessaire pour garantir la police, la sûreté et la
conservation de la voie ferrée et de ses dépendances.

Les cahiers des charges renferment des dispositions du même ordre.
L'article 31, par exemple, oblige les Compagnies à établir des gardiens en
nombre suffisant pour assurer la sécurité du passage des trains sur la voie
et celle de la circulation ordinaire sur les points où le chemin de fer est
traversé à niveau par des routes ou chemins. L'article 33 rappelle que la
Compagnie sera soumise aux règlements d'administration publique
intervenus ou à intervenir pour la police et l'exploitation du chemin de
fer, ainsi que pour la conservation des ouvrages qui en dépendent.

L'État a donc les pouvoirs les plus étendus à cet égard.

Là ne s'arrêtent pas les droits de l'Administration. En vertu du décret
du 27 mars 1852, « le personnel actif est soumis à la surveillance de
« l'Administration, et celle-ci peut requérir la révocation de tel ou tel
« agent, la Compagnie entendue ». Le Ministre des travaux publics n'a
eu que rarement l'occasion d'user du décret de 1852. Cependant il en
a fait application dans quelques circonstances, notamment contre un chef
de gare qui avait violemment expulsé un magistrat d'une gare où il avait
le droit de pénétrer (1853); son droit lui a en outre permis d'obtenir le
déplacement d'agents dont le maintien dans leur résidence lui paraissait
offrir des inconvénients.

Le décret du 27 mars 1852 donne lieu à trois observations :

1° Le pouvoir dont il investit l'Administration est absolument discré-

____

(1) Voir aussi l'art. 2 de l'ordonnance du 15 novembre 1846.

tionnaire. La date à laquelle il a été édicté montre d'ailleurs qu'il a été surtout motivé par des considérations politiques (1); mais les termes généraux dans lesquels il est conçu le rendent applicable à tous les cas, aussi bien pour des motifs tirés de l'accomplissement des devoirs professionnels des agents, que pour des motifs tirés du respect dû aux institutions.

2° L'auteur du décret n'a pas défini ce qu'il entendait par « personnel « actif ». Suivant M. Lamé Fleury (code annoté), il faut comprendre sous cette dénomination les chefs de service et les agents de la voie, du mouvement et de l'exploitation, et n'en exclure que les employés des bureaux de l'administration et les ouvriers à la journée.

Certaines Compagnies ont fait une ventilation de leurs agents entre le service sédentaire et le service actif, particulièrement au point de vue du droit à la retraite et de la liquidation de la pension. Toutefois, cette distinction d'ordre purement intérieur ne lierait pas l'Administration.

En général et sauf des considérations d'espèce, le personnel actif nous parait devoir comprendre tous les agents qui ont un service extérieur, c'est-à-dire tous les agents autres que ceux qui sont attachés exclusivement à des bureaux et n'ont aucun rapport avec le public, ni aucune autorité sur d'autres agents du service extérieur.

6. Division en agents commissionnés et agents en régie. — Les agents des Compagnies se divisent en agents commissionnés et agents en régie.

Les agents commissionnés sont ceux qui sont attachés à la Compagnie, à titre définitif et permanent; leurs émoluments sont fixés à l'année.

Les agents en régie sont ceux qui ne sont employés qu'à titre temporaire, soit qu'ils aient à subir un stage avant d'être pourvus d'une commission, soit qu'ils aient été recrutés pour faire face à des nécessités passagères.

Cette division peut présenter un intérêt pratique, au point de vue du droit à une pension de retraite, comme nous le verrons par la suite, et aussi au point de vue des pouvoirs disciplinaires de la Compagnie, notamment en ce qui touche la révocation.

La Commission de la Chambre des députés, appelée à se prononcer sur la proposition de MM. Raynal et autres députés en date du 6 février 1882, concernant les rapports entre les Compagnies et leurs agents commissionnés, avait introduit dans son projet une disposition aux termes de laquelle un règlement d'administration publique devait déterminer les em-

_____

(1) Voir une circulaire ministérielle du 9 juillet 1877.

plois qui ne pourraient être confiés qu'à des agents commissionnés. Son but était d'empêcher les Compagnies d'éluder la loi et d'échapper aux restrictions dont leurs pouvoirs disciplinaires vis-à-vis de leurs agents commissionnés allaient être entourés. Mais le Ministre des travaux publics combattit cette disposition comme répondant à des craintes purement chimériques, attendu que jamais une Compagnie ne parviendrait à recruter et à conserver son personnel sans lui assurer une position stable et permanente, et d'autre part comme inapplicable, puisqu'elle obligerait à former exclusivement d'agents commissionnés une partie des cadres et porterait ainsi obstacle au stage, au surnumérariat indispensable pour mettre les candidats à l'épreuve. Après coup, le Ministre céda, mais en demandant expressément que pour chaque catégorie d'emplois une certaine proportion pût être attribuée à des agents non commissionnés. La Chambre vota la disposition additionnelle de la Commission, après l'avoir amendée ainsi : « Dans « les six mois qui suivront la promulgation de la présente loi, un règle- « ment d'administration publique déterminera : 1° les emplois que les « Compagnies ne pourront confier qu'à des agents commissionnés, ou à « des agents qui devront être commissionnés après un an de stage au « plus...... ». Mais le Sénat n'a pas encore statué ; son rapporteur, M. Cuvinot, a formulé un avis défavorable, comme nous l'exposerons un peu plus loin.

7. **Durée du travail imposé aux agents.** — Les membres du Parlement et les publicistes, qui se font les interprètes des vœux du personnel attaché à l'exploitation des chemins de fer et les organes de ses revendications, ont souvent formulé des plaintes au sujet de l'excès de travail imposé à certains agents, notamment aux mécaniciens, chauffeurs, agents des trains et aiguilleurs.

De son côté, l'Administration, mue par des préoccupations humanitaires sur lesquelles nous n'avons pas à insister et aussi par des considérations de sécurité publique, n'a cessé d'étudier la question avec une constante vigilance. On en trouve la trace dans le rapport de la Commission d'enquête instituée en 1853, dans le rapport du Comité de l'exploitation technique sur la proposition de loi présentée en 1882 par M. de Janzé et plusieurs autres députés, dans les circulaires ministérielles du 3 mai 1864 et du 17 avril 1883, et dans divers autres documents qui ont reçu une publicité moins étendue.

a. MÉCANICIENS ET CHAUFFEURS. — Les Compagnies françaises ont pris le parti de confier à chaque mécanicien une machine déterminée : cet agent entretient et dirige sa locomotive, comme le cavalier a son cheval à panser et à conduire. Ce système a l'avantage tout à la fois d'assurer un meilleur entretien de la machine, que le mécanicien s'habitue presque à considérer comme sa chose, et d'établir nettement les responsabilités en cas de défaut de soins ou d'avaries ; il assure à l'agent des primes plus élevées ; le personnel y trouve son compte tout comme les Compagnies.

En voulant fixer une limite trop faible pour le nombre d'heures de présence consécutive des mécaniciens dans l'enceinte des chemins de fer, on serait inévitablement conduit, soit à abandonner ce mode de procéder, soit à multiplier outre mesure les dépôts où se font les changements de mécaniciens et de machines. L'une et l'autre de ces deux solutions présenteraient les plus graves inconvénients. La première ferait perdre les avantages que nous avons précédemment indiqués. La seconde entraînerait des dépenses supplémentaires de premier établissement et d'exploitation ; des dépôts trop multiples seraient nécessairement moins bien outillés pour les réparations courantes auxquelles il doit y être procédé ; les machines seraient moins complètement utilisées ; les changements de locomotives donneraient lieu à des pertes de temps ; la responsabilité des chefs de dépôt étant plus divisée serait moins effective.

Il n'en résulte pas néanmoins que les Compagnies puissent se croire autorisées à exiger des mécaniciens ou chauffeurs une somme de travail supérieure à celle que peuvent normalement fournir les forces physiques de l'homme. Il n'en résulte pas qu'elles soient fondées à surmener des agents dont le sort est particulièrement intéressant, qui sont exposés à toutes les intempéries, que leur profession contraint à rester constamment debout sur leur machine pendant la marche des trains, dont l'attention doit être incessamment en éveil, dont la vie est plus particulièrement en péril lors des accidents, qui sont tenus de soutenir une lutte incessante contre la lassitude et dont la moindre défaillance peut être funeste à la sécurité de la circulation.

Mais, entre les deux écueils, il y a une sage mesure à garder. Il ne faut ni céder outre mesure à des sentiments de bienveillance et de philanthropie, quelque louables qu'ils soient, ni se laisser entraîner trop loin par un désir d'économie et faire trop bon marché de la santé et de la vie des hommes.

Il importe aussi de ne pas oublier que l'intensité de la circulation est soumise à des fluctuations souvent considérables ; qu'il serait déraisonnable d'exiger des Compagnies un personnel réglé sur le trafic maximum ; que les mécaniciens et les chauffeurs doivent, comme tous les autres agents, donner des *coups de collier* à certaines époques.

Sous le bénéfice de ces observations, les tableaux de roulement doivent être étudiés et aménagés, sinon de manière à n'imposer qu'un travail journalier uniforme et très restreint, du moins de manière à n'excéder en aucune circonstance un maximum qui ne saurait être impunément dépassé, et à toujours intercaler, entre deux périodes successives de travail, un repos suffisant pour réparer les forces des agents. Dans l'élaboration et l'appréciation de ces tableaux, il faut ne point se borner à des moyennes, mais fixer son attention sur les détails de l'organisation du service. Tel agent pourrait n'être astreint qu'à une moyenne très faible de travail journalier et cependant être surmené à un moment déterminé. Il faut aussi avoir égard, non seulement à la durée de marche de la machine, mais encore à celle de la présence inévitable des agents au dépôt avant le départ et après l'arrivée, et à celle des repos qui peuvent être trop courts pour avoir quelque efficacité et notamment pour permettre aux agents de prendre un peu de sommeil.

Y a-t-il eu des abus à cet égard ? On ne saurait le contester ; les enquêtes ouvertes sur les accidents en ont révélé quelques-uns. Nous croyons cependant ces abus moins nombreux qu'on ne l'a parfois soutenu. Le Comité de l'exploitation technique s'est en effet livré, en 1882, à des investigations approfondies sur les mutations survenues dans le personnel des mécaniciens et chauffeurs des six grandes Compagnies ; la statistique dressée au cours de son enquête a montré le peu de fondement de la légende qui représente les agents comme généralement épuisés après quinze années de service.

Quoi qu'il en soit, par une circulaire du 17 avril 1883, le Ministre des travaux publics a limité à douze heures par jour, y compris le temps de présence obligatoire avant et après le service, la durée de travail des mécaniciens et des chauffeurs. Les auteurs de la proposition de loi déposée le 2 mars 1882 et le 16 janvier 1886 sur le bureau de la Chambre des députés avaient demandé la limite de huit heures.

b. CONDUCTEURS ET GARDES-FREINS. — Généralement les conducteurs et gardes-freins accompagnent leur train sur tout son parcours ; cependant des relais sont organisés quand ce parcours est trop long Il existe également des relais pour les trains de marchandises à grande distance. On conçoit cependant que ces relais ne puissent être trop multipliés ; le contrôle des billets serait ou insuffisant ou trop répété et vexatoire pour les voyageurs ; le service des bagages et des marchandises en souffrirait, au double point de vue de la régularité et de la rapidité ; la responsabilité des agents pour la bonne exécution de ce service serait moins engagée.

D'après les indications contenues dans le rapport de 1882 au Comité de l'exploitation technique, les conditions de travail sont les suivantes.

Les conducteurs et gardes-freins du service de voyageurs des grandes lignes, dont le parcours est en moyenne de 250 kilomètres, n'ont pas plus de cinq heures de trajet pour les trains express et de dix heures pour les trains omnibus. Ceux du service de marchandises ont un parcours de 140 kilomètres environ et un maximum de dix heures de service. Arrivés à leur point terminus, ces agents ont un repos de huit à dix heures, puis reprennent un train de retour. Revenus dans leur résidence, ils ont une interruption de service de dix-huit à vingt-six heures. Cette interruption est portée à trente-six heures à la fin de la quinzaine.

Les dispositions de la circulaire ministérielle du 17 avril 1883 s'appliquent d'ailleurs aux conducteurs et gardes-freins.

c. Aiguilleurs. — **Parmi les agents du service actif, les aiguilleurs doivent remplir leurs fonctions avec une assiduité et une vigilance toutes particulières, et avoir une conduite exemplaire.**

Il ne saurait y avoir de règle fixe pour le nombre maximum des aiguilles confiées à un même agent, ainsi qu'on l'a proposé à diverses reprises. Dans une même gare, la répartition doit être faite en tenant compte de la fréquence des manœuvres, de la situation et de l'affectation des aiguilles, des dispositions adoptées pour les appareils de commande.

Des perfectionnements, relativement récents, permettent d'ailleurs de manœuvrer les aiguilles à grande distance et de concentrer les leviers, pour les gares importantes, dans des cabines ou postes, où ils sont sous la main d'un agent qui peut être ainsi, sans fatigue et au grand avantage de la sécurité, préposé à des aiguillages nombreux et très éloignés les uns des autres.

Loin d'interdire de confier à un même agent la manœuvre d'aiguilles et de signaux, il convient de développer les enclenchements, c'est-à-dire la solidarisation de ces appareils, de telle sorte que toute manœuvre soit mécaniquement couverte par le signal qui la protège.

C'est ce qu'a fait remarquer le Conseil d'État dans un avis d'assemblée générale en date du 5 avril 1884.

La durée du travail des aiguilleurs ne saurait non plus être soumise à des principes inflexibles et en quelque sorte mathématiques. D'après l'enquête de 1882 du Comité de l'exploitation technique, les agents chargés de postes importants auraient un service tiercé de huit heures; ce délai serait même quelquefois réduit à six heures. Pour les postes d'importance secondaire, la durée du service serait de douze heures sur vingt-quatre, avec de nombreuses et longues interruptions de travail.

Dès le 3 mai 1864, d'ailleurs, le Ministre des travaux publics a formellement interdit aux Compagnies de dépasser la limite de douze heures, même en cas de transmission de service.

Nous bornons nos indications aux catégories d'agents qui ont plus spécialement éveillé la sollicitude de l'Administration et des Pouvoirs publics. Des observations analogues pourraient s'appliquer aux autres catégories. Il suffira de rappeler la considération suivante de l'avis déjà cité du Conseil d'État : « Considérant que, s'il importe au plus haut point à « la sécurité de ne pas soumettre les agents à un travail excessif et s'il est « du devoir de l'Administration de réprimer les abus à cet égard, il paraît « cependant impossible de lier par des règles trop étroites une industrie « d'activité essentiellement variable comme celle des chemins de fer et « d'édicter des prescriptions uniformes, applicables à tous les agents, sans « tenir compte de l'intensité de leur travail. »

Au surplus, comme nous l'avons déjà fait remarquer à propos du nombre des agents, le Ministre des travaux publics est explicitement investi par l'ordonnance du 15 novembre 1846 du droit de déterminer la composition du personnel et, par suite, la durée du travail pour certains emplois. Les articles 60 et 69 de la même ordonnance et, au besoin, l'article 9 de la loi du 11 juin 1842 lui donneraient les pouvoirs les plus étendus dans l'intérêt de la sécurité. Ses prescriptions trouveraient leur sanction dans l'article 21 de la loi du 15 juillet 1845.

Le Ministre a déjà usé de ses pouvoirs en limitant à douze heures la durée journalière du travail des aiguilleurs, par circulaire du 3 mai 1864, et celle des mécaniciens, chauffeurs, conducteurs, gardes-freins et stationnaires du block-system, par circulaire du 17 avril 1883. Il n'hésiterait certainement pas à prendre de nouvelles mesures, si la nécessité venait à s'en révéler.

8. Employés de nationalité étrangère. — Ni les contrats, ni les règlements n'interdisent aux Compagnies de prendre à leur service des agents de nationalité étrangère. A diverses reprises, des membres du Parlement obéissant à des considérations patriotiques ont demandé que, au moins sur certaines parties du réseau, les étrangers fussent exclus. Pour justifier cette proposition, on a invoqué le rôle considérable des voies ferrées dans les opérations militaires ; on a cité le fait d'un agent qui, avant 1870, avait occupé un emploi relativement élevé dans l'une de nos Administrations de chemins de fer et qui avait ensuite joué un rôle important dans l'invasion du territoire français. Mais les Pouvoirs publics ont toujours reculé devant une mesure d'exclusion qui aurait dû être générale et s'appliquer indistinctement à toutes les nationalités, et qui aurait exposé à des représailles nos nationaux assez nombreux attachés à l'exploitation des chemins de fer étrangers (1).

9. **Assermentation de certains agents des Compagnies.** — L'art. 23 de la loi du 15 juillet 1845 porte que les crimes, délits et contraventions prévus aux titres I et III (conservation du chemin de fer et sûreté de la circulation) pourront être constatés par des gardes agréés par l'Administration et dûment assermentés ; que les procès-verbaux dressés par ces agents feront foi jusqu'à preuve contraire ; qu'au moyen du serment prêté devant le tribunal de première instance de leur domicile, les employés ainsi agréés pourront verbaliser sur toute la ligne du chemin de fer auquel ils seront attachés ; enfin que leurs procès-verbaux devront, à peine de nullité, être affirmés dans les trois jours, devant le juge de paix ou le maire, soit du lieu du délit ou de la contravention, soit de la résidence de l'agent.

D'autre part, aux termes de l'art. 64 du cahier des charges, les agents assermentés sont assimilés aux gardes-champêtres.

L'assermentation est précédée d'une présentation au préfet, de la délivrance d'une commission par ce haut fonctionnaire et d'un réquisitoire du procureur de la République.

Le droit dont est passible, au profit du Trésor, l'acte de prestation de serment est de 4 fr. 50.

Les agents des Compagnies agréés par l'Administration et assermentés acquièrent-ils de ce chef la qualité de fonctionnaires publics ? La Cour de cassation l'a admis à différentes reprises, notamment par deux arrêts du 23 novembre 1874 (Vincent et autres) et du 27 avril 1880 (Streicher). A la vérité, il s'agissait d'interpréter des dispositions législatives en matière électorale ; la Cour a considéré qu'à défaut de définition du « fonc-« tionnaire public » il fallait considérer comme tel tout citoyen investi d'un caractère public et chargé d'un service permanent d'utilité publique, qu'il soit ou non rétribué sur les fonds de l'État. On peut encore citer un autre arrêt de la Cour suprême du 21 avril 1879 (Dupleich contre Ducassé), rendu également en matière électorale et refusant la qualité de fonctionnaire public à un cantonnier non assermenté.

---

(1) Aux termes des actes italiens de concession du 27 avril 1885, les Compagnies doivent employer exclusivement des nationaux, sauf exception autorisée par le Gouvernement.

L'assimilation des agents assermentés aux officiers de police judiciaire les rend justiciables des Cours d'appel pour les délits commis dans les fonctions qu'ils exercent à ce titre (art. 479 et 483 du Code d'instruction criminelle). Ce principe a été appliqué en 1853 par la Cour de Nancy à l'égard d'un chef de station et d'un surveillant qui avaient outragé publiquement, avec violence et rébellion, des magistrats et des officiers de police judiciaire.

Mais les agents assermentés ne sauraient invoquer cette qualité pour des faits étrangers à l'exercice de leurs fonctions de police judiciaire ; ils restent notamment justiciables des tribunaux correctionnels, pour les délits ou contraventions commis par eux en cas d'accident ou d'infraction aux règlements sur l'exploitation ; c'est ce qu'a décidé la Cour de cassation, le 12 novembre 1857, en rejetant le pourvoi d'un sous-chef de gare condamné pour homicide par imprudence.

10. Protection accordée aux agents contre les injures et les outrages. — Aux termes de l'article 25 de la loi du 15 juillet 1845, toute attaque, toute résistance avec violence et voies de fait envers les agents des chemins de fer, dans l'exercice de leurs fonctions, est punie des peines appliquées à la rébellion, suivant les distinctions faites par le Code pénal (art. 209 et suivants).

Certains tribunaux ont fait, à cet égard, une différence entre les agents assermentés et les agents non assermentés et ont refusé à ces derniers le bénéfice de l'article 25 de la loi du 15 juillet 1845 ; les termes généraux de la loi ne nous paraissent pas se prêter à cette distinction.

Au contraire, pour les outrages par paroles et les injures, la peine à appliquer est différente, suivant que l'agent outragé est assermenté ou ne l'est pas. Dans le premier cas, l'employé doit être considéré comme un « citoyen chargé d'un ministère de service public » et protégé par l'article 224 du Code pénal ou même par la loi du 17 mai 1819, quand l'injure a été publique. Dans le second cas, au contraire, le coupable ne tombe que sous le coup de l'article 471, § 11, du Code pénal et n'est par suite passible que des peines de simple police (1).

11. Du témoignage en justice des agents. — L'article 283 du Code de procédure civile permet de reprocher, comme témoins, les serviteurs

(1 Nous signalerons incidemment un arrêt de la Cour de cassation du 12 février 1886 (Caucel contre Munier et Sauvaget) déniant à un représentant ou à un ingénieur d'une Société de construction de chemin de fer la qualité de citoyen chargé temporairement d'un service public. Il s'agissait d'une question de compétence, en matière de diffamation.

et domestiques. On a souvent soutenu que cette disposition était applicable aux agents des Compagnies ; mais la jurisprudence a repoussé une assimilation que ne justifient ni la situation des employés, ni la saine interprétation de la loi. En effet, si le législateur a frappé de suspicion le témoignage des domestiques et serviteurs, c'est parce qu'il n'a pas reconnu une liberté suffisante aux citoyens attachés au service d'une personne ou à sa maison, vivant sous son toit, placés vis-à-vis d'elle dans une étroite dépendance, occupant près d'elle une situation particulièrement humble. Les mêmes motifs n'existent pas pour les employés qui, bien que nommés et payés par la Compagnie, bien que révocables à son gré, ne sont cependant point dans une dépendance comparable à celle des domestiques et serviteurs et dont la sincérité ne doit pas être suspectée à priori. Le pouvoir discrétionnaire exercé par les magistrats dans l'appréciation de la valeur des dépositions suffit à concilier tous les intérêts et à assurer une bonne justice. Les agents des Compagnies ne peuvent donc être récusés en cette seule qualité ; leur récusation ne serait même pas justifiée par cette circonstance, qu'ils auraient déjà adressé sur l'affaire un rapport à leur administration ; elle ne serait possible que pour les faits susceptibles d'engager la responsabilité personnelle du témoin ou de l'exposer à des peines disciplinaires. (Voir notamment les arrêts de la Cour de Douai, 14 mai 1869, Cie du Nord contre Carniaux et Walbert ; de la Cour de Chambéry, 5 mai 1876, Rossat contre Cie de P.-L.-M. ; de la Cour de cassation, 29 décembre 1880, Cie de P.-L.-M. et Sigrand contre Armand ; de la Cour de Chambéry, 8 août 1883, Marjollet contre Cie de P.-L.-M.)

Les agents des Compagnies sont même très souvent cités comme témoins dans les instances judiciaires. Par deux circulaires des 23 juillet et 13 septembre 1863, le Ministre des travaux publics a invité les Compagnies à leur donner toutes facilités pour les déplacements qu'ils ont à faire en pareil cas. La demande d'autorisation d'absence et la réponse doivent être transmises par le télégraphe ; les dépêches de cette nature sont considérées comme dépêches de service et exemptes de la taxe.

De son côté, le Ministre de la justice a, par une circulaire du 7 septembre 1863, invité les procureurs généraux à prendre les mesures nécessaires pour laisser aux Compagnies le temps de remplacer les agents appelés à témoigner devant la justice.

12. Égards dus au public par les agents des Compagnies. — Par une circulaire du 31 juillet 1879, le Ministre des travaux publics a rappelé aux Compagnies les égards que leurs agents doivent avoir envers le public et particulièrement envers les personnes âgées et infirmes.

Les commissaires de surveillance administrative doivent, aux termes de la circulaire ministérielle du 15 février 1881, adresser, le cas échéant, aux employés les recommandations nécessaires pour qu'ils écoutent avec politesse les réclamations et les observations du public, lui donnent les renseignements voulus et montrent une juste déférence envers les personnes revêtues d'un caractère public.

13. Uniforme et signes distinctifs portés par les agents. — Aux termes de l'art. 73 de l'ordonnance du 15 novembre 1846, « tout agent « employé sur les chemins de fer doit être revêtu d'un uniforme et por- « teur d'un signe distinctif ». Ainsi que l'explique la circulaire ministérielle du 31 décembre 1846, cette disposition vise exclusivement les agents qui, à un titre quelconque, se trouvent, de près ou de loin, en contact avec le public et dont il importe de pouvoir distinguer immédiatement la qualité.

Les Compagnies ne peuvent affranchir leurs employés de cette obligation, qui leur est imposée sous les peines de l'art. 21 de la loi du 15 juillet 1845 (Cour de cassation, 9 janvier 1852, Gervais).

14. Discipline du personnel des Compagnies. — *a.* Droit et jurisprudence. — Les employés des Compagnies sont soumis à des règles disciplinaires et peuvent être frappés de peines, telles que la retenue de traitement ou de salaire, la suspension, la descente de classe ou même la révocation.

On conçoit en effet que le nombre considérable des agents, la nécessité de leur obéissance absolue aux règlements et aux ordres reçus, l'intérêt supérieur de la régularité et surtout de la sûreté de l'exploitation, exigent, dans le personnel des Compagnies, une ponctualité et une discipline rigoureuses. Il y a là, pour ainsi dire, un principe d'ordre public qui, d'ailleurs, n'exclut nullement la bienveillance de la part des chefs de service.

Plus d'une fois cependant, les agents des Compagnies ont protesté contre le régime trop sévère, suivant eux, qui leur était imposé; plus d'une fois, la tribune du Parlement a retenti de l'écho de leurs réclamations. C'est naturellement le droit de révocation qui a provoqué de leur part les plaintes les plus vives et les plus répétées.

Avant de rappeler leurs revendications et de dire les mesures élaborées par le Parlement pour leur donner une légitime satisfaction, nous devons indiquer brièvement les dispositions législatives qui régissent la matière et les applications que l'autorité judiciaire a faites de ces dispositions. Nous insisterons d'ailleurs tout particulièrement sur la révocation.

Le louage des « gens de travail » n'a fait l'objet que de courtes dispositions dans le Code civil. Aux termes de l'article 1780, « on ne peut engager ses services qu'à temps, ou pour une entreprise déterminée ». C'est le corrollaire de l'art. 15 de la *déclaration des droits* qui précédait la Constitution du 5 fructidor an III : « Tout homme peut engager son temps et « ses services, mais il ne peut se vendre, ni être vendu ; sa personne n'est « pas une propriété aliénable. »

L'article 1780 du Code civil, dont nous venons de reproduire le texte, n'interdit nullement de donner au contrat une durée indéterminée et ne fixe pas les conditions dans lesquelles ce contrat pourra être rompu.

La Cour de cassation n'a eu à se prononcer que depuis 1868 sur les conflits survenus entre les Compagnies et les agents qu'elles avaient congédiés. Nous laisserons provisoirement de côté, pour y revenir plus tard, les arrêts de 1868 qui se référaient à un cas spécial. D'après les arrêts postérieurs à 1868, il est de principe que le louage de services, sans détermination de durée, peut toujours cesser par la libre volonté de l'un ou l'autre des contractants, en observant toutefois les délais commandés par l'usage ainsi que les autres conditions expresses ou tacites de l'engagement (Cour de cassation, 5 février 1872, Cᶦᵉ de P.-L.-M. contre Falacoz ; 5 février 1872, Cᶦᵉ de P.-L.-M. contre Catrin ; 21 juillet 1873, Cᶦᵉ de P.-L.-M. contre Joly ; 21 juillet 1873, Cᶦᵉ de P.-L.-M. contre Noiret ; 5 août 1873, Cᶦᵉ de P.-L.-M. contre Génin ; 5 août 1873, Cᶦᵉ de P.-L.-M. contre Remlinger ; 28 avril 1874, Cᶦᵉ de P.-L.-M. contre Michotey ; 10 mai 1875, Cᶦᵉ de P.-L.-M. contre Ronot ; 10 mai 1876, Cᶦᵉ de P.-L.-M. contre Ranquat ; 4 août 1879, Cᶦᵉ de P.-L.-M. contre époux Bornens; 2 mai 1881, Rouen contre Cᶦᵉ de P.-L.-M.). Cette faculté de résiliation appartient indistinctement aux deux parties. L'agent peut refuser ses services et abandonner son emploi ; il ne saurait davantage s'imposer à la Compagnie.

Aussi la Cour de cassation n'a-t-elle cessé d'annuler les jugements qui avaient condamné les Compagnies sans constater aucune infraction, soit à des usages, soit à des conditions expresses ou tacites du contrat, et en se fondant uniquement sur ce qu'il ne pouvait être loisible à une Compagnie de renvoyer des employés sans indemnité et sans motifs légitimes et sur ce qu'il n'était pas établi que l'agent révoqué eût encouru une mesure si sévère. Elle ne pouvait décider autrement : car nul n'est en faute et ne peut encourir le paiement de dommages-intérêts, en vertu de l'article 1382 du Code civil, s'il n'a fait qu'user de son droit (1). Elle a d'ailleurs déclaré ex-

____

(1) L'un des arrêts, celui du 4 août 1879 (Cᶦᵉ de P.-L.-M. contre époux Bornens), a repoussé une demande en dommages-intérêts formée par un agent et sa femme privés de leur logement à la suite de leur congédiement. La jouissance du logement était attachée à

plicitement que la Compagnie n'avait pas à rendre compte des motifs de sa détermination (10 mai 1875). De son côté, le Conseil d'État, saisi d'un recours formé par un sieur Chervet contre une décision du Conseil d'administration des chemins de fer de l'État portant révocation du requérant et contre une décision confirmative du Ministre des travaux publics, a rejeté ce recours comme non recevable.

Il convient de remarquer : 1° que les agents congédiés n'ont pas contesté le droit des Compagnies de les relever immédiatement de leur emploi, mais ont prétendu à l'allocation d'une indemnité, par application des articles 1134, 1142 ou 1382 du Code civil ; 2° que les litiges ont surgi exclusivement de la part d'agents commissionnés. (Les agents non commissionnés, employés à titre essentiellement temporaire, ont reconnu le droit des Compagnies de les congédier sans indemnité.)

On a soutenu que la jurisprudence dont nous venons de citer les principaux monuments depuis 1872 n'avait pas toujours été ce qu'elle est aujourd'hui et qu'antérieurement à 1872 la Cour de cassation avait reconnu aux agents congédiés, sinon par des Compagnies de chemins de fer, du moins par les chefs d'autres industries, des droits à une réparation civile. On s'est principalement appuyé sur un arrêt du 8 février 1859, dans un procès engagé par le sieur Potier, chef du chant à l'Opéra, contre la direction de ce théâtre qui l'avait invité à cesser ses fonctions dans les deux jours ; la Cour de Paris avait, conformément à l'usage en matière d'engagements dramatiques, accordé à Potier une indemnité équivalente aux appointements d'une année ; la Cour régulatrice a rejeté le pourvoi formé contre cette décision de la Cour d'appel par un arrêt dont les termes prêtent, il faut le reconnaître, à des divergences d'interprétation et par lequel, tout en reconnaissant le droit de résiliation *ad nutum*, elle admettait cependant le principe des dommages-intérêts, pour le cas où la rupture du contrat aurait lieu à *contre-temps* et *trop brusquement*. Quoi qu'il en soit de l'arrêt de 1859, la Cour en a rendu deux autres en 1864 et 1865, dans un sens tout à fait conforme à ceux de 1872 et des années suivantes, à propos de demandes en indemité formées par des publicistes qui s'étaient vus privés de leur emploi au service d'un journal.

Les règles admises par la Cour régulatrice n'ont rien de spécial à l'industrie des chemins de fer ; elles ont un caractère absolument général et s'appliquent à tous les contrats de louage de services sans durée déterminée.

Il nous reste à dire un mot des arrêts de la Cour de cassation du 4 mai

la fonction ; l'article 1736 du Code civil, concernant les congés relatifs aux baux faits sans écrit, était inapplicable.

1868, que nous avons mentionnés précédemment en annonçant notre intention d'y revenir. La Société des chemins de fer russes (Compagnie Française) avait été obligée de licencier brusquement une grande partie de son personnel français d'ingénieurs, d'employés et même d'ouvriers ; il en était résulté un grand nombre de procès tendant à l'allocation d'indemnités qui s'élevaient à un total de plus de deux millions ; deux de ces procès ont été portés devant la Cour de cassation. Dans le premier, il s'agissait du renvoi du sieur Lehaître, ingénieur en chef ; cet agent n'avait pas de traité écrit ; mais la Compagnie s'était engagée vis-à-vis de ceux de ses collègues qui avaient au contraire un traité en bonne et due forme à leur donner une prime après l'achèvement du chemin de fer ; s'appuyant sur cette clause, le tribunal civil de la Seine avait accordé au sieur Lehaître une indemnité de 100 000 francs, en vertu des articles 1147, 1149 et 1382 du Code civil ; son jugement a été confirmé aux deux degrés supérieurs de juridiction. La seconde espèce (Raffin) était analogue ; toutefois il existait un traité écrit qui assurait à l'ingénieur une prime déterminée et lui promettait une gratification éventuelle après l'achèvement des travaux : la Société a été condamnée au paiement d'une somme de 42 500 francs.

Ces arrêts n'infirment nullement la jurisprudence ordinaire de la Cour de cassation ; ils l'affirment au contraire, puisqu'ils se réfèrent à deux cas où, d'après les stipulations expresses ou tacites, les agents licenciés avaient été engagés pour un délai expirant au plus tôt à la fin des travaux et où des primes leur avaient été promises, soit explicitement, soit implicitement.

Jusqu'ici, nous n'avons parlé que de la mesure disciplinaire la plus grave, celle de la révocation. Les autres mesures n'appellent pour ainsi dire aucune explication : le droit reconnu aux Compagnies de congédier leurs agents entraîne en effet pour elles celui d'appliquer des peines moins rigoureuses, notamment la suspension ou la descente de classe ; en outre les employés s'engagent, lors de leur entrée au service, à se soumettre aux règlements intervenus ou à intervenir et acceptent, par suite, les effets de ceux des règlements qui touchent à la discipline.

b. Modifications demandées dans le régime actuel. — Il faut remonter à l'année 1871 pour trouver l'origine des propositions tendant à modifier le régime actuel.

Le 22 février 1871, les mécaniciens adressaient au Ministre des travaux publics une pétition, par laquelle ils demandaient qu'un règlement disciplinaire équitable fût élaboré par une Commission offrant les garanties voulues d'impartialité et de compétence, et que ce règlement proscrivit la descente de classe pour les agents ayant plus d'une année de service dans cette classe. Cette pétition fut suivie d'une adresse à l'Assemblée nationale et d'une lettre au Ministre de l'intérieur.

Trois ans plus tard, le 3 août 1874, M. Cazot et plusieurs de ses collègues déposaient sur le bureau de l'Assemblée nationale une proposition de loi, aux termes de laquelle les mécaniciens et chauffeurs ne devaient plus pouvoir être congédiés qu'en vertu d'une cause déterminée ; les causes de congé devaient être fixées par un règlement d'administration publique, les Compagnies intéressées entendues. Tout en faisant ses réserves, M. Jouin conclut, le 26 novembre 1875, à la prise en considération ; mais l'Assemblée nationale se sépara sans avoir statué sur les conclusions de son rapport.

MM. Germain Casse et autres reprirent, à la date du 23 mars 1876, la proposition antérieure de M. Cazot. La Commission d'initiative conclut de nouveau à la prise en considération, le 22 juillet 1876, mais en formulant des objections sur la situation privilégiée qu'il s'agissait de créer au profit des mécaniciens et des chauffeurs, ainsi que sur les dangers d'une dérogation aux principes en vigueur au sujet du contrat de louage à durée indéterminée, et sur la nécessité de ne point porter atteinte à la discipline du personnel et à la liberté des Compagnies. En demandant l'examen et la discussion des mesures proposées par M. Germain Casse, la Commission se bornait à témoigner de ses sympathies pour une catégorie de travailleurs particulièrement dignes d'intérêt et à attester son désir de voir améliorer le sort de citoyens qui avaient donné tant de preuves de dévouement, de courage et d'infatigable activité, surtout pendant la guerre de 1870-1871. La Chambre des députés ratifia, le 11 janvier 1877, les conclusions de M. Andrieux ; mais la législature prit fin avant que les débats pussent s'ouvrir sur le fond.

Jusqu'alors les propositions avaient visé spécialement les mécaniciens et les chauffeurs. Le 29 janvier 1878, MM. Germain Casse et autres déposaient une nouvelle proposition, qui s'appliquait à tous les agents commissionnés et qui, pour le surplus, contenait les mêmes dispositions. La prise en considération fut prononcée sans débat, le 15 mars.

En 1880, le 15 janvier, M. de Janzé présenta, à son tour, une autre proposition dont les traits essentiels étaient les suivants. L'agent commissionné, révoqué sans motifs légitimes appréciables par les juges compétents, devait avoir droit à un indemnité correspondant, au moins, à douze mois de son traitement. Il devait être interdit aux agents de quitter leur service moins de 30 jours après notification au chef de service, sous peine du paiement d'une indemnité correspondant à un mois de traitement. Un règlement devait intervenir, sous forme législative, pour déterminer les peines disciplinaires susceptibles d'être infligées aux agents. Un Comité exécutif, composé de trois membres nommés l'un par le Gouvernement, le second par la Compagnie et le troisième par les agents, devait être institué pour examiner les réclamations du personnel contre les punitions proposées par les chefs de service.

M. Margue, appelé à rapporter la proposition de M. de Janzé et celle de M. Germain Casse, rédigea un projet de loi d'après lequel le contrat de louage de services des agents commissionnés ne pouvait être désormais annulé, sans indemnité par l'une ou l'autre des deux parties, que de leur consentement mutuel ou pour des motifs reconnus légitimes par les juges compétents. La descente de classe prononcée abusivement pouvait aussi donner ouverture, en faveur de l'agent, à une action en indemnité. Un règlement d'administration publique devait déterminer les causes en vertu desquelles les peines de la révocation ou de la descente de classe pourraient être prononcées contre les agents commissionnés. Les retenues disciplinaires devaient être versées aux caisses de secours et de prévoyance des Compagnies. Après un débat approfondi, la Chambre des députés repoussa, le 3 mars 1881, les conclusions de M. Margue, à la majorité de 228 voix contre 210.

Le 6 février 1882, M. Raynal et quatre de ses collègues présentèrent à la Chambre des députés une sixième proposition dans laquelle ils reproduisaient celles des dispositions antérieurement proposées qui avaient soulevé le moins d'objections. L'art. 1er de cette proposition portait encore qu' « en dehors des cas prévus par un règlement d'administration publi- « que, la convention par laquelle les Compagnies louaient, pour une du- « rée non déterminée, les services de leurs agents commissionnés, ne « pourrait être révoquée, sans motif légitime, par la volonté de l'une des « parties contractantes, que moyennant la réparation du préjudice causé, « toute stipulation contraire étant nulle de plein droit ». La Commission, saisie en même temps d'un projet de M. Delattre (7 février 1882), soumit aux délibérations de la Chambre un texte qui déclarait le contrat indissoluble sans motif légitime, si ce n'est moyennant réparation du préjudice causé, et qui chargeait le Gouvernement d'édicter un règlement d'administration publique déterminant : 1° les emplois que les Compagnies ne pourraient confier qu'à des agents commissionnés, 2° les mesures disciplinaires applicables à ces agents pour chaque nature d'infraction, notamment les cas de descente de classe et de révocation. Après deux délibérations fort étendues, la Chambre vota le texte dont nous détachons les articles suivants :

« Article 1er. — La convention par laquelle les Compagnies ou Admi-
« nistrations de chemins de fer louent les services de leurs agents com-
« missionnés ne peut être résiliée sans motif légitime, par la volonté de
« l'une des deux parties, que moyennant la réparation du préjudice causé
« à l'autre partie.

« Toute stipulation contraire à la précédente disposition est nulle de
« plein droit.

« Seront assimilés aux agents commissionnés tous employés et ouvriers
« de chemins de fer qui participent aux caisses de retraite et de secours.

« Article 2. — Dans les six mois qui suivront la promulgation de la
« présente loi, un règlement d'administration publique déterminera :
« 1° les emplois que les Compagnies ne pourront confier qu'à des agents
« commissionnés ou à des agents qui devront être commissionnés après
« un an de stage au plus ; 2° les causes en vertu desquelles pourront être
« prononcées, contre les agents commissionnés, les peines de la révoca-
« tion ou de la descente de classe. »

Sans méconnaître les sentiments généreux auxquels avait obéi la
Chambre, la Commission du Sénat a exprimé, dans un rapport du 25
juin 1885 (M. Cuvinot, rapporteur), l'avis qu'il était impossible de sacrifier ainsi le principe d'unité de législation et d'égalité devant la loi au
désir de donner satisfaction à une classe particulière de citoyens. Reconnaissant toutefois l'insuffisance de la législation actuelle sur le contrat de
louage, elle a demandé de compléter l'art. 1780 du Code civil par une
disposition de droit commun ainsi libellée : « La résiliation du contrat de
« louage de services par la volonté d'un seul des contractants peut donner
« lieu à des dommages-intérêts, même dans le cas où la durée du contrat
« n'a pas été déterminée, à la charge, par la partie qui réclame des dom-
« mages-intérêts, de prouver que le congé a été donné de mauvaise foi ou
« à contre-temps. Pour la fixation de l'indemnité à allouer, le cas échéant,
« il est tenu compte des usages, de la nature des services engagés,
« des retenues opérées et des versements effectués en vue d'une pension
« de retraite, et de toutes les circonstances qui peuvent justifier l'exis-
« tence et déterminer l'étendue du préjudice causé ». Ce contre-projet n'a
pas encore été discuté par le Sénat.

Après ce rapide exposé historique (1), nous devons relater les raisons
qui ont été invoquées pour et contre un régime d'exception en faveur des
agents des Compagnies. Voici tout d'abord les arguments principaux

(1) Voir, pour les détails, les tomes III et V de notre Étude historique sur les chemins
de fer français.

qu'ont fait valoir les partisans du projet voté par la Chambre des députés :

1° L'industrie des chemins de fer ne saurait être assimilée aux industries libres et prétendre, par suite, au régime du droit commun : elle est soumise au contrôle et à la surveillance de l'Administration ; elle est largement subventionnée par le Trésor ; elle jouit d'un monopole à nul autre pareil ; elle exerce une véritable délégation de l'État et a, à certains points de vue, le caractère d'un service public.

2° Les agents commissionnés, faisant partie d'un personnel strictement hiérarchisé, devant remplir des conditions d'âge et de capacité pour leur admission dans les rangs des Compagnies, assujettis à des règlements disciplinaires, exposés à subir des pénalités rigoureuses, faisant des versements aux caisses de retraite et de prévoyance en vue de la constitution de pensions ou de secours, ayant des perspectives d'avenir nettement tracées, soumis à la surveillance de l'Administration publique qui, aux termes du décret de 1852, est armé du droit de requérir leur révocation, ne peuvent être placés sur le même pied que les autres employés et ouvriers attachés à l'industrie libre.

Leur contrat avec les Compagnies est, de son essence même, un contrat de longue durée.

3° La loi n'a point été faite pour une situation toute spéciale qu'il était impossible de prévoir lors de l'élaboration du Code.

4° La jurisprudence de la Cour de cassation depuis 1872 fait aux agents des Compagnies une condition à laquelle il importe de les soustraire.

5° L'état de choses actuel est contraire à l'intérêt public et à la discipline elle-même ; en enlevant aux agents toute garantie d'avenir, il les désaffectionne de leurs fonctions, qu'ils rempliraient certainement avec beaucoup plus de zèle et d'attachement, si le bénéfice ne pouvait leur en échapper sans raison ; il entretient parmi eux, sinon des sentiments d'hostilité, du moins des sentiments de défiance à l'égard de leurs chefs.

6° Il est contraire aussi à l'intérêt des Compagnies, que la liberté de résiliation du contrat par l'un ou l'autre des contractants expose au départ simultané d'un grand nombre d'employés, à des grèves, à la désorganisation de leurs services.

7° L'intervention du législateur ne constituerait nullement une violation des contrats. Car la loi du 11 juin 1842, l'ordonnance du 15 novembre 1846 et les cahiers des charges ont explicitement réservé le pouvoir réglementaire de l'État pour tout ce qui touche à la police, à la sûreté de l'exploitation et au service des chemins de fer.

8° La loi a déjà édicté des mesures du même ordre pour une certaine catégorie de citoyens : l'art. 270 du Code de commerce ouvre en effet un droit à indemnité au profit des matelots congédiés sans cause valable par le capitaine qui les a engagés.

Les adversaires du projet de loi voté par la Chambre des députés lui opposent les objections suivantes :

1° Si les Compagnies de chemin de fer ont été investies d'un véritable monopole, ce monopole, créé en vue de l'intérêt public, ne leur impose aucune obligation en dehors de ce qui est prévu par le contrat de concession. L'autorité gouvernementale ne peut intervenir que dans des cas limités et bien définis et dans un intérêt exclusif de sûreté et de police, sous peine de porter atteinte à la liberté de gestion et à la responsabilité des Compagnies.

2° Quand un ouvrier ou un employé se présente pour entrer au service d'une Compagnie de chemins de fer, il se trouve vis-à-vis de cette Compagnie dans une situation identique à celle d'un ouvrier qui offre ses services à une industrie indépendante de l'État; il sait que la durée de son engagement n'est pas fixée, qu'à tout instant il peut reprendre sa liberté comme la Compagnie peut reprendre la sienne. Les rapports de la Compagnie avec l'État n'ont aucune relation avec les conditions du travail, qui doivent se débattre librement entre le patron et l'employé. Les agents commissionnés n'échappent pas à la règle commune : la commission met simplement les agents à l'abri de la mobilité qui pèse constamment sur les auxiliaires et leur assure certains avantages, mais n'implique nullement un engagement spécial de la Compagnie. Il importe que les agents et la Compagnie puissent se séparer à leur gré et que l'on ne porte point atteinte à la sélection incessante, grâce à laquelle le personnel acquiert les qualités nécessaires à la sécurité publique.

Les motifs tirés de la participation des agents aux caisses de retraite ne sont pas assez puissants pour justifier la création, à côté du contrat de louage à durée indéterminée, d'un contrat nouveau dont la définition varierait avec les conventions qui lui auraient donné naissance. Cette participation doit être envisagée comme une des conditions du contrat, dont elle n'altère pas l'essence. Les tribunaux en tiendront tel compte que de droit dans toutes les questions d'espèce.

3° La loi nouvelle aurait le caractère d'une loi des suspects pour les Compagnies, en même temps qu'elle serait attentatoire à la liberté des agents.

Une législation exceptionnelle et spéciale au personnel des Compagnies aurait, en cette matière plus qu'en toute autre, les[plus graves inconvénients. Il importe de ne procéder que par voie de dispositions législatives d'ordre général, applicables à tous les citoyens placés dans la même situation, sous peine de détruire l'admirable harmonie du Code civil.

Les raisons invoquées pour instituer un régime particulier aux Compagnies de chemins de fer s'appliqueraient à d'autres Sociétés ou établissements industriels subventionnés par l'État ou jouissant d'un monopole, par exemple à la Banque de France, au Crédit foncier, à diverses Compagnies de navigation maritime.

Les mesures adoptées par la Chambre des députés seraient le prélude d'autres mesures accentuant encore davantage l'intervention de l'État dans les rapports entre les Compagnies et leurs agents; loin d'apporter le calme dans les esprits, elles provoqueraient des excitations nouvelles et des prétentions irréalisables.

4° La jurisprudence de la Cour de cassation n'a nullement présenté les variations qui lui sont imputées. Elle est toujours restée fidèle aux principes supérieurs du droit.

5° Les liens de subordination des agents seraient affaiblis, si les Compagnies étaient dépouillées du droit de congédier les employés douteux ou insuffisants, si les ordres des chefs étaient ainsi livrés à la discussion. L'effet de la loi serait, sans aucun doute, de favoriser les agents mauvais ou médiocres, dont le maintien serait cependant préjudiciable à l'intérêt public. La discipline et la sécurité de l'exploitation risqueraient d'être compromises.

6° C'est en vain que l'on fait valoir l'intérêt des Compagnies. Il n'est pas une administration de chemins de fer qui ne soit convaincue des avantages qu'elle a à à conserver les agents rompus aux exigences de leur dur métier et doués d'une éducation professionnelle complète ; il n'en est pas une qui ne fasse les plus sérieux efforts et qui ne consente, au besoin, certains sacrifices pour se les attacher.

La loi nouvelle n'apporterait d'ailleurs aucune limitation à l'exercice du droit de coalition des agents. Les Compagnies n'obtiendraient jamais que des indemnités illusoires pour le dommage que leur causerait la cessation subite des services par une partie de leur personnel ; la réciprocité que la loi semble établir à cet égard serait purement spécieuse.

7° Le texte de la loi de 1842, celui de l'ordonnance de 1846 et celui du cahier des charges n'ont point la portée qui leur a été attribuée. Il résulte de leur examen attentif et des commentaires autorisés auxquels ils ont donné lieu que l'État a entendu laisser aux Compagnies et que celles-ci ont entendu garder la responsabilité de l'exploitation et par suite leur liberté d'allures, sauf pour les mesures que l'autorité administrative jugerait nécessaire d'édicter dans un intérêt exclusif de sûreté et de police.

C'est à tort également que l'on a invoqué le décret de 1852 : la date et la rédaction de ce décret attestent suffisamment son caractère politique et de haute police ; il est impossible de le considérer comme susceptible d'une application usuelle et en quelque sorte journalière ; il est impossible surtout de faire dériver le droit de protéger les agents du droit d'exiger leur révocation.

Au surplus, il appartient au pouvoir exécutif d'user de ses prérogatives dans la limite qui leur a été assignée pour sauvegarder la sécurité publique, sans qu'il soit besoin de légiférer. Si l'on était convaincu de la nécessité d'étendre l'ingérence administrative au delà de ces limites, il n'y aurait d'autre moyen que de dénoncer les contrats conclus entre l'État et les Compagnies et d'introduire dans les conventions nouvelles des clauses qui ne figurent point dans les conventions en vigueur.

8° Il ne peut être établi aucune comparaison entre les agents des chemins de fer et les matelots, au profit desquels a été édicté l'article 270 du Code de commerce. La nature toute spéciale des engagements réciproques pris par les capitaines et l'équipage de leurs navires, les pertes causées aux matelots par la rupture de ces engagements, la difficulté pour eux de trouver à bref délai un nouvel emploi, tout justifiait un régime spécial.

A l'origine, les adversaires du projet avaient objecté aussi que l'article 1134 du Code civil permettrait de tourner la loi, en y dérogeant par des conventions particulières. Mais la disposition aux termes de laquelle toute stipulation contraire serait nulle de plein droit a fait tomber cette objection.

Tels sont, résumés aussi fidèlement que possible, les arguments sur lesquels se fondent les partisans et les adversaires du régime d'exception.

Il convient immédiatement de remarquer que ces derniers reconnaissent presque tous l'utilité de compléter l'article 1780 du Code civil, pour combler, dans l'œuvre du législateur de 1804, la lacune créée par la transformation de l'industrie moderne et par les modifications des rapports entre patrons et ouvriers. Mais ils veulent que les dispositions additionnelles ne s'appliquent point exclusivement à l'industrie des chemins de fer et soient étendues aux autres industries. Diverses formules ont été indiquées pour ces dispositions additionnelles. En 1881, lors de la discussion devant la Chambre des députés, MM. Trarieux, Drumel, Jules Develle et Adrien Bastid ont proposé :

1° D'obliger les parties dont les contrats n'auraient pas été formés pour un temps ou pour une entreprise déterminés à se conformer aux usages pour se donner congé et, à défaut d'usages, à observer un délai au moins égal à la durée d'un terme de salaire, sans que ce délai pût être inférieur à trois mois;

2° De contraindre la partie qui aurait repris sa liberté, sans motif légitime, à rendre compte à l'autre de tout ce qu'elle aurait pu recevoir d'elle en vue d'une plus longue exécution du contrat.

Cette proposition a été reprise presque textuellement par M. Rodat, en 1882. A la même époque, M. Goblet en a présenté une autre aux termes de laquelle, lorsque le louage de services aurait lieu pour un temps indéterminé et lorsque des retenues seraient opérées sur les salaires, pour la constitution de caisses de retraite et de secours' mutuels, le contrat ne pourrait être résilié, sans motifs légitimes, que moyennant la réparation du préjudice causé.

Nous avons reproduit précédemment la formule de la Commission du Sénat.

Cette Commission n'a pas été elle-même unanime. L'un de ses membres, frappé de ce fait que le congédiement ne prive pas seulement l'agent de son emploi, mais lui fait perdre en outre tout ou partie de ses droits à une pension de retraite et ajoute ainsi à la résiliation du contrat une véritable pénalité, a proposé une autre rédaction qui serait la suivante : « La résiliation, par l'une des deux parties, du contrat de louage de « services pour une durée indéterminée peut donner lieu à des dom- « mages-intérêts. Pour la fixation de l'indemnité à allouer, le cas échéant, « il est tenu compte des usages, de la nature des services engagés et « des conventions légalement formées entre les parties. — La rupture du « contrat laisse subsister, nonobstant convention contraire, les droits « éventuels acquis par l'employé à raison de sa participation à une caisse « de retraite (1). »

Les deux systèmes que nous venons d'exposer peuvent se défendre l'un et l'autre avec beaucoup de force : l'étendue des débats auxquels ils ont donné lieu, l'autorité avec laquelle ils ont été soutenus et la haute compétence de plusieurs de leurs partisans en sont la meilleure preuve.

Au point de vue juridique et en quelque sorte scientifique, l'addition à l'art. 1780 du Code civil de dispositions présentant un caractère général aurait des avantages incontestables. La formule de la Commission du Sénat serait d'ailleurs préférable à celles qui ont été indiquées à la Cham-

____

(1) Voir infrà les explications consacrées au fonctionnement des caisses de retraite.

bre des députés et auxquelles on peut reprocher, soit de lier outre mesure les parties contractantes, soit de subordonner le paiement de dommages-intérêts au cas de versements à une caisse de retraite ; toutefois, elle laisserait une part bien large à l'appréciation du juge et gagnerait à être précisée.

Bien que nous soyons en principe opposé aux régimes d'exception, et malgré les avantages que nous venons de reconnaître à l'introduction dans le Code civil de dispositions additionnelles d'ordre général, il nous semble cependant qu'en l'état le Sénat aurait pu adopter, sinon dans ses détails, du moins dans son ensemble, le projet voté par la Chambre des députés. Il est impossible, en effet, de méconnaître que l'industrie des chemins de fer soit dans une situation tout exceptionnelle, par la puissance de ses moyens d'action, par l'importance de son rôle dans la vie sociale, par le nombre des agents attachés à son service, par son organisme administratif et sa hiérarchie, par les privilèges dont elle est dotée. Dans nulle autre industrie, on ne trouverait un ensemble de conditions et de circonstances semblables.

Mais, parmi les dispositions votées par la Chambre, il en est une qui devrait disparaître : car elle prête aux plus graves critiques. C'est celle qui a trait à la fixation par un règlement d'administration publique des causes en vertu desquelles pourrait être prononcée la peine de la descente de classe. Il serait profondément dissolvant pour la discipline et, par suite, pour la régularité de l'exploitation et pour la sécurité publique, de livrer à la discussion et de déférer à la justice les peines disciplinaires autres que la révocation ; un employé qui ne quitte pas son emploi ne saurait être admis à plaider contre son patron, pour mettre son autorité en échec.

Quant à la révocation, nous admettons volontiers les difficultés de l'élaboration d'un règlement prévoyant tous les cas dans lesquels une Compagnie peut être amenée à se séparer de l'un de ses agents et attribuant une juste part aux circonstances atténuantes, aux antécédents de l'intéressé, à sa position de famille ; nous reconnaissons que souvent le congédiement est tout aussi justifié par une série de faits successifs dont le dernier constitue la goutte faisant déborder le vase, que par une faute plus grave, mais isolée. Quelque sérieuses que soient ces difficultés, elle ne sauraient équivaloir à une impossibilité pratique : l'Administration et le Conseil d'État parviendraient sans aucun doute à les surmonter.

15. Des indemnités de licenciement en cas de translation de

concession.—Quand une Compagnie cède une ligne dont elle était concessionnaire, il arrive fréquemment que la nouvelle Compagnie ne conserve pas tout le personnel attaché au service, soit que l'organisation à laquelle elle croit devoir s'arrêter comporte une réduction ou une modification des cadres, soit qu'elle ne considère pas tous les agents comme offrant les garanties de capacité voulues. Dans beaucoup de cas, l'Administration nouvelle contracte l'engagement de payer une indemnité, souvent fixée à l'équivalent de 13 mois de traitement, aux employés qui ne seraient pas maintenus dans leur emploi ou ne pourraient être appelés à des emplois analogues. On en trouve des exemples dans les contrats de fusion des Compagnies du Grand Central et de Lyon, et dans les conventions de reprise par l'État des lignes concédées aux Compagnies de la Vendée, d'Orléans à Châlons, de Maine-et-Loire et Nantes, des chemins Nantais, etc.

La Compagnie cessionnaire qui n'a pas pas pris d'engagements à cet égard ne peut être tenue à des dommages-intérêts envers les employés qui perdent leurs fonctions. La Cour de Lyon en a jugé ainsi, le 18 mars 1885 (Cie de Paris-Lyon-Méditerranée contre Baumann et Compagnie des Dombes), dans une instance engagée contre la Compagnie de Paris-Lyon-Méditerranée par un ancien agent des Dombes; elle a renvoyé la Compagnie de Lyon des fins de cette instance et condamné au contraire au paiement de 13 mois 1/2 de traitement la Compagnie des Dombes, qui avait écrit une lettre imprudente au requérant.

16. Des pensions de retraite assurées par les Compagnies à leurs agents. — *a.* SITUATION ACTUELLE. — Les Compagnies ont, nous l'avons déjà dit, un intérêt incontestable à s'attacher les agents, à profiter de leur expérience acquise et de leur éducation professionnelle, à trouver dans leurs services futurs la compensation de leur inexpérience initiale, et par suite à leur assurer des moyens d'existence pour le moment où l'âge, les fatigues et les infirmités, les obligeront à abandonner leur emploi.

L'intérêt des Compagnies concorde, à cet égard, avec les devoirs moraux et philantropiques qui s'imposent aux chefs de toutes les grandes industries et particulièrement de la plus importante d'entre elles, celle des transports par chemin de fer.

Aussi n'ont-elles pas hésité à prendre les mesures nécessaires pour constituer des pensions de retraite au profit de leur personnel.

Le tableau synoptique suivant récapitule les conditions principales de fonctionnement de l'institution sur nos grands réseaux, à savoir : catégories d'employés appelés à recevoir une pension ; caisse chargée de servir les pensions ; ressources au moyen desquelles ces pensions sont constituées ; conditions d'âge et de services requises pour l'allocation d'une pension à titre ordinaire ou à titre extraordinaire; montant de cette pension; restitutions aux agents congédiés ou démissionnaires; attribution de pensions et restitutions aux héritiers.

	NORD	EST	OUEST
Catégories d'employés appelés à recevoir une pension de retraite.	1° Employés commissionés, appointés à l'année : 2° Ouvriers payés à la journée, s'ils usent de la faculté de subir la retenue sur leur salaire.	Agents commissionnés. (Les ingénieurs de l'État, conducteurs des ponts et chaussées, gardes-mines et architectes, temporairement attachés au service de la Compagnie, ont la faculté de ne point participer à la caisse, mais peuvent y être admis sur leur demande.)	Employés et ouvriers faisant partie du personnel classé et ayant moins de 600 francs de traitement.
Caisse appelée à servir les pensions.	1° Caisse des retraites pour la vieillesse ; 2° Caisse de la Compagnie.	Caisse des retraites instituée par la Compagnie et gérée par les administrateurs délégués et le directeur.	1° Caisse des retraites pour la vieillesse ; 2° Caisse des retraites instituée par la Compagnie et gérée par le Conseil d'administration.
Montant des prélèvements sur le traitement ou le salaire des agents.	3 % du traitement ou du salaire (versé à la Caisse des retraites pour la vieillesse).	3 % sur le traitement fixe. (Les traitements fixes supérieurs à 12.000 francs ne sont pas soumis à la retenue pour la portion excédant ce chiffre.)	4 % du traitement ou du salaire et le premier douzième de toute augmentation (versés à la Caisse des retraites pour la vieillesse). (Les traitements de plus de 15.000 francs ne sont pas passibles de la retenue pour l'excédent.)
Versements de la Compagnie.	Montant non déterminé par le règlement.	8 % du traitement soumis à la retenue.	5 % du traitement ou du salaire et le premier douzième de toute augmentation.

ORLÉANS	P.-L.-M.	MIDI	ÉTAT
Agents commissionnés, dont le traitement est fixé à l'année. (Les dispositions suivantes ne sont pas applicables aux fonctionnaires dont le traitement est supérieur à 12.000 francs. Pour ces fonctionnaires, le Conseil d'administration statue dans chaque cas particulier.)	1° Agents commissionnés ; 2° Facultativement, agents non commissionnés des gares, des trains et de la voie, énumérés dans le règlement de la caisse des retraites.	1° Employés commissionnés ; 2° Facultativement, ouvriers payés à la journée, ayant travaillé pendant deux années consécutives au service de la Compagnie et ayant au moins 21 ans et au plus 40 ans d'âge.	Employés commissionnés.
Caisse des retraites pour la vieillesse ; Caisse d'épargne ; Caisse de la Compagnie.	Caisse des retraites instituée par la Compagnie et gérée par une commission du Conseil d'administration.	Caisse des retraites instituée par la Compagnie et gérée par des membres du Conseil d'administration, par le directeur, et par des employés et ouvriers.	Caisse des retraites instituée par l'Administration des chemins de fer de l'État et gérée par une Commission de trois administrateurs et deux agents.
	4 °/₀ du traitement.	1° 3 °/₀ du traitement. (Pour les agents de la traction, dont le traitement comprend une partie fixe et une partie éventuelle, la retenue porte sur l'ensemble. Les traitements de plus de 16.000 francs ne supportent pas la retenue pour l'excédent.) 2° Le premier douzième de toute augmentation (sauf pour les ouvriers).	1° 5 °/₀ du traitement fixe ; 2° Le douzième du traitement, lors de la première nomination ou dans le cas de réintégration, et le douzième de toute augmentation ultérieure.
Versements à la Caisse de la vieillesse et à la Caisse d'épargne et, s'il y a lieu, supplément de pension alloué par la Compagnie.	4 °/₀ du traitement.	6,30 °/₀ des traitements ou salaires soumis à la retenue.	5 °/₀ du traitement soumis à la retenue.

	NORD	EST	OUEST
Autres sources de dotation.		Dons et legs faits à la Caisse. Produits du placement des fonds disponibles.	Dons faits à la Caisse des retraites. Amendes infligées au personnel. Produits du placement des fonds versés à la Caisse des retraites.
Conditions d'âge et de service requises pour l'allocation d'une pension : 1° CONDITIONS ORDINAIRES.	50 ans d'âge et 25 ans de services en qualité d'employé sédentaire ou 20 ans en qualité d'employé du service actif. (L'agent qui a passé par les deux catégories d'emploi doit, pour être classé définitivement comme employé du service actif, avoir rempli au moins pendant dix ans des fonctions dans ce service.)	55 ans d'âge et 25 ans de services. (Toutefois la Cⁱᵉ se réserve le droit de mettre d'office à la retraite tout employé âgé de 50 ans et ayant au moins 20 ans de services.)	55 ans d'âge et 25 ans de services. (Toutefois la Cⁱᵉ se réserve le droit de mettre d'office à la retraite tout employé âgé de plus de 50 ans et ayant au moins 20 ans de services.)
2° CONDITIONS EXCEPTIONNELLES.	Pas de conditions d'âge ni de services, pour les agents qui ont reçu en service des blessures graves ou qui ont contracté des infirmités prématurées entraînant incapacité absolue de travail.	Pas de conditions d'âge et 20 ans de services, pour les agents atteints d'infirmités graves constatées par le service médical de la Cⁱᵉ et, par suite, reconnus comme hors d'état d'être utilement maintenus dans leurs fonctions.	Pas de conditions d'âge ni de services, pour les agents que des blessures ou des infirmités prématurées mettent hors d'état de continuer à travailler.
Montant de la pension acquise aux agents : 1° CONDITIONS ORDINAIRES. a. *Caisse des retraites pour la vieillesse.*	Rente viagère servie par la Caisse et suivant ses règlements. (Les versements sont effectués à capital aliéné ou à capital réservé, au choix de l'intéressé.)		Rente viagère servie par la Caisse et suivant ses règlements. (Les versements sont effectués à capital aliéné ou à capital réservé, au choix de l'intéressé.)

ORLÉANS	P. -L.-M.	MIDI	ÉTAT
	Produits du placement des fonds. Subventions supplémentaires fournies par la Cⁱ⁶ dans des cas spéciaux ou éventuels, prévus par le règlement.	Produits du placement des fonds.	Produits du placement des fonds. Dons ou subventions supplémentaires de l'Administration. Reliquat des amendes infligées aux agents commissionnés, qui n'aurait pas été distribué en secours au 31 décembre de l'année à laquelle se rapportent ces amendes.
55 ans d'âge et 25 ans e services.	55 ans d'âge et 25 années de services à la Compagnie. (Toutefois la Compagnie se réserve le droit de mettre à la retraite d'office et par anticipation tout employé âgé de plus de 50 ans et ayant au moins 15 ans de services.)	55 ans d'âge et 25 années consécutives au service de la Compagnie. (Toutefois la Compagnie se réserve le droit de mettre d'office à la retraite tout employé âgé d'au moins 55 ans et ayant au moins 15 années de services.)	55 ans d'âge et 25 ans de services.
Pas de conditions d'âge de services, pour les ents atteints d'infirités précoces.		La Compagnie se réserve le droit de mettre à la retraite d'office tout employé atteint d'incapacité absolue de travail par suite de blessures ou d'infirmités prématurées, régulièrement constatées, quel que soit son âge, pourvu qu'il ait au moins 15 ans de services.	50 ans d'âge et 20 ans de services, pour les agents réformés en raison d'infirmités contractées par suite de leurs fonctions.
Rente viagère servie r la Caisse des retrai- pour la vieillesse (et oduit des placements la Caisse d'épargne.)			

	NORD	EST	OUEST
b. *Caisse de la Compagnie ou Caisse de retraites instituée par elle.*	1° Pour le personnel commissionné, 1/80 du traitement moyen des six dernières années, pour chaque année de service accompli sans interruption. (Les pensions des employés du service actif admis à la retraite après 20 ans, mais avant 25 ans de services, sont liquidées sur le pied de 25 années de services.) 2° Pour les ouvriers à la journée, pension égale à la rente acquise à la Caisse des retraites pour la vieillesse. Minimum de 100 fr.	1° Pour les agents ayant au moins 55 ans d'âge et 25 ans de services, moitié du traitement fixe moyen des six dernières années, avec augmentation de 1/60 pour toute année passée au delà de cette double limite. Maximum de 40/60 et de 6 000 fr. Minimum de 500 fr. pour les célibataires ou veufs sans enfant de moins de 18 ans, et de 600 fr. pour les agents mariés ou veufs avec enfant de moins de 18 ans. (Le chiffre de 600 fr. est ramené à 500 fr. pour le retraité marié, en cas de mort de sa femme, et pour le retraité veuf avec enfants, quand le plus jeune de ces derniers atteint l'âge de 18 ans.) 2° Pour les agents ayant 50 ans d'âge et 20 ans de services, 1/60 du traitement moyen des six dernières années, par année de service effectif, sans dépasser 29/60 ni 5.800 francs 3° Pour les femmes commissionnées, mêmes dispositions, avec maximum de 40/60.	Appoint nécessaire pour former, avec la rente viagère servie par la Caisse de la vieillesse : 1° Pour les agents ayant au moins 55 ans d'âge et 25 ans de services, la moitié du traitement moyen des six dernières années, avec addition de 1/60 par année supplémentaire de service; (Minimum de 500 fr.) 2° Pour les agents ayant au moins 50 ans d'âge et 20 ans de services, 25/60 du traitement moyen des six dernières années, avec addition de 1/60 pour chaque année de service au delà de 20 ans. (Maximum de 30/60). (Minimum de 500 fr.) Le calcul est toujours établi dans l'hypothèse de l'aliénation du capital versé à la Caisse de la vieillesse : 1° Sur la tête seule de l'agent, s'il est célibataire ou veuf; 2° Sur sa tête et sur celle de sa femme, s'il est marié. Si, au moment de la liquidation, la femme n'a pas 50 ans et ne peut ainsi entrer en jouissance de sa rente viagère, la Compagnie sert le complément de pension correspondant, jusqu'à ce que cette rente puisse être touchée.

ORLÉANS	P.-L.-M.	MIDI	ÉTAT
...point nécessaire pour ...pléter avec la rente ...versements à la ...se de la vieillesse et ...a Caisse d'épargne, ...ulée conformément ...tarifs de la caisse ...la vieillesse, moitié ...raitement fixe moyen ...six dernières an-..., avec addition de ...pour année de ser-... en plus. ...ximum des 3/4. ...our tout agent ma-...depuis plus de 5 ans ...de sa mise à la ré-...ne, le calcul est fait ...considérant le capi-...versé comme réservé. ...r tout agent céliba-...e, veuf ou marié de-...moins de 5 ans, le ca-...est considéré comme ...ndonné lors de la ré-...ne. Les agents ayant ...t de 30 ans de ser-...s et de 55 ans ...e peuvent, au mo-...t de la mise en ré-...ne, faire convertir ...ne rente perpétuelle ...rente supplémentaire ...rdée par la Compa-...)	1° Pour les agents ayant au moins 55 ans d'âge et 25 ans de services, moitié du traitement moyen des six dernières années (ou du traitement moyen pendant toute la durée des services, si ce décompte est plus avantageux), avec addition de 1/60 pour chaque année excédant 25 ans de services. Maximum de 12.000 francs. 2° Pour les agents ayant au moins 50 ans d'âge et 15 ans de services, le tiers du traitement moyen, avec addition de 1/60 pour chaque année de service excédant 15. Maximum de 1/2 et de 12.000 fr.	1° Pour les agents ayant au moins 55 ans d'âge et 25 ans de services, moitié du traitement moyen des six dernières années, avec addition de 1/60 par année supplémentaire de services. Maximum de 40/60 et de 8 000 fr. 2° Pour les agents ayant au moins 55 ans d'âge et 15 ans de services, 1/60 du traitement moyen des six dernières années, par année de versement. Maximum de 29/60.	Moitié du traitement moyen des six dernières années (ou du traitement moyen pendant toute la durée des services, si ce décompte est plus avantageux), avec addition de 1/50 pour chaque année excédant 25 ans de services. Maximum des 3/4 et de 6.000 fr.

	NORD	EST	OUEST
2° Conditions exceptionnelles. a. *Caisse des retraites pour la vieillesse.*	Rente viagère servie par la Caisse des retraites pour la vieillesse.		Rente viagère servie par la Caisse des retraites pour la vieillesse.
b. *Caisse de la Compagnie ou Caisse de retraites instituée par elle.*	Liquidation conforme aux règles applicables pour les agents admis à la retraite dans les conditions ordinaires.	18/60 du traitement moyen des six dernières années, avec addition de 1/60 par année de service, sans pouvoir excéder 24/60, ni 4.800 francs.	Appoint nécessaire pour former 1/60 du traitement moyen calculé comme il est dit ci-dessus, pour chaque année de service. Minimum de 6/60, si les années de service sont au nombre de 3 au moins ou si l'incapacité de travail résulte de blessures reçues par l'agent dans l'exercice de ses fontions.
Restitutions aux agents congédiés ou démissionnaires.	1° Remise du livret de la Caisse des retraites pour la vieillesse. 2° Restitution, sans intérêts, des retenues opérées depuis le commencement du trimestre.	Restitution du montant des cotisations personnelles, augmenté des intérêts calculés annuellement au taux bonifié par la Caisse d'épargne de Paris.	Remise du livret de la Caisse des retraites pour la vieillesse.

ORLÉANS	P.-L.-M.	MIDI	ÉTAT
ente viagère servie la Caisse des re- les pour la vieillesse roduit des placements Caisse d'épargne. Pour les agents rmés après 50 ans e et 20 ans de services, oint nécessaire pour duire moitié du trai- ent moyen des six der- es années, sauf déduc- de 1/40 par année service et de 1/80 par ée d'âge en moins. Pour les agents nt moins de 50 ans ge et de 20 ans de rices, pas de supplé- t. Mêmes observations ci-dessus.)		1/60 du traitement moyen des six dernières années, pour chaque année de versement, avec maximum de 29/60.	Lors de la liquidation de sa pension, l'agent peut, sur sa demande, retirer le capital des retenues qu'il a versées. Sa pension est alors réduite de moitié. 1° Pour les mécaniciens, chauffeurs et autres agents des trains, qui sont dans l'incapacité de faire aucun service après 50 ans d'âge et 20 ans de services, liquidation faite comme s'ils avaient 55 ans d'âge et 25 ans de services. 2° Pour les autres agents, liquidation d'après les bases applicables aux agents retraités dans les conditions normales, sauf déduction de 1/50 par année de service en moins. (Lors de la liquidation, les agents peuvent retirer le capital de leurs retenues: la pension est alors réduite de moitié.)
Remise du livret de Caisse des retraites ur la vieillesse et du ret de la Caisse d'é-rgne.	Remboursement des retenues, sans intérêts.	Restitution du montant des retenues, sans intérêts (sauf déduction des retenues afférentes aux trois premières années de service pour les employés démissionnaires).	Restitution des retenues, sans intérêts.

	NORD	EST	OUEST
Attribution de pensions aux veuves et aux enfants des agents décédés. *a. AGENTS DÉCÉDÉS TITULAIRES D'UNE PENSION.*	1° Remise à la veuve ou aux héritiers du livret de la Caisse pour la vieillesse; 2° Reversibilité sur la tête de la veuve du 1/3 de la pension acquise au mari.	Reversibilité de la 1/2 de la pension sur la tête de la veuve ou, à son défaut, sur les enfants mineurs âgés de moins de 18 ans. Si la veuve est inhabile à recevoir ou déchue de ses droits, la pension est servie aux enfants de moins de 18 ans. En cas de nouveau mariage de la veuve, la pension est reversée sur les enfants de moins de 18 ans, mais fait retour à la veuve, au fur et à mesure que chaque enfant a accompli sa 18° année. Si l'agent laisse à son décès des enfants mineurs issus d'un premier lit, une partie de la pension de la veuve, n'excédant pas la 1/2, peut être attribuée auxdits mineurs, mais fait retour à la veuve, à mesure que les enfants atteignent 18 ans. Au cas d'attribution d'une pension à titre personnel aux mineurs, la part dévolue à chacun d'eux s'éteint quand il atteint l'âge de 18 ans ou s'il vient à décéder.	1° Reversibilité de 1/2 de la pension accordée dans des conditions normales, sur la tête de la veuve. Le calcul de la somme due par la Caisse des retraites de la Compagnie est opéré en supposant aliénés les versements faits par le mari. Si, à l'époque du décès de l'agent, la veuve n'a pas 50 ans et ne peut ainsi entrer en jouissance de sa rente, celle-ci est servie par la Caisse de retraites de la Compagnie jusqu'à l'entrée en jouissance. Si, indépendamment de la veuve, il existe un ou plusieurs orphelins ayant moins de 18 ans et provenant d'un mariage antérieur de l'employé, il est prélevé sur la pension de la veuve et sauf reversibilité en sa faveur un quart ou une moitié au profit de ces orphelins, suivant qu'il en existe un ou plus d'un. 2° Si l'employé retraité était veuf ou si sa femme était inhabile à recevoir, reversibilité de la moitié de la pension accordée dans les conditions normales, sur la tête des enfants âgés de moins de 18 ans, la part de ceux qui atteignent cet âge ou qui viennent à décéder se reportant sur les autres. 3° Pour les employés mis à la retraite à titre exceptionnel, mais après 15 ans de services au moins, reversibilité sur la veuve ou les enfants mineurs de la moitié de la pension, dans les conditions ci-dessus indiquées. Minimum de 250 fr.

ORLÉANS	P.-L.-M.	MIDI	ÉTAT
Remise du livret de la Caisse des retraites pour la vieillesse et du livret de la Caisse d'épargne.	Réversibilité de la 1/2 de la pension sur la tête de la veuve, pourvu que le mariage ait été contracté cinq ans au moins avant la cessation des fonctions du mari.	Réversibilité de la moitié de la pension sur la tête de la veuve.	Réversibilité de la moitié de la pension sur la tête de la veuve ou des enfants ayant moins de 18 ans. La part réversible sur les enfants est partagée entre eux par portions égales et payée à chacun d'eux jusqu'à l'âge de 18 ans, sans que la part d'un enfant soit réversible sur les autres. S'il existe, avec la veuve, des orphelins nés d'un mariage antérieur, il est prélevé en leur faveur, sur la pension attribuée à la veuve, un quart de ladite pension s'il y a un seul orphelin et la moitié s'il y en a plusieurs. Cette part fait retour à la veuve, quand les mineurs atteignent 18 ans ou s'ils décèdent avant cette époque.

	NORD	EST	OUEST
b. AGENTS DÉCÉDÉS DANS L'EXERCICE DE LEURS FONCTIONS.	1° Remise à la veuve ou aux héritiers du livret de la Caisse pour la vieillesse. 2° Si l'agent avait 50 ans d'âge et comptait au moins 25 ans d'emploi dans le service sédentaire ou 20 ans dans le service actif, attribution à la veuve d'une pension montant au 1/3 de celle qui aurait été acquise au mari.	Si l'agent avait accompli au moins 20 ans de services, calcul de la pension à laquelle il aurait eu droit d'après les dispositions précédemment indiquées et attribution de la 1/2 de cette pension, soit à la veuve soit, à défaut, aux enfants âgés de moins de 18 ans. (Cette attribution n'est que facultative pour la Compagnie.) Autres conditions, identiques à celles qui sont précédemment indiquées.	1° Pour les employés décédés après 50 ans d'âge et 20 ans de service, reversibilité sur la veuve ou les enfants mineurs dans les conditions précédemment indiquées, l'agent étant considéré comme ayant été mis d'office à la retraite. 2° Pour les employés décédés sans avoir atteint à la fois 50 ans d'âge et 20 ans de services, mais après avoir accompli 15 ans de services, reversibilité dans les mêmes conditions d'une pension calculée à raison de 1/60 du traitement moyen des six dernières années, pour chaque année de service sans descendre au dessous de 250 francs.
c. CONDITIONS DIVERSES.	Le droit à la pension pour la veuve n'existe pas : 1° Si le mariage a eu lieu moins de 6 ans avant la cessation des fonctions ; 2° S'il y a eu séparation de corps prononcée sur la demande du mari.	Le droit à la pension pour la veuve n'existe pas : 1° Si le mariage a été contracté moins de deux ans avant la mise à la retraite ou le décès de l'agent ; 2° S'il y a eu séparation judiciaire prononcée contre elle ou solidairement contre elle et le mari. Les pensions accordées à des veuves ou à des orphelins ne peuvent être inférieures à 365 fr., sans toutefois jamais dépasser le chiffre de la pension obtenue par le mari. Aucune veuve ne peut cumuler deux pensions servies par la Caisse des retraites, à moins qu'elle n'ait été elle-même employée commissionnée. Si, par suite de mariages successifs, une veuve devient apte à obtenir plusieurs pensions, elle reçoit la plus forte. La veuve retraitée sans enfant, qui contracte un nouveau mariage, conserve la pension.	Le droit à la pension n'existe pas pour la veuve en cas de séparation de corps prononcée sur la demande du mari. Quand, par suite de mariages successifs, une veuve devient apte à réclamer plusieurs pensions, elle ne peut recevoir que la plus forte. L'interdiction du cumul ne s'applique pas à la pension à laquelle la veuve peut avoir droit comme employée de la Compagnie. La veuve et les enfants ne bénéficient des dispositions précédentes que si le mariage a eu lieu deux ans avant la liquidation de la pension.

ORLÉANS	P.-L.-M.	MIDI	ÉTAT
Remise des livrets. De plus pour les [veu]ves d'agents ayant [plu]s de 50 ans et 20 ans [de] services, lors de leur [déc]ès, appoint nécessaire [pou]r constituer une pen[sio]n égale à la 1/2 de [cel]le dont aurait joui le [ma]ri, s'il avait été mis à [la] réforme au moment de [son] décès. (Pour le cal[cul] de la rente à servir [par] la Compagnie, on ad[me]t que la 1/2 du capital [ver]sé à la Caisse de la [vie]illesse et à la Caisse [d'é]pargne, au nom du [ma]ri, revient à la veuve [et] est placé par elle à [l'hôp]ital aliéné.) Pour les orphelins, [all]ocation de secours [tem]poraires.	Pour les employés décédés, après avoir accompli le temps de service commissionné nécessaire pour être admis à la retraite par anticipation, quel que soit d'ailleurs leur âge, attribution à la veuve de la 1/2 de la pension qui aurait pu être liquidée au profit du mari, pourvu que le mariage ait été contracté deux ans au moins avant la mort de celui-ci.	Pour les employés ayant au moins 55 ans d'âge et 25 ans de services avec versement de retenue, attribution à la veuve de la 1/2 de la pension qui aurait été acquise au mari.	Pour les agents décédés après 50 ans d'âge et 20 ans de services, reversibilité dans les mêmes conditions que ci-dessus, l'agent étant considéré comme ayant été mis d'office à la retraite.
[L]e droit à la rente [sup]plémentaire servie par [la] Compagnie n'existe [pa]s pour les veuves dont [le] mariage ne serait pas [de] 5 ans antérieur au [déc]ès du mari, ni pour [cel]les contre lesquelles [la] séparation de corps [au]rait été prononcée.	Le droit à la pension pour la veuve n'existe pas, dans le cas de séparation de corps prononcée sur la demande du mari. Aucune veuve, à moins qu'elle ait été elle-même employée de la Compagnie, ne peut cumuler plusieurs pensions servies par celle-ci. Dans le cas où, par plusieurs mariages successifs, la veuve est apte à réclamer plusieurs pensions, elle ne reçoit que la plus forte.	Le droit à la pension pour la veuve n'existe pas : 1° Si le mariage a été contracté moins de 5 ans avant la cessation des fonctions du mari ; 2° S'il y a eu séparation de corps sur la demande du mari. Dans le cas où, par des mariages successifs, une veuve serait apte à réclamer plusieurs pensions, elle ne peut recevoir que la plus forte. L'interdiction du cumul ne s'applique pas à la pension à laquelle la veuve peut avoir droit comme employée de la Compagnie.	La veuve ou les enfants n'ont de droits que si le mariage a eu lieu 3 ans au moins avant la liquidation de la pension. Le droit n'existe pas pour la veuve, dans le cas de séparation de corps prononcée sur la demande du mari.

	NORD	EST	OUEST
Reversibilité de la pension de la veuve.		Reversibilité sur les enfants âgés de moins de 18 ans, issus du mariage avec l'agent défunt.	Reversibilité sur l[es] enfants âgés de moi[ns] de 18 ans, la part de ce[ux] qui atteignent cet âg[e] revenant aux autres.
Restitutions aux héritiers et spécialement aux veuves ou enfants non pensionnés.	Remise du livret de la Caisse pour la vieillesse à la femme ou aux héritiers, pour faire valoir leurs droits.	Restitution du montant des cotisations personnelles de l'agent, augmenté des intérêts cumulés annuellement au taux de la Caisse d'épargne de Paris : 1° à la veuve et aux enfants âgés de moins de 18 ans ; 2° aux ascendants de l'employé célibataire.	

ORLÉANS	P.-L.-M.	MIDI	ÉTAT
			(Voir ci-dessus.)
Remise du livret de la Caisse des retraites pour vieillesse et du livret la Caisse d'épargne.	Restitution aux ayants droit des retenues en capital, sans intérêts.	Restitution à la veuve remplissant les conditions ci-dessus indiquées, de la moitié des retenues opérées sans discontinuité sur le traitement du mari, sans intérêts.	Restitution des retenues sans intérêts à la veuve ou aux enfants.

L'examen du tableau précédent met en relief les faits suivants :

1° Sur tous les réseaux, les agents commissionnés bénéficient de l'institution.

Les Compagnies du Nord, de Paris-Lyon-Méditerranée et du Midi y admettent facultativement les agents ou ouvriers non commissionnés, avec ou sans conditions spéciales.

2° Sur les réseaux de l'Est, de Paris-Lyon-Méditerranée, du Midi et de l'État, les pensions sont servies par des caisses spéciales instituées par les Compagnies ou Administrations.

Sur le Nord et l'Ouest, elles le sont, pour partie par la Caisse de la vieillesse, pour partie par la Caisse de la Compagnie ou par une caisse spéciale.

Enfin sur l'Orléans, à la pension servie par ces deux caisses s'ajoute le produit des versements à la Caisse d'épargne.

Les caisses spéciales sont le plus souvent gérées par l'Administration : cependant, sur le réseau du Midi, un certain nombre d'employés et d'ouvriers interviennent dans cette gestion.

3° Les prélèvements opérés sur les émoluments varient de 3 à 5 % et comprennent en outre, pour certains réseaux, le premier douzième de toute augmentation du traitement annuel.

4° Les conditions requises pour l'attribution de pensions dans les circonstances ordinaires sont, le plus généralement, 55 ans d'âge et 25 ans de services ; cependant ces limites sont abaissées parfois jusqu'à 50 ans d'âge et 15 ans de services.

La plupart des Compagnies dispensent de toute condition d'âge ou de services les agents qui ont été atteints de blessures graves ou d'infirmités les mettant hors d'état de continuer l'exercice de leurs fonctions.

5° Le montant de la pension est généralement fixé d'après la moyenne des six dernières années, suivant des règles plus ou moins analogues à celles qui régissent les pensions des fonctionnaires civils de l'État.

6° Tous les règlements prévoient aujourd'hui, implicitement ou explicitement, la restitution aux agents démissionnaires ou congédiés des retenues opérées sur leurs émoluments, avec ou sans intérêts.

Quand ces retenues ont été versées à la Caisse de la vieillesse, le livret est remis à l'agent, qui peut continuer ses versements.

7° Les veuves et, sous plusieurs réserves, les enfants des agents décédés obtiennent des pensions dans des conditions et des cas déterminés.

Des restitutions sont en outre prévues par certains règlements.

8° Enfin il importe de mentionner particulièrement la disposition du règlement des chemins de fer de l'État qui permet aux agents de retirer le capital de leurs retenues, lors de la liquidation de leur pension.

On peut affirmer que, dans son ensemble, le régime des Compagnies est préférable à celui de l'État et sensiblement plus libéral.

Si l'on consulte les documents statistiques publiés par le Ministère des travaux publics, on voit qu'en 1884, abstraction faite des réseaux du Nord, de l'Ouest et d'Orléans, pour lesquels les cotisations des agents sont versées à la Caisse de la vieillesse, les prélèvements opérés sur le traitement du personnel des quatre autres réseaux s'est élevé à 4 450 000 fr. environ. Pendant le même exercice, les allocations des sept Administrations ont atteint 12 700 000 fr. et les dépenses à la charge des caisses spéciales 8 900 000 fr. L'actif des caisses spéciales au 31 décembre 1884 était de plus de 160 millions, le nombre des agents appelés à y participer était de 115 000 environ et celui des titulaires de pensions de plus de 13 000.

Le simple énoncé de ces chiffres suffit à montrer toute l'importance du service des pensions de retraite pour le personnel des chemins de fer.

La diversité des règlements, et notamment des dispositions relatives au taux des cotisations des agents et des allocations de la Compagnie, montre combien il règne encore d'incertitude sur le fonctionnement financier de ce service, sur les charges auxquelles il aura à faire face, sur l'équilibre qui pourra s'établir entre ces charges et les ressources correspondantes. On peut consulter avec fruit, à cet égard, un très intéressant rapport de M. Albert Jacqmin à la Société d'Économie sociale (20 mars 1881) et les débats auxquels a donné lieu ce rapport. Malgré toutes les difficultés de calculs quelque peu précis, il paraît avéré aujourd'hui que les versements annuels devraient s'élever à 15 % environ du traitement des agents, pour que l'on n'ait pas à craindre de voir les caisses fléchir sous le poids de charges écrasantes, quand leur roulement sera entré dans la période normale. Or, le maximum actuel de ces versements est de 11 % (sur le réseau de l'Est). L'avenir financier des caisses spéciales est donc loin de se présenter sous un jour très satisfaisant.

Les appréciations que nous venons de rappeler sont corroborées par le remarquable rapport présenté le 19 mai 1883 à la Chambre des députés par M. G. Cavaignac, sur la création d'une Caisse nationale de prévoyance pour les fonctionnaires et employés civils. En supposant maintenus les traitements et les conditions de retraite en vigueur, M. Cavaignac évaluait ainsi les résultats de l'application de la loi de 1853 sur les pensions civiles, à partir du jour où cette loi aurait produit tous ses effets :

Dépenses brutes.............. 73 millions
Recettes.................... 21 millions

Dépenses nettes................ 52 millions

Dès aujourd'hui, les dépenses brutes sont de 60 millions environ.

Il faudrait se résoudre à écrire un volume entier et avoir la compétence spéciale d'un actuaire, pour traiter en détail cette grave question du service financier des pensions. Nous ne pouvons que renvoyer aux études dont elle a fait l'objet, soit en France, soit à l'étranger, spécialement en Allemagne.

Toutefois, nous croyons devoir extraire d'un travail de M. Schuppelins, caissier principal du chemin de fer de Fribourg à Breslau, les chiffres statistiques suivants, relatifs aux réseaux allemands :

1° Age moyen des employés de chemins de fer.

	BUREAUX	VOIE	TRACTION	MOYENNE
	ans	ans	ans	ans
Lors de leur nomination............	2,68	30,1	28,7	29,3
Lors de leur mise à la retraite.......	55,7	52,3	52,5	52,6
Lors de leur décès en service........	38,7	40,9	40,3	40,4
Lors de leur décès après admission à la retraite.......................	67,4	57,3	61,7	58,9

2° Durée moyenne de validité des employés.

AGE d'entrée AU SERVICE	DURÉE de VALIDITÉ	AGE d'entrée AU SERVICE	DURÉE de VALIDITÉ	AGE d'entrée AU SERVICE	DURÉE de VALIDITÉ	AGE d'entrée AU SERVICE	DURÉE de VALIDITÉ
ans	ans	ans	ans	ans	ans	ans	ans
16	34,7	26	27,6	36	20,6	46	14.1
18	33,1	28	26,2	38	19,3	48	12,8
20	31,6	30	24,8	40	17,9	50	11,6
22	30,3	32	23,4	42	16,6	52	10,5
24	28,9	34	21,9	44	15,4	54	9,2

b. AMÉLIORATIONS DEMANDÉES A DIVERSES ÉPOQUES DANS LE RÉGIME DES PENSIONS. — Dans leur pétition du 22 février 1871 au Ministre des travaux publics, les mécaniciens et chauffeurs réclamaient :

— pour les agents commissionnés, une pension égale à la moitié de leurs appointements après 20 années de services, sans condition d'âge, et une pension du tiers après 15 années de services, quand la mise à la retraite serait le résultat d'infirmités amenant une incapacité de travail ;

— pour les veuves d'agents retraités, une pension égale à la moitié de celle du mari ;

— pour les veuves d'agents décédés après 15 années de services, une pension égale à la moitié de celle à laquelle le mari aurait pu prétendre.

En 1875, lors de la discussion de la convention entre l'État et la Compagnie de Paris-Lyon-Méditerranée, MM. des Rotours et de Janzé formulèrent sans succès un amendement aux termes duquel une pension égale au traitement devait être assurée aux employés blessés ou aux veuves et enfants des employés tués.

La proposition du 29 janvier 1878 de M. Germain Casse prévoyait la restitution des retenues, avec intérêts, aux agents démissionnaires ou révoqués et aux héritiers des agents décédés en possession de leur emploi.

D'après la proposition de M. de Janzé, en date du 15 janvier 1880, les Compagnies devaient, à l'avenir, être soumises aux obligations suivantes :

— versement des retenues à la Caisse des retraites pour la vieillesse, à fonds perdu ou à capital réservé, au choix des ayants droit ; remise du livret aux agents, à leur départ ; attribution des capitaux réservés aux réservataires, en cas de décès ;

— remboursement en capital et intérêts des retenues antérieures ;

— acquisition du droit à pension après 20 années de services, sans limite d'âge, pour les mécaniciens, chauffeurs, conducteurs, gardes-freins, aiguilleurs et graisseurs de route ; après 50 ans d'âge et 20 ans de services, pour les autres agents du service actif ; après 50 ans d'âge et 30 ans de services, pour les agents sédentaires ;

— pension proportionnelle aux agents atteints de blessures entraînant pour eux une incapacité de travail et non imputables à leur négligence ;

— pension de même somme à la veuve ou aux héritiers, au cas où ces blessures seraient mortelles.

Dans son rapport, M. Margue, sans reproduire ces dispositions, conclut à exiger l'homologation des statuts des caisses de retraite par le Ministre des travaux publics.

L'article ainsi proposé par M. Margue se retrouve dans le projet de M. Raynal, en date du 8 février 1882, et dans le texte voté par la Chambre des députés. Les retenues exercées sur les salaires en vertu du règlement disciplinaire seraient en outre acquises aux Caisses de secours et de retraite, lorsqu'elles n'auraient pas le caractère de réparation d'un dommage.

La Commission du Sénat s'est refusée à suivre la Chambre des députés. Il lui a paru qu'il serait illégal et dangereux de faire intervenir le Ministre dans le règlement de questions relatives aux salaires et que cette intervention ne pourrait produire les effets attendus par les intéressés. Toutefois, l'un des membres de la Commission, frappé du préjudice grave causé aux agents congédiés ou démissionnaires par la perte de ses droits à une pension, a indiqué une formule aux termes de laquelle « la rupture « du contrat laisserait subsister, nonobstant convention contraire, les « droits éventuels acquis par l'employé, à raison de sa participation à une « caisse de retraite ».

A côté de ces revendications parlementaires, il y en a eu d'autres, tendant notamment à la fusion des caisses des diverses Compagnies ou à l'unification de leurs règlements, ainsi qu'à la participation du personnel dans la gestion.

Nous devons examiner très sommairement ces divers points.

1. *Approbation des statuts.* — Depuis un certain temps déjà, l'Administration s'était préoccupée de la question de savoir si elle ne devait pas exiger des Compagnies que les statuts des caisses de retraite fussent soumis à l'approbation ministérielle. Mais ses préoccupations à cet égard étaient tirées de considérations relatives aux rapports financiers entre l'État et les Compagnies. En effet, les subventions données par les Compagnies au service des pensions sont imputées au compte des dépenses d'exploitation et influent, par suite, sur la garantie d'intérêt (Voir les décrets de 1863 et 1868 sur les justifications financières à fournir par les Compagnies et les conventions de 1883). L'Administration pensait que son rôle ne pouvait se borner à enregistrer les dépenses faites par les concessionnaires et qu'il lui appartenait de discuter et d'approuver les règlements servant de base à ces dépenses. Toutefois, elle n'a pas cru jusqu'ici devoir adresser dans ce but des injonctions aux Compagnies. D'une part, en effet, les décrets de 1863 et 1868 lui laissent toujours le droit de n'admettre en compte que les dépenses *utiles;* d'autre part la dotation du service des pensions est plutôt insuffisante qu'excessive, nous l'avons vu précédemment, et dès lors il ne serait pas possible d'opérer une réduction sur le montant des sommes versées au titre de la garantie.

Cette réduction serait d'ailleurs d'autant plus difficile qu'en inscrivant dans son projet l'obligation pour les Compagnies de présenter les statuts des caisses de retraite à l'homologation ministérielle, la Chambre a eu en vue l'amélioration du sort des employés et de leur famille, amélioration qui se traduirait nécessairement par des charges nouvelles. Il y a là, pour l'État, deux intérêts contraires : l'intérêt du Trésor qui passerait à des réformes ayant un caractère restrictif ; l'intérêt moral et politique qui pousserait au contraire à une revision dans un sens libéral. Le premier devrait incontestablement s'effacer devant le second.

Ainsi envisagée, l'intervention de l'État est-elle bien conforme aux conventions ? Est-elle désirable ? La question est délicate. Nous reconnaissons que l'ingérence de l'Administration se justifie dans une certaine mesure, pour sauvegarder la régularité et la sécurité de l'exploitation par le recrutement d'un bon personnel, suffisamment rétribué, ayant des garanties d'avenir et par suite profondément attaché à son service. Mais, d'autre part, il a été dans l'intention commune des parties contractantes de restreindre cette ingérence dans de sages limites, de ne point amoindrir la responsabilité des Compagnies et de ne pas engager outre mesure celle de l'État. Or, les pensions de retraite ont une corrélation intime avec les émoluments d'activité des agents ; l'employé pourra se contenter d'un traitement moindre, s'il a en perspective une pension plus élevée ; inversement, s'il ne peut compter sur une pension suffisante, il devra recevoir un traitement assez élevé pour se prêter à quelques économies. Le taux et les conditions d'obtention des pensions ne constituent que l'un des éléments de la condition des agents ; il est d'autres éléments aussi importants, tels que le taux des salaires ou des émoluments, les règles de l'avancement, les avantages accessoires attribués aux diverses fonctions, etc. Ces divers facteurs du sort des employés ne peuvent guère s'isoler les uns des autres ; ils méritent à un égal titre la sollicitude du Gouvernement ; ils peuvent tous appeler son intervention. On le voit, la pente est glissante et il ne faut s'y engager qu'avec une extrême prudence, sous peine de faire peser sur l'État des responsabilités qui ne doivent pas lui appartenir, dès lors qu'il n'a pas retenu entre ses mains l'exploitation des chemins de fer.

2. Unification des règlements. — Les règlements en vigueur sur les différents réseaux sont loin d'être uniformes. Nous avons déjà indiqué certaines causes de cette variété ; elle s'explique aussi par les conditions spéciales à chaque Compagnie. L'unification soulèverait les plus graves objections ; elle entraînerait, en outre, l'unification des traitements ; il serait difficile de l'opérer sans imposer au budget des Compagnies et par contre-coup au budget de l'État des charges trop lourdes, si elle se faisait sur la base des dispositions les plus favorables aux agents, ou sans compromettre le sort d'une partie du personnel, si on la réalisait au contraire sur la base de dispositions intermédiaires entre les plus favorables et les moins avantageuses. Elle ne pourrait d'ailleurs être entièrement accomplie que dans un avenir éloigné, par suite des mesures transitoires qui seraient indispensables pour sauvegarder les droits acquis.

3. Fusion des caisses de retraite. — Les observations précédentes s'appliquent de tout point à la fusion des caisses de retraite. Cependant les

Compagnies pourraient utilement rechercher les moyens de conserver aux agents passant d'un réseau à l'autre le bénéfice des prélèvements opérés sur leur traitement et des allocations correspondantes sur le budget de l'exploitation, dans des cas et sous des conditions à déterminer.

4. Participation des agents à la gestion des caisses de retraite. — Les agents ont parfois réclamé le droit de participer à la gestion des caisses spéciales alimentées par les retenues auxquelles ils sont soumis. S'ils ont élevé cette prétention, c'est bien moins pour exercer une surveillance sur la comptabilité, sur l'emploi des fonds et sur l'application des statuts, que pour pouvoir agir avec plus d'autorité et d'efficacité, en vue de l'amélioration des pensions.

Comme le montre le tableau des pages 108 et suivantes, la Compagnie du Midi et l'Administration des chemins de fer de l'État ont confié la gestion de leurs caisses à des Commissions composées d'administrateurs et d'agents désignés par le Conseil.

La question ne se pose pas pour la Compagnie d'Orléans, qui assume toute la charge du service des pensions. Elle ne se soulève pas non plus sérieusement pour les Compagnies du Nord et de l'Ouest, qui versent à la Caisse de la vieillesse le montant des retenues opérées sur le traitement des employés et ouvriers classés.

Restent les Compagnies de l'Est et de Paris-Lyon-Méditerranée, qui pourraient imiter celle du Midi.

Il y a lieu toutefois d'observer :

1° Que les Compagnies, fournissant un appoint qui en général dépasse de beaucoup les prélèvements effectués sur le traitement des employés, devront toujours conserver une part prépondérante dans la gestion ;

2° Que, dès aujourd'hui, les agents sont parfaitement autorisés à formuler leur désidérata au sujet des améliorations dont le régime des pensions leur paraîtrait susceptible.

5. Abaissement des limites d'âge et de services exigées pour l'allocation d'une pension. — Un abaissement excessif des limites d'âge et de services exigées pour l'admission à la retraite aurait des inconvénients sérieux pour les Compagnies et pour les agents eux-mêmes. Il priverait les Compagnies d'agents expérimentés et en pleine possession de leurs facultés professionnelles ; il diminuerait le taux des pensions, tant en réduisant le nombre des années de services qu'en amoindrissant le traitement moyen sur lequel est basée la liquidation et en augmentant le nombre des années pendant lesquelles les pensions devraient être servies ; on ne pourrait remédier à cet inconvénient qu'en accroissant les sacrifices déjà considérables des Compagnies et en surchargeant leur budget. Sans méconnaître qu'il y ait encore des améliorations à réaliser, nous considérons comme indispensable de n'agir qu'avec une extrême prudence.

D'ailleurs, tous les règlements prévoient des conditions spéciales pour les agents que des blessures ou des infirmités contractées dans l'exercice de leurs fonctions rendent impropres à leur emploi. Ces conditions sont plus ou moins libérales ; si certains réseaux devaient faire quelques efforts, ce serait surtout en vue d'améliorer le sort de ces agents particulièrement malheureux et intéressants.

6. *Restitutions aux agents démissionnaires ou congédiés.* — Les fonctionnaires de l'État qui quittent le service soit volontairement, soit par révocation, perdent le bénéfice de leurs versements pour la retraite. Des dispositions analogues étaient insérées dans la plupart des anciens règlements des Compagnies. Elles avaient donné lieu à de nombreux procès ; mais la Cour de cassation avait toujours repoussé les prétentions des agents à cet égard, en se fondant sur la clarté et la précision des règlements dont les termes étaient formels et absolus ; les clauses de ces règlements n'étaient contraires ni à aucun texte de loi, ni à l'ordre public ; elles avaient d'ailleurs un caractère obligatoire pour les employés qui les avaient connues et s'y étaient soumis en louant leurs services à la Compagnie. Les revendications des héritiers, en cas de décès, étaient repoussées pour les mêmes motifs. (Cour de cassation, 18 décembre 1872, Cie de l'Est contre Lescail ; 5 août 1873, Cie de P.-L.-M. contre Remlinger ; 28 avril 1874, Cie de P.-L.-M. contre Michotey ; 10 mai 1875, Cie de P.-L.-M. contre Ronot ; 24 mai 1876, Cie de P.-L.-M. contre Letru ; 4 août 1879, Cie de P.-L.-M. contre époux Bornens.) La jurisprudence de la Cour de cassation était strictement conforme aux principes du Code civil (article 1134, notamment). Des considérations de prétendue équité ne pouvaient prévaloir devant elle contre une convention légalement formée.

La Cour régulatrice avait jugé en outre, le 26 novembre 1878 (Harduin contre Cie du Nord), que le fait, pour un agent révoqué, d'avoir atteint les limites d'âge et de durée de services prévues par le règlement ne suffisait pas à lui attribuer le droit à pension, attendu que l'admission à la retraite devait être prononcée par le Conseil d'administration qui n'était nullement lié à cet égard par les statuts (1). Sur certains réseaux, en

____

(1) Dans un cas seulement, la Cour de cassation a ordonné le remboursement des retenues (14 novembre 1871, Cie de P.-L.-M. contre Petot) ; mais l'intéressé n'avait

effet, l'une des conditions auxquelles est subordonnée l'allocation d'une pension est celle d'une décision préalable de la Compagnie admettant l'intéressé à faire valoir ses droits, conformément au principe admis pour les fonctionnaires de l'État.

Cette privation du bénéfice, non seulement de la part de pension correspondant au prélèvement sur le budget de l'exploitation, mais encore de la part correspondant aux retenues subies par les agents, a provoqué de vives réclamations. Elle pouvait se défendre par des considérations tirées de l'intérêt de la Compagnie et de l'intérêt des pensionnés ; la dotation du service des pensions profitait en effet des fonds que le départ ou le décès prématuré des agents rendaient ainsi disponibles.

Cependant la plupart des Compagnies ont cédé, comme le montre le tableau synoptique des pages 108 et suivantes, et consenti à des restitutions au moins en capital, même pour les agents révoqués à raison des fautes les plus graves.

17. Soins et secours aux agents et à leurs familles. Sociétés de prévoyance. — Indépendamment des pensions de retraite acquises dans les conditions précédemment indiquées, les agents doivent recevoir des soins médicaux et des secours en cas de maladie ; s'ils viennent à décéder, il importe que les frais de leur inhumation soient assurés et que leur famille ne reste pas dans un dénûment absolu. Les Compagnies n'hésitent pas à s'imposer des sacrifices pour remplir ce devoir d'humanité. La plupart d'entre elles ont en outre organisé des caisses spéciales ou provoqué leur institution par les intéressés. Quelques-unes de ces caisses ou de ces sociétés servent, en outre, des pensions de retraite.

a. Réseau de l'Est. — Caisse de prévoyance. — En cas de maladie, tous les employés, agents et ouvriers à l'année reçoivent gratuitement et sur leur demande les soins du médecin de la Compagnie. Si le rapport du médecin constate que leur maladie provient exclusivement du service, ils continuent à être soignés pendant trois mois aux frais de la Compagnie et touchent l'intégralité de leur traitement pendant un délai minimum de trois mois. En cas de décès, la Compagnie accorde à la veuve et aux enfants mineurs : 1° un secours égal à deux mois d'appointements ; 2° s'il y a lieu, un subside supplémentaire. Si la maladie n'est pas attribuée au service, le traitement n'est servi intégralement que pendant huit jours ; au delà de ce délai, et jusqu'à deux mois, il est réduit à moitié ; au delà de deux

consenti à se démettre pour cause de maladie que moyennant la promesse formelle de ce remboursement.

mois, les administrateurs de service et le directeur statuent ; en cas de décès, la veuve et les enfants mineurs reçoivent un secours égal à deux mois d'appointements. Quant aux ouvriers à la journée, ils reçoivent gratuitement les soins du médecin de la Compagnie et il leur est accordé la moitié de leur salaire pendant quinze jours au minimum.

La Caisse de prévoyance a pour objet d'ajouter aux secours distribués ainsi par la Compagnie. Les ressources de cette caisse se composent :

1° du produit de la cotisation des agents et employés, ladite cotisation fixée à 1 °/₀ du traitement, mais pouvant être élevée jusqu'à 2 °/₀ ;

2° d'un versement égal, fait par la Compagnie et prélevé sur les produits de l'exploitation ;

3° du montant des amendes encourues par les agents et employés.

Tous les employés souscripteurs à la Caisse des retraites sont astreints à la cotisation.

La Caisse de prévoyance est gérée par les administrateurs de service et par le directeur.

Elle sert aux agents et employés malades une indemnité égale à la moitié de leur traitement, pendant un délai minimum de deux mois, à partir du jour où la Compagnie cesse de leur en accorder l'intégralité ; elle pourvoit aux frais d'inhumation, quand, aux termes du règlement, la Compagnie n'a pas à les supporter, et elle accorde, soit à la veuve et aux enfants mineurs, soit au père ou à la mère, si le défunt ne laisse ni veuve ni enfants, une indemnité au moins égale au secours qui leur est assuré par la Compagnie. Lorsque l'incapacité de travail devient définitive, les agents et employés hors d'état de travailler reçoivent une indemnité égale au montant intégral de leurs cotisations et des versements correspondants de la Compagnie.

b. Réseau de l'ouest. — Société de secours pour les ouvriers des ateliers et dépôts de machines. — Cette société comprend tous les ouvriers des ateliers et dépôts. La gestion en est confiée à un bureau, dont la plupart des membres sont élus par les sociétaires.

Elle est alimentée :

1° par une retenue de 1 1/2 °/₀, pouvant être élevée jusqu'à 2 °/₀, sur le salaire des participants ;

2° par un versement égal de la Compagnie ;

3° par les versements des membres honoraires ;

4° par le produit des amendes ;

5° par le produit des placements de fonds déposés dans les caisses de la Compagnie.

Son but est de donner gratuitement les médicaments et soins du médecin aux sociétaires titulaires, malades ou blessés ; de leur venir en aide au moyen d'une indemnité accordée pendant le temps de leur maladie ; de subvenir aux frais funéraires occasionnés par leur mort.

L'indemnité est fixée, par jour, à la moitié du salaire, plus 0 fr. 25 pour la femme et pour chaque enfant, sans pouvoir dépasser des maxima qui atteignent au moins les 3/4 du salaire.

L'obligation de fournir les soins du médecin et l'indemnité peut cesser si la maladie se prolonge au delà de trois mois.

La société accorde à la veuve ou aux enfants du titulaire décédé un subside qui peut atteindre 200 fr. et même 300 fr., dans le cas où la mort a été occasionnée par un accident de travail.

Les ouvriers quittant la Compagnie pour une cause indépendante de leur volonté touchent une indemnité graduée d'après la durée de leurs services et dont le chiffre est au minimum de 30 fr., après deux années de services.

c. RÉSEAU D'ORLÉANS. — SOCIÉTÉ DE SECOURS MUTUELS ET DE PRÉVOYANCE DES OUVRIERS ET EMPLOYÉS. — Cette société comprend les ouvriers et employés qui souscrivent l'engagement de se conformer à ses statuts. Elle a pour but :

1° d'assurer aux participants, après un certain âge, des pensions proportionnées aux ressources de la société ;

2° de venir en aide, au moyen de pensions et de secours temporaires, exceptionnels, facultatifs, à ceux de ses membres reconnus, quel que soit leur âge, dans l'impossibilité de travailler ;

3° d'assister les veuves ou les enfants orphelins des membres décédés et, à défaut, les mères veuves à la charge des sociétaires décédés célibataires.

L'administration en est confiée à un Conseil élu par les sociétaires.

La cotisation mensuelle varie de 2 francs à 13 fr. 65, suivant l'âge des sociétaires au moment de leur admission : le minimum de 2 francs correspond à l'âge de 21 ans et le maximum de 13 fr. 65 à l'âge de 45 ans, à partir duquel les agents ne peuvent plus être admis dans la Société.

Sont admis à jouir de la pension de retraite :

1° les sociétaires âgés de 55 ans ;

2° les sociétaires de tout âge reconnus dans l'impossibilité de travailler.

Ces derniers reçoivent la pension à laquelle ils auraient eu droit, s'ils avaient été âgés de 55 ans, pourvu qu'ils aient versé au moins 400 francs.

Si cette somme n'est pas atteinte, la pension subit une réduction proportionnelle ; l'intéressé peut y renoncer et demander le remboursement de ses cotisations.

Les secours accordés aux sociétaires sont fixés par l'assemblée générale, sur la proposition du Conseil. Il en est de même de ceux qui peuvent être attribués à la veuve, aux orphelins, ou à la mère d'un sociétaire décédé. Dans ce dernier cas, le secours ne peut être viager que si le sociétaire avait droit à la retraite ; il ne peut, d'ailleurs, excéder la 1/2 de la pension.

d. Réseau de paris-lyon-méditerranée. — Société de secours pour la vieillesse. — Une société est établie à Lyon entre agents et ouvriers des chemins de fer de Paris-Lyon-Méditerranée, dans le but :

1° de donner une pension de retraite aux agents et ouvriers, membres fondateurs, ayant atteint l'âge de 50 ans et participé à la société pendant 7 ans, ainsi qu'aux autres agents et ouvriers remplissant la même condition d'âge et ayant participé à la société pendant 10 ans ;

2° de venir en aide aux sociétaires devenus infirmes par l'âge ou par un accident ne résultant pas de leur faute.

L'administration en est confiée à un Conseil élu par les sociétaires.

La cotisation annuelle est de 13 francs. Les sociétaires désirant augmenter leur pension de retraite peuvent prendre plusieurs cotisations.

Les pensions de retraite sont basées sur les ressources de l'association et proportionnées au nombre d'années de versement.

Au 31 décembre 1885, l'effectif de la société était de 19 545 membres ; son encaisse atteignait 1 750 000 francs ; le nombre des retraités était de 770 et le chiffre moyen des pensions de 53 francs.

e. Réseau du midi. — Caisse de prévoyance. — Les employés et ouvriers de la Compagnie du Midi reçoivent gratuitement, en cas de maladie, les soins des médecins attachés à la Compagnie. Les médicaments nécessaires leur sont en outre attribués, quand leur maladie résulte de l'exercice de leurs fonctions. Dans ce dernier cas, l'intégralité de leur traitement continue à leur être servie pendant un délai minimum de 6 mois ; s'ils viennent à décéder, la Compagnie pourvoit aux frais de leur inhumation et accorde une indemnité à la femme et aux enfants. Lorsque la maladie n'a pas été causée par le service, le traitement est servi intégralement pendant huit jours et pour moitié pendant deux mois.

En outre, la Compagnie a institué une **Caisse de prévoyance**, dont le but est de venir au secours des employés et de leur famille, en cas d'infirmités graves, de maladies, de blessures et de mort.

Les ressources de cette caisse se composent d'une cotisation fixée à 1 °/₀ du traitement et d'un versement égal de la Compagnie. La cotisation est obligatoire pour tous les employés ou ouvriers ayant au plus 3 000 francs de traitement ou de salaire annuel ; elle est facultative pour les autres.

La Caisse pourvoit : 1° aux frais de maladie des participants, quand ces frais n'incombent pas à la Compagnie ; 2° aux frais de maladie de leurs femmes et de leurs enfants ; 3° aux frais d'inhumation des cotisés et des membres de leur famille ; 4° aux secours à accorder aux cotisés en cas de maladie, lorqu'ils n'ont pas droit au traitement de la Compagnie ; 5° aux pensions ou indemnités à accorder aux veuves et enfants, en cas de décès ; 6° aux pensions ou indemnités à accorder aux employés atteints d'infirmités graves entraînant incapacité de travail définitive.

Elle est administrée par le Conseil d'administration de la Compagnie. Mais les opérations en sont suivies par un comité de 12 employés ou ouvriers désignés par le Conseil et présidés par le directeur de l'exploitation.

f. CHEMINS DE FER DE L'ÉTAT. — SOCIÉTÉ DE SECOURS MUTUELS ET DE PRÉVOYANCE. — Cette société, formée entre les ouvriers et employés non commissionnés, a le même but que la société analogue du réseau d'Orléans. Elle est administrée par un Conseil, dont la plupart des membres sont élus par l'assemblée générale des sociétaires.

La cotisation est de 2 °/₀ du salaire. Une somme égale est prélevée sur les produits de l'exploitation.

Les conditions générales du fonctionnement de la société sont calquées sur celles du réseau d'Orléans.

g. OBSERVATIONS DIVERSES. — Les dépenses de ces caisses ou sociétés ont dépassé 1 800 000 fr. en 1884.

La Compagnie du Nord et la Compagnie de Paris-Lyon-Méditerranée, qui n'ont pas créé par elles-mêmes de caisses spéciales, dépensent, chaque année, pour soins médicaux et secours, des sommes qui varient suivant les circonstances.

18. Observations sur les caisses de secours et de retraite formées par les agents en dehors de l'intervention des Compagnies. — Dans sa proposition du 15 janvier 1880 à la Chambre des députés, M. le baron de Janzé a inséré une disposition aux termes de laquelle les employés

d'une même Compagnie étaient investis du droit de former entre eux des caisses de secours, pour eux et leur famille, et de se réserver l'administration exclusive de ces caisses, sauf à en soumettre les statuts à l'approbation du Ministre des travaux publics.

Cette disposition, reproduite par MM. Raynal et Waldeck-Rousseau, a pris place dans le texte voté par la Chambre des députés en 1882; la Chambre a même supprimé la limitation des associations aux employés d'une même Compagnie.

L'utilité en est fort contestable.

Dans l'état actuel de notre législation, rien n'interdit aux agents d'une ou de plusieurs Compagnies de chemins de fer de former entre eux des caisses de retraite et de secours et de s'en réserver l'administration, à charge de demander l'autorisation prévue par l'article 291 du Code pénal pour les associations de plus de vingt personnes.

Au surplus, le fait est accompli. Nous avons déjà mentionné les sociétés de secours mutuels et de prévoyance des réseaux d'Orléans et de Paris-Lyon-Méditerranée. Nous devons encore citer l'association fraternelle des employés de chemins de fer français, qui a été autorisée en 1880 par le Ministre de l'intérieur et dont le but est : 1° d'assurer à ses membres une pension de retraite reversible, en cas de décès, sur la tête de l'époux survivant, des orphelins ou de la mère veuve ; 2° de fournir des secours éventuels à prélever sur des fonds spéciaux. Cette association comptait, dès 1885, 38 000 adhérents; son avoir social était de 18 millions. Elle est en instance pour obtenir le bénéfice de la reconnaissance d'utilité publique, avec tous les avantages qui en dérivent.

Nous devons d'ailleurs rappeler que, le cas échéant, les agents des chemins de fer pourraient bénéficier de la loi du 21 mars 1884 sur les syndicats professionnels.

19. Participation des agents aux bénéfices. — La Compagnie d'Orléans est la seule qui fasse participer son personnel aux produits de l'exploitation. Voici quelles sont les bases de cette participation, qui se lie d'ailleurs au service des pensions de retraite.

L'article 50 des statuts de la Compagnie porte que « les produits de « l'entreprise serviront d'abord à acquitter les dépenses d'entretien et « d'exploitation du chemin, les frais d'administration, l'intérêt et l'amor-« tissement des emprunts qui auront pu être contractés et, généralement, « toutes les charges sociales ».

Aux termes de l'article 52, « sur l'excédent des produits, après le paie-« ment des charges détaillées en l'article 50, il est prélevé, chaque année :

« 1° une retenue destinée à constituer un fonds d'amortissement et calcu-
« lée de telle sorte que la somme de 300 millions soit complètement
« amortie avant l'expiration de la concession (l'amortissement doit s'opé-
« rer à raison de 500 francs par action); 2° 3 % de ladite somme de
« 300 millions, qui sont employés à servir pour les actions amorties ou non
« amorties un intérêt annuel de 15 francs, la portion afférente aux actions
« amorties devant être versée au fonds d'amortissement, afin de complé-
« ter l'annuité nécessaire pour amortir la totalité de cette somme, comme
« il est dit ci-dessus; et 3°, s'il y a lieu, les retenues destinées à former le
« fonds de réserve mentionné à l'article précédent (réserve de 5 millions au
« moins, alimentée par un prélèvement de 3 % au minimum sur le pro-
« duit net, tant que ce chiffre de 5 millions n'est pas atteint) ».

L'article 53, dont nous ne reproduisons pas le texte, vise un cas
spécial.

Après les divers prélèvements ci-dessus mentionnés et ceux auxquels
peut donner lieu l'application des conventions relatives à la garantie d'intérêt et au partage des bénéfices, l'article 54 prescrit « la distribution entre
« les actions des produits nets de l'entreprise, à raison de 1/600 000 par
« action. Toutefois, lorsqu'il a été attribué à l'ensemble des actions, à titre
« d'intérêt et dividende, une somme de 20 millions, il est, sur le surplus
« des produits, fait distraction de 15 % qui sont répartis par le Conseil
« d'administration entre les employés de la Compagnie, en proportion des
« traitements ou en raison des services, d'après les bases arrêtées par
« l'assemblée générale. Lorsqu'il a été attribué à l'ensemble des actions
« une somme totale de 29 millions, le prélèvement à effectuer sur les pro-
« duits nets excédants est réduit à 10 %. Lorsqu'il a été attribué à l'en-
« semble des actions une somme totale de 32 millions, le prélèvement à
« effectuer sur les produits nets excédants est réduit à 5 % ».

Un règlement approuvé par le Conseil d'administration, le 26 juin
1863, a déterminé comme il suit l'emploi de la part de bénéfices ainsi
dévolue aux employés.

Chaque année, avant toute répartition, il est opéré pour le fonds de
secours et d'encouragement un prélèvement qui n'excède, dans aucun cas,
15 % de la somme à répartir et qui ne peut être supérieur à la somme
nécessaire pour, avec le solde resté disponible de l'exercice précédent,
compléter un chiffre maximum (1).

(1) Des décisions spéciales du Conseil d'administration, rendues sur la proposition du
directeur, déterminent les sommes qui doivent être prises sur le fonds de secours et d'encouragement ainsi constitué, soit en cours d'année, soit en fin d'exercice, pour être attribuées : 1° aux employés qui, dans l'exercice de leurs fonctions, ont reçu des blessures ou
contracté des maladies ou des infirmités qui les mettent dans l'impossibilité de continuer

Le surplus de la somme à distribuer est réparti entre tous les employés dans la proportion du traitement dont chacun d'eux a joui pendant l'année.

Sont seuls compris dans la répartition les employés qui sont attachés exclusivement ou partiellement à l'exploitation et dont le traitement est fixé à l'année, sauf les assimilations établies ou à établir par décisions spéciales du Conseil d'administration.

Le montant de la somme attribuée à chaque employé est versé à son compte à la Caisse des retraites pour la vieillesse instituée par l'État, jusqu'à concurrence de 10 °/₀ de son traitement; le surplus est remis à l'employé, en espèces, jusqu'à concurrence de 7 % de son traitement; enfin le reliquat, s'il en existe un, est versé à son compte à la Caisse d'épargne de Paris.

Les sommes à porter au compte de chaque employé, soit à la Caisse des retraites, soit à la Caisse d'épargne, y sont versées par la Compagnie, à titre de don volontaire incessible et insaisissable.

Les versements à la Caisse des retraites pour la vieillesse, opérés avant que l'employé ait atteint l'âge de 50 ans, sont faits à la condition de lui constituer une pension viagère à cet âge, soit à fonds perdu, soit à capital réservé, suivant qu'il le préfère. Lorsque l'employé est arrivé à 50 ans, s'il reste au service de la Compagnie, le versement de la somme afférente à l'année au cours de laquelle il atteint l'âge de 50 ans est opéré avec entrée en jouissance de la rente à 51 ans. S'il reste au service de la Compagnie à 51 ans, le nouveau versement a lieu avec jouissance de la rente à 52 ans, et ainsi de suite d'année en année. Quant à la rente acquise à 50 ans, 51 ans, etc., au moyen des versements antérieurs à cet âge, la jouissance en est reculée d'une année, à mesure que l'employé commence une nouvelle année de service après 50 ans, après 51 ans, etc. Les versements s'arrêtent au moment où la rente viagère atteint le maximum fixé par la loi; dans ce cas, la partie de l'attribution afférente à la Caisse des retraites, ainsi que les arrérages de la rente liquidée, sont versés au nom de l'employé à la Caisse d'épargne de Paris, jusqu'à ce qu'il cesse de faire partie du personnel de la Compagnie.

Les versements à la Caisse d'épargne de Paris sont faits sous la condition de ne pouvoir être retirés par les titulaires qu'en vertu d'une décision spéciale du Conseil d'administration rendue sur la proposition du directeur. Ils sont suspendus lorsque le crédit de l'employé à cette caisse atteint le maximum déterminé par la loi, si la rente viagère inscrite sur

leur service ; 2ᵉ aux familles de ceux qui ont succombé par suite des mêmes circonstances ou d'événements extraordinaires ; 3° aux employés nécessiteux ; 4° enfin aux employés qui se sont distingués dans leur service.

sa tête à la Caisse des retraites pour la vieillesse n'atteint pas le maximum légal ; dans ce cas, la partie de l'attribution qui devrait être versée à la Caisse d'épargne est versée à la Caisse des retraites, en supplément du maximum déterminé précédemment. Les versements à la Caisse d'épargne recommencent lorsque le maximum de la rente viagère acquise à la Caisse des retraites est atteint ; alors les sommes qui devraient être versées à la Caisse des retraites, ainsi que les arrérages des rentes liquidées par cette caisse, sont versés à la Caisse d'épargne, à charge par elle de transformer en rentes sur l'État l'excédent du maximum déterminé par la loi, et ce jusqu'à ce que l'employé quitte le service de la Compagnie.

Tout employé a la faculté d'accroître de ses propres ressources les versements à l'une ou l'autre de ces deux caisses.

Les livrets des employés à la Caisse des retraites et à la Caisse d'épargne sont conservés par la Compagnie. Ils sont remis, avec toute faculté d'en disposer, soit au titulaire en cas de démission ou de révocation, soit à ses héritiers ou ayants droit, en cas de décès.

Tous les ans, chaque employé reçoit un bulletin lui indiquant la situation de ses comptes aux deux caisses et le montant de la rente viagère à laquelle il aura droit.

On le voit, l'emploi de la part de bénéfices attribuée à chaque agent a été sagement étudié, de manière à assurer son sort au moment où l'âge et les infirmités l'obligeront à abandonner ses fonctions.

Nous avons d'ailleurs fait connaître précédemment dans quelle mesure la Compagnie venait encore ajouter aux ressources ainsi créées, par un appoint destiné à compléter la pension de retraite fixée en vertu de la décision du Conseil d'administration en date du 10 février 1882. Le lecteur se reportera aux pages 108 et suivantes.

Si l'on rapproche le régime de la Compagnie d'Orléans de celui des autres Compagnies, on voit qu'il a le grand avantage :

1° d'assurer la constitution des pensions sans aucun prélèvement sur le traitement ;

2° de faire participer effectivement les agents aux bénéfices annuels par des versements en espèces ;

3° de leur constituer une épargne en capital, dont ils pourront disposer sur leurs vieux jours ou qu'ils laisseront à leurs héritiers ;

4° de leur laisser, en cas de démission ou de révocation, le bénéfice intégral des versements dont une partie aurait été perdue pour eux sur les autres réseaux ;

5° de sauvegarder plus complètement les intérêts de leurs héritiers, en cas de décès pendant le cours de leurs fonctions.

D'après les statistiques, la somme totale attribuée aux agents de la Compagnie d'Orléans a été de 2 millions environ en 1880, 1881 et 1882, pour un dividende de 56 francs, et de 2 053 000 francs en 1883, 1884 et 1885, pour un dividende de 57 fr. 50.

On peut rapprocher des mesures prises par la Compagnie d'Orléans la disposition de l'article 12, § 3, du décret du 25 mai 1878 portant constitution du réseau d'État. Aux termes de cette disposition, les fonctionnaires et agents qui ont le plus contribué à la bonne marche du service et aux résultats favorables à l'exploitation reçoivent, en fin d'exercice, à titre de primes de gestion ou d'économie, des allocations qui ne peuvent dépasser 2 °/₀ de la recette brute réalisée dans l'année.

20. Mesures diverses prises par les Compagnies pour améliorer le sort de leur personnel. — L'institution des caisses de retraite et celle des caisses de secours et de prévoyance ne sont pas les seules mesures prises par les Compagnies pour améliorer le sort de leur personnel. Nous citerons :

— les primes données aux mécaniciens pour régularité de marche et économie de combustible ;

— les gratifications annuelles ;

— le logement attribué à certains agents qui, à la rigueur, pourraient ne pas être logés dans les bâtiments du chemin de fer ;

— le chauffage et l'éclairage particuliers des chefs de gare et chefs de dépôt ;

— la prise en charge, par le budget des Compagnies, d'une partie au moins de l'habillement d'uniforme porté par les agents qui sont en contact avec le public ;

— la délivrance de permis aux femmes des agents, pour se rendre au marché voisin, et aux enfants, pour se rendre à l'école ;

— les abonnements spéciaux au profit des agents qui veulent résider dans la banlieue des grandes villes et au profit de leur famille ;

— le transport à prix réduit des denrées, provisions de ménage et objets mobiliers, dans des cas déterminés ;

— l'ouverture gratuite de salles de bains dans les dépôts importants ;

— la vente à prix réduit du charbon et même la création d'économats livrant des denrées, des vêtements et autres objets, qui sont répartis périodiquement le long de la ligne ;

— la distribution de boissons froides en été et de boissons chaudes en hiver ;

— l'allocation de subsides en nature ou en argent aux sociétés de coopération ;

— les secours en temps de cherté des vivres ;

— la création de cités louées à un prix très modique ;

— la construction d'écoles dans les grandes agglomérations d'employés, placées à une trop grande distance des centres où les enfants pourraient recevoir leur instruction, etc.

L'étude de détail de ces diverses mesures nous entraînerait trop loin. Leur simple énumération suffit à montrer que les Administrations de chemins de fer ont fait de sérieux efforts pour donner satisfaction aux besoins matériels et moraux de leur personnel.

21. Juridiction compétente pour connaître des litiges entre les Compagnies et leurs agents commissionnés en matière de contrat de louage de services. — Procédure. — *a.* Règles actuelles. — La loi répute acte de commerce toute entreprise de transport par terre ou par eau (art. 632 du Code de commerce). Les Compagnies de chemins de fer sont donc des sociétés commerciales.

Les contrats passés entre elles et leurs employés peuvent-ils être considérés comme des actes se rattachant à leur négoce; les tribunaux consulaires sont-ils par suite compétents pour en connaître? Nous examinerons la question dans ses détails, à propos des accidents d'exploitation. Il nous suffira de dire ici que l'autorité judiciaire s'est prononcée pour l'affirmative et de citer un arrêt de la Cour de cassation du 4 mai 1868 (grande Société des chemins de fer russes contre Raffin), relatif à une demande en indemnité pour congédiement d'un ingénieur.

Toutefois, les agents n'étant point commerçants ont la faculté de ne point s'adresser aux tribunaux de commerce et de porter leurs différends devant le juge de paix (1) ou devant les tribunaux civils de première instance, suivant les cas (Cour de Paris, 27 juin 1870, Cies de Cordoue à Séville et du Nord de l'Espagne contre Quirot).

S'ils investissent les tribunaux civils, ils doivent assigner la Compagnie devant le tribunal de son domicile, c'est-à-dire devant le tribunal de son établissement principal ou devant celui d'une gare succursale, pourvu qu'il se soit créé entre eux et la Compagnie un lien de droit dans cette gare, qu'ils y aient par exemple contracté et qu'ils y exercent leur profession.

S'ils investissent les tribunaux de commerce, ils peuvent bénéficier des dispositions de l'article 420 du Code de procédure civile, et assigner par suite, en tout cas, la Compagnie devant le tribunal du lieu où ils sont employés (Cour de cassation, 13 mai 1857, Cie de Lyon à la Méditerranée contre Cuisset ; Cour de Poitiers, 11 juillet 1854 ; etc.).

(1) Loi du 25 mai 1838.

En différentes circonstances, le Conseil des prud'hommes de Paris a proclamé sa compétence pour statuer sur les litiges entre les Compagnies et certains agents, notamment les mécaniciens.

Ses décisions les plus connues à cet égard sont celles du 16 octobre 1871, rendues à propos de demandes qu'avaient formées des mécaniciens congédiés, afin d'obtenir la restitution des retenues opérées sur leur traitement. Par un jugement du 25 janvier 1872, le tribunal de commerce de la Seine a annulé ces décisions et refusé aux mécaniciens la qualité d'ouvrier nécessaire pour les rendre justiciables des Conseils de prud'hommes, aux termes des décrets des 11 juin 1809 et 20 février 1810.

b. Modifications demandées a diverses époques dans les règles de compétence. — Le 9 février 1872, MM. de Janzé, Raoul Duval et plusieurs de leurs collègues ont déposé sur le bureau de l'Assemblée nationale une proposition tendant à l'établissement à Paris d'une 5e section du Conseil des prud'hommes, ayant pour mission de statuer sur les différends entre les Compagnies et les ouvriers employés par elles ; ils motivaient principalement cette proposition par la nécessité de confier le règlement des litiges à des hommes doués des connaissances spéciales indispensables. Dans son rapport au nom de la Commission d'initiative, M. Bastid fit remarquer que la proposition était sans objet pour les ouvriers non commissionnés, déjà justiciables des Conseils de prud'hommes d'après les assimilations techniques et professionnelles, et qu'elle était inadmissible pour les agents commissionnés ; il la considérait comme de nature à porter atteinte à l'ordre normal des juridictions et à jeter la perturbation dans le service des chemins de fer ; il montrait les difficultés que présenterait la composition du tribunal, l'impossibilité d'organiser la seconde classe d'électeurs avec un personnel dispersé dans la France entière, l'anomalie d'une extension à tout le territoire de la compétence d'une juridiction essentiellement locale. L'Assemblée ratifia, le 24 avril 1872, les conclusions de la Commission d'initiative.

Cette décision était inévitable. A défaut de toute autre considération, l'attribution de compétence au Conseil de prud'hommes de Paris, pour tout le territoire de la France, suffisait à la motiver. Le caractère de la juridiction des prud'hommes est de placer, à côté de l'établissement industriel, un juge pouvant en quelque sorte constater de visu les causes et les circonstances de la contestation ; il est encore et surtout d'éviter les déplacements d'ouvriers et de mettre pour ainsi dire le prétoire à la porte de l'usine ou de la fabrique.

Le 3 août 1874, MM. Cazot, Tolain, Gambetta, Rouvier, Tirard et

Goblet, membres de l'Assemblée nationale, reprirent le projet sous une autre forme et proposèrent :

1° d'attribuer la connaissance des litiges entre les mécaniciens ou chauffeurs et les Compagnies à la section « des métaux » du Conseil des prud'hommes institué dans le lieu de leur dépôt, ou, à défaut, du dépôt le plus voisin ;

2° de créer une section des métaux dans le sein des Conseils de prud'hommes qui en seraient dépourvus.

Tout en formulant des réserves sur les dispositions du projet, M. Jouin conclut à la prise en considération ; mais l'Assemblée nationale se sépara sans avoir statué.

Le 23 mai 1876, MM. Germain Casse et autres députés reproduisirent devant la Chambre la proposition de M. Cazot. M. Andrieux conclut, comme M. Jouin, à la prise en considération, en faisant toutefois observer que les Conseils de prud'hommes seraient incompétents pour connaître des contestations de la nature de celles qui pouvaient naître entre les mécaniciens et les Compagnies et que l'on altérerait leur principe en étendant leurs pouvoirs à des localités souvent fort éloignées. Cette fois encore, la Chambre se sépara avant d'en avoir délibéré.

M. Germain Casse réitéra sa proposition le 20 janvier 1878, en l'appliquant à tous les agents commissionnés.

Un peu plus tard, le 15 janvier 1880, M. le baron de Janzé en présenta une autre qui portait institution d'une nouvelle juridiction. Les contestations entre les Compagnies et leurs agents commissionnés devaient être jugées par un tribunal siégeant au chef-lieu de canton et composé du juge de paix de ce canton, président, et de deux arbitres-juges, nommés par chacune des parties, ou, à défaut, par le juge de paix. Ce tribunal devait avoir compétence pour tous les litiges intéressant les agents du canton et pour statuer en dernier ressort jusqu'à concurrence de 1500 fr. de principal ; le cas échéant, l'appel devait être porté devant le tribunal de commerce, dans le ressort duquel serait placé le tribunal arbitral.

Les Compagnies combattirent vivement la double proposition de M. Germain Casse et de M. de Janzé. Elles repoussèrent la juridiction du Conseil des prud'hommes, comme incompétente pour régler des différends qui sortaient du cadre ordinaire de sa compétence, et celle du tribunal arbitral, comme constituant une innovation dangereuse et comme ne devant point offrir des garanties supérieures à celles du juge de paix ; elles relevèrent en outre la dérogation qu'il s'agissait d'apporter aux articles 59, 69 et 70 du Code de procédure civile, en autorisant les agents à les assigner ailleurs qu'au lieu de leur siège social.

M. Margue, rapporteur, n'admit pas non plus la juridiction des prud'hommes, qu'il lui paraissait difficile d'appliquer à tous les employés, sans en méconnaître l'origine et la nature, et devant laquelle il était interdit aux parties de se faire représenter ou assister. Mais, jugeant nécessaire l'organisation d'une juridiction spéciale, qui pût procéder rapidement et à peu de frais et qui offrît des garanties indiscutables de compétence et d'indépendance, il conclut à la création du tribunal arbitral précédemment défini.

Dans le cours des débats (24 février 1881 et jours suivants), les adversaires des conclusions de M. Margue formulèrent de nombreuses objections qui pouvaient se résumer ainsi :

— Sous les apparences d'un tribunal à trois, la loi ne donnerait en réalité qu'un juge unique : car les arbitres se transformeraient, malgré eux, en avocats des parties.

— Il était difficile de s'expliquer comment la compétence du juge de paix serait supérieure à celle des magistrats des tribunaux civils et de commerce.

— On ne comprenait pas davantage les raisons qui faisaient attribuer au tribunal arbitral une compétence illimitée en premier ressort et une compétence allant jusqu'à 1500 francs en dernier ressort, quand le juge de paix, âme de la nouvelle juridiction et seul juge indépendant des parties, n'avait qu'une compétence beaucoup plus étroite.

— En faisant des tribunaux de commerce de véritables cours d'appel statuant sur les décisions d'un juge civil, on leur enlèverait le rôle de juges d'exception que leur avait fait notre organisation judiciaire.

— Le ministère public ne pourrait pas être appelé à former ses conclusions devant le nouveau tribunal.

— Les employés eux-mêmes seraient atteints, puisqu'ils n'auraient plus le bénéfice de l'assistance judiciaire.

— Le plus souvent, ils ne pourraient désigner un arbitre ayant un talent comparable à celui de l'arbitre désigné par la Compagnie.

Le projet fut repoussé dans la séance du 3 mars 1881.

Le 6 février 1882, MM. Raynal, Waldeck-Rousseau et plusieurs de leurs collègues saisirent la Chambre d'une nouvelle proposition que nous avons déjà mentionnée et qui contenait deux articles ainsi conçus : « Les con-« testations auxquelles pourra donner lieu l'application de l'article 1er « (révocation du contrat) seront portées devant le juge de paix du can-« ton dans lequel est domicilié l'agent. — Le juge de paix statuera en « dernier ressort jusqu'à 1500 fr. et, à charge d'appel, à quelque somme « que la demande puisse s'élever. Il pourra ordonner l'exécution provi-« soire, nonobstant appel et sans caution. »

Le lendemain, MM. Delattre, de Janzé et autres proposaient de revenir au tribunal arbitral.

La Commission, chargée de l'examen de ces deux propositions, crut devoir maintenir le nouveau tribunal arbitral, malgré les objections qu'avait fait naître l'institution de cette juridiction. Ses conclusions ayant été rejetées en première délibération, elle se rallia au projet de MM. Raynal et Waldeck-Rousseau. Mais la Chambre estima que le juge de paix serait le plus souvent incompétent pour statuer sur les questions très délicates soulevées par les litiges entre les agents et les Compagnies ; que la disposition proposée ne trouvait nullement sa justification dans l'article 5 de la loi du 26 mai 1838, exclusivement relatif au louage de services manuels ; qu'il était contraire aux principes de créer des juridictions d'exception pour certaines classes de citoyens. Elle se borna à voter un article ainsi libellé : « Les contestations auxquelles pourra donner lieu « l'application des articles 1 et 2 (1), lorsqu'elles seront portées devant « les tribunaux civils et devant les cours d'appel, seront instruites « comme affaires sommaires et jugées d'urgence. »

Ainsi que nous l'avons déjà indiqué, le texte de loi adopté par la Chambre a rencontré l'opposition la plus vive devant la Commission du Sénat, qui l'a repoussé en bloc ; cette Commission a d'ailleurs fait observer qu'en tout cas il n'y avait aucun motif plausible de maintenir en faveur des agents de chemins de fer un privilège si considérable, sans l'accorder dans les mêmes circonstances à tous les autres employés de l'industrie.

Le Sénat ne s'est pas encore prononcé.

La disposition votée par la Chambre des députés doit évidemment suivre le sort des autres dispositions relatives aux rapports entre les Compagnies et leurs agents commissionnés : car elle dérive du même principe, à savoir la nécessité de soumettre ces rapports à des règles spéciales se justifiant par le caractère exceptionnel de l'industrie des chemins de fer. Nous ne reviendrons pas sur les observations que nous avons déjà présentées à cet égard. Mais nous devons dire que l'attribution de compétence au Conseil des prud'hommes et l'institution d'un tribunal arbitral dans les chefs-lieux de canton nous paraissent avoir mérité leur échec.

Les prud'hommes ne sauraient être compétents pour connaitre des litiges entre les Compagnies et les agents commissionnés, à quelque catégorie qu'ils appartiennent. Même restreintes à certaines catégories d'agents, dont les services ont un caractère plus particulièrement manuel, leur

____

(1) Révocation, descente de classe.

compétence serait encore fort contestable. Ce serait, en outre, méconnaître leur objet que d'étendre leur juridiction à une grande distance de leur siège ; on ne pourrait, d'autre part, se dérober à ce grief, qu'en admettant des juridictions diverses suivant qu'il existerait ou qu'il n'existerait pas de Conseil de prud'hommes dans la ville du domicile de l'agent, ou tout au moins à proximité.

Quant au tribunal arbitral, il n'aurait offert ni les garanties de compétence, ni les garanties d'indépendance, qui eussent pu seules motiver la création d'une juridiction exceptionnelle.

22. Observations sur les grèves. — Des grèves se sont produites à diverses reprises, dans le personnel des chemins de fer, à l'étranger. Plusieurs ont éclaté en Amérique ; il y a eu une grève partielle en Italie.

Les agents français ont été plus sages. Cette sagesse s'explique par le soin avec lequel il est procédé à leur recrutement, par les liens que l'institution des caisses de retraite et de prévoyance a créés entre les Compagnies et leurs employés, par le soin que les Compagnies montrent en général, quoi qu'on en ait dit, pour l'amélioration du sort de leur personnel. Elle a été justement louée au Parlement par les orateurs qui défendaient plus particulièrement la cause des agents. Il convient d'ajouter que ces orateurs ont contesté le droit de grève pour les agents et ouvriers attachés au grand service public des transports par voie ferrée et proclamé le droit du Gouvernement de prendre, le cas échéant, les mesures nécessaires pour s'opposer aux abus du droit de coalition. MM. Tolain, Germain Casse et Raynal en ont même tiré argument en faveur de l'institution d'un régime spécial pour les rapports entre les Compagnies et leurs agents.

Cette thèse est contestable au point de vue juridique pur : il n'existe en effet aucune disposition pénale qui restreigne le droit à la grève du personnel des chemins de fer. Il faudrait donc invoquer la raison d'État pour la justifier. Heureusement, nous le répétons, le passé n'a jamais fourni l'occasion de chercher cette justification et il y a tout lieu d'espérer que l'avenir ne modifiera pas la situation.

Les causes qui ont déterminé les grèves à l'étranger n'existent point en France.

23. Des saisies pratiquées sur le traitement des agents. — La loi du 21 ventôse an IX limite la partie saisissable des traitements, dont jouissent les fonctionnaires et employés civils, au 1/5 sur les premiers mille francs, au 1/4 sur les 5 000 fr. suivants, au 1/3 sur les sommes excédant 6 000 francs.

Les Compagnies ont demandé que leurs agents fussent assimilés aux employés de l'État, à cet égard. Elles ont fait valoir le caractère public de leur service ; son influence sur la sécurité des citoyens ; l'intérêt de la stabilité de leur personnel ; l'avantage qu'il y aurait, par suite, à soustraire les agents endettés à la tentation de se dérober par la fuite, ou de s'imposer des privations incompatibles avec leur service, ou même de commettre des infidélités. Elles ont fait observer en outre que l'assimilation n'aurait pas de danger au point de vue moral, puisqu'elles resteraient armées du droit de révocation vis-à-vis des agents indignes.

La Commission d'enquête instituée en 1853 a appuyé la demande des Compagnies ; mais il n'a été pris aucune mesure législative pour y déférer.

Les agents des Compagnies restent donc soumis au droit commun. Ils restent obligés sur tous leurs biens, dans les termes des articles 2092 et 2093 du Code civil ; ces biens peuvent être intégralement saisis pour l'exécution des jugements portant condamnation au paiement de la dette. Les juges peuvent, conformément à l'article 1244 du Code, tenir compte de la position du débiteur, accorder des délais modérés pour le paiement et surseoir l'exécution des poursuites, toutes choses demeurant en état (Cour de cassation, 22 novembre 1853 ; Cour de Douai, 18 mai 1853 ; Cour de Bordeaux, 17 et 24 mars 1858 ; etc.). Nous devons toutefois mentionner spécialement un arrêt du 1er juin 1871 de la Cour de Bordeaux (Oubigant contre Savy) portant que « si, en droit rigoureux, les employés de chemins de fer ne peu-
« vent invoquer le bénéfice de la loi du 21 ventôse an IX, les tribunaux sont
« autorisés, soit dans l'intérêt du créancier, soit dans l'intérêt du débi-
« teur, à modérer les effets de la saisie-arrêt, de façon à conserver à
« l'employé des moyens d'existence et au créancier la possibilité de se
« faire payer sur les appointements qu'il est permis à son débiteur de
« conserver. »

24. Vols, fraudes, escroqueries ou infidélités commis par les agents. — Nous n'avons nullement l'intention de traiter ici ce sujet qui ne touche pas d'assez près à l'exploitation des chemins de fer. Il nous suffira de rappeler deux principes qui se dégagent de la jurisprudence.

1° L'article 386 du Code pénal ne peut être appliqué que pour des vols se rattachant à l'exercice même des fonctions du coupable. La Cour de cassation a, par un arrêt du 19 juillet 1872 (Rondot), déclaré qu'il ne pouvait être invoqué contre un ouvrier poseur qui avait commis un vol au préjudice d'un voyageur : le service de cet agent n'avait en effet rien de commun avec la surveillance et la garde des marchandises, et dès lors

le lien de confiance déterminé par le dernier § de l'article 386 n'existait pas.

2° Les dispositions aggravantes de l'article 383 du Code pénal ont eu
pour but la protection du voyageur, souvent isolé, sur les routes ordinaires, et ne s'appliquent pas aux voies ferrées sur lesquelles les voyageurs ne
circulent qu'en nombre et sous la protection des agents de la Compagnie.

25. Agents chargés d'opérations pour les particuliers. — Il arrive
parfois que des particuliers confient certaines opérations à des agents du
chemin de fer pour éviter les frais d'autres intermédiaires. Les Compagnies sont généralement, et avec raison, opposées à cette pratique. Le cas
échéant, elles n'encourent aucune responsabilité du fait des employés
ainsi chargés d'actes étrangers à leurs fonctions (Voir un arrêt de la Cour
de cassation du 27 février 1878, Cerdouet et Gordien contre Guillois). Des
négociants avaient, sur la désignation officieuse d'un chef de gare, donné
à un employé auxiliaire mandat de recevoir pour eux le montant d'expéditions faites contre remboursement; cet employé s'était rendu coupable
d'abus de confiance; la Cour a déchargé de toute responsabilité la Compagnie, qui s'était libérée régulièrement en versant entre les mains du mandataire les sommes dont elle était redevable, et le chef de gare, qui avait
agi de bonne foi et par pure obligeance, sans commettre aucune faute.

**26. Non-disponibilité des agents commissionnés en cas de
guerre.** — Nous nous bornons à rappeler, sans y insister, qu'une partie
du personnel des chemins de fer, quoique appartenant à l'armée active ou
à l'armée territoriale, ne serait pas disponible en cas de mobilisation
générale.

Le service des transports a en effet une importance trop considérable,
au point de vue militaire, pour qu'il soit possible d'affaiblir les moyens
d'action des Compagnies, précisément alors qu'elles ont à faire face à des
nécessités exceptionnelles.

27. Observations sur le daltonisme. — L'intégrité de l'œil et de
ses fonctions est particulièrement nécessaire à certains agents et surtout à
ceux qui sont proposés à la conduite des trains. L'organe de la vision doit
satisfaire, chez ces agents, à certaines qualités portant sur l'étendue du
champ visuel, l'acuité visuelle et la valeur du sens chromatique.

On désigne sous le nom de daltonisme une infirmité du sens chromatique, qui empêche de percevoir nettement les couleurs et conduit même à
les confondre les unes avec les autres.

Les dangers du daltonisme ont provoqué, il y a quelques années, une véritable agitation qui est née en Suède et que les oculistes ont propagée dans le monde entier. Certains médecins ont écrit, à cet égard, des mémoires intéressants, dont les conclusions tendaient à prendre certaines mesures nouvelles pour le personnel des chemins de fer.

La confusion des couleurs des signaux étant susceptible d'engendrer les accidents les plus graves, l'Administration ne pouvait rester inattentive à ce mouvement de l'opinion médicale. Elle a procédé en 1880 à une étude minutieuse de la question.

Voici quels ont été les résultats de l'instruction à laquelle elle s'est livrée.

1° Jusqu'à présent, pas un seul accident, en France, n'a pu être attribué à un défaut de vision (1).

2° Le daltonisme confirmé et dangereux, déterminant par exemple la confusion du rouge et du vert, ne s'est rencontré que dans la proportion de 1 pour 100 chez les adultes valides. Si certaines personnes ont accusé une proportion plus forte, cela tient à ce qu'elles ont compté comme daltoniens les agents inférieurs qui ignoraient le nom de certaines couleurs, ceux qui distinguaient mal les nuances indécises, des individus dont le sens chromatique avait pu être altéré accidentellement et temporairement à la suite de maladies récentes (2).

3° Tous les candidats aux emplois qui nécessitent la rectitude du sens chromatique sont soumis à des épreuves portant sur des objets colorés, tels que disques, fanaux, papiers, cartons, poteaux, laines, étoffes, etc. L'une des méthodes les plus recommandées est celle de Holmgren : elle consiste à étaler sur une table recouverte d'une serviette blanche un paquet de 40 ou 50 écheveaux de laines colorées d'autant de nuances, toutes différentes les unes des autres, à présenter au sujet un écheveau rouge par exemple, et à l'inviter à chercher dans le tas les écheveaux de même couleur, quoique de nuances différentes.

4° Les Compagnies font répéter l'épreuve à la suite des maladies graves

---

(1) Deux accidents, l'un à Jagerlunda (Suède), l'autre à Airley (Angleterre), ont été imputés au daltonisme, mais sans que la preuve absolue en ait été faite.

(2) M. le docteur Worms, médecin en chef de la Compagnie du Nord, a publié récemment un mémoire dans lequel il rend compte des épreuves auxquelles ont été soumis plus de 11 000 agents de cette Compagnie. Les résultats ont été les suivants :

Absence complète du sens des couleurs (achromatisme)	4
Cécité pour le rouge (anerythropsie)	8
Cécité pour le vert (achloropsie)	8
Achromatisme pour le rouge et pour le vert	45
Confusion du vert avec le bleu et le gris, mais vision nette du rouge.	41
Sens chromatique faible	118

Deux mécaniciens et quatre chauffeurs seulement étaient atteints de daltonisme.

et la renouvellent même périodiquement. Elles soumettent à l'examen les agents qui passent d'un service où la possession du sens chromatique n'était pas nécessaire à un service où cette possession est au contraire indispensable.

5° L'épreuve des candidats s'étend au champ visuel et à l'acuïté de l'organe.

CHAPITRE IV

ORGANISATION DU CONTRÔLE DE L'EXPLOITATION

§ 1. — FRANCE

1. Organisation générale. — Dans le tome IV de notre « étude historique sur les chemins de fer Français », nous avons inséré une note rappelant en détail les origines et les transformations successives du service du contrôle de l'exploitation.

Nous ne reproduirons pas ici toutes les indications de cette note ; nous ne traiterons avec quelques développements que de l'organisation actuelle.

Aux termes de l'article 51 de l'ordonnance du 15 novembre 1846 rendue en exécution de la loi du 11 juin 1842, le contrôle de l'exploitation devait être exercé concurremment : 1° par les commissaires royaux ; 2° par les ingénieurs des ponts et chaussées et les ingénieurs des mines, et par les conducteurs, gardes-mines et autres agents sous leurs ordres ; 3° par les commissaires spéciaux de police et les agents sous leurs ordres. Les articles 52 à 57 définissaient les attributions de ces fonctionnaires : aux commissaires royaux appartenait la surveillance du mode d'application des tarifs approuvés et celle du transport sur le chemin de fer et des opérations accessoires ; les ingénieurs, conducteurs et autres agents du service des ponts et chaussées étaient spécialement chargés de surveiller l'état de la voie, des terrassements, des ouvrages d'art et des clôtures ; aux ingénieurs des mines et aux gardes-mines était dévolu le contrôle du matériel roulant ; les commissaires spéciaux de police et les agents sous leurs ordres avaient à surveiller la composition, le départ, l'arrivée, la marche et les stationnements des trains, ainsi que la circulation des voitures dans les cours et stations, et l'admission du public dans les gares et sur les quais (1).

---

(1) Ces agents n'avaient que des attributions relatives à la police de la voie ferrée. Ils

D'autre part, les cahiers des charges portent les dispositions suivantes :

Article 34. « Pour tout ce qui concerne l'entretien et les réparations « du chemin de fer et de ses dépendances, l'entretien du matériel et le « service de l'exploitation, la Compagnie sera soumise au contrôle et à la « surveillance de l'Administration. — Outre la surveillance ordinaire, « l'Administration déléguera, aussi souvent qu'elle le jugera utile, un ou « plusieurs commissaires pour reconnaître et constater l'état du chemin « de fer, de ses dépendances et du matériel. »

Article 66. « Il sera institué près de la Compagnie un ou plusieurs ins- « pecteurs ou commissaires spécialement chargés de surveiller les opéra- « tions de la Compagnie pour tout ce qui ne rentre pas dans les attribu- « tions des ingénieurs de l'État. »

Les commissaires royaux ont été supprimés par arrêté ministériel du 20 mars 1848. Cet arrêté leur a substitué des inspecteurs de l'exploitation commerciale, relevant des ingénieurs en chef qui étaient alors préposés au service.

Un arrêté du chef du pouvoir exécutif du 29 juillet 1848 a également supprimé les commissaires spéciaux de police et les agents de surveillance et les a remplacés par des commissaires et sous-commissaires de surveil- lance administrative, placés respectivement sous la direction des ingénieurs des ponts et chaussées, des ingénieurs des mines et des inspecteurs de l'exploitation commerciale, pour les différentes branches du service con- fiées à ces divers fonctionnaires.

De nouvelles et importantes modifications ont été introduites dans le contrôle par la loi du 27 février 1850 et l'arrêté ministériel du 15 avril de la même année.

Un ingénieur en chef des ponts et chaussées ou des mines a été appelé à la tête du service pour chaque réseau. Ses attributions et celles de ses collaborateurs ont été plus complètement définies. Les sous-commissaires de surveillance administrative ont été supprimés et la loi, en consacrant l'ins- titution des commissaires, leur a attribué le caractère d'officiers de police judiciaire.

En 1852, un décret du 26 juillet a créé deux grades d'inspecteurs de l'exploitation commerciale : les inspecteurs principaux et les inspecteurs particuliers.

Le 17 juin 1854, un autre décret a institué des « inspecteurs généraux « des chemins de fer », pour la surveillance générale de l'exploitation

---

ne devaient point être confondus avec les commissaires et inspecteurs de police, qui sont actuellement attachés aux lignes de chemins de fer et exercent au contraire des fonctions de police générale, sous l'autorité du Ministre de l'intérieur.

commerciale et pour le contrôle de la gestion financière des Compagnies. Ces fonctionnaires faisaient l'inspection des lignes qui leur étaient désignées par le Ministre, recueillaient tous les renseignements propres à éclairer l'Administration supérieure sur les matières rentrant dans leur compétence, étaient délégués par le Ministre pour procéder à toutes les informations ou enquêtes sur des questions ou des faits spéciaux de l'exploitation, exerçaient les fonctions de commissaires du Gouvernement pour la gestion financière des Compagnies. Ils étaient membres du Comité consultatif et y formaient une section permanente, qui devait remettre au Ministre des rapports mensuels sur la situation commerciale et financière des Compagnies, avec des documents statistiques sur la circulation des voyageurs et des marchandises.

Le développement progressif des voies ferrées et le rang généralement élevé des ingénieurs de l'État placés par les Compagnies à la tête de leur exploitation ont déterminé le Gouvernement à mettre au sommet de la hiérarchie du contrôle des fonctionnaires jouissant d'une grande autorité par leur âge, leurs talents et leur grade dans le Corps des ponts et chaussées ou le Corps des mines. Un décret du 15 février 1868 a en conséquence remplacé les ingénieurs en chef par des inspecteurs généraux.

Les inspecteurs généraux continuaient à correspondre directement avec les ingénieurs ordinaires placés sous leurs ordres. C'est seulement sur les réseaux les plus importants qu'une division avait été faite en sections dirigées par des ingénieurs en chef.

En 1875, une mesure générale a étendu cette division à tous les réseaux.

Un décret du 21 mai 1879 a assimilé les inspecteurs généraux, directeurs du contrôle, à leurs collègues chargés de l'inspection du service ordinaire ou des services de travaux. Peu de temps après, un décret du 20 juin de la même année leur a transféré les attributions des inspecteurs généraux des chemins de fer et a supprimé ces fonctionnaires.

Dans la circulaire du 15 juin 1879, par laquelle il commentait le décret du 21 mai, le Ministre des travaux publics insistait sur l'extrême importance de la partie extérieure et active des fonctions dévolues aux inspecteurs généraux; il recommandait à ces hauts fonctionnaires de faire des tournées fréquentes et annonçait l'intention de prendre ultérieurement des mesures de décentralisation au profit des ingénieurs en chef et des inspecteurs principaux de l'exploitation commerciale.

Le nombre toujours croissant des affaires, le développement incessant du réseau, la participation très assidue des inspecteurs généraux aux travaux des Conseils, Commissions ou Comités dans lesquels ils étaient appelés à siéger, ont déterminé le Ministre a prendre, dès 1881, les mesures que prévoyait la circulaire du 15 juin 1879. Une décision du 15 octobre 1881 a : 1° adjoint à l'inspecteur général de chaque réseau l'ingénieur en chef de la section de Paris, auquel étaient néanmoins conservées des attributions propres ; 2° étendu les attributions de chef de service conférées aux ingénieurs en chef et aux inspecteurs principaux. L'instruction ministérielle du 15 octobre 1881 a en outre rapppelé sommairement toutes les disposition des règlements antérieurs qui devaient rester en vigueur et donné une sorte de code résumé de l'organisation du contrôle.

Enfin, un arrêté ministériel du 20 juillet 1886 est venu apporter encore quelques modifications à l'organisme antérieur.

La hiérarchie est restée la même. Mais les ingénieurs en chef et les inspecteurs principaux résident à Paris et leurs attributions embrassent tout le réseau, sous l'autorité de l'inspecteur général, directeur du contrôle.

Chaque directeur a auprès de lui :

1° un ingénieur en chef des ponts et chaussées, chargé du contrôle des travaux et du mandatement général des dépenses du contrôle ;

2° un ingénieur en chef des ponts et chaussées ou des mines, chargé du contrôle de l'exploitation technique ;

3° un ou deux inspecteurs principaux de l'exploitation commerciale, chargés du contrôle de l'exploitation commerciale.

Le contrôle de l'exploitation technique peut en outre être confié, non seulement à des ingénieurs ordinaires des mines, mais encore à des ingénieurs ordinaires des ponts et chaussées (1).

Indépendamment des fonctionnaires du service actif, le Ministre a comme auxiliaires des Conseils et Comités.

Les questions relatives aux travaux, ainsi qu'à la police et à la conservation du domaine public, sont soumises au Conseil général des ponts et chaussées.

Le Conseil général des mines peut être consulté, le cas échéant, sur certaines affaires qui sont plus particulièrement de sa compétence.

Quant aux tarifs, aux règlements d'exploitation, aux mesures de sécurité et autres questions concernant plus spécialement l'exploitation commerciale ou l'exploitation technique, l'instruction en est soumise à des Comités dont l'organisation et la compétence ont souvent varié depuis l'origine.

---

(1) Les voies ferrées des quais dans les ports de mer, ainsi que les gares et embranchements maritimes, sont placés dans les attributions des ingénieurs des ports. L'ingénieur en chef relève directement de l'inspecteur général du contrôle.

Une ordonnance du 22 juin 1842 a créé : 1° une Commission supérieure chargée de donner son avis sur les tracés de chemins de fer : 2° une Commission administrative appelée à se prononcer sur les projets de cahiers des charges et de baux d'exploitation, sur les règlements, et en général sur les questions dont la connaissance n'appartenait pas au Conseil général des ponts et chaussées.

Une ordonnance du 6 avril 1847 a réuni en une Commission générale les deux Commissions instituées en 1842. Cette commission était divisée en quatre sections :

1° celle des tracés, consultée après le Conseil général des ponts et chaussées sur le choix à faire entre les directions proposées ;

2° celle de l'exploitation technique ;

3° celle de l'exploitation commerciale ;

4° celle des règlements.

Elle était présidée par le Ministre et composée de membres du Parlement, du Conseil d'État, de l'Académie des sciences, des Corps des ponts et chaussées et des mines.

Un arrêté du chef du Pouvoir exécutif, en date du 29 juillet 1848, l'a remplacée par une *Commission centrale* de quinze membres, ayant dans ses attributions l'étude et le choix des tracés, l'établissement de la voie de fer et de ses accessoires, le matériel, l'exploitation technique et commerciale, l'établissement des gares et stations, les règlements de police, les lois et cahiers des charges des concessions, et en général toutes les questions concernant les rapports des Compagnies avec l'Administration.

Le 30 novembre 1852, la Commission centrale a été à son tour remplacée, en vertu d'un arrêté ministériel, par un *Comité consultatif* composé de dix-sept membres sous la présidence du Ministre et exerçant les attributions antérieurement dévolues à la Commission centrale. Le décret du 17 juin 1854, portant institution des inspecteurs généraux des chemins de fer, leur a donné, comme nous l'avons dit précédemment, la qualité de membres du Comité consultatif dont ils formaient une section permanente pour toutes les questions concernant l'exploitation commerciale ou la gestion financière des Compagnies.

Le nombre des inventions soumises à l'Administration au sujet du service des chemins de fer et la nécessité d'examiner avec un soin particulier et dans des vues d'ensemble les règlements d'exploitation ont amené le Ministre à créer, par un arrêté du 28 juin 1864, une Commission spéciale et permanente ayant à sa tête un inspecteur général des Mines, président, et un inspecteur général des Ponts et Chaussées, vice-président, et chargée de donner son avis sur les inventions ayant pour but de prévenir les accidents, sur les règlements d'exploitation, ainsi que sur les diverses questions techniques qui lui seraient déférées par l'Administration supérieure.

Un arrêté ministériel du 10 février 1871 a supprimé le Comité consultatif qui a été remplacé, le 6 janvier 1872, par une *Commission centrale*. Cette Commission était appelée à donner son avis sur toutes les questions relatives, soit à la concession et à la construction, soit à l'exploitation des chemins de fer, qui ne rentraient pas exclusivement dans les attributions des Conseils généraux des ponts et chaussées et des mines, et notamment sur l'étude et le choix des tracés, les actes de concession et les cahiers des charges y relatifs, l'établissement des gares et stations, l'exploitation technique et commerciale, et, en général, toutes les questions concernant les rapports des Compagnies avec l'Administration.

La Commission centrale a été, en 1877, l'objet d'un remaniement ayant pour but d'accroître le nombre de ses membres et de mieux définir ses attributions (Arrêtés ministériels des 11 et 16 août 1877).

En 1878, le Ministre des travaux publics, jugeant que la Commission ne comprenait pas assez de personnes étrangères à l'Administration et n'était pas toujours suffisamment éclairée sur les aspirations de l'opinion publique, ainsi que sur les besoins du commerce et de l'industrie, a provoqué deux décrets du 31 janvier 1878, instituant :

1° Sous la présidence du Ministre, un *Conseil supérieur des voies de communication* composé de huit membres du Sénat, huit membres de la Chambre des députés, seize membres de l'Administration et seize membres représentant l'industrie, le commerce et l'agriculture, et appelé à délibérer sur les questions intéressant le régime des voies ferrées ou navigables, l'ouverture des voies nouvelles de communication, le transit international, etc. ;

2° Un *Comité consultatif des chemins de fer* de douze membres au moins et de quinze membres au plus, choisis dans le Conseil d'État, le Corps des ponts et chaussées, le Corps des mines et les Administrations des finances, de l'agriculture et du commerce. Ce Comité devait être nécessairement consulté sur la marche générale des trains ; l'homologation des tarifs ; la rédaction et l'interprétation des lois et règlements, des actes de concession et des cahiers des charges ; les rapports des Compagnies entre elles et avec les concessionnaires des chemins d'embranchement et de prolongement ; les traités passés par les Compagnies et soumis à l'approbation du Ministre.

Le Conseil supérieur des voies de communication n'a tenu que deux sessions, de telle sorte qu'une partie des questions pour l'examen desquelles il avait été institué a fait retour au Comité consultatif. La tâche de ce Comité s'élargissait d'autre part, grâce à l'importance toujours grandissante des problèmes multiples et complexes que le Ministre avait à résoudre relativement aux transports par rails. Un décret du 24 novembre 1880 l'a reconstitué et a porté le nombre de ses membres à 30, dont 26 nommés par décret et 4 membres de droit. Nous reviendrons ultérieurement sur sa composition et ses attributions actuelles : nous nous contenterons de rappeler ici les décrets du 20 mars 1882, du 21 février 1885, du 10 février 1886 et du 28 octobre 1886, relatifs à des modifications de détail.

En même temps que la Commission centrale et le Comité consultatif subissaient ces remaniements successifs, la Commission des inventions et règlements créée en 1864 faisait place à un *Comité de l'exploitation technique* des chemins de fer, composé de 16 membres (1) et appelé à étudier les questions d'exploitation technique, les accidents et les inventions (Arrêté ministériel du 25 janvier 1879). Un arrêté ultérieur, du 13 février 1882, a élargi le cadre du Comité et porté à 27 le nombre de ses membres, en y faisant entrer des personnes étrangères à l'Administration des travaux publics. Nous reviendrons plus tard sur sa constitution et ses attributions.

Enfin nous devons mentionner :

1° un Comité général du contrôle, institué au Ministère des travaux publics par arrêté du 20 juillet 1886, placé sous la présidence du Ministre et la vice-présidence du directeur des chemins de fer et appelé à délibérer sur les questions générales intéressant le service du contrôle ;

2° les comités de réseau, institués par le même arrêté auprès de chaque inspecteur général et sous sa présidence.

En résumé, le contrôle est actuellement exercé, sous la haute autorité du Ministre des travaux publics, par des inspecteurs généraux des Ponts et Chaussées ou des Mines, placés chacun à la tête de l'un des grands réseaux et ayant comme collaborateurs :

1° pour la partie technique du service :

— des ingénieurs en chef des ponts et chaussées ou des mines ;

— des ingénieurs ordinaires appartenant également à ces deux corps ;

— des conducteurs des ponts et chaussées et des gardes-mines ;

2° pour la partie commerciale :

— des inspecteurs principaux de l'exploitation commerciale ;

---

(1) Cet arrêté a supprimé la section « de l'exploitation des chemins de fer » du Conseil général des ponts et chaussées, qui avait été créée par arrêté du 19 décembre 1878.

— des inspecteurs particuliers de l'exploitation commerciale ;

3° pour l'ensemble du service, des commissaires de surveillance administrative relevant des ingénieurs et des inspecteurs particuliers.

Le Ministre est en outre assisté de Conseils ou Comités, à savoir :

— le Conseil général des ponts et chaussées, pour ce qui a trait aux travaux et à la conservation du domaine du chemin de fer ;

— le Comité consultatif, pour l'exploitation commerciale ;

— le Comité de l'exploitation technique, pour cette branche de l'exploitation ;

— le Conseil général des mines, pour certaines questions spéciales ;

— le Comité général du contrôle.

Nous devons encore citer la Commission des appareils à vapeur, qui peut être utilement consultée dans des cas déterminés.

2. Rôle et attributions des inspecteurs généraux. — Les inspecteurs généraux exercent une surveillance générale sur l'entretien de la voie et des ouvrages qui en dépendent, du matériel fixe et du matériel roulant ; sur l'exécution des travaux de réfection et des travaux complémentaires ; sur la composition et le mouvement des trains, le service intérieur des gares et toutes les autres parties de l'exploitation technique ; sur l'application des tarifs, la perception des taxes et toutes les autres parties de l'exploitation commerciale ; sur la gestion financière des Compagnies concessionnaires ou des administrations chargées de l'exploitation (Arrêté ministériel et circulaire du 15 avril 1850 ; décret du 17 juin 1854 ; décret du 20 juin 1879 ; arrêté ministériel du 21 juin 1879).

Ils inspectent et centralisent le travail des fonctionnaires placés sous leurs ordres. Ils vérifient sur place le fonctionnement des chemins de fer et le travail de leurs propres agents. Dans ce but, ils doivent, chaque année, consacrer un nombre de jours équivalent à six semaines ou deux mois à des tournées après lesquelles ils envoient au Ministre un rapport rendant compte de leurs observations. Ils doivent visiter au moins une fois par an chacun des bureaux d'ingénieurs ou d'inspecteurs de l'exploitation commerciale (Décret du 21 mai 1879 ; circulaires ministérielles du 15 juin 1879 et du 22 mars 1880).

Ils adressent au Ministre des rapports au sujet des affaires sur lesquelles l'Administration supérieure doit statuer et dont les dossiers leur sont communiqués, soit par le Ministre, soit par le préfet, soit par les fonctionnaires placés sous leurs ordres (Circulaires ministérielles des 27 janvier et 27 juin 1879).

Ils transmettent au Ministre, avec leur avis, les pièces périodiques suivantes, dressées par les ingénieurs en chef ou les inspecteurs principaux : rapports mensuels (Circulaires des 15 avril 1850, 15 janvier 1880 et 5 mai 1880) ; comptes moraux mensuels des travaux neufs (Circulaires ministérielles des 26 avril 1860, 30 octobre 1866, 20 février 1867, 5 février 1869 et 9 janvier 1882) ; états mensuels d'accidents (Circulaires des 8 novembre 1854, 6, 12 et 23 février 1857, et 8 septembre 1880) ; états décadaires des retards (Circulaires du 19 février 1856, 24 mars 1860, 14 décembre 1860, 5 janvier 1866, 27 juillet 1872 et 25 mars 1887).

Ils lui transmettent de même :

— les relevés mensuels des plaintes consignées aux registres des gares ou adressées directement aux fonctionnaires du contrôle (ces relevés sont joints aux rapports mensuels : circulaires du 28 avril 1849 et du 23 février 1885);

— les relevés mensuels, trimestriels et annuels du trafic (Circulaires des 13 octobre 1849, 6 avril 1852, 3 juillet 1854, 17 avril 1855 et 24 décembre 1855).

Ils envoient également au Ministre un tableau mensuel des recettes et du mouvement des voyageurs et des marchandises (Circulaire du 15 avril 1850).

Ils assurent l'envoi, par la Compagnie ou par l'administration exploitante, des documents constatant pour chaque exercice les recettes et les dépenses de l'exploitation; ils y joignent un rapport sur les résultats de cette exploitation.

Ils adressent aussi au Ministre un rapport annuel ayant pour objet de rendre compte de la situation du service et de constater notamment : l'état de la voie, du matériel fixe et du matériel roulant ; le nombre des agents attachés aux différentes branches du service ; les causes et les circonstances des accidents survenus pendant l'année ; les progrès de l'exploitation technique. Ce rapport est soumis au Conseil général des ponts et chaussées, au Conseil général des mines, au Comité consultatif et au Comité de l'exploitation technique, qui donnent, chacun pour ce qui le concerne, leur avis sur les diverses parties du service ; il est ensuite inséré, s'il y a lieu, au *Journal officiel*, avec les avis dont il a été l'objet (Décret du 21 mai 1879).

Ils recueillent tous les renseignements propres à éclairer l'administration sur la gestion financière de la Compagnie : celle-ci doit leur communiquer à toute époque les registres de ses délibérations, ses livres-journaux, ses écritures, sa correspondance et tous les documents qu'ils jugent nécessaires pour constater la situation active et passive de la Compagnie. Ils ont le droit d'assister à toutes les séances de l'assemblée générale des actionnaires. Ils reçoivent d'elle, pour les transmettre au Ministre avec leur avis, tous les comptes et documents qu'elle est tenue de fournir aux termes des décrets de 1863 et 1868 (Ordonnance du 15 novembre 1846 et arrêté ministériel du 21 juin 1879).

Ils formulent les avis demandés par les préfets sur les affaires dont les dossiers leur sont communiqués en exécution de la circulaire ministérielle du 27 janvier 1879.

Ils remplissent, pour l'instruction des affaires qui ne sont pas explicitement mentionnées dans la précédente énumération, le rôle fixé par la circulaire ministérielle du 28 décembre 1878.

Ils siègent :

— avec voix délibérative, au Conseil général du corps auquel ils appartiennent, dans les mêmes conditions que leurs collègues de la même classe (Décret du 21 mai 1879) ;

— avec voix consultative, pour les affaires de leur service, au Conseil général du corps auquel ils n'appartiennent pas (Décret du 21 mai 1879).

Ils ont entrée, avec voix consultative, au Comité consultatif des chemins de fer (Décret du 24 novembre 1880).

Ils sont membres de droit du Comité de l'exploitation technique (Arrêté ministériel du 25 janvier 1879).

Ils sont également membres de la Commission de vérification des comptes, mais n'ont voix délibérative que dans les affaires de leur service (Décret du 28 mars 1883).

Ils président le Comité de leur réseau et font partie du Comité général du contrôle (Arrêté ministériel du 20 juillet 1886).

3. **Rôle et attributions des ingénieurs en chef chargés du contrôle des travaux neufs et de l'entretien.** — Ces ingénieurs en chef sont chargés, avec le concours des ingénieurs ordinaires, conducteurs et autres agents des ponts et chaussées, de surveiller la voie et ses dépendances ; de contrôler les travaux de réfection et les travaux complémentaires ; de veiller spécialement au bon état des signaux et autres appareils de sécurité ; d'examiner les projets présentés par la Compagnie ; de vérifier le décompte des sommes à lui payer à titre de remboursement, de subvention ou d'indemnité ; d'instruire les affaires de voirie ; de donner leur avis sur les procès-verbaux dressés pour contravention de grande voirie ou contravention aux règlements d'exploitation intéressant le service de la voie (Ordonnance du 15 novembre 1846 et circulaire ministérielle du 15 avril 1850).

Ils ont dans leurs attributions le mandatement général des dépenses du contrôle (Arrêté ministériel du 20 juillet 1886).

Ils rédigent des rapports sur toutes les affaires de leur service et le transmettent, suivant les cas, au préfet ou à l'inspecteur général.

Sont notamment envoyées aux préfets, appelés à statuer aux termes de la loi de 1845 et des règlements en vigueur après ou sans approbation du Ministre, les propositions concernant :

— les enquêtes d'utilité publique et celles du titre II de la loi du 3 mai 1841 ;

— l'occupation temporaire des terrains pour exécution de travaux ou extraction de matériaux ;

— le bornage de la voie ;

— les permissions de grande voirie ;

— la réglementation des passages à niveau ;

— la police extérieure des chemins de fer et spécialement l'entrée et le stationnement des voitures dans les gares et stations ;

— les autorisations de vente de journaux ou de comestibles dans les stations ;

— l'assermentation des agents de la Compagnie (Loi du 15 juillet 1845; ordonnance du 15 novembre 1846 ; circulaire ministérielle du 15 avril 1850).

Les ingénieurs en chef du contrôle des travaux neufs et de l'entretien adressent également aux préfets des rapports sur les procès-verbaux pour contravention de grande voirie de la compétence du Conseil de préfecture, et sur les pétitions que reçoivent ces magistrats, particulièrement sur les demandes de secours, ainsi que les renseignements qui leur seraient demandés sur les faits de l'exploitation, notamment en ce qui touche le bon ordre et la sécurité publique (Loi du 27 février 1850; circulaires ministérielles du 8 janvier 1855 et du 27 janvier 1879).

Ils leur remettent, pour la session d'été du Conseil général, un rapport d'ensemble sur l'entretien de la voie, les travaux et les projets.

Ils se conforment d'ailleurs, dans leurs rapports avec les préfets, aux règles tracées par les circulaires ministérielles du 27 janvier 1879 et du 9 janvier 1882.

Ils envoient directement aux procureurs de la République leur avis sur les procès-verbaux d'accidents et de contraventions de la compétence des tribunaux correctionnels (Loi du 27 février 1850 ; circulaire du 15 avril 1850 ; instruction ministérielle du 15 octobre 1881).

Ils adressent à l'inspecteur général des rapports détaillés sur les accidents graves qui figurent au tableau A du compte rendu mensuel (Circulaire ministérielle du 8 septembre 1880), indépendamment des rapports sommaires qui sont envoyés directement au Ministre par l'ingénieur arrivé le premier sur les lieux, en exécution des circulaires du 6 décembre 1867 et du 5 mars 1873.

Ils lui envoient des rapports mensuels sur la marche du service (Circulaires du 15 avril 1850, du 15 janvier et du 5 mai 1880) et un exemplaire des comptes moraux mensuels sur les travaux neufs (Circulaires citées tome II, page 671). Les rapports mensuels doivent notamment faire connaître avec précision les mesures prises par les Compagnies pour l'exécution des prescriptions ministérielles ; ils se terminent par un relevé des tournées du mois, avec indication des faits constatés pendant ces tournées et des observations auxquelles ces faits donneraient lieu (Circulaire du 19 juillet 1854) ; ils sont accompagnés des rapports des ingénieurs ordinaires ; ils rappellent les diverses communications de quelque importance faites pendant le mois aux préfets et la suite que ces communications ont reçue (Circulaire du 12 octobre 1854).

Les ingénieurs en chefs du contrôle des travaux neufs et de l'entretien fournissent aussi à l'inspecteur général leur avis sur toutes les affaires qui leur sont communiquées par ce haut fonctionnaire. Ils se conforment, dans leurs relations avec lui, aux circulaires ministérielles des 27 janvier 1879 et 9 janvier 1882.

Ils adressent directement au Ministre les communications déterminées par les circulaires.

Ils lui envoient, suivant les prescriptions de la circulaire du 22 octobre 1885, l'état trimestriel des dépenses faites par la Compagnie pour le compte de l'État ; ils procèdent, soit par eux-mêmes, soit avec l'aide des fonctionnaires sous leurs ordres, aux vérifications énumérées dans cette circulaire.

En cas d'accident de train ayant entraîné des morts ou des blessures graves, ils peuvent être appelés à se transporter sur les lieux (Circulaire du 6 décembre 1867).

Ils font des tournées fréquentes et doivent visiter au moins deux fois par an le réseau (Instruction ministérielle du 15 octobre 1881).

Ils peuvent être délégués par l'inspecteur général pour le représenter au Conseil général des ponts et chaussées (Arrêté ministériel du 20 juillet 1886).

Ils traitent directement avec les chefs de service de la Compagnie les affaires qui n'exigent pas l'intervention personnelle de l'inspecteur général auprès du directeur de la Compagnie (Arrêté ministériel du 20 juillet 1886).

4. Rôle et attributions des ingénieurs en chef chargés du contrôle de l'exploitation technique. — Ces ingénieurs en chef sont chargés, avec le concours des ingénieurs ordinaires des mines (ou des ingénieurs ordinaires des ponts et chaussées appelés à les suppléer) ainsi que des gardes-mines, d'assurer la réception des machines locomotives ou fixes et des voitures ; de surveiller l'entretien du matériel roulant, le fonctionnement des signaux et autres appareils de sécurité, le service du mouvement et de la traction ; de donner leur avis sur les contraventions aux règlements intéressant ce service (Ordonnance du 15 novembre 1846 et circulaire ministérielle du 15 avril 1850).

Ils traitent et renvoient directement aux préfets, avec leur avis, le rapport de l'ingénieur ordinaire et les observations de la Compagnie, les affaires sur lesquelles ces magistrats sont appelés à statuer aux termes de la loi de 1845 et des règlements en vigueur, avec ou sans approbation du Ministre, et qui sont relatives notamment :

— à la mise en circulation ou à l'interdiction des locomotives et des voitures à voyageurs, qui prennent leur point de départ dans le département ;

— à la mise en service et à la surveillance des machines fixes ;

— à l'assermentation des agents des Compagnies (Loi du 15 juillet 1845 ; ordonnance du 15 novembre 1846 ; circulaire ministérielle du 15 avril 1850).

Ils adressent également aux préfets des rapports sur les pétitions que reçoivent ces magistrats ; ils leur fournissent des renseignements sur les faits d'exploitation, notamment en ce qui touche le bon ordre et la sûreté publique (Loi du 27 février 1850 ; circulaires ministérielles du 8 janvier 1855 et du 27 janvier 1879). Ils leur remettent, pour la session d'été du Conseil général, un rapport d'ensemble sur les faits et résultats principaux de l'exploitation pendant l'année précédente, en ce qui concerne le département. Pour leurs rapports avec eux, ils se conforment aux règles tracées par les circulaires ministérielles du 27 janvier 1879 et du 9 janvier 1882.

Ils envoient directement au procureur de la République leur avis sur les procès-verbaux d'accidents et de contraventions de la compétence des tribunaux correctionnels (Loi du 27 février 1850 ; circulaire du 15 avril 1850 ; instruction ministérielle du 15 octobre 1881).

Ils adressent à l'inspecteur général des rapports détaillés sur les accidents graves qui figurent au tableau A du compte rendu mensuel (Circulaire ministérielle du 8 septembre 1880), indépendamment des rapports sommaires qui sont adressés directement au Ministre par l'ingénieur arrivé le premier sur les lieux, en exécution des circulaires du 6 décembre 1857 et du 5 mars 1873. Ils lui envoient des rapports mensuels sur la marche du service (Circulaires du 15 avril 1850, du 15 janvier et du 5 mai 1880) et les états périodiques d'accidents et de retards (Circulaires des 8 novembre 1854, 19 février 1856, 6, 12 et 23 février 1857, 24 mars 1860, 14 décembre 1860, 5 janvier 1866, 27 juillet 1872, 8 septembre 1880 et 25 mars 1887). Les rapports mensuels doivent notamment faire connaître avec précision les mesures prises par la Compagnie, pour l'exécution des prescriptions ministérielles relatives à la régularité et à la sécurité de la circulation ; ils se terminent par un relevé des tournées du mois, avec indication des faits constatés au cours de ces tournées et des observations auxquelles ces faits donneraient lieu (Circulaire du 19 juillet 1854) ; ils sont accompagnés des rapports des ingénieurs ordinaires ; ils rappellent les diverses communications faites pendant le mois aux préfets et la suite que ces communications ont pu recevoir (Circulaire du 12 octobre 1854).

Les ingénieurs en chef de l'exploitation technique fournissent aussi à l'inspecteur général leur avis sur la marche des trains et sur toutes les autres affaires qui leur sont communiquées par ce haut fonctionnaire.

Ils adressent directement au Ministre leur avis sur les accidents sans gravité qui figurent au tableau B du compte rendu mensuel (Circulaire du 8 septembre 1880 et instruction du 1er octobre 1881).

En cas d'accident de train ayant entraîné des morts ou des blessures graves, ils se transportent sur les lieux (Circulaire du 6 décembre 1867).

Ils font des tournées fréquentes et visitent au moins deux fois par an le réseau ; ils profitent de ces tournées pour se rendre personnellement compte des mesures prises par la Compagnie, en ce qui concerne l'entretien, l'amélioration et l'accroissement du matériel roulant (Instruction ministérielle du 15 octobre 1881).

Ils traitent directement avec les chefs de service de la Compagnie les affaires qui n'exigent pas l'intervention personnelle de l'inspecteur général auprès du directeur de cette Compagnie (Arrêté ministériel du 20 juillet 1886).

Antérieurement à l'arrêté du 20 juillet 1886, l'ingénieur en chef de section résidant à Paris (1) était adjoint à l'inspecteur général pour le seconder dans l'étude et l'expédition de toutes les affaires techniques, commerciales ou financières, pour le réseau entier.

Il suppléait en conséquence l'inspecteur général en tournée ou empé-

____

(1) Le réseau du Midi n'aboutissant pas à Paris, le Ministre avait adjoint un ingénieur en chef spécial à l'inspecteur général de ce réseau.

ché devant les Commissions ou comités (Instruction ministérielle du 15 octobre 1881 ; décret du 20 mars 1883).

En modifiant l'organisation et en divisant le service, l'arrêté ministériel de 1886 n'a statué que pour la délégation devant le Conseil général des ponts et chaussées.

5. Attributions des ingénieurs ordinaires du contrôle des travaux neufs et de l'entretien. — Les ingénieurs ordinaires des ponts et chaussées attachés au contrôle des travaux neufs et de l'entretien sont chargés, sous les ordres de l'ingénieur en chef, de la surveillance de la voie et de ses dépendances (passages à niveau, ouvrages d'art, aiguilles, signaux, etc.), au point de vue de leur conservation, ainsi que de l'entretien et des travaux de réfection ou des travaux complémentaires (Ordonnance du 15 novembre 1846 ; circulaire du 15 avril 1850).

Ils font de fréquentes tournées et doivent visiter, au moins quatre fois par an, toute l'étendue de leur arrondissement (Circulaire du 8 juin 1880 et instruction du 15 octobre 1881).

Ils adressent à l'ingénieur en chef des rapports mensuels sur la marche du service (Circulaire du 15 avril 1850), des comptes moraux pour les travaux neufs (Circulaires diverses précédemment citées), un résumé apostillé des rapports décadaires des commissaires de surveillance administrative (Circulaire du 28 avril 1849). Les rapports mensuels contiennent un relevé des tournées du mois, avec indication des observations faites au cours de ces tournées.

Les ingénieurs ordinaires produisent également des rapports sur toutes les affaires ressortissant à leur service, et en particulier sur les accidents susceptibles d'être attribués à l'état de la voie et sur les procès-verbaux dressés pour contravention de grande voirie ou pour contravention aux règlements d'exploitation intéressant la voie et ses dépendances.

Au premier avis d'un accident de train, ils se rendent sur les lieux. S'ils y arrivent avant l'ingénieur en chef et avant leur collègue du contrôle de l'exploitation technique, ils adressent immédiatement et directement au Ministre un premier rapport sommaire dont ils remettent copie à l'ingénieur en chef (Circulaire du 6 décembre 1867).

6. Attributions des ingénieurs ordinaires du contrôle de l'exploitation technique. — Ces ingénieurs sont chargés, sous les ordres de l'ingénieur en chef, de contrôler le matériel roulant, le mouvement et la traction. Ils veillent spécialement au bon fonctionnement des signaux et des autres appareils de sécurité (Ordonnance du 15 novembre 1846 ; circulaire du 15 avril 1850).

Ils sont assujettis aux mêmes obligations que leurs collègues du contrôle des travaux, pour les tournées, les rapports mensuels, les résumés apostillés des rapports décadaires des commissaires de surveillance, le transport sur les lieux et les rapports sommaires en cas d'accident de train. Leurs rapports mensuels doivent comprendre, entre autres renseignements, la situation et les avaries du matériel ; l'énumération des trains extraordinaires expédiés pendant le mois ; la nomenclature des correspondances manquées ; des observations sur la marche des trains, tant au point de vue de leur chargement qu'au point de vue du matériel moteur ; et les propositions dont l'examen des tableaux décadaires leur aurait démontré l'opportunité (Circulaires des 28 avril 1849 et 9 avril 1856).

Ils adressent à l'ingénieur en chef des états décadaires des retards des trains (Circulaires des 19 février 1856, 24 mars 1860, 14 décembre 1860, 5 janvier 1866, 27 juillet 1872 et 25 mars 1887) et des relevés mensuels des accidents (Circulaires des 8 novembre 1854, 6, 12 et 23 février 1857, et 8 septembre 1880).

Ils lui envoient des rapports sur toutes les affaires ressortissant à leur service et, en particulier, sur les propositions de la Compagnie pour la marche des trains ; sur les accidents susceptibles d'être attribués à la traction, au mouvement, à l'état du matériel roulant, au fonctionnement des signaux et autres appareils de sécurité, et sur les contraventions aux règlements concernant les services dont ils ont la surveillance.

Ils veillent à la police des gares, des stations et de leurs abords.

Ils procèdent à la réception et à la vérification des machines et collaborent à la réception des voitures à voyageurs.

7. Attributions des conducteurs des ponts et chaussées et des gardes-mines. — Les conducteurs des ponts et chaussées et les gardes-mines, placés sous les ordres des ingénieurs, les secondent dans l'instruction des affaires et la surveillance de la voie et du matériel.

Ils font de très fréquentes tournées et parcourent au moins une fois par mois toutes les lignes de leur circonscription.

Les conducteurs des ponts et chaussées sont spécialement appelés à constater par des procès-verbaux les infractions aux règlements de grande voirie et les contraventions commises par les Compagnies aux clauses du cahier des charges ou aux décisions rendues en exécution de ces clauses, en ce qui concerne le service de la navigation, la viabilité des routes nationales ou départementales et des chemins vicinaux, ou le libre écoulement des eaux.

Ils concourent d'ailleurs, avec les officiers de police judiciaire, aux constatations des crimes, délits et contraventions diverses commises sur les chemins de fer et prévues aux titres 1er et 3 de la loi du 15 juillet 1845. Il en est de même des gardes-mines.

8. **Recrutement et attributions des inspecteurs principaux de l'exploitation commerciale.** — La situation des inspecteurs de l'exploitation commerciale a fait l'objet de décrets en date des 26 juillet 1852, 22 juin 1863 et 21 novembre 1866, et d'un arrêté ministériel du 10 février 1878.

Aux termes de l'article 1er de ce dernier arrêté, les inspecteurs principaux sont pris exclusivement parmi les inspecteurs particuliers comptant au moins trois ans de services en cette qualité.

Conformément à l'article 1er du décret du 21 novembre 1866, ils sont nécessairement admis à faire valoir leurs droits à la retraite à l'âge de soixante-dix ans.

Ils exercent, sous les ordres de l'inspecteur général, la surveillance de l'exploitation commerciale. Ils sont spécialement chargés d'examiner les propositions des Compagnies touchant les tarifs et les taxes accessoires, ainsi que les conventions conclues entre les Compagnies et les entrepreneurs de transports ; de constater le mouvement de la circulation, les dépenses et les recettes de l'exploitation ; de donner leur avis sur l'organisation du service des trains au point de vue commercial et sur les règlements des Compagnies dont les dispositions se rapportent à des objets placés dans leurs attributions (Décret du 26 juillet 1852).

Ils adressent à l'inspecteur général des rapports mensuels sur la marche du service. Ces rapports doivent comprendre notamment un relevé des recettes effectuées pendant le mois (avec la comparaison entre ces recettes et celles du mois correspondant de l'année précédente), la liste des tournées du mois (avec indication des observations faites au cours de ces tournées), et le résumé des communications qui auraient été faites aux préfets sur leur demande, ainsi que de la suite qui aurait été donnée à ces communications; ils sont accompagnés des rapports mensuels des inspecteurs particuliers (Circulaires des 4 février 1853, 24 mai 1854, 19 juillet 1854, 12 octobre 1854 et 15 janvier 1880).

Les inspecteurs principaux envoient également à l'inspecteur général les états mensuels, trimestriels et annuels du trafic (Circulaires des 13 octobre 1849, 6 avril 1852, 3 juillet 1854, 17 avril 1855 et 24 décembre 1855), les dossiers des plaintes (Circulaire du 23 février 1885), ainsi que des rapports sur toutes les affaires autres que celles qui sont énumérées ci-dessous et pour lesquelles ils peuvent correspondre directement avec le

Ministre, notamment les notes sur le personnel placé sous leurs ordres.

Ils adressent directement au Ministre leurs rapports sur les propositions des Compagnies tendant à l'approbation des traités de factage, camionnage, correspondance et réexpédition, l'inspecteur général n'étant consulté que lorsque l'Administration centrale le juge utile (Instruction ministérielle du 15 octobre 1881).

Ils envoient de même au Ministre les rapports sur les délits de droit commun constatés par les commissaires de surveillance administrative (même instruction).

Ils notifient à la Compagnie les arrêtés pris par les préfets pour publier les tarifs homologués et visent les feuilles imprimées contenant ces tarifs (Arrêté ministériel du 15 avril 1850 et circulaire ministérielle du 15 avril 1854).

Ils font de fréquentes tournées et doivent visiter, au moins deux fois par an, toute l'étendue de leur section (Instruction du 15 octobre 1881).

Ils traitent directement avec les chefs de service de la Compagnie les affaires qui n'exigent pas l'intervention personnelle de l'inspecteur général auprès du directeur de la Compagnie (Arrêté ministériel du 20 juillet 1886).

9. Recrutement et attributions des inspecteurs particuliers de l'exploitation commerciale. — Aux termes de l'arrêté ministériel du 10 février 1878, la moitié des places d'inspecteurs particuliers est réservée aux commissaires de surveillance administrative de 1re classe, comptant au moins trois ans de services dans cette classe ; l'autre moitié est donnée au concours.

Les places données au concours ne peuvent être attribuées qu'à des candidats agréés par le Ministre et portés sur une liste d'admissibilité, qui est dressée à la suite d'un examen.

Les deux tiers de ces places sont réservées aux anciens officiers de l'armée active, à moins d'insuffisance du nombre ou du mérite des candidats de cette catégorie. Les anciens officiers doivent avoir au plus 57 ans au 1er janvier de l'année de l'examen. Les autres candidats doivent avoir trente ans au moins et trente-neuf ans au plus. Nul ne peut être admis plus de deux fois à subir l'examen.

Le programme du concours a été déterminé par un arrêté ministériel du 1er mars 1878. Il porte sur les objets suivants : rédaction ; arithmétique et comptabilité commerciale ; géographie de la France ; notions de droit commercial ; notions de droit pénal ; notions d'instruction criminelle ; législation des chemins de fer ; notions d'exploitation. Les épreuves sont écrites. Elles ont lieu à Paris, devant une Commission instituée au Ministère des travaux publics.

Les inspecteurs particuliers sont nécessairement admis à faire valoir leurs droits à la retraite, à l'âge de 70 ans (Décret du 21 novembre 1866).

Ils sont placés sous les ordres des inspecteurs principaux et leur servent d'auxiliaires pour l'instruction des affaires.

Ils font de fréquentes tournées et doivent visiter, au moins quatre fois par an, les gares de leur arrondissement (Instruction du 15 octobre 1881).

Ils adressent à l'inspecteur principal des rapports mensuels sur la marche du service (Circulaires des 4 février 1853, 24 mai 1854, 19 juillet 1854 et 12 octobre 1854), et les résumés apostillés des rapports décadaires des commissaires de surveillance administrative. Les rapports mensuels contiennent un relevé des tournées du mois, avec indication des observations faites au cours de ces tournées (Instruction du 15 octobre 1881).

10. Recrutement et attributions des commissaires de surveillance administrative. — Les conditions de nomination et la situation des commissaires de surveillance ont fait l'objet d'actes relativement nombreux : ordonnance du 15 novembre 1846, articles 57, 58 et 59 ; arrêté du chef du Pouvoir exécutif du 29 juillet 1848 ; loi du 27 février 1850 ; décrets des 27 mars 1851, 22 mars 1852, 22 juin 1855 et 10 septembre 1876 ; arrêtés ministériels des 10 février et 1er mars 1878.

Aux termes de l'arrêté du 10 février 1878, il y a quatre classes de commissaires. L'entrée ne peut avoir lieu que par la 4e classe : les commissaires de chacune des trois premières classes sont choisis parmi ceux de la classe inférieure ; aucun avancement n'est donné qu'après deux années au moins passées dans la classe inférieure.

Nul ne peut être nommé commissaire, s'il n'a été agréé par le Ministre et porté sur une liste d'admissibilité qui est dressée à la suite d'un examen. Les deux tiers des emplois sont réservés aux anciens officiers de l'armée active, à moins d'insuffisance du nombre des candidats de cette catégorie. Les anciens officiers doivent avoir au plus 54 ans au 1er janvier de l'année de l'examen. Les autres candidats doivent avoir au moins 25 ans et au plus 34 ans à la même époque. Nul ne peut être admis plus de deux fois à subir l'examen.

L'examen consiste en plusieurs épreuves écrites faites au chef-lieu des départements qui sont désignés par le Ministre. Ces épreuves portent sur les matières suivantes : rédaction de procès-verbaux ou de rapports ; arithmétique ; géographie de la France ; notions sur la voie, sur le matériel, sur l'exploitation technique, sur l'exploitation commerciale, sur le droit pénal, sur l'instruction criminelle; législation des chemins de fer.

Les résultats en sont soumis à une Commission instituée au Ministère des travaux publics.

Les commissaires sont nécessairement admis à faire valoir leurs droits à la retraite à l'âge de 65 ans (Décret du 10 septembre 1876).

A leur entrée en service, ils doivent prêter serment devant le tribunal de leur résidence (Loi du 15 juillet 1845, art. 23).

Ils sont placés sous les ordres des ingénieurs et des inspecteurs particuliers de l'exploitation commerciale et correspondent avec eux pour ce qui concerne leurs attributions respectives (Arrêté ministériel du 15 avril 1850).

Ils sont attachés aux gares les plus importantes et y stationnent d'une manière à peu près permanente.

En outre, ils sont chargés de la surveillance d'une circonscription, en ce qui concerne :

1° L'entrée, le stationnement et la circulation des voitures publiques et particulières dans les cours des stations ;

2° L'admission du public dans les salles d'attente et sur les quais d'embarquement ;

3° La manœuvre des aiguilles, le gardiennage et l'éclairage des passages à niveau, la présence des agents préposés à la surveillance de la voie, l'éclairage des stations et de leurs abords ;

4° Les mesures d'ordre relatives aux machines et aux voitures ;

5° La composition, le départ, l'arrivée et le stationnement des convois ; la tenue des registres de retards ;

6° Les mesures d'ordre relatives à l'admission des voyageurs dans les voitures ;

7° L'exécution des signaux ;

8° La présence des machines de réserve et des wagons de secours aux lieux désignés à cet effet ;

9° L'apposition, dans chaque station, des affiches et tableaux indiquant les heures de départ et d'arrivée, ainsi que des affiches annonçant les retards des trains ;

10° La perception des taxes ; l'apposition des tableaux indiquant les taxes approuvées ; l'enregistrement et l'expédition des marchandises ; la tenue des registres qui sont prescrits à cet effet ;

11° L'entretien, aux stations désignées et dans les trains de voyageurs, des médicaments et moyens de secours nécessaires en cas d'accident ;

12° La désinfection des wagons ayant servi au transport des bestiaux ;

13° L'expédition des plants de vigne provenant des départements phylloxérés ;

14° Les services de correspondance, de réexpédition, de factage et de camionnage (Circulaires ministérielles des 21 octobre 1848, 15 avril 1850, 5 juin 1866 ; arrêtés ministériels du 27 octobre 1877 et du 30 avril 1883 ; circulaire du 10 septembre 1883).

Ils reçoivent les plaintes que le public peut avoir à présenter, relativement au service des agents de la Compagnie, à la marche des trains, à l'état du matériel, à la perception des tarifs, au service des passages à niveau, etc. (Circulaires ministérielles des 21 octobre 1848 et 15 avril 1850).

Ils doivent être présents au passage des trains de troupes (Circulaire du 26 juin 1875).

Indépendamment des rapports spéciaux que le service de chaque jour peut exiger, ils adressent, tous les dix jours, aux ingénieurs ordinaires et à l'inspecteur particulier un rapport dans lequel ils rendent compte, suivant un cadre qui leur est tracé, de la situation du service et de leurs tournées (Circulaires des 21 octobre 1848, 28 avril 1849, 15 avril 1850 et 27 novembre 1880).

Ils signalent aux ingénieurs et aux inspecteurs de l'exploitation commerciale les faits qui leur paraissent constituer des infractions aux règlements, aux décisions ministérielles ou aux arrêtés préfectoraux dont ces fonctionnaires ont à surveiller l'exécution.

En cas d'accident, ils se transportent immédiatement sur les lieux, après en avoir donné avis par dépêche télégraphique aux ingénieurs, à l'inspecteur général, au préfet, au Ministre et, s'il y a lieu, au sous-préfet et au procureur de la République (Circulaires des 5 novembre 1852, 25 novembre 1853, 30 janvier 1860, 15 octobre 1864, etc.). Le cas échéant, ils remplacent cet avis télégraphique par un avis écrit sommaire aux ingénieurs, à l'inspecteur général, au préfet. Cet avis est, en tout état de cause, adressé au procureur de la République (Circulaire du 8 décembre 1852) ; il est complété, s'il y a lieu, par des avis ultérieurs. A la suite de leur enquête, les commissaires rédigent, s'il est nécessaire, un premier rapport sommaire, et, en tout cas, un rapport définitif dans lequel ils relatent les circonstances et les résultats de l'accident ; ils adressent ce rapport à l'ingénieur du contrôle de l'entretien, ou à l'ingénieur du contrôle de l'exploitation technique, ou à tous les deux, suivant les cas.

Dans les circonstances exceptionnelles de guerre, d'inondation, etc., ils doivent informer sans retard les préfets, par dépêche ou par exprès, des suppressions de trains, des changements dans les heures de départ, en un mot de toutes les modifications, ainsi que de la reprise du service normal.

Ils s'assurent que les avis de retard des trains de voyageurs dépassant une heure ont été envoyés à ces magistrats par le chef de la gare qui dessert le chef-lieu du département (Circulaires des 8 décembre 1855 et 30 janvier 1856).

Ils veillent à ce que les retards soient annoncés par affiches placardées dans les gares (Circulaire du 30 janvier 1856).

Ils constatent par des procès-verbaux les contraventions commises, soit par les tiers, soit par les Compagnies, aux règlements de toute nature sur les chemins de fer, et plus particulièrement les contraventions qui ne sont pas spécialement de la compétence des conducteurs des ponts et chaussées et des gardes-mines, par exemple celles qui concernent les prescriptions relatives à la police des cours des gares et stations, à la composition et au mouvement des trains, à la perception des taxes, aux mesures d'ordre et de police concernant les fumeurs, etc. Lorsque la contravention est de la compétence du Conseil de préfecture, ils dressent le procès-verbal en simple original et l'adressent à l'ingénieur ordinaire ; lorsqu'elle est de la compétence de la juridiction correctionnelle, ils dressent le procès-verbal en double original, dont l'un est envoyé au procureur de la République et l'autre à l'ingénieur ordinaire compétent (Loi du 27 février 1850 ; circulaire du 15 janvier 1885).

Ils ont, pour la constatation des crimes, délits et contraventions commis dans l'enceinte du chemin de fer et de ses dépendances, les pouvoirs d'officier de police judiciaire. Ils sont, en cette qualité, sous la surveillance du procureur de la République et lui adressent directement leurs procès-verbaux (même loi). Mais ils ne sont point auxiliaires du procureur (Art. 48 et suivants du Code d'instruction criminelle). Lors de la discussion de la loi du 27 février 1850, un amendement avait été présenté par un membre de l'Assemblée nationale, pour leur faire attribuer cette qualité et leur permettre ainsi de commencer l'instruction en cas de flagrant délit. Mais l'Assemblée a reculé devant une extension aussi grande de leurs pouvoirs ; elle les a considérés comme suffisamment armés par le droit d'arrestation et de réquisition à la police locale en cas de flagrant délit ; elle a craint, en outre, de les placer dans une situation d'indépendance exagérée vis-à-vis de leurs supérieurs hiérarchiques. Cette crainte était excessive et, en l'absence des droits que leur eût conférés la qualité d'auxiliaires du procureur, les commissaires voient souvent leur action paralysée.

Ils doivent leur concours au parquet pour la constatation des crimes, délits et contraventions de droit commun (Circulaire ministérielle du 16 octobre 1876).

Ils procèdent, au besoin, en cas de flagrant délit, à l'arrestation des auteurs des crimes ou délits et des tentatives d'actes de malveillance ; mais ils doivent remettre immédiatement les coupables entre les mains des autorités judiciaires locales (Circulaire ministérielle du 15 avril 1850).

Ils ne doivent d'ailleurs intervenir qu'en l'absence des commissaires spéciaux de police, pour la répression des crimes et délits de droit commun et dans les questions de police ordinaire (Circulaire du 1er juin 1855).

Ils font de fréquentes tournées et visitent leur circonscription au moins une fois par mois (Instruction du 15 octobre 1881).

On pourra consulter utilement une circulaire du 15 février 1881, par laquelle le Ministre des travaux publics a rappelé les attributions des commissaires de surveillance administrative et leur a tracé la ligne de conduite à tenir dans leurs relations avec leurs supérieurs, avec le parquet, avec les préfets, avec les autorités locales et le public, enfin avec les Compagnies et leurs agents.

Comme l'indique cette circulaire, ils doivent écouter avec politesse les réclamations et les observations du public; lui procurer les renseignements nécessaires; lui faciliter au besoin les moyens de formuler ses plaintes sur les registres déposés dans les gares; montrer une juste déférence envers les personnes revêtues d'un caractère public; ne pas oublier les égards dus aux membres des corps électifs ; rappeler, le cas échéant, les agents des Compagnies à l'observation des mêmes règles.

Ils sont tenus de porter toujours, comme signe distinctif, la casquette réglementaire·et, si les circonstances l'exigent, de ceindre leur écharpe (Circulaires des 14 décembre 1852, 10 octobre 1860 et 8 août 1861).

Ils ne doivent pas s'immiscer dans les opérations du service actif de l'exploitation. Leur mission se borne, sauf les rares circonstances où il y a lieu de prendre des mesures exceptionnelles d'ordre et de police, à rendre compte à leurs supérieurs et à avertir officieusement les agents des Compagnies des irrégularités commises.

L'article 58 de l'ordonnance du 15 novembre 1846 oblige les Compagnies à leur fournir des locaux convenables, meublés, chauffés et éclairés (Circulaire du 31 décembre 1846 et arrêté du 15 avril 1850 ; circulaires du 14 juillet 1853 et du 18 novembre 1858).

Les règles relatives à la tenue de leurs bureaux ont été déterminées par diverses instructions (Circulaires des 12 août 1851, 23 juillet 1852, 1er septembre 1866).

11. Témoignage en justice des fonctionnaires du contrôle. — Les fonctionnaires du contrôle peuvent être cités en témoignage, notamment en matière criminelle ; ils doivent répondre à ces citations, sous peine de s'exposer aux mesures répressives édictées par les articles 80 et 157 du Code d'instruction criminelle (tribunal correctionnel de Châlon-sur-Saône, 21 juillet 1872, Paris et Perrier). Par une circulaire du 19 avril 1857, le Ministre de la justice a recommandé aux procureurs généraux de ne citer les ingénieurs en chef qu'en cas d'insuffisance des renseignements contenus dans leur avis au parquet.

12. Observations sur le rôle des préfets. — L'article 71 de l'ordonnance du 15 novembre 1846 conférait au Ministre le pouvoir de centraliser en tout ou partie, entre les mains du préfet de l'un des départements traversés, les attributions conférées aux préfets par cette ordonnance.

L'institution des préfets centralisateurs a été supprimée en 1850. Depuis cette époque, le Ministre s'est réservé de statuer directement sur tout ce qui concerne le service général de l'exploitation, sur toutes les mesures qui s'appliquent à l'ensemble de la circulation et qui, par cela même, ne peuvent être prises isolément et dans la circonscription de chaque département.

L'exécution des mesures d'intérêt local reste seule confiée aux préfets : telles sont les mesures de la grande voirie, dont les lois et règlements ont été rendus applicables aux chemins de fer par la loi du 15 juillet 1845, c'est-à-dire les mesures concernant la conservation du chemin de fer, l'alignement, l'écoulement des eaux, l'occupation temporaire des terrains pour extraction de matériaux, les plantations et dépôts à proximité de la voie ; la réglementation des passages à niveau ; la police extérieure du chemin de fer et de ses abords, et notamment l'entrée et le stationnement des voitures dans les cours des gares et stations ; les mesures relatives à la vente des journaux et des comestibles et à l'établissement de buffets dans les stations.

Les préfets interviennent dans l'instruction des projets et la procédure d'expropriation, conformément aux indications que nous avons données au cours de cet ouvrage.

Ils statuent sur la mise en circulation des machines et du matériel à voyageurs.

Ils sont chargés d'agréer les agents des Compagnies proposés pour l'assermentation, en conformité de la loi du 15 juillet 1845.

Ils reçoivent des Compagnies communication des tableaux de marche des trains ; ils assurent la publication des tarifs homologués.

Ils sont avisés des accidents et des retards dans les conditions que nous avons relatées.

Les ingénieurs en chef du contrôle leur adressent, sur les principaux faits d'exploitation, les communications indiquées dans la circulaire du 8 janvier 1855.

Ils se conforment aux prescriptions de la circulaire du 27 janvier 1879, pour l'instruction des affaires sur lesquelles ils sont appelés à statuer, aux termes de la loi du 15 juillet 1845.

Les attributions conférées aux préfets par l'ordonnance du 15 novembre 1846 sont dévolues, à Paris, au préfet de police.

13. **Observations sur les commissaires spéciaux de police.** — Un décret du 22 février 1855, rendu sur le rapport du Ministre de l'intérieur, a institué des commissaires spéciaux et des inspecteurs de police pour la surveillance des chemins de fer. On a souvent confondu dans le public les attributions de ces agents avec celles des commissaires de surveillance. Cette confusion est d'autant plus excusable que l'ordonnance du 15 novembre 1846 avait créé des fonctionnaires dont les commissaires de surveillance ont pris la place et qui portaient précisément le titre de commissaires spéciaux de police. Il n'en importe pas moins de la faire disparaître et de bien distinguer le rôle, les devoirs et la responsabilité de deux catégories d'agents qui sont juxtaposés, mais ont des attributions parfaitement distinctes.

Nous avons dit quelles sont les fonctions des commissaires de surveillance administrative. Tandis que ces derniers sont placés sous l'autorité du Ministre des travaux publics, les commissaires spéciaux actuels de police relèvent exclusivement du département de l'intérieur. Leur mission est enfermée dans les limites de la police générale et de la sûreté de l'État. Leurs pouvoirs s'étendent à toute la ligne à laquelle ils sont attachés ; toutefois ils surveillent plus particulièrement les sections qui leur sont désignées. Ils constatent les délits de droit commun. Ils rendent compte au préfet de tous les faits intéressant leur service et lui adressent, en même temps, copie de leurs rapports au Ministre de l'intérieur. Les commissaires de police établis dans les localités traversées par les chemins de fer exercent, concurremment avec eux, leur autorité sur la partie de ces lignes comprise dans leur circonscription.

Sur la demande exprimée par le Ministre des travaux publics au nom du Ministre de l'intérieur, les Compagnies ont mis dans leurs gares des locaux à la disposition des commissaires spéciaux et des inspecteurs de police et leur ont accordé la gratuité de circulation.

Par une circulaire du 1er juin 1855, le Ministre des travaux publics a rappelé au service du contrôle la ligne de démarcation qui sépare les fonctions des commissaires de surveillance administrative et celles des commissaires spéciaux de police. Comme l'indique cette circulaire, les uns et les autres ont, en leur qualité d'officiers de police judiciaire, le droit de concourir à la répression des crimes et délits de toute nature commis dans l'enceinte du chemin de fer. Ils peuvent donc, pour cette partie de leurs fonctions, se prêter un mutuel secours et se suppléer, en cas d'absence ou d'empêchement. Toutefois, il est recommandé aux commissaires de surveillance administrative : 1° de ne procéder aux constations réservées aux commissaires spéciaux de police qu'après s'être bien assurés que ceux-ci sont absents ou empêchés ; 2° de donner immédiatement avis à leurs collègues, pour les mettre à même de continuer l'instruction commencée.

En cas d'accident, les commissaires spéciaux de police peuvent de même, à défaut ou en l'absence des commissaires de surveillance administrative, procéder aux enquêtes et entreprendre l'instruction nécessaire pour éclairer l'administration et la justice. Quelle que soit d'ailleurs leur intervention à cet égard, ils doivent adresser au Ministre de l'intérieur un rapport détaillé pour le service de la sûreté générale (Circulaire du Ministre de l'intérieur du 21 mai 1856).

Les Compagnies doivent les informer, en même temps que les commissaires de surveillance administrative, des vols commis dans les gares ou sur la ligne (Circulaire du Ministre des travaux publics du 12 juillet 1856).

Afin de ne pas prolonger outre mesure la détention préventive des voyageurs ou autres personnes arrêtés sur ordre des commissaires de surveillance, le Ministre des travaux publics a décidé, de concert avec son collègue de l'intérieur, que, dans les gares où réside un commissaire spécial, les inculpés seraient conduits devant ce magistrat, au lieu d'être remis entre les mains du commissaire de police de la localité ou de l'arrondissement (Circulaire du Ministre des travaux publics du 10 mars 1857).

Nous devons encore mentionner que les commissaires spéciaux de police ont été explicitement chargés d'assurer l'exécution de l'arrêté ministériel du 1er mars 1861 sur les compartiments réservés. (Voir pour les conditions d'admission un arrêté du Ministre de l'intérieur du 30 décembre 1855.)

14. Nombre des fonctionnaires et agents du contrôle. — Au commencement de 1887, le nombre des emplois était de 819, pour la France continentale (1), à savoir :

Inspecteurs généraux des ponts et chaussées ou des mines	7
Ingénieurs en chef du contrôle des travaux neufs et de l'entretien	7
Ingénieurs en chef du contrôle de l'exploitation technique	7
Ingénieur en chef chargé à la fois des deux services	1
Ingénieurs ordinaires du contrôle des travaux neufs et de l'entretien	58
Ingénieurs ordinaires du contrôle de l'exploitation technique	39
Conducteurs des ponts et chaussées	156
Gardes-mines	108
Inspecteurs principaux de l'exploitation commerciale	8
Inspecteurs particuliers de l'exploitation commerciale	20
Commissaires de surveillance administrative	408
Total	819

Le nombre des titulaires était un peu moindre, attendu que quelques-uns d'entre eux étaient chargés de plusieurs circonscriptions.

A la même époque, le développement des chemins de fer d'intérêt général livrés à l'exploitation était de 31 211 km.

L'étendue moyenne des circonscriptions, déduction faite des employés exclusivement attachés aux bureaux, était de :

4 460 kilomètres en nombre rond pour les inspecteurs généraux et les ingénieurs en chef ;

540 kilomètres en nombre rond, pour les ingénieurs ordinaires du contrôle des travaux et de l'entretien ;

800 kilomètres en nombre rond, pour les ingénieurs ordinaires du contrôle de l'exploitation technique ;

250 kilomètres en nombre rond, pour les conducteurs des ponts et chaussées ;

310 kilomètres en nombre rond, pour les gardes-mines ;

3 900 —   —   pour les inspecteurs principaux ;

1 560 —   —   pour les inspecteurs particuliers ;

75 —   —   pour les commissaires.

On comptait un agent par 36 kilomètres de voie ferrée.

Il convient d'ajouter que parmi les fonctionnaires du contrôle, il en est un certain nombre comme divers ingénieurs en chef, ingénieurs ordi-

(1) Non compris quatre commissaires généraux.

naires, conducteurs des ponts et chaussées et gardes-mines, qui ont en même temps d'autres services.

En 1881, M. Sadi Carnot, alors Ministre des travaux publics, a consulté la section de contrôle du Comité de l'exploitation technique sur diverses questions relatives à l'organisation du service et notamment sur l'étendue à attribuer aux circonscriptions des différentes catégories de fonctionnaires. La section avait indiqué les longueurs suivantes :

Ingénieurs en chef de section (1) : 2 000 kilomètres ;

Ingénieurs ordinaires des ponts et chaussées : 300 kilomètres en moyenne (avec maximum de 500 km.);

Ingénieurs ordinaires des mines : 2 000 kilomètres ;

Conducteurs (1 conducteur par ingénieur, sauf le cas où la circonscription de l'ingénieur dépasserait 400 km.) ;

Gardes-mines : moitié de la circonscription de l'ingénieur des mines ;

Inspecteurs principaux de l'exploitation commerciale : tout le réseau (sauf sur le Paris-Lyon-Méditerranée);

Inspecteurs particuliers de l'exploitation commerciale : 1 000 kilomètres ;

Commissaires de surveillance : 100 kilomètres (avec maximum de 150 km.)

La section de contrôle du Comité de l'exploitation technique avait admis, dans ses appréciations, que les fonctionnaires et agents du contrôle, sauf les ingénieurs et les conducteurs des ponts et chaussées, seraient exclusivement affectés à ce service. Elle avait d'ailleurs exprimé l'avis que le cumul des fonctions ne présentait pas d'inconvénients.

En rapprochant les chiffres correspondant à la situation actuelle des chiffres donnés par la section de contrôle, on peut constater des différences importantes.

A notre avis, la tendance devrait être d'augmenter l'étendue des circonscriptions. Cet accroissement aurait l'avantage :

1° de diminuer le nombre des fonctionnaires ;

2° de moins morceler le service, de donner aux titulaires plus d'autorité sur les Compagnies, de les intéresser davantage à leurs fonctions, de développer leurs connaissances et leur expérience.

La division du service est, à nos yeux, une source de faiblesse regrettable, qu'il importerait de faire disparaître. Nous ne méconnaissons pas la valeur des arguments invoqués par les partisans du système inverse : on fait valoir qu'avec des circonscriptions restreintes la surveillance sera plus

(1) La division en sections d'ingénieur en chef a été supprimée (Voir page 153).

efficace, que les affaires seront instruites plus soigneusement, qu'en cas d'accident les fonctionnaires seront plus rapprochés du point où ils devront se rendre et y arriveront plus rapidemment. On défend le cumul des fonctions, notamment pour les ingénieurs, en alléguant que ces fonctionnaires profitent des tournées afférentes à leurs autres services pour surveiller l'exploitation du chemin de fer, que leur droit à la circulation gratuite leur permet de multiplier leurs déplacements au profit de leurs autres fonctions, et qu'il en résulte un profit pour l'ensemble de leurs attributions. Quelles que soient la valeur et la portée de ces arguments, il faut bien se prémunir contre le danger de voir les titulaires considérer le service du contrôle comme un service accessoire. La bonne exploitation des chemins de fer touche de trop près aux intérêts du public et de l'État pour ne pas faire l'objet des mêmes préoccupations, pour ne pas être traitée avec le même soin que les autres branches de l'Administration. Sans exclure le cumul des fonctions, nous sommes convaincu que la concentration du service, surtout pour les ingénieurs, serait de nature à le fortifier.

15. Limites des circonscriptions. — Pour les inspecteurs généraux les ingénieurs en chef et les inspecteurs principaux, les limites des circonscriptions sont naturellement déterminées par celles du réseau.

Pour les ingénieurs ordinaires, ainsi que pour les conducteurs, gardes-mines et inspecteurs particuliers, elles sont tracées en ayant égard, non point à la division administrative du territoire, mais à la répartition des réseaux et au groupement des lignes dont ils se composent. Elles doivent, autant que possible, coïncider avec des points d'embranchement, comprendre les chemins présentant une solidarité d'exploitation technique ou commerciale.

Pour les commissaires de surveillance, la situation est différente. Outre eur service extérieur, ces fonctionnaires ont à exercer un contrôle pour ainsi dire continu dans les gares importantes où ils sont placés ; ils sont d'ailleurs beaucoup plus nombreux. Ce qui importe le plus, c'est de bien choisir leur résidence, de les attacher de préférence aux gares à grand trafic et notamment aux gares de bifurcation.

16. Paiement des frais du service de contrôle. — Ainsi que nous l'avons rappelé à la page 539 du tome II, les frais du contrôle de l'exploitation sont supportés par les Compagnies. Afin de pourvoir à ces frais, les Compagnies sont tenues, aux termes de leur cahier des charges, de verser au Trésor une somme de 120 fr. par kilomètre. Le Gouvernement s'est réservé, par les conventions de 1859, la faculté (dont il n'a pas eu à user) d'élever ce chiffre à 150 fr. par décret délibéré en Conseil d'État, la Compagnie entendue. D'autre part, les conventions de 1883 stipulent que, pour les lignes nouvelles, la redevance commencera à courir du 1er janvier de l'année suivant la mise en exploitation.

Depuis l'exercice 1884, les versements des Compagnies figurent aux produits divers du budget. Les émoluments des inspecteurs généraux, ingénieurs, conducteurs et gardes-mines, sont imputés sur les chapitres généraux du personnel des ponts et chaussées et des mines. Il est ouvert en outre au budget du Ministère des travaux publics trois chapitres spéciaux, dont l'un pour le personnel des commissaires généraux et inspecteurs de l'exploitation commerciale, le second pour le personnel des commissaires et le troisième pour les frais généraux du service de contrôle et de surveillance.

On peut estimer à 100 francs environ le prix de revient effectif du contrôle par kilomètre, en y comprenant les frais d'administration centrale.

17. Constitution et attributions du Comité consultatif des chemins de fer. — Aux termes des décrets des 24 novembre 1880, 20 mars 1882, 21 février 1885 et 28 octobre 1886, le Comité consultatif se compose de 27 membres nommés par décret et de 5 membres de droit, à savoir :

1° Membres nommés par décret :

8 membres du Parlement (actuellement 3 sénateurs et 5 députés) ;

3 membres du Conseil d'État (actuellement un président de section et deux Conseillers d'État) ;

5 membres du Corps des ponts et chaussées ;

1 membre du Corps des mines ;

2 membres de la Chambre de commerce de Paris ;

1 membre de la Société des ingénieurs civils ;

2 représentants du Ministère des finances (actuellement un conseiller-maitre à la Cour des comptes et un inspecteur général des finances) ;

1 représentant du Ministère de l'agriculture (actuellement le directeur de l'agriculture) ;

2 représentants du Ministère du commerce (actuellement le directeur du commerce intérieur et le directeur du commerce extérieur) ;

1 représentant du Ministère de la guerre (actuellement un général de division) ;

1 représentant du Ministère des postes et télégraphes (actuellement le directeur des correspondances postales).

2° Membres de droit :

Le directeur des chemins de fer ;

Le directeur des routes, de la navigation et des mines ;

Le directeur du personnel et du secrétariat au Ministère des travaux publics ;

Le chef de la division de l'exploitation ;

Le directeur général des douanes.

Les inspecteurs généraux chargés de la direction du contrôle de l'exploitation ont entrée au Comité avec voix consultative.

Un secrétaire et un secrétaire-adjoint y sont attachés avec voix consultative (ces emplois sont actuellement occupés par deux maîtres des requêtes au Conseil d'État).

Deux auditeurs au Conseil d'État remplissent, avec voix consultative, les fonctions de rapporteurs pour les affaires de moindre importance.

Le Comité est présidé par le Ministre des travaux publics ou par le sous-secrétaire d'État. Deux vice-présidents sont désignés, pour chaque année, par arrêté ministériel (décrets du 24 novembre 1880 et du 10 février 1886) : ils sont chargés de la présidence, à défaut du Ministre ou du sous-secrétaire d'État, ainsi que de la marche du service et de la désignation des rapporteurs.

Le Comité est nécessairement consulté :

— sur l'homologation des tarifs ;

— sur l'interprétation des lois et règlements et des actes de concession ;

— sur les rapports des administrations de chemins de fer entre elles ou avec les concessionnaires des embranchements ;

— sur les traités passés par les administrations de chemins de fer et soumis à l'approbation du Ministre ;

— sur les demandes en autorisation d'émission d'obligations ;

— sur les demandes d'établissement de stations ou de haltes sur les lignes en exploitation ;

— sur les réclamations relatives à la marche des trains ;

— sur l'organisation et les conditions générales de l'exploitation des chemins de fer non concédés en dehors du réseau « des chemins de fer de « l'État ».

Il délibère en outre et fournit son avis sur toutes les autres questions qui lui sont soumises par le Ministre, relativement à l'établissement et à l'exploitation des chemins de fer d'intérêt général ou d'intérêt local et des tramways, notamment sur le mode à adopter pour la mise en exploitation des lignes nouvelles, sur le rachat des concessions ou la fusion des Compagnies.

Des commissions peuvent être constituées dans le sein du Comité pour l'examen préalable des affaires importantes. Il est fait de très fréquentes applications de cette disposition.

Des sous-comités, constitués par arrêté ministériel, peuvent être chargés d'émettre, au lieu et place du Comité, un avis sur les affaires de moindre importance.

Le Comité peut, avec l'assentiment du Ministre, procéder à des enquêtes. Il entend les représentants du commerce ou de l'industrie, toutes les fois qu'il le juge utile pour éclairer ses délibérations.

Les mesures d'ordre relatives au fonctionnement du Comité ont été réglées par un arrêté du Ministre des travaux publics en date du 11 avril 1881.

Le Comité consultatif a rendu et continue à rendre les plus grands services. L'une de ses œuvres capitales est la réforme des tarifs des Compagnies : cette réforme exige de sa part un travail ingrat et minutieux, à la valeur duquel on ne saurait rendre un hommage trop éclatant.

La constitution du Comité a cependant donné lieu à diverses critiques, durant ces dernières années. Les vœux qui ont été formulés, soit par certains membres du Parlement, soit par certains publicistes, soit par certaines Chambres de commerce, sont les suivants.

a. *Attribution d'une part plus large aux représentants du commerce.* — Le commerce est représenté au Comité par deux membres de la Chambre de commerce de Paris, ainsi que par le directeur du commerce intérieur et le directeur du commerce extérieur. En outre, le Ministre a le soin de choisir un certain nombre de membres du Parlement, bien initiés aux besoins du commerce et de l'industrie.

Sans doute, il serait désirable que les Chambres de commerce des grandes villes de France y eussent des représentants. Mais l'accomplissement de ce vœu soulève une difficulté matérielle résultant de ce que le Comité tient, soit par lui-même, soit par ses commissions, de très nombreuses séances auxquelles des personnes résidant hors de Paris ne pourraient s'astreindre.

Il ne faut pas oublier d'ailleurs que les Chambres de commerce sont toujours mises en mesure de formuler leur avis sur les propositions de tarifs présentées par les Compagnies et qu'elles peuvent envoyer des délégués devant le Comité consultatif, pour lui soumettre des observations orales.

b. *Attribution d'une part plus large aux représentants de l'agriculture.* — L'agriculture est représentée par son directeur.

De plus, parmi les membres du Parlement qui font partie du comité, il en est qui sont profondément versés dans les questions agricoles.

Toutefois, nous reconnaissons volontiers qu'il pourrait y avoir intérêt à renforcer la représentation de l'agriculture.

c. *Augmentation de la proportion des membres étrangers à l'Administration.* — Le Parlement, la Chambre de commerce de Paris et la Société des ingénieurs civils fournissent onze membres au Comité.

Parmi les délégués des Ministères autres que celui des travaux publics, plusieurs ne sauraient être considérés comme des représentants de l'Administration proprement dite et sont bien plutôt des défenseurs du commerce et de l'industrie.

Les questions sur lesquelles le Comité a à se prononcer sont trop complexes et touchent à des intérêts trop divers pour qu'il ne soit pas indispensable de faire participer à leur étude des représentants de plusieurs départements ministériels, tels que celui des finances au point de vue du fonctionnement de la garantie d'intérêt, ainsi qu'au point de vue du bon emploi des capitaux et des intérêts des obligataires; celui des postes et télégraphes, au point de vue du mouvement des trains; celui de la guerre au point de vue de la défense du territoire.

Le nombre des membres du Conseil d'État ne saurait être réduit et serait même utilement accru : ils apportent au Comité toutes les ressources de leur haute compétence administrative et juridique et lui prêtent notamment un précieux concours pour l'interprétation et l'application des lois, des règlements et des actes de concession.

Quant à l'administration des travaux publics, l'attribution de six sièges, abstraction faite des quatre membres de droit, ne présente certes rien d'excessif.

Pour réaliser le vœu que nous examinons en ce moment, il faudrait donc ne point diminuer l'élément administratif, mais augmenter le nombre des membres étrangers à l'Administration. Au cas où cette mesure serait jugée opportune, il importerait de se renfermer néanmoins dans de sages limites, sous peine de transformer le Comité en un petit Parlement où les questions de chiffres et de détails se traiteraient difficilement.

d. *Élection des membres du Comité.* — Actuellement tous les membres du Comité reçoivent leur investiture du Ministre des travaux publics. Les partisans du système électif ont demandé que la nomination par le Ministre fît place à l'élection; ils ont d'ailleurs indiqué dans ce but les combinaisons les plus diverses. On peut en effet concevoir, pour plusieurs , catégories de membres du Comité, qu'ils tiennent leur délégation du vote de leurs pairs et qu'en particulier les membres du Parlement soient élus par les Chambres.

e. *Attribution de pouvoirs propres au Comité.* — On a demandé que le Comité eût des pouvoirs propres et fût investi du droit de prendre des décisions. Cette modification profonde et radicale du régime actuel serait absolument inacceptable pour le Gouvernement et tout à fait contraire aux principes constitutionnels. Le Ministre a et doit conserver devant le Parlement la pleine responsabilité des services de son département; pour que cette responsabilité soit effective, il est indispensable que le pouvoir de décision du Ministre reste intact et ne subisse aucune atteinte, et que le rôle des commissions instituées pour l'éclairer demeure purement consultatif.

18. Constitution et attributions du Comité de l'exploitation technique. — Aux termes des arrêtés ministériels des 25 janvier 1879, 1er mars 1879, 21 juillet 1879 et 13 février 1882, le Comité de l'exploitation technique comprend un inspecteur général des ponts et chaussées ou des mines, président ;

— les inspecteurs généraux directeurs du contrôle de l'exploitation ;

— le directeur des chemins de fer ;

— le chef de la division de l'exploitation au Ministère des travaux publics ;

— deux ingénieurs en chef des mines ;

— deux ingénieurs en chef des ponts et chaussées ;

— deux directeurs des grandes Compagnies et deux ingénieurs en chef attachés au service du matériel et de la fraction de l'une de ces Compagnies (ces quatre membres sont désignés par le syndicat de ceinture) ;

— un représentant de l'Administration de la guerre ;

— un représentant de l'Administration des chemins de fer de l'État ;

— et sept membres choisis dans l'Institut, l'Administration des télégraphes, ou parmi les personnes désignées par leur compétence en matière d'exploitation de chemins de fer.

L'un des ingénieurs en chef des ponts et chaussées ou des mines ci-dessus désignés remplit les fonctions de secrétaire.

Deux ingénieurs des mines ou des ponts et chaussées sont attachés au Comité, en qualité de secrétaires-adjoints, avec voix consultative.

Sont renvoyées à l'examen du Comité toutes les questions qui concernent la police, la sûreté et l'usage des chemins de fer. Il est notamment appelé à donner son avis sur les objets ci-après énumérés :

1° Règlements généraux et spéciaux de l'exploitation ; application et interprétation de ces règlements ;

2° Police des gares et de leurs cours ; classement et réglementation des passages à niveau ;

3° Entretien et perfectionnement du matériel fixe et du matériel roulant ;

4° Modifications et améliorations dans la marche et le service des trains ;

5° Accidents de chemins de fer ; recherche de leurs causes ; mesures à prendre pour en prévenir le retour ;

6° Inventions concernant les chemins de fer.

Toute initiative est laissée au Comité pour formuler les propositions qu'il croirait utile de soumettre au Ministre.

Une section dite du contrôle, prise dans le sein du Comité et composée du président, des inspecteurs généraux du contrôle, du directeur des chemins de fer ou de son délégué et du secrétaire, est spécialement chargée de l'examen des mesures ayant pour objet d'uniformiser le service du contrôle.

Le président a le droit de former des commissions, dans lesquelles il appelle, suivant les cas, les ingénieurs en chef et les ingénieurs ordinaires du contrôle considérés comme aptes à leur fournir un utile concours, et même des ingénieurs étrangers à l'administration.

Le Comité peut demander le renvoi au Conseil général des ponts et chaussées, ou au Conseil général des mines, ou même à l'un et à l'autre de ces deux Conseils, des affaires qui lui paraissent assez importantes pour comporter un degré supérieur d'instruction.

19. Comité général du contrôle et comités de réseaux. — Le Comité général du contrôle, institué par arrêté du 20 juillet 1886 sous la présidence du Ministre et la vice-présidence du directeur des chemins de fer, comprend les directeurs du contrôle, les inspecteurs généraux des finances chargés du contrôle financier et les commissaires généraux des divers réseaux. Il se réunit sur la convocation du Ministre, pour donner son avis sur les questions générales intéressant le service du contrôle, qui lui sont soumises par le Ministre. Chaque année, il rédige un rapport d'ensemble sur les résultats techniques et financiers de l'exploitation des chemins de fer d'intérêt général ; ce rapport est adressé au Président de la République par le Ministre, distribué aux deux Chambres et publié à l'*Officiel*.

Chacun des Comités de réseau est présidé par l'inspecteur général du contrôle et comprend le commissaire général, l'inspecteur des finances chargé du contrôle financier, et les chefs de service du contrôle technique et commercial. Ces Comités se réunissent au moins une fois par mois, pour délibérer sur les questions intéressant le contrôle, qui leur sont soumises par le Ministre ou par l'inspecteur général ; ils examinent les projets annuels de budget présentés par les Compagnies et présentent chaque année au Ministre un rapport d'ensemble sur les résultats techniques et financiers de l'exploitation.

20. Propositions tendant à attribuer au Ministère du commerce le contrôle de l'exploitation des chemins de fer. — A diverses reprises, la Chambre des députés a été saisie de propositions tendant à faire passer du Ministère des travaux publics au Ministère du commerce le service de l'exploitation des chemins de fer. Ces propositions étaient généralement fondées sur les motifs suivants :

a. Le Ministère des travaux publics ne serait pas aussi bien placé que le Ministère du commerce pour apprécier et défendre les intérêts du commerce et de l'industrie.

b. Les fonctionnaires des travaux publics, placés à la tête du service central et des services extérieurs du contrôle, n'auraient pas la main assez ferme dans leurs rapports avec les directeurs des Compagnies, sortis le plus souvent comme eux de l'École polytechnique et du Corps des ponts et chaussées ou du Corps des mines.

c. Leur instruction mathématique les porterait à s'enfermer dans des formules algébriques, à se lier par des règles absolues et inflexibles, à résoudre par la théorie et par des procédés de science pure des questions qui sont essentiellement contingentes et dont la solution doit être, dans chaque cas particulier, appropriée aux besoins et aux intérêts à satisfaire.

Les reproches adressés aux fonctionnaires du contrôle sont tout à fait immérités. Pour soupçonner ces fonctionnaires de faiblesse vis-à-vis de leurs camarades attachés aux Compagnies, il faut ne connaître ni la nature, ni les effets de l'éducation qu'ils ont reçue à l'École polytechnique. L'une des principales qualités, l'un des plus grands mérites de cette éducation, est de développer l'indépendance des caractères, de pousser le sentiment du devoir à ses dernières limites. Les inspecteurs généraux et les ingénieurs du contrôle failliraient à toutes les traditions, oublieraient toutes les leçons de leur jeune âge, s'ils se rendaient coupables de complaisances pour les ingénieurs de Compagnies issus de la même origine, quelles que soient l'autorité personnelle et la situation hiérarchique de ces ingénieurs. La communauté d'origine est plutôt pour eux une source d'émulation dans l'accomplissement de leurs fonctions, un stimulant pour défendre avec zèle, avec dévouement, les intérêts dont la garde leur est confiée et pour faire assaut de savoir et d'habileté. Chaque jour, les ingénieurs de l'État ont à débattre des q uestions mixtes, soit avec leurs collègues des autres services des ponts et chaussées ou des mines, soit avec les officiers du génie ou de l'artillerie : jamais on ne les a accusés de manquer de fermeté dans l'instruction des affaires de cette nature. Leur ligne de conduite à l'égard des représentants des Compagnies est certainement la même ; nous ajouterons qu'elle s'inspire encore davantage de l'intérêt public, parce qu'au lieu d'avoir en face d'eux des organes d'autres branches de l'administration, ils sont en présence d'industriels représentant des intérêts privés.

On est allé jusqu'à prêter aux ingénieurs le désir de se concilier les sympathies des Compagnies, pour se faire admettre dans leurs rangs et acquérir ainsi des positions lucratives. C'est supposer chez eux une telle bassesse de sentiments, un tel oubli de l'honneur et du désintéressement, une telle corruption de conscience, que nous ne croyons pas devoir nous arrêter à ce grief indigne d'une discussion sérieuse. Au surplus, les Comganies font plutôt leurs recrues, l'expérience le prouve, parmi les ingénieurs qui ont défendu avec le plus de vigueur l'intérêt public, dans l'exercice de leurs fonctions de contrôle et de surveillance ; elles trouvent en effet, dans ce dévouement au devoir professionnel, le meilleur gage, la meilleure garantie des qualités qu'elles recherchent, comme l'État, dans le recrutement de leur personnel.

A peine est-il utile de rappeler, d'autre part, que l'exploitation commerciale est dans les attributions des inspecteurs particuliers et des inspecteurs principaux, et nullement dans les attributions des ingénieurs ordinaires et des ingénieurs en chef, et que le dernier mot, en matière de tarifs, appartient toujours au Comité consultatif.

Il n'est pas exact non plus que les fonctionnaires du contrôle cherchent à traiter par la science pure, par des procédés et des formules mathématiques, les questions d'exploitation commerciale. Les inspecteurs généraux ont quitté depuis trop longtemps les bancs de l'École polytechnique, ont été mêlés pendant de trop longues années à l'administration du pays, ont une trop grande expérience des hommes et des choses, pour que leur esprit ne soit point assoupli, pour qu'ils ne soient point dégagés de la rigueur des principes scientifiques. Quiconque les a vus à l'œuvre sait qu'au contraire, depuis plusieurs années, l'unification absolue des tarifs a eu pour champions les plus ardents et les plus convaincus des industriels et des commerçants, et que les directeurs du contrôle ont été plutôt les défenseurs du système dit commercial. Il importe du reste de remarquer, et c'est là un fait curieux, que les adversaires des ingénieurs sont en général des partisans et souvent des apôtres de l'uniformisation à outrance. Nous renoncerons à mettre leurs critiques d'accord avec leurs tendances.

Sous le bénéfice de ces observations, nous nous garderons bien de soutenir que le Ministère du commerce ne serait pas aussi qualifié et même plus compétent, à certains égards, pour statuer sur les propositions de tarifs présentées par les Compagnies.

Mais il n'en est pas moins certain que le département des travaux publics ne pourrait être, sans les plus graves inconvénients, dépouillé du service de l'exploitation.

La construction et l'exploitation des chemins de fer sont intimement liées l'une à l'autre.

Les conditions d'établissement d'une ligne, et notamment son tracé et son profil, agissent sur son exploitation, au point de vue commercial comme au point de vue technique. Inversement, les conditions prévues pour l'exploitation et spécialement la nature et l'importance du trafic influent sur les principes qui président à la construction.

Les chemins de fer doivent être appropriés à leur trafic ultérieur et au mode d'exploitation qui y sera employé, et réciproquement l'exploitation doit plus tard s'adapter aux conditions admises pour leur exécution. Cette adaptation, cette conciliation d'intérêts souvent contraires, exige impérieusement une parfaite unité de vues et de direction et serait inévitablement compromise, si le service était divisé au lieu d'être réuni dans les mêmes mains.

La plupart des questions d'exploitation commerciale ou technique, qui surgissent après l'ouverture à la circulation, soulèvent elles-mêmes des questions de travaux. C'est ainsi que l'augmentation du nombre des trains peut exiger, outre l'acquisition d'un matériel roulant supplémentaire, l'extension de certaines gares, la création de garages nouveaux ; l'accroissement de leur vitesse de marche peut nécessiter le renforcement de la voie ; l'abaissement de certains tarifs peut, en développant le trafic correspondant, conduire de même à acheter des locomotives et des véhicules, à modifier les dispositions des stations ; la création de gares, stations ou haltes nouvelles doit être examinée au point de vue commercial et technique ; il en est de même des autres travaux complémentaires. Il serait facile de multiplier les exemples ; mais ceux qui viennent d'être cités suffisent largement. Dans chaque cas, il faut peser tout à la fois les avantages pour le public et les charges corrélatives pour l'exploitant et pour le Trésor, ainsi que les possibilités techniques. Il serait donc indispensable, pour être logique, de reporter au Ministère du commerce, non seulement l'exploitation proprement dite, mais le service des travaux.

D'un autre côté, dans leur élaboration et dans leur application, les conventions avec les Compagnies font naître des problèmes d'ordre technique, commercial et financier, qui présentent entre eux une étroite connexité et sont absolument indivisibles. L'intervention de deux départements ministériels rendrait les négociations bien plus pénibles et plus laborieuses, et cependant on ne pourrait la refuser ni au Ministère du commerce, chargé de l'exploitation, ni au Ministère des travaux publics, chargé des travaux. Il en résulterait les plus graves difficultés et parfois des conflits regrettables, pour l'interprétation et l'exécution des contrats de concession.

La division de la surveillance et du contrôle serait, en outre, une cause d'affaiblissement pour l'autorité de l'État vis-à-vis des Compagnies. Il est, au contraire, essentiel de concentrer les pouvoirs et les attributions, loin de les partager entre plusieurs départements ministériels. Le Ministre des travaux publics, appelé à statuer pour ainsi dire journellement sur les projets de travaux soumis à son approbation par les Compagnies, armé du droit d'apprécier ces projets avec plus ou moins de rigueur, pouvant imposer aux concessionnaires des dépenses de premier établissement plus ou moins élevées tout en restant dans les limites de ses droits et de ses devoirs, par suite de l'élasticité inévitable des cahiers des charges, est mieux en situation que tout autre pour obtenir, le cas échéant, certaines améliorations dans le service de l'exploitation.

La répartition du contrôle entraînerait aussi des délais et des formalités préjudiciables au public, en raison de la correspondance qui devrait s'échanger entre les deux administrations, des difficultés qui s'opposeraient souvent à une entente et à une action commune.

Le Comité consultatif, qui est aujourd'hui le rouage le plus essentiel du service de l'exploitation commerciale, qui exerce un rôle prépondérant dans la tarification des voies ferrées, ne changerait ni de tendances, ni de principes, parce qu'il siégerait au ministère du commerce, au lieu de siéger au ministère des travaux publics.

Quelque lourde que soit la charge imposée aujourd'hui au budget par les chemins de fer, le départemennt des finances a eu la sagesse de ne pas revendiquer pour lui le contrôle financier ; il met ses inspecteurs à la disposition du département des travaux publics. Il est consulté sur toutes les questions qui le touchent ; mais le règlement des comptes est resté dans les attributions du Ministre des travaux publics.

Il doit en être de même du département du commerce, dont l'action doit continuer à s'exercer par l'intermédiaire du département des travaux publics. De son côté, l'Administration des travaux publics n'hésitera jamais à recourir aux lumières de l'Administration du commerce, à la consulter, à tenir le plus grand compte de ses avis, de ses observations et de ses vœux.

Les arguments que nous venons de faire valoir s'appliquent avec plus de force encore à une autre combinaison qui consisterait à laisser l'exploitation technique dans les attributions du Ministère des travaux publics et à n'en détacher que l'exploitation commerciale. La solidarité entre ces deux branches de l'exploitation est plus intime encore qu'entre l'exploitation et le premier établissement : elle est tellement évidente qu'il serait oiseux d'y insister.

Nous nous bornons enfin à mentionner pour mémoire certaines propositions ayant pour objet de remettre au Ministre de l'agriculture l'homologation des tarifs agricoles. Sans parler de la difficulté de définir ces tarifs, sans rappeler que certaines matières, certains produits, peuvent avoir, suivant les cas, une destination industrielle ou agricole, il nous suffira de dire que la tarification n'est pas susceptible de se diviser, de se décomposer ainsi ; qu'elle doit être établie et régie par des règles uniformes ; qu'elle doit être envisagée, étudiée, améliorée, perfectionnée dans des vues d'ensemble. Morceler ainsi le contrôle, ce serait l'exposer à une ruine irrémédiable. Ici encore, le département des travaux publics doit rester le seul organe de l'Administration et du Gouvernement vis-à-vis des Compagnies.

§ 2. — ÉTRANGER

1. Angleterre. — La revue très sommaire que nous allons présenter, au sujet de l'organisation du contrôle de l'exploitation à l'étranger, doit naturellement commencer par les pays où les chemins de fer sont concédés à des Compagnies.

En Angleterre, où le régime de la liberté industrielle a prévalu, les Compagnies ne sont soumises qu'à un contrôle restreint.

Ce contrôle est exercé :

1° par le *Board of Trade*, avec la collaboration d'inspecteurs spéciaux ;

2° par la *Commission des chemins de fer*.

a. ATTRIBUTIONS DU BOARD OF TRADE. — Le Board of Trade ou Ministère du commerce est appelé à donner son approbation aux règlements de police intérieure. Ces règlements, rédigés suivant une formule arrêtée par l'Administration elle-même, comprennent dix-sept articles et déterminent, en particulier, les pénalités auxquelles s'exposent les voyageurs dépourvus de billets ou munis de tickets non valables, les règles de police auxquelles ils sont tenus de se conformer, les conditions de transport des chiens et des armes à feu, les précautions sanitaires prises à l'égard des personnes atteintes d'une maladie contagieuse, les règles auxquelles est subordonné l'accès de voitures dans les cours ou stations. A toute époque, l'approbation du Board of Trade peut être modifiée en tout ou partie.

Les Compagnies sont tenues d'aviser le Board of Trade, soit par la poste, soit par le télégraphe, suivant les cas, des accidents ayant entraîné mort ou blessures, des collisions entre deux trains dont l'un porte des voyageurs, des déraillements de trains de voyageurs. Les contraventions à cette disposition sont punies d'une amende de 50 fr. Au reçu de l'avis, le Board of Trade peut charger un inspecteur de procéder à une enquête ; lui adjoindre des légistes, médecins, etc. ; ou même déléguer un juge d'une des Cours de comté ou d'une des Cours de police, pour diriger l'enquête, avec l'assistance de l'inspecteur, en suivant les formes de procédure des cours de juridiction sommaire.

Chaque Compagnie est astreinte à lui adresser annuellement un état de trafic et de situation financière, conforme aux indications des tableaux annexés aux actes des 14 août 1871 et 5 août 1873. Ces tableaux relatent : 1° le montant du capital autorisé en actions et en obligations, celui du capital réalisé au 31 décembre précédent, ainsi que le taux des intérêts ;

2° la longueur des lignes exploitées à voie unique ou à double voie, le nombre des voyageurs de chaque classe et des porteurs de billets d'abonnement, le tonnage des marchandises transportées, le nombre de milles parcourus par les trains de voyageurs et de marchandises, le chiffre de la recette brute pour les divers éléments du trafic; 3° les dépenses d'exploitation et leur répartition en divers articles, ainsi que l'état du matériel; 4° les cas d'inobservation des instructions données par les inspecteurs pour assurer la sécurité de la circulation, à la traversée à niveau des lignes ferrées; 5° les longueurs des lignes pourvues du block-system, du télégraphe, etc. Le retard dans l'envoi de ces documents est puni d'une amende de 126 fr. jour; en cas de falsification, le président ou l'agent signataire est passible d'une amende de 1 262 fr. et même d'emprisonnement.

Le Board of Trade peut aussi charger des inspecteurs de visiter les chemins de fer, pour l'étude des questions qu'il leur désigne, de manière à permettre à l'Administration de remplir les fonctions dont elle a été investie par le législateur.

La plus importante des attributions conférées au Board of Trade est celle de l'autorisation ou de l'interdiction d'ouvrir les lignes nouvelles à la circulation. Avant la mise en exploitation, la Compagnie doit fournir au Board of Trade des documents détaillés et minutieux sur les conditions de construction, sur le matériel, sur les appareils de sécurité, sur le mode d'exploitation (pour les chemins à voie unique). La ligne à mettre en service est visitée par un inspecteur. La Compagnie doit faire droit à toutes les observations qui lui sont adressées par le Board of Trade et retarder l'ouverture jusqu'au jour fixé par l'Administration; si elle passe outre à la défense d'exploiter, elle est passible d'une amende de 505 francs par jour; les Cours de justice peuvent d'ailleurs assurer la cessation du service, à la requête du Board of Trade.

b. ATTRIBUTIONS DES INSPECTEURS. — L'inspection des chemins de fer est confiée à quatre officiers du Corps du génie, que le Ministre de la guerre met à la disposition du Board of Trade. L'un de ces fonctionnaires porte le titre d'inspecteur en chef.

Les inspecteurs n'ont pas de circonscription spéciale. Chacun d'eux se rend, à tour de rôle, suivant les instructions de l'Administration, sur les divers points du Royaume-Uni où sa présence est jugée nécessaire.

Ils doivent veiller à l'exécution des lois générales sur les chemins de fer et remplir toutes les missions qui leur sont confiées. Aux termes de la loi de 1871, ils ont libre accès dans l'enceinte du chemin de fer (1), dans

(1) Toutefois ils paient leur place dans les trains.

les stations, dans les bureaux, etc. Il leur est loisible de faire comparaître devant eux les agents des Compagnies, de leur demander des renseignements verbaux ou écrits, de se faire présenter les livres, papiers et documents dont ils ont besoin.

Ils n'ont point d'auxiliaires attitrés; mais ils peuvent s'assurer le concours de personnes compétentes, pour l'étude des causes qui ont provoqué les accidents.

Leur service n'est point continu; ils sont requis par le Board of Trade à des intervalles plus ou moins éloignés et en cas d'accident.

c. COMMISSION DES CHEMINS DE FER. — *1. Origine et constitution de la Commission.* — Les particuliers qui avaient à se plaindre des Compagnies n'arrivaient que difficilement à se faire rendre justice; ils avaient à engager, devant les Cours supérieures de loi commune, des procès longs et coûteux dont l'issue était presque toujours douteuse, par suite des termes vagues dans lesquels la loi était rédigée et de l'interprétation étroite qui leur était donnée par l'autorité judiciaire.

La juridiction ordinaire n'offrait pas non plus les garanties voulues de compétence pour juger les litiges, d'ordre plutôt technique et économique que légal, qui surgissaient souvent entre les Compagnies.

C'est pour y remédier que le Parlement a institué, en 1873, la « Commission des chemins de fer » et l'a investie d'attributions tout à la fois judiciaires et administratives.

Elle se compose, aux termes de la loi, de trois membres nommés par la Reine et dont l'un doit être « un homme versé dans la connaissance des « lois » et un autre « un homme ayant l'expérience des affaires de chemins « de fer ». Le Gouvernement peut lui attacher : 1° deux membres adjoints, chargés de procéder aux enquêtes et aux arbitrages et de préparer des rapports, sous les ordres des Commissaires ; 2° et, au besoin, des assesseurs chargés de l'examen des questions techniques.

Les Commissaires peuvent être révoqués par le Lord Chancelier, pour cause d'incapacité ou de mauvaise conduite. Ils doivent, dans les trois mois de leur nomination, se défaire des valeurs de chemins de fer qu'ils pourraient posséder; s'il leur advient des valeurs de cette nature par succession, ils sont également tenus de les vendre dans le délai de trois mois. Il leur est interdit de siéger dans aucun affaire les intéressant directement ou indirectement, et d'accepter aucune fonction ou aucun emploi susceptible de les distraire de leurs occupations.

La Commission avait été instituée pour une durée de cinq ans. Mais ses pouvoirs ont été renouvelés. Ses attributions, que nous allons indiquer brièvement, sont très étendues, et on s'est souvent demandé si, en la créant, le Gouvernement n'avait pas commis une violation des droits acquis des Compagnies. Il n'en est rien. En effet, la forme adoptée en Angleterre pour la concession des chemins de fer n'est pas, comme en France, celle d'un contrat bilatéral, limitant les droits et obligations de chacune des parties contractantes. Les concessions sont accordées par des lois que le législateur rédige à son gré et qui réservent entièrement l'application des lois futures. Aux termes de l'article 170 des Standing orders de la Chambre des communes, tous les bills doivent contenir une disposition ainsi conçue : « .... Rien de ce qui est contenu dans le présent acte ne « sera censé ou considéré comme ayant pour effet d'exempter le chemin « de fer autorisé par la présente loi ou par les actes susvisés, des dispo- « sitions d'aucun acte général sur les chemins de fer, actuellement en vi- « gueur, ou qui serait adopté pendant la session présente ou dans une « session future du Parlement, non plus que d'une revision ou « modification future, par ordre du Parlement, du maximum des « tarifs... »

2. *Attributions de la Commission.* — Les Commissaires ont tout à la fois des pouvoirs juridictionnels et des pouvoirs administratifs. Ils peuvent, en outre, être appelés à jouer le rôle d'arbitres.

L'article 6 de l'acte du 21 juillet 1873 leur attribue compétence pour statuer, en qualité de juges et à la requête des particuliers ainsi que de toutes personnes déléguées par le Board of Trade, sur les plaintes contre les faits ou omissions constituant une violation de l'article 2 du « Railway « and Canal act » de 1854, de l'article 16 du « Regulation of railways act » de 1868, de la loi de 1873 ou de toute autre disposition législative amendant ou appliquant les actes précités. Voici quels sont les textes auxquels se réfère cet article de la loi de 1873.

D'après l'article 2 de l'acte du 10 juillet 1854 : « 1° Toute Compagnie « de chemin de fer, Compagnie de canal, ou Compagnie de chemin de « fer et de canal, doit, suivant ses pouvoirs, donner toutes les facilités « raisonnables pour l'expédition et la réception des marchandises, sur les « divers chemins de fer et canaux qui lui appartiennent ou qu'elle ex- « ploite, et pour le retour des wagons, camions, bateaux et autres véhi- « cules; 2° Aucune Compagnie ne peut faire ou accorder aucune préférence « ou avantage indû ou déraisonnable à un particulier ou à une Compa- « gnie, ou pour une espèce particulière de marchandises, sous quelque « rapport que ce soit; 3° Aucune Compagnie ne peut soumettre un parti- « culier ou une Compagnie quelconque, ou une espèce particulière de

« marchandises, à un désavantage indû ou déraisonnable, sous quelque
« rapport que ce soit ; 4° Toute Compagnie qui possède ou exploite des
« chemins de fer ou canaux formant une ligne continue ou qui possède
« des gares ou magasins contigus à ceux d'une autre Compagnie doit
« donner toutes les facilités dues et raisonnables pour la réception et la
« réexpédition de tout le trafic allant de l'un de ces chemins de fer ou ca-
« naux sur l'autre, sans délai déraisonnable et sans préférence, avantage
« ou désavantage, de manière à n'entraver, en aucune façon, le public
« qui désire faire usage de ces lignes comme d'une voie de communication
« continue, et de sorte que toute facilité raisonnable puisse, au moyen
« des canaux et chemins de fer des diverses compagnies, être, à toute
« époque, assurée au public. »

Aux termes de l'article 16 de l'acte du 31 juillet 1868, « dans le cas où
« une Compagnie est autorisée à construire ou à acheter, ou à louer et à
« employer, entretenir et diriger des navires à vapeur, ou bien à traiter
« pour l'emploi, l'entretien et la direction de ceux-ci, dans le but de faire
« communiquer entre eux certains ports ou localités, et à prélever des
« péages pour le trajet effectué sur lesdits navires, il est stipulé que les
« susdits péages seront toujours établis pour toutes personnes sur le pied
« d'égalité et au même taux, à l'égard du transport des voyageurs s'effec-
« tuant dans un même navire, dans des conditions pareilles, entre les
« mêmes points ; et aucuns rabais ni augmentation de prix ne seront faits
« sur lesdits navires, pour ou contre aucun voyageur, à raison de ce qu'il
« aurait parcouru ou devrait parcourir le railway de la Compagnie,
« en tout ou en partie, ou de ce qu'il n'aurait pas ou ne devrait pas em-
« prunter ledit railway. Aucun rabais ni augmentation ne peuvent être
« faits en faveur ou au détriment d'un voyageur sur le railway, parce
« qu'il aurait ou n'aurait pas employé, ou parce qu'il serait sur le point
« d'employer ou de ne pas employer lesdits navires. Lorsque la Compa-
« gnie perçoit un prix total pour le transport d'un voyageur sur le chemin
« de fer et sur le navire, le billet délivré devra porter la mention du prix
« du trajet par navire, distincte de celle du prix du trajet par la voie
« ferrée. Les clauses de l'acte du Railway and Canal trafic act de 1854
« sont étendus aux susdits navires à vapeur et au trafic auquel ils donnent
« lieu, en tant qu'elles leur sont applicables. »

L'article 2 de l'acte de 1854 a été interprété par l'article 11 de l'acte de
1873, en ce sens que « les facilités à accorder par les Compagnies doivent
« comprendre la réception, l'expédition et la remise due et raisonnable par
« toute Compagnie de chemin de fer, Compagnie de canal, ou Compagnie
« de chemin de fer et de canal, à la requête de toute autre Compagnie, du

« trafic au delà de son réseau, à des prix, droits et tarifs totaux, mais
« sous les conditions suivantes :

« 1° La Compagnie demandant que les marchandises soient expédiées
« fera connaître par écrit à chacune des Compagnies participant au trans-
« port le tarif total qu'elle propose, en spécifiant la somme, la répartition
« entre les Compagnies, avec l'itinéraire qu'elle propose d'adopter.

« 2° Chacune des Compagnies qui doivent participer au transport fera
« savoir par écrit à la Compagnie expéditrice, dans le délai fixé à partir
« de la réception de la demande, si elle accepte le tarif et l'itinéraire. Si elle
« repousse l'un ou l'autre, elle en fera connaître le motif.

« 3° Si, à l'expiration du délai prescrit, aucune objection n'a été faite,
« les prix proposés seront considérés comme admis.

« 4° Si des objections relatives aux prix ou à l'itinéraire ont été faites
« dans le délai voulu, la question sera soumise aux Commissaires, qui la
« trancheront.

« 5° Si des objections sont faites relativement aux prix ou à la route à
« suivre, les Commissaires examineront si le tarif proposé constitue une
« juste et raisonnable facilité au point de vue de l'intérêt public, et si, eu
« égard aux circonstances, la route proposée est une route raisonnable,
« et ils approuveront ou rejetteront le tarif, en conséquence.

« 6° Si l'objection ne porte que sur la répartition du prix, ce prix
« deviendra légalement applicable à l'expiration du délai prescrit ; mais
« la décision des Commissaires, quant à la répartition, aura un effet rétro-
« actif. Dans tout autre cas, la répartition du tarif sera suspendue jusqu'à
« décision des Commissaires.

« 7° Dans la répartition du prix total, les Commissaires prendront en
« considération toutes les circonstances de l'affaire, y compris les dépenses
« spéciales qui grèvent la construction, l'entretien ou l'exploitation de
« tout ou partie des lignes qu'il s'agit de parcourir, et les tarifs spéciaux
« qu'une Compagnie a pu être autorisée à percevoir en raison de ces
« dépenses exceptionnelles.

« 8° Les Commissaires ne pourront, en aucun cas, obliger une Compa-
« gnie à accepter un tarif kilométrique inférieur à celui qu'elle applique-
« rait alors légalement à des marchandises du même genre traversant son
« réseau par une autre ligne, mais avec les mêmes points d'entrée et de
« sortie.

« 9° Le délai légal dont il est fait mention précédemment sera de dix
« jours, ou de toute période plus longue que les Commissaires pourront
« fixer de temps à autre, par un ordre général.

« Quand une Compagnie de chemin de fer ou de canal emploie, entre-

« tient ou exploite, seule ou en participation, un service de bateaux à
« vapeur reliant des villes ou des ports, les dispositions de l'article 11
« sont applicables à ces bateaux et au trafic qu'ils desservent. »

L'article 12 ajoute que « sous les réserves des dispositions de l'arti-
« cle 11, les Commissaires auront plein pouvoir pour décider qu'un tarif
« est juste et raisonnable, bien que les prix attribués à l'une des Compa-
« gnies qui participent au transport soient moindres que ceux du tarif
« maximum que cette Compagnie a le droit de percevoir, et pour répar-
« tir en conséquence le prix total du transport.

Suivant l'article 13, « les plaintes contre les contraventions à l'article 2
« du « Railway and Canal trafic act » de 1854, amendé par la loi de 1873,
« peuvent être adressées aux Commissaires par toute Administration pu-
« blique, municipale ou autre, par un comité local ou un comité de port,
« sans que les plaignants aient à prouver qu'ils sont lésés par le fait de la
« contravention. Cependant, aucune plainte ne sera prise en considération
« par les Commissaires, en vertu de la loi de 1873, si elle n'est accompa-
« gnée d'un certificat du Board of Trade, constatant que, dans son opinion,
« l'affaire qui a donné lieu à la plainte est de nature à être déférée aux
« Commissaires. »

« Toute Compagnie de chemin de fer ou de canal doit (art. 14) avoir,
« à chacune de ses stations et à chacun de ses magasins, un ou plusieurs
« registres indiquant les différents tarifs en vigueur pour le transport des
« marchandises (non compris les voyageurs et leurs bagages) de cette
« station ou de ces magasins jusqu'à tout endroit pour lequel se font des
« enregistrements, y compris les prix qui peuvent être perçus en vertu
« de traités spéciaux et avec l'indication de la distance à partir de la sta-
« tion ou du magasin jusqu'aux autres stations, magasins, voies de garage
« et autres endroits auxquels le tarif est applicable. Ces registres sont
« ouverts, à toute heure raisonnable, à l'examen gratuit de toute personne.
« Les Commissaires peuvent, de temps à autre, à la demande de toute
« personne intéressée, ordonner, pour une espèce particulière de trans-
« ports, à la Compagnie de chemin de fer ou de canal, d'indiquer séparé-
« ment, dans le registre des tarifs, quelles portions du prix total s'appliquent
« au chemin de fer et au canal, y compris le péage, l'usage des wagons
« ou des bateaux, les frais de traction par locomotive et les autres frais
« dont la nature devra être spécifiée. Toute Compagnie qui ne se confor-
« mera pas aux prescriptions de cet article sera passible, pour chaque
« contravention et pour chaque jour pendant lequel se continuera cette
« contravention, d'une amende qui n'excédera pas 126 francs et qui sera
« recouvrée comme celles prévues par le « Railway clauses consolidation

« act » de 1845 et le « Railway clauses consolidation act » (Écosse) de 1845,
« selon les circonstances. »

Les Commissaires peuvent (art. 15) « examiner et trancher toute
« question ou difficulté à laquelle peuvent donner lieu les frais accessoires,
« quand ces frais n'auront pas été fixés par un acte du Parlement, et dé-
« cider quelle est la somme raisonnablement due à une Compagnie pour
« chargement, déchargement, couverture, camionnage au départ ou à
« l'arrivée, et autres services analogues. Toute décision prise par les Com-
« missaires, en vertu de cet article, a force légale devant les Cours et
« dans toutes les procédures légales ».

L'article 16 « interdit à toute Compagnie de chemin de fer ou de canal,
« qui n'y est pas expressément autorisée par une loi antérieure, de con-
« clure, sans approbation dûment notifiée des Commissaires, aucun
« arrangement tendant à conférer à une Compagnie de chemin de fer, ou
« à des personnes qui l'administrent ou font partie de son administration,
« un droit de contrôle et d'immixtion dans les transports, les prix ou les
« péages d'une portion quelconque du canal. Tout arrangement de ce
« genre, conclu sans la sanction requise postérieurement à la loi de 1873,
« est nul et sans effet. Les Commissaires doivent refuser de sanctionner
« les arrangements qui seraient, dans leur opinion, préjudiciables au
« intérêts du public.

« Toute Compagnie de chemin de fer possédant ou administrant un
« canal ou une partie de canal est tenue de le maintenir, en tout temps,
« en bon état de draguage et d'exploitation avec ses réservoirs, ses ouvrages
« d'art et toutes ses dépendances. L'alimentation doit être assurée de telle
« sorte qu'on puisse naviguer en tout temps sans obstacle, sans interrup-
« tion et sans retard. » (Art. 17.)

L'article 18 et l'article 19 définissent les obligations des Compagnies
pour le transport des dépêches.

L'article 10 de l'acte de 1873 a en outre transféré aux Commissaires :
« 1° — les pouvoirs attribués au Board of Trade par la troisième partie du
« Railway clauses act » de 1863 ou toute loi spéciale, relativement à l'ap-
« probation des traités conclus entre les Compagnies de chemins de fer ;
« 2° — les pouvoirs et fonctions attribués au Board of Trade par l'article 35
« du « Railway clauses act » de 1863, relativement à l'exercice des pouvoirs
« que les Compagnies de chemin de fer possèdent pour les bateaux à va-
« peur. » Il ne sera pas sans intérêt de rappeler sommairement les principales dispositions de l'acte de 1863 auxquelles il vient d'être fait allusion.
Aux termes des articles 22 et suivants de cet acte, quand une loi autorise
deux ou plusieurs Compagnies à s'entendre entre elles pour l'entretien,

l'usage ou l'exploitation d'une ou plusieurs lignes, pour la fixation des tarifs ou la perception des recettes, les Commissaires déterminent la forme de l'avis à donner au public ; le traité ne peut avoir d'effet sans leur approbation ; ils peuvent en ordonner la revision, à la fin de chaque période décennale, et ont alors la faculté d'y apporter les modifications qu'ils jugent nécessaires pour protéger les intérêts du public. Quant à l'article 35, il prévoit la déchéance des pouvoirs des Compagnies, relativement aux bateaux à vapeur, après un avis des Commissaires resté sans effet et un rapport au Parlement, dans le cas où la Compagnie ne donne pas ou est dans l'impossibilité de satisfaire aux intérêts du public.

Telles sont les attributions juridictionnelles ou administratives des Commissaires. Elles portent principalement sur les objets suivants :

— facilités à donner au public pour l'expédition et la réception des marchandises ;

— interdiction d'avantages ou de désavantages indus ou déraisonnables pour les usagers ;

— facilités pour les transports communs ;

— égalité de traitement pour les voyageurs transportés par les Compagnies mixtes de chemin de fer et de navigation, qu'ils empruntent seulement la voie de fer ou la voie d'eau ou l'une et l'autre ;

— en cas de litige entre deux Compagnies sur l'itinéraire à suivre pour le transport commun et sur le tarif correspondant, approbation ou rejet de ce tarif ; répartition du prix entre les Compagnies participantes, sous certaines conditions ;

— obligation pour les Compagnies de tenir à la disposition du public des livrets de prix et de distances ;

— fixation des frais accessoires, quand ils ne sont pas déterminés par un acte du Parlement ;

— approbation des arrangements entre les Compagnies de chemins de fer et de navigation ;

— maintien en bon état de navigabilité des canaux possédés ou administrés par une Compagnie de chemin de fer ;

— approbation et revision périodique des traités d'exploitation conclus entre les Compagnies de chemins de fer.

Ainsi que nous l'avons dit, les Commissaires peuvent en outre procéder à des arbitrages.

Aux termes de l'article 8 de la loi de 1873, « quand un différend entre « des Compagnies de chemins de fer, ou entre des Compagnies de canaux, « ou entre une Compagnie de chemin de fer et une Compagnie de canal,

« doit ou peut, en vertu d'un acte général ou spécial antérieur ou posté-
« rieur à cette loi, être soumis à un arbitrage, ce différend sera déféré aux
« Commissaires et non à des arbitres, si l'une des parties le demande et
« si les Commissaires y consentent. » Toutefois sont exceptées de cette disposition les affaires pour lesquelles un arbitre aurait été désigné dans
quelque loi générale ou spéciale par son nom ou par le titre de ses fonctions, et celles pour lesquelles, un arbitre permanent ayant été nommé en
vertu d'un acte général ou spécial, les Commissaires penseraient que le
différend peut lui être plus convenablement soumis.

Suivant l'article 9, tout différend dans lequel l'une des parties est une
Compagnie de chemin de fer ou de canal peut, sur la demande des parties
en cause et avec l'assentiment des Commissaires, être soumis à la décision
de ces derniers.

L'article 19, prévoyant un arbitrage pour les contestations entre le directeur général des postes et les Compagnies, relativement au chiffre de la
rémunération pour le service postal ou à toute autre question soulevée par
la loi de 1873, ajoute que, si la Compagnie le préfère, la difficulté sera
résolue par les Commissaires.

Le 30 juillet 1874, est intervenu une seconde loi complétant celle de
1873. En vertu de l'article 6 de cette nouvelle loi, quand un différend dans
lequel une Compagnie de chemin de fer est partie doit être tranché par
des arbitres, ou par le Board of Trade, ou par des personnes désignées
par le Board of Trade, cette Administration peut, par une ordonnance
signée du président ou du secrétaire, soumettre l'affaire à la décision des
Commissaires et les nommer arbitres ou tiers arbitres, suivant les cas. Les
commissaires ont alors les mêmes pouvoirs que ceux qui leur sont attribués
par la loi de 1873, et ceux qui appartiendraient aux arbitres ou tiers arbitres nommés par le Board of Trade. Cette disposition n'est pas applicable
aux cas où le Board of Trade doit désigner un arbitre en vertu de l'article 28 du « Land clauses consolidation act » de 1845.

3. Procédure. — Valeur des décisions. — La loi de 1873 règle, dans
plusieurs de ses articles, les formes suivant lesquelles les Commissaires
auront à procéder pour l'exercice de leurs pouvoirs juridictionnels ou administratifs. Indépendamment des Commissaires adjoints placés sous leurs
ordres, ils peuvent, avec le consentement de la Trésorerie, réclamer, le
cas échéant, le concours d'assesseurs versés dans l'art de l'ingénieur ou
possédant d'autres connaissances techniques ; ils ont aussi la faculté de
nommer des employés et des commis. La loi leur attribue le droit : 1° de
procéder à des enquêtes et à des visites ; 2° de requérir la présence de

toute personne, d'exiger des réponses à leurs questions et même la production de rapports ; 3° d'exiger également la production des livres, papiers et documents ayant trait aux affaires qui leur sont soumises ; 4° de déférer le serment ; 5° de punir les offenses contre leur autorité, quand ils siègent en audience publique.

Leurs décisions ou leurs ordres sont assimilés aux décisions ou ordres des Cours supérieures. Ils peuvent recevoir et annuler ou modifier les décisions prises antérieurement, soit par la Commission, soit par l'un d'eux.

Dans les instructions auxquelles ils procèdent en vertu des articles 6, 11, 12 et 13 de la loi de 1873, ils doivent demander, par un rapport écrit, l'opinion d'une Cour supérieure sur toute question qui leur paraîtra une question de droit ; ils ont la faculté d'en agir de même, lorsqu'ils le jugent convenable, dans les autres litiges prévus par la loi de 1873, si l'une des arties en cause le demande. La Cour à laquelle l'affaire est ainsi soumise examine et tranche la question ou les questions de droit soulevées ; elle change, confirme ou amende en conséquence la décision qui lui a été déférée ou bien renvoie l'affaire aux Commissaires avec son avis. Elle peut en outre prendre toute autre décision. L'exécution d'une décision des Commissaires n'est pas suspendue par l'appel, à moins qu'ils n'en ordonnent autrement. Sauf dans le cas qui vient d'être spécifié, les décisions et ordres des Commissaires sont sans appel.

Les Commissaires peuvent fonctionner sans être au complet.

Ils adressent à la Reine un rapport annuel sur leurs travaux. Ce rapport est soumis aux deux Chambres.

4. Observations sur l'étendue des pouvoirs conférés aux Commissaires. Les termes très vagues de la loi anglaise ont fait naître des divergences d'appréciation sur l'étendue des pouvoirs conférés aux Commissaires, en leur qualité de juges.

On se rappelle la polémique engagée à cet égard entre deux hommes très compétents, M. Charles de Franqueville et M. Cavaignac.

Voici quelques indications sur les droits qui paraissent avoir été définitivement reconnus aux Commissaires, en ce qui touche certains points importants, ainsi que sur la doctrine qui se dégage de leurs décisions.

1° La Commission n'a pas cru devoir proscrire complètement les tarifs d'abonnement (qui sont supprimés en France depuis 1860, pour les marchandises). Elle s'est bornée à les repousser, quand la réduction de prix n'était pas justifiée. Mais elle paraît en avoir admis la légitimité, lorsque les conditions dans lesquelles le trafic est remis à la Compagnie permettent à cette dernière un transport plus économique et lorsque toutes les personnes se trouvant dans la même situation sont appelées à en bénéficier.

2° Saisie de différends sur la classification des marchandises, elle a obligé les Compagnies à appliquer la même taxe aux marchandises d'une nature identique ou susceptibles d'être considérées comme telles.

3° A diverses reprises, la Commission a imposé à des Compagnies récalcitrantes l'obligation d'instituer des tarifs communs avec des Compagnies voisines, pour les parcours avantageux au public.

Elle s'est en outre prononcée plusieurs fois sur le montant de ces tarifs, notamment pour le cas d'itinéraires mixtes concurrents qui attribuaient aux Compagnies participantes des longueurs de parcours différentes. Toutefois elle ne semble avoir statué comme juge que sur la répartition, comme le prévoit la loi de 1873, et, si elle ne s'est pas contentée de rejeter ou d'approuver le tarif total sans l'amender, elle a agi, non plus comme juge, mais comme arbitre : il est juste toutefois d'ajouter que le droit de veto dont elle est investie pour les prix totaux a pu déterminer indirectement les Compagnies à amender ces prix suivant les vues des Commissaires et avoir ainsi, dans une certaine mesure, les effets d'un droit d'amendement et de fixation.

Elle a arrêté la répartition des recettes provenant de transports en service commun.

4° La Commission a statué sur des questions de frais accessoires. Elle a notamment prescrit de les distinguer des taxes de transport. Dans une espèce où elle était saisie d'une demande en abaissement de ces frais, la Compagnie a transigé avant jugement. Il y a lieu de penser que cette transaction a été amenée par la certitude de la décision qu'auraient prise les Commissaires, dont les pouvoirs à cet égard ne sont pas contestables. D'ailleurs, dans d'autres espèces, la Commission a prescrit l'abaissement d'office.

5° La Commission a ordonné la restitution d'excédents de taxes supérieures au maximum légal.

Elle a réduit le montant de taxes exagérées pour frais accessoires.

Elle a condamné des Compagnies qui avaient accordé des préférences injustes à des expéditeurs ou traité dans des conditions trop inégales les transports faits suivant des directions différentes.

Elle a donné gain de cause à des expéditeurs, à propos d'une réclamation qui portait sur l'application d'un tarif gradué.

Elle a obligé une Compagnie à abaisser ses tarifs de navigation, pour permettre aux expéditeurs d'employer à leur gré la voie ferrée ou la voie navigable.

Elle en a contraint une autre à faire des expéditions par un itinéraire déterminé.

6° Elle a prescrit certaines améliorations du service des trains ou la mise en circulation de trains de voyageurs sur des sections déterminées.

Elle a ordonné à une des Compagnies prenant part à un trafic commun de réaliser les mesures nécessaires pour mieux assurer la correspondance.

7° Elle a obligé deux Compagnies à utiliser pour leurs relations une section de 2 kilomètres comprise entre deux stations situées dans la même ville.

Elle a arrêté les conditions de marche des trains sur une section commune et fixé la station de transbordement.

8° Elle s'est crue tout d'abord autorisée à prescrire l'établissement de stations nouvelles ou l'agrandissement des stations existantes. Mais l'une de ses décisions a été annulée pour excès de pouvoir par la Cour du banc de la Reine. Aussi, depuis, la Commission s'est-elle refusée à ordonner la création d'une gare, bien qu'elle en reconnût l'utilité.

Nous croyons que les termes très généraux de la loi de 1854 (art. 2) devraient être interprétés comme permettant, le cas échéant, aux Commissaires de prescrire l'établissement et surtout l'agrandissement des stations, si l'état de choses contre lequel des plaintes se produisent ne comportait pas de facilités raisonnables pour les expéditeurs.

Au surplus, l'intervention de la Commission a amené, à plusieurs reprises, les Compagnies à céder avant jugement.

9° La Commission s'est reconnue investie du pouvoir d'exiger l'entretien et l'exploitation d'un canal. Dans une espèce, elle n'en a pas usé parce que les droits de la Compagnie sur le canal n'étaient pas suffisamment établis.

10° Elle a condamné une Compagnie pour avoir camionné elle-même des marchandises expédiées en gare, qui devaient être camionnées par les agents du destinataire.

11° Elle a exigé l'exécution d'une clause qui obligeait une Compagnie à poser un troisième rail pour le passage du matériel d'une autre Compagnie ; mais elle a subordonné l'exécution du travail à une garantie de 8 °/. d'intérêt.

12° Elle a statué sur une plainte d'une Compagnie de tramways, qui invoquait son droit d'emprunter les rails d'une Compagnie de chemins de fer, et sur une plainte analogue d'une Compagnie de chemins de fer.

13° Elle a ordonné à des Compagnies de faire connaître aux intéressés le montant des frais accessoires et de laisser prendre copie de certaines parties du livret des tarifs.

14° Elle a déterminé la part du trafic revenant à des itinéraires concurrents.

Les Commissaires ont en outre agi comme arbitres dans un certain nombre de litiges concernant par exemple des questions de transit, les prix à appliquer sur des itinéraires concurrents, l'interprétation d'un acte relatif à des tarifs communs, l'application d'un contrat par lequel deux Compagnies s'étaient engagées à ne pas construire de nouvelles lignes en dehors du district propre à chacune d'elles ; les travaux à exécuter par une Compagnie fermière sur une ligne qu'elle avait prise à bail, des modifications d'horaires de trains, l'interprétation de traités d'exploitation et de traités de rachat, etc.

Pour bien se rendre compte des pouvoirs de la Commission, il faut lire attentivement le texte même de ses décisions. Tantôt les Commissaires sont juges, tantôt ils font acte d'administrateurs, tantôt encore ils sont arbitres. Dans certains cas, ils agissent en vertu de leurs pouvoirs généraux de police ou d'administration ; dans d'autres, ils ne font qu'appliquer ou interpréter des clauses spéciales des bills de concession ou des traités entre les Compagnies. Il est indispensable aussi de rechercher si leurs décisions n'ont pas été frappées d'appel, et, quand il en est ainsi, si elles n'ont point été annulées.

Quoi qu'il en soit, les droits des Commissaires sont loin d'équivaloir à ceux dont le Gouvernement français est armé, notamment pour l'homologation des tarifs et la fixation du nombre et de l'horaire des trains. Il convient d'ailleurs de ne pas perdre de vue que les pouvoirs de la Commission sont surtout des pouvoirs juridictionnels et que, pour les exercer, elle doit être mise en mouvement par une plainte émanée, soit d'une personne lésée, soit d'une personne déléguée par le Board of Trade, soit d'une Administration publique ou d'un Comité.

Le nombre des affaires résolues par la Commission dans le cours de chaque année est relativement très restreint. Les mémoires de MM. Cavaignac et de Franqueville contiennent, à cet égard, des renseignements détaillés. Nous y ajoutons que, par exemple en 1883, les Commissaires ont statué comme juges ou comme arbitres sur dix affaires.

d. Désidérata formulés au cours de l'enquête de 1881 et 1882. — En 1881, une Commission d'enquête a été instituée par le Parlement anglais pour : 1° étudier les tarifs afférents au transport des marchandises sur les chemins de fer et les canaux ; 2° proposer les modifications qu'il y aurait lieu d'apporter aux lois et à la procédure en vigueur en matière de tarifs ; 3° présenter un compte rendu sur les prix afférents au transport des voyageurs.

Dans un premier rapport déposé à la fin de 1881, la Commission d'enquête a conclu :

— à rendre permanent le tribunal auquel seraient renvoyées les questions concernant les droits et les devoirs des Compagnies envers le commerce ;

— à rendre la procédure devant ce tribunal simple, expéditive et peu coûteuse ;

— à donner au tribunal le pouvoir de faire exécuter les dispositions contenues dans les actes relatifs aux diverses Compagnies et d'accorder des indemnités en cas de taxation illégale ;

— à y donner aux Chambres de commerce et d'agriculture et autres associations commerciales ou agricoles une représentation avec voix consultative ;

— à reviser et uniformiser la classification des marchandises, en adoptant une forme semblable à celle de la classification du « clearing-« house » ;

— à distinguer les charges terminales dans les livrets de tarifs et à bien les spécifier pour chaque classe et chaque service rendu ;

— à obliger les Compagnies à n'élever leurs taxes qu'un mois après avis donné aux localités intéressées.

Dans un rapport complémentaire de 1882, la Commission d'enquête a complété ainsi ses conclusions antérieures :

1° Accréditer devant la Commission des chemins de fer les Chambres de commerce et d'agriculture, et autres associations de négociants ou d'agriculteurs, sur la présentation d'un certificat émanant du Board of Trade et constatant qu'elles sont régulièrement constituées ;

2° Obliger les Compagnies à donner de la publicité à leurs taxes accessoires et à les soumettre à la sanction de la Commission des chemins de fer, en cas de contestation ;

3° Soumettre à l'approbation de la Commission les projets de tarifs des sociétés qui sollicitent une concession ; faire reviser par elle les tarifs des Compagnies existantes ;

4° Rendre la Commission des chemins de fer permanente et en faire une Cour d'appel ;

5° Étendre sa juridiction à toutes les questions concernant l'interprétation des actes et règlements sur le transport des voyageurs et des marchandises par voies ferrées ou voies navigables ;

6° Lui donner le pouvoir d'imposer, sur la demande d'un commerçant, un tarif commun à deux ou à plusieurs Compagnies, sous la condition cependant que ce tarif ne comporte pas des prix inférieurs aux prix correspondants du tarif le plus réduit de chaque Compagnie ;

7° Transférer à la Commission des chemins de fer la revision des tarifs des voies ferrées et des voies navigables, placée jusqu'alors dans les attributions du Board of Trade ;

8° La charger de fixer le montant des indemnités dues en cas de dommage ; lui donner des pouvoirs répressifs, en cas de perceptions illégales ou de préférences injustes ;

9° Lui donner un pouvoir arbitral en matière de litiges sur les tarifs, sur la demande commune des parties ;

10° Autoriser les Commissaires à ne pas rendre une décision unique en cas de désaccord, et, dans ce cas, ouvrir l'appel contre les jugements de la Commission ;

11° Autoriser la Haute Cour de justice à renvoyer à la Commission des chemins de fer les affaires régies par les actes relatifs au trafic des chemins de fer et canaux ;

12° Faire siéger de temps à autre la Commission en Écosse et en Irlande.

A la suite de cette enquête, le président du Board of Trade a présenté un bill qui tendait à rendre perpétuel l'acte de 1873 et à étendre considérablement la juridiction des Commissaires. Ces magistrats devaient avoir le droit de prononcer des décisions sur la légalité des taxes perçues par les Compagnies, de mettre deux ou plusieurs Compagnies en demeure de prendre conjointement telle ou telle mesure, de transférer à leur propre juridiction les actions intentées par-devant d'autres tribunaux. Les décisions de la commission pouvaient cependant être frappées d'appel devant une Cour suprême.

Les Compagnies et le commerce ont fait une vive opposition à ce bill, qui n'a pas abouti.

e. Projet de bill Mundella. — Au commencement de 1886, un nouveau bill, connu sous le nom de bill Mundella, a été présenté à la Chambre des communes par le président du Board of Trade. Il en a été fait grand bruit dans une discussion récente sur les tarifs de chemins de fer devant la Chambre des députés de France. Aussi croyons-nous utile d'en faire connaître les principales dispositions.

1. *Objet.* — *Constitution et procédure de la Commission.* — Son objet était de maintenir la Commission des chemins de fer instituée en 1873, d'en modifier la constitution et d'en augmenter les pouvoirs.

Les Commissaires devaient être au nombre de trois, dont un Commissaire en chef, et constituer un tribunal, érigé en Cour supérieure de Record (Cour d'appel).

Le Commissaire en chef devait être :

1° en Angleterre, un des juges de la Haute Cour de justice, désigné par le Lord Chancelier ;

2° en Écosse, un des juges de la Cour de session, désigné par le président de cette Cour ;

3° en Irlande, un des juges de la Haute Cour de justice, désigné par le Lord Chancelier d'Irlande.

Les autres Commissaires devaient être des industriels ou des commerçants.

Le traitement des Commissaires était limité à 75 000 francs.

L'opinion du Commissaire en chef devait être prépondérante dans les questions légales.

Les Commissaires auraient pu s'adjoindre un assesseur ; leurs ordonnances auraient eu la force d'un jugement ou d'une ordonnance de Cour supérieure ; ils auraient eu d'ailleurs tous les pouvoirs d'une haute Cour, en ce qui concernait le droit de mettre en demeure, de faire opposition et de nommer un mandataire.

Auraient été recevables devant eux les plaintes formulées pour contravention à l'article 2 de l'acte de 1854, à l'acte de 1873, aux actes qui amendent ce dernier et au bill nouveau : 1° par des conseils locaux, conseils d'administration de ports, conseils municipaux ou d'arrondissement, corps constitués par le Parlement, juges assemblés en session trimestrielle, toute autre autorité locale ; 2° par des associations de commerçants ou d'affréteurs, chambres de commerce ou chambres d'agriculture, munies d'un certificat du Board of Trade constatant qu'elles avaient le droit de formuler lesdites plaintes, sans que les plaignants eussent à justifier d'un dommage.

Les décisions des Commissions auraient pu donner lieu à un recours devant une Cour supérieure d'appel, sauf pour les questions de fait ou de « locus standi ».

2. Juridiction — La juridiction des Commissaires devait comprendre :

— les infractions à l'acte de 1854 ainsi qu'aux actes spéciaux contenant des dispositions relatives, soit aux préférences illégales, soit à l'obligation d'établir des stations, chemins ou autres ouvrages, soit à d'autres obligations réservées en faveur du public;

— les questions concernant la légalité des péages, taxes ou prix de transport, sur les chemins de fer ou canaux.

Ils auraient pu allouer des dommages-intérêts.

L'exécution de leurs décisions aurait pu être imposée conjointement à deux ou plusieurs Compagnies.

Les tribunaux supérieurs, saisis d'une action ou d'un litige dans lequel une Compagnie eût été partie, auraient dû leur renvoyer les questions de préférence illégale ; ils auraient pu, dans le même cas, leur renvoyer d'autres questions ; ils eussent été également autorisés à leur confier l'étude de celles pour lesquelles leur intervention aurait été utile et qui se seraient élevées au cours d'une instance, pourvu que les droits des parties n'en fussent pas modifiés. Les Commissaires auraient eu compétence pour rendre une ordonnance ayant la même valeur que celle de la Cour supérieure, quand il se serait agi d'une action à eux renvoyée ; au contraire, pour les questions simplement soumises à leur étude, leur décision n'eût pas lié la Cour.

Les Cours d'appel compétentes en matière de tarifs auraient pu, soit sur la demande des parties, soit de leur propre autorité, renvoyer aux Commissaires les appels relatifs à des questions de taxes et dans lesquels une Compagnie eût été partie. Elles auraient fait exécuter, comme émanant d'elles, les décisions des Commissaires.

Quand, en vertu des actes généraux ou spéciaux, le Board of Trade ou les Commissaires auraient imposé aux Compagnies un passage supérieur ou inférieur, un chemin d'accès ou tout autre ouvrage, ils auraient pu exiger le concours des intéressés ; les Commissaires eussent statué sur la proportion de ce concours.

3. Revision des Tarifs. — Dans le délai d'un an, les Compagnies devaient soumettre au **Board of Trade** une classification revisée des tarifs et un tableau revisé des taxes maxima et des frais accessoires. Le **Board of Trade** aurait reçu les observations des intéressés, cherché à établir un accord entre les Compagnies et les plaignants, réglé la classification et le tableau précités par une ordonnance provisoire, puis saisi l'une des deux Chambres. En cas de protestation survenue après ce dépôt, une Commission mixte eût été instituée par les deux Chambres. Enfin serait intervenu un **bill** du Parlement, auquel les Compagnies auraient été tenues de se conformer.

Des modifications auraient pu être apportées ultérieurement par le **Board of Trade**, dans des conditions analogues, à la classification et aux tableaux des taxes.

4. Préférences illégales. — Les Commissaires auraient statué sur toutes les questions de préférences illégales ayant pour effet d'avantager et de favoriser certaines personnes ou certaines classes de personnes au détriment d'autres personnes (application à un expéditeur ou à une classe d'expéditeurs de tarifs moindres pour les mêmes marchandises ; perception de taxes inégales pour une même nature de services). Ils auraient eu à examiner s'il y avait bien illégalité et auraient pu avoir égard à la nécessité pour les Compagnies de consentir ces préférences afin d'attirer à elles le trafic.

Les dispositions de l'article 2 de l'acte de 1854 et des actes qui l'amendent se seraient appliquées aux transports par mer sur des navires appartenant à une Compagnie de chemins de fer.

5. *Groupement des tarifs.* — Il eût été loisible aux Compagnies, sauf préférences illégales, de grouper un certain nombre de localités d'un même district et de leur appliquer les mêmes taxes pour les relations avec un lieu déterminé d'expédition ou de destination.

6. *Plaintes du Board of Trade.* — En cas de réclamation contre l'injustice ou l'exagération de certains tarifs, si le Board of Trade eût estimé que la réclamation était fondée, il se serait efforcé de régler le différend et aurait pu désigner dans ce but un arbitre. Il eût présenté au Parlement des rapports rendant compte des plaintes et du résultat de ses négociations.

7. *Statistique.* — Les pouvoirs du Board of Trade au sujet des renseignements statistiques à fournir par les Compagnies étaient étendus.

8. *Canaux.* Les dispositions relatives aux frais accessoires devaient s'appliquer aux canaux.

9. *Dispositions diverses.* — Les pouvoirs et la juridiction conférés aux commissaires par le bill nouveau constituaient une addition et non une substitution aux pouvoirs et à la juridiction dont ils étaient investis par les actes antérieurs.

On a un peu trop insisté sur la portée du bill Mundella, en ce qui concerne la revision des tarifs. Il ne faut pas perdre de vue, en effet, que cette revision eût porté seulement sur les maxima, c'est-à-dire sur des chiffres limites qui, dans la plupart des cas, sont notablement supérieurs aux taxes effectivement perçues.

Nous signalons aussi la disposition qui permettait aux Commissaires de tenir compte, dans l'appréciation des préférences illégales, des nécessités auxquelles les Compagnies auraient pu avoir à obéir pour défendre leur trafic.

En définitive, le bill nouveau n'aurait pas eu toute l'importance qui lui a été attribuée.

Il n'en a pas moins soulevé une opposition très vive de la part des Compagnies, qui l'ont considéré comme attentatoire à leurs droits, comme susceptible d'amener la ruine de leurs actionnaires et même de leurs obligataires, comme tendant à une véritable confiscation des chemins de fer.

Les propositions de M. Mundella ont subi l'épreuve des deux premières lectures devant la Cambre des communes, le 11 mars et le 6 mai 1886. La dissolution de la Chambre est venue interrompre le cours de l'instruction et le projet de bill a été retiré.

f. PROJET DE BILL STANLEY OF PRESTON. — En février 1887, lord Stanley of Preston, président du Board of trade, a présenté un nouveau bill qui diffère sur certains points du précédent, mais sur lequel nous n'insisterons pas longuement, parce qu'il est encore en discussion et qu'il arait devoir subir certaines modifications.

Le but principal de ce projet de bill est de reconstituer la Commission, de la rendre perpétuelle, d'élargir sa juridiction et ses pouvoirs, et de régler les taxes sur les chemins de fer et les canaux. Il s'applique exclusivement au trafic des marchandises.

La nouvelle Commission siègerait en Angleterre et, le cas échéant, en Écosse et en Irlande. Elle se composerait :

1° de trois Commissaires permanents, dont l'un serait un légiste, désigné par le Lord Chancelier, et porterait le titre de Commissaire en chef, et dont les deux autres seraient désignés par le Président du Board of trade (L'un de ces deux derniers Commissaires devrait avoir l'expérience des affaires de chemins de fer);

2° de trois Commissaires de droit, désignés pour cinq ans au moins, l'un pour l'Angleterre par le Lord Chancelier, le second pour l'Écosse par le Lord Président de la Cour de session, et le troisième pour l'Irlande par le Lord Chancelier de ce pays, et choisis parmi les juges de la Cour supérieure de la région.

Chacun des Commissaires de droit ne pourrait exercer que dans la partie du Royaume-Uni pour laquelle il aurait été nommé.

Les Commissaires permanents appelleraient les Commissaires de droit à participer à leurs travaux, quand ils le jugeraient utile. Cette participation serait obligatoire pour les questions de droit d'une importance générale. Le Commissaire de droit présiderait les audiences auxquelles il prendrait part.

Le nouveau projet de bill reproduit, avec quelques variantes, les dispositions de celui de 1886 sur la désignation des corps constitués ou corporations recevables à introduire des réclamations devant les Commissaires; sur les pouvoirs juridictionnels de la Commission ; sur la révision de la classification, des taxes maxima et des frais accessoires ; sur l'application de prix uniformes à un certain nombre de stations expéditrices ou destinataires d'un même district; sur les circonstances à prendre en considération dans le jugement des faits de préférence illégale. Il interdit en principe les tarifs de provenance et les inégalités de traitement entre le trafic intérieur et le trafic international. Il prescrit l'affichage et la vente à un prix raisonnable du livret des taxes, dans les stations et bureaux. Il interdit aux Compagnies de chemins de fer de prendre directement ou indirectement un intérêt dans les canaux, sauf autorisation statutaire expresse. Il porte que les Cours pourront, avec le consentement des parties, renvoyer aux Commissaires les litiges sur les tarifs, dans lesquels une Compagnie serait partie.

Les propositions du Président du Board of trade sont en discussion devant la Chambre des Lords et paraissent, nous le répétons, devoir subir certaines modifications. Nous n'y insistons donc pas davantage.

2. Italie. — Durant ces dernières années, le contrôle de l'État était assuré, en vertu du décret du 31 octobre 1873, par des inspecteurs, des commissaires, des sous-commissaires et autres agents d'ordre secondaire.

Les inspecteurs étaient chargés de diriger le contrôle suivant les instructions du Ministre des travaux publics. Ils se divisaient en nspecteurs techniques et inspecteurs administratifs, chargés les premiers de la voie et du matériel fixe et roulant, et les autres de la gestion économique et commerciale. A la fin de l'année, ils adressaient au Ministre des rapports dans lesquels ils proposaient les améliorations qui leur paraissaient utiles.

Il existait en outre deux Commissions permanentes nommées par le Ministre, l'une technique, chargée de l'étude des questions relatives au matériel fixe ou roulant et composée d'un inspecteur technique, des trois commissaires et d'un sous-commissaire technique; l'autre administrative, chargée de l'étude des horaires de trains, des tarifs et des questions de trafic, et composée d'un inspecteur administratif, des trois commissaires et d'un sous-commissaire administratif.

La surveillance technique et administrative était confiée, pour chaque Compagnie, à un Commissaire représentant immédiat du Gouvernement, lui servant d'intermédiaire pour les communications entre l'État et les Compagnies, chargé de notifier à ces dernières les décisions ministérielles.

Lors de leur mise en service, les lignes passaient de la surveillance du Commissaire de la construction à celle du Commissaire de l'exploitation.

Les principales attributions des Commissaires étaient les suivantes.

Ils visitaient les ateliers et s'assuraient que le personnel était suffisant. Ils transmettaient au Ministre, avec leur avis, les ordres de service, règlements, etc., et veillaient à leur exécution ; ils lui adressaient annuellement l'état nominatif du personnel. Ils dénonçaient aux autorités les agents qui ne faisaient par leur devoir ; exigeaient, le cas échéant, des Compagnies une punition contre ces agents ; et pouvaient même, dans les cas graves, les suspendre provisoirement de leurs fonctions. Ils devaient assister aux expériences entreprises sur les nouveaux appareils et en rendre compte au Ministre. Ils faisaient partie des deux Commissions ci-dessus mentionnées et, en outre, présidaient les Commissions spéciales appelées à recevoir le matériel roulant et à examiner les mécaniciens. En cas d'accident grave, ils se rendaient sur les lieux et en référaient au Ministre. Ils devaient adresser à l'Administration supérieure un rapport trimestriel sur l'ensemble du service. Ils dirigeaient les travaux de bureau relatifs au contrôle des recettes et des dépenses et faisaient, à cet effet, les visites nécessaires dans les bureaux des Compagnies.

A chaque Commissaire étaient adjoints des sous-commissaires techniques et administratifs, des ingénieurs de la voie et de la traction, des élèves-ingénieurs, des délégués des gares et des adjoints.

Les sous-commissaires techniques s'occupaient spécialement de la conservation de la voie, de ses accessoires, des ouvrages d'art, des bâtiments, des ouvrages complémentaires, etc. Ils faisaient partie des Commissions spéciales pour la réception du matériel et pour l'examen des mécaniciens, procédaient aux enquêtes sur les accidents, veillaient à l'exécution des règlements, constataient les contraventions.

Les sous-commissaires administratifs surveillaient le service du mouvement des trains, veillaient à l'exécution de toutes les prescriptions relatives à la sécurité, contrôlaient le service des gares, étudiaient l'influence des tarifs sur les recettes, proposaient les modifications nécessaires, participaient aux enquêtes sur les accidents et les irrégularités de service, examinaient les horaires des trains, surveillaient la comptabilité des divers services dans les gares, constataient les contraventions.

Les ingénieurs de la voie s'occupaient spécialement de la pose de la voie, des ouvrages d'art, des réparations.

Ceux de la traction surveillaient le service de la traction et le matériel.

Les élèves-ingénieurs assistaient les ingénieurs de la voie et de la traction.

Les délégués des gares étaient présents dans les gares au départ et à l'arrivée des trains, constataient les retards, recevaient les réclamations des voyageurs et des expéditeurs, leur fournissaient les renseignements utiles.

Enfin les adjoints exécutaient dans les bureaux les travaux d'ordre, de rédaction et de comptabilité. Ils pouvaient en outre être chargés de remplir les fonctions de délégués des gares.

Telle était la situation lorsqu'est intervenue la loi du 27 avril 1885, approbative des conventions de rétrocession des réseaux Méditerranéen, Adriatique et Sicilien.

Aux termes des articles 8 et 9 de cette loi, il a dû être institué par décret un Conseil pour l'examen des tarifs. Ce décret doit être, après deux années, présenté au Parlement pour être converti en loi.

L'article 11 disposait en outre qu'un règlement organiserait l'inspection gouvernementale des chemins de fer.

C'est en exécution de cette dernière disposition qu'a été rendu le décret du 22 octobre 1885. Les traits principaux de l'organisation arrêtée par ce décret sont les suivants.

La surveillance et le contrôle des comptes des chemins de fer en exploitation et des services de navigation correspondant avec les voies ferrées, ainsi que le service de la construction des chemins de fer, sont confiés, sous la responsabilité du Ministre des travaux publics, à une administration spéciale dirigée par un inspecteur général et comprenant des inspecteurs supérieurs, un comité supérieur des chemins de fer et cinq divisions, y compris la comptabilité (1).

Le service extérieur est divisé en 11 circonscriptions d'inspection, formant chacune un service dirigé par un inspecteur chef, sous la dépendance immédiate de l'Administration centrale.

Les fonctionnaires placés sous les ordres de chaque inspecteur chef

---

(1) 1re Division. — Concessions. Autorisation d'études pour les nouvelles lignes. Concours aux dépenses.

2e Division. — Examen des projets. Adjudications. Constructions. Comptabilité. Contentieux des contrats.

3e Division. — Exploitation technique. Entretien. Mouvement et traction. Fonds de réserve. Études sur l'exploitation et sur le matériel.

Division. — Tarifs et statistique. Réclamations. Renseignements sur les tarifs étrangers. Développement du trafic. Itinéraire des marchandises. Déviations du trafic.

5e Division. — Contrôle financier. Budget. Comptabilité des recettes. Dépenses sur les fonds de réserve. Comptes des subventions, comptes de garantie, etc.

sont des inspecteurs, des sous-inspecteurs, des élèves-inspecteurs, des employés d'ordre.

Pour les besoins éventuels de la construction, il peut être institué des services locaux de direction et d'inspection des travaux, qui, sauf circonstances particulières, relèvent des inspecteurs-chefs de circonscription et qui sont confiés à des ingénieurs directeurs, ingénieurs de section, ingénieurs adjoints et aides.

Le nombre des fonctionnaires de l'Administration centrale et de l'inspection est le suivant :

Inspecteur général...   1

Inspecteurs supérieurs......................................   8

Inspecteurs chefs (ou chefs de division de l'Administration centrale)..   16

Inspecteurs (ou chefs de section)...........................   34

Sous-Inspecteurs (ou secrétaires et comptables)..............   60

Élèves-inspecteurs (ou vice-secrétaires et comptables)...........   53

Employés d'ordre..   52

Quant au Conseil des tarifs, il a été créé par décret du 24 janvier 1886. Il se compose du Ministre des travaux publics, président; de l'inspecteur général des chemins de fer; de quatre membres désignés par le Ministre des travaux publics; d'un inspecteur supérieur; du chef de la division des tarifs et de la statistique; de deux membres à désigner par le Ministre de l'industrie et du commerce; du directeur général de l'agriculture; du chef de la division de l'industrie et du commerce; de trois membres élus par le Conseil de l'agriculture; de trois membres élus par le Conseil de l'industrie et du commerce; de deux membres désignés par le Ministre des finances et du trésor; du directeur général des douanes; du directeur général du trésor; de six membres désignés par les Conseils d'administration des sociétés d'exploitation (deux pour le réseau de la Méditérranée, deux pour le réseau de l'Adriatique, un pour les chemins de la Sicile, un pour les chemins sardes); d'un membre désigné par les autres Compagnies. En l'absence du Ministre, le Conseil est présidé par un vice-président.

Les membres désignés par le Ministre, par les Conseils et par les Compagnies, le sont pour trois ans; leur mandat peut être renouvelé.

Le Conseil se réunit périodiquement en avril et octobre; il est en outre convoqué en session extraordinaire selon les besoins.

Il a à se prononcer :

— sur les maxima et les principales règles d'application des tarifs;

— sur les propositions tendant au relèvement des tarifs généraux et des tarifs spéciaux applicables à l'ensemble de chaque réseau;

— sur les abaissements que le Gouvernement à l'intention d'imposer aux sociétés d'exploitation ;

— sur les autres questions et propositions qui lui seraient soumises en matière de tarifs, tant pour les relations intérieures de chaque réseau que pour les relations communes et internationales par voie de fer ou par voie mixte ferrée et fluviale ou maritime.

Les avis du Conseil n'ont qu'un caractère consultatif.

3. **Espagne.** — En Espagne, l'Administration des travaux publics est placée dans les attributions du Ministre du commerce et des travaux publics.

Le contrôle est réparti en divisions.

Dans chacune de ces divisions, le service est partagé, aux termes des décrets du 8 juillet 1859, du 9 janvier 1861, du 19 février 1875 et du 6 juillet 1877, en deux branches distinctes, dont l'une technique et l'autre administrative, organisées comme il suit :

L'inspection technique est dirigée par les ingénieurs en chef préposés aux divisions, avec le concours d'ingénieurs, d'adjudants (conducteurs) et de commissaires. Elle porte sur les projets, les expropriations, les travaux, l'entretien de la voie et du matériel, la statistique, les nouvelles stations, les passages à niveau à créer, les accidents, etc.

L'inspection administrative est assurée par des inspecteurs en chef, des inspecteurs et des commissaires. Les inspecteurs en chef veillent à l'application des lois et règlements. Ils contrôlent l'exploitation commerciale et particulièrement l'application des tarifs ; suspendent l'application des taxes illégales ; surveillent le fonctionnement de la garantie d'intérêt ; s'entendent avec les gouverneurs des provinces pour assurer la sécurité de la circulation des trains ; proposent les modifications qu'ils jugent convenable d'apporter aux règlements ; examinent les réclamations. Les inspecteurs particuliers assistent les inspecteurs en chef.

Les Commissaires relèvent des deux branches de l'inspection. Ils sont spécialement chargés de la constatation et de la répression des crimes et délits commis dans l'enceinte du chemin de fer. Ils ont le droit de requérir l'aide des alcades, des gardes civils et des agents du service de sûreté. Quand ils procèdent à des arrestations, ils doivent remettre immédiatement le prévenu entre les mains des autorités locales.

4. **Belgique.** — Le contrôle des chemins de fer concédés en exploitation est centralisé entre les mains d'un directeur à Bruxelles.

La surveillance de la voie est exercée par des ingénieurs des ponts et chaussées chargés accessoirement de cette attribution, chacun dans leur circonscription.

Le contrôle de l'exploitation est confié à deux ingénieurs et quelques agents.

Les fonctionnaires du contrôle veillent à l'exécution du cahier des charges et des lois et règlements concernant l'usage et la police des chemins de fer. Ils surveillent l'entretien du matériel fixe et roulant, les signaux et en général tout ce qui intéresse la régularité du service et la sécurité des voyageurs. Ils instruisent les demandes en autorisation de bâtir, de planter, d'ouvrir des carrières dans le voisinage de la voie ferrée. Ils ont à s'occuper de la nomination des agents assermentés des Compagnies, des tarifs intérieurs, de l'instruction des plaintes relatives à la sécurité, des enquêtes sur les accidents graves. Ils vérifient et contrôlent les recettes et les dépenses des chemins de fer dotés d'une garantie d'intérêt; ils présentent, de concert avec les agents des finances désignés comme commissaires de la garantie, des propositions pour le paiement des sommes dues aux Compagnies.

L'action du contrôle ne paraît pas très étendue. C'est ainsi, par exemple, que les réclamations déposées dans les gares restent entre les mains des Compagnies et que, pour mettre en mouvement l'Administration, il faut la saisir directement. C'est encore ainsi que les enquêtes en cas d'accident ont un caractère purement administratif et font l'objet d'un rapport au Ministre des travaux publics, qui transmet ce rapport au parquet à titre de renseignement, s'il le juge convenable.

Quant au contrôle des chemins de fer de l'État, nous ne pouvons que renvoyer au chapitre spécialement consacré à l'Administration des chemins de fer de l'État (page 48).

5. Hollande. — Les règles générales de la surveillance des chemins de fer en Hollande sont contenues dans le chapitre II de la loi du 9 avril 1875.

La surveillance est, aux termes de cette loi, confiée, sous l'autorité du Ministre du waterstaat, du commerce et de l'industrie, à un Conseil de surveillance, dont le président et les membres sont nommés par le Roi.

Les membres de ce Conseil et les agents sous leurs ordres ont droit au transport gratuit par tous les trains; ils ont, en tout temps, libre accès au chemin de fer et à ses dépendances.

Sauf en ce qui concerne la gestion financière, ils ont le droit de demander tous les renseignements et indications qu'ils jugent nécessaires, et de requérir la communication des plans, dossiers, devis, cahiers des charges et conventions quelconques concernant le service ou les transports.

Ils font connaître par écrit aux directeurs du chemin de fer ce qui, d'après eux, doit être fait pour la conservation et l'entretien de la voie et pour la marche régulière du service; si leurs avis restent sans suite, ils en réfèrent au Ministre. En cas de danger imminent, le Conseil ou le Ministre peuvent, nonobstant appel, ordonner qu'il y soit pourvu sur le champ. Faute par les directeurs de satisfaire dans le délai fixé à la décision du Ministre, ce dernier peut ordonner la suspension du service, s'il y a négligence dans la réparation ou le renouvellement de la voie ou de ses dépendances, ou s'il existe des lacunes à combler sous le rapport des exigences du service ou du nombre des agents ; il peut aussi défendre et empêcher au besoin l'usage des locomotives, tenders, voitures ou wagons, si la négligence porte sur la réparation ou le renouvellement du matériel roulant. Il a encore la faculté de pourvoir, d'office et aux frais des Compagnies, à l'exécution des réparations ou renouvellements que comportent la voie ou les bâtiments, ainsi qu'aux autres exigences du service. La suspension du service, en cas de nécessité immédiate, peut être prescrite par l'un des fonctionnaires chargés de la surveillance.

Les agents préposés à la surveillance ont le droit de faire retirer des trains les locomotives, tenders, voitures et wagons, ou même d'interdire le départ des convois, si l'état du matériel ou la composition du train sont susceptibles, à leur avis, de faire naître des dangers pour la sécurité de la circulation.

Le Ministre indique les points où des haltes ou des stations doivent être établies. Il fixe les heures de départ et d'arrivée des trains, leur nombre minimum, leur composition.

Il approuve les tarifs.

Le Roi peut ordonner l'abaissement des taxes, sauf indemnité à régler à l'amiable ou par voie judiciaire.

Le Ministre approuve les conditions du trafic commun et, à défaut d'entente, ordonne les mesures nécessaires.

Les détails d'organisation et de fonctionnement du service de surveillance ont fait l'objet d'un arrêté royal du 9 juillet 1876, dont voici les principales dispositions.

Le Conseil est composé de trois membres au moins et de cinq membres au plus. Il veille : 1° à l'exécution de la loi de 1875 et à l'observation des mesures approuvées ou prescrites par le Roi ou par le Ministre, des arrêtés, règlements de service et tarifs établis en vertu de cette loi ; 2° à l'accomplissement des conditions auxquelles les concessions ont été accordées. Le

Ministre le consulte sur tout ce qui se rattache au service du chemin de fer ou à son usage et doit être réglé par un arrêté royal ou par une décision ministérielle. Le Conseil prononce sur les conflits qui peuvent s'élever entre les directeurs des chemin de fer et les fonctionnaires chargés de la surveillance, si ces conflits demandent une solution immédiate et si la loi n'a pas réservé au Roi ou au Ministre de statuer. Il porte sans délai ses décisions à la connaissance du Ministre, qui peut les annuler ou en ajourner l'exécution. Il est tenu de se conformer aux ordres du Ministre et peut lui présenter les propositions qu'il juge convenables pour l'amélioration du service. Une fois par an, ses membres visitent les chemins de fer et leurs dépendances. Quand le Ministre le prescrit, ils font séparément ou ensemble l'examen de telle ou telle section qui leur est désignée. En cas d'accident ou de circonstances extraordinaires, ils procèdent de même, ensemble ou séparément, à une enquête.

Le Conseil doit tenir le Ministre au courant des communications qu'il est dans le cas d'adresser ou que les agents chargés de la surveillance journalière adressent aux directeurs.

Sauf dans le cas de danger immédiat, il ne peut, sans l'approbation du Ministre, donner des ordres qui engagent les finances de l'État.

Il veille à ce que des procès-verbaux constatent les contraventions et reçoivent leur suite.

Il est autorisé :

1° à prendre l'avis des ingénieurs du Waterstaat relativement à l'état des chemins de fer ;

2° à communiquer avec les commissaires du Gouvernement et à leur demander des renseignements ;

3° à correspondre avec les fonctionnaires du ministère public au sujet des affaires concernant le service des chemins de fer.

Il présente au Ministre un rapport annuel.

Les fonctionnaires chargés de la surveillance journalière forment deux catégories, à savoir :

1° les ingénieurs chargés de la surveillance des locomotives, tenders, wagons, véhicules, etc. ;

2° les inspecteurs chargés de la surveillance de la voie et des bâtiments, ainsi que de l'application des lois, règlements et arrêtés relatifs au service et à l'usage des chemins de fer.

Le Ministre peut, en outre, charger les ingénieurs et les conducteurs du Waterstaat, du service de construction des chemins de fer de l'État, ou des appareils à vapeur, de procéder à des enquêtes sur l'état du chemin de fer ; il peut aussi leur confier la surveillance journalière d'une partie du service.

Un arrêté ministériel du 26 juillet 1876 a précisé les fonctions des inspecteurs. Ces agents doivent :

— s'assurer, par leur présence journalière sur la voie et dans les stations, que le chemin de fer est en bon état et que le service ne laisse rien à désirer ;

— procéder à des inspections mensuelles de la section qui leur est confiée ;

— aviser les agents de la Compagnie des réparations à effectuer à la voie, aux bâtiments, aux clôtures, ainsi que de leurs observations au sujet de l'inexécution des prescriptions réglementaires pour le service du chemin de fer, celui des stations, la composition et le mouvement des trains, l'application des tarifs, la manipulation des marchandises, les signaux, etc. ;

— adresser au Conseil de surveillance copie des communications de cette nature ;

— informer le Conseil du plus ou moins d'aptitude des agents de la Compagnie et de tout ce qui est susceptible de motiver des difficultés ou des observations ;

— au cas où la sécurité de la circulation leur paraîtrait compromise, indiquer par écrit aux employés de la Compagnie les mesures à prendre et en donner immédiatement avis au Conseil (Toutefois il leur est interdit de donner, sans l'assentiment du Conseil, aucun ordre qui puisse entraîner des dépenses pour l'État) ;

— avertir également le Conseil, lorsqu'ils usent de leur droit d'interdire l'emploi de certaines machines, voitures, etc., ou le départ d'un train ;

— se rendre sur les lieux, en cas d'accident, après avoir informé le Conseil et le Ministre ;

— adresser au Conseil, outre leurs communications journalières, un rapport mensuel ;

— constater les infractions à la loi du 9 avril 1875 et aux règlements rendus en exécution de cette loi ; envoyer les procès-verbaux au Conseil, avec leurs observations, et en remettre des duplicata aux fonctionnaires du ministère public ;

— se tenir à la disposition des ingénieurs du service des machines à vapeur ;

— se conformer aux ordres qu'ils reçoivent tant du Ministre que du Conseil ou de ses membres, si ceux-ci sont seuls ou réunis sur la ligne ;

— prévenir immédiatement le Conseil des ordres qu'ils recevraient directement du Ministre.

Il ne faut pas perdre de vue, dans l'appréciation de cette organisation, qu'une partie des chemins de fer néerlandais est affermée et non concédée par l'État.

6. **Autriche-Hongrie**. — Le service du contrôle des chemins de fer austro-hongrois ressortit, sous le nom d'inspection générale, au ministère du commerce de Vienne et au ministère des voies de communication de Pesth.

L'inspection générale Autrichienne se divise en cinq sections, à savoir (1) :

1ʳᵉ section. — Étude des tracés et des projets de travaux neufs, complémentaires ou de réfection ; surveillance des travaux sur les lignes en construction et sur les lignes en exploitation ; surveillance de l'entretien.

2ᵉ section. — Surveillance de la construction et de l'entretien du matériel roulant, ainsi que des signaux ; exploitation technique, marche des trains.

3ᵉ section. — Trafic, tarifs, avis sur les questions économiques et de politique commerciale.

4ᵉ section. — Vérification des comptes, au point de vue de la garantie de l'État.

5ᵉ section. — Contrôle du personnel, assermentation des agents, affaires disciplinaires, ordres généraux de service, direction supérieure des bureaux auxiliaires de l'inspection générale.

Les différentes sections sont dirigées chacune par un inspecteur général ayant rang de conseiller à la Cour ou de conseiller de Gouvernement.

Les fonctionnaires qui y sont attachés sont au nombre de 66, savoir : 5 inspecteurs généraux, 5 inspecteurs principaux, 1 ingénieur en chef, 15 inspecteurs, 27 commissaires et 13 commissaires-adjoints.

En Hongrie, l'inspection générale ne se divise qu'en deux sections : 1° exploitation et mouvement ; 2° construction. Elle comprend 2 conseillers, 2 inspecteurs principaux, 11 inspecteurs, 6 ingénieurs et 1 commissaire, soit en tout 22 fonctionnaires, pour un réseau de 6 000 kilomètres.

Les attributions de l'inspection générale sont définies par l'ordonnance du 16 novembre 1851. Elle est chargée d'assurer la stricte exécution des règlements, de faire cesser les irrégularités ou les contraventions, et de faire en sorte que les coupables soient punis conformément à la loi. Elle doit particulièrement veiller à la conservation de la voie et de ses dépendances, ainsi que du matériel roulant ; vérifier s'il est satisfait aux légitimes réclamations du public ; exiger de la Compagnie les secours les plus

---

(1) Ces renseignements sont extraits d'un mémoire de MM. Brame, inspecteur général, et Weiss, ingénieur des ponts et chaussées, inséré aux *Annales des Ponts et Chaussées*, 1885, 2ᵉ semestre.

ràpides et les plus efficaces, en cas d'accident; donner les avis qui lui sont demandés par le Ministre.

Les inspecteurs généraux peuvent infliger aux agents des Compagnies (autres que les directeurs et les membres des Comités de direction) des avertissements et des réprimandes; ils sont de plus autorisés à prononcer contre les agents des lignes de l'État des blâmes, des amendes jusqu'à concurrence d'un mois de traitement ou de solde, la suspension du service pendant la durée d'une enquête disciplinaire ou judiciaire, l'exclusion du service.

Ces pouvoirs disciplinaires sont mêmes accordés aux simples Commissaires, sauf la peine d'exclusion contre les agents supérieurs, qui ne peut émaner que d'un inspecteur général.

Pour les chemins fer de l'État, la peine est appliquée directement par l'inspection générale; pour les chemins concédés, elle est notifiée à la direction de la Compagnie, qui est tenue de l'appliquer.

Lorsque la Direction d'un chemin de fer de l'État ou d'un chemin concédé se refuse à exécuter les décisions ou les ordres de l'inspection générale, ou se rend coupable d'une violation flagrante d'un règlement d'exploitation, l'inspection générale doit en informer le Ministre, qui est alors en droit de prononcer contre los directeurs les peines disciplinaires précédemment indiquées et même de traduire les coupables devant les tribunaux compétents.

Les préfets peuvent également mettre les Compagnies en demeure de se conformer, dans un délai déterminé, aux règlements intéressant la sécurité et l'ordre public, à peine d'une amende de 100 à 2000 florins.

Les décisions de l'inspection générale en matière disciplinaire peuvent être attaquées devant le Ministre, dans les quinze jours qui suivent la notification; l'appel n'est cependant pas suspensif, si la peine est celle de l'exclusion temporaire ou définitive.

Les agents exclus à la suite d'une instruction régulière ne peuvent plus être attachés à aucun chemin de fer, à moins d'un consentement formel du Ministre.

Les réclamations relatives aux faits d'exploitation sont généralement inscrites par le public sur les registres de plaintes qui, aux termes de l'article 11 de l'ordonnance du 16 novembre 1851, doivent être déposés dans toutes les gares. Elles sont transmises au service central de la Compagnie et la suite qui y est donnée est mentionnée sur le registre. L'inspection générale peut ainsi en avoir connaissance.

En cas d'accident, l'inspection générale et le tribunal compétent doivent être immédiatement prévenus. Les rapports des services locaux de chaque Compagnie sont examinés par une Commission centrale composée des chefs de l'entretien, de la traction et de l'exploitation de la Compagnie. Les documents relatifs à tous les accidents survenus sur les chemins de fer de la monarchie sont centralisés par la Compagnie du Sud-Autrichien.

Comme le font remarquer MM. Brame et Weiss dans leur rapport de mission, il n'y a, même dans les gares importantes, aucun agent local du contrôle ; la surveillance s'exerce à distance et le Gouvernement doit être moins bien renseigné qu'en France sur les faits intéressant l'exploitation. Toutefois si, à cet égard, le contrôle est moins fortement constitué que dans notre pays, en revanche l'inspection générale a certains pouvoirs dont ne dispose pas le service français, notamment au point de vue de l'action disciplinaire sur le personnel des Compagnies.

A côté du contrôle technique, l'État exerce, aux termes de la patente impériale du 26 novembre 1852, de la loi du 15 novembre 1867 et des cahiers des charges, une surveillance sur la gestion des Compagnies. Des commissaires impériaux ont été institués pour veiller à l'observation des statuts et des lois ou règlements généraux ; ces commissaires représentent l'État dans les Conseils d'administration ; ils peuvent, au besoin, suspendre l'exécution des mesures qu'ils jugeraient contraires aux intérêts de l'État ; ils appartiennent le plus souvent au Ministère du commerce et parfois au Ministère des finances.

7. **États-Unis d'Amérique.** — Pendant de longues années, il n'a été pour ainsi dire exercé aucun contrôle, ni sur l'exploitation technique, ni sur l'exploitation commerciale. Mais les abus qu'avait engendrés la concurrence excessive entre les chemins de fer ont amené peu à peu un certain nombre d'États à sortir de leur ancienne pratique du « laisser-faire » absolu et à instituer des Commissions de contrôle de 3 ou 5 membres, chargés de veiller à l'exécution des actes législatifs, de résoudre au besoin les difficultés que soulevait cette exécution, et de produire des rapports annuels sur la situation des Compagnies.

MM. Lavoinne et Pontzen, auteurs d'un excellent ouvrage sur « les chemins de fer en Amérique » (1882), signalent, comme type de ces commissions, celle de l'État de Massachussets.

Les attributions dévolues aux Commissaires, dans cet État, sont les suivantes.

Ils doivent :

— examiner les conditions d'exploitation, au point de vue de la sécurité et de la commodité du public ;

— avertir les Compagnies des infractions à la loi commises par leurs agents et, au besoin, saisir l'autorité judiciaire ;

— signaler les réparations et les changements à faire subir à la voie et au matériel roulant, ainsi que les modifications à apporter aux tarifs et à la marche des trains ;

— étudier les réclamations des municipalités et des particuliers, et les transmettre aux Compagnies avec leurs observations ;

— procéder à des enquêtes sur les accidents ;

— prescrire aux Compagnies un système uniforme de comptabilité ;

— présenter un rapport annuel à la législature sur la situation de chaque Compagnie.

Sur la demande d'un nombre déterminé d'actionnaires, ils peuvent procéder à un examen de la situation financière de la Compagnie et publier les résultats de leurs travaux.

Le rôle des Commissaires est surtout un rôle d'information ; ils sont les organes de l'opinion publique au regard des concessionnaires.

Dans certains États, les fonctions des Commissaires sont moins importantes. Dans d'autres, au contraire, elles le sont davantage : c'est ainsi qu'en Géorgie la Commission a été investie des pouvoirs les plus étendus, notamment du droit de fixer les tarifs à son gré.

La tendance est à accroître l'autorité gouvernementale et administrative.

Le Congrès vient de manifester nettement cette tendance en votant une loi toute récente sur le trafic entre les divers États et sur le trafic international.

Cette loi a institué une Commission dite « Commission commerciale des États », composée de cinq membres et ayant son siège à Washington, mais pouvant tenir des sessions spéciales dans une localité quelconque des États-Unis.

Les Commissaires sont nommés pour dix ans ; ils tiennent leur investiture du Président après approbation du Sénat. Il leur est interdit d'être intéressé dans la gestion financière des Compagnies et de se livrer à des opérations étrangères à leur service. Chacun d'eux reçoit un traitement de 37 500 francs par an.

Ils ont la faculté de se faire représenter les livres, papiers, tarifs, contrats, marchés et documents se rapportant aux questions soumises à leur étude ; de procéder à des enquêtes ; de recueillir des témoignages ; de requérir l'aide des tribunaux pour assurer la production des documents et actes ci-dessus énumérés, ainsi que la comparution des témoins.

Toute personne, maison de commerce, corporation, association, société commerciale, agricole ou manufacturière, tout corps politique ou municipal, qui a à se plaindre d'une Compagnie, peut saisir la Commission de ses griefs. La Commission reçoit également les plaintes des Commissaires de l'un quelconque des États. Elle procède à une enquête et invite, le cas échéant, la Compagnie incriminée à rentrer dans la légalité et à payer des dommages-intérêts. Faute par la Compagnie de s'être conformée à cette invitation, le tribunal prend les dispositions nécessaires pour la contraindre à obéir aux injonctions des Commissaires et, en cas de refus, la condamne à une amende de 2 500 francs par jour de retard. Lorsque le montant du dommage atteint 50 000 francs, les parties sont tenues de porter l'affaire par-devant la Cour suprême des États-Unis.

La Commission est autorisée à exiger des Compagnies des rapports annuels dont elle établit elle-même le modèle et qui donnent des indications sur la situation financière de ces Compagnies, sur les dépenses d'établissement et d'exploitation, sur les recettes, sur le nombre et les émoluments des agents, sur les tarifs et les traités conclus avec d'autres Compagnies. Elle peut imposer aussi des règles en vue de l'unité de forme des comptes.

Avant le 1er décembre de chaque année, elle adresse au secrétaire d'État de l'intérieur un rapport qui est transmis au Congrès et qui contient les renseignements utiles sur les questions commerciales et sur les réformes à apporter à la législation

Elle doit étudier spécialement le système d'exploitation connu sous le nom de *pooling*.

La loi nouvelle ne s'est pas bornée à la création des commissaires. Elle a édicté des dispositions générales très importantes, que nous signalons en passant :

— prohibition des inégalités dans l'application des taxes; en cas de réduction de prix au profit d'un voyageur ou d'un expéditeur, obligation d'en faire bénéficier les autres voyageurs ou expéditeurs ;

— obligation de faciliter les transmissions, tant pour le trafic intérieur de chaque Compagnie que pour le trafic commun ;

— interdiction d'appliquer des tarifs plus élevés pour des distances moindres, sur la même ligne, dans la même direction, et avec le même point de départ et d'arrivée; faculté pour la Commission d'autoriser des dérogations à cette règle ;

— obligation pour les Compagnies de porter leur classification et leurs taxes à la connaissance de la Commission, de donner aux tarifs la publicité prescrite par les Commissaires, de ne pas s'écarter des tarifs ainsi

publiés, d'aviser le public au moins huit jours à l'avance de tous les relè-
vements de prix ;

— pénalités rigoureuses, comportant, outre l'amende, l'interdiction éventuelle des transports qui font l'objet de la loi ;

— interdiction des *pools*, c'est-à-dire des traités de partage de trafic entre
réseaux concurrents.

DEUXIÈME PARTIE

EXPLOITATION TECHNIQUE — DÉPENSES DE L'EXPLOITATION
ET PRIX DE REVIENT DES TRANSPORTS
POLICE DE L'EXPLOITATION

CHAPITRE PREMIER

DES SIGNAUX

§ 1. — INDICATIONS GÉNÉRALES

1. Prescriptions de l'ordonnance du 15 novembre 1846. — L'ordonnance du 15 novembre 1846 prévoit, dans plusieurs de ses articles, l'installation de signaux destinés à assurer la régularité et la sécurité de la circulation. Nous citerons notamment les articles 27 (signaux des stations et signaux intermédiaires placés sur les points où le mécanicien ne pourrait voir à une distance suffisante devant lui), 31 (transmission des signaux par les agents de la voie), 32 (signaux accidentels, en cas d'arrêt d'un train ou d'une machine en pleine voie), 33 (signaux des ateliers de réparation), 35 (obligation pour les Compagnies de faire connaître au Ministre le système de signaux qu'elles comptent adopter et de se conformer à ses prescriptions), 36 (obligation pour les mécaniciens d'obéir aux signaux), 37 (signaux indicateurs de direction aux embranchements).

Les articles 27 et 35 confèrent au Ministre des pouvoirs absolus pour la détermination du nombre et de la nature des signaux.

Il y a lieu d'y ajouter aussi l'article 60, aux termes duquel les Compagnies doivent soumettre à l'approbation du Ministre leurs règlements relatifs au service et à l'exploitation du chemin de fer, et l'article 69, qui donne les moyens de pourvoir au cas où elles ne présenteraient pas leurs propositions dans le délai prescrit.

2. Définition et classification des signaux. — Les chemins de fer français sont exploités dans le système de la *voie ouverte*, tandis que, dans plusieurs pays étrangers, l'exploitation se fait dans le système de la *voie fermée*.

L'absence de tout signal indique que la voie est *libre*. Sur tous les points et à toute heure, les dispositions doivent être prises comme si un train était attendu. La voie doit être libre ou couverte par des signaux.

Ces principes n'ont pas été immédiatement adoptés en France; ils ne le sont pas encore partout à l'étranger. La raison qui les a fait prévaloir dans notre pays est tirée de la fatigue qu'impose au mécanicien la multiplicité des signaux destinés à indiquer l'ouverture de la voie : l'attention de cet agent finit par s'émousser et peut se trouver en défaut au moment du danger.

Dans leur excellent ouvrage, auquel nous allons faire de nombreux emprunts, MM. Brame, inspecteur général des ponts et chaussées, et Aguillon, ingénieur en chef des mines, font observer avec raison qu'étant admis le système français, les signaux pourraient être définis « des appa- « reils destinés à couvrir les voies ou, plus exactement, un obstacle placé « sur la voie et ne permettant pas la libre circulation ». Cependant, ils acceptent une définition un peu plus large, qui range parmi les signaux tous les appareils destinés à faire connaître aux agents l'état de la voie, au point de vue de la circulation des trains et en vue d'assurer leur sécurité.

Les signaux peuvent se diviser :

1° en signaux *optiques*, *acoustiques* ou mixtes, suivant qu'ils s'adressent à la vue, à l'ouïe ou aux deux sens à la fois ;

2° en signaux *mobiles* ou *fixes*, selon qu'ils peuvent être déplacés ou sont établis à demeure ;

3° en signaux *de la voie* et en signaux *des trains*.

On peut encore subdiviser les signaux optiques, qui sont de beaucoup les plus nombreux, en signaux à *indication permanente* et signaux à *voyant mobile*, suivant qu'ils donnent toujours une seule et même indication ou qu'ils peuvent, au contraire, en donner plusieurs, d'après la position occupée par des organes mobiles.

Une étude complète des signaux doit embrasser tout à la fois leur structure, les organes servant à les manœuvrer, leur signification ou langage, enfin les règles présidant à leur répartition et au choix de leur emplacement sur la ligne. Dans les quelques indications que nous allons fournir, nous nous efforcerons de laisser de côté les détails techniques et de nous en tenir aux données générales qui doivent seules trouver place dans un ouvrage administratif.

Nous adopterons, d'ailleurs, la classification suivie par MM. Brame et Aguillon, dans leur traité spécial.

§ 2. — SIGNAUX MOBILES COMMUNS AUX LIGNES A DOUBLE VOIE
ET AUX LIGNES A SIMPLE VOIE

1. Signaux mobiles optiques. — Les signaux *mobiles optiques*
comprennent les *signaux à la main*, les *feux-signaux du Nord* et les
signaux des trains.

a. SIGNAUX A LA MAIN. — Ces signaux se font, sur tous les réseaux,
avec des drapeaux ou des guidons, le jour, et des lanternes, la nuit. Les
drapeaux sont rouges ou verts. Les lanternes peuvent, en général, donner
des feux blanc, rouge ou vert : tantôt elles fournissent à volonté l'un ou
l'autre de ces feux, par un simple déplacement angulaire de 90 ou de 180
degrés, et sont munies à cet effet de verres des trois couleurs sur trois faces
différentes et d'une paroi opaque sur la quatrième face ; tantôt, au contraire, elles ne peuvent donner qu'un feu dont on peut varier la couleur
par le mouvement du porte-mèche ou des verres. La première disposition
a l'inconvénient d'exposer à des méprises dans les gares, en montrant des
feux de couleur différente ; mais elle a, en revanche, le mérite d'être extrêmement simple.

Sur tous les réseaux, la couleur rouge commande l'arrêt et la couleur
verte le ralentissement. Toutefois, la Compagnie du Midi a jusqu'ici dis-
tingué entre le ralentissement local et le ralentissement soutenu, suivant
que la réduction de vitesse est commandée par l'état de la voie ou par l'intervalle à ménager entre deux trains : le signal de ralentissement local se
fait, le jour, par le drapeau vert déployé et incliné vers le rail, et la nuit,
par le feu vert seul ; le signal de ralentissement soutenu se fait, le jour,
par le drapeau vert déployé au-dessus de la tête, et la nuit, par un feu vert
alternant avec un feu rouge.

Le drapeau roulé indique que la voie est libre : le règlement du Midi
ne fait cependant pas mention de ce signal ; sur ce réseau, la voie libre
est indiquée par le bras tendu horizontalement dans le sens de la marche
du train.

A défaut de drapeau ou de verre rouge, les agents prescrivent l'arrêt
soit en agitant vivement les bras ou un objet quelconque, soit en élevant
les bras de toute leur hauteur : seule, la Compagnie d'Orléans n'a pas
voulu prévoir le cas où un agent se séparerait de son drapeau ou de sa
lanterne.

La distance à laquelle le signal d'arrêt doit être porté en arrière d'un
train ou d'un obstacle quelconque varie, suivant les réseaux et les cir-

constances, entre un minimum de 800 mètres et un maxixum de 1500 mètres. Tantôt elle est uniforme (1000 mètres sur le Nord et 800 mètres sur l'Orléans), tantôt elle varie avec les déclivités de la voie; sur l'Ouest, elle est élevée de 800 à 1200 mètres en temps de brouillard.

L'arrêt doit toujours avoir lieu avant le signal, sauf empêchement absolu.

b. FEUX-SIGNAUX. — Après les drapeaux et lanternes, il y a lieu de mentionner les feux-signaux du Nord ou *fusées Lamarre*. Ce sont des torches dont la combustion dure cinq minutes environ et que les agents d'un train dont la marche est retardée laissent tomber sur la voie pour protéger l'arrière de ce train; elles donnent une flamme rouge ou verte, selon le sens de la marche du convoi. La Commission d'enquête de 1879 a recommandé l'essai de ces feux-signaux sur les autres réseaux.

c. SIGNAUX OPTIQUES DES TRAINS. — Pendant le jour, les trains en marche portent généralement à l'arrière du dernier véhicule un signal de queue, permettant aux agents de la voie et des stations de s'assurer qu'il ne s'est pas produit de rupture d'attelage. Ce signal consiste, soit en un disque rouge, soit dans la lanterne à verre rouge dont le train doit être muni la nuit.

Pendant la nuit, les trains portent à l'avant au moins un feu blanc et à l'arrière deux ou trois feux rouges destinés à servir de signaux de protection. Les lanternes à feu rouge donnent en outre, vers l'avant, un feu blanc qui permet au conducteur et au mécanicien de s'assurer qu'aucun véhicule ne s'est détaché.

Sur le Midi, les trains de marchandises sont distingués des autres par un feu vert ajouté aux feux blancs de l'avant. Sur les lignes à voie unique du Nord, avant la mise en vigueur du Code des signaux dont nous parlerons plus loin, les machines portaient à l'avant un falot rouge outre le feu blanc; sur le même réseau et sur celui de l'Ouest, la grandeur et la position des feux d'avant sont parfois variées de manière à indiquer aux aiguilleurs la provenance ou la destination des trains aboutissant à une même bifurcation.

Indépendamment de leurs propres signaux, les trains peuvent en porter d'autres pour annoncer les trains extraordinaires qui les suivent, c'est-à-dire les trains facultatifs dont la marche est prévue sur les tableaux de service, mais qui ne sont mis en circulation que suivant les besoins du trafic ; les trains spéciaux, créés par suite de circonstances exceptionnelles ; les trains de service ou de matériaux, affectés aux travaux de la voie ; les trains supplémentaires ou de dédoublement, destinés à doubler les trains de voyageurs, en cas d'affluence. Les définitions que nous venons de donner, d'accord avec MM. Brame et Aguillon, ne sont pas admises uniformément par toutes les Compagnies. L'annonce, d'un train extraordinaire par le train précédent n'est obligatoire sur tous les réseaux que pour les trains supplémentaires; elle ne l'est sur aucun réseau pour les trains facultatifs et spéciaux, mais doit également se faire, quand la chose est possible, sauf sur le Nord et l'Ouest. Les signaux employés sont, pour le jour, des drapeaux verts ou rouges, et pour la nuit, des feux verts ; leur nombre, leur disposition et leur signification varient suivant les réseaux, pour une même nature de trains.

2. **Signaux mobiles acoustiques.** — Les *signaux mobiles acoustiques* comprennent les *cloches à main des gares*, les *sifflets de poche*, les *cornets* et *trompes*, les *pétards*, les *sifflets des machines* et les *cloches de tender*.

Les *cloches à main* des gares dont l'emploi n'est plus prévu par le nouveau Code des signaux servaient à donner des commandements aux trains (généralement l'ordre de départ).

Les *sifflets de poche* étaient employés, suivant les réseaux, soit exclusivement par les agents des gares ou par les agents des trains, soit par les uns et les autres, pour commander l'arrêt, le départ ou des manœuvres, ou simplement pour annoncer que le service du conducteur d'arrière était terminé. Aujourd'hui les chefs de gare ou leurs représentants doivent se servir exclusivement du sifflet de poche pour les ordres de départ ou d'arrêt; le conducteur de tête transmet à son tour l'ordre de mise en marche au mécanicien par un coup de corne et l'ordre d'arrêt par un coup de timbre.

Les *cornets et trompes* sont mis aussi entre les mains des gardes et aiguilleurs, pour annoncer l'approche des trains ou pour donner un signal d'alarme, et parfois pour commander des manœuvres.

Sur certains réseaux, le signal d'annonce des trains distingue le sens de leur marche. Les conditions d'usage sont d'ailleurs très variables.

Les *pétards* sont des boîtes fulminantes placées sur les rails et qui éclatent sous le poids des voitures ou des machines. A la suite d'accidents survenus, soit dans les souterrains, soit sur la voie, par les temps de brouillard ou par suite de l'extinction des lanternes à main, le Ministre a pris, le 14 décembre 1855, une décision par laquelle il a déclaré obligatoires les signaux détonants et invité les Compagnies à lui soumettre les ordres de service destinés à assurer le bon emploi de ces signaux. Peu de temps après, le 15 mars 1856, est intervenu un arrêté ministériel réglementant la matière avec détails. Aux termes de l'article premier de cet arrêté, les pétards devaient être posés :

1° par les agents de la voie, en cas d'obstacle s'opposant à la circulation ;

2° par les chefs de trains, conducteurs et graisseurs, quand, après avoir couvert à la distance réglementaire un train arrêté sur la voie, ils étaient rappelés sans avoir pu se faire remplacer par un autre agent ;

3° par les mécaniciens et les chauffeurs conduisant une machine isolée, quand ils se trouvaient dans le même cas que les chefs de train, conducteurs ou graisseurs d'un train ;

4° par les agents du service actif des gares, dans toutes les circonstances ci-dessus spécifiées.

L'article 1ᵉʳ prévoyait également leur emploi pour remplacer ou compléter les signaux à vue, par les brouillards et les très mauvais temps.

Les conducteurs de queue devaient, d'après l'article 2, en faire usage dès que la vitesse du train se trouvait momentanément ralentie, au point de permettre à un homme marchant au pas de le suivre. Cet article et les deux suivants déterminaient la position, le nombre et la distance des signaux détonants. L'article 5 portait qu'à toute explosion de pétards le mécanicien et les autres agents du train devaient immédiatement mettre en œuvre les moyens d'arrêt dont ils disposaient; lorsque la vitesse du train était presque amortie, le mécanicien pouvait avancer avec la plus grande prudence ; si, après avoir parcouru un kilomètre dans ces conditions, il n'apercevait aucun obstacle devant lui, il pouvait reprendre la vitesse normale, mais en redoublant d'attention. Ces dispositions ont subi quelques modifications ou quelques additions dans les règlements d'exploitation spéciaux aux diverses Compagnies et approuvés par le Ministre. Elles ont été confirmées, dans leus traits essentiels, par le Code des signaux du 15 novembre 1885.

Indépendamment de l'usage accidentel, tel qu'il a été prévu par l'arrêté ministériel du 15 mars 1856, les pétards sont employés sur le réseau du Nord, pour doubler d'une manière normale les signaux optiques, toutes les fois qu'un train est arrêté en pleine voie par une détresse ou par tout autre motif; sur le réseau de Lyon, pour appuyer en tout temps certains signaux particulièrement importants ; sur le réseau d'Orléans, quand une cause quelconque fait douter de l'efficacité des signaux ordinaires d'arrêt faits par les agents.

Les pétards sont placés sur les rails, soit à la main, soit mécaniquement.

Le *sifflet des machines* sert à annoncer leur approche, à demander la voie aux bifurcations et à commander la manœuvre des freins. Le mécanicien doit en faire usage aux abords des passages à niveau, des courbes, des tranchées, des souterrains, des ponts tournants, des signaux pour lesquels son emploi est prescrit, enfin quand il voit des personnes sur le chemin de fer. La direction des trains, à l'approche des bifurcations ou des aiguilles prises en pointe, s'indique par un ou plusieurs coups de sifflet suivant la voie à prendre. La mise en jeu des freins est commandée par **deux coups saccadés**; un coup bref commande de les desserrer.

Les cloches ou timbres de tender servent aux communications entre le conducteur chef de train, placé dans le fourgon de tête, et le mécanicien. Un coup commande l'arrêt.

3. Applications des signaux mobiles. — Les signaux mobiles sont employés :
— pour ordonner l'arrêt, dans le cas où la circulation est interceptée par des réparations ou des détériorations de la voie ;
— pour prescrire le ralentissement, quand l'état de la voie le nécessite ;
— pour couvrir un train ou une machine isolée arrêtée en pleine voie ;
— pour protéger un train ou une machine dont la vitesse est momentanément ralentie ;
— pour couvrir les voies, en cas d'accident ;
— pour assurer la sécurité, en cas de circulation accidentelle sur voie unique ;
— pour commander le départ ou l'arrêt des trains aux stations et sur la ligne ;
— pour commander les manœuvres à la machine.

Nous ne pouvons entrer ici dans une énumération de détail de toutes les règles en vigueur sur les différents réseaux; nous nous bornerons donc à quelques observations très sommaires sur la circulation accidentelle à voie unique.

La plupart des Compagnies appliquent dans ce cas le pilotage. Aucun train ne peut pénétrer sur le tronçon commun que sur l'ordre d'un pilote ou agent spécial. Tantôt il est interdit de mettre plus d'un train en circulation : c'est le cas où la section à voie unique est de peu de longueur; le pilote accompagne alors le train. Tantôt, au contraire, plusieurs trains peuvent se suivre dans le même sens ; le pilote n'accompagne que le dernier. Cet agent est parfois muni d'un drapeau, dont il reste seul détenteur. La sécurité des trains qui se succèdent dans le même sens est assurée par les précautions ordinaires. Tous les trains doivent être arrêtés aux entrées de la voie unique temporaire : ces entrées sont défendues par des signaux d'arrêt. La Compagnie du Midi et souvent la Compagnie de l'Est substituent au pilotage les principes de la circulation sur voie unique permanente.

§ 3. — SIGNAUX FIXES A INDICATION PERMANENTE.

1. Indicateurs de bifurcation. — Les *signaux fixes à indication permanente* utiles à mentionner ici sont les *indicateurs de vitesse*, les *signaux de limitation de vitesse*, les *poteaux d'arrêt des machines*, les *poteaux indicateurs du Midi*, les *indicateurs de coups de sifflet*, les *indicateurs de bifurcation*. On pourrait y ajouter les poteaux limites de protection ; mais il est préférable de joindre ces appareils aux disques avancés.

Les *indicateurs de bifurcation* sont employés depuis assez longtemps sur la plupart des réseaux. Ils servent à annoncer aux mécaniciens l'approche d'une bifurcation et à leur permettre de l'aborder et de la franchir dans les conditions réglementaires. Sur le Nord et l'Ouest, le signal était jusqu'ici donné, le jour, par un damier carré vert et blanc, et la nuit, par un feu vert ; sur le Lyon, il l'était par un transparent portant le mot BIFUR, qui était adapté à un poteau et éclairé la nuit.

Comme il n'est pas toujours possible de placer les poteaux indicateurs à la distance réglementaire, le Nord avait, dans ce cas, recours à un signal spécial qui consistait en un voyant monté sur sa diagonale et qui était éclairé la nuit par la réflexion d'une lanterne.

Le Code des signaux, arrêté le 15 novembre 1885, porte que l'indicateur de bifurcation sera formé soit par une plaque carrée peinte en damier vert et blanc et éclairée la nuit par réflexion ou par transparence, soit par une plaque portant le mot BIFUR et éclairée la nuit de la même manière.

2. Indicateurs de vitesse. — Ces indicateurs, en usage sur le réseau du Nord, consistent en des poteaux peints en damier noir et blanc, qui sont séparés par un intervalle déterminé ; le temps mis par le train pour aller de l'un à l'autre sert à mesurer la vitesse au passage des bifurcations et à vérifier qu'elle n'excède pas la limite réglementaire.

3. Signaux de limitation de vitesse. — La Compagnie de l'Ouest emploie pour limiter la vitesse des trains sur certaines sections à tracé tourmenté des tableaux fixés au sommet d'un poteau et portant l'indication de la vitesse limite autorisée. Un second tableau semblable, mais sans indication, repère le point à partir duquel le train peut reprendre sa vitesse normale. Ces tableaux sont éclairés la nuit par réflexion.

Parfois, la Compagnie de Lyon fait également usage de signaux de limitation de vitesse. Mais ces signaux sont simplement constitués par des plateaux en bois, peints en vert, ou par des feux verts ; la vitesse réduite à laquelle le passage peut être franchi est fixée par un ordre de service rappelé dans les livrets de marche des trains.

4. **Poteaux d'arrêt des machines.** — Les *poteaux d'arrêt des machines* indiquent aux mécaniciens les points qu'ils ne doivent pas franchir, soit avant d'en avoir reçu l'ordre des agents de la gare (par exemple aux abords des croisements ou à l'extrémité des quais des gares), soit avant d'avoir reçu un signal déterminé (par exemple aux abords des bifurcations). Ces poteaux paraissent destinés à disparaître.

5. **Poteaux indicateurs du Midi.** — Aux poteaux d'arrêt il y a lieu de rattacher les *poteaux indicateurs du Midi*, qui ordonnent l'arrêt, soit de tous les trains sans distinction, soit seulement des trains de marchandises, soit encore des trains circulant sur la ligne principale, mais devant, à une bifurcation, être dirigés sur un embranchement, ou des trains d'embranchement arrivant à une gare et devant ensuite être dirigés sur une voie spéciale. Ces poteaux présentent un voyant blanc avec une croix noire, ou trois barres noires horizontales, ou encore trois barres noires verticales.

6. **Indicateurs de coups de sifflet.** — Ce sont de simples poteaux, usités seulement sur le réseau du Nord, dont l'emploi est généralement limité à la période de jour et qui portent l'indication « sifflet » ; ils sont placés en des points où le mécanicien doit faire usage du sifflet de la locotive, en avant d'un signal, d'une courbe ou d'une tranchée.

§ 4. — SIGNAUX FIXES A VOYANT MOBILE AUTRES
QUE LES SIGNAUX DE CANTONNEMENT.

1. Signaux fixes à voyant mobile pour couvrir les voies principales. — Les *signaux fixes à voyant mobile*, destinés à couvrir un obstacle placé sur la voie, sont souvent divisés en *signaux à distance* et *signaux manœuvrés sur place*, suivant qu'ils sont manœuvrés par une transmission plus ou moins longue ou qu'ils le sont au contraire directement et à la main. Cette distinction est critiquable : car souvent un signal se prête aux deux manœuvres.

Une autre distinction est faite entre les signaux des voies principales et ceux des voies accessoires. Cette distinction n'existe, ni pour le Nord, ni pour l'Est. Sur ces deux réseaux, en effet, il n'y a qu'un type unique de signaux applicable à toutes les voies, quelle qu'en soit la nature. Les Compagnies de l'Ouest et de Lyon et l'Administration des chemins de fer de l'État affectent, au contraire, des couleurs différentes aux signaux, selon qu'ils sont destinés aux trains ou machines circulant sur les voies principales ou sur les voies accessoires. L'Orléans et le Midi n'admettent la distinction que dans des cas limités.

Nous commencerons par les signaux des voies principales. Ils comprennent comme types généraux :

1° Les *disques* ou *signaux ronds*, qui peuvent prendre deux positions, l'une perpendiculaire et l'autre parallèle à la voie, mais qui ne commandent que l'arrêt relatif, c'est-à-dire qui sont franchissables sous certaines conditions de marche quand ils sont tournés perpendiculairement à la voie;

2° les *signaux d'arrêt absolu*, qui commandent l'arrêt et ne peuvent être franchis que lorsqu'ils sont effacés ;

3° les *signaux de ralentissement*, qui obligent le mécanicien à se rendre maître de la vitesse de son train et à la ralentir, lorsqu'ils ne sont pas effacés.

Le caractère commun de ces trois types de signaux est d'obliger les mécaniciens à se rendre maîtres de la vitesse de leur train, quand ils sont fermés. Mais une fois le ralentissement opéré, le train doit être complètement arrêté ou peut continuer sa marche comme nous venons de l'indiquer, suivant le type du signal.

a. DISQUES OU SIGNAUX RONDS. — Dès avant le Code des signaux, arrêté en 1885 par le Ministre des travaux publics, toutes les Compagnies, sauf l'Orléans, avaient le signal avancé, tel qu'il est défini ci-dessus. Ce signal présentait à l'arrêt un voyant rond à couleur rouge uniforme ou un feu rouge. Seules, les conditions dans lesquelles il devait être franchi différaient avec les réseaux. Sur l'Orléans, le signal avancé, quoiqu'ayant la même apparence, commandait par exception l'arrêt absolu en toutes circonstances.

Tantôt le mécanicien devait marquer l'arrêt complet en un point déterminé au delà du disque (le poteau de protection de l'Est, l'aiguille d'entrée des gares à voie unique du Paris-Lyon-Méditerranée) et ne pouvait ensuite s'avancer que sur un ordre du conducteur-chef. Tantôt il pouvait continuer au pas, mais en suivant le conducteur-chef qui précédait le train à pied (telle était la règle sur le Midi). Tantôt enfin, il était obligé de s'avancer prudemment, de manière à pouvoir toujours s'arrêter dans la partie de voie en vue (tel était le cas du Nord et du Paris-Lyon-Méditerranée). Le système de l'arrêt obligatoire avait l'avantage d'être absolument impératif et d'éviter les abus ou les négligences de la part des agents des trains. Quant au système du Nord et du Paris-Lyon-Méditerranée, on le défendait en faisant valoir les dangers que peut créer l'arrêt d'un train en pleine voie et les ruptures d'attelage auxquelles expose le démarrage sur les fortes rampes.

Les règles admises pour la détermination de l'emplacement du disque avancé pouvaient se ramener à deux types consistant : 1° l'un à ménager la distance réglementaire de protection entre le point de visibilité du disque et le point à couvrir, c'est-à-dire le poteau limite de protection, s'il en existait ; 2° l'autre à ménager cette distance entre le disque lui-même et le point à couvrir. La distance réglementaire était d'ailleurs celle qui était nécessaire au mécanicien pour arrêter son train.

Des deux types que nous venons de définir, le second n'était en usage que sur le Nord et sur le Paris-Lyon-Méditerranée, avec le disque à compensateur Dujour. Encore la Compagnie du Nord se contentait-elle d'une distance relativement faible de 800 m., même sur des pentes de $4^m/_m$.

C'est le premier type qui avait prévalu sur les autres réseaux, mais avec des différences dans la distance réglementaire de protection et des tempéraments dans l'application du principe, comme nous le verrons un peu plus loin, en traitant des poteaux-limites de protection.

L'avantage du second système sur le premier était d'offrir beaucoup plus de garanties. En effet, on conçoit que la visibilité du disque soit soumise à de grandes variations et qu'elle puisse, en outre, surprendre l'attention d'un mécanicien fatigué ou connaissant peu la ligne.

Aux termes de l'article 12 du Code des signaux, les disques avancés ou signaux ronds doivent, lorsqu'ils sont fermés, c'est-à-dire tournés perpendiculairement à la voie, présenter une face rouge, le jour, et un feu rouge, la nuit. Quand ils sont ouverts, c'est-à-dire tournés parallèlement à la voie, ils doivent présenter un feu blanc la nuit. Dès qu'un mécanicien aperçoit un disque fermé, il est tenu de se rendre immédiatement maître de la vitesse de son train par tous les moyens à sa disposition et de ne plus s'avancer qu'avec une vitesse suffisamment réduite pour pouvoir s'arrêter à temps dans la partie de voie en vue, s'il se présente un obstacle ou un nouveau signal commandant l'arrêt. En tout cas, il ne doit jamais atteindre la première aiguille ou la première traversée d'une voie protégée par le signal et ne se remettre en marche qu'après y avoir été autorisé, soit par le conducteur-chef du train, soit par l'agent de service à la gare ou au poste protégé. Conformément à l'article 13, tout disque ou signal rond doit être suivi d'un poteau indiquant par une inscription le point à partir duquel le signal fermé assure une protection efficace.

b. SIGNAUX D'ARRÊT ABSOLU. — Ces signaux se trouvent sur tous les réseaux. Ils consistent en un voyant susceptible de prendre, comme celui des disques, deux positions par rapport à la voie.

Presque partout, le voyant est carré. Jusqu'ici, il était complètement rouge sur l'Est, l'Ouest, l'Orléans, le Midi et l'État, et en damier rouge et blanc sur le Nord et le Paris-Lyon-Méditerranée. La nuit, le signal était fait par un feu rouge sur l'Est et le Midi, et par deux feux sur le Nord, l'Ouest et le Lyon.

L'article 14 du Code des signaux arrêté en 1885 porte que dorénavant, et sur tous les réseaux, le voyant sera rectangulaire et en damier rouge et blanc, et que, la nuit, il devra présenter deux feux rouges, lorsqu'il sera fermé à l'arrêt, et un feu blanc, lorsqu'il sera ouvert.

c. DISQUES DE RALENTISSEMENT. — De même que les signaux ronds et les signaux d'arrêt absolu, les *disques de ralentissement* peuvent prendre deux positions par rapport à la voie. Ils commandent le ralentissement, le jour, lorsqu'ils présentent perpendiculairement à la voie leur voyant peint en vert, et la nuit, lorsqu'ils présentent un feu vert. Ils indiquent au contraire que la voie est libre, le jour, lorsqu'ils sont effacés, et la nuit, lorsqu'ils présentent un feu blanc.

Ainsi que nous l'avons dit précédemment, des limitations spéciales de vitesse peuvent, dans des cas déterminés par le Ministre, être indiquées par des tableaux blancs, éclairés la nuit et portant le chiffre auquel la vitesse doit être réduite.

Des tableaux portant en lettres apparentes, éclairées la nuit, le mot ATTENTION peuvent également, dans les cas fixés par le Ministre, être employés pour indiquer aux agents des trains qu'ils doivent redoubler de prudence et d'attention jusqu'à ce que la liberté de marche leur soit rendue.

d. POTEAUX-LIMITES DE PROTECTION. — Sur tous les réseaux, sauf ceux du Midi et de l'État, les disques avancés sont depuis longtemps suivis de poteaux-limites de protection. Le Code des signaux, arrêté en 1885, en a généralisé l'emploi. Les poteaux de l'Est sont seuls éclairés la nuit, par réflexion d'un feu blanc.

Les trains auxquels le disque avancé a commandé l'arrêt ne sont couverts que lorsqu'ils ont franchi le poteau-limite de protection. Sur les réseaux autres que le Nord, ce poteau est considéré comme n'ayant plus de signification en temps de brouillard : il y a toutefois une exception à cette règle sur le réseau de Paris-Lyon-Méditerranée, pour les poteaux qui suivent les disques à compensateur Dujour. Nous avons déjà indiqué, page 238, les deux systèmes principaux en vigueur pour la fixation de la distance à ménager entre le disque avancé et le poteau-limite de protection. Dans le système de la manœuvre des freins dès le point de visibilité du disque, il pourrait arriver que le poteau fût placé au pied même du signal avancé : cette solution extrême n'a été admise par aucune Compagnie ; toutes les administrations de chemins de fer ont assigné à la distance entre le disque et le poteau un minimum, qui est de 400 mètres sur l'Est et l'Orléans ; de 400 mètres ou de 600 mètres sur l'Ouest, suivant que la pente est de 6 millièmes au plus ou supérieure à ce chiffre ; de 100 mètres sur le Lyon, pour les anciens disques. Sur le Midi, où il n'y a pas de poteau de protection, on admet qu'il faut au moins 200 mètres entre le disque avancé et la queue du train.

2. **Signaux fixes à voyant mobile des voies accessoires.** — Les *signaux spéciaux des voies accessoires*, que nous avons mentionnés page 237, ont en général la même forme et la même apparence que ceux des voies principales. Sauf une exception sur le Lyon, ils sont à voyant jaune et à feu jaune.

Excepté dans un cas spécial sur l'Orléans, ils sont destinés à interdire l'accès de la voie principale, tant qu'ils n'ont pas été effacés, et commandent l'arrêt absolu. Sur l'Orléans, les signaux jaunes sont placés sur la voie principale, en avant des branchements de voies accessoires, pour commander le refoulement sur ces dernières voies ; quand ils sont fermés, le rebroussement est interdit.

La Compagnie de Paris-Lyon-Méditerranée a créé, pour ce dernier usage, un disque vert de refoulement qui est éclairé la nuit par un feu vert et dont la manœuvre est inverse de celle du disque jaune de l'Orléans ; le refoulement n'est permis que lorsque le disque est tourné perpendiculairement à la voie principale.

3. Contrôle et surveillance du fonctionnement des signaux à distance. — Il est extrêmement important de pouvoir vérifier si les disques ou autres signaux à distance ont été manœuvrés, s'ils ont bien fonctionné et si les lumières ne sont pas éteintes. On a imaginé, à cet effet, divers appareils qui peuvent se diviser en trois catégories, à savoir :

1° contrôleurs de la manœuvre des disques;

2° appareils de contrôle du fonctionnement des disques ;

3° appareils pour contrôler l'éclairage des disques.

Les appareils de la première catégorie sont encore peu usités. Ils indiquent mécaniquement l'heure à laquelle un train a franchi le disque et la position dans laquelle se trouvait le signal.

Les appareils de la deuxième catégorie sont les disques répétiteurs qui reproduisent sous l'œil de l'agent la manœuvre du signal avancé, les trembleuses électriques qui produisent un battement continu tant que le disque est fermé, les répétiteurs électriques qui constituent une variante des disques répétiteurs ordinaires.

On est encore dans la voie des recherches pour les contrôleurs de l'éclairage des disques. Cependant, la Compagnie de Paris-Lyon-Méditerranée paraît avoir réussi dans ses essais d'un photoscope fondé sur la dilatation par la chaleur d'une lame de cuivre en hélice qui ferme ou intercepte un courant électrique.

4. Manœuvre automatique de certains signaux par les trains en marche. — De nombreux appareils ont été inventés et expérimentés pour faire manœuvrer automatiquement les signaux fixes de protection par les trains en marche.

Il y a lieu de mentionner avant tout les disques automoteurs à pédales. Ces disques doivent satisfaire à la double condition : 1° de ne pas dispenser les agents des manœuvres ordinaires prescrites par les règlements en usage, pour éviter que les agents s'en remettent à l'automaticité du signal et négligent d'en surveiller le fonctionnement ; 2° d'être constitués de telle sorte que les dérangements soient signalés d'eux-mêmes aux agents et ne puissent compromettre la sécurité. Pour remplir la première condition, l'appareil répétiteur de la station doit, autant que possible, ne fonctionner que si la manœuvre du disque a été faite par l'agent, comme si le signal n'était pas automatique.

La Compagnie du Nord emploie des *crocodiles* ou appareils placés longitudinalement entre les rails, mis électriquement en relation avec certains disques et situés à 200 mètres en avant de ces disques. Une brosse métallique fixée à la partie inférieure du cendrier de la locomotive vient frotter contre l'appareil et ferme un courant électrique qui met en jeu un sifflet électro-automoteur adapté à la chaudière, si le disque est tourné à l'arrêt. Le mécanicien est ainsi averti mécaniquement qu'il va aborder un disque fermé. Une circulaire du 12 janvier 1876 a appelé l'attention des Compagnies sur le sifflet électro-automoteur.

La même Compagnie a mis à l'essai un autre appareil combiné de telle façon qu'un train passant devant un signal effacé prépare instantanément le crocodile précédent pour la manœuvre du sifflet électro-automoteur d'un train qui viendrait à le suivre, et se couvre ainsi lui-même, pour le cas où le signal ne serait pas manœuvré derrière lui. De plus, une sonnerie trembleuse spéciale est mise en mouvement dans la gare, y annonce l'arrivée du train et commande les précautions à prendre.

5. **Signaux d'aiguilles.** — Les *signaux indicateurs de direction des aiguilles* se distinguent en *signaux de direction* et *signaux de position*.

Les *signaux de direction* sont placés aux aiguilles que les trains abordent par la pointe et où le mécanicien doit demander la voie par le sifflet de la machine.

Les *signaux de position* ne sont destinés qu'à renseigner les agents sédentaires sur la direction donnée par les aiguilles.

Aux termes du Code des signaux, les signaux de direction doivent être faits par des bras sémaphoriques peints en violet et terminés en flamme à leur extrémité. En reproduisant plus loin le texte du Code, nous indiquerons les règles auxquelles sont soumis leurs mouvements et leurs feux.

Jusqu'ici le Nord et l'Est ont eu deux types particuliers, l'un pour les aiguilles de bifurcation ou les autres aiguilles de même importance à l'approche desquelles le mécanicien doit demander la voie par le sifflet, et l'autre pour les aiguilles ordinaires des gares. Sur le Nord, l'indicateur de direction est formé par un petit sémaphore à deux bras courts, peints en vert, et à deux feux pour la période de nuit, qui indique la direction fermée suivant le côté où apparaissent le bras et le feu vert; sur l'Est, c'est également un sémaphore dont les bras sont garnis de glaces éclairées la nuit par réflexion et qui indique la voie ouverte par le côté où apparaît le bras horizontal. Quant au signal d'aiguille, il consiste, pour les deux Compagnies, en un voyant vert affectant la forme d'une flèche et susceptible de se placer parallèlement ou perpendiculairement aux voies; le signal effacé donne la voie directe et le signal fermé la voie déviée; la Compagnie de l'Est éclaire la nuit les signaux d'aiguille par un feu vert ou blanc, selon qu'ils sont fermés ou effacés.

Les autres Compagnies n'ont eu jusqu'ici qu'un type de signal. L'Orléans n'en fait usage qu'aux bifurcations. Le signal de l'Ouest n'est autre que l'indicateur de direction du Nord, muni d'un double feu vert et blanc. Celui de l'Orléans consiste en un voyant replié en équerre, mi-partie jaune et blanc, donnant des feux de même couleur et indiquant l'une ou l'autre des directions suivant la couleur. Sur le Lyon et sur l'État, c'est un disque vert ou rouge qui peut se mettre parallèlement ou perpendiculairement à la voie principale et aux positions duquel correspondent des feux verts, rouges ou blancs; la position du disque ou la couleur du feu varient suivant la nature du branchement et même, pour les voies accessoires, suivant la nature de ces voies. Sur le Midi, le signal est fourni par un voyant carré de couleur verte, dont la diagonale est placée verticalement; la nuit, un feu vert ou blanc correspond aux deux positions du voyant.

Le Nord et l'Ouest ont, en outre, deux indicateurs de direction pour branchements doubles : les deux bras ou les deux feux verts disparaissent pour la direction intermédiaire.

Le mécanicien doit pouvoir s'arrêter avant l'aiguille, s'il connaît par avance la voie sur laquelle il doit s'engager et si le signal lui indique que cette voie ne lui est pas ouverte.

§ 5. — SIGNAUX POUR LE MAINTIEN DE L'ESPACEMENT

DES TRAINS SE SUCCÉDANT

DANS LE MÊME SENS SUR LES LIGNES A DOUBLE VOIE

1. Distinction entre les appareils fondés sur la couverture par le temps et les appareils fondés sur la couverture par la distance. Ces appareils peuvent avoir pour objet de ménager, soit un intervalle de temps, soit un intervalle de distance. Le premier système est fondé sur la *couverture par le temps;* le second est celui de l'*exploitation par le block-system,* ou *de l'exploitation par cantonnement.*

2. Couverture par le temps. — Après le passage ou le départ d'un train, des signaux d'arrêt, suivis parfois de signaux de ralentissement, sont faits aux trains suivants pendant des durées variables, suivant les circonstances. La couverture par le temps était, au début de l'exploitation, la seule mesure à laquelle on eut recours pour assurer la sécurité de la circulation.

Le signal est donné, soit à la main, soit par des appareils fixes. Nous n'avons pas à insister sur ces appareils (disques, sémaphores, mâts de signaux); nous n'avons pas davantage à indiquer les règles en vigueur pour l'espacement des trains : ces règles trouveront plus naturellement leur place dans le chapitre relatif à la circulation des trains.

3. Couverture par la distance. — Nous passons donc immédiatement au système de *l'intervalle par la distance,* qui comporte des appareils spéciaux et que l'on désigne communément par la dénomination de *block-system.*

On doit distinguer le *block-system absolu* et le *block-system permissif* (1).

Dans l'un comme dans l'autre, la ligne est divisée en sections ou cantons.

(1) Le Congrès tenu à Bruxelles en 1885 a donné les définitions suivantes :
Le *Block-system absolu* est celui dans lequel un train ne franchit les signaux du block à l'arrêt qu'après un stationnement dont la durée ne peut prendre fin qu'après constatation du dérangement des appareils.
Le *Block-system absolu conditionnel* est celui dans lequel un train franchit les signaux à l'arrêt après un stationnement d'une durée déterminée à l'avance et après l'accomplissement de certaines formalités.
Le *Block-system permissif* est celui dans lequel un train franchit les signaux à l'arrêt après un simple ralentissement et sans remplir aucune formalité.

Le block-system absolu, pris dans toute sa rigueur, serait le système qui interdirait absolument l'accès d'un canton encore occupé, si ce n'est pour les trains ou les machines allant au secours d'un train resté en détresse dans ce canton et dans le cas seulement où le secours aurait été demandé par le conducteur chef de train. Mais, pratiquement, on considère encore comme block-system absolu, en France comme en Angleterre, celui qui, sans interdire absolument l'accès d'une section occupée, prohibe néanmoins cet accès pendant un délai déterminé après l'entrée du premier train et ne permet à un second train de s'y introduire qu'après avoir marqué l'arrêt complet et avec une vitesse réduite, de manière à pouvoir toujours s'arrêter dans la portion de voie en vue.

Le block-system permissif, au contraire, ne commande pas l'arrêt et a seulement pour but de prévenir les agents que la section n'est pas libre et qu'ils ont à prendre des mesures de prudence.

Ces deux systèmes sont susceptibles d'un grand nombre de variantes et se prêtent à des combinaisons multiples.

Les postes placés aux deux extrémités des cantons doivent, en tout cas, s'avertir de l'entrée et de la sortie des trains ; le poste d'amont doit, en outre, avertir le mécanicien de l'état de la section.

Autrefois on employait exclusivement les signaux à distance ordinaires où les signaux dits de correspondance ; mais cette pratique était inapplicable à des sections de ligne de quelque longueur. Aussi a-t-on dû recourir à des appareils nouveaux, savoir : les *appareils Tyer ;* les *indicateurs Regnault ;* les *électro-sémaphores*, tels que ceux de MM. Lartigue, Tesse et Prud'homme.

a. BLOCK-SYSTEM AVEC INDICATEURS REGNAULT. — Les *indicateurs Regnault* sont des appareils électriques mis à la disposition des stationnaires. Quand un train passe devant le poste A pour aller vers le poste B, le stationnaire du premier poste pousse un bouton, dit de *départ*, qui détermine un courant, incline ainsi une aiguille de l'indicateur du poste B et y met une sonnerie en mouvement ; par un retour automatique du courant, le signal est répété au poste A ; le stationnaire de ce poste ne peut redresser son aiguille, ni annoncer un nouveau train, tant que celui du poste B n'a pas lui même poussé un bouton *d'arrivée* ; cette dernière manœuvre redresse l'aiguille du poste A et, par un retour automatique, celle du poste B ; la section est ainsi débloquée. Des signaux et des communications semblables sont échangés en sens inverse, pour les mouvements des trains sur l'autre voie. Un troisième bouton sert pour le cas de manœuvres exceptionnelles, sur lesquelles nous n'avons pas à insister ici.

Chaque poste est muni, pour chacune des directions, d'un signal fixe avancé et d'un signal carré d'arrêt absolu, à deux feux rouges, dit *de cantonnement*. Ce dernier signal est formé d'un poteau muni de deux voyants susceptibles d'être placés horizontalement ou verticalement. L'un de ces voyants, peint en rouge, commande l'arrêt; l'autre appelle l'attention du mécanicien. Si les deux voyants sont horizontaux, celui de l'arrêt absolu masque l'autre; s'ils sont tous les deux abaissés, le mécanicien est averti que la voie est libre; enfin, le signal peut ne présenter horizontalement que le voyant sur lequel est inscrit le mot « attention ».

Les règles d'emploi des signaux sont les suivantes.

Quand le poste *B* a rendu la voie libre au poste *A*, le stationnaire *A* peut laisser passer le train qui se présente, quels que soient l'intervalle de temps écoulé depuis le passage du train précédent et la nature des deux trains.

Si le poste *B* n'a pas rendu la voie libre, le stationnaire *A* doit interdire absolument la section bloquée, pendant les cinq minutes qui suivent le passage du train précédent. Pendant les cinq minutes suivantes, le signal d'arrêt reste maintenu ; toutefois les trains peuvent entrer, après remise au mécanicien d'un bulletin lui prescrivant de marcher lentement et avec prudence, jusqu'à ce qu'il ait atteint le poste *B*. Une fois ces dix premières minutes écoulées, le stationnaire *A* se borne à faire le signal « attention », tant que le poste *B* n'a pas rendu la voie libre. Le nombre des trains pouvant être introduits dans la section bloquée, cinq minutes après le passage du train précédent, n'est pas limité par les règlements. Chacun de ces trains est inscrit par le stationnaire *A* et successivement annoncé au poste *B*, au fur et à mesure que le stationnaire de ce dernier poste rend la voie libre.

Les délais ci-dessus indiqués sont doublés, quand la section bloquée comprend un souterrain de 1000 mètres au moins en alignement droit ou de 800 mètres en courbe. De plus, dans ce cas, le bulletin remis au mécanicien limite à 15 kilomètres par heure la vitesse de marche.

La Compagnie de l'Ouest a récemment apporté aux appareils des améliorations consistant : 1° à enclencher le levier de manœuvre du signal carré avec le poussoir de départ, de telle sorte que le stationnaire ne puisse annoncer l'entrée d'un train dans une section, sans avoir mis le disque carré à l'arrêt pour couvrir ce train ; 2° à adapter au levier de manœuvre une serrure électrique qui empêche le stationnaire *A* d'effacer le signal, tant que le stationnaire *B* n'a pas rendu la voie libre (le stationnaire *A* peut cependant ouvrir la serrure, le cas échéant, avec une clef spéciale; mais le signal se met de lui-même dans la position qui commande l'attention); 3° à prendre des dispositions de même ordre, pour que le stationnaire *B* ne puisse débloquer la section sans avoir manœuvré le signal d'arrêt.

b. BLOCK-SYSTEM AVEC ÉLECTRO-SÉMAPHORES LARTIGUE, TESSE ET PRUD'HOMME. — Dans ce système, les appareils destinés à la transmission des signaux électriques se confondent avec les appareils destinés à donner des signaux optiques. Ces appareils consistent en un mât qui est armé d'une grande aile mobile, à sa partie supérieure, et d'une petite aile, à mi-hauteur, et qui porte un carillon et deux boîtes à manivelle servant à la manœuvre des ailes du sémaphore. Des feux rouge et vert ou blanc et vert éclairent le sémaphore pendant la nuit, suivant qu'il est fermé ou ouvert.

Quand un train entre dans la section, le stationnaire *A* tourne la manivelle de la boîte n° 1 et fait ainsi apparaître la grande aile de. son mât, le petit bras de l'appareil *B* et un voyant rouge « voie fermée » dans la fenêtre de la boîte n° 2 de ce dernier appareil; cette manœuvre produite du poste *A* sur le poste *B* détermine, par un retour électrique au poste *A*, un coup de timbre et l'apparition à la fenêtre de la boîte n° 1 d'un voyant jaune « train annoncé vers..... ».

Lorsque le train sort de la section, le stationnaire *B* tourne la manivelle de la boîte n° 2 et efface ainsi successivement le petit bras et le voyant de son poste, ainsi que la grande aile et le voyant du poste *A*.

Les transmissions d'un poste à l'autre se font par l'électricité, dans des conditions dont nous n'avons pas à exposer ici les détails.

Sur le Nord, tous les postes sont assimilés à des stations et pourvus de disques avancés mis et tenus à l'arrêt, en même temps que la grande aile du sémaphore correspondant.

Les règles présidant à l'emploi des appareils que nous venons de décrire sont analogues à celles de l'Ouest. La section est absolument bloquée pendant les cinq minutes, qui suivent l'entrée d'un train; toutefois, ce délai est réduit à deux minutes, quand la distance à parcourir par les deux trains sur la même voie n'excède pas 3 kilomètres. Une fois cet intervalle écoulé, si les signaux d'arrêt ne sont pas effacés, le mécanicien, qui a dû se rendre maître de sa vitesse à la vue du disque avancé, s'arrête au poste *A*, donne le numéro de son train et de sa machine, puis reprend sa marche avec prudence de manière à pouvoir toujours s'arrêter dans la partie de voie en vue. Les trains ainsi introduits sont notés par le stationnaire *A* et successivement annoncés, comme sur l'Ouest, au stationnaire *B*.

c. BLOCK-SYSTEM AVEC APPAREILS TYER-JOUSSELIN. — Le block-system est réalisé, sur le réseau de Lyon, au moyen : 1° de l'appareil Tyer, complété par l'avertisseur Jousselin et servant à transmettre des signaux électriques ; 2° de sémaphores et de disques avancés donnant les signaux optiques.

Voici tout d'abord quelques indications sur les appareils et sur leur fonctionnement avant les modifications récentes qui y ont été apportées.

Quand un train arrive au poste *A*, le stationnaire de ce poste appuie sur un bouton de son appareil Tyer et détermine ainsi un courant qui produit un coup de timbre au poste *B*. Le stationnaire de ce poste, ainsi averti, pousse à son tour un bouton qui met l'aiguille de son appareil sur les mots « voie occupée », produit un effet analogue sur l'aiguille du poste *A* et fait résonner la sonnerie de ce poste. Ainsi le stationnaire *A* reçoit un accusé de réception qui bloque électriquement la section.

Lorsque le train arrive en *B*, le stationnaire de ce poste pousse un autre bouton, qui remet sur les mots « voie libre » l'aiguille de son appareil et celle de l'appareil *A*.

Des opérations analogues ont lieu pour la circulation sur la seconde voie, au service de laquelle sont affectées d'autres aiguilles dans le même appareil.

L'appareil Tyer a été complété, comme nous l'avons dit, par un avertisseur Jousselin, qui constitue un véritable appareil de correspondance électrique permettant de signaler la nature des trains (voyageurs, marchandises, machine isolée), d'annoncer les dérives ou les détresses, de donner des ordres pour l'arrêt et la visite des trains, etc.

Sur le Lyon, le block-system ne dispense pas les gares du maintien de l'intervalle de temps entre les trains ; il n'est destiné qu'à donner un surcroît de sécurité. Toutefois, cet intervalle est réduit de 10 minutes à 5 minutes, quand la longueur des sections ne dépasse pas 2500 mètres, et l'obligation de présenter le signal de ralentissement est supprimée. Les postes de gare sont d'ailleurs les seuls qui aient à s'occuper de l'intervalle de temps. Pour les postes de pleine voie, les signaux d'arrêt du sémaphore et du disque avancé sont effacés aussitôt que la section est débloquée.

Si un train survient avant que la voie soit rendue libre, il ne peut reprendre sa marche que trente, vingt ou dix minutes après le passage du train précédent, suivant que la distance entre les postes est supérieure à 6 kilomètres, comprise entre 6 et 3 kilomètres ou inférieure à 3 kilomètres. Le mécanicien ou le conducteur-chef reçoit, en outre, un bulletin lui prescrivant de marcher avec prudence, de manière à pouvoir toujours s'arrêter dans la partie de voie en vue. Les règlements interdisent d'ailleurs d'introduire ainsi plus d'un train, sauf à y ajouter, le cas échéant, la machine de secours. De plus, le second train ou la machine, entrés dans ces conditions à la suite d'un premier train, doivent être annoncés et couverts, dès que le poste *B* a annoncé la sortie du premier train.

Le système, tel que nous venons de le décrire, a subi diverses modifications ayant pour objet de satisfaire aux conditions suivantes :

1° le stationnaire *B* ne peut rendre la voie libre en *A* qu'après avoir mis à l'arrêt son disque avancé ;

2° il ne peut donner deux fois de suite voie libre, sans avoir ouvert, puis refermé le signal ;

3° en couvrant un train, il l'annonce par la même manœuvre au poste d'aval ;

4° il enclenche en outre mécaniquement son sémaphore, qu'il ne peut effacer que lorsque le poste d'aval lui a rendu la voie libre ;

5° le déblocage en amont et le blocage en aval sont solidarisés.

d. Block-system de l'Orléans avec électro-sémaphores modifiés. — La Compagnie d'Orléans emploie les appareils Lartigue, Tesse et Prud'homme modifiés par MM. Heurteau et Guillot, de manière : 1° à soustraire plus complètement leur fonctionnement aux perturbations atmosphériques ; 2° à avertir immédiatement les stationnaires des dérangements. L'exposé des dispositions adoptées dans ce but nous ferait sortir du cadre de cet ouvrage.

Les postes d'électro-sémaphores n'ont pas de disques avancés comme sur le Nord : cela était d'ailleurs impossible, attendu que, sur le réseau d'Orléans, les disques de cette nature commandent l'arrêt absolu.

Tant que les électro-sémaphores fonctionnent régulièrement, les stationnaires n'ont pas à se préoccuper de l'intervalle de temps.

La Compagnie a adopté le block-system absolu. Un train ne peut pénétrer dans une section bloquée que pour porter secours à un autre train en détresse. Les postes sont munis d'appareils télégraphiques à cadran qui leur permettent de communiquer, le cas échéant, avec les stations voisines.

e. Block-system de l'Est. — La Compagnie de l'Est a fait tout d'abord usage d'appareils Tyer analogues à ceux du réseau de Paris-Lyon-Méditerranée. Mais, depuis, elle y a substitué les appareils du Nord avec la même réglementation, si ce n'est que l'intervalle de cinq minutes peut être réduit à deux sur les sections où l'intervalle de temps est fixé à cette durée réduite, en dehors de l'application du block-system.

f. BLOCK-SYSTEM DU MIDI. — Quant à la Compagnie du Midi, elle n'a fait jusqu'ici que des applications très restreintes du block-system.

g. RÉSUMÉ. — En résumé, toutes les Compagnies, sauf celle d'Orléans, font précéder le signal d'arrêt absolu du poste par un signal avancé servant aussi de signal d'avertissement. Sur le réseau d'Orléans, il faut que le mécanicien puisse voir d'assez loin le signal du sémaphore.

C'est la Compagnie d'Orléans qui a le block-system le plus absolu. Au contraire, c'est la Compagnie de l'Ouest qui a le système le moins rigoureux : elle a admis une combinaison mixte du block-system absolu et du block-system permissif.

Sur tous les réseaux sauf le Paris-Lyon-Méditerranée, la règle des intervalles de temps a disparu. Cette dernière n'a été maintenue que sur le réseau de Lyon, pour les postes de gare.

h. ESPACEMENT DES POSTES. — L'espacement des postes dépend de nombreux éléments, au premier rang desquels il faut placer l'importance de la circulation, c'est-à-dire le nombre maximum de trains auxquels il importe de livrer passage à un moment donné. D'après les données de la pratique, la longueur des cantons est en moyenne de 2 km. à 2 km. 5 et ne doit pas dépasser 3 km. à 3 km. 5. Les frais d'établissement sont de 2 000 fr. par kilomètre, en chiffre rond.

i. PRESCRIPTIONS ADMINISTRATIVES CONCERNANT LE BLOCK-SYSTEM. — Le Ministre des travaux publics a, pour la première fois, appelé l'attention des Compagnies sur le block-system, par deux circulaires du 25 mars 1876 et du 31 janvier 1877. Mais il ne leur a adressé des prescriptions impératives qu'après les travaux de la Commission d'enquête instituée en 1879, à la suite de l'accident de Flers. Par une troisième circulaire, du 13 septembre 1880, il les a invitées : 1e à présenter, dans un délai de trois mois, des propositions fermes pour l'application du block-system absolu sur les lignes parcourues à certains moments de la journée par 5 trains à l'heure dans la même direction, ainsi que sur les points de ramification ou de rebroussement; 2° à appliquer progressivement avant le 1er janvier 1882, sur les sections à voie unique où circulaient plus de 6 trains réguliers par jour dans chaque sens, soit les cloches allemandes, soit le block-system à signaux extérieurs.

Le 12 janvier 1882, le Ministre a confirmé ses instructions antérieures et prescrit aux Compagnies d'installer dans le plus bref délai, sur les principaux tronçons des lignes à grande circulation de trains, des appareils réunissant les conditions suivantes : solidarité immédiate et complète des signaux électriques et des signaux à vue, de telle sorte que ceux-ci traduisent automatiquement les premiers ; calage mécanique à l'arrêt des signaux visuels, de telle sorte que ces signaux ne puissent être annulés et remis à voie libre que par le poste suivant, dans le sens de la marche du train, et au moyen d'un déclenchement électrique ; enfin, maintien à l'arrêt de tous les signaux, au cas où l'électricité viendrait à faire défaut.

Nous reproduirons plus loin les indications du Code des signaux concernant les sémaphores.

§ 6. — RÈGLES POUR L'USAGE DES SIGNAUX SUR LES LIGNES A VOIE UNIQUE

ET SIGNAUX SPÉCIAUX A CES LIGNES

1. Signaux communs aux lignes à double voie et aux lignes à voie unique. — Les signaux en usage sur les lignes à voie unique peuvent se diviser en deux classes, savoir :

— les signaux communs à ces lignes et aux lignes à double voie;

— les signaux spéciaux aux chemins à simple voie.

La signification et les conditions générales d'emploi de ceux de la 1ʳᵉ catégorie ne nécessitent pas d'explications détaillées. Sauf quelques différences secondaires, elles sont les mêmes que pour les lignes à double voie.

Sur la plupart des réseaux, les disques avancés sont tenus normalement ouverts pour les chemins à voie unique, comme pour les chemins à double voie; seuls, les réseaux du Midi et de l'État sont soumis à un régime inverse. D'après les règlements du Midi, le disque est effacé cinq minutes avant l'heure réglementaire du passage du train, si celui-ci peut continuer sa marche au delà de la station; dans toutes les gares, les disques avancés des deux directions sont enclenchés, de telle sorte qu'il n'y en ait jamais qu'un ouvert à la fois. D'après le règlement de l'État, le disque est ouvert quand la station précédente a demandé la voie et l'a obtenue; avant de l'effacer, le chef de gare doit s'assurer que les aiguilles sont cadenassées ou seront maintenues à la main. Les croisements de trains sont organisés de la manière suivante :

a. Croisements normaux. — Sur le *Nord*, les signaux avancés sont mis à l'arrêt dix minutes avant l'heure réglementaire de l'arrivée du premier train; les deux trains sont introduits successivement et doivent s'arrêter tous deux.

Sur l'*Est*, les disques avancés sont maintenus à l'arrêt dans les deux directions, jusqu'à ce que les trains arrivants soient complètement arrêtés et aient demandé l'entrée. Ils sont ensuite effacés, de telle sorte que les trains ne puissent entrer simultanément en gare. Le signal d'arrêt est fait, en outre, à la tête de chaque quai, avec un drapeau ou une lanterne à feu rouge.

Sur l'*Ouest*, les règles sont analogues à celles du Nord. De plus, le chef de gare fait placer un signal d'arrêt au point qui doit être occupé par la tête de chacun des trains; ce signal est retiré après l'arrivée du train croiseur.

Sur l'*Orléans*, les signaux avancés sont mis à l'arrêt dix minutes avant l'heure réglementaire de l'arrivée du premier train, puis effacés à l'arrivée de chacun des deux trains. En outre, ces trains doivent marquer l'arrêt complet en avant de l'aiguille d'entrée de la gare : un signal d'arrêt est disposé à cet effet.

Sur le *Lyon*, les disques avancés et le sémaphore sont mis à l'arrêt dix minutes avant l'arrivée du premier train. Les deux trains doivent aborder les aiguilles à la vitesse d'un homme marchant au pas. C'est seulement après l'arrêt complet du premier train que le disque est effacé du côté opposé.

Sur le *Midi*, les disques sont ordinairement fermés; le second train n'est reçu qu'après l'arrêt du premier. L'aiguilleur présente au train un signal vert ou rouge, suivant la voie qui est libre.

Sur l'*État*, les gares ne doivent également recevoir le second train qu'après l'arrêt du premier. Les trains marquent l'arrêt en avant de l'aiguille. Un drapeau rouge est placé au point d'arrêt de la tête de chaque train.

b. Croisements accidentels. — Plusieurs Compagnies ont pris un surcroît de précautions, pour le cas de croisements accidentels.

Sur le *Nord*, si l'un des trains ne s'arrête pas ordinairement à la gare où a été reporté le croisement, le signal d'arrêt est répété par un agent de la gare et ce train ne peut reprendre sa marche que sur un ordre du chef de gare.

Dans le même cas, sur l'*Est,* le chef de gare envoie au devant du train un homme armé d'un signal d'arrêt ou d'un feu rouge; cet agent prévient le conducteur-chef et le mécanicien.

Sur l'*Orléans*, les chefs de toutes les gares qui se sont concertées pour opérer des changements de croisement doivent placer immédiatement sur la voie un signal rouge, pour rappeler aux agents qu'ils circulent dans une section où il y a eu modification dans la marche des trains. Ce signal est maintenu dans chaque gare, jusqu'à ce que le train en retard ait été expédié.

Sur le *Lyon*, le train direct est arrêté à l'aiguille d'entrée ; puis le sémaphore est mis au ralentissement et le conducteur-chef est, en outre, prévenu par un homme envoyé à l'aiguille.

2. Signaux spéciaux aux lignes à voie unique. — Ces signaux sont les *cloches électriques; l'indicateur Regnault pour voie unique; l'électro-sémaphore de voie unique Tesse, Lartigue et Prud'homme;* le *bâton.*

a. CLOCHES ÉLECTRIQUES. — Les *cloches* sont des appareils destinés à produire des signaux acoustiques, au moyen de sonneries conventionnelles. Elles sont placées dans les gares et dans certains postes intermédiaires.

Leur usage est général dans divers pays étrangers, notamment en Allemagne, en Autriche, en Italie, en Hollande, etc... C'est en 1862 qu'elles ont été introduites pour la première fois en France par la Compagnie du Nord ; mais elles n'y ont reçu pendant de longues années que des applications restreintes et il a fallu l'énergique intervention de l'Administration pour étendre ces applications, conformément à l'avis de la Commission d'enquête instituée en 1879.

On distingue deux types principaux de cloches électriques, à savoir : 1° les cloches Siemens, à courant d'induction momentané ; 2° les cloches autrichiennes Léopolder, à courant électrique continu et alimenté par des piles.

Voici quels sont les modes d'emploi et de fonctionnement des cloches Siemens sur le réseau du Nord. Les stations ont une cloche à chacune de leurs extrémités ; des appareils de même nature sont, en outre, installés en des points intermédiaires, et de préférence aux passages à niveau. Les postes intermédiaires ne sont que récepteurs. Au moment du passage ou du départ d'un train, les agents de la station font une manœuvre de commutateur qui lance dans le fil de ligne un courant d'induction, sur l'une ou l'autre des deux directions, et met ainsi en mouvement dans la station suivante et dans les postes intermédiaires un système de deux marteaux frappant un certain nombre de coups sur le timbre. L'annonce du train est faite par une sonnerie ou par deux sonneries, suivant le sens de la marche. Les agents de la voie et particulièrement les gardes-barrières sont ainsi avisés de l'approche du train. Au cas où il seraient avertis de l'arrivée de deux trains en sens contraire, ces agents devraient poser des pétards sur les rails et aller au-devant du train le plus éloigné pour lui faire le signal d'arrêt.

Les cloches Léopolder, à l'inverse des cloches Siemens, fonctionnent par l'interruption d'un courant électrique continu. Elles ont été introduites en France par la Compagnie de Paris-Lyon-Méditerranée, dans le cours de l'année 1877. Les postes intermédiaires ne sont pas seulement récepteurs ; ils peuvent, le cas échéant, transmettre des signaux d'alarme ; ils disposent, à cet effet, d'un commutateur recouvert d'une plaque scellée à la cire, et le garde-ligne n'a qu'à briser le scellé, en cas de besoin. Les signaux en usage pour les stations sont au nombre de onze, à savoir : annonce des trains pairs ou impairs ; annulation des avis relatifs à ces trains ; demande de machines de secours ; ordre d'arrêt de tous les trains ; annonce de dérives de wagons. Tous ces signaux se distinguent par la variété des combinaisons de coups de cloche.

Les cloches Siemens ont été adoptées par la Compagnie de l'Est ; les cloches Léopolder l'ont été par les autres Compagnies et par l'Administration des chemins de fer de l'État, avec des variantes dans les signaux. La Compagnie du Midi, s'en tenant au principe de l'absence de signaux tant que la circulation reste libre, avait voulu limiter l'emploi des cloches au cas d'alarme et avait entrepris l'installation de simples trembleuses de fortes dimensions dans les maisons de garde ; mais elle a dû y renoncer sur les injonctions de l'Administration.

L'emploi des cloches n'entraîne aucune modification dans les règlements sur la circulation des trains ; elles donnent le moyen de réparer les erreurs, d'en éviter les effets désastreux, et aussi d'avoir les garanties voulues de sécurité pour les mouvements de trains exceptionnels, susceptibles de se produire par exemple en cas de guerre.

Par sa circulaire du 13 septembre 1880, le Ministre des travaux publics a prescrit aux Compagnies d'appliquer progressivement, avant le 1er janvier 1882, soit les cloches électriques, soit le block-system à signaux extérieurs, aux sections à voie unique où circulent plus de dix trains réguliers par jour dans chaque sens (1).

Le 12 janvier 1882, une seconde circulaire a généralisé la mesure et l'a rendue obligatoire pour toutes les lignes à voie unique autres que celles sur lesquelles le service est fait en navette (Voir aussi une circulaire du 4 mai 1885); elle a d'ailleurs recommandé de préférence les cloches Léopolder, comme susceptibles de permettre la transmission des signaux d'alarme par les agents de la voie (2).

Conformément à un avis du Comité de l'exploitation technique, le Ministre a invité les Compagnies, par circulaire du 4 novembre 1886, à étudier s'il ne serait pas possible de modifier les cloches électriques établies dans les gares et stations de manière à en faire appuyer les signaux acoustiques par un signal optique, et à faire donner aux gares et stations expéditrices l'accusé de réception des signaux transmis par elles, ainsi que des trains qu'annonçaient ces signaux.

Au 1er octobre 1886, 11 530 kilomètres de lignes à voie unique étaient pourvus de cloches électriques ; il restait à les installer sur 3 865 kilomètres.

---

(1) L'emploi des cloches allemandes avait été déjà recommandé aux Compagnies par deux circulaires du 31 janvier 1877 et du 13 mai 1879.

(2) Des systèmes dérivés du Siemens peuvent présenter le même avantage.

b. INDICATEURS REGNAULT. — ÉLECTRO-SÉMAPHORES. — Nous nous abs-
tiendrons de faire connaître la nature et l'usage des indicateurs Regnault
et des électro-sémaphores, qui n'ont pas été appliqués ou n'ont reçu que
des applications restreintes. Ces appareils ne diffèrent pas essentiellement
de ceux dont nous avons déjà parlé pour les lignes à double voie; ils servent à établir un véritable cantonnement.

c. BÂTON-PILOTE. — Les lignes à voie unique sont divisées en plusieurs
sections, sur chacune desquelles un bâton unique, spécial à chaque section,
circule avec les trains. Aucun train ne doit quitter une gare, sans que le
mécanicien ait reçu ce bâton des mains du chef de gare en présence du
conducteur-chef. Cette règle absolue ne souffre de dérogation que dans les
cas suivants :

1° Circulation de plusieurs trains dans le même sens, avant qu'il doive
arriver un autre train en sens inverse sur la même section. (Le dernier
train est alors seul muni du bâton ; les trains précédents reçoivent un ordre
écrit de continuer jusqu'à la gare suivante, avec la mention que le bâton
est retenu pour un train ultérieur.)

2° Changement de croisement. (Le mécanicien reçoit un bulletin portant
que le bâton est retenu à la gare suivante ; le chef de cette dernière gare
ne doit laisser partir le train croiseur et lui remettre le bâton dont il est
détenteur, qu'après l'arrivée du train porteur du bulletin de changement
de croisement.)

3° Mise en circulation d'une machine isolée, sans qu'il ait été possible
d'en aviser les gares en temps utile, notamment pour le cas de secours.
(Dans ce cas encore, le bâton est remplacé par un ordre écrit qui en explique l'absence.)

Par sa circulaire du 13 septembre 1880, le Ministre a invité les Compagnies à faire l'essai du système du bâton sur les lignes dont la fréquentation ne justifierait pas l'emploi des cloches électriques. Seule, la Compagnie de l'Ouest paraît s'être conformée à cette invitation ; elle a
d'ailleurs admis, pour éviter les retards, des tempéraments qui font
perdre au système une partie de ses garanties. La circulaire du 12 janvier
1882, en prescrivant l'application des cloches électriques à toutes les
lignes à voie unique, semble avoir rendu inutile la continuation des essais
antérieurement ordonnés par l'Administration. Cependant la Compagnie
de l'Ouest a actuellement 1500 kilomètres environ de lignes à voie unique,
exploités avec le bâton-pilote.

§ 7. — COUVERTURE DES MANOEUVRES DE GARE

PROTECTION DES BIFURCATIONS, DES PASSAGES A NIVEAU, DES SOUTERRAINS DES PONTS TOURNANTS, ETC...

1. Emploi des signaux pour la protection des manœuvres de gare. — On trouvera minutieusement exposées dans l'ouvrage de MM. Brame et Aguillon les règles en usage sur les divers réseaux pour la protection des manœuvres de gare. Nous nous bornerons ici à des indications très sommaires.

Pour la plupart des Compagnies, les manœuvres engageant une voie principale doivent cesser cinq ou même dix minutes avant l'heure réglementaire de l'arrivée ou du passage d'un train, si ce n'est en cas d'urgence ou dans les très grandes gares : des mesures de précaution sont alors prises pour suppléer à la garantie que devait fournir l'intervalle de temps.

Plusieurs Compagnies doublent le signal avancé par un second signal.

Quand une manœuvre doit s'exécuter sur les voies principales sous la protection de signaux fixes avancés, elle ne doit être commencée que lorsqu'il s'est écoulé, depuis la fermeture du signal, un délai suffisant pour permettre à un train de franchir l'espace compris entre le disque et le point où la voie principale est engagée, si ce disque n'est pas visible du poste qui l'actionne.

2. Signaux de bifurcation. — Les signaux de bifurcation ont été jusqu'ici les suivants sur les divers réseaux :

a. *Nord.* — Disques à distance, signaux carrés d'arrêt absolu, indicateurs de bifurcation, indicateurs de direction des aiguilles, indicateurs de vitesse.

b. *Est.* — Disques à distance, signaux carrés d'arrêt absolu, signaux de direction ou à glaces.

c. *Ouest.* — Signaux ronds rouges aux mâts desquels sont adaptés des signaux d'avertissement ou d'annonce des bifurcations, signaux indicateurs de direction des aiguilles, signaux carrés rouges.

d. *Orléans.* — Signaux de ralentissement et d'arrêt absolu ; mâtereaux indiquant la direction des aiguilles.

e. *Lyon.* — Pour les bifurcations ordinaires, indicateurs de direction, poteaux d'arrêt, sémaphores à quatre bras, signaux d'aiguille ; pour les bifurcations munies d'appareils d'enclenchement, indicateurs de bifurcation, signaux carrés d'arrêt absolu, sémaphores indicateurs de direction.

f. *Midi*. — Poteaux d'arrêt, signaux carrés d'arrêt absolu.

Nous avons indiqué précédemment les dispositions édictées par le Code des signaux pour les indicateurs de bifurcation et les signaux indicateurs de direction des aiguilles.

Sans entrer dans le détail du mode d'emploi de ces signaux, il y a lieu de rappeler-les règles suivantes :

1° Tantôt il est interdit de faire passer plus d'un train à la fois sur les bifurcations ; tantôt, au contraire, on permet les passages simultanés qui peuvent coïncider sans danger : cette dernière pratique n'est admissible que pour les bifurcations munies d'appareils d'enclenchement.

2° Sur l'Est, tous les trains doivent marquer l'arrêt aux bifurcations. Sur les autres réseaux, ils n'ont à subir qu'un ralentissement : ce ralentissement, prescrit par l'article 37 de l'ordonnance du 15 novembre 1846, varie entre la vitesse d'un homme marchant au pas et 20 ou 25 kilomètres.

Par une circulaire du 28 juin 1880, le Ministre a recommandé d'appliquer à toutes les bifurcations le système des enclenchements.

3. Signaux des passages à niveau. — Certains passages à niveau sont particulièrement dangereux, en ce sens que le garde et les passagers n'aperçoivent pas la voie à une distance suffisante et qu'inversement les mécaniciens n'ont pas devant eux un espace suffisant pour l'arrêt de leurs trains, à partir du point limite de visibilité. Des mesures ont été prescrites par l'Administration et prises par les Compagnies pour protéger ces passages. Elles consistent dans l'emploi de disques couvrant le passage ou d'appareils avertisseurs annonçant l'arrivée des trains.

Si l'on a recours aux disques, ces signaux peuvent être enclenchés avec les barrières.

Les appareils avertisseurs sont ou automatiques, ou manœuvrés par les agents. Ceux de la première classe sont commandés par des pédales ou des organes analogues et mus par l'électricité : on peut citer les sonneries électriques avec pédales à soufflet du système Tesse et Lartigue, les sonneries avec commutateur à mercure du système Lartigue, les sonneries avec pédales à soufflet du système Leblanc et Loiseau, les sonneries du chemin de ceinture fonctionnant sous la flexion du rail. Quant aux appareils non automatiques, ils comprennent notamment les appareils Regnault et Jousselin ; les répétiteurs d'électro-sémaphores du Nord ; les avertisseurs électriques du Paris-Lyon-Méditerranée, qui ne sont que des appareils Tyer, modifiés et simplifiés ; et les cloches électriques des lignes à voie unique.

Par une circulaire du 3 septembre 1879, le Ministre a invité les ingénieurs du contrôle à étudier les mesures de protection utiles à adopter pour chacun des passages à niveau dangereux. La circulaire du 13 septembre 1880 a recommandé, sans en faire l'objet d'une injonction absolue, l'emploi d'appareils avertisseurs ou protecteurs aux passages à niveau, eu égard à leur fréquentation et à leur situation.

Au 1ᵉʳ octobre 1886, 919 passages à niveau étaient pourvus d'appareils avertisseurs ou protecteurs ; on considérait l'installation comme devant encore être faite pour 311 passages.

4. **Signaux de souterrains.** — Par application de l'article 29 de l'ordonnance du 15 novembre 1846, les Compagnies sont généralement tenues d'installer, à chacune des têtes des souterrains de plus de 1000 mètres de longueur ou des souterrains curvilignes, un système de signaux tel que deux trains, marchant dans le même sens, ne puissent y être engagés à la fois.

Les souterrains constituent ainsi des sections de block-system.

Indépendamment des appareils ordinaires de cantonnement, il y a lieu de signaler les mesures spéciales suivantes, qui ont été prises par les Compagnies :

a. *Nord.* — Expérimentation d'avertisseurs par transmissions à sonnettes et d'appareils à sonneries électriques.

b. *Est.* — Mise en communication des stationnaires par des appareils télégraphiques ordinaires ou par des appareils spéciaux, tels que les appareils Tyer.

c. *Ouest.* — Communication par des timbres électriques transmettant des signaux conventionnels.

d. *Midi.* — Communication analogue.

Tous ces appareils servent à commander la manœuvre des disques.

5. **Signaux de ponts tournants.** — Les ponts tournants, qui se rencontrent exceptionnellement, sont protégés par des signaux à distance, n'offrant rien de particulier à signaler.

6. **Mesures de précaution en temps de brouillard.** — Ainsi que nous avons eu déjà l'occasion de le faire connaître, les Compagnies ont toutes pris des mesures pour assurer la sécurité de la circulation, en cas de brouillard ou de neige abondante. Ces mesures reposent principalement sur l'emploi des pétards, qui sont posés, soit à la main, soit mécaniquement par des porte-pétards adaptés aux disques ; sur le doublement des signaux fixes par des signaux à main, faits à une distance suffisante en avant ; sur le maintien de l'intervalle de temps entre les trains successifs ; sur la pose de signaux temporaires et supplémentaires de ralentissement.

§ 8. — APPAREILS DIVERS SE RATTACHANT AUX SIGNAUX

1. Communication des trains avec les gares. — On a maintes fois essayé de mettre les trains en communication électrique, soit entre eux, soit avec les gares. Les appareils employés à cet effet se ramènent à deux types, savoir : 1° les appareils télégraphiques portatifs appelés à servir accidentellement, le train arrêté, au moyen d'un fil de correspondance ordinaire; 2° les appareils, tels que ceux de MM. de Baillehache et Bonnelli, au moyen desquels on cherche à réaliser une communication électrique permanente et continue.

La Compagnie du Midi emploie les appareils télégraphiques Bréguet, que les agents du train mettent, le cas échéant, en relation avec un fil spécial ou fil de secours.

Quant aux appareils Bonnelli et de Baillehache, ils supposent l'emploi d'un conducteur électrique mis en relation avec le train par des dispositions que nous n'avons point à décrire ici et qui n'ont pas donné les résultats attendus par leurs auteurs.

2. Appareils de contrôle de la marche des trains. — Nous nous bornons à mentionner pour mémoire ces appareils qui ont pour objet principal de contrôler matériellement l'heure et la durée des arrêts des trains, ainsi que leur vitesse moyenne de marche ou leur vitesse en des points déterminés, notamment aux bifurcations.

3. Appareils de correspondance. — Ces appareils servent, en dehors de l'usage du télégraphe ordinaire, à échanger rapidement certaines communications entre les agents de l'exploitation. Nous avons déjà signalé l'avertisseur Jousselin, qui sert à compléter les appareils du block-system sur le réseau de Paris-Lyon-Méditerranée et à mettre des postes d'enclenchement du même réseau en relation avec la gare voisine. Il faut y ajouter divers autres appareils employés par la Compagnie du Nord, ainsi que les cloches électriques, auxquelles nous avons consacré un paragraphe spécial (1).

4. Enclenchements. — Nous nous réservons de donner quelques indications sur les enclenchements, dans le chapitre où nous traiterons des aiguilles.

(1) Par une circulaire du 2 novembre 1881, le Ministre a recommandé l'étude de sonneries électriques destinées à transmettre d'une gare à l'autre des avertissements relatifs à l'arrivée des trains.

§ 9. — SIGNAUX POUR LES TRANSPORTS STRATÉGIQUES

1. Distinction entre les transports en deçà et les transports au delà des stations de transition. — Conformément au règlement général des 1ᵉʳ juillet 1874-29 octobre 1884, les transports stratégiques se divisent en deux catégories, à savoir : ceux qui se font en deçà et ceux qui se font au delà de la base d'opérations.

Ces derniers se subdivisent eux-mêmes en transports en deçà des stations de transition et transports au delà de ces stations.

Les transports en deçà des stations de transition sont assurés par les Compagnies (article 62). Nous n'avons donc pas à y insister.

2. Transports au delà des stations de transition. — Ces transports sont faits, soit en territoire français, soit à l'étranger, par un personnel spécial organisé militairement, sous la responsabilité de la Direction des chemins de fer de campagne et avec la coopération de Commissions spéciales. Les signaux destinés à pourvoir à la sécurité de la circulation sont soumis à des règles qui sont détaillées dans l'ordre de service nᵒ 1 annexé au règlement général. Les signaux à la main sont faits : 1ᵒ pour l'arrêt, avec un drapeau ou un feu rouge ; 2ᵒ pour le ralentissement, avec un drapeau ou un feu vert. Le signal de ralentissement n'est employé que lorsque la vitesse doit être réduite a 15 kilomètres au plus par heure ; au-dessous de ce chiffre, on doit arrêter le train et indiquer au mécanicien que sa vitesse doit être ramenée à 6 kilomètres au plus, sur un parcours déterminé. Les signaux à la main sont portés à une distance de 1000 mètres au moins ; les signaux d'arrêt sont maintenus pendant dix minutes au moins, après le passage des trains.

Quant aux signaux fixes, les seuls que mentionne l'ordre de service sont les disques ronds. Ces disques sont placés à 1000 mètres au moins du premier changement de voie. Fermés, ils commandent l'arrêt absolu. Sur les sections à double voie, ils sont tenus ouverts, quand la voie est libre ; dès qu'un train les a dépassés, ils doivent être fermés pendant 10 minutes au moins pour le couvrir. Sur les sections à voie unique, ils sont tenus constamment fermés, sauf pendant le temps nécessaire pour l'entrée de chaque train.

Aussitôt qu'un mécanicien aperçoit un signal à l'arrêt, il doit siffler aux freins, se rendre maître de sa vitesse, avancer ensuite lentement et avec la plus grande prudence, de manière à se faire couvrir par le signal, puis s'arrêter complètement. Il ne peut se remettre en marche que sur un ordre du chef de train et celui-ci doit avant tout, s'il s'agit d'un signal à la main, se concerter avec l'agent qui a fait ce signal, et, s'il s'agit d'un signal fixe, s'assurer qu'il peut avancer jusqu'à l'obstacle. Dans tous les cas, les trains arrêtés doivent être couverts à 1000 mètres en arrière.

Lorsque les signaux fixes destinés à protéger une gare n'existent pas, il y est suppléé par des signaux à la main.

Tout agent, quel que soit son grade, doit obéissance passive aux signaux.

§ 10. — OBSERVATIONS SUR LA VARIÉTÉ DES SIGNAUX
INSTITUTION D'UN CODE UNIFORME

1. Observations sur la variété des signaux. — Dès que le réseau national a commencé à se développer, l'attention de l'Administration s'est fixée sur les inconvénients que pourrait avoir la diversité des appareils optiques ou acoustiques employés par les différentes Compagnies, notamment pour indiquer l'état de la voie aux agents des trains.

Le premier document officiel qui porte la trace de cette préoccupation est le rapport de la Commission d'enquête instituée en 1857, à l'effet d'étudier « les moyens de garantir la régularité et la sécurité de l'exploita-« tion des chemins de fer ». On y trouve exprimé, avec toute l'autorité qui s'attache aux remarquables travaux de cette Commission, le vœu « que « les Compagnies adoptent, pour tout ce qui concerne la sécurité publi-« que, une espèce de langue universelle, des signes identiques parlant aux « yeux de tous et qui, rapidement compris et appris même par les per-« sonnes étrangères aux chemins de fer, pourraient prévenir de nombreux « accidents, surtout aux passages à niveau et aux stations ».

Malgré cet avis, les Compagnies ont continué à mettre chacune en usage les signaux qu'elles considéraient comme remplissant le mieux les conditions requises, et l'Administration n'a pas cru devoir, en l'état, leur imposer une unification d'autant plus difficile que l'industrie de l'exploitation des chemins de fer était encore en pleine voie de transformation.

Les funestes événements de 1870-1871 ayant mis en lumière le rôle considérable des chemins de fer au point de vue des opérations militaires, l'opinion publique s'est émue des dangers que la variété des signaux pourrait susciter pour la défense nationale, et l'uniformisation lui est apparue, sinon comme une nécessité absolue, du moins comme une mesure de sage prévoyance, non seulement pour les transports en temps de paix, mais encore et surtout pour les transports en temps de guerre. Toutefois, l'Administration a continué à reculer devant les difficultés qui l'avaient jusqu'alors arrêtée ; elle a cru devoir se borner à uniformiser les signaux et les règles concernant la circulation des trains pour les transports straté- giques au delà de la base d'opérations : un ordre de service a été rédigé dans ce but, conformément à l'avis de la Commission militaire supérieure des chemins de fer, et annexé au règlement du 1ᵉʳ juillet 1874 sur les transports militaires.

En 1882, la question a été portée devant le Parlement. MM. Delattre et de Janzé et plusieurs de leurs collègues ont déposé sur le bureau de la Chambre des députés une proposition de loi relative à « la sécurité pu- « blique dans les chemins de fer ». Les honorables auteurs de cette pro- position concluaient, dans les termes les plus pressants, à mettre les Compagnies en demeure de rendre leurs signaux identiques, afin de permettre, le cas échéant, de faire passer les agents d'un réseau sur l'autre sans courir les risques d'erreurs et d'accidents redoutables.

Le Comité de l'exploitation technique, institué au Ministère des travaux publics, a été consulté à cet égard. La diversité des signaux adoptés sur les différents réseaux ne lui a pas paru présenter des inconvénients aussi grands qu'on était porté à le croire au premier abord. Il n'en a pas moins conclu à l'utilité de compléter l'uniformisation de leur *langage*, en leur attribuant une seule et même signification pour une apparence ou un son déterminé.

Appelé à se prononcer à son tour, le Conseil d'État a, dans sa séance du 9 avril 1884, émis l'avis « qu'il pouvait être utile d'uniformiser les « règles relatives au *langage* des signaux, tout en laissant aux Compa- « gnies, en ce qui touchait les conditions de construction et de manœuvre « des appareils, la liberté indispensable au progrès ». Il a fait, en outre, remarquer que, dans l'état actuel de la législation, l'Administration avait les pouvoirs nécessaires ; qu'il s'agissait de mesures appartenant, par leur nature, au domaine du pouvoir exécutif, dont il importait en cette matière de ne pas amoindrir le rôle et les prérogatives, et que, dès lors, il n'y avait pas lieu de recourir à une loi.

Les conclusions du Conseil d'État concordaient avec celles du Comité de l'exploitation technique. Les unes et les autres ne tendaient qu'à l'uniformisation du *langage* des signaux.

Il convient, en effet, de distinguer, en ce qui concerne les signaux :

1° Les apparences ou les sons qu'ils sont destinés à produire, ainsi que la signification à y attacher ;

2° Leur structure et les moyens mécaniques par lesquels on les manœuvre ;

3° Les règles suivant lesquelles ils sont placés et répartis.

On ne saurait, sans fermer la porte au progrès, réglementer tous les détails des dispositions mécaniques : ce serait d'ailleurs une œuvre sans utilité sérieuse.

On ne pourrait davantage soumettre à des principes absolus, à des formules invariables, la répartition des signaux sur les diverses lignes : cette répartition dépend notamment du profil et du tracé du chemin de fer, ainsi que des conditions du trafic.

Seule, l'uniformisation du sens à attribuer aux apparences ou aux sons, c'est-à-dire du *langage* des signaux, présente un réel intérêt.

A la vérité, l'utilité de la mesure, même restreinte à ces termes, a été contestée par des ingénieurs compétents et expérimentés. Ces ingénieurs ont invoqué les entraves qui en résulteraient pour l'amélioration progressive de l'exploitation, les dangers auxquels on serait exposé pendant la période de transformation, les inconvénients qu'il y a toujours à modifier les règlements et les habitudes du personnel. Ils ont fait remarquer que les agents des trains ne quittent pour ainsi dire jamais leur réseau ; que les parcours communs sont peu nombreux et de faible étendue ; que, le cas échéant, on pourra avoir recours au pilotage, c'est-à-dire faire accompagner les agents des trains pénétrant sur un réseau étranger par un agent de ce réseau ; que, même en cas de guerre, les Compagnies feront chacune, à l'aide de leur personnel, les transports sur leurs lignes, en deçà de la base d'opérations ; enfin, que l'uniformisation des signaux ne suffirait pas pour permettre de lancer impunément des mécaniciens sur des voies dont ils n'auraient point l'habitude et dont ils ne connaîtraient pas le tracé et le profil.

Ces objections n'ont pas convaincu l'Administration. Malgré le soin et l'habileté avec lesquels ont été préparés les transports militaires, on ne peut se dispenser de prévoir certaines éventualités qui conduiraient à faire passer les agents de la traction ou de l'exploitation d'un réseau sur un autre, et, de ce que l'uniformisation des signaux ne pourrait parer complètement à tous les dangers, il faudrait bien se garder de conclure à son inutilité. Du reste, il n'a pas paru impossible de laisser le champ ouvert aux perfectionnements et aux progrès et d'effectuer la transformation avec la prudence et les tempéraments nécessaires pour la rendre inoffensive.

En présence des appréciations conformes du Comité de l'exploitation technique et du Conseil d'État, le Ministre des travaux publics a, vers la fin de 1884, invité la section de contrôle du Comité à rédiger un *Code des signaux*, dont l'objet était « d'unifier le langage des signaux optiques et « acoustiques échangés entre les agents des trains et les agents de la voie « ou des gares ».

Après une étude approfondie, au cours de laquelle les Compagnies ont été entendues, le Ministre a définitivement arrêté, le 15 novembre 1885, et imposé aux Compagnies un code dont nous reproduisons plus loin le texte in extenso.

Ce Code détermine les règles relatives au langage des signaux fixes ou mobiles de la voie et des trains, ainsi que des signaux de départ et d'arrivée des trains dans les gares.

Ont seuls été exceptés :

1° Les signaux de cloches électriques de voie unique, qui n'intéressent pas directement les agents des trains et pour lesquels l'uniformisation du langage n'eût pu être accomplie sans une profonde modification de tous les appareils du réseau du Nord ;

2° Les signaux d'annonce des circulations extraordinaires, qui n'ont qu'une importance secondaire et qui font encore l'objet d'études et d'expériences dont il convenait d'attendre les résultats ;

3° Les signaux de manœuvres à la machine, dont la réglementation fort complexe n'a pas encore paru susceptible d'être assise sur des bases solides et consacrées par la pratique.

L'Administration s'est attachée à innover le moins possible ; elle ne l'a fait que pour les signaux d'aiguilles. Elle s'est efforcée de n'admettre que des solutions simples, nettes et précises, et de choisir celles qui avaient donné les meilleurs résultats et qui étaient le plus généralement usitées sur les différents réseaux.

Même dans le champ étroit du langage des signaux, le seul qu'ait abordé le Code, la voie reste ouverte au progrès. Les Compagnies demeurent libres d'expérimenter de nouveaux appareils, avec l'autorisation du Ministre des travaux publics et sous le contrôle de l'Administration. L'œuvre réalisée en 1885 sera indéfiniment perfectible et pourra suivre pas à pas les développements de l'art et de la science. Elle pourra même y contribuer, en y apportant l'ordre et la méthode et en faisant mieux converger vers un même but les efforts des Compagnies.

La France n'a fait d'ailleurs que suivre le sillon tracé par l'Allemagne, l'Autriche-Hongrie, la Suisse et même l'Angleterre, qui est cependant la terre classique de la liberté industrielle.

La réforme qu'elle a réalisée est, sans contredit, l'une des plus importantes qui aient été accomplies depuis de longues années dans le domaine de l'exploitation technique.

2. Texte du Code des signaux du 15 novembre 1885

TITRE I. — DISPOSITIONS GÉNÉRALES

ARTICLE PREMIER. — Sont régis par les dispositions suivantes les signaux échangés entre les agents des trains et les agents de la voie ou des gares.

Les règlements spéciaux à chaque Compagnie ne pourront contenir aucune disposition contraire.

Les Compagnies pourront d'ailleurs être autorisées par le Ministre des travaux publics à employer, à titre d'essai, des signaux autres que ceux qui sont prévus et définis au présent arrêté.

TITRE II. — SIGNAUX DE LA VOIE

Section 1. — *Généralités.*

ART. 2. — Les *signaux* de la *voie*, c'est-à-dire les signaux faits de la voie ou des stations aux agents des trains ou des machines, sont destinés, soit à indiquer la *voie libre*, soit à commander l'*arrêt* ou le *ralentissement*, soit à donner la *direction*.

Dans tous les cas, l'absence de signal indique que la voie est libre.

Les signaux sont *mobiles*, c'est-à-dire susceptibles d'être transportés et employés en un point quelconque, ou *fixes*, c'est-à-dire établis à demeure en un point déterminé.

ART. 3. — Le signal de *ralentissement* fait à des trains en pleine marche indique que la vitesse effective doit être réduite de façon à ne pas dépasser un maximum de 30 kilomètres à l'heure pour les trains de voyageurs, et de 15 kilomètres pour les trains de marchandises.

Section 2. — *Signaux mobiles.*

ART. 4. — Les signaux mobiles ordinaires sont faits :

Le jour, avec des drapeaux, des guidons, un objet quelconque ou le bras ;

La nuit ou le jour, par temps de brouillard épais, avec des lanternes à feu blanc ou de couleur ;

Le jour, comme la nuit, avec des pétards.

ART. 5. — La *voie libre* peut être indiquée en présentant aux trains :

Le jour, le drapeau roulé ou le bras étendu horizontalement dans la direction suivie par le train ;

La nuit, le feu blanc.

ART. 6. — Le drapeau rouge déployé, tenu à la main par un agent, commande l'*arrêt immédiat.*

A défaut de drapeau rouge, l'arrêt est commandé, soit en agitant vivement un objet quelconque, soit en élevant les bras de toute leur hauteur.

Le feu rouge commande l'*arrêt immédiat.*

A défaut de feu rouge, l'arrêt est commandé par toute lumière vivement agitée.

ART. 7. — Le drapeau vert déployé, ou le guidon vert, commande le ralentissement.

Le feu vert commande le ralentissement.

ART. 8. — En cas de ralentissements accidentels, comme ceux nécessités par les travaux ou l'état de la voie, un drapeau roulé, un guidon blanc ou un feu blanc indique le point à partir duquel le ralentissement doit cesser.

ART. 9. — Les pétards sont employés pour compléter les signaux optiques mobiles commandant l'arrêt, lorsque, soit de jour, soit de nuit, à raison de troubles atmosphériques ou pour toute autre cause, ces signaux ne pourraient pas être suffisamment perceptibles.

Dans ce cas, on doit placer deux pétards au moins, et trois par temps humide, dont un sur chaque rail, à 25 ou 30 mètres d'intervalle et à pareille distance en avant du signal optique qu'ils complètent.

L'emploi des pétards pour compléter les signaux optiques mobiles commandant l'arrêt est obligatoire, lorsque, par suite du brouillard ou d'autres troubles atmosphériques, les signaux optiques ne peuvent être distinctement aperçus à 100 mètres de distance.

ART. 10. — En cas de force majeure, des pétards peuvent être employés isolément et indépendamment des signaux optiques, même en l'absence d'un agent posté pour faire les signaux sur place.

Le mécanicien d'un train qui rencontre des pétards placés dans ces conditions doit se rendre immédiatement maître de la vitesse de son train par tous les moyens à sa disposition et ne plus s'avancer qu'à une vitesse suffisamment réduite pour être en mesure de s'arrêter dans la partie de voie en vue, s'il se présente un obstacle ou un signal commandant l'arrêt. Si, à partir du lieu de l'explosion, après un parcours fixé par le règlement de la Compagnie, sans qu'il puisse être inférieur à 1000 mètres, il ne se présente ni obstacle, ni signal commandant l'arrêt, le mécanicien peut reprendre sa vitesse normale.

Section 3. — *Signaux fixes.*

ART. 11. — Les signaux fixes de la voie sont :

Les disques ou signaux ronds ;

Les signaux d'arrêt absolu ;

Les sémaphores ;

Les signaux de ralentissement ;

Les indicateurs de bifurcation et signaux d'avertissement ;

Les signaux indicateurs de direction des aiguilles.

ART. 12. — Le *disque* ou *signal rond* peut prendre deux positions par rapport à la voie qu'il commande : perpendiculaire ou parallèle.

Le disque fermé, c'est-à-dire présentant au train sa face rouge perpendiculaire à la voie, le jour, ou un feu rouge, la nuit, commande l'arrêt.

Le disque effacé, c'est-à-dire disposé parallèlement à la voie, le jour, ou présentant le feu blanc, la nuit, indique que la voie est libre.

Dès qu'un mécanicien aperçoit un disque fermé, il doit se rendre immédiatement maître de la vitesse de son train par tous les moyens à sa disposition et ne plus s'avancer qu'à une vitesse suffisamment réduite pour être en mesure de s'arrêter à temps dans la partie de voie en vue, s'il se présente un obstacle ou un nouveau signal commandant l'arrêt. En tous cas, il ne devra jamais atteindre la première aiguille, ou la première traversée de voie protégée par le signal, et ne se remettre en marche qu'après y avoir été autorisé soit par le conducteur chef du train, soit par l'agent de service à la gare ou au poste protégé.

ART. 13. — Le *disque* ou *signal rond* doit être suivi d'un poteau indiquant, par une inscription, le point à partir duquel le signal fermé assure une protection efficace.

ART. 14. — Le *signal carré d'arrêt absolu* peut prendre deux positions par rapport à la voie qu'il commande : perpendiculaire ou parallèle.

Le signal présentant au train, le jour, perpendiculairement à la voie, un damier rouge et blanc, et, la nuit, un double feu rouge, commande *l'arrêt absolu*, c'est-à dire qu'aucun train ou machine ne peut franchir le signal, tant qu'il commande l'arrêt.

Le signal effacé, c'est-à-dire disposé parallèlement à la voie ou présentant, la nuit, un feu blanc, indique que la voie est libre.

Art. 15. — Sur les voies autres que celles suivies par les trains en circulation, le *signal d'arrêt absolu* défini à l'article précédent peut être remplacé, avec l'autorisation du Ministre, par un signal carré ou rond à face jaune, présentant, la nuit, un simple feu jaune.

Art. 16. — Le *sémaphore* est un appareil destiné à maintenir entre les trains les intervalles nécessaires.

Il donne ses indications : le jour, par la position du ou des bras dont il est muni ; la nuit, par la couleur des feux qu'il présente.

Le bras qu'on voit à gauche, en regardant le sémaphore vers lequel le train se dirige, s'adresse seul à ce train.

Le jour, le bras étendu horizontalement et présentant sa face rouge commande le ralentissement ; le bras rabattu sur le mât indique que la voie est libre.

La nuit, le sémaphore commande : l'arrêt, par un feu donnant en même temps le vert et le rouge ; le ralentissement, par le feu vert. Le feu blanc indique que la voie est libre.

Le signal d'arrêt du sémaphore interdit la circulation au-delà du poste ou de la station où le sémaphore est placé, sauf autorisation formelle d'avancer, donnée par le chef de station, ou par celui qui en fait fonctions, au poste ou à la station et dans des conditions particulières indiquées au mécanicien.

Art. 17. — Le *disque de ralentissement* peut prendre deux positions par rapport à la voie qu'il commande.

Le signal présentant au train, le jour, perpendiculairement à la voie, sa face verte, et, la nuit, un feu vert, commande le ralentissement indiqué à l'article 3.

Le signal effacé, c'est-à-dire disposé parallèlement à la voie et présentant, la nuit, un feu blanc, indique que la voie est libre.

Des limitations spéciales de vitesse peuvent, dans des cas déterminés par le Ministre, être indiqués par des tableaux blancs, éclairés la nuit et portant le chiffre auquel la vitesse doit être réduite.

Des tableaux portant en lettres apparentes, éclairées la nuit, le mot « ATTENTION », peuvent également, dans les cas fixés par le Ministre, être employés pour indiquer aux agents des trains qu'ils doivent redoubler de prudence et d'attention jusqu'à ce que la liberté de la marche leur soit rendue.

Art. 18. — L'*indicateur de bifurcation* est formé, soit par une plaque carrée, peinte en damier vert et blanc, éclairée la nuit par réflexion ou par transparence, soit par une plaque portant le mot « BIFUR », éclairée la nuit de la même manière.

Ce signal est disposé, sauf autorisation contraire du Ministre, de manière à donner constamment la même indication.

Le damier vert et blanc peut être aussi employé comme *signal d'avertissement* annonçant des signaux carrés d'arrêt absolu qui ne protègent pas des bifurcations.

Le mécanicien qui rencontre, non effacé, l'un des signaux précédents, doit se mettre en mesure de s'arrêter, s'il y a lieu, à l'embranchement ou au signal d'arrêt absolu qu'annonce ledit signal.

Art. 19. — Les signaux *indicateurs de direction des aiguilles* se distinguent en signaux de *direction*, placés aux aiguilles en pointe où le mécanicien doit préalablement demander la voie utile par le sifflet de la machine;

Et en signaux de *position*, destinés à renseigner les agents sédentaires sur la direction donnée par les aiguilles, direction que le mécanicien n'a pas à demander par le sifflet de la machine.

Art. 20. — Les signaux de *direction* des aiguilles, signaux qui ne s'adressent qu'aux trains abordant les aiguilles par la pointe, sont faits par des bras sémaphoriques peints en violet, terminés à leur extrémité en flamme par une double pointe; ces bras sont disposés, se meuvent et sont éclairés la nuit de la manière suivante :

1° Lorsqu'ils sont mus par des leviers indépendants des aiguilles, mais enclenchés avec elles, ils sont placés sur un mât, à des hauteurs différentes, en nombre égal aux directions que peut donner le poste. Le bras le plus élevé correspond à la direction la plus à gauche, le moins élevé à la direction la plus à droite, chacun étant placé de haut en bas, dans l'ordre où se trouvent les directions, en allant de gauche à droite. Les bras ne peuvent prendre que deux positions : la position horizontale, indiquant que la direction correspondante n'est pas donnée; la position inclinée, à angle aigu, indiquant la direction qui est donnée. La nuit, les bras horizontaux présentent le feu violet; les bras inclinés, à angle aigu, le feu vert ou le feu blanc, suivant que l'on doit ralentir ou que l'on peut passer en vitesse;

2° Lorsqu'ils sont mus automatiquement par l'aiguille, le mât ou indicateur juxtaposé à l'aiguille ne présente jamais qu'un bras apparent. Le bras apparent d'un côté, le jour, ou donnant un feu violet, la nuit, indique que la direction correspondant à ce côté est fermée. Le bras effacé, le jour, ou un feu blanc, la nuit, indique le côté dont la direction est donnée. Lorsque plusieurs bifurcations se suivent au même poste, les appareils sont placés dans l'ordre des directions à prendre et leurs indications doivent être observées dans le même ordre.

TITRE III. — SIGNAUX DE TRAINS

Section 1. — Signaux ordinaires portés par les trains.

Art. 21. — Tout train circulant le jour, tant sur les lignes à double voie que sur celles à voie unique, doit porter, à l'arrière du dernier véhicule, un *signal de queue* consistant, soit en une plaque de couleur rouge, soit dans la lanterne d'arrière dont le train doit être muni la nuit.

Art. 22. — Tout train circulant de nuit, tant sur les lignes à double voie que sur celles à voie unique, doit porter à l'avant au moins un feu blanc et à l'arrière un feu rouge, placé sur la face arrière du dernier véhicule; deux autres lanternes doivent être placées de chaque côté, vers la partie supérieure du dernier véhicule, ou, en cas d'impossibilité, de l'un des derniers véhicules; ces lanternes de côté doivent être disposées de façon à lancer un feu blanc vers l'avant et un feu rouge vers l'arrière.

Cette disposition n'est pas obligatoire pour les trains de manœuvre ayant à effectuer un parcours de moins de 5 kilomètres ; dans ce cas, un seul feu rouge à l'arrière suffit.

ART. 23. — Dans tous les cas où aura été établie, en conformité des prescriptions réglementaires sur la matière, une circulation à contre-voie sur une ligne à double voie, tout train ou machine isolée circulant à contre-voie doit porter : le jour, un drapeau rouge déployé à l'avant ; la nuit, un feu rouge en plus du feu blanc ou des feux blancs de l'article précédent.

ART. 24. — Les trains de marchandises peuvent être distingués des trains de voyageurs par l'adjonction d'un feu vert à l'avant.

ART. 25. — Les machines isolées circulant pour le service dans les gares portent, la nuit, un feu blanc à l'avant et un feu blanc à l'arrière.

ART. 26. — Les machines isolées circulant sur la ligne, hors de la protection des signaux des gares, portent, la nuit : à l'avant, au moins un feu blanc ; à l'arrière, au moins un feu rouge, sans préjudice du signal d'avant, spécial au cas de circulation à contre-voie sur une ligne à double voie.

ART. 27. — Les Compagnies peuvent, en se conformant à leurs règlements spéciaux approuvés par le Ministre, distinguer la direction des trains ou machines par la position relative assignée aux feux d'avant et par l'addition de feux supplémentaires. Ces feux supplémentaires peuvent être blancs ou présenter toute couleur autre que le rouge.

Section 2. — *Signaux du mécanicien.*

ART. 28. — Le mécanicien communique avec les agents des trains ou de la voie par le sifflet de sa machine.

Un coup prolongé appelle l'attention et annonce la mise en mouvement.

Aux bifurcations, à l'approche des aiguilles qui doivent être abordées par la pointe, le mécanicien demande la voie en donnant le nombre de coups de sifflet prolongés correspondant au rang qu'occupe la voie qu'il doit prendre, en comptant à partir de la gauche, savoir :

Un coup pour prendre la première voie ;

Deux coups pour prendre la deuxième voie ;

Trois coups pour prendre la troisième voie ;

Quatre coups pour prendre la quatrième voie.

Deux coups de sifflet brefs et saccadés ordonnent de serrer les freins ; un coup bref, de les desserrer.

Section 3. — *Signaux des conducteurs de trains.*

ART. 29. — Le train étant en mouvement, le conducteur de tête communique avec le mécanicien par la cloche ou le timbre du tender.

Un coup de cloche ou de timbre commande l'arrêt.

ART. 30. — Les conducteurs intermédiaires signalent l'arrêt au conducteur de tête et au mécanicien, comme aux agents de la voie, en agitant à l'extérieur de leur fourgon ou vigie un drapeau rouge déployé ou un feu rouge tourné vers l'avant.

Le conducteur de tête, sur le vu de ce signal, le répète au mécanicien en sonnant la cloche ou le timbre du tender.

Tout agent de la voie qui aperçoit à temps un pareil signal doit faire immédiatement le signal d'arrêt au mécanicien, et, si celui-ci ne l'a pas aperçu, employer tous les moyens à sa disposition pour faire présenter utilement au train le signal d'arrêt par l'agent de la voie ou le poste en avant le plus rapproché, dans le sens de la marche du train.

TITRE IV. — DISPOSITIONS SPÉCIALES

Section 1. — Signal de départ et d'arrêt des trains.

Art. 31. — L'ordre de départ d'un train est donné au conducteur de tête par le chef de gare ou son représentant, au moyen d'un coup de sifflet de poche. Le conducteur de tête commande à son tour au mécanicien la mise en marche du train, au moyen d'un coup de cornet.

Si le train mis en marche doit être aussitôt arrêté pour une cause quelconque, le chef de gare en donne le signal par des coups de sifflet saccadés, et le conducteur de tête sonne la cloche ou le timbre du tender.

Le mécanicien doit, dans ce dernier cas, obéir aux coups de sifflet du chef de gare, dès qu'il les entend, alors même que le conducteur de tête ne les aurait pas encore confirmés comme il vient d'être dit.

Section 2. — Dispositions particulières au cas d'exploitation sur plus de deux voies principales.

Art. 32. — Si l'exploitation se fait sur plus de deux voies principales, les signaux destinés à chacune des voies devront être placés au voisinage immédiat et à gauche du rail de gauche de ladite voie, dans le sens de la marche des trains, ou au-dessus de cette voie, à l'exception des sémaphores dont les bras devront être tous placés de façon à être vus les uns au-dessous des autres, les bras les plus élevés s'adressant à la direction la plus à gauche, et les plus bas à la direction la plus à droite, dans le sens de la marche des trains, les bras intermédiaires s'adressant à la direction intermédiaire, s'il y en a une.

TITRE V. — DISPOSITIONS TRANSITOIRES

Art. 33. — Les délais dans lesquels les dispositions prescrites par le présent arrêté devront avoir reçu leur complète application seront déterminés, pour chaque réseau, par des décisions ministérielles spéciales.

CHAPITRE II

MANŒUVRE DES AIGUILLES. — ENCLENCHEMENTS

MESURES ET APPAREILS DIVERS DE SÉCURITÉ

§ 1. — MANŒUVRE DES AIGUILLES

1. Observations générales. — Nous ne pouvons, étant donné le caractère de cet ouvrage, entrer dans des développements techniques sur les appareils de changement de voie ; nous nous bornons donc à quelques indications sur les mesures qui intéressent plus particulièrement la sécurité ou qui caractérisent les progrès réalisés depuis quelques années.

2. Dispositions empêchant l'entre-bâillement des aiguilles ou leur flexion. — Il importe au plus haut point que les aiguilles ne puissent fléchir ou s'ouvrir au passage des trains, ni s'entre-bâiller sous l'action de la dilatation des appareils de manœuvre.

Les mesures prises à cet effet consistent généralement à employer des aiguilles robustes, à les cadenasser et, le cas échéant, à les tenir à la main pendant le passage des trains, à y ajouter des boulons de calage, à munir les appareils de manœuvre de leviers et de balanciers compensateurs.

Le Ministre des travaux publics a adressé aux Compagnies, le 12 juillet 1880, une circulaire par laquelle il leur recommandait le cadenassage des aiguilles par clavettes et, en tous cas, l'adoption des mesures nécessaires pour que les aiguilles prises en pointe par des trains en grande vitesse fussent maintenues très exactement fermées.

Une seconde circulaire du 6 août 1883, dont nous reproduirons plus loin les dispositions (voir page 278), est venue compléter les indications de celle du 12 juillet 1880.

3. Contrôle de la position des aiguilles. — L'indication fournie par les signaux de direction n'est pas suffisante pour donner l'assurance que l'aiguille est rigoureusement placée dans la position qu'elle doit occuper.

Quand les aiguilles étaient faites sur place, il n'y avait guère à s'en préoccuper. Mais le problème a pris une grande importance, au fur et à mesure que se sont généralisées les transmissions à distance.

On a dû, par suite, rechercher des solutions pour ce problème. Parmi celles auxquelles on s'est arrêté, les unes sont mécaniques et se rattachent étroitement aux enclenchements, dont nous traiterons un peu plus loin ; les autres sont fondées sur l'emploi de l'électricité et ont été recommandées par une circulaire ministérielle du 12 juillet 1880 : elles comportent des sonneries qui sont mises en mouvement dès qu'il n'y a pas contact parfait entre les lames de l'aiguille et les rails.

4. Dispositions destinées à empêcher la manœuvre des aiguilles pendant le passage des trains. — Il n'existe guère qu'un appareil de ce genre qui ait reçu quelques applications : il consiste en une pédale sur laquelle passent les roues des véhicules et dont la flexion rend impossible la manœuvre de l'aiguille.

L'étude de ces pédales a été recommandée aux Compagnies par une circulaire ministérielle du 12 juillet 1880.

5. Manœuvre à distance des aiguilles. — Autrefois, les aiguilles étaient manœuvrées sur place ; mais, depuis quelques années, on est entré largement dans la voie des manœuvres à distance au moyen de transmissions mécaniques. L'écartement entre les leviers et les aiguilles peut atteindre facilement 300 et même 400 mètres.

Grâce à cette modification, il a été possible de réunir et de grouper un très grand nombre de leviers et de les mettre ainsi sous la main d'un agent unique, qui commande les manœuvres de la totalité ou d'une partie importante de la gare. Nous n'avons pas besoin d'insister sur les économies de personnel et sur les garanties de sécurité que fournit cette concentration des leviers, surtout avec les enclenchements dont nous traiterons dans le paragraphe suivant : la substitution d'une volonté et d'une action unique à celles de nombreux agents placés souvent loin de l'œil de leur chef est certainement de nature à éviter les manœuvres discordantes et les accidents qui peuvent en être la conséquence. La transformation des appareils de commande des aiguillages a d'ailleurs été, non seulement une excellente mesure au point de vue technique, mais encore un acte d'humanité ; le chef de poste, en effet, au lieu d'être exposé aux intempéries, est abrité dans une cabine le mettant à l'abri de la pluie, du froid et des ardeurs du soleil. Quiconque a vu l'installation de ces cabines ne peut conserver aucun doute sur les avantages de la révolution qui s'est opérée récemment dans la manœuvre des aiguilles.

§ 2. — ENCLENCHEMENTS

1. Définition des enclenchements. Indications générales. —
En traitant des signaux, nous avons dû, à diverses reprises, mentionner
l'enclenchement sans en donner la définition.

On désigne ainsi une conjugaison, une solidarité établie entre divers
appareils et combinée de telle sorte que l'un d'eux ne puisse occuper une
position donnée, si les autres appareils n'ont pas pris, de leur côté, une
position correspondante et déterminée par l'enclenchement.

On peut, par exemple, enclencher :

1° des aiguilles avec des signaux, pour rendre solidaire la manœuvre
de ces aiguilles et celle des signaux optiques et pour empêcher ainsi de
donner aux mécaniciens un signal qui ne soit pas d'accord avec la direction
voulue des aiguilles ;

2° des aiguilles entre elles, pour empêcher de leur donner simultanément des positions qui conduiraient deux trains sur une même voie et
provoqueraient ainsi des collisions ;

3° des signaux entre eux, soit pour assurer la concordance de leur
position, soit pour empêcher d'ouvrir à la fois des signaux qui puissent
amener une rencontre de trains ;

4° des signaux avec des barrières de passages à niveau, pour porter
obstacle à ce que ces barrières soient ouvertes sans que le passage soit
couvert par les disques destinés à les protéger.

Nous pourrions multiplier ces exemples ; mais ils suffisent à faire
comprendre toute l'utilité des enclenchements pour la sécurité, qui se
trouve ainsi soustraite, dans beaucoup de cas, aux effets des négligences,
des distractions, des erreurs du personnel.

Les enclenchements peuvent être réalisés, soit par des moyens exclusivement mécaniques, soit par des dispositions dans lesquelles l'électricité
intervient seule ou concurremment avec les moyens mécaniques.

A propos du block-system, nous avons eu l'occasion de mentionner
des dispositions de cette dernière catégorie.

Quant aux enclenchements mécaniques, de beaucoup les plus nombreux, ils sont maintenant d'un usage très fréquent et se prêtent à des
combinaisons variées. Le lecteur que la question intéressera, au point de
vue technique, pourra se reporter à un très intéressant mémoire de
M. Heurteau, publié en 1880, dans les Annales des ponts et chaussées et
les Annales des mines, et en 1881, dans la Revue générale des chemins de

fer, ainsi qu'à l'ouvrage de MM. Brame et Aguillon sur les signaux des chemins de fer français. Nous nous contenterons de donner ici les renseignements sommaires indispensables pour l'intelligence des circulaires ministérielles que nous aurons à relater.

Les enclenchements peuvent porter sur deux leviers seulement ou, au contraire, sur plus de deux leviers : dans le premier cas, ils sont dits *binaires*; dans le second cas, ils sont ternaires, quaternaires, etc....

On distingue parmi les enclenchements binaires :

1° les enclenchements simples, qui sont les plus nombreux et avec lesquels le levier enclencheur, dans une de ses positions, n'enclenche le levier enclenché que pour l'une de ses positions (normale ou renversée);

2° les enclenchements doubles, qui, sans être aussi nombreux, sont cependant susceptibles d'applications assez fréquentes, et avec lesquels le levier enclencheur, dans une de ses positions, doit pouvoir enclencher l'autre levier pour l'une ou l'autre de ses positions, normale ou renversée;

3° les enclenchements spéciaux, qui ne rentrent ni dans l'une ni dans l'autre de ces catégories.

On peut encore diviser les enclenchements en deux classes distinctes, à un autre point de vue :

1° Enclenchements sur place, produits dans le poste de manœuvre ou de commande des appareils ;

2° Enclenchements à distance, réalisés sur les appareils eux-mêmes, à une distance plus ou moins grande du poste de commande.

a. ENCLENCHEMENTS SUR PLACE. — Le premier système d'enclenchement est dû à M. Vignier, ingénieur de la Compagnie de l'Ouest, qui l'a introduit dans la pratique des chemins de fer en 1855. Il consiste à munir l'un des leviers d'une barre ou tringle percée de trous et se déplaçant perpendiculairement à un verrou lié avec le second levier : les positions relatives prises par les trous et le verrou réalisent les enclenchements nécessaires. Diverses modifications ont été apportées au système primitif imaginé par M. Vignier, pour l'approprier à l'enclenchement de plus de deux leviers.

Mais le type le plus répandu aujourd'hui est celui de MM. Saxby et Farmer. L'enclenchement est produit, soit par le talon d'une plaque de tôle ou lock, commandée par une tringle que le levier enclencheur met en mouvement, soit par un taquet qui se déplace devant une plaque de fonte (ou gril) percée de rainures transversales et dépendant des leviers enclenchés, soit par d'autres combinaisons analogues.

b. ENCLENCHEMENTS A DISTANCE. — Parmi les systèmes d'enclenchement à distance, il y a lieu de noter spécialement la serrure Annett. Les leviers de manœuvre, dont les positions doivent être coordonnées, sont munis d'une serrure à laquelle s'adapte une clef unique; la clef est nécessaire pour la manœuvre des leviers et elle ne peut être retirée de la serrure sans enclencher le levier correspondant dans la position requise pour assurer la sécurité. Les leviers des aiguilles dont la position est commandée par celle de deux disques ne peuvent être manœuvrés qu'avec les deux clefs de ces disques.

Il convient également de mentionner certains autres dispositifs, tels que ceux de MM. Dujour, Baudu, Saxby et Farmer, etc.

Le verrou Vignier peut suffire pour la protection des croisements entre les voies de garage et les voies principales ou les bifurcations simples: l'usage en a même été étendu à quelques postes d'aiguilles d'un certain développement.

Mais ce sont les dispositions des appareils Saxby et Farmer qui conviennent le mieux aux postes plus compliqués, où sont réunis, dans la même cabine et sous la même main, les leviers de manœuvre d'un grand nombre d'aiguilles et de signaux correspondants.

Quant à la serrure Annett, elle peut convenir aux postes intérieurs des gares qui n'ont qu'un petit nombre de signaux et de leviers d'aiguilles à rendre solidaires et qui n'exigent pas une grande rapidité de manœuvres.

Aux appareils d'enclenchement se rattachent les dispositifs mécaniques propres à assurer l'exactitude du jeu des aiguilles manœuvrées à distance. Les trois principaux systèmes imaginés à cet effet sont ceux de MM. Saxby et Farmer, Dujour et Baudu. Dans les deux premiers systèmes, la position de l'aiguille est assurée par un verrou pénétrant dans des trous convenablement disposés sur l'une des tringles; le mouvement des verrous commande, en outre, des barres ou pédales de calage empêchant la manœuvre de l'aiguille, lorsqu'une machine ou wagon l'engage ou se trouve dans son voisinage immédiat. Le troisième système comporte également le verrouillage de l'aiguille, mais par une combinaison mécanique différente.

2. Prescriptions administratives. — C'est surtout pour la protection des bifurcations qu'il peut être utile d'employer les appareils d'enclenchement. Aussi est-ce tout d'abord sur cette application que s'est portée l'attention de l'Administration.

A la suite d'un très intéressant rapport présenté au Comité de l'exploitation technique par M. Heurteau, ingénieur des mines, et d'un avis formulé par ce Comité, le Ministre des travaux publics a prescrit aux Compagnies, par une circulaire du 28 juin 1880, d'établir, pour la protection de toutes les bifurcations de leur réseau, des appareils d'enclenchement dont elles restaient d'ailleurs, jusqu'à nouvel ordre, libres de déterminer le type et les dispositions.

Peu de jours après, le 12 juillet 1880, une seconde circulaire rappelait cette prescription et recommandait, en outre, d'enclencher les aiguilles de jonction des voies principales et des voies de service, avec les signaux correspondants.

Le 13 septembre 1880, conformément à l'avis de la Commission d'enquête instituée après l'accident de Flers, le Ministre renouvelait et étendait ses ordres antérieurs. Il invitait formellement les Compagnies à installer des appareils d'enclenchement, avant le 1er janvier 1882 au plus tard, à toutes les bifurcations, aux groupes d'aiguilles les plus importants et aux aiguilles isolées donnant accès sur les voies principales, de telle sorte que ces voies ne pussent être ouvertes si elles n'étaient protégées par un signal fixe, à l'arrêt.

Le 2 novembre 1881, le Ministre, développant les indications de sa circulaire du 13 septembre 1880, définissait ainsi les aiguilles à enclencher :

1° Aiguilles de bifurcation de deux lignes, placées soit en pleine voie, soit dans les gares ;

2° Aiguilles de sortie des gares de formation des trains et des gares de triage ;

3° Aiguilles de soudure des sablières ;

4° Aiguilles de soudure des embranchements particuliers ;

5° Et, en général, aiguilles isolées comportant au moins quinze manœuvres par jour.

De graves accidents s'étant produits par l'obstruction des voies principales, dans les gares, au moment du passage des trains rapides, le Ministre fut appelé à examiner s'il ne conviendrait pas de généraliser les prescriptions relatives aux enclenchements et de les étendre à toutes les aiguilles intéressant les voies principales et aux traversées de ces voies. Suivant l'avis du Comité de l'exploitation technique, il adressa aux Compagnies, le 6 août 1883, les instructions suivantes :

1° Dans toute gare où l'importance des manœuvres est suffisante pour motiver l'emploi d'agents affectés exclusivement et d'une manière permanente au service des aiguilles, on devra garantir les trains en marche, d'une part, contre les fausses directions, d'autre part, contre l'arrivée intempestive de véhicules provenant des voies latérales, au moyen d'enclenchements établis d'après les bases exposées ci-dessus et réalisant la solidarité convenable entre les aiguilles, signaux ou autres appareils des diverses voies, soit principales, soit accessoires.

2° On devra, dans tous les cas, protéger les voies principales par des enclenchements à leur jonction avec les voies donnant accès à des remises ou dépôts de plus de quatre machines; il en sera de même des points où seront établis des garages en pleine voie.

3° Toutefois, l'emploi de contre-poids fixes ou à cheville cadenassée, ou de dispositions équivalentes donnant normalement aux aiguilles la direction convenable pour assurer la sécurité de la circulation, pourra, dans certains cas, dispenser de les enclencher.

4° Dans les gares où il n'y a pas lieu, d'après ce qui précède, d'appliquer les enclenchements, toute aiguille formant jonction d'une voie principale et d'une voie accessoire doit être pourvue d'un contre-poids fixe ou à cheville cadenassée, ou d'une disposition équivalente assurant normalement la continuité de la voie principale dans les deux cas suivants :

a. — Lorsqu'elle est prise en pointe;

b. — Lorsque la voie accessoire rencontre quelque part une autre voie principale.

5° L'attention des Compagnies est appelée sur l'utilité de protéger les voies principales par des voies de sécurité toutes les fois que la disposition des lieux le permet, et, à défaut de ces voies, par des taquets ou blocs d'arrêt enclenchés.

6° Les dispositions qui précèdent sont applicables sur les lignes à voie unique; toutefois, pour les aiguilles de dédoublement des voies principales, l'enclenchement pourra être remplacé par l'emploi d'un contrepoids fixe ou à cheville cadenassée, ou d'une disposition équivalente donnant normalement la direction convenable.

7° Les croisements à niveau de deux lignes en pleine voie devront être protégés par l'enclenchement des signaux des deux lignes, au même titre que les bifurcations.

Au 1er octobre 1886, 7 158 aiguilles étaient pourvues d'appareils d'enclenchement.

§ 3. — MESURES ET APPAREILS DIVERS DE SÉCURITÉ

1. Voies de sécurité.— En reproduisant les prescriptions de la circulaire du 6 août 1883, nous avons mentionné les voies de sécurité et les taquets ou blocs d'arrêt. Il importe de donner à cet égard de courtes explications.

Les voies de sécurité, dans le sens ordinairement attribué à cette dénomination, sont des voies en cul de sac mises en relation avec les voies de garage en avant de l'aiguille qui mène de ces voies de service aux voies principales. En maintenant dans une position convenable l'aiguille de communication entre la voie de sécurité et la voie de garage à laquelle elle se relie, on est assuré que les wagons stationnant sur la seconde de ces voies et mis en dérive par l'action du vent ou par un choc trop violent se dirigeront sur la voie de sécurité et, par suite, n'engageront pas la voie principale.

L'usage des voies de tiroir ou de sécurité s'est notablement développé depuis quelques années, soit dans les gares, soit pour les embranchements industriels (1).

On en a même étudié l'application, sur certaines lignes à fortes déclivités du réseau du Midi, pour arrêter les véhicules en dérive par suite de rupture d'attelages. Les voies de sécurité seraient greffées sur la voie suivie par les trains montants et l'aiguille de communication serait disposée de telle sorte que les voitures ou wagons descendant en dérive et à contre-voie vinssent s'y engager, abandonnant ainsi la voie principale. Le profil de ces voies affecterait une forme curviligne de manière à amortir graduellement la vitesse des véhicules. Diverses considérations ont conduit à en ajourner l'exécution.

Aux voies de sécurité proprement dites se rattachent les boucles de sécurité par lesquelles se fait sur plusieurs réseaux la jonction des embranchements particuliers avec les lignes à voie unique. L'interposition de ces boucles ramène sur la voie principale les trains qui s'y seraient engagés par suite d'une fausse position de la première aiguille, à moins que, par un concours de circonstances difficile à prévoir, l'aiguille de communication de la boucle avec l'embranchement particulier occupe également une position défectueuse.

---

(1) Les voies de sécurité peuvent être inutiles, quand les voies accessoires ont une pente suffisante pour protéger la voie principale contre l'irruption des véhicules.

2. Taquets et blocs d'arrêt. — Les taquets d'arrêt, visés aussi par la circulaire ministérielle du 6 août 1883, avaient été déjà recommandés par une circulaire antérieure du 20 mai 1858. Ils sont placés sur les voies principales et se composent, soit d'un bloc de bois tournant autour d'un pivot vertical ou d'une charnière horizontale et se rabattant sur l'un des rails, soit d'une traverse à charnières qui peut se rabattre entre les rails ou au contraire se redresser et empêcher le passage des boudins des roues : de ces deux dispositions, la seconde a l'avantage d'agir sur deux roues au lieu d'une ; elle est généralement adoptée en France. Pour que les arrêts mobiles aient l'efficacité voulue, il est indispensable que les véhicules en dérive n'aient pu acquérir une grande vitesse avant de les atteindre. Ils sont impuissants à arrêter une manœuvre à la machine.

Nous avons vu que le Ministre a recommandé l'enclenchement des taquets ou des blocs d'arrêt avec les aiguilles et les signaux donnant accès à la voie principale.

3. Serrage des freins, embarrage, calage à la main. — Par une circulaire du 22 février 1848, le Ministre a prescrit le serrage du frein adapté au tender des locomotives, pour empêcher le départ spontané des machines en stationnement.

Une bonne précaution consiste à serrer de même les freins des wagons qui en sont pourvus et qui stationnent sur les voies de garage : cette précaution est prescrite par certaines Compagnies dans des cas spéciaux, tels que celui d'un vent violent. A fortiori en est-il ainsi pour les véhicules isolés de la machine et au repos sur les voies principales, surtout dans les stations placées au sommet de rampes à forte inclinaison.

L'embarrage des roues a été également recommandé aux Compagnies par une circulaire du 21 décembre 1864, pour les wagons en stationnement au sommet d'une rampe ou sur un palier intermédiaire. Il a le grand avantage d'agir immédiatement sur le véhicule, comme le serrage des freins, et de l'empêcher de prendre une certaine vitesse qu'il est souvent difficile de détruire. On lui reproche d'exposer les essieux à des flexions ou à des torsions, lorsque les agents oublient de retirer les barres avant la remise en mouvement.

La cale à main, à laquelle on a parfois recours, ne présente que peu de garanties. Cependant elle rend des services dans quelques cas déterminés. En Allemagne, on emploie des cales doubles agissant sur les deux roues et formées de deux blocs, analogues à des sabots de frein, réunis par une entretoise en fer, et que l'on place sur les rails, en les fixant au moyen de vis de pression.

4. Heurtoirs. — Nous nous bornons à mentionner, pour mémoire, les heurtoirs fixes placés à l'extrémité des voies en cul-de-sac ; les dispositions de ces appareils n'ont point fait l'objet de prescriptions administratives utiles à relater.

CHAPITRE III

DU MATÉRIEL ROULANT

§ 1. — LOCOMOTIVES

1. Conditions de mise en service. — Aux termes de l'article 7 de l'ordonnance du 15 novembre 1846, les machines locomotives ne peuvent être mises en service qu'en vertu d'une autorisation de l'Administration et après avoir subi toutes les épreuves prescrites par les règlements en vigueur. Lorsque, par suite d'une détérioration ou de toute autre cause, l'interdiction d'une machine a été prononcée, cette machine ne peut être remise en circulation qu'en vertu d'une nouvelle autorisation.

Les épreuves et déclarations auxquelles sont soumises les chaudières des locomotives sont déterminées par les articles 2 à 8 et par l'article 25, § 1er, du décret du 30 avril 1880 sur les générateurs et les récipients de vapeur.

Le cahier des charges, article 32, dispose d'ailleurs que les machines locomotives, comme les véhicules de toute espèce, seront construites sur les meilleurs modèles et qu'elles devront satisfaire à toutes les conditions prescrites ou à prescrire par l'Administration pour leur mise en service.

Enfin, d'après l'article 15 de l'ordonnance de 1846, elles doivent recevoir certaines indications d'ordre.

2. Essieux. — L'article 8 de l'ordonnance du 15 novembre 1846 portait que les essieux des locomotives seraient en fer martelé de premier choix.

La pratique et les progrès de l'industrie métallurgique ont conduit à substituer partiellement l'acier au fer (1).

(1) D'après les travaux de la Commission d'enquête instituée par arrêté ministériel du 26 août 1879, à la suite du grave accident de Flers, les Compagnies de l'Est, de l'Ouest, de Lyon et du Midi continuaient en 1880 à n'employer que des essieux en fer forgé de

Il doit être tenu, d'après l'article 9, § 2, de l'ordonnance de 1846, des registres sur lesquels, à côté du numéro d'ordre (1) de chaque essieu, sont inscrits sa provenance, la date de sa mise en service, l'épreuve qu'il peut avoir subie, son travail, ses accidents, ses réparations. Ces registres sont représentés, à toute réquisition, aux ingénieurs et agents chargés de la surveillance du matériel et de l'exploitation. Le Ministre des travaux publics a rappelé ces prescripions par une circulaire du 25 août 1856, pour les locomotives et leurs tenders.

Une autre circulaire du 6 février 1857, relative à la statistique des accidents, a recommandé de pointer soigneusement tout accident, détresse ou retard causé par une rupture d'essieu.

3. Roues. — L'article 10 de l'ordonnance de 1846 interdit de placer dans un convoi comprenant des voitures de voyageurs aucune locomotive ou aucun tender monté sur des roues en fonte (2). Toutefois, il confère au Ministre la faculté d'autoriser, par exception, des dérogations à cette règle, pour les trains mixtes de voyageurs et de marchandises marchant à la vitesse de 25 kilomètres au plus à l'heure.

4. Appareils préservateurs contre l'incendie. — Les locomotives doivent être pourvues d'appareils ayant pour objet d'arrêter les fragments de coke tombant de la grille et d'empêcher la sortie des flammèches par la cheminée (Article 11 de l'ordonnance de 1846). Le but de cette prescription est de protéger contre les dangers d'incendie les récoltes, les plantations et les maisons voisines du chemin de fer.

Des plaintes s'étant élevées au sujet de l'inefficacité des appareils employés

---

premier choix. La Compagnie du Nord employait exclusivement l'acier Bessemer ou Martin. La Compagnie de l'Ouest avait en service un nombre à peu près égal d'essieux en fer doux et d'essieux en acier fondu ; mais elle développait de plus en plus l'emploi de l'acier.

(1) Le numéro d'ordre est poinçonné sur l'essieu.

(2) Comme l'a constaté la Commission d'enquête instituée en 1879, la situation était la suivante en 1880, au point de vue des bandages des roues. Sur le réseau du Nord, ces bandages étaient en acier, sauf pour les roues de tenders auxquelles la Compagnie continuait à appliquer des bandages en fer, en raison de l'action des freins. La Compagnie de l'Est avait adopté l'acier puddlé pour les bandages des roues d'avant des machines à voyageurs et pour ceux des tenders ; elle avait conservé le fer à grain fin pour les bandages des voitures à grande vitesse ; elle employait l'acier fondu pour toutes les autres roues. La Compagnie de l'Ouest employait exclusivement l'acier fondu, mais avait encore en service un grand nombre de bandages en fer et en acier puddlé. La Compagnie d'Orléans avait adopté pour tous ses bandages l'acier Bessemer ou Martin. Sur le réseau de Paris-Lyon-Méditerranée, les machines et tenders à grande vitesse, ainsi que les voitures à voyageurs, avaient des bandages en fer soudé ; les machines, tenders et wagons à marchandises avaient au contraire des bandages en acier fondu doux, fabriqués par le procédé Martin-Siemens. La Compagnie du Midi suivait à peu près les mêmes errements que la Compagnie de l'Est.

par les Compagnies, pour satisfaire aux obligations que leur imposait l'ordonnance du 15 novembre 1846, le Ministre a déterminé, par un arrêté du 1er août 1857, les dispositions des appareils destinés à arrêter les flammèches ainsi que celles des cendriers des locomotives.

Toutefois, un décret du 30 mars 1874, rendu en la forme des règlements d'administration publique, a autorisé le Ministre à désigner, sur la proposition des Compagnies et pour les lignes de montagne, les sections sur lesquelles les cendriers pourraient être enlevés pendant les périodes d'hiver, eu égard aux inconvénients qu'ils présentent à l'époque des neiges. L'article 2 de ce décret porte qu'en dehors des sections et des périodes ainsi désignées, les Compagnies pourront démonter exceptionnellement les cendriers, en temps de neige, à charge d'en prévenir l'ingénieur du contrôle dans les 24 heures et de renouveler, le cas échéant, cet avis huit jours plus tard, si les cendriers n'ont pu être replacés avant l'expiration de ce terme.

Le lecteur pourra aussi se reporter, en ce qui concerne les cendriers, à une circulaire du 16 mai 1866, relative aux mesures à prendre pour prévenir ou arrêter l'incendie des voitures à voyageurs.

5. **Fumivorité.** — L'article 32 du cahier des charges stipule que les machines locomotives devront consumer leur fumée. Le 1er février 1864, le Ministre des travaux publics, jugeant suffisamment prolongée le période d'expérimentation pour l'accomplissement de cette prescription, a invité les Compagnies à s'y conformer dans un délai de six mois pour les locomotives à voyageurs.

Peu de temps après, par deux circulaires du 21 avril et du 30 avril 1865, le Ministre a adressé aux Compagnies une nouvelle injonction à cet égard, conformément à l'avis de la Commission d'enquête sur la construction et l'exploitation, et leur a laissé l'alternative de brûler du coke ou d'adopter un appareil fumivore; le délai de six mois, précédemment fixé, a d'ailleurs été porté à deux ans.

On pourra encore consulter des circulaires du 3 mai 1866 et du 13 novembre de la même année (1).

6. **Boîtes à sable.** — Le Ministre avait invité les Compagnies, le 15 avril 1864, à lui faire connaître leurs observations sur l'utilité que

(1) Voir un arrêt du Conseil d'État du 30 mars 1870 (Edet), rejetant comme non recevable un recours pour excès de pouvoirs formé par un blanchisseur contre une décision par laquelle le Ministre des travaux publics avait refusé d'imposer à la Compagnie de l'Ouest un nouvel appareil fumivore.

pourrait présenter l'adaptation de boîtes à sable aux locomotives, pour concourir avec les freins à l'arrêt rapide des trains. Mais la Commission d'enquête instituée par arrêté du 28 juin 1864 ayant constaté que les Compagnies avaient spontanément placé des appareils de cette nature sur presque toutes leurs machines, il a reconnu ultérieurement que des prescriptions formelles de sa part n'étaient point commandées par les circonstances (Circulaire du 4 février 1865).

D'ailleurs, par suite de la transformation survenue dans les freins, les boîtes à sable ont changé de destination et ont été surtout employées pour faciliter le démarrage des trains, en cas de patinage par suite du brouillard ou du verglas.

7. **Tubes calorifères.** — Les locomotives sont pourvues de chaudières tubulaires. A la suite de nombreux accidents, le Ministre a tout particulièrement appelé l'attention des ingénieurs en chef du contrôle sur la qualité de l'alliage dont les tubes étaient formés et les a invités à produire un état annuel des ruptures qui se seraient manifestées dans les machines mises en circulation sur le réseau (Circulaires du 21 juin 1856 et du 27 février 1857).

8. **Freins. Contre-vapeur. Renvoi à un chapitre ultérieur.** — Nous réservons la question capitale des freins, pour lui consacrer un chapitre spécial. Ce chapitre mentionnera également les prescriptions relatives à la contre-vapeur.

9. **Entretien.** — Les machines et leurs tenders doivent être constamment entretenus en bon état (Article 16 de l'ordonnance du 15 novembre 1846 et article 32 du cahier des charges).

Les Compagnies sont tenues de faire connaître au Ministre les mesures adoptées par elles à cet égard; en cas d'insuffisance, le Ministre, après avoir entendu leurs observations, prescrit les dispositions qu'il juge nécessaires à la sûreté de la circulation (Article 16 de l'ordonnance de 1846).

10. **Précautions prises pour prévenir le départ spontané des locomotives.** — A l'occasion d'accidents dus au départ spontané de locomotives isolées qui avaient été momentanément abandonnées par leur mécanicien, le Ministre a adressé aux préfets, le 22 février 1848, une circulaire par laquelle il leur a fait connaître qu'il avait signalé aux Compagnies l'opportunité des mesures suivantes : 1° fermer exactement le

régulateur et appliquer le tiroir sur les orifices d'admission, pour toute locomotive allumée et placée sur une voie de garage ; 2° la relier à son tender et serrer les freins de ce tender.

11. Registres de service pour les locomotives. — Aux termes de l'ordonnance du 15 novembre 1846 (Article 9), les Compagnies sont obligées de tenir des états de service pour toutes les locomotives. Ces états doivent être constamment à jour et indiquer, pour chaque machine, la date de la mise en service, le travail qu'elle a accompli, les réparations ou modifications qu'elle a reçues, et le renouvellement de ses diverses pièces.

De même que les registres spéciaux aux essieux, les registres concernant les locomotives doivent être présentés, à toute réquisition, aux ingénieurs et agents chargés de la surveillance du matériel et de l'exploitation ; conformément à l'article 77 de l'ordonnance de 1846, ils sont cotés et paraphés par les commissaires de surveillance.

12. Renseignements statistiques sur le nombre et le parcours annuel moyen des locomotives. D'après les derniers documents statistiques publiés par le Ministère des travaux publics, voici quel était le nombre des locomotives en service sur les chemins de fer français, par rapport au nombre de kilomètres, au trafic et à la recette brute, ainsi que leur parcours kilométrique annuel :

DÉSIGNATION DES RÉSEAUX	LONGUEUR EXPLOITÉE		RECETTE BRUTE kilométrique (grande et petite vitesse)	NOMBRE MOYEN		NOMBRE DE MACHINES PAR KILOMÈTRE			PARCOURS ANNUEL MOYEN DES MACHINES		
	au 31 décembre	moyenne pendant l'année		de voyageurs	de tonnes de marchandises en petite vitesse	à voyageurs ou mixtes	à marchandises ou de gare	Ensemble	à voyageurs	à marchandises ou de gare	Ensemble
	km.	km.	fr.						km.	km.	km.
CHEMINS DE FER DE LA FRANCE CONTINENTALE (Année 1884).											
Nord...............	3.370	3.345	49.033	318.830	557.201	0,28	0,19	0,47	28.566	25.905	27.507
Est................	3.940	3.852	33.403	235.867	343.908·	0,10	0,20	0,30	41.054	28.277	33.508
Ouest.	4.087	4.021	33.111	308.100	221.070	0,15	0,16	0,31	37.455	26.050	31.464
Orléans............	5.303	5.096	34.632	201.282	321.777	0,12	0,10	0,22	37.038	24.594	31.159
Paris-Lyon-Méditerranée....	7.646	7.433	43.165	230.940	490.467	0,11	0,21	0,32	43.568	21.360	28.827
Midi................	2.588	2.502	36.359	222.631	322.339	0,08	0,19	0,27	33.841	25.949	28.395
Ceinture de Paris	32	32	208.755	2.519.296	836.084	Machines de l'Ouest	0,41	0,41	»	21.437	21.437
Grande Ceinture de Paris....	123	122	27.074	62.339	341.526	Machines de l'Est et de l'Ouest			»	»	»
Compagnies secondaires (ensemble)............	217	217	18.916	138.371	137.195	0,13	0,12	0,25	26.440	14.315	20.611
Ensemble des chemins concédés............	27.269	26.583	38.683	249.464	386.246	0,13	0,18	0,34	36.662	24.438	29.859
Réseau de l'État...........	2.112	2.164	10.974	116.086	97.372	0,23	0,02	0,25	29.412	9.359	26.562
Ensemble des chemins de fer français...............	29.354	28.722	36.629	239.632	364.818	0,14	0,17	0,31	36.064	24.280	29.712
Chemins d'intérêt local.........	1.494	1.487	6.446	59.267	30.286	0,12	0,01	0,13	24.514	9.961	24.021
CHEMINS DE FER ALGÉRIENS (Année 1884).											
Paris-Lyon-Méditerranée........	513	513	16 107	109.502	78.039	0,14	»	0,14	26.397	»	26.397
Est-Algérien.................	371	371	6.985	42.940	27.490	0,07	0,04	0,08	21.525	5.033	19.876
Bône-Guelma.................	520	477	5.396	44.275	20.036	0,11	»	0,11	18.074	»	18.074
Ouest-Algérien..............	166	124	13.325	57.762	73.963	0,09	0,04	0,13	18.546	9.244	15.445
Compagnie Franco-Algérienne...	238	238	8.661	17.687	39.655	0,08	0,04	0,09	13.224	3.350	12.566
Ensemble des Chemins algériens.	1.786	1.707	10.042	60.437	45.863	0,10	0,01	0,11	2).596	7.209	19.789

Si l'on se reporte au passé, on constate :

1° Que le nombre des locomotives par kilomètre était :

En 1853, de 0,30 en moyenne (longueur totale exploitée : 4 063 kilomètres; recette brute kilométrique : 24 520 francs);

En 1866, de 0,30 en moyenne (longueur totale exploitée : 14 447 kilomètres; recette brute kilométrique : 44 000 francs);

En 1875, de 0,31 en moyenne (longueur totale exploitée : 19 748 kilomètres; recette brute kilométrique : 43 815 francs);

2° Que le parcours kilométrique annuel moyen des locomotives était de 23 570 kilomètres en 1853, de 27 900 kilomètres en 1866 et de 27 500 kilomètres en 1875.

Ainsi l'extension progressive du réseau, le développement du trafic et les progrès réalisés dans l'exploitation ont amené une meilleure utilisation du matériel de traction.

Nous croyons intéressant de donner des renseignements analogues pour quelques pays étrangers en 1884.

| DÉSIGNATION DES PAYS | LONGUEUR EXPLOITÉE | | RECETTE BRUTE kilométrique (non compris les recettes diverses) | NOMBRE MOYEN | | NOMBRE de LOCOMOTIVES par kilomètre | PARCOURS annuel moyen des MACHINES |
	à la fin de l'année	moyenne pendant l'année		de voyageurs	de tonnes de marchandises en petite vitesse		
	km.	km.	fr.				km.
Allemagne	(1) 36.786	(1) 36.453	32.612	214.738	443.207	0.33	(2) 22.410
Autriche-Hongrie	21.743	20.895	29.036	127.624	307.596	0,23	24.069
Belgique { Lignes exploitées par l'État	3.110	3.100	37.973	354.076	»	0,56	27.261
Belgique { Lignes exploitées par les Compagnies	1.472	1.472	24.887	»	»	0.36	»
Danemark (État)	1.519	1.507	(3) 11.323	153.422	55.745	0.14	23.954
Espagne	8.684	8.253	22.228	»	»	0,17	»
Grande-Bretagne et Irlande	30.352	30.230	(4) 55.659	»	»	0,49	»
Italie	9.916	9.848	21.118	166.842	155.406	0.19	32.902
Norvège	1.562	1.578	(3) 6.186	59.005	43.807	0.09	26.748
Pays-Bas	2.196	2.103	23.423	263.389	246.897	0,29	28.514
Roumanie	1.532	1.505	16.058	83.741	126.458	0.13	20.448
Russie	(5) 24.583	(5) 24.015	(6) 37.280	166.532	(7) 443.540	0.25	(8) 26.001
Suède	6.563	6.438	8.238	45.975	(9) 66.545	0.40	21.644
Suisse	2.890	2.885	23.540	180.719	145.673	0.21	28.229
Nouvelle-Angleterre	10.302	(10) 10.141	(3) 28.872	»	»	0,49	»
États du Centre	28.716	(10) 27.523	(3) 40.647	»	»	0.26	»
États du Sud	28.788	(10) 27.128	(3) 13.246	»	»	0.09	»
États de l'Ouest	108.492	(10) 107.572	(3) 17.751	»	»	0,11	»
États du Pacifique	9.842	(10) 9.523	(3) 18.176	»	»	0.09	»
Ensemble des États-Unis	185.710	(10) 181.887	(3) 21.186	77.257	391.602	0.46	»

(EUROPE ; ÉTATS-UNIS D'AMÉRIQUE)

(1) Non compris les chemins à voie étroite et industriels.
(2) Non compris les manœuvres de gare.
(3) Y compris les recettes diverses.
(4) Déduction faite de l'impôt sur la grande vitesse.
(5) Non compris les chemins finlandais et transcaspien.
(7) Y compris les bestiaux.
(8) Y compris les manœuvres et le parcours des locomotives étrangères sur les voies russes.
(9) Y compris les marchandises de grande vitesse et non compris les animaux.

Si l'on veut rapprocher entre eux les chiffres précédemment indiqués pour le parcours kilométrique des locomotives, il convient de ne pas perdre de vue que ces chiffres ne sont pas tous établis sur la même base, et notamment que les uns comprennent les parcours en manœuvre, tandis que les autres n'en tiennent pas compte. Il importe aussi d'observer, en ce qui concerne spécialement le tableau relatif à la France, que le classement des machines locomotives n'est pas toujours commandé par des distinctions caractéristiques.

§ 2. — VOITURES A VOYAGEURS.

1. Conditions de mise en service. — Aucune voiture pour les voyageurs ne peut être mise en service sans une autorisation du préfet, donnée sur le rapport d'une Commission constatant qu'elle satisfait aux conditions prescrites par l'article 12 de l'ordonnance du 15 novembre 1846, c'est-à-dire qu'elle est solide, commode et pourvue de ce qui est nécessaire à la sûreté des voyageurs, et que les dimensions de chaque place sont au moins de 0 m. 45 en largeur, 0 m. 56 en profondeur et 1 m. 45 en hauteur. (Voir un arrêt de la Cour de cassation du 16 janvier 1848, Cie d'Orléans à Bordeaux.)

L'autorisation de mise en service n'a d'effet que lorsque l'estampille, rendue obligatoire pour les voitures publiques par l'article 117 de la loi du 25 mars 1817, a été délivrée par le directeur des contributions indirectes (Art. 13 de l'ordonnance de 1846).

Ces dispositions réglementaires ont été rappelées aux Compagnies par une circulaire ministérielle du 3 juin 1857.

L'article 32 du cahier des charges dispose d'ailleurs que les voitures seront faites d'après les meilleurs modèles, suspendues sur ressorts et garnies de banquettes.

Enfin, d'après l'article 15 de l'ordonnance, elles doivent porter, outre la désignation de la Compagnie, un numéro d'ordre spécial, ainsi que l'estampille des contributions indirectes.

2. — Classes diverses de voitures. — D'après l'article 32 du cahier des charges des chemins de fer d'intérêt général, il doit y avoir au moins trois classes de voitures, à savoir :

— des voitures de 1re classe, couvertes, garnies, fermées à glaces et munies de rideaux ;

— des voitures de 2e classe, couvertes, fermées à glaces, munies de rideaux et pourvues de banquettes rembourrées ;

— des voitures de 3e classe, couvertes, fermées à glace, munies de rideaux ou de persiennes et pourvues de banquettes à dossier.

Les Compagnies peuvent, en outre, aux termes de l'article 43, mettre à la disposition du public des voitures ou des compartiments spéciaux: tels sont les wagons-salons, les wagons-lits, les coupés-lits, les fauteuils-lits et les coupés.

Les prescriptions du cahier des charges type des chemins de fer d'intérêt local sont un peu différentes. Elles spécifient les conditions auxquelles devront satisfaire, le cas échéant, les voitures à deux étages. Le nombre de classes est fixé dans chaque espèce; à diverses reprises, le Conseil d'État a demandé que ce nombre ne descendit pas au-dessous du minimum de deux.

3. Essieux, roues, loqueteaux de fermeture, mains-courantes, glaces dormantes dans les cloisons séparatives des compartiments, etc. — Les essieux et les roues des voitures sont soumis aux dispositions des articles 8, 9, 10 et 77 de l'ordonnance du 15 novembre 1846, que nous avons déjà relatées pour les machines locomotives.

Par une circulaire du 25 août 1856, le Ministre a rappelé la nécessité de tenir régulièrement les registres d'essieux, pour les voitures à voyageurs comme pour les machines locomotives, et d'y consigner exactement toutes les circonstances utiles à mentionner.

A la date du 5 juin 1880, conformément à un avis du Comité de l'exploitation technique, le Ministre a décidé, par interprétation de l'article 9 de l'ordonnance du 15 novembre 1846, que, pour les essieux autres que ceux des machines et tenders, les Compagnies pourraient se borner à établir la moyenne des parcours effectués chaque année par l'ensemble des essieux de voitures et de wagons sans distinguer la nature des véhicules, mais qu'elles continueraient à enregistrer la provenance de chaque essieu, la date de sa mise en service, l'épreuve subie par lui, les accidents et les réparations auxquels il aurait donné lieu.

Le mode de fermeture a aussi fixé l'attention de l'Administration. On comprend, en effet, toute l'importance de la question au point de vue de la sécurité.

La fermeture à clef a été absolument proscrite, après le terrible accident de la ligne de Versailles (rive gauche), qui avait mis en lumière les dangers de l'emprisonnement des voyageurs dans les compartiments.

Conformément à l'avis du Conseil général des ponts et chaussées, le Ministre a prescrit aux Compagnies, le 11 mai 1855, d'adapter aux portières, indépendamment du pêne, un loqueteau placé à 0 m. 50 au plus en contrebas des ouvertures de ces portières, de manière à pouvoir être manœuvré par les voyageurs, en cas d'accident. Il leur a en même temps recommandé, pour la manœuvre du pêne, une poignée rectangulaire répétant tous ses mouvements et indiquant si la portière est ouverte ou fermée. Cette double fermeture constitue une excellente précaution et les agents peuvent s'assurer d'un coup d'œil si toutes les voitures du train sont bien closes, comme elles doivent l'être. Diverses dérogations aux règles précédentes ont été toutefois autorisées depuis, dans des cas particuliers ; des dispenses relatives aux loqueteaux ont été notamment accordées pour les voitures destinées aux trains de la banlieue de Paris, où le public est habitué à ouvrir et à fermer les portières et où il importe de réduire au minimum la durée de l'arrêt aux stations. Une circulaire du 10 janvier 1885 a invité les Compagnies à étudier des appareils indicateurs faisant connaître aux voyageurs si les portières sont bien fermées.

Des incendies s'étant déclarés à diverses reprises dans des voitures à voyageurs en circulation sur les chemins de fer, la Commission d'enquête instituée par arrêté ministériel du 28 juin 1864 a été invitée à examiner les mesures qu'il pourrait être utile de prescrire pour éviter le retour de ces accidents. La Commission a conclu à l'adoption de certaines dispositions, qui ont fait l'objet d'une circulaire du 16 mai 1866 et parmi lesquelles nous signalons l'installation de marchepieds et de mains-courantes le long des voitures et fourgons des trains de voyageurs, sans toutefois que la circulation extérieure le long des véhicules, pendant la marche des trains, soit rendue obligatoire pour les agents (1).

Récemment, la Commission d'enquête instituée à la suite de l'accident de Flers a émis l'avis qu'il y avait lieu d'inviter les Compagnies à prendre des mesures pour que la circulation le long des trains soit toujours possible, au moins pour un des agents, soit en adaptant des marchepieds et des mains-courantes aux wagons à marchandises qui seraient admis dans les trains de voyageurs, soit en plaçant convenablement ceux de ces véhicules qui n'en seraient pas munis. Elle a signalé en même temps l'utilité qu'il y aurait, pour prévenir des tentatives criminelles, à établir des communications partielles entre les compartiments voisins d'une même voiture, par exemple au moyen d'ouvertures de dimensions restreintes, fermées par des glaces. Des instructions conformes ont été adressées aux Compagnies, notamment par une circulaire du 13 septembre 1880.

Après l'assassinat de M. Barrême, préfet de l'Eure, le Ministre des travaux publics, transformant en une prescription impérative ce qui n'était jusqu'alors qu'une recommandation, a invité les Compagnies, par une circulaire du 10 juillet 1886, à munir les cloisons séparatives des compartiments de glaces dormantes permettant de voir, dans le compartiment adjacent, tous les voyageurs de la banquette qui fait face à la cloison. Cette amélioration, destinée à

---

(1) Voir une circulaire du 6 juillet 1887 relative à la disposition des marchepieds et des trottoirs.

protéger les voyageurs contre les attentats, est déjà pratiquée sur les réseaux du Nord et de Paris-Lyon-Méditerranée; elle doit être réalisée sur les autres réseaux, au fur et à mesure de l'envoi des voitures en grosse réparation. Nous y consacrerons plus de développements, lorsque nous traiterons de la communication des voyageurs entre eux, dans le chapitre relatif à la composition des trains.

4. Appareils de mise en communication des voyageurs avec les agents des trains. — Nous réservons également pour le même chapitre les indications que nous avons à donner relativement à ces appareils.

5. Entretien. — Les dispositions de l'article 16 de l'ordonnance du 15 novembre 1846 et de l'article 32 du cahier des charges, que nous avons déjà citées à propos des machines et de leurs tenders, s'appliquent également aux voitures à voyageurs.

6. Éclairage des voitures. — Les voitures fermées, destinées aux voyageurs, doivent être éclairées pendant la nuit et au passage des souterrains désignés par le Ministre (Article 24 de l'ordonnance du 15 novembre 1846). Sont habituellement désignés les tunnels ayant plus de 1 000 à 1 200 mètres de longueur.

L'éclairage laisse encore beaucoup à désirer sur certains réseaux. Des tentatives sérieuses ont cependant été faites, surtout pendant ces dernières années, en vue de l'améliorer; on peut citer particulièrement l'emploi du gaz comprimé et accumulé dans des réservoirs placés au-dessous des voitures.

7. Chauffage des voitures. — Le chauffage des voitures en hiver a été, de tout temps, l'objet des préoccupations des Pouvoirs publics.

Dès 1861, la Commission d'enquête instituée sous la présidence de M. Michel Chevalier étudiait les moyens d'étendre à toutes les voitures sans distinction le chauffage, qui jusqu'alors était exclusivement appliqué aux voitures de 1re classe; mais elle reconnaissait l'impossibilité pratique de cette généralisation, en l'état des procédés usuels ou expérimentés avec succès.

Plus tard, les raisons humanitaires susceptibles de militer en faveur de la mesure furent plusieurs fois portées à la tribune du Corps législatif et à celle de l'Assemblée nationale.

Toutefois, ce fut seulement en 1875 qu'une clause fut introduite à cet égard dans les conventions avec les grandes Compagnies du Nord, de l'Est, de l'Ouest, de Paris-Lyon-Méditerranée et du Midi. Il fut stipulé : 1° que, dans le cas où l'une des cinq autres Compagnies appliquerait aux voitures des trois classes, sur l'ensemble de son réseau, un système de chauffage agréé par le Ministre des travaux publics, la Compagnie contractante serait tenue, si elle en était requise par le Ministre, de mettre en pratique sur son réseau, soit le même système, soit tout autre jugé préférable et agréé par l'Administration ; 2° qu'en tout état de cause, les compartiments réservés aux dames seules seraient désormais chauffés dans les trois classes.

Les projets de convention qui ont été présentés au Parlement de 1876 à 1882, contenaient également des dispositions destinées à assurer le chauffage des voitures.

C'est ainsi que le projet de convention de 1876 avec la Compagnie d'Orléans étendait au réseau de cette Compagnie l'obligation de chauffer immédiatement les compartiments des dames seules et y ajoutait celle de chauffer, à partir du 1er janvier 1878, les voitures de toutes classes, dans ceux de ses trains qui auraient un parcours de plus d'une heure.

Le projet de convention de 1878 avec la Compagnie du Nord imposait le chauffage des voitures de toutes classes ayant plus de deux heures de parcours.

L'article 25 du projet de convention de 1882 avec la Compagnie d'Orléans portait que les voitures seraient toutes chauffées, quelle que fût la durée du trajet, sauf les exceptions autorisées par le Ministre des travaux publics.

La sous-commission technique et la sous-commission commerciale, instituées au sein de la Commission extraparlementaire du régime des chemins de fer, ont formulé à leur tour, en 1882, des propositions tendant à développer et à généraliser le chauffage des voitures

Enfin, au cours de la discussion des conventions de 1883, un amendement a été présenté dans le but de rendre obligatoire le chauffage des voitures de 3e classe, sans aucune exception ; mais la prise en considération de cet amendement a été repoussée sur l'assurance donnée par le Ministre, qu'en fait cette mesure était réalisée.

Les Compagnies sont, en effet, parvenues progressivement à satisfaire presque complètement aux vœux du public.

On pourra consulter, à ce sujet, deux circulaires ministérielles du 21 mai mai 1879 et du 24 mai 1884. Par la première de ces circulaires, le Ministre décidait, conformément à l'avis du Comité de l'exploitation technique des chemins de fer, qu'il y avait lieu d'adopter, au moins provisoirement et malgré ses imperfections, le système de chauffage par bouillottes, sans

préjudice de la continuation des essais entrepris par les Compagnies et
sous réserve du droit de l'Administration de prescrire ultérieurement tout
autre système reconnu préférable. En outre, interprétant les conventions
de 1875 sur le sens desquelles il s'était élevé des contestations, il admettait que les Compagnies n'étaient point astreintes à chauffer les trains à
faible trajet, alors même que ces trains étaient en correspondance avec
des trains d'une autre ligne ; néanmoins il recommandait cette amélioration du service. Par la seconde circulaire, le Ministre, rappelant les recommandations de son prédécesseur, exprimait l'espoir que, dès l'ouverture du service d'hiver de 1884-1885, le chauffage serait appliqué d'une
manière générale à toutes les voitures sans limitation de parcours et sur
toutes les lignes, y compris celles de la banlieue de Paris.

8. **Améliorations successives apportées aux voitures à voyageurs.** — Les voitures ont reçu depuis l'origine de nombreuses améliorations, au point de vue du bien-être et du confortable assurés aux
voyageurs. Une exposition rétrospective des principaux modèles successivement adoptés présenterait un grand intérêt et serait de nature à calmer
les revendications très légitimes, mais quelquefois trop impatientes, du
public. En rapprochant les types primitifs et rustiques de la période d'enfance des chemins de fer de ceux qui sont aujourd'hui en usage, on verrait
toute l'étendue des progrès accomplis et des sacrifices que les Compagnies
ont dû s'imposer pour leur réalisation. La transformation serait surtout
frappante pour les voitures de 3e classe, qui étaient autrefois découvertes
et où les voyageurs étaient exposés à toutes les intempéries, et qui aujour-
d'hui sont soigneusement closes et comportent même, sur certains réseaux,
des banquettes rembourrées.

Le mérite du perfectionnement progressif des voitures à voyageurs
n'appartient d'ailleurs pas exclusivement aux Compagnies ; il faut en attribuer une large part à l'Administration et au Parlement, qui n'ont cessé de
s'en préoccuper et qui ont fait les efforts les plus persévérants pour accroître le confort du matériel.

Au début, certaines Administrations de chemins de fer avaient pensé
qu'il était de leur intérêt de rendre peu commode et peu agréable l'usage
des voitures des classes inférieures, afin de rejeter les voyageurs sur les
classes supérieures et d'augmenter ainsi les recettes de l'exploitation.

Il y avait là un calcul fort malheureux. Si elles arrivaient ainsi à
réaliser un petit bénéfice pour une faible catégorie de voyageurs, en revanche elles perdaient bien davantage par l'obstacle qu'elles opposaient
au développement du goût des voyages. Il eût été beaucoup plus sage,

plus habile et plus commercial de leur part d'attirer par tous les moyens possibles une nombreuse clientèle, d'appeler à elles les masses qui forment toujours la base la plus solide et l'élément le plus certain du succès industriel. C'est ce qu'a fait ressortir avec beaucoup de sens et d'autorité M. Michel Chevalier, l'éminent rapporteur de la Commission d'enquête instituée en 1861. Sans rechercher pour les voitures des classes inférieures un luxe qui ne serait point en harmonie avec les habitudes des voyageurs et qui se traduirait inévitablement par un relèvement des taxes, il importe de ne rien négliger pour en assurer la commodité et la salubrité, pour éviter aux voyageurs une fatigue excessive, pour les placer dans d'excellentes conditions hygiéniques.

9. Renseignements statistiques sur la consistance et l'utilisation du matériel de transport des voyageurs. — Nous résumons dans le tableau suivant les principales indications relatives à la consistance et à l'utilisation du matériel de transport des voyageurs, d'après les dernières statistiques officielles, pour les chemins de fer français.

DÉSIGNATION DES RÉSEAUX	LONGUEUR EXPLOITÉE au 31 décembre	moyenne pendant l'année	RECETTE BRUTE KILOMÉTRIQUE (Voyageurs)	NOMBRE MOYEN de voyageurs	NOMBRE DE VOITURES PAR KILOMÈTRE de 1re classe et de luxe	de 2e classe et mixtes	Voitures de 3e classe	TOTAL	PARCOURS ANNUEL MOYEN DES VOITURES — Voitures de 1re classe et de luxe	Voitures de 2e classe et mixtes	Voitures de 3e classe	ENSEMBLE	Proportion des places occupées pour 100 offertes	PROPORTION p. % DU NOMBRE DE VOYAGEURS à toute distance 1re classe	2e classe	3e classe	à la distance entière 1re classe	2e classe	3e classe
	km.	km.	fr.						km.	km.	km.	km.							

1° Chemins de fer de la France européenne

A. — Chemins de fer d'intérêt général (Année 1884).

DÉSIGNATION DES RÉSEAUX	au 31 déc.	moyenne	Recette brute	Nombre moyen	1re cl.	2e cl.	3e cl.	Total	1re cl. km.	2e cl. km.	3e cl. km.	Ensemble km.	Prop. places	1re	2e	3e	1re	2e	3e
Nord	3.370	3.345	14.449	318.830	0,22	0,29	0,35	0,86	66.276	47.425	41.510	49.764	19,6	8,8	22,3	68,9	22,9	30,9	46,2
Est	3.940	3.852	10.832	235.867	0,12	0,27	0,32	0,71	79.255	42.182	48.852	51.626	15,2	6,0	36,0	58,0	11,2	23,8	65,0
Ouest	4.087	4.021	14.077	308.100	0,20	0,35	0,25	0,80	47.931	43.687	42.530	44.446	19,6	13,2	51,4	35,4	15,9	38,7	46,3
Orléans	5.303	5.096	9.729	201.282	0,11	0,15	0,30	0,56	57.799	45.370	42.347	46.236	20,0	4,7	12,1	83,2	12,8	14,6	72,6
Paris-Lyon-Méditerranée	7.646	7.433	11.925	230.940	0,12	0,20	0,35	0,67	57.452	42.853	37.008	42.526	22,1	3,6	12,7	81,7	14,8	16,2	69,0
Midi	2.588	2.502	10.615	222.631	0,19	0,23	0,34	0,70	33.857	40.731	39.402	38.434	22,1	5,2	13,6	81,2	10,1	17,2	72,7
Ceinture de Paris	32	32	78.590	2.519.296	0,72	2,59	»	3,31	60.046	43.348	»	47.001	13,9	4,0	96,0	»	3,9	96,1	»
Grande-ceinture de Paris	123	122	2.940	62.339	(Voitures des Compagnies de l'Est et de l'Ouest)				»	»	»	»	8,8	5,8	13,0	81,2	5,8	13,0	81,2
Cies secondaires (Ensemble)	217	217	6.093	138.371	0,02	0,25	0,29	0,56	16.521	25.996	17.286	20.369	25,5	5,8	21,6	72,6	4,7	14,3	81,0
Ensemble des chemins concédés	27.269	26.583	11.873	249.464	0,15	0,24	0,32	0,71	57.086	43.705	41.132	43.426	19,8	7,8	34,4	57,8	14,8	24,6	60,6
Réseau de l'État	2.112	2.164	4.216	116.086	0,08	0,28	0,45	0,81	27.502	36.927	23.892	27.875	17,7	1,7	8,9	89,4	3,3	13,2	83,5
Ensemble des chemins d'intérêt général	29.354	28.722	11.307	239.632	0,15	0,24	0,33	0,72	55.783	43.385	39.842	44.387	19,7	7,6	33,6	58,8	14,3	24,2	61,3

B. — Chemins d'intérêt local Année 1884).

	au 31 déc.	moyenne	Recette brute	Nombre moyen	1re cl.	2e cl.	3e cl.	Total	1re cl. km.	2e cl. km.	3e cl. km.	Ensemble km.	Prop. places	1re	2e	3e	1re	2e	3e
Ensemble	1.494	1.487	3.103	59.267	0,02	0,20	0,14	0,36	13.258	26.131	19.144	32.747	»	2,5	48,4	49,1	3,0	31,3	65,7

DÉSIGNATION DES RÉSEAUX	LONGUEUR EXPLOITÉE au 31 décembre	LONGUEUR EXPLOITÉE moyenne pendant l'année	RECETTE BRUTE KILOMÉTRIQUE (Voyageurs)	NOMBRE MOYEN de voyageurs	NOMBRE DE VOITURES PAR KILOMÈTRE de 1re classe et de luxe	de 2e classe et mixtes	Voitures de 3e classe	TOTAL	PARCOURS ANNUEL MOYEN DES VOITURES Voitures de 1re classe et de luxe	Voitures de 2e classe et mixtes	Voitures de 3e classe	ENSEMBLE	Proportion des places occupées pour 100 pl. offertes	PROPORTION p. % DU NOMBRE DE VOYAGEURS à toute distance 1re classe	2e classe	3e classe	à la distance entière 1re classe	2e classe	3e classe
	km.	km.	fr.						km.	km.	km.	km.							
2° CHEMINS DE FER ALGÉRIENS (ANNÉE 1884).																			
Paris-Lyon-Méditerranée	513	513	5.975	109.502	»	0,12	0,20	0,32	1.480	36.677	28.156	31.070	39,7	1,9	14,9	83,2	3,3	19,0	77,7
Est-Algérien	371	371	2.603	42.940	»	0,09	0,17	0,26	5.674	18.953	10.616	13.257	28,1	2,8	17,1	80,1	3,4	19,1	77,5
Bône-Guelma	520	477	2.574	41.275	0,02	0,07	0,14	0,23	32.337	20.979	21.478	22.139	21,4	2,8	12,3	84,9	3,4	15,4	81,2
Ouest-Algérien	166	124	3.779	57.762	»	0,11	0,18	0,29	»	11.764	13.959	13.108	31,0	1,5	13,0	85,5	1,7	14,8	83,5
Compagnie Franco-Algérienne	238	238	1.260	17.687	0,04	0,07	»	0,11	14.442	14.150	»	14.288	24,4	15,7	84,3	»	17,1	82,9	»
Ensemble des chemins de fer Algériens	1.786	1.707	3.531	60.437	0,01	0,10	0,15	0,26	22.772	22.772	20.114	21.248	30,3	2,7	17,4	79,9	3,8	20,6	75,6

Les principaux chiffres statistiques relatifs aux années 1853, 1866 et 1875 étaient les suivants pour l'ensemble des chemins de fer d'intérêt général.

	au 31 décembre	moyenne pendant l'année	RECETTE BRUTE	NOMBRE MOYEN	de 1re classe et de luxe	de 2e classe et mixtes	Voitures de 3e classe	TOTAL	1re classe et de luxe	2e classe et mixtes	3e classe	ENSEMBLE	Proportion	1re classe	2e classe	3e classe	1re classe	2e classe	3e classe
Année 1853	4.063	3.978	19.110	»	»	»	»	0,88	»	»	»	29.975	»	11,0	44,0	48,0	»	»	»
Année 1866	14.447	13.915	13.480	244.877	0,15	0,23	0,31	0,69	»	»	»	39.085	»	9,7	30,2	60,1	18,5	20,6	61,9
Année 1875	19.748	19.357	12.878	247.252	0,14	0,23	0,31	0,68	»	»	»	41.460	44	8,5	30,6	60,9	17,1	21,0	61,9

Ainsi que l'établit le rapprochement des chiffres précédents, le nombre des véhicules par kilomètre et leur répartition entre les diverses classes ne s'est pas sensiblement modifié depuis vingt ans sur l'ensemble des chemins de fer d'intérêt général. Le parcours kilométrique annuel a subi une augmentation appréciable. On peut constater une tendance à la diminution des voyages de 1re classe relativement aux voyages en 2e et 3e classe : cette réduction doit être attribuée, d'une part, aux déplacements plus fréquents de catégories de voyageurs qui autrefois n'usaient pas des voies ferrées, d'autre part, à l'augmentation du confort des classes inférieures.

De même que nous l'avons fait pour les locomotives, nous consignons ci-après quelques renseignements statistiques relatifs aux divers pays étrangers pour l'année 1884 :

302 TRAITÉ DES CHEMINS DE FER

DÉSIGNATION DES PAYS	LONGUEUR EXPLOITÉE		RECETTE BRUTE kilométrique (voyageurs)	NOMBRE MOYEN de voyageurs	NOMBRE D'O... PAR KILO...		
	à la fin de l'année	moyenne pendant l'année			1re classe et luxe	2e classe et mixtes	3e classe
	km.	km.	fr.		(1)	(2)	(3)
EUROPE.							
Allemagne	36.786	36.453	9.082	214.738	0,02	0,23	0,2.
Autriche-Hongrie	21.743	20.895	6.540	127.624	0,03	0,14	0,2.
Belgique. Lignes exploitées par l'État	3.110	3.100	12.739	354.076	0,19	0,16	0,0.
Belgique. Lignes exploitées par les Compagnies	1.472	1.472	7.147	»	»	»	»(
Danemark (État)	1.519	1.507	»	153.422	»	»	»(
Espagne	8.681	8.253	6.262	»	0,09	0,14	0,2.(
Grande-Bretagne et Irlande	30.352	30.230	(9) 21.269	»	»	»	»(
Italie	9.916	9.848	8.124	166.842	0,08	0,20	0,2.(
Pays-Bas	2.196	2.103	13.381	263.389	»	»	»(
Roumanie	1.532	1.505	6.467	83.741	»	»	»(
Russie	24.583	24.045	8.020	166.532	»	»	»(
Suède	6.563	6.438	2.527	45.975	»	»	»(
Suisse	2.890	2.885	9.589	180.719	»	»	»(
ÉTATS-UNIS D'AMÉRIQUE.							
Nouvelle-Angleterre	10.302	(14) 10.141	12.661	»	»	»	»(
États du Centre	28.716	(14) 27.523	10.047	»	»	»	»(
— du Sud	28.788	(14) 27.128	3.980	»	»	»	»(
— de l'Ouest	108.492	(14) 107.572	4.410	»	»	»	»(
— du Pacifique	9.812	(14) 9.523	5.689	»	»	»	»(
Ensemble des États-Unis	185.710	(14) 181.887	5.726	77.257	»	»	»(

(1) Y compris les voitures pour malades.

(2) Y compris les voitures mixtes de 1re et 2e classes; de 1re, 2e et 3e classes; et de 2e, 3e et 4e cllo...

(3) Y compris les voitures mixtes de 3e et 4e classes.

(4) La statistique officielle allemande ne donne que les parcours d'essieux sans distinction... classes de voitures.

(5) Non compris les militaires, dont la proportion est de 2, 5 %.

(6)   d°   d°   5, 1 %.

(7)   d°   d°   2, 7 %.

VOITURES MÈTRE		PARCOURS ANNUEL moyen des voitures	PROPORTION DES PLACES occupées pour 100 places offertes	PROPORTION p. % DU NOMBRE DES VOYAGEURS							
4e classe	TOTAL			A TOUTE DISTANCE				A LA DISTANCE ENTIÈRE			
				1re classe	2e	3e classe	4e classe	1re classe	2e classe	3e classe	4e classe
		km. (4)		(5)	(5)	(5)	(5)	(6)	(6)	(6)	(6)
0,07	0.61	»	24,32	0,9	12,0	64,0	20,6	2,2	17,9	51,6	23,2
				(7)	(7)	(7)	(7)	8))	(8)	(8)	(8)
0,01	0,39	»	22,69	1,2	13,3	76,4	6,7	3,4	18,9	65,4	5,3
»	0,96	36.548	23,6	4,5	14,3	81,2	»	»	»	»	»
»	0,57	»	»	3,7	13,9	82,4	»	»	»	»	»
»	»	»	»	»	»	»	»	»	»	»	»
»	0,47	»	»	5,3	14,8	79,9	»	»	»	»	»
				(10)	(10)	(10)					
»	1,09	33.837	»	5,0	9,0	86,0	»	»	»	»	»
0,01	0,56	»	»	5,7	28,2	65,5	0,6	10,1	30,4	59,2	0,3
»	0,75	»	»	8,7	25,2	66,0	0,4	12,0	30,3	57,6	0,4
											(11)
»	0,27	42,95	29,77	5,1	22,2	63,2	9,5	8,3	24,0	33,7	14,0
											(12)
»	0,29	»	34,01	1,8	8,7	87,0	2,5	2,8	9,6	83,0	4,6
							(13)				
»	0,23	»	»	3,8	9,7	84,1	2,4	»	»	»	»
»	0,63	»	30,7	1,5	17,0	81,5	»	»	»	»	»
»	0,24	»	»	»	»	»	»	»	»	»	»
»	0,25	»	»	»	»	»	»	»	»	»	»
»	0,06	»	»	»	»	»	»	»	»	»	»
»	0,06	»	»	»	»	»	»	»	»	»	»
»	0,07	»	»	»	»	»	»	»	»	»	»
»	0,10	»	»	»	»	»	»	»	»	»	»

(8) Non compris les militaires, dont la proportion est de 7, 3 %.
(9) Déduction faite de l'impôt sur les voyageurs.
(10) Non compris les porteurs de billets de saison.
(11) La colonne de 4e classe contient les voyageurs à prix réduit.
(12) Y compris les militaires dans toutes les classes.
(13) Voyageurs à prix réduit.
(14) Longueurs approximatives.

On remarquera à l'inspection du tableau précédent que certains pays, notamment l'Allemagne, ont 4 classes de voyageurs. Les voitures de 4ᵉ classe sont très peu confortables et, malgré la réduction notable que leur emploi permet de réaliser dans les tarifs, il serait impossible d'en introduire l'usage en France.

L'Amérique a également des voitures d'un ordre inférieur pour les immigrants. Sauf cette exception, les États-Unis n'ont en principe qu'une classe de voitures ; mais, en réalité, les Compagnies arrivent à trier les différentes catégories de passagers, en faisant varier les usages auxquels peuvent être affectées leurs voitures, sous forme de wagons-lits (sleeping cars), de wagons-salons (drawingroom cars), et de voitures ordinaires (passenger cars).

10. Comparaison entre le type français et le type américain. — Les voitures à voyageurs du type français sont divisées par des cloisons transversales en plusieurs compartiments ne contenant qu'un nombre restreint de voyageurs, généralement huit pour la première classe et dix pour la seconde et pour la troisième. On accède à ces compartiments par des portières latérales.

Les voitures américaines présentent au contraire un couloir longitudinal, de chaque côté duquel sont placés des sièges ; on y accède par des escaliers et des plate-formes placés aux deux extrémités.

On a beaucoup discuté sur la valeur comparative de ces deux types.

Le premier a l'avantage de faciliter l'isolement des voyageurs par groupes moins nombreux et de permettre une meilleure utilisation de l'espace disponible.

Le second se prête à une surveillance plus facile pour les agents des trains, qui peuvent sans danger circuler d'un véhicule à l'autre ; il permet de percer dans les parois latérales des baies plus larges et plus nombreuses ; il donne par suite des vues plus étendues ; les voyageurs, communiquant les uns avec les autres, sont moins exposés aux attentats ; ils peuvent aller, en cours de route, dans des wagons spéciaux tels que wagons-restaurants, salons, véhicules munis de water-closets, etc...; les facilités de déplacement qui leur sont offertes réduisent la fatigue du voyage. Ce type convient aux pays chauds et aux régions qui attirent les excursionnistes. Il convient aussi aux pays comme les États-Unis, où les distances à parcourir sont très grandes, où les gares n'ont pas des aménagements complets comme en Europe, où il importe de réduire les arrêts au strict nécessaire pour compenser la diminution de vitesse qu'imposent parfois la constitution et les conditions de tracé de la voie, où les voyageurs doivent par suite trouver dans les trains tout ce qui est nécessaire à la vie et y jouir de certaines facilités de circulation.

Mais en France, de même que dans la plupart des autres pays de l'Europe, le modèle à compartiments transversaux a toujours prévalu, malgré les efforts tentés à diverses reprises pour amener les Pouvoirs publics et les Compagnies à le condamner : la séparation des voyageurs en plusieurs classes et leur désir de s'isoler, surtout pour la nuit, ont fait échouer jusqu'ici tous ces efforts (1).

Entre les deux types extrêmes, on peut concevoir des types intermédiaires. Il en a été étudié et expérimenté; mais aucun d'eux n'a fourni une solution complètement satisfaisante, particulièrement au point de vue de l'utilisation de l'espace.

11. Indications sur les principaux modèles de voitures en usage sur les chemins de fer français. — Les voitures françaises sont généralement à un étage. Cependant elles comportent parfois deux étages superposés. Dans la plupart des cas, l'étage supérieur est simplement muni de banquettes en bois protégées par une marquise. Les voitures de ce dernier modèle conviennent parfaitement aux lignes de la banlieue de Paris, où les trajets sont courts, où l'on peut sans inconvénient donner un peu moins de confortable aux voyageurs et où il importe surtout d'en expédier le plus grand nombre possible dans un même train, sans exagérer le nombre des véhicules. L'étage supérieur est très recherché en été; mais on le fuit en hiver, et il en résulte, pendant cette partie de l'année, une augmentation notable dans la proportion du poids mort au chargement utile. Pour remédier à cet inconvénient, certaines Compagnies ont établi des voitures à double étage fermé; les véhicules de cette nature ne sont susceptibles d'une application utile que pour de faibles trajets; leur infériorité, au point de vue de la stabilité, ne permet d'ailleurs de les employer que pour des trains à vitesse modérée.

Comme nous avons eu déjà l'occasion de le dire incidemment, certaines voitures contiennent des places de luxe et ont reçu des aménagements spéciaux pour les longs trajets. Nous devons signaler particulièrement :

— les coupés, qui ne répondent guère qu'au besoin d'isolement des voyageurs et dont les avantages ont pour contre-partie des trépidations

---

(1) Cependant une circulaire du Ministre des travaux publics, en date du 10 juillet 1886, a signalé aux Compagnies l'intérêt qu'il y aurait à poursuivre et à développer les expériences sur les voitures à intercirculation.

plus sensibles par suite de la position de ces compartiments à l'extrémité de la caisse;

— les coupés-lits, dans lesquels le lit se forme, soit par le renversement du dossier et le déplacement du siège, soit par d'autres combinaisons;

— les wagons-lits, composés de compartiments dans lesquels sont installés des lits analogues;

— les wagons-salons, à fauteuils fixes ou mobiles, destinés surtout aux familles et aux sociétés dont les membres désirent ne pas se séparer;

— les wagons-restaurants, encore très rares en France, où les voyageurs peuvent prendre leurs repas pendant le trajet et qui sont susceptibles de se transformer partiellement ou totalement en dortoirs pour la nuit.

12. Répartition des voitures à voyageurs entre les diverses gares du réseau. — La répartition des voitures à voyageurs entre les diverses gares du réseau est loin d'offrir les difficultés que nous aurons à signaler plus tard pour les véhicules à marchandises. L'expérience est aujourd'hui assez prolongée pour que le chef du mouvement de chaque Compagnie puisse déterminer par avance, avec une exactitude suffisante, la composition normale des trains pendant la saison d'été et pendant la saison d'hiver.

Plusieurs méthodes peuvent être adoptées pour la composition des trains se dirigeant vers les grands centres de population et notamment vers Paris. L'une consiste à atteler, dès le point de formation, un nombre de voitures suffisant pour faire face à tous les besoins en cours de route, alors même que le nombre des voyageurs ne devra s'accroître sensiblement qu'assez loin de la gare de départ. Une autre méthode consiste à ajouter successivement des voitures dans toutes les gares où il se produit une augmentation notable du trafic. On peut encore ne changer la composition des trains que dans quelques gares importantes. De ces trois procédés, le premier a l'avantage de donner beaucoup de place aux voyageurs à grand parcours et d'éviter les pertes de temps qu'entraîne inévitablement toute addition de voitures; mais il augmente le poids mort et l'usure du matériel. Le second présente des avantages et des inconvénients inverses. Généralement, c'est le troisième qui prévaut. Des considérations du même ordre s'appliquent aux trains s'éloignant des grands centres de population.

Les relations entre les lignes principales et les embranchements peuvent être également assurées suivant des principes différents. On peut, soit atteler au point de départ des voitures spéciales destinées aux embranchements et dispenser ainsi les voyageurs d'un transbordement, soit laisser les voyageurs se placer dans les voitures sans distinction de destination et les obliger ainsi à changer de véhicule au point de bifurcation, soit admettre enfin une solution intermédiaire consistant à mettre des voitures spéciales à la disposition des voyageurs pour les seuls embranchements d'une importance exceptionnelle. La première solution augmente le poids mort et fait perdre du temps pour la décomposition du train aux gares de bifurcation ; la seconde évite ces inconvénients, mais impose aux voyageurs une sujétion d'autant plus fâcheuse que ceux qui ont à la subir sont plus nombreux ; aussi la troisième est-elle jugée la meilleure.

Les principes que nous venons de rappeler influent naturellement sur la répartition des voitures entre les gares du réseau.

Les principales stations ont d'ailleurs, en tout état de cause, des réserves destinées à faire face aux imprévisions et aux besoins accidentels. Il existe aussi de grands dépôts, tant à Paris que dans les gares les plus importantes, pour les nécessités exceptionnelles. Enfin, le cas échéant, les Compagnies se prêtent réciproquement du matériel.

Il est de règle que les voitures doivent, sauf ordre contraire, être retournées à leur point de départ, de manière à reconstituer l'effectif normal des réserves.

§ 3. — WAGONS A MARCHANDISES

1. Prescriptions de l'ordonnance du 15 novembre 1846 et du cahier des charges. — Bien que l'ordonnance du 15 novembre 1846 ait employé la désignation générique de « voitures », sans aucune distinction pour les véhicules destinés au transport des voyageurs et pour les véhicules destinés au transport des marchandises, cette désignation est aujourd'hui réservée aux véhicules à voyageurs. Quant aux véhicules à marchandises, ils portent plus spécialement la dénomination de wagons, dénomination qui est aussi appliquée exceptionnellement à certains véhicules spéciaux affectés au service des voyageurs, tels que les wagons-lits, les wagons-salons, les wagons-buffets.

Les wagons à marchandises sont soumis aux prescriptions des articles 8, 9, 10, 15 et 16 de l'ordonnance du 15 novembre 1846 et 32 du cahier des charges, que nous avons déjà cités à propos des locomotives et des voitures à voyageurs, pour la nature du métal employé aux essieux des véhicules entrant dans la composition des convois de voyageurs ou dans celle des trains mixtes, pour la tenue des registres de service des essieux, pour la nature des roues des véhicules placés dans les trains de voyageurs, pour les indications de la Compagnie et du numéro d'ordre, pour le mode de construction et pour l'entretien.

2. Renseignements statistiques sur le nombre et le parcours annuel moyen des wagons. — Le tableau suivant récapitule les principales indications des dernières statistiques officielles, relativement à la consistance et à l'utilisation du matériel de transport des marchandises sur les chemins de fer français :

DÉSIGNATION DES RÉSEAUX	LONGUEUR EXPLOITÉE		RECETTE BRUTE KILOMÉTRIQUE (petite vitesse)	NOMBRE MOYEN DE TONNES de marchandises (petite vitesse)	NOMBRE PAR KILOMÈTRE			PARCOURS ANNUEL MOYEN des wagons
	au 31 décembre	moyenne pendant l'année			de wagons de service	de wagons à marchandises	Ensemble	
1° CHEMINS DE FER DE LA FRANCE EUROPÉENNE	km.	km.	fr.					km.
a. — *Chemins de fer d'intérêt général* (Année 1884).								
Nord	3.370	3.345	30.842	557.201	0,49	12,46	12,95	12.312
Est	3.940	3.852	20.474	343.908	0,23	6,62	6,85	15.132
Ouest	4.087	4.021	16.236	221.070	0,38	4,79	5,17	15.608
Orléans	5.503	5.096	21.888	321.777	0,20	4,47	4,67	17.793
P.-L.-M	7.646	7.433	27.715	490.467	0,26	10,03	10,29	14.396
Midi	2.588	2.502	23.720	322.339	0,37	7,86	8,23	12.294
Ceinture de Paris	32	32	127.541	836.084	0,48	0,97	1,45	17.111
Grande Ceinture de Paris	123	122	23.721	341.526	»	»	»	»
Compagnies secondaires (ensemble)	217	217	12.361	137.195	0,21	9,13	9,34	1.939
Ensemble des chemins concédés	27.269	26.583	23.845	386.246	0,30	7,73	8,03	14.254
Réseau de l'État	2.112	2.164	5.933	97.372	0,33	6,41	6,74	9.349
Ensemble des chemins d'intérêt général	29.354	28.722	22.516	364.818	0,30	7,64	7,94	14.050
b. — *Chemins d'intérêt local* (Année 1884)	1.494	1.487	3.045	30.286	0,11	1,67	2,14	»
2° CHEMINS DE FER ALGÉRIENS (Année 1884).								
P.-L.-M	513	513	9.245	78.039	0,10	2,74	2,84	8.208
Est-Algérien	371	371	4.096	27.190	0,11	1,44	1,55	5.975
Bône-Guelma	520	477	2.531	20.036	0,09	1,04	1,13	6.604
Ouest-Algérien	166	124	9.125	73.963	0,12	3,41	3,53	5.247
Compagnie Franco-Algérienne	238	238	6.775	39.655	0,04	1,90	1,94	5.551
Ensemble des chemins algériens	1.786	1.707	5.983	45.863	0,09	1,95	2,04	6.691

Les principaux chiffres relatifs aux années 1853, 1866 et 1875 étaient les suivants pour l'ensemble des chemins de fer d'intérêt général :

	LONGUEUR EXPLOITÉE		RECETTE BRUTE	NOMBRE MOYEN	NOMBRE PAR KILOMÈTRE			PARCOURS ANNUEL
Année 1853	4.063	3.978	17.850	»	0,41	5,27	5,68	14.190
— 1866	14.447	13.915	26.390	418.680	0,27	7,11	7,38	16.440
— 1875	19.478	19.357	26.620	420.330	0,29	7,94	8,23	14.590

Ainsi, le nombre moyen de wagons par kilomètre ne s'est pas très notablement accru depuis vingt ans : l'augmentation du trafic sur l'ancien réseau a été compensée, à cet égard, par l'adjonction de lignes nouvelles à faible circulation. Le parcours kilométrique moyen par an n'a pas non plus sensiblement varié.

Les statistiques officielles ne donnent pas le rapport du tonnage effectivement transporté à la capacité des wagons. Mais, d'après les renseignements particuliers que nous avons pu nous procurer, ce rapport n'atteint pas en moyenne 40 %.

La faiblesse de la charge moyenne des wagons résulte surtout de l'inégalité du trafic dans les deux sens et du morcellement des expéditions : par suite de ce morcellement, un wagon parti avec un chargement complet dépose souvent en cours de route la plus grande partie de ses marchandises, sans pouvoir prendre en échange une charge correspondante, et arrive ainsi à sa destination définitive, soit à vide, soit avec un chargement très réduit.

En Allemagne et en Autriche-Hongrie, l'utilisation de la capacité de chargement est mesurée par le coefficient 45 % ; en Belgique, elle est de 38 % ; en Italie, elle atteint 39 % ; en Suisse, elle n'est que de 31 %.

La proportion du poids mort au poids utile est un peu supérieure à 1,50.

Voici, à titre comparatif, quelques données extraites des statistiques étrangères pour l'année 1884.

DÉSIGNATION DES PAYS	LONGUEUR EXPLOITÉE à la fin de l'année (km.)	LONGUEUR EXPLOITÉE moyenne pendant l'année (km.)	RECETTE BRUTE kilométrique (Petite vitesse) (fr.)	NOMBRE MOYEN de tonnes de marchandises (Petite vitesse)	NOMBRE DE WAGONS par kilomètre	PARCOURS ANNUEL MOYEN d'un wagon (km.)	OBSERVATIONS
EUROPE							
Allemagne	36.786	36.453	22.071	443.207	6,61	»	
Autriche-Hongrie	21.743	20.895	21.372	307.596	4,48	»	
Belgique — Lignes exploitées par l'État	3.110	3.100	22.066	»	13,11	5.439	
Belgique — Lignes exploitées par les Cⁱᵉˢ	1.472	1.472	16.474	»	9,40	»	
Danemark (État)	1.519	1.507	[1] »	55.745	[2] »	»	[1] La statistique officielle suédoise donne ensemble la grande et la petite vitesse.
Espagne	8.681	8.253	14.144	»	3,17	»	
Grande-Bretagne et Irlande	30.352	30.230	31.153	»	14,99	»	[2] La statistique officielle donne ensemble le nombre de wagons et de voitures.
Italie	9.916	9.818	10.687	155.106	3,15	16.282	
Pays-Bas	2.196	2.103	[1] 9.640	246.897	[2] 2,13	»	[3] Le rouble : 4 fr.
Roumanie	1.532	1.505	9.228	126.458	3,29	»	[4] Y compris les bestiaux.
Russie	24.583	24.015	[3] 25.484	[4] 413.540	4,97	2.553	[5] Y compris les marchandises de grande vitesse, mais non compris les animaux.
Suède	6.563	6.438	5.474	[5] 66.545	2,68	»	
Suisse	2.890	2.885	13.167	145.673	3,12	»	
ÉTATS-UNIS D'AMÉRIQUE							
Nouvelle-Angleterre	10.302	[6] 10.141	14.521	»	4,12	»	[6] Longueurs approximatives.
États du Centre	28.716	[6] 27.523	27.552	»	11,16	»	
— du Sud	28.788	[6] 27.128	8.249	»	1,93	»	
— de l'Ouest	108.492	[6] 107.572	12.094	»	3,24	»	
— du Pacifique	9.812	[6] 9.523	10.947	»	1,72	»	
Ensemble des États-Unis	185.710	[6] 181.887	13.936	394.602	4,30	»	

3. Des diverses catégories de wagons et de leur spécialisation.
— Les transports que les chemins de fer ont à opérer sont extrêmement
variés. A une certaine époque, la tendance des Compagnies a été de spécialiser les wagons, d'en multiplier les types, de les adapter aux diverses
catégories de marchandises. Mais on n'a pas tardé à reconnaître les inconvénients de cette spécialisation excessive, au point de vue de la construction et de l'entretien, et même au point de vue de l'exploitation. Le matériel
roulant s'éparpille, en effet, non seulement sur toute l'étendue du réseau

concédé à la même Compagnie, mais encore sur les divers points du territoire, par suite des échanges entre les différents réseaux, et souvent même à l'étranger, par suite des transports internationaux. Sauf pour certains courants de circulation nettement dessinés, il est généralement impossible d'affecter des wagons aux gares qui donnent lieu à des chargements d'une nature déterminée, et de compter sur leur retour périodique à des dates fixes ou à peu près fixes. Aussi en est-on revenu à un nombre restreint de modèles, parmi lesquels prédominent le wagon plat ou plate-forme, le wagon découvert à bords verticaux de 0 m. 80 à 1 m. 00 ou wagon-tombereau, et le wagon fermé.

Voici, à titre de spécimen, quelle était la situation du matériel roulant au 31 décembre 1885, sur le réseau du Nord :

1°. — *Véhicules pour trains de voyageurs.*

Fourgons à bagages	1 138	
Trucks à équipages	53	
Wagons-écuries	202	
Wagons à lait	50	1 552
Wagons-poste	59	
Wagons à fruits	50	

2° — *Wagons à marchandises.*

Wagons-tombereaux	18 527	
Wagons fermés	6 404	
Wagons à marchandises à faîtage	4 020	
Wagons-plateformes	3 902	
Wagons à coke	1 950	
Wagons à bestiaux	1 750	
Wagons à bois et de raccordement	1 508	
Wagons à pierres	1 150	
Wagons plats pour transport de rails	1 040	42 097
Wagons de 12 tonnes	1 000	
Wagons à sable	650	
Wagons à poisson	90	
Wagons de secours	52	
Wagons pour transport de chaudières, plaques-tournantes, engrenages, etc.	45	
Wagons à deux trains	8	
Wagons-citernes	1	

Cette situation montre que les wagons spéciaux sont peu nombreux et ne comportent que peu de types différents.

La nature particulière du trafic sur les autres réseaux y a déterminé la création de quelques modèles que ne comporte pas le service du Nord : tels sont les wagons à glaces, les wagons à acides, etc. Mais ces types sont exceptionnels. Nous nous bornerons à.quelques indications sommaires sur les modèles courants.

Les wagons-tombereaux ou wagons à caisse découverts sont ceux qui s'appliquent aux transports les plus variés ; les parois transversales de la caisse sont souvent exhaussées en forme de pignons et reliées au sommet par un faîtage qui les entretoise et facilite l'adaptation des bâches ; les portes consistent généralement en deux vantaux à charnières. Sur le réseau de Lyon, les wagons-tombereaux forment 50 pour °/₀ de l'effectif du matériel.

Les wagons fermés sont affectés au transport des marchandises qui, par leur valeur, par leur mode d'emballage ou par leur nature, doivent être mises avec plus de soin à l'abri des intempéries. Ils sont d'un prix plus élevé, ont un poids mort plus considérable, ne se prêtent pas à un arrimage aussi facile que les wagons-tombereaux ; ils excluent en général l'emploi de la grue pour les opérations de chargement et de déchargement. Leur avantage est de supprimer le bâchage. Ils sont pourvus de portes à coulisse ; leurs panneaux sont, ou fixes sur toute la hauteur, ou parfois mobiles à leur partie supérieure en vue du transport des bestiaux et de certaines marchandises en vrac.

Les wagons-plateformes sont, ou dépourvus de bords, ou à bords peu élevés. Dans ce dernier cas, les bords transversaux peuvent être tombants, de manière à permettre le chargement de longues pièces et, le cas échéant, l'accouplement des wagons. Les plateformes sont souvent munies en permanence de leurs bâches, que l'on roule et que l'on serre par des courroies sur les côtés du wagon.

Parmi les types spéciaux, il en est qui ne constituent que des variantes des types courants et n'en diffèrent que par des détails. Nous ne saurions les décrire même succinctement, sans sortir du cadre de cet ouvrage dont le caractère est purement administratif et économique. Le lecteur pourra consulter avec fruit, à cet égard, les traités techniques, et particulièrement celui de M. Couche ; il y trouvera la description détaillée et raisonnée des principaux modèles en usage pour le transport des pierres de taille, de la houille, des bestiaux, de la viande abattue, de la bière, des rails, des feuilles de tôle, des pièces de fonte, des longues pièces de bois, etc...

Nous devons encore mentionner la circulaire du 22 juin 1863, concernant les wagons destinés au transport des rails par train mixte, et celle du 7 février 1870, concernant les wagons affectés au transport des pierres de taille.

4. Aménagement et utilisation des wagons à marchandises pour les transports de troupes. — Comme nous le verrons par la suite, les wagons couverts à marchandises peuvent être, dans certains cas, utilisés pour les transports de troupes. Des dispositions sont prises pour que les hommes puissent y être assis. Les frais résultant de cet aménagement sont à la charge de l'Administration de la guerre; mais les Compagnies ont à veiller à la conservation et à l'entretien des planches, supports et agrès, installés dans les wagons. Chaque véhicule porte l'indication du nombre d'hommes qu'il peut contenir : ce chiffre s'applique à l'infanterie et à la cavalerie légère ; il est réduit d'un cinquième pour les autres armes. Dans tous les cas, les Compagnies ont droit au paiement du nombre de places indiqué sur le cartouche (1).

Les wagons couverts à bestiaux ou à marchandises sont également aménagés pour le transport des chevaux. Ils doivent, pour être employés à cet usage, présenter au minimum une hauteur de 1 m. 70 sous le linteau de la porte, pour les chevaux dessellés de toutes armes. Ceux qui ont une hauteur de 1 m. 80 peuvent recevoir les chevaux de cavalerie légère, sellés avec le paquetage complet. Enfin les wagons de 1 m. 90 admettent les chevaux de cavalerie de réserve sellés. Un cartouche indique la contenance du véhicule : le chiffre inscrit s'applique à la cavalerie de réserve (gendarmes et cuirassiers); il doit être augmenté de deux unités pour la cavalerie légère et les chevaux de trait (1).

Les wagons présentant des saillies intérieures et certains wagons munis d'une guérite à frein ne peuvent être utilisés pour le transport des chevaux (1).

Une circulaire du Ministre des travaux publics en date du 12 juillet 1884 a fait connaître aux Compagnies les conditions auxquelles devaient, d'après l'avis de la Commission militaire supérieure, satisfaire les wagons à construire à l'avenir par les administrations de chemins de fer.

5. Réclamations provoquées par les crises de transport. — L'intensité du trafic varie suivant les saisons, les époques, l'activité de la

______

(1) Voir les circulaires ministérielles des 18 mai 1875, 28 janvier 1876, 28 février 1879, 5 septembre 1882 et 29 août 1884, pour les bancs mobiles ; celles des 16 mai 1878, 6 octobre 1881 et 5 septembre 1882, pour les marchepieds en bois ou étriers en fer ; celles des 18 mai 1875, 9 août 1875, 28 janvier 1876, 16 mai 1878, 28 février 1879, 6 octobre 1881, 5 septembre 1882, 29 août 1884, 12 décembre 1884 et 26 mars 1885, pour les lanternes et leurs plaques d'attache; celle du 1er juin 1881 pour l'unification des signaux d'arrière ; celles du 22 février et du 22 décembre 1886, concernant les wagons impropres aux transports.

vie industrielle et commerciale ; elle subit les influences de la politique intérieure ou extérieure. La consistance du matériel des Compagnies doit être proportionnée, non point aux besoins de la circulation moyenne, mais aux nécessités des périodes de l'année pendant lesquelles le trafic est le plus considérable. Toutefois, on comprend l'impossibilité pour les Compagnies de posséder un nombre de wagons suffisant pour faire face aux éventualités exceptionnelles qui ne se produisent qu'à de longs intervalles de temps et sous l'action de circonstances imprévues. Si elles voulaient être en mesure de faire face à ces éventualités, elles seraient conduites à immobiliser des capitaux considérables, qui resteraient à peu près improductifs et dont les charges pèseraient lourdement sur l'exploitation. Les recettes devant couvrir les dépenses, y compris l'intérêt et l'amortissement des frais de premier établissement, ce seraient, en définitive, les usagers qui auraient à supporter ce surcroît de charges sous forme d'augmentation des taxes de transport. Il y a là une question de mesure, dont l'appréciation est difficile et délicate, mais qui ne s'en impose pas moins au pays, comme aux Compagnies, pour la gestion sage et rationnelle du réseau de chemins de fer.

Ces considérations échappent nécessairement au public, lors des crises temporaires qu'il a à subir. Il ne voit que le mal dont il souffre, sans se rendre compte du préjudice permanent qui lui serait causé, si le nombre des véhicules n'était pas maintenu dans les limites que nous avons indiquées ; il se répand alors en réclamations, souvent excessives, contre l'insuffisance du matériel roulant.

Parmi les crises récentes qui ont le plus profondément ému l'opinion publique, il y a lieu de signaler celle de 1871-1872 et celle de l'hiver de 1879-1880.

La funeste guerre de 1870 avait fait passer entre les mains de l'Allemagne une partie de notre matériel roulant. Le commerce avait été paralysé ; les approvisionnements s'étaient épuisés et devaient être reconstitués ; la fabrication du matériel commandé aux ateliers de construction avait été ralentie. Les Compagnies avaient à pourvoir à l'évacuation de l'armée allemande, au rapatriement des prisonniers français, à une circulation industrielle et commerciale d'une extrême intensité. La situation était d'autant plus grave pour elles que la perte d'un grand nombre de chevaux opposait au camionnage les plus grandes difficultés ; les gares étaient encombrées, faute de moyens d'évacuation ; beaucoup de magasins publics, constituant à l'état normal des déversoirs pour les chemins de fer, avaient été détruits ; les commerçants en gros, subordonnant leurs livraisons au paiement immédiat par les acheteurs et notamment par les commerçants de détail, laissaient séjourner plus longtemps leurs marchandises dans les gares, sauf à acquitter des droits de stationnement et de magasinage. Ce concours de circonstances de force majeure devait avoir pour conséquence une crise de longue durée.

Les doléances du public furent plusieurs fois portées à la tribune de l'Assemblée nationale. Une Commission fut instituée par cette Assemblée, à la fin de 1871, sur la proposition de MM. Wilson et Claude, et chargée : « 1° de proposer d'urgence les mesures à prendre, afin de diminuer, autant « que possible, les souffrances causées par la crise ; 2° de procéder à une « enquête approfondie sur le régime général des chemins de fer. »

Après avoir entendu le Ministre, le directeur général des chemins de fer, les directeurs des Compagnies, et après avoir attentivement examiné la situation des gares de Paris, des magasins, des entrepôts, la Commission présenta un premier rapport, dès le 5 janvier 1872. L'honorable rapporteur, M. de Clercq, indiquait, comme causes principales de l'encombrement, le manque de matériel après la signature de la paix ; l'affluence des marchandises présentées aux gares, pour remplacer les approvisionnements épuisés pendant une longue période d'inactivité commerciale; la désorgrnisation du personnel ; la destruction de certaines gares et d'un grand nombre d'ouvrages d'art ; l'insuffisance des voies navigables ; les agissements du public, qui ne prenait pas livraison des marchandises et immobilisait ainsi les wagons ; les formalités excessives du service des douanes et de celui de l'octroi ; l'importance des transports de céréales, par suite de la mauvaise récolte. La Commission exprimait l'avis qu'il n'y avait pas matière à intervention législative et se bornait à appeler l'attention du Gouvernement sur les mesures suivantes :

1° Accélération des services de la douane et de l'octroi, à Paris et dans les principales villes ;

2° Mise à la disposition des Compagnies, par le Ministre de la guerre, de chevaux, voitures et soldats, pour aider à la manutention et au camionnage des marchandises ;

3° Élévation des droits de magasinage, jusqu'à la fin de la crise ;

4° Réduction à la journée du lendemain de la mise à la poste de la lettre d'avis, du délai accordé pour le déchargement des marchandises et leur enlèvement ;

5° Camionnage d'office des marchandises non enlevées dans le délai fixé par le Ministre et dépôt de ces marchandises dans des entrepôts, aux risques et périls des destinataires ;

6° Mise à la disposition des Compagnies, par les villes où cela serait nécessaire et par celle de Paris spécialement, des bâtiments et magasins disponibles ;

7° Fixation de délais de livraison supérieurs aux délais ordinaires, jusqu'à concurrence du double des chiffres déterminés par l'arrêté ministériel du 12 juin 1866 ; mais retour aux anciens délais à partir du 1er mars 1872 ;

8° Publicité des avis relatifs à la fermeture des gares, quand il serait impossible d'échapper à cette extrémité.

Nous n'avons pas à insister ici sur ces conclusions, dont la plupart seront plus utilement examinées par la suite ; si nous les avons citées, c'est seulement pour montrer que la Commission ne s'était pas associée aux plaintes très vives portées contre l'insuffisance du matériel. Au rapport de M. de Clercq était annexé un tableau indiquant que le nombre des wagons en service au 31 octobre 1871 était de 120 800 pour 16 233 kilomètres, soit de 7,44 par kilomètre ou de 19,2 par million de tonnes kilométriques, et que 11 900 wagons étaient en construction, pour être livrés au plus tard en août 1872.

Mais ce n'était qu'un rapport préliminaire. La Commission poursuivit ses investigations, et, par deux rapports définitifs du 14 mars 1874 et du 2 août 1875, elle signala, parmi les mesures à prendre, l'augmentation du matériel roulant, les facilités à consentir au profit des grandes usines qui désireraient fournir elles-mêmes leur matériel, les encouragements à la création de grandes agences de transport.

Dans les mémoires qu'elles produisirent en réponse à ces propositions, les Compagnies firent les réserves les plus expresses au sujet de la prétendue insuffisance de leur matériel ; elles combattirent vivement l'extension du rôle des agences de transport, dont l'intervention, comme celle de tous les intermédiaires, leur paraissait contraire aux intérêts bien entendus du public.

Les conclusions du rapport de M. Dietz-Monnin ne subirent point d'ailleurs l'épreuve de la discussion devant l'Assemblée nationale.

La seconde crise se produisit, nous l'avons dit, pendant l'hiver de 1879-1880. Des encombrements considérables se manifestèrent dans plusieurs grandes gares des départements et surtout dans les gares de Paris, dont l'une, celle de La Chapelle, dut, à diverses reprises, être fermée aux arrivages de houilles et autres marchandises. Ces perturbations résultaient des circonstances climatériques et particulièrement des chutes abondantes de neige qu'avait subies la plus grande partie de notre territoire. M. Varroy, ministre des travaux publics, institua une Commission pour étudier les moyens d'atténuer le mal dans l'avenir.

La Commission prit connaissance des réclamations, recueillit de nombreuses dépositions et entendit les observations des Compagnies. Elle ne se borna pas à faire porter ses investigations sur la crise de 1879-1880; elle en élargit le cadre, pour l'étendre aux encombrements antérieurs qui présentaient un certain caractère de périodicité. Après une étude consciencieuse, elle formula l'avis suivant :

a. *Augmentation du matériel.* — La Commission jugeait le matériel suffisant. Suivant elle, c'était moins vers son accroissement que vers son utilisation plus parfaite que devaient se tourner les efforts des Compagnies. Les documents statistiques prouvaient, en effet, que le matériel avait bien suivi et même dépassé la progression du trafic, si on comparait le nombre des véhicules, non pas au développement kilométrique du réseau, mais bien au mouvement de la circulation.

b. *Autres améliorations réclamées par le public.* — L'augmentation du nombre des agents n'apparaissait pas non plus à la Commission comme un remède efficace.

L'étendue des gares lui semblait être une des causes qui avaient engendré l'habitude de les tranformer en entrepôts, attendu qu'elle permettait d'assurer aux clients, dans les circonstances normales, des facilités et des immunités dont le contre-coup se faisait inévitablement sentir aux heures de crise. Il n'y avait donc pas à en poursuivre l'agrandissement.

En revanche, la Commission concluait à la nécessité :

— de prévenir les destinataires, en cours de route, du jour de l'arrivée de leurs marchandises transportées aux prix des tarifs spéciaux conditionnels;

— d'appliquer rigoureusement et sans préférence l'arrêté ministériel du 28 mai 1878, concernant le délai de séjour dans les gares ;

— d'autoriser les Compagnies à effectuer, après vingt-quatre heures, le camionnage d'office, en tout temps, aux frais, risques et périls de qui de droit.

La Commission terminait d'ailleurs son rapport, en faisant remarquer qu'il serait toujours impossible d'éviter absolument les encombrements et que le seul but à atteindre était d'en atténuer la fréquence et l'acuïté.

On le voit, elle n'avait pas retenu le grief tiré de l'insuffisance du matériel et s'était attachée à trouver d'autres remèdes. C'est qu'en effet, sauf des cas exceptionnels, le mal réside dans la funeste habitude des destinataires de ne point apporter la promptitude voulue à l'enlèvement de leurs marchandises, d'encombrer les gares, d'immobiliser les wagons et de créer ainsi une insuffisance factice du matériel roulant. Nous reviendrons plus tard sur les divers moyens proposés par la Commission pour y pourvoir.

6. Utilisation et répartition des wagons à marchandises. — Mais nous devons, dès maintenant, signaler tout particulièrement le rôle considérable que joue la bonne utilisation du matériel. Cette utilisation constitue, sans conteste, l'une des plus grosses difficultés de l'exploitation ; elle doit être l'objet de toute l'attention et des soins incessants des Compagnies. L'équilibre est loin d'exister entre les expéditions et les arrivages pour une gare déterminée ; la variété du trafic au départ et à l'arrivée rend souvent impropres à emporter les marchandises le matériel qui a servi à en amener ; la proportionnalité du mouvement dans les différentes stations présente parfois de grandes variations ; son intensité subit d'extrêmes fluctuations pour certaines marchandises, notamment pour les produits de l'agriculture et pour les bestiaux ; elle s'accroît quand le chômage ou le ralentissement des travaux des champs rendent disponibles des bras et des attelages et réduisent ainsi les frais de transport de l'usine ou de la ferme au chemin de fer et réciproquement ; les demandes de wagons aux gares expéditrices arrivent, tantôt prématurément, tantôt au contraire tardivement. Ces indications, qu'il nous serait facile de multiplier, suffisent à montrer toute l'importance d'une bonne et rapide répartition des véhicules : suivant une expression du métier, l'essentiel est de *faire rouler* les wagons, de hâter leur chargement et leur déchargement, de ne pas les laisser séjourner et d'éviter les pertes de temps aux points de triage, de composition ou de décomposition des trains.

Ce n'est point à dire que l'Administration et les Compagnies doivent reculer devant les augmentations de matériel roulant nécessitées par le développement du trafic ; les plaintes du public à cet égard n'ont pas toujours été absolument dénuées de fondement. Mais, nous le répétons, une utilisation rationnelle et méthodique des véhicules peut souvent dispenser de dépenses d'acquisition, qu'un examen superficiel de la question aurait fait, de prime abord, considérer comme indispensables.

Les Compagnies ont toutes pris des mesures d'ordre pour assurer la répartition des véhicules à marchandises entre les diverses gares, d'après les besoins journaliers de l'exploitation. Elles ont, en général, créé à cet effet sur leur réseau un certain nombre de bureaux répartiteurs qui centralisent chaque jour les états de situation et les demandes émanant des chefs de gare et qui donnent une destination aux wagons sans emploi, dans l'étendue de leur ressort. Ce premier travail est complété par le service central du mouvement, qui opère vis-à-vis des groupes, comme ceux-ci avaient opéré eux-mêmes vis-à-vis des gares, et qui pourvoit à leurs insuffisances ou prélève leurs excédents pour les utiliser sur d'autres points.

Le système général que nous venons d'exposer a été notablement amélioré, sur divers réseaux, en particulier sur celui de Paris-Lyon-Méditerranée. D'après les ordres de service en vigueur sur ce réseau, les wagons vides dont les gares n'ont pas le chargement assuré dans les vingt-quatre heures doivent être dirigés, sans hésitation et sans retard, dans une direction fixée pour chaque ligne, et se rendre pour ainsi dire d'eux-mêmes au point où ils doivent être employés ; il n'est fait d'exception à cette règle que pour les wagons affectés à des transports spéciaux, tels que ceux des charpentes, des grosses masses, etc... Ces courants de wagons vides sont déterminés expérimentalement, d'après la différence entre les arrivages et les expéditions aux diverses gares. Les véhicules vides ainsi envoyés vers le lieu d'emploi sont arrêtés, suivant les besoins, par les gares de formation ou de répartition, qui alimentent les gares secondaires situées en aval, par rapport au sens du courant. Quelques dispositions spéciales sont prises pour les wagons houillers : ces wagons sont généralement renvoyés, vides ou chargés, dans la direction des bassins houillers; mais, en cas de ralentissement de l'exploitation minière, ils sont utilisés, pour toutes les directions, au transport des marchandises quelconques. Quand il y a excès de wagons vides, le courant est arrêté de proche en proche ; le garage des wagons vides s'effectue du Midi vers le Nord, c'est-à-dire dans le sens du gros mouvement des transports.

Le complément naturel de la répartition du matériel est l'étude de la composition des trains, de manière à desservir le plus rapidement possible les gares du réseau et à réduire les frais de manutention ou de manœuvre.

Le principe dominant doit être de faire subir aux marchandises le moins de remaniements possible en cours de route. On doit s'efforcer d'avoir des wagons complets pour une même gare, sauf à admettre des chargements partiels, surtout dans le sens du courant des wagons vides. S'il est impossible de procéder par wagon complet, on expédie les colis, soit par des wagons de groupage, dont le chargement est remanié dans des gares de transbordement, soit par des wagons collecteurs et distributeurs, attelés aux trains omnibus de marchandises ou aux trains mixtes et mis ordinairement en marche entre deux gares successives de transbordement.

Les wagons complets ou de groupage sont répartis par les gares de formation ou de triage : 1° s'il est possible, dans des trains directs spécialisés pour la même destination; 2° si ce procédé ne peut être employé, dans des trains directs spécialisés en lots de wagons à destination de la gare de formation ou de bifurcation la plus rapprochée de la gare de destination définitive des wagons ; 3° enfin, à défaut, dans les trains omnibus.

7. Wagons fournis par les particuliers. — A diverses reprises, l'opinion publique a demandé que l'on donnât plus de facilités aux particuliers pour la fourniture des wagons destinés à leurs transports.

La question a été étudiée pour la première fois, avec quelque détail, par la Commission d'enquête instituée en 1861 sous la présidence de M. Michel Chevalier ; elle se rattachait, en effet, très étroitement à celle de l'insuffisance du matériel des Compagnies. La Commission reçut des dépositions absoluments favorables de plusieurs industriels de la région du Nord et de la région du Centre de la France. En revanche, les Compagnies formulèrent devant elle de nombreuses objections ; elles firent valoir que la fourniture des wagons obligerait les industriels à des mises de fonds hors de proportion avec leurs ressources et pourrait être une cause de dangers ou d'embarras pour l'exploitation. Néanmoins, l'avis de la Commission fut « qu'il serait utile de favoriser, dans certains cas spéciaux, « la fourniture des wagons par les expéditeurs », et l'attention des Compagnies fut appelée sur cet avis par une circulaire ministérielle du 1ᵉʳ février 1864.

Des conclusions analogues ont été présentées par M. Dietz-Monnin en 1874, au nom de la Commission d'enquête de l'Assemblée nationale.

L'un des principaux arguments invoqués par les partisans de la mesure est tiré de l'expérience de la Grande-Bretagne : l'exploitation des chemins de fer anglais présente, en effet, ce trait caractéristique spécial, que l'usage des wagons particuliers y est extrêmement répandu et y a donné d'excellents résultats.

Cet argument n'est pas absolument topique. Il existe entre le régime anglais et le régime français une différence profonde qu'il importe de ne pas perdre de vue : tandis qu'au delà de la Manche les actes du Parlement n'obligent pas les Compagnies à fournir du matériel aux expéditeurs, en France au contraire les Compagnies sont tenues de transporter, par leurs propres moyens et dans des délais déterminés, toutes les marchandises qui leur sont remises ; il y a une certaine antinomie entre la faculté accordée aux expéditeurs de se servir de leur matériel et celle de recourir à leur gré au matériel des Compagnies.

A un autre point de vue, il ne faudrait point attribuer à la mesure des vertus qu'elle ne peut avoir et la considérer comme susceptible de remédier aux crises de transport. Les wagons particuliers sont toujours affectés à un service déterminé, par exemple aux relations entre une mine et une usine; leur nombre est nécessairement limité; ils répondent à des besoins nettement définis et ne peuvent être détournés de leur destination normale. S'ils permettent aux concessionnaires d'apporter une réduction plus ou moins importante à l'effectif de leurs véhicules, ils ne sauraient, à aucun titre, constituer une ressource pour les besoins exceptionnels de la circulation, n'augmentent nullement l'élasticité du matériel des Compagnies, ne diminuent en rien son insuffisance aux heures de crise.

La Commission d'enquête de 1861 a encore invoqué l'avantage que trouveraient les Compagnies à partager avec le commerce la charge très lourde de la fourniture d'un matériel considérable et à réduire ainsi les capitaux engagés dans leur entreprise. Cette considération ne peut être acceptée que sous les réserves les plus expresses. En augmentant leur capital, les Compagnies augmentent aussi leurs revenus, puisque leurs taxes comprennent une part correspondant à l'intérêt et à l'amortissement de la valeur de leur matériel ; leurs émissions d'obligations sont d'ailleurs assez faciles pour que le cours de ces titres ne soit pas déprimé par un léger accroissement du montant des emprunts. Il convient, en outre, de remarquer que leurs véhicules doivent être rachetés et payés par l'État au terme de leur concession, et qu'à cet égard les fonds consacrés par elles à l'acquisition du matériel sont dans une situation différente de celle des fonds employés à la construction.

Ainsi, la question doit être envisagée beaucoup moins au point de vue de l'intérêt général combiné avec celui des Compagnies qu'au point de vue de l'intérêt des expéditeurs. Dans des cas déterminés, les industriels peuvent trouver avantage à avoir un matériel qui soit leur propriété, sinon pour réaliser une économie sur leurs transports, du moins pour être maîtres de leurs véhicules, pour pouvoir les charger et les décharger à leur heure, pour les conserver plus longtemps sur leurs raccordements particuliers quand les circonstances l'exigent, pour être sûrs de pouvoir en disposer au moment voulu.

A cet égard, on doit s'associer aux conclusions formulées par la Commission administrative de 1861 et par la Commission de l'Assemblée nationale.

Les Compagnies sont, du reste, entrées dans la voie qui leur était tracée. En parcourant le livret Chaix, on trouve des tarifs pour transports par wagons particuliers. Toutefois, ces transports sont restreints en fait à un petit nombre de courants de circulation, parmi lesquels il y a lieu de mentionner les relations entre les mines de fer et les hauts-fourneaux où doit être consommé le minerai extrait de ces mines. Jamais l'usage des wagons particuliers ne prendra en France une importance comparable à celle de l'Angleterre, où les chemins de fer sont placés sous un régime différent et où la vie industrielle et commerciale présente une activité et une intensité beaucoup plus grandes.

Le consentement donné par les Compagnies à la circulation sur leurs rails de véhicules appartenant à des particuliers est purement facultatif de leur part, comme l'a reconnu le Ministre dans sa circulaire du 1ᵉʳ février 1864, quand elles conservent le soin de pourvoir elles-mêmes à la traction et aux autres charges de l'exploitation. En effet, le cahier des charges n'a prévu en son article 42 que deux catégories de transports, à savoir : 1° ceux que le concessionnaire effectue lui-même, à ses frais et par ses propres moyens, et qui acquittent la totalité de la taxe, dans les limites du maximum fixé par le contrat ; 2° ceux que les usagers feraient, au contraire, sans l'intervention de la Compagnie, et qui ne seraient passibles que d'une part de la taxe, désignée sous la dénomination de péage et correspondant à la construction et à l'entretien des voies.

A peine avons-nous besoin de faire observer que les wagons particuliers doivent satisfaire, comme ceux des Compagnies, aux conditions prescrites par l'ordonnance du 15 novembre 1846.

8. Compagnies fournissant des wagons en location. — Les crises de transports ont fait naître dans divers pays quelques compagnies ayant pour objet la location des wagons. Dans leur ouvrage sur les chemins de fer en Amérique, MM. Lavoinne et Pontzen citent « l'United-States Rolling Stock Cy », organisée en 1871 et qui possédait, en 1876, 105 locomotives, 65 voitures à voyageurs, 25 fourgons à bagages et 3 900 wagons à marchandises. Le succès de cette Compagnie est dû à la situation embarrassée d'un grand nombre de concessionnaires de chemins de fer, qui n'avaient pas les ressources nécessaires pour acquérir le matériel supplémentaire dont ils avaient besoin. Une tentative peu heureuse a été faite dans le même but, en France, à la suite de la guerre de 1870-71 ; nous ne la mentionnons que pour mémoire : la situation financière des grandes Compagnies françaises, le régime en vigueur pour le réseau national et les habitudes du public ne lui permettaient guère de réussir.

A côté des sociétés constituées pour la location des wagons se placent les Compagnies spéciales de transport, qui tantôt possèdent un matériel roulant, tantôt au contraire se servent des véhicules des concessionnaires pour l'exercice de leur industrie, et qui se sont formées notamment aux États-Unis d'Amérique. Le rôle de ces sociétés touchant surtout à l'exploitation commerciale, nous aurons l'occasion d'y revenir plus tard.

§ 4. — DES FREINS

1. Importance de la question des freins. — La question des freins est l'une de celles qui touchent le plus directement à la sécurité de la circulation et qui, à ce titre, n'ont cessé de fixer l'attention publique.

Nous n'avons à insister ici, ni sur l'utopie des inventeurs qui sont à la recherche de l'arrêt instantané des trains, ni sur les dangers qui en résulteraient pour les voyageurs, ni sur les désordres qui en seraient la conséquence pour le matériel de transport. Mais, sans poursuivre cette chimère, les ingénieurs et les constructeurs n'en ont pas moins réalisé des progrès considérables, surtout pendant ces dernières années, et imaginé des systèmes pratiques qui ont permis d'arrêter beaucoup plus rapidement les trains et d'éviter ou d'atténuer ainsi les accidents.

Les freins servent d'ailleurs, non seulement à l'arrêt accidentel des trains, mais encore à leur arrêt normal aux stations ou aux signaux, ainsi qu'au ralentissement de leur marche sur les pentes à forte inclinaison.

2. Prescriptions de l'ordonnance du 15 novembre 1846. — Aux termes de l'ordonnance du 15 novembre 1846, article 18, chaque train de voyageurs doit être accompagné du nombre de conducteurs gardes-freins qui est déterminé par le Ministre des travaux publics, sur la proposition de la Compagnie, suivant les pentes du chemin et suivant le nombre des voitures. Sur la dernière voiture de chaque convoi ou sur l'une des voitures placées à l'arrière, il doit toujours y avoir un frein et un conducteur chargé de le manœuvrer.

L'article 36 vise d'ailleurs explicitement l'installation d'un frein sur le tender.

Telles sont les seules dispositions de l'ordonnance de 1846. Ces dispositions ont été complétées par des décisions ministérielles spéciales ou par les règlements d'exploitation revêtus de l'approbation du Ministre des travaux publics.

3. Des diverses catégories de freins. — Le principe ordinaire des freins consiste à développer un frottement de glissement entre des pièces glissant l'une sur l'autre, de manière à vaincre l'inertie du train en mouvement et à détruire la force vive qu'il a emmagasinée. En général, on a recours dans ce but à des sabots, que l'on applique contre la jante des roues et qui sont mis en jeu, soit par le chauffeur, soit par les conducteurs du train.

Mais l'emploi des freins à frottement contre les roues des véhicules est heureusement complété par celui de la contre-vapeur. Lorsque l'admission est renversée, le piston est obligé de refouler la vapeur devant lui, en perdant graduellement sa vitesse; la force vive accumulée dans les roues motrices et le mécanisme s'éteint, la rotation peut ensuite changer de sens et la machine peut alors exercer contre le train un effort de poussée, contraire à l'effort de traction qu'elle exerçait auparavant. L'injection de vapeur et d'eau ou d'eau seule a permis d'appliquer la marche à contre-vapeur, non plus seulement aux arrêts très prompts, mais aussi dans le service courant. Le caractère de cet ouvrage nous interdit les développements techniques auxquels prêterait la question de la contre-vapeur : le lecteur voudra bien se reporter aux ouvrages spéciaux et notamment à celui de M. Couche.

Les freins adaptés aux véhicules peuvent se diviser :

1° au point de vue de leur mode d'action, en freins agissant isolément sur les véhicules auxquels ils sont appliqués et en freins continus, agissant sur tous les véhicules du train ou, du moins, sur un groupe de véhicules ; 2° au point de vue de leur manœuvre, en freins manœuvrés à la main et freins automatiques.

Les freins qui sont encore aujourd'hui le plus généralement employés et qui l'ont été exclusivement pendant de longues années sont les freins à sabot, imités de ceux des voitures ordinaires et manœuvrés à la main, soit à l'aide d'une vis, soit à l'aide d'un appareil à déclenchement.

Mais, depuis peu, l'Administration a prescrit pour les trains rapides de voyageurs l'emploi des freins continus, qui étaient déjà en usage sur plusieurs réseaux étrangers et vers lesquels la Compagnie du Nord avait fait elle-même un premier pas en installant des freins Nerwal à déclenchement, susceptibles d'enrayer les roues d'un groupe de trois véhicules.

Les principaux types de freins continus sont le frein Westinghouse, le frein Smith, le frein Wenger, le frein Achard et le frein Heberlein.

Voici, en quelques mots, le principe de ces appareils.

a. FREIN WESTINGHOUSE. — Les sabots des freins sont commandés par la tige d'un piston qui se meut dans un petit cylindre placé sous chaque véhicule. Une pompe adaptée à la locomotive refoule de l'air comprimé dans un petit réservoir principal porté par la machine et de là dans des réservoirs auxiliaires appliqués sous le tender et sous les voitures, par l'intermédiaire d'une conduite générale régnant sur toute la longueur du train et d'organes spéciaux de distribution à triple valve. Lorsque ces organes occupent une certaine position, l'air comprimé s'introduit dans les cylindres des véhicules et met les pistons en mouvement. Tant que la pression est maintenue dans la conduite générale, les sabots restent desserrés ; mais, si une issue est donnée à l'air comprimé de cette conduite, le jeu des triples valves fait passer l'air des réservoirs auxiliaires dans les cylindres et les freins sont instantanément serrés. Dès les premières secondes, on obtient un serrage énergique. Un agent quelconque du train peut mettre en prise tous les freins, en ouvrant l'un des robinets de la conduite générale.

Les freins s'appliquent d'eux mêmes, en cas de rupture ou de dérangement de la conduite : tel est, par exemple, le cas d'une rupture d'attelage. Ainsi, le système est automatique et empêche les dérives.

D'après les constatations faites par la Commission d'enquête instituée en 1879, la Compagnie de l'Ouest arrivait, avec le frein Westinghouse, à produire l'arrêt dans les conditions suivantes :

— 150 mètres, pour un train de douze voitures marchant à la vitesse de 76 kilomètres en palier ;

— 214 mètres, pour le même train marchant à la vitesse de 88 kilomètres sur une pente de 5 millièmes ;

— 250 mètres, dans les conditions les plus défavorables de vitesse et de pente.

On a reproché à ce frein les arrêts intempestifs auxquels il peut donner lieu par suite de son automaticité, notamment en cas de démarrage trop brusque de la machine ; les accidents qui peuvent en résulter ; les pertes de temps auxquelles entraîne le décalage, par suite de la nécessité de l'opérer à la main pour chaque véhicule. Ces inconvénients ont été quelque peu exagérés ; ils ont d'ailleurs pour contre-partie la docilité de manœuvre et la sûreté de fonctionnement.

On a aussi reproché au frein Westinghouse d'être un peu trop brutal et de ne pas offrir toutes les qualités voulues pour la modération de la vitesse sur les sections en pente. Mais les Compagnies ont procédé à des essais et paraissent avoir trouvé des combinaisons satisfaisantes pour corriger ce défaut. La « Revue générale des chemins de fer » contient, dans son numéro de février 1883, une note intéressante sur le frein continu automatique et modérable appliqué au matériel de la Compagnie de Paris-Lyon-Méditerranée : l'amélioration qu'a réalisée cette Compagnie et qu'exigeait le profil accidenté de plusieurs lignes de son réseau nécessite l'addition de plusieurs organes et spécialement la pose d'une deuxième conduite principale.

b. FREIN SMITH. — Le frein Smith repose sur un principe inverse de celui du frein Westinghouse. Les leviers des freins sont reliés à la paroi mobile d'un soufflet placé sous chaque véhicule. Une conduite générale relie les soufflets et aboutit, sur la machine, à un éjecteur de vapeur qui produit, par entraînement, l'aspiration de l'air et le serrage des sabots ; la dépression atteint environ 2/3 d'atmosphère. Le desserrage est produit par le jeu d'un clapet qui fait rentrer l'air dans la conduite.

On voit que le frein Smith est d'une grande simplicité. Il n'est point automatique ; des essais ont été tentés pour lui donner à cet égard les qualités du frein Westinghouse, mais n'ont pas encore abouti à des résultats pratiques irréprochables.

Les fuites de la conduite pouvant paralyser l'appareil, M. Hardy a réalisé un perfectionnement qui consiste à dédoubler cette conduite en deux branches, dont l'une serrant les freins de la machine et du tender et l'autre les freins des véhicules. De ces deux branches, la première, sujette à moins de remaniements, est à peu près à l'abri des accidents. La Compagnie du Nord a même dédoublé la conduite sur toute la longueur du train et l'a pourvue d'un double éjecteur.

D'après la Commission d'enquête de 1879, le frein Smith donnait des arrêts sur un parcours de 300 mètres, pour une vitesse de 65 à 68 kilomètres et des pentes de 4 à 5 m/m. Il était un peu moins énergique que le frein Westinghouse.

c. FREIN WENGER. — Le frein imaginé par M. Wenger et expérimenté sur le réseau d'Orléans est fondé, comme le frein Westinghouse, sur l'emploi de l'air comprimé. L'air, emmagasiné dans un réservoir placé sur la machine, est envoyé par une conduite longitudinale dans l'espace compris entre deux pistons qui commandent les sabots et qui se meuvent dans un cylindre. Ce cylindre forme lui-même réservoir à ses deux extrémités et y reçoit l'air que laissent passer les garnitures des deux pistons. Quand l'air afflue dans la conduite, les freins sont desserrés ; quand au contraire il y a dépression dans la conduite, l'air du cylindre à frein s'échappe par un orifice que démasque un obturateur lié à un petit piston de commande et les sabots se serrent.

Ce frein a certaines qualités de modérabilité.

d. FREIN ACHARD. — Le frein Achard, expérimenté depuis longtemps sur le réseau de l'Est, est un frein électrique. Au châssis des véhicules est suspendu un treuil autour duquel s'enroule une chaîne agissant sur les leviers des freins pour en opérer le serrage. Ce treuil est armé d'un volumineux électro-aimant, placé à une petite distance de l'essieu, qui l'attire et détermine ainsi par frottement la rotation de l'arbre du treuil, dès qu'on produit l'aimantation en lançant le courant par la fermeture du circuit électrique de deux piles situées dans les fourgons de tête et de queue du train. Des commutateurs permettent au mécanicien et aux gardes-freins d'enrayer instantanément toutes les roues des véhicules.

D'après le rapport présenté en 1880 au nom de la Commission d'enquête, l'électricité était fournie en quantité suffisante, au moment voulu, non seulement par les deux piles, mais encore par un accumulateur Planté. On cherchait à supprimer les piles. et l'accumulateur et à y substituer une machine Gramme mise en mouvement par l'un des essieux du véhicule.

Les expériences faites sur le train rapide de Paris à Avricourt, formé de 5 à 6 voitures, non compris les fourgons, et portant deux freins Achard, l'un en tête, l'autre en queue, avaient donné des résultats satisfaisants et réalisé l'arrêt sur un parcours de 200 mètres.

On éprouvait quelque difficulté à graduer l'action du frein, à ne pas déterminer le calage complet des roues et à modérer à volonté la vitesse sur les pentes. On n'y parvenait qu'en serrant et en desserrant alternativement les sabots; toutefois M. Achard proposait une modification qui devait permettre de faire varier la quantité d'électricité envoyée dans l'électro-aimant et, par suite, l'intensité du serrage.

La Commission attribuait au frein électrique le mérite d'une instantanéité presque absolue, d'une grande énergie et d'une extrême simplicité dans les attelages; elle entrevoyait la possibilité de l'appliquer aux trains mixtes et aux trains de marchandises.

e. FREIN HEBERLEIN. —Sur un des essieux du véhicule est calé un galet avec lequel peut venir engrener par friction un galet semblable monté sur l'axe d'un treuil. Autour de ce treuil s'enroule une chaîne qui agit sur les leviers des freins et les met en prise, par le déclenchement d'un contrepoids. Le déclenchement est opéré à l'aide d'un cordeau.

Pour que l'action du cordeau ne provoque pas des arrêts intempestifs, dans les dilatations subies par le train en marche, il faut que l'attelage des véhicules soit très serré. Toute rupture d'attelage, cassant le cordeau, met le frein en action et en amène le fonctionnement automatique.

Le frein Heberlein est surtout un frein de détresse; la Commission jugeait difficile de l'employer habituellement comme frein de service. Une expérience officielle avait montré qu'un train de 12 voitures, munies de freins, était arrêté après un parcours de 250 mètres par l'emploi simultané de ces appareils et de la contre-vapeur.

Telles sont les seules indications qu'il nous soit possible de donner ici sur les différents systèmes de freins continus qui étaient à l'ordre du jour en 1880 : elles suffisent à faire comprendre les principes essentiels sur lesquels ces systèmes sont basés.

La « Revue générale des chemins de fer » a publié, dans son numéro de mai 1879, une excellente note où sont nettement indiquées les conditions auxquelles doivent satisfaire les freins continus. Ces conditions sont les suivantes :

1° Tous les freins doivent être serrés simultanément par une seule et même manœuvre, à la main du mécanicien ; ils doivent aussi pouvoir être actionnés par les autres agents, le cas échéant ;

2° Leur automaticité peut être nécessaire, afin de pourvoir aux ruptures d'attelage que leur usage est susceptible de déterminer ;

3° Leur action doit être aussi puissante que possible et n'a d'autre limite que celle qui résulte de la nécessité d'éviter les chocs ou réactions désagréables ou dangereuses ;

4° Leur serrage doit être rapide et se propager promptement d'une extrémité à l'autre du train ;

5° Il est désirable de pouvoir les modérer à volonté pour les arrêts dans les gares ; cette modérabilité est indispensable pour la descente des longues pentes, à forte déclivité ;

6° Pour éviter les réactions fatigantes et même dangereuses, il faut que les freins actionnent tous les véhicules du train et agissent sur eux avec la même énergie ;

7° Les appareils doivent être simples, faciles à manœuvrer et à entretenir, et susceptibles de servir régulièrement pour les arrêts et les ralentissements.

4. Nombre minimum de freins nécessaires pour un train. — Le nombre des freins à adapter à un train dépend de plusieurs éléments et, en particulier, de son poids, de sa vitesse, du profil en long de la voie, ainsi que de la distance à laquelle sont portés les signaux de protection. En général, on ne tient pas compte, dans le calcul, des ressources que peut offrir la locomotive, soit par la contre-vapeur, soit par son frein spécial.

Pour se conformer aux dispositions de l'article 18 de l'ordonnance du 15 novembre 1846, l'Administration a entrepris une série d'expériences auxquelles ont concouru les ingénieurs les plus accrédités et à la suite desquelles est intervenue une décision ministérielle du 16 avril 1849 prescrivant, outre le frein du tender :

Un frein pour les trains de voyageurs de sept voitures et au-dessous ;

Deux freins, pour les trains de voyageurs de quinze voitures et au-dessous jusqu'à sept ;

Trois freins, pour les trains de voyageurs de plus de quinze voitures.

Comme l'a fait observer, en 1857, la Commission d'enquête « sur la régularité et la sûreté de l'exploitation des chemins de fer », ces prescriptions s'appliquaient à un train moyen, c'est-à-dire marchant dans des conditions de vitesse moyenne, comme le font les trains omnibus, et sur des voies n'ayant pas de pentes supérieures à 5 ou 6 millièmes. Les Compagnies y apportaient d'elles-mêmes les modifications nécessitées par les conditions spéciales de vitesse et de profil.

En 1861, le Ministre des travaux publics chargea une Commission spéciale d'étudier la question et d'examiner notamment si l'augmentation réalisée dans la vitesse des trains, dans leur masse, dans la puissance des locomotives, dans les déclivités des lignes nouvelles, ne devait pas entraîner un remaniement des prescriptions de 1849. Mais cette Commission émit, le 3 juin 1863, l'avis qu'il n'y avait pas lieu, en l'état, de modifier la réglementation antérieure ; elle se borna à signaler l'intérêt que pourrait présenter l'application de freins énergiques aux locomotives. A la suite de cet avis, le Ministre des travaux publics adressa aux Compagnies, le 15 avril 1864, une circulaire provoquant leurs observations sur l'opportunité de l'adaptation d'un frein aux machines. Les réponses des Compagnies furent communiquées à une Commission nouvelle, instituée par arrêté du 28 juin 1864 et conformément aux conclusions de laquelle le Ministre, sans en faire l'objet de prescriptions impératives, recommanda instamment, par circulaire du 4 février 1865, la continuation des expériences entreprises en vue de l'installation de freins, notamment sur les machines à grande vitesse n'ayant qu'un seul essieu moteur.

Il n'existe pas d'autres décisions générales concernant les freins isolés. Mais les réglements d'exploitation ou ordres de service approuvés par le Ministre, en vertu de l'article 60 de l'ordonnance du 15 novembre 1846, déterminent le nombre des freins pour les trains de toute nature (voyageurs, mixtes, marchandises). Ainsi que nous l'avons déjà indiqué, ce nombre est fixé, sans tenir compte des moyens d'arrêt dont la machine elle-même peut être pourvue et notamment de la contre-vapeur que des accidents, comme un coup de feu au foyer ou la rupture d'un tube, peuvent mettre en défaut. Il dépend du profil de la ligne ; il varie aussi, dans une certaine mesure, avec le mode de traction ; quand un train est muni d'une machine en queue, deux wagons à frein sont généralement considérés comme suffisants, quels que soient la charge et le profil.

La vitesse des trains militaires étant sensiblement la même que celle des trains de marchandises, il y a assimilation entre ces deux catégories de trains, au point de vue du nombre et de la position des freins (Article 53 du règlement général des 1er juillet 1874-29 octobre 1884 sur les transports militaires).

5. **Lestage des wagons à frein.** — L'action des freins sur la destruction de la force vive d'un train est proportionnée au poids des véhicules auxquels ils sont adaptés. Aussi importe-t-il de considérer beaucoup moins le nombre des wagons-freins que la fraction du poids total du train, susceptible d'être enrayée. Ce principe a été soigneusement rappelé par la Commission d'enquête « sur la régularité et la sûreté de l'exploitation », instituée à la fin de 1853 ; il l'a été également par le Conseil général des ponts et chaussées (Voir la circulaire ministérielle du 26 février 1856). Le Conseil des ponts avait conclu à étudier si les wagons à freins placés dans les convois de toute nature étaient convenablement lestés et à prescrire ensuite, à ce point de vue, les dispositions réglementaires propres à assurer l'efficacité des moyens d'arrêt. Cette étude ne paraît pas avoir donné de résultats décisifs et la Commission d'enquête s'est abstenue de formuler des propositions.

En pratique, une voiture-frein compte toujours pour une unité, qu'elle soit pleine ou vide ; les variations de son poids ne sont point, en effet, assez sensibles pour qu'il soit nécessaire d'avoir égard à son chargement.

Les fourgons à bagages n'ont parfois qu'une charge utile très faible ; aussi reçoivent-ils un lest permanent sur certaines lignes.

Quant aux wagons à marchandises, leur poids varie dans des limites étendues. Aussi distingue-t-on entre les wagons vides ou portant des marchandises à décharger en cours de route et les wagons portant du lest ou des marchandises transportées d'un bout à l'autre. On peut, par exemple, compter deux wagons vides pour un wagon chargé.

6. **Position des freins.** — L'ordonnance de 1846 rend obligatoire, pour les convois de voyageurs, l'installation d'un frein sur la dernière ou sur l'une des dernières voitures. Tantôt les règlements d'exploitation obligent les Compagnies à avoir toujours un véhicule à frein en queue de ces convois, tantôt ils laissent un peu plus de latitude, pour les sections qui ne présentent pas de fortes pentes et sur lesquelles on n'a pas à redouter le recul, en cas de rupture d'attelages.

Des règles analogues sont en vigueur pour les trains de marchandises.

7. Prescriptions récentes concernant les freins continus. — Après avoir passé en revue les divers types de freins continus, la Commission d'enquête de 1879 avait émis l'avis que, sans porter préjudice aux tentatives susceptibles d'amener l'amélioration des freins, il était possible de donner immédiatement aux trains de voyageurs un surcroît de garanties de sécurité fort important, en invitant les Compagnies à munir de freins continus, placés sous la main du mécanicien et des gardes-freins, tous les trains de voyageurs dont la vitesse normale de pleine marche atteindrait 60 kilomètres à l'heure.

Sans attendre cet avis, le Ministre avait déjà appelé l'attention des Compagnies, par une circulaire du 19 décembre 1879, sur l'opportunité de mettre en usage des freins continus, autant que possible automatiques, et leur avait prescrit de rendre compte, dans des rapports détaillés, des essais qu'elles auraient entrepris.

Le 13 septembre 1880, à la suite du dépôt du rapport présenté par M. Guillebot de Nerville, président de la Commission, les Compagnies reçurent l'ordre de munir de freins continus tous les trains express, dans un délai de deux ans.

Le 2 novembre 1881, une nouvelle circulaire rappelait cette injonction et résumait les résultats acquis. Les freins employés ou expérimentés étaient le frein Smith, sur le réseau du Nord; le frein Westinghouse et le frein Achard, sur le réseau de l'Est ; le frein Westinghouse, sur le réseau de l'Ouest ; les freins Smith, Westinghouse, Heberlein et Wenger, sur le réseau d'Orléans ; le frein Westinghouse, sur le réseau de Paris-Lyon-Méditerranée et sur celui du Midi ; enfin, les freins Achard, Westinghouse et Smith, sur le réseau de l'État (1).

Par suite de la multiplicité des types soumis aux essais, par suite aussi des retards apportés aux livraisons considérables dont s'était chargé M. Westinghouse, le délai de deux années fixé par la circulaire ministérielle du 13 septembre 1880 expira sans qu'il eût été satisfait aux prescriptions de cette circulaire. Le 7 décembre 1882, le Ministre adressa aux Compagnies une dépêche par laquelle il prorogeait ce délai d'un an; tout en signalant les résultats favorables des expériences auxquelles était soumis le frein Wenger, il laissait aux Compagnies la liberté du choix entre les différents systèmes, à la condition que le frein adopté par elles enrayât la totalité des roues des voitures, fût autant que possible automatique, et pût être manœuvré, soit par le mécanicien, soit par les gardes-freins.

Le 24 janvier 1885, une autre circulaire a rappelé que le but à pour-

---

(1) L'Administration des chemins de fer de l'État a aussi repris l'étude du frein Guérin.

suivre était d'adapter des freins continus à tous les trains de voyageurs ; qu'en effet la vitesse de pleine marche pouvait, pour la plupart de ces trains, atteindre et dépasser 60 kilomètres par heure, en cas de retard, et que les chances d'accident étaient particulièrement à redouter dans ce cas. Elle a, en conséquence, invité les Compagnies à prendre leurs dispositions pour que tout le matériel de grande vitesse (machines, tenders, voitures, fourgons, etc...), en construction ou à construire, fût pourvu de freins continus.

Le 29 mars 1886, le Ministre des travaux publics, constatant que les prescriptions du 13 septembre 1880 avaient été complètement exécutées, a jugé nécessaire d'étendre, sans plus tarder, l'application des freins continus à tous les trains de voyageurs. Il a prescrit aux Compagnies d'entreprendre le travail d'adaptation de ces appareils à toutes les voitures à voyageurs et aux autres véhicules de grande vitesse (fourgons à bagages, fourgons à messagerie, wagons-écuries, trucks à équipages, wagons à lait, wagons à marée et à primeurs, etc...), et à poursuivre cette opération avec l'activité voulue pour la terminer en deux années. Les machines destinées aux trains de voyageurs doivent être, dans le même délai, pourvues de freins continus et d'appareils à contre-vapeur.

Enfin, le 2 décembre 1886, le Ministre des travaux publics a confirmé les prescriptions de la circulaire du 29 mars et les a complétées : 1° en décidant que les premiers trains omnibus munis de freins continus devraient, autant que possible, être affectés aux lignes à profil sinueux et accidenté ; 2° en interdisant de porter, sous aucun prétexte, à plus de 60 kilomètres à l'heure la vitesse des trains omnibus non pourvus de freins continus.

A la fin de chaque année, il est présenté au Comité de l'exploitation technique, qui en délibère, un rapport sur l'emploi des freins continus.

8. De la variété des systèmes de freins adoptés par les Compagnies. — On s'est souvent inquiété, au point de vue des échanges de matériel, de la variété des types de freins adoptés par les Compagnies. M. Delattre et un grand nombre de ses collègues ont même déposé sur le bureau de la Chambre des députés une proposition de loi, en date du 2 mars 1882, dont l'article 5 tendait notamment à imposer l'uniformité de système (1).

La Commission d'enquête de 1879 s'est préoccupée de la question et s'est prononcée contre cette uniformité, qu'elle considérait comme prématurée et comme étant de nature à nuire aux essais et aux progrès.

____

(1) Cette proposition a été reproduite, le 16 janvier 1886.

Le Comité de l'exploitation technique, consulté à son tour sur la proposition de loi de M. Delattre, a conclu dans le même sens. Il lui a paru que l'Administration devait, au contraire, laisser aux Compagnies toute latitude pour étudier, expérimenter, modifier les différents types, et pour adopter tel ou tel d'entre eux. Imposer un type unique, c'eût été, suivant le Comité, renoncer aux améliorations, aux perfectionnements, et se condamner volontairement à l'immobilité et à la routine. La mesure n'était, à ses yeux, commandée ni par l'intérêt commercial, ni par l'intérêt militaire. Au point de vue commercial, en effet, les échanges de matériel à voyageurs sont limités à certains services directs et n'ont qu'une importance tout à fait secondaire ; le cas échéant, d'ailleurs, les voitures appelées à circuler sur deux réseaux pourraient être munies de deux systèmes de freins continus. Au point de vue militaire, il n'y avait pas à se préoccuper de la difficulté, attendu que les véhicules employés aux transports étaient le plus souvent des wagons à marchandises et que les trains marchaient à faible vitesse.

Le Conseil d'État, dont le Ministre a cru devoir demander l'avis sur la question, ne s'est pas approprié complètement les observations du Comité de l'exploitation technique. Mais, restant sur le terrain juridique et administratif, il a fait remarquer que, « s'il entre incontestablement dans le « rôle de l'Administration de coordonner les essais et les efforts des Com- « pagnies et de prendre, le moment venu, des mesures d'unification tout « à la fois fermes et prudentes, le Ministre a, dès aujourd'hui, les pouvoirs « nécessaires, en vertu : 1° des articles 7, 12 et 13 de l'ordonnance du 15 « novembre 1846, subordonnant la mise en service des locomotives et des « voitures à voyageurs à l'autorisation de l'Administration et prescrivant « de munir ces voitures de tout ce qui est nécessaire à la sûreté des voya- « geurs ; 2° des articles 60 et 69 de la même ordonnance, obligeant les « Compagnies à soumettre à l'approbation du Ministre des travaux publics « leurs règlements relatifs au service et à l'exploitation des chemins de « fer, et conférant au Ministre le droit de statuer directement, faute par les « Compagnies de lui avoir soumis leurs propositions dans le délai qu'il « aurait déterminé ; 3° de l'article 32 du cahier des charges, obligeant les « Compagnies à se soumettre à tous les règlements en vigueur pour la « mise en service du matériel roulant ». Le Conseil a ajouté qu'au surplus, si l'ordonnance de 1846 présentait quelques lacunes, il serait facile d'y pourvoir par un règlement d'administration publique, en exécution de l'article 9 de la loi du 11 juin 1842.

Jusqu'ici, l'Administration a reculé devant toute prescription d'un système uniforme. On en trouve la preuve dans les diverses circulaires que nous avons mentionnées, notamment dans celle du 7 décembre 1882.

9. Observations sur les causes qui limitent actuellement l'emploi des freins continus. — Les soins qu'exige actuellement l'attelage de la plupart des freins continus en restreignent nécessairement l'emploi.

A cette cause s'en ajoute une autre : nous voulons parler du prix élevé de l'installation. D'après le rapport présenté au Comité de l'exploitation technique sur la proposition Delattre, la dépense afférente au frein à air comprimé, système Westinghouse, serait de 1 600 fr. par machine et de 950 fr. par voiture, y compris la timonerie. Elle s'élèverait ainsi à 250 millions pour l'ensemble des 8 500 machines et des 250 000 voitures ou wagons employés sur les chemins de fer d'intérêt général.

Du reste, comme nous l'avons fait observer, la continuité des freins offre beaucoup moins d'intérêt pour les trains animés d'une faible vitesse, comme les trains de marchandises, que pour les trains de voyageurs. A peine y a-t-il lieu d'ajouter que c'est surtout pour ces derniers trains qu'il importe d'améliorer et de multiplier les garanties de sécurité, même au prix de sacrifices considérables (1).

---

(1) On pourra consulter utilement, sur la question des freins, les ouvrages techniques spéciaux, notamment le traité des chemins de fer de M. Couche et l'ouvrage de MM. Lavoinne et Pontzen sur les chemins de fer en Amérique.

§ 5. — ÉCHANGES DE MATÉRIEL ENTRE LES COMPAGNIES FRANÇAISES
AINSI QU'ENTRE CES COMPAGNIES ET LES ADMINISTRATIONS ÉTRANGÈRES.

1. Échanges de matériel entre les Compagnies françaises. — La seule disposition du cahier des charges qui vise les échanges de matériel entre les Compagnies françaises est celle du § 6 de l'article 61, relatif aux embranchements et prolongements. Cette disposition est ainsi conçue : « La Compagnie qui se servira d'un matériel qui ne serait pas sa propriété « payera une indemnité en rapport avec l'usage et la détérioration de ce « matériel. Dans le cas où les Compagnies ne se mettraient pas d'accord « sur la quotité de l'indemnité ou sur les moyens d'assurer la continua- « tion du service sur toute la ligne, le Gouvernement y pourvoirait d'of- « fice et prescrirait toutes les mesures nécessaires. »

Les échanges de matériel entre les Compagnies n'en sont pas moins très fréquents ; ils évitent les transbordements et les pertes de temps, ainsi que les frais et les déchets inhérents à ces manipulations : l'avantage est considérable pour les marchandises pondéreuses et de faible valeur, qui ne peuvent être transportées à longue distance qu'à la condition d'être soustraites à toutes les dépenses inutiles et frustratoires.

Ces échanges sont régis par des conventions très simples. Les répara- tions normales et l'entretien des véhicules restent à la charge de la Com- pagnie propriétaire ; quant aux réparations accidentelles, elles incombent à la Compagnie qui emprunte le matériel. Cette dernière doit payer une redevance fixée, soit par jour, soit par kilomètre parcouru, et passible d'une surtaxe, après un délai déterminé, de manière à assurer le retour rapide des véhicules sur le réseau auquel ils appartiennent. Les comptes d'échange ne se font qu'entre Compagnies voisines, de telle sorte que la Compagnie qui a reçu des véhicules et les livre ensuite à une autre Com- pagnie, demeure seule en compte avec celle qui les lui a prêtés. Pour éviter qu'un réseau ne soit dépouillé de son matériel, le bilan numérique des échanges doit se balancer en fin d'année.

La Compagnie qui reçoit un véhicule doit le visiter avant d'en prendre livraison, pour constater qu'il est en bon état, qu'il ne présente aucune avarie ou défectuosité susceptible de compromettre la sécurité de la circu- lation, qu'il peut passer dans le gabarit, qu'il satisfait aux conditions vou- lues en ce qui concerne les bandages, les attelages, etc... Elle assume ensuite la responsabilité des avaries et des accidents. sauf, bien entendu, le cas du vice caché, dans les termes du droit commun.

En Angleterre et en Allemagne, l'importance du trafic et le morcellement des réseaux entraînent dans les comptes d'échange une complication à laquelle il est pourvu par l'intervention d'un « Clearing-house » ou administration syndicale.

Les échanges créent entre les Compagnies qui les réalisent une communauté et une solidarité d'intérêts qui portent souvent sur des sommes considérables. Aussi les grandes Compagnies ont-elles toujours montré une vive répugnance à livrer leurs véhicules aux Compagnies secondaires, dont la solvabilité est parfois mal assurée. Leur résistance a été en outre accrue, dans certains cas, par le désir de ne point faciliter la tâche de sociétés poursuivant ouvertement ou secrètement un but de rivalité et de concurrence. Du reste, les Compagnies secondaires, ne disposant que d'un matériel restreint et obligées de le conserver pour les besoins de leur service, ne pouvaient, de leur côté, livrer leurs véhicules aux grandes Compagnies et les laisser se disperser à de grandes distances, sans compromettre les intérêts de leur exploitation ; ajoutons encore que les frais de location pesaient lourdement sur leur budget et qu'elles avaient souvent avantage à s'y soustraire, au prix d'un transbordement.

2. Échanges entre les Compagnies françaises et les Compagnies étrangères. — Les échanges ont lieu, non seulement entre les Compagnies françaises, mais encore entre ces Compagnies et les Compagnies ou Administrations étrangères, de telle sorte qu'un véhicule peut parcourir plusieurs pays sans rompre charge,

Au commencement de 1881, le Département fédéral suisse des postes et des chemins de fer, désireux de faciliter le transit international du matériel roulant, a provoqué une conférence internationale, en vue de déterminer les *normes* auxquels devraient satisfaire les véhicules pour passer d'un pays à l'autre. Ont pris part à cette conférence les représentants de l'Allemagne, de l'Autriche, de la Hongrie, de la France, de l'Italie et de la Suisse. Les grandes Compagnies françaises y ont envoyé elles-mêmes des délégués à titre d'experts : toutefois elles avaient eu soin de protester par avance contre l'adoption de règles étroites, qui ne leur paraissaient nullement commandées par les nécessités du service et qu'elles considéraient comme susceptibles d'entraver les progrès à réaliser dans la construction du matériel ; elles n'avaient déféré à l'invitation du Ministre des travaux publics qu'en réservant leur entière liberté d'action ; elles avaient eu soin de ne reconnaître à la conférence qu'un caractère purement consultatif.

Nous n'entrerons point ici dans le détail des résolutions qui ont fait l'objet du protocole final de la conférence et qui sont, pour la plupart, purement techniques. Il suffira d'indiquer les plus essentielles (1).

Les dimensions principales doivent être renfermées dans les limites suivantes :

	MAXIMUM	MINIMUM
	m.	m.
Écartement des essieux extrêmes des wagons à marchandises à construire (non applicable aux trucs mobiles)	»	2,500
Écartement des roues d'un essieu, mesuré entre les plans intérieurs des bandages ou des parties qui en tiennent lieu	1.366	1,357
(Maximum toléré temporairement pour le matériel roulant de l'État et de l'Ouest français)	1,370	»
Largeur des bandages	0,150	0,130
(Minimum toléré pour le matériel existant)	»	0,125
Jeu des boudins, mesuré d'après le déplacement total de l'essieu, l'écartement de la voie étant supposé de 1ᵐ44	0.035	0,015
Écartement extérieur des boudins, mesuré à 0ᵐ01 en contre-bas des cercles de roulement des deux bandages et pour un espacement de 1ᵐ50 entre ces cercles	1,425	1,405
Hauteur des boudins, mesurée verticalement jusqu'au sommet des rails, les roues ayant la position normale, sur voie en alignement et en palier	0,036	0,025
Épaisseur des bandages des wagons et voitures, mesurée au point le plus faible de la surface de roulement	»	0.020
Hauteur des tampons des véhicules vides, entre le centre de ces tampons et le sommet des rails	1.065	1.020
Maximum toléré pour le matériel existant)	1.070	»
(Pas de minimum pour le matériel existant)	»	»
Hauteur des tampons des véhicules en pleine charge	»	0,940
(Minimum toléré pour le matériel existant)	»	0,900
Écartement des tampons, d'axe en axe	1,760	1,710
(Dimensions tolérées pour le matériel existant)	1,800	1,700
Distance au-dessus du plan des rails des parties les plus basses des attelages non tendus, qui ne peuvent pas être relevées ou accrochées, quand le véhicule est en pleine charge	»	0,075

Les roues de fonte coulées en coquille sont admises pour les wagons à marchandises non munis de freins; elles peuvent toutefois être exclues des trains marchant avec une vitesse supérieure à 45 kilomètres à l'heure.

Tous les châssis de wagons ou de voitures doivent être pourvus : 1° d'appareils élastiques de choc et de traction (cette disposition ne s'appli-

____

(1) Voir, pour plus de détails, l'arrêté ministériel du 31 mars 1887.

que pas aux wagons destinés à des transports spéciaux) ; 2° d'attelages de sûreté destinés à prévenir la coupure du train, en cas de rupture de l'attelage principal (ces attelages peuvent consister en un appareil central ou deux appareils latéraux).

Chaque wagon ou voiture doit être muni de ressorts de suspension.

La majorité des membres de la conférence a émis l'avis que, pour les voies neuves à poser et les voies à réfectionner, l'écartement des rails, mesuré entre les bords intérieurs, ne devrait être ni inférieur à 1 m. 435, en alignement droit, ni supérieur à 1 m. 465, en courbe.

Ils avaient reconnu à l'unanimité, dans leur première session, l'utilité d'établir un gabarit ou profil général maximum des wagons et voitures. Tout en déclarant nécessaire une enquête ultérieure, pour la détermination de ce gabarit, ils avaient constaté provisoirement qu'un gabarit ayant une hauteur de 4 m. 150 au-dessus du niveau des rails et une largeur de 3 m. à 1 m. 30 au-dessus de ce niveau, et terminé par un demi-cercle de 1 m. 50 de rayon, pouvait passer sans obstacle sur tous les chemins de fer des États représentés à la conférence. Dans la dernière session, les représen_ tants des États se sont bornés à conclure à la publication des gabarits des divers réseaux, avec leurs enveloppes extérieure et intérieure.

Les dispositions sur lesquelles les délégués des États s'étaient mis d'accord ont été déclarées applicables sur le réseau français, à dater du 1er avril 1887 : 1° par un arrêté du Ministre des travaux publics, du 31 mars 1887 ; 2° en ce qui concerne spécialement le mode de fermeture des wagons devant passer en douane, par un arrêté du Ministre des finances du même jour.

3. Prescriptions ministérielles en vue de l'échange des véhicules. Dès avant la conférence de Berne, l'Administration s'est préoccupée, à diverses reprises, des mesures de sécurité à prendre pour éviter les accidents dus à la circulation des véhicules sur des réseaux autres que ceux pour lesquels ils avaient été construits. Parmi les circulaires relatives à cet objet, nous mentionnons celles du 13 mars 1856 et du 7 décembre 1859. La première portait invitation aux Compagnies de se concerter pour assigner aux tampons une hauteur uniforme ; on sait en effet que, lorsque les tampons de deux wagons sont à des niveaux trop différents, l'un d'eux est exposé à être soulevé et rejeté hors des rails, surtout s'il n'est point chargé. La seconde circulaire rappelait la précédente et invitait, en termes généraux, les Compagnies de chemins de fer à étudier l'uniformité rendue nécessaire, dans les conditions d'établissement du matériel roulant, par les échanges entre les divers réseaux. Cette uniformité est aujourd'hui réglementaire, en vertu de l'arrêté du Ministre des travaux publics, du 31 mars 1887.

§ 6. — VALEUR DU MATÉRIEL ROULANT

ET DES OBJETS MOBILIERS

NÉCESSAIRES A L'EXPLOITATION DES CHEMINS DE FER.

1. Règle empirique ordinairement admise. — Il existe, pour l'évaluation du matériel roulant nécessaire à l'exploitation, une formule empirique d'après laquelle la valeur de ce matériel par kilomètre serait égale à la recette brute. Ainsi, une ligne rapportant 60 000 francs par kilomètre exigerait 60 000 francs de matériel; une ligne rapportant 15 000 francs nécessiterait un matériel de 15 000 francs.

Cette formule conduit à des résultats insuffisants, surtout pour les lignes à faible circulation. Nous allons l'établir en relatant divers renseignements empruntés aux statistiques officielles, ainsi que les appréciations de personnes compétentes en la matière.

2. Renseignements relatifs aux grandes Compagnies. — Voici, d'après les comptes des grandes Compagnies, quelles étaient : 1° les sommes totales portées au compte de premier établissement pour achat de matériel roulant jusqu'au 31 décembre 1882 ; 2° les sommes correspondantes par kilomètre exploité et par million de recette brute, en 1882.

DÉSIGNATION DES RÉSEAUX	LONGUEUR EXPLOITÉE au 31 décembre 1882	RECETTE BRUTE kilométrique en 1882	DÉPENSES D'ACQUISITION DU MATÉRIEL ROULANT		
			TOTALE	KILOMÉTRIQUE.	par million de recette brute
	km.	fr.		fr.	fr.
Nord... { Ancien réseau........	1.357	103.800	207 millions	153.000	1.470.000
Nouveau réseau......	700	29.000	20 —	29.000	1.000.000
Ensemble........	2.057	78.400	227 —	110.000	1.400.000
Est.... { Ancien réseau.,......	534	101.700	72 —	135.000	1.330.000
Nouveau réseau......	2.053	35.800	107 —	52.000	1.450.000
Ensemble........	2.587	48.200	179 —	69.000	1.430.000
Ouest.. { Ancien réseau........	900	99.400	92 —	102.000	1.030.000
Nouveau réseau.......	1.998	22.500	69 —	35.000	1.560.000
Ensemble........	2.898	46.400	161 —	56.000	1.200.000
Orléans. { Ancien réseau........	2.020	61.700	98 —	48.500	790.000
Nouveau réseau.......	2.342	22.400	64 —	27.000	1.200.000
Ensemble........	4.362	40.600	162 —	37.000	910.000
P.-L.-M. { Ancien réseau........	4.768	67.200	427 —	89.500	1.330.000
Nouveau réseau.......	1.576	15.500	59 —	37.000	2.390.000
Rhône au Mont-Cenis.	144	49.000	9 —	62.500	1.280.000
Ensemble........	6.488	52.700	495 —	76.000	1.440.000
Midi.... { Ancien réseau........	821	83.700	70 —	85.000	1.020.000
Nouveau réseau......	1.541	18.800	56 —	36.000	1.910.000
Ensemble........	2.362	41.000	126 —	53.000	1.290.000
ENSEMBLE DES RÉSEAUX..	20.754	50.500	1.350 —	65.000	1.280.000

Les chiffres de détail portés au tableau précédent ne doivent être acceptés qu'avec réserves. En effet, la ventilation des dépenses de matériel roulant entre l'ancien et le nouveau réseau est faite d'après des règles conventionnelles que nous avons indiquées en traitant des comptes de premier établissement (tome II, page 474) : le principe le plus général consiste à répartir les dépenses au prorata du parcours kilométrique des trains ; mais, sur certains réseaux, on admet un minimum d'imputation par kilomètre.

Il convient en outre de remarquer que, pour abréger les calculs, nous avons pris comme chiffres de dépenses du matériel roulant ceux de la fin de 1882. Ces chiffres sont un peu trop forts ; pour avoir plus exactement la dépense kilométrique, il aurait fallu adopter une valeur moyenne entre celle de la fin de 1881 et celle de la fin de 1882. Néanmoins, il nous a paru préférable de nous en tenir aux données de la fin de 1882, parce que les recettes de cet exercice ont été relativement élevées et que par suite l'évaluation de la dépense de matériel par million de produit brut eût été trop faible, si elle avait été calculée d'après les données de la fin de 1881.

Sous le bénéfice de ces observations, le résultat essentiel à retenir des indications statistiques concernant les grandes Compagnies est qu'en moyenne la dépense d'acquisition du matériel roulant dépasse des 3/10 environ le montant de la recette brute.

3. Évaluation du projet de convention de 1882 avec la Compagnie d'Orléans et des conventions de 1883. — La règle empirique que nous venons d'établir comporte des correctifs comme toutes les règles analogues. Ainsi des lignes, même fort peu productives, nécessitent un minimum de matériel roulant dont la dépense d'acquisition peut excéder le chiffre qui résulterait de l'application du coefficient de 130 %.

Dans son projet de convention de 1882 avec la Compagnie d'Orléans, M. Varroy, ministre des travaux publics, avait estimé à 20 000 fr. par kilomètre la dépense afférente aux lignes du 3e réseau (1).

L'exposé des motifs portant approbation des conventions de 1883 s'est peu écarté de cette estimation : le concours des Compagnies pour le matériel roulant, le mobilier et l'outillage des gares, y est en effet évalué à 25 000 francs.

4. Évaluation de M. Urban pour les lignes secondaires. — La Revue générale des chemins de fer a publié, dans son numéro de mai 1884, un intéressant mémoire de M. Urban, ingénieur en chef du matériel et de la traction de la Compagnie du Grand Central Belge, sur « la quantité et « la valeur du matériel roulant nécessaire pour l'exploitation des lignes se-« condaires ».

(1) Y compris le mobilier et l'outillage des gares.

L'auteur admet les bases suivantes :

Locomotives.

Parcours moyen annuel : 30 000 kilomètres, dont 5 000 kilomètres pour les manœuvres.

Recette par train-kilomètre : 2 500 francs.

Nombre : Quotient de la recette par 62 500 francs, avec addition d'autant de locomotives que le réseau comprend de lignes moins une.

Poids : 18 à 20 tonnes pour les chemins à voie normale, et 12 à 14 tonnes pour les chemins à voie étroite.

Prix : 40 000 francs pour la voie normale, et 28 000 francs pour la voie étroite.

Voitures et Wagons.

Recette annuelle par voiture à voyageurs.. 12 000 fr.

Recette annuelle par wagon............... 2 000 fr.

Partage par moitié de la recette entre le trafic-voyageur et le trafic-marchandises.

Répartition du matériel : 1 voiture mixte de 1re et de 2me classe pour 2 voitures de 3e classe et 2 fourgons.

Prix unitaire : 8 000 francs pour une voiture mixte; 6 000 francs pour une voiture de 3e classe; 5 000 francs pour un fourgon; 2 000 francs pour un wagon à marchandises.

Il en déduit le tableau ci-après :

RECETTE KILOMÉTRIQUE	NOMBRE KILOMÉTRIQUE de			DÉPENSE KILOMÉTRIQUE							
				VOIE NORMALE				VOIE ÉTROITE			
	Locomotives	Voitures	Wagons	Locomotives	Voitures	Wagons	Total	Locomotives	Voitures	Wagons	Total
fr.				fr.	fr.	fr.	fr.	fr.	fr.	fr.	fr.
5.000	0,080	0,208	1,25	3.200	1.250	2.500	6.950	2.240	1.000	2.500	5.740
6.000	0,096	0,250	1,50	3.840	1.500	3.000	8.340	2.688	1.200	3.000	6.888
7.000	0,112	0,291	1,75	4.480	1.750	3.500	9.730	3.136	1.400	3.500	8.036
8.000	0,128	0,333	2,00	5.120	2.000	4.000	11.120	3.584	1.600	4.000	9.184
9.000	0,144	0,375	2,25	5.760	2.250	4.500	12.510	4.032	1.800	4.500	10.332
10.000	0,160	0,416	2,50	6.400	2.500	5.000	13.900	4.480	2.000	5.000	11.480
15.000	0,240	0,625	3,75	9.600	3.750	7.500	20.850	6.720	3.000	7.500	17.220
20.000	0,320	0,833	5,00	12.800	5.000	10.000	27.800	8.960	4.000	10.000	22.960

M. Urban fait observer, avec raison, que les chiffres précédents n'ont rien d'absolu et doivent subir, le cas échéant, des modifications, notamment en ce qui concerne les prix de base et la proportionnalité entre la recette-voyageurs et la recette-marchandises. Ces chiffres nous paraissent très insuffisants pour les lignes à faible trafic.

5. Formule rationnelle pour le calcul de la valeur du matériel roulant. Application à une ligne secondaire d'intérêt général. — Soit N_v le nombre de trains de voyageurs à mettre chaque jour en circulation dans l'un et l'autre sens ;

N_m le nombre de trains de marchandises ;

n le nombre de voitures à voyageurs entrant dans la composition des trains (y compris le fourgon) ;

n' le nombre des wagons de marchandises ;

p_m le parcours annuel moyen des machines ;

p_v le parcours annuel moyen des voitures à voyageurs ;

p_w le parcours annuel moyen des wagons à marchandises.

Il faudra, par kilomètre,

un nombre de machines égal à $\dfrac{365 \times 2 \, (N_v + N_m)}{p_m}$;

un nombre de voitures égal à $\dfrac{365 \times 2 \times N_v \times n}{p_v}$;

et un nombre de wagons égal à $\dfrac{365 \times 2 \times N_m \times n'}{p_w}$.

C'est par une évaluation de cette nature que, dans son cours de chemins de fer, M. Sévène a évalué comme il suit le matériel roulant nécessaire à une ligne secondaire d'intérêt général, comportant un mouvement journalier de 3 trains de voyageurs et de deux trains de marchandises à l'aller et au retour :

0,12 machine à 75 000 fr.........	9 000	francs.
0,36 voiture à 7 500 fr...........	2 700	—
2,43 wagons à 3 000 fr..........	7 290	—
Total...	18 990	francs, soit, y compris

les véhicules spéciaux ne marchant qu'occasionnellement..... 20 000 fr.

6. Prix unitaires des locomotives, voitures et wagons à marchandises, actuellement employés sur les grands réseaux. — Nous terminons ces renseignements relatifs au matériel roulant par l'indication des prix unitaires des locomotives, voitures et wagons, actuellement adoptés sur l'un des grands réseaux, celui du Nord.

Machines......	Engerth (marchandises)............... 110 000 fr.
	Types divers pour trains de marchandises.................... 53 000 à 57 000 fr.
	Types divers pour trains de voyageurs..................... 40 000 à 59 000 fr.
	Machines-tenders de gares............ 38 500 fr.

Voitures.......	1re classe à 4 compartiments............ 18 000 fr.
	1re classe à 3 compartiments............ 15 000 fr.
	2e classe à 4 compartiments............ 9 000 fr.
	3e classe à 50 places................. 7 000 fr.

Wagons.......	à bagages............................ 5 500 fr.
	à marchandises (portes roulantes)...... 3 000 fr.
	à bestiaux........................... 3 000 fr.
	tombereaux (pour houille)............. 2 400 fr.
	à coke (à ridelles)................... 2 500 fr.
	plateformes.......................... 2 000 fr.
	de 12 tonnes pour marchandises........ 7 000 fr.

Dans son cours de chemins de fer, M. Sévène donne des chiffres moyens un peu inférieurs, à savoir :

Voiture à voyageurs de 1re classe.. 10 000 fr.
— — 2e — .. 7 600 fr.
— — 3e — .. 6 000 fr.
Wagons à marchandises.......... 2 500 fr. en moyenne
En plus, par frein.............. 700 fr.

CHAPITRE IV

DES OPÉRATIONS DE CHARGEMENT
DE DÉCHARGEMENT ET DE TRANSBORDEMENT

1. Importance des opérations de manutention. — La manutention des marchandises, qu'elle soit faite par les Compagnies ou par les expéditeurs et les destinataires, entre pour une très large part dans les dépenses d'exploitation et dans les frais de transport.

Nous n'avons pas à insister sur les opérations auxquelles donnent lieu les bagages des voyageurs. Elles sont relativement simples et il n'est personne qui ne les connaisse dans leurs moindres détails.

Mais il en est autrement des opérations afférentes aux marchandises.

Les opérations de cette dernière catégorie ont une extrême importance ; elles portent chaque année sur des masses considérables et sur des matières d'une extrême variété ; elles s'effectuent par des procédés présentant une certaine diversité ; elles donnent lieu, dans tous les cas, à une dépense qui pèse lourdement sur les transports et qu'il y a lieu par suite de chercher à réduire au strict minimum.

M. Sartiaux, ingénieur en chef des ponts et chaussées, sous-chef de l'exploitation de la Compagnie du Nord, a publié à cet égard un mémoire intéressant dans la Revue générale des chemins de fer (numéro de janvier 1830). D'autres articles, relatifs au même objet, ont été également insérés dans cette Revue. Il y a là de nombreux renseignements et des données expérimentales que le lecteur pourra consulter avec fruit.

2. Nomenclature des opérations de manutention. — Les opérations de manutention comprennent le chargement, le déchargement et, dans certains cas, le transbordement de wagon à wagon.

Les marchandises peuvent passer directement de la voiture qui les amène à la gare dans le wagon qui doit les emporter ou être d'abord déposées, puis reprises sur le sol ou sur un quai de chargement.

De même, à leur arrivée, elles peuvent passer directement du wagon dans la voiture qui doit les porter au domicile du destinataire ou être déposées, puis reprises, soit sur le sol, soit sur un quai.

Quant au transbordement de wagon à wagon, il s'impose à la rencontre de deux lignes ayant des largeurs de voie différentes et même à la rencontre de deux lignes ayant la même largeur de voie, pour les marchandises de détail qui ne forment pas le chargement complet d'un véhicule à destination de la seconde ligne et pour les matières chargées dans des wagons qui ne peuvent être admis à y circuler.

3. **Manutention des marchandises de détail.** — Le chargement, le déchargement et le transbordement des marchandises de détail ne peuvent, en général, s'opérer qu'à bras d'homme et ne sauraient comporter que dans des circonstances exceptionnelles l'emploi d'engins mécaniques ou de procédés perfectionnés : ces marchandises nécessitent en effet des manipulations de triage et de reconnaissance qui obligent à faire passer successivement tous les colis entre les mains des agents préposés à leur manutention ; elles sont reçues ou livrées séparément, en des points parfois différents de la gare expéditrice ou de la gare destinatrice ; elles sont presque toujours divisées par faibles masses ; à défaut de toute autre cause, leur fragilité s'opposerait souvent à ce qu'elles fussent manipulées mécaniquement.

Leur chargement et leur déchargement ne sont point susceptibles, dans la plupart des cas, de s'effectuer directement de la voiture dans le wagon ou du wagon dans la voiture ; leur transbordement comporte en général un dépôt à quai et une reprise.

Il serait sans intérêt de fournir à cet égard des indications détaillées, surtout dans un ouvrage qui n'a point un caractère technique et dont le cadre est limité aux questions d'ordre général.

4. **Manutention des marchandises par wagon complet.** — A l'inverse des marchandises de détail, les marchandises par wagon complet peuvent fréquemment se prêter à l'emploi de moyens perfectionnés de chargement ou de déchargement.

Tantôt on a recours à des grues ou à des treuils, soit à vapeur, soit hydrauliques. Tantôt on opère au moyen de mouvements de bascule.

Pour que les engins mécaniques puissent être utilement employés, il faut :

1° que les marchandises soient facilement saisissables, comme le sont, par exemple, les balles de laine ou de coton, les tonneaux, les caisses, les sacs, certaines pierres, certains fers, etc. ;

2° qu'elles soient transportées à découvert ou tout au moins que la composition du chargement et la forme du véhicule ne portent pas obstacle à l'usage des grues ;

3° que le trafic soit assez intense et la continuité des manipulations suffisante pour répartir sur un tonnage considérable les charges d'acquisition, d'entretien et de conduite des engins.

On conçoit que ces conditions ne puissent être remplies que dans de grandes gares, qu'elles ne soient réunies que dans des cas déterminés et qu'ainsi la proportion des marchandises chargées ou déchargées mécaniquement soit, somme toute, peu élevée.

D'après les renseignements consignés dans la Revue générale des chemins de fer (janvier 1880), sur un tonnage total de 2 500 000 tonnes à l'arrivée et au départ, en 1878, dans la gare de La Chapelle, l'une des plus importantes de France, 6 à 700 000 tonnes seulement (soit un quart environ) ont pu être manutentionnées mécaniquement. L'auteur du mémoire dont ces chiffres sont extraits, M. Sartiaux, sous-chef de l'exploitation des chemins de fer du Nord, explique en détail la modicité de ce chiffre ; il montre notamment les difficultés qui se sont opposées à l'emploi des treuils à vapeur pour le déchargement des wagons chargés de fers en barres, qui, au premier abord, semblaient comporter parfaitement l'usage de ces appareils : tantôt les paquets étaient insaisissables à la grue; tantôt ils formaient des lots distincts pour des destinataires différents ; tantôt ils étaient mêlés à des tôles qui ne pouvaient se décharger qu'à la main.

Quoi qu'il en soit, quand la chose est possible, les engins mécaniques permettent d'imprimer aux opérations une grande rapidité, d'en réduire le prix de revient, de diminuer le personnel; ils fournissent une solution que l'on doit s'efforcer de réaliser. C'est ainsi que le treuil à vapeur utilisé pour le déchargement des fers à La Chapelle, qui a coûté 23 000 francs, manutentionnait, en 1878, 20 tonnes et demie par heure de travail, moyennant une dépense journalière de 26 fr. 65, non compris l'intérêt et l'amortissement des installations, ou de 34 francs, y compris ces charges, tandis que le travail effectué par une équipe de 4 hommes, coûtant 31 francs par jour, n'atteignait par 9 tonnes par heure.

L'une des installations les plus connues et le plus souvent citées est celle des appareils Armstrong à eau comprimée dans la gare d'Anvers. On sait toute l'importance du trafic de cette gare. On sait aussi toutes les variations que présente l'intensité du mouvement des arrivages ou des expéditions dans les ports de mer, suivant les saisons, l'état de la mer et diverses autres circonstances sur lesquelles nous n'avons pas à insister. Les moyens de manutention doivent y être très puissants et doués d'une grande élasticité. Il importe toutefois de remarquer qu'au point de vue économique les engins hydrauliques sont, dans beaucoup de cas, inférieurs aux appareils à vapeur : leur déplacement est moins facile ; ils sont tributaires d'un générateur unique ou tout au moins d'un nombre restreint de générateurs, qu'il faut mettre en pression quelle que soit l'activité du trafic, alors que les grues à vapeur ont chacune leur générateur distinct et que l'on peut se borner à mettre en feu celles dont les besoins du moment commandent l'emploi. Il résulte des indications données par M. Blanquaert dans le « Mémorial des chemins de fer belges » qu'en 1876 le prix de revient de la tonne manutentionnée par les treuils hydrauliques de la gare d'Anvers s'élevait à 0 fr. 57 : toutefois ce chiffre était calculé en évaluant seulement à 4 °/₀ les charges des capitaux engagés dans l'acquisition des appareils ; il eût atteint 1 fr. 08, si l'on eût compté comme en France 10 °/₀ pour intérêt, amortissement et renouvellement ; avec une utilisation complète des appareils, il fût descendu à 0 fr. 13 ou 0 fr. 20, selon que l'annuité afférente aux capitaux eût été de 4 °/₀ ou de 10 °/₀.

Nous avons dit que, dans certains cas et pour certaines marchandises en vrac, telles que la houille, les minerais, la chaux, les moellons, les betteraves, les pulpes, etc…, on recourt à des mouvements de bascule pour le déchargement ou le transbordement, en amenant les wagons à décharger sur des estacades ou tout au moins sur des voies placées à un niveau supérieur à celui des voies sur lesquelles sont placés les véhicules destinés à recevoir ces marchandises. On peut voir de nombreux spécimens d'installations de cette nature en France, en Angleterre, en Belgique, en Allemagne :
— pour le transbordement de wagon à wagon, notamment aux points de soudure des chemins à voie large et des chemins à voie étroite ;
— pour le déchargement de wagon à voiture, quand le camionnage s'exécute avec des moyens puissants, comme à La Chapelle pour le service du gaz parisien ;
— pour le déchargement de wagon en bateau ou en navire, dans les ports fluviaux ou maritimes d'exportation de la houille ;
— pour le déchargement de wagon à terre, en vue de l'alimentation de dépôts ou de chantiers, etc…

Nous citerons, par exemple, les installations de Paris-la-Chapelle, de Vienne (Autriche), de Sarrebrück (Prusse), d'Anzin, de Beaumont et d'Hermes, de Commentry, de Montmorency, etc.

Comme nous l'avons déjà fait observer pour les grues, les installations perfectionnées que nous venons de mentionner exigent le plus souvent des capitaux assez considérables ; il faut, pour les justifier, que le trafic ait une importance sérieuse et que la disposition des lieux n'entraîne pas à des dépenses excessives.

5. **Observations sur le transbordement.** — Le transbordement des marchandises s'impose, non seulement au point de soudure de deux lignes ayant des largeurs de voie différentes, mais encore dans beaucoup d'autres cas.

Tout d'abord, en effet, même avec des largeurs de voie identiques, une Compagnie peut parfois se refuser à recevoir les wagons d'une autre Compagnie, parce qu'elle ne les considère pas comme présentant les garanties voulues au point de vue de la sécurité ; elle peut encore s'opposer à des échanges réciproques de matériel, afin d'éviter des comptes communs qui l'exposeraient à des pertes, si l'autre Compagnie n'avait pas une situation financière parfaitement assise ; elle peut aussi avoir des raisons sérieuses pour ne pas laisser son matériel émigrer à de grandes distances et se disperser sur l'ensemble du territoire, et pour ne pas assumer la charge des frais de location des véhicules qu'elle aurait à recevoir des autres Compagnies. Cependant, comme les dépenses de transbordement sont, dans une certaine mesure, frustratoires et grèvent lourdement les transports, la tendance de l'Administration et des Compagnies est de les réduire autant que possible et de faire que les wagons à chargement complet puissent circuler sans rompre charge du point d'expédition au lieu de destination, non seulement pour les relations intérieures, mais encore pour les relations internationales.

Les difficultés que nous venons de citer pour le passage d'un véhicule d'un réseau à l'autre ne sont pas les seules qui nécessitent un transbordement ou une manutention correspondante : lorsque deux Compagnies se livrent des marchandises, elles doivent procéder à des constatations, à une reconnaissance contradictoire, qui obligent souvent à décharger les colis pour les recharger ensuite.

Sur un même réseau, les remaniements dans la composition des chargements sont souvent inévitables aux points de bifurcation, pour les marchandises de détail. Les colis recueillis dans les diverses stations d'une ligne sont presque toujours trop peu nombreux pour être immédiatement chargés dans des wagons différents suivant leur destination ; il faut, à l'embranchement, les reprendre pour les transborder dans d'autres wagons avec des colis venant de directions différentes, leur faire subir un nouveau classement. Ils peuvent avoir ainsi à subir plusieurs transborde-dements, alors même qu'ils ne sortent pas des limites de la concession d'une Compagnie déterminée. A plus forte raison en est-il ainsi, quand les marchandises passent entre les mains de diverses Compagnies; il y a là une nécessité qui s'ajoute à celle de la vérification contradictoire.

6. Prix de revient des opérations de manutention. — En traitant de l'exploitation commerciale, nous aurons à entrer dans quelques déve-loppements sur les taxes en vigueur pour les opérations de manutention et sur les critiques auxquelles ces taxes ont donné lieu de la part des Com-pagnies. Les indications relatives au prix de revient des manipulations de chargement, de déchargement et de transbordement, trouveront mieux leur place dans cette partie de notre ouvrage. Nous n'y faisons donc actuellement allusion que pour ordre et afin de prier le lecteur de se re-porter au 4e volume.

7. Chargement et déchargement par des personnes étrangères au service. — L'application d'un grand nombre de tarifs spéciaux est subordonnée au chargement et au déchargement des marchandises par les expéditeurs et les destinataires.

Cette disposition, qui a pour conséquence l'intervention de personnes étrangères au service du chemin de fer dans la manutention des wagons, a donné lieu à divers accidents. Pour en réduire autant que possible les inconvénients, le Ministre des travaux publics a, par une circulaire du 29 septembre 1855, rappelé aux Compagnies qu'elles devaient dans tous les cas surveiller et diriger, sous leur responsabilité, les manœuvres opérées par les expéditeurs, les destinataires ou leurs ouvriers. Il a décidé, en outre :

1° que toute manœuvre de wagon, sur les voies affectées à la circulation des trains et sur celles qui longent les voies de service ou qui y aboutissent immédiatement, serait interdite aux personnes étrangères au chemin de fer ;

2° qu'aucun individu ne pourrait être admis à travailler dans l'enceinte u les dépendances d'une voie ferrée, sans l'autorisation du chef de gare ou de l'agent préposé par la Compagnie.

En pratique, la première de ces deux prescriptions a reçu des tempé-raments : 1° dans les petites stations, où il n'existait qu'une voie de garage contiguë à la voie principale et dans celles où le mouvement s'effectuait à l'aide d'une série de plaques tournantes transversales aux voies princi-pales ; 2° dans le cas où les expéditeurs et destinataires disposaient d'un personnel spécial ayant l'expérience et les qualités voulues pour être assimilé à un personnel auxiliaire du chemin de fer. Ces tempéraments devaient avoir pour corollaire un redoublement de soins et d'attention dans la surveillance exercée par la Compagnie. Ils ne constituaient d'ailleurs qu'une pure tolérance.

Afin de régulariser la situation, le Ministre a pris, le 15 novembre 1879, un arrêté ayant tout à la fois pour objet de donner une nouvelle consécration aux mesures prescrites par la circulaire de 1855 et de les compléter en ce qu'elles avaient d'insuffisant. Cet arrêté, dont le texte est inséré au supplément du dictionnaire de Palaa, page 368, porte notamment que l'interdiction pour les personnes étrangères au chemin de fer d'effectuer des manœuvres de wagons sur les voies principales et sur celles qui les longent ou y aboutissent immédiatement ne s'applique pas aux manœuvres exécutées sous la direction immédiate du chef de gare ou de son représentant. Tout en maintenant le principe de la surveillance des Compagnies, il admet des exceptions, non seulement pour les voies situées en dehors du domaine propre des chemins de fer (voies des ports fluviaux, embranchements particuliers, etc...), mais encore pour certaines portions de voies désignées par le chef de gare dans l'intérieur des stations.

CHAPITRE V

DE LA MANUTENTION DES WAGONS
DE LA FORMATION ET DE LA DÉCOMPOSITION DES TRAINS

1. Diverses catégories de manœuvres. — Comme l'a exposé M. Sartiaux dans sa note sur les opérations de manutention dans les gares de chemins de fer (Revue générale des chemins de fer. — Janvier 1880), les manœuvres qu'ont à subir les wagons se divisent en deux groupes :

1° Manœuvres à la gare de départ, pour retirer les wagons chargés du quai ou de la cour de chargement et les conduire au train qui doit les emmener, et à la gare d'arrivée, pour les retirer du train qui les a amenés et les conduire au quai ou à la cour de déchargement ;

2° Manœuvres dans les gares de formation ou de bifurcation, pour composer les trains par direction et y classer les wagons dans l'ordre des stations de destination.

2. Manœuvres à la gare de départ et à la gare d'arrivée. — Ces manœuvres se font, soit à bras, soit avec des chevaux, soit à la machine.

Les manœuvres à bras sont les seules auxquelles on puisse avoir recours dans les gares à faible trafic : les wagons sont poussés, soit à l'épaule, soit au moyen de pousse-wagons qui n'exigent qu'un seul homme.

Quand le mouvement dépasse 50 wagons par jour, il y a généralement avantage à employer des chevaux pour traîner les wagons, les faire tourner sur plaques ou déplacer le chariot transbordeur.

Lorsque le nombre des wagons à manœuvrer atteint 150 ou 200, il peut y avoir intérêt à recourir à une machine de manutention. M. Sartiaux a décrit dans son mémoire un type de machine de cette nature, qui est en usage sur le réseau du Nord et qui peut agir, soit comme locomotive, soit comme cabestan, pour remorquer les wagons, pour les faire tourner sur les plaques ou pour commander les chariots transbordeurs.

Quand le mouvement sur une même traversée atteint 250 wagons par jour, on peut utiliser des chariots transbordeurs à vapeur.

Si le mouvement dépasse 4 ou 500 wagons sur l'ensemble des traversées, l'emploi des cabestans hydrauliques peut présenter de réels avantages : ces appareils ont été appliqués avec succès en Angleterre et en Belgique. Les gares françaises n'ont généralement pas un trafic assez intense, elles ont une étendue trop grande, le trafic y est réparti sur un trop grand nombre de points, pour que des installations hydrauliques puissent y être créées, si ce n'est dans des circonstances exceptionnelles ; cependant un essai a été tenté à La Chapelle.

Nous ne mentionnons que pour mémoire les ascenseurs hydrauliques auxquels on a eu recours dans certaines gares à étage, à Londres par exemple, mais qui ne trouvent leur emploi que dans des circonstances exceptionnelles.

M. Peltier, ingénieur des arts et manufactures, chef du service de la gare de La Chapelle, a rendu compte, dans la Revue générale des chemins de fer (août 1881), de l'application des engins mécaniques dans cette gare pour la manœuvre des wagons. Suivant cet ingénieur, l'emploi des cabestans hydrauliques a permis de hâter beaucoup les opérations et de réaliser une économie de 25 % sur la dépense ; il considère d'ailleurs ce dernier chiffre comme un minimum susceptible d'être notablement dépassé. Il formule des conclusions analogues, pour la substitution des machines de manutention à vapeur aux chevaux de service.

D'après une note complémentaire qu'a bien voulu nous remettre M. Sartiaux, l'installation de La Chapelle comprenait, en 1885, deux accumulateurs Armstrong et onze cabestans. Elle avait coûté 194 000 fr. La dépense d'exploitation s'élevait à 265 francs par journée de 20 heures de travail effectif. L'ensemble des frais était donc de 345 francs, y compris l'intérêt et l'amortissement à 15 % du capital de premier établissement. Le nombre moyen de wagons manutentionnés était de 1 100 par jour ; la dépense par wagon était donc de 0 fr. 31, sans les frais généraux de surveillance, d'éclairage, etc... Mais M. Sartiaux estimait que chaque cabestan pourrait suffire pour 200 à 240 wagons. Suivant lui, il y aurait économie à employer les cabestans hydrauliques, quand le nombre des wagons à manœuvrer atteint 100 ou 70 par jour et par cabestan, suivant que l'installation est double ou simple. Le doublement des appareils s'imposerait au cas où le service devrait être continu.

Le lecteur pourra aussi consulter à cet égard une note de M. Bernard,

ancien élève de l'École polytechnique, « sur les chariots transbordeurs à
« vapeur » (Revue générale des chemins de fer, mai 1879).

3. Manœuvres dans les gares de formation ou de bifurcation. –
Dans les gares secondaires qui ne peuvent fournir les éléments de trains
complets, les wagons sont recueillis au passage par les trains de marchandises, dans lesquels on les intercale autant que possible à la place voulue
pour faciliter leur transport à destination.

L'opération est beaucoup plus complexe dans les grandes gares. Les
wagons servant à la formation des trains doivent être classés, non seulement suivant les directions que doivent suivre ces trains, mais encore
suivant l'ordre des stations. De plus, pour une même direction, les trains
n'ont pas tous la même affectation ; il en est qui n'ont qu'une destination
unique ; d'autres desservent les gares principales ; d'autres enfin desservent les petites stations. La formation des trains donne lieu à des manutentions multiples de triage et de composition, qui exigent des installations
considérables et dont la bonne ou la mauvaise exécution peuvent exercer
une grande influence sur l'utilisation du matériel, sur la régularité des
transports, sur leur rapidité et sur leur prix de revient. L'importance de
ces opérations est d'autant plus grande que les wagons ont souvent à subir
plusieurs classements en cours de route, notamment aux gares de bifurcation, où ils doivent être réunis à des véhicules venant de directions
différentes pour constituer de nouveaux trains destinés soit à la ligne
principale, soit aux embranchements, et où les marchandises de détail
sont même fréquemment astreintes à un transbordement. L'introduction
obligatoire de wagons à frein dans les trains qui passent de lignes à faibles
pentes sur des lignes à profil accidenté en augmente encore la complication.

Le développement progressif du trafic, l'extension des réseaux, leur
enchevêtrement, la multiplicité des échanges entre les diverses Compagnies
ont conduit à créer, soit dans les gares de marchandises, soit au dehors,
des gares spéciales, dites *de triage*, comportant des voies nombreuses
pour le classement des véhicules et la formation des trains.

Les trains de wagons à classer sont amenés sur une *voie de tiroir*,
servant de tronc à un faisceau de *voies de triage*, qui se raccordent à l'une
de leurs extrémités avec cette première voie au moyen d'aiguilles et qui
se terminent en impasse à l'autre extrémité ; les wagons sont successivement égrenés et lancés sur les voies de triage correspondant à la direction
qu'ils doivent suivre. Ce premier groupement est suivi d'un autre consistant à reprendre les wagons correspondant à une direction déterminée et
à les ranger dans l'ordre de leurs destinations respectives.

Dans l'origine, la décomposition des trains se faisait presque exclusivement à la machine. Postérieurement et pour hâter l'opération, on a pensé à attaquer simultanément les trains : 1° en tête, au moyen d'une locomotive ; 2° par le milieu, au moyen de plaques tournantes et en employant des chevaux pour les manœuvres. On est ainsi arrivé à doubler ou à tripler le travail journalier d'un faisceau de triage. Plus tard, on a eu recours à des chariots à vapeur ou à des chariots commandés par des moteurs hydrauliques.

Enfin, on a songé à utiliser la pesanteur comme force motrice, en établissant en pente une partie au moins de la voie de tiroir, ainsi que l'origine du faisceau de triage. Les wagons à trier sont amenés au sommet de la pente du tiroir, décrochés successivement et lancés ainsi sous l'action de leur propre poids sur les voies de triage. L'emploi de ce système a pris depuis quelque temps une assez grande extension en France comme à l'étranger.

Le lecteur consultera avec fruit les mémoires suivants :

1° Annales des ponts et chaussées (décembre 1876) : mémoire de M. Jules Michel, ingénieur des ponts et chaussées, « sur les gares de triage « pour le classement des wagons de marchandises » ;

2° Revue générale des chemins de fer (janvier 1880) : note de M. Sartiaux « sur les opérations de manutention dans le gares de chemins de « fer » ;

3° Même revue (février et mars 1883) : étude de M. Albert Jacqmin « sur « les gares de triage avec voies de manœuvre inclinées » ;

4° Même revue (novembre 1883) : note « sur les résultats comparatifs « obtenus avec diverses dispositions des voies de triage des wagons sur « le réseau de Paris-Lyon-Méditerranée ».

Nous n'entreprendrons pas de donner des indications et de présenter des considérations techniques sur la question qui a fait l'objet de ces mémoires ; nous nous bornerons à quelques données et à quelques chiffres présentant de l'intérêt au point de vue économique.

Dans son mémoire de 1876, M. Michel, après avoir relaté les constatations faites dans un certain nombre de gares allemandes et de gares françaises du réseau de Paris-Lyon-Mediterranée, a cité les chiffres suivants qu'il est utile de rappeler :

		DURÉE DE MANŒUVRE D'UN WAGON	PRIX DE REVIENT par wagon trié
			fr.
Gares allemandes.	Triage par voies horizontales.	2 minutes 50 secondes	0,345
	Triage par la gravité........,	2 — 36 —	0,142
Gares françaises..	Triage par voies horizontales.	1 — 66 —	0,273
	Triage par la gravité.	1 — 53 —	0,167

Le dernier de ces chiffres, celui de 0 fr. 167, comprend les dépenses de formation des trains par la réunion des divers lots qui doivent les composer, tandis que ces dépenses paraissent exclues des autres évaluations du prix de revient, notamment pour les gares allemandes.

Suivant M. Michel, on pouvait en définitive estimer le coût du triage par wagon de 0 fr. 20 à 0 fr. 26 ou de 0 fr. 14 à 0 fr. 16, suivant que l'opération était faite au moyen de manœuvres par machines aidées soit par des batteries de plaques tournantes, soit par des chariots à vapeur, ou qu'on avait recours à la gravité.

M. Sartiaux, rendant compte des expériences de la gare de la Plaine Saint-Denis, a estimé à 0 fr. 15 le triage par la gravité et à 0 fr. 20 le triage à la machine, en faisant d'ailleurs remarquer qu'il avait été procédé à ces expériences comparatives dans des conditions favorables à l'emploi des machines. Ces prix tiennent compte, non seulement du triage proprement dit, mais encore des manœuvres nécessaires pour amener les wagons sur la voie de tiroir et pour les ramener ensuite sur les voies de formation. Ils se décomposent comme il suit :

	DÉPENSE PAR WAGON	
	A LA MACHINE	A LA PENTE
	fr.	fr.
Manœuvre pour amener les wagons sur la voie de tiroir......	0,049	0,049
Triage proprement dit...................................	0,072	0,018
Manœuvre pour ramener les wagons aux voies de formation..	0,082	0,082
TOTAUX........	0,203	0,149

Ils font ainsi ressortir, au profit de la méthode par la gravité, une économie de 75 % sur le triage proprement dit et de 25 % sur le chiffre total. On peut les considérer comme répondant encore à la situation actuelle des gares de triage.

Une Commission a été instituée en Allemagne, dans le cours de l'année 1873, pour étudier la question du triage des wagons. Elle a présenté, à la suite de ses travaux, un long et intéressant rapport, dans lequel elle attribuait à la méthode par la gravité les avantages suivants :

1° Rapidité. — Suivant la Commission, la durée de l'opération était diminuée des trois quarts.

2° Diminution des installations. — Cet avantage est le corollaire du précédent ; il est évident, en effet, que plus le triage s'effectue promptement, plus l'effet utile d'un faisceau de voies d'une longueur déterminée est considérable. L'écart en faveur des voies inclinées serait de 40 °/₀ ; 6 kilomètres de voies en pente seraient susceptibles du même rendement que 100 kilomètres de voies horizontales.

3° Économie dans la manutention. — On réduirait de moitié environ le prix de revient.

4° Sécurité. — La méthode par la gravité présenterait beaucoup moins de danger pour les hommes et pour le matériel. Toutefois la Commission recommandait de munir de freins tous les wagons à marchandises, afin de faciliter les manœuvres et de réduire les sujétions afférentes à la composition des trains.

Sans attacher aux chiffres qui précèdent plus d'importance qu'ils n'en comportent, les ingénieurs de chemins de fer sont à peu près unanimes à reconnaître aujourd'hui que le triage par la gravité fournit, dans la plupart des cas, la meilleure solution à tous égards.

Avant de clore ces indications sommaires, nous devons faire observer que le type de voie de tiroir unique se prête à un certain nombre de variantes, suivant la configuration du terrain, la disposition des gares, la nature et l'importance des opérations à exécuter.

4. Précautions à prendre pour la manœuvre et l'accrochage des wagons, dans l'intérêt de la sécurité. — Les manœuvres des wagons dans les gares ont donné lieu à de nombreux accidents, qui ont fixé l'attention de l'Administration et provoqué de sa part des instructions ou des recommandations.

Parmi ces accidents, les plus fréquents résultent de l'habitude qu'ont les hommes d'équipe de procéder à l'attelage ou au décrochage des véhicules avant l'arrêt complet de la locomotive, ce qui les expose, soit à être pris et serrés entre les tampons, soit à être renversés et précipités sous les roues. Par des circulaires des 11 novembre 1857, 25 janvier 1862, 7 juin 1864, 28 juin 1884, le Ministre a invité les Compagnies à interdire absolument ces actes d'imprudence.

D'autres accidents proviennent de ce que les agents préposés aux manœuvres montent sur les marchepieds des machines en marche. Cette pratique a été formellement prohibée par une circulaire ministérielle du 21 septembre 1858; mais, en fait, il a été impossible de la faire disparaitre.

Notons encore, parmi les mesures de précautions, l'embrayage ou le serrage des freins des wagons au repos, l'établissement de heurtoirs à l'extrémité des voies de garage, ainsi que la pose de taquets d'arrêt sur ces voies, en avant de leur jonction avec les voies principales, pour retenir les véhicules qui tendraient à s'engager indûment sur ces voies.

CHAPITRE VI

NOMBRE, ITINÉRAIRE ET HORAIRE DES TRAINS

1. Pouvoirs de l'Administration. — Aux termes de l'article 43 de l'ordonnance du 15 novembre 1846, « des affiches placées dans les stations « font connaître au public les heures de départ des convois ordinaires de « toute sorte, les stations qu'ils doivent desservir et les heures auxquelles « ils doivent arriver à chacune des stations et en partir. — Quinze jours « au moins avant d'être mis à exécution, ces ordres de service doivent « être communiqués aux commissaires royaux (aujourd'hui les inspec- « teurs généraux de contrôle), au préfet du département et au Ministre « des travaux publics, qui peut prescrire les modifications nécessaires « pour la sécurité de la circulation et pour les besoins du public (1) ».

Ce qu'il importe avant tout de constater et de retenir, c'est que le Ministre des travaux publics a un pouvoir absolu pour régler le nombre des trains, leur itinéraire et leur marche, dans des conditions qui assurent la sécurité et satisfassent aux besoins du public.

Dans son rapport au roi, à l'appui de l'ordonnance de 1846, M. Dumon, ministre des travaux publics, a eu soin de bien préciser les motifs et l'étendue des droits conférés à l'Administration. Il s'exprimait ainsi : « Le service du chemin de fer doit être organisé de telle sorte que, chaque « jour, les personnes qui ont à le parcourir soient assurées de trouver, « lorsqu'elles se présentent, les moyens de transport qui leur ont été pro- « mis ; il faut que, chaque jour, les Compagnies donnent au public, dans « chaque sens et à des heures de départ commodes, un nombre de con- « vois en rapport avec le nombre des voyageurs qui circulent et avec « l'importance des relations établies. Les Compagnies, sans doute, sont « le plus souvent les meilleurs juges des besoins du public à cet égard ;

(1) Voir la circulaire du 25 février 1886 invitant les Compagnies à observer le délai de quinzaine.

« mais quelquefois elles peuvent se tromper dans leur appréciation, et le
« Gouvernement doit avoir le droit de pourvoir à ce que cette apprécia-
« tion peut offrir d'erroné et d'incomplet. Une Compagnie, par exemple,
« peut quelquefois chercher, dans des vues d'économie, à concentrer la
« circulation dans un plus petit nombre de convois journaliers ; elle peut
« adopter des heures de départ et d'arrivée qui se combinent mal, et qui
« même se combinent, d'une manière dangereuse, avec les heures de dé-
« part et d'arrivée des chemins d'embranchement ou de prolongement.
« Dans ces différents cas et dans tous les autres qui peuvent se présenter,
« le droit comme le devoir de l'Administration est de prendre et d'ordon-
« ner les modifications qu'elle jugerait nécessaires à la sécurité de la cir-
« culation et aux besoins du public. »

Nous n'avons rien à ajouter à un commentaire si net et si catégorique.
Il importe de remarquer que ces déclarations de M. Dumon s'appliquent
exclusivement au service des voyageurs : c'est, en effet, ce service qui intéresse le plus directement le public. Cependant, les droits de l'Administration s'étendent incontestablement aux trains de marchandises ; si la
marche de ces trains touche de moins près aux intérêts des usagers du
chemin de fer, elle n'en est pas moins susceptible d'affecter la sûreté de
la circulation et, à ce point de vue, il ne saurait y avoir aucun doute sur
les pouvoirs du Ministre.

L'Administration est investie des droits que nous venons de définir,
non seulement pour les chemins de fer d'intérêt général, mais aussi pour les
chemins de fer d'intérêt local. L'article 33 du cahier des charges type, arrêté
pour les lignes de cette dernière catégorie, rappelle que « le Préfet déter-
« minera, sur la proposition du concessionnaire, le tableau de la marche des
« trains. »

**2. Restrictions contractuelles apportées aux droits de l'Admi-
nistration.** — L'Administration peut, dans les contrats de concession,
renoncer à une partie de ses pouvoirs, stipuler des restrictions et des conditions pour l'exercice de ses droits.

C'est ainsi que, par certains traités conclus avec les grandes Compagnies
pour l'exploitation provisoire des lignes non concédées, l'État s'est engagé
à ne pas réclamer un nombre de trains supérieur à des maxima déterminés
en fonction de la recette brute. La convention des 22-24 octobre 1879 avec
la Compagnie de l'Est, pour la ligne de Lérouville à Sedan, par exemple,
fixait ces maxima :

— à trois, dans chaque sens et par jour, si la recette ne dépassait pas
8 000 francs par kilomètre ;

— à quatre, si la recette ne dépassait pas 11 000 francs ;

— à cinq, si elle n'excédait pas 14 000 francs ;

et ainsi de suite, un train correspondant à un accroissement de recette de 3 000 francs. Tout train réclamé par l'État en dehors de ces limites devait donner lieu à un remboursement de sa part, jusqu'à concurrence de 1 fr. 50 par kilomètre parcouru.

D'après les conventions de 1883 avec les grandes Compagnies, le nombre des trains de chaque sens que l'Administration peut exiger sur les lignes concédées par ces conventions est de 1 par 3 000 francs de recette kilométrique locale, c'est-à-dire de recette calculée d'après les produits des voyageurs et marchandises circulant sur ces lignes en provenance ou à destination d'une de leurs gares, sans toutefois que ce nombre puisse être inférieur à 3. Aucune circulation de trains ne peut être exigée sur l'une des lignes précitées, entre 10 heures du soir et 6 heures du matin, tant que la recette locale n'aura pas atteint 15 000 francs par kilomètre, à moins que l'État ne prenne à sa charge toutes les dépenses supplémentaires qu'imposerait à la Compagnie la création de ce service. En cas de désaccord, les dépenses seraient fixées par voie d'arbitrage. Ainsi qu'on a pu le remarquer, l'État, qui dans les conventions provisoires avait gardé ses droits intacts, sauf à indemniser la Compagnie exploitante, s'est au contraire dépouillé d'une partie de ses pouvoirs dans les conventions de 1883 (1) : il l'a fait, non seulement afin de protéger les intérêts des Compagnies contre l'éventualité d'exigences excessives pour des chemins de fer peu productifs, mais aussi afin de défendre le Trésor lui-même, dont les intérêts auraient pu être compromis, notamment par le jeu de la garantie.

La convention des 23 juillet-17 août 1885, portant concession du petit réseau du Var, limite à 3 le nombre des trains réguliers que la Compagnie est tenue de faire circuler, par jour et dans chaque sens, tant que la recette kilométrique n'atteint pas 7 600 francs. Ce nombre est augmenté d'un train dans chaque sens, lorsque la recette est comprise entre 7 600 fr. et 10 000 francs ; au delà de 10 000 francs, le nombre des trains est réglé par le Ministre, conformément à l'article 43 du cahier des charges, sans que la Compagnie puisse être astreinte à faire circuler des trains entre 10 heures du soir et 6 heures du matin, jusqu'au moment où la recette brute excède 15 000 francs. Toutefois, le Ministre des travaux publics peut exiger la mise en circulation de trains supplémentaires et accidentels,

____

(1) La convention avec la Compagnie du Nord ne vise que les lignes concédées, à l'exclusion des lignes cédées. Il en est de même de la convention avec la Compagnie de Paris-Lyon-Méditerranée. Les contrats avec les autres Compagnies visent, au contraire, tout à la fois les lignes concédées et les lignes cédées.

pourvu qu'il n'en résulte pas la nécessité d'augmenter le matériel ; dans ce cas, le montant forfaitaire des dépenses d'exploitation est augmenté de 0 fr. 80 pour chaque kilomètre parcouru par ces trains. Le Ministre peut également exiger la création d'un quatrième train sur les sections donnant une recette inférieure à 7 600 francs, ou d'un cinquième train sur les sections donnant une recette de 7 600 francs à 10 000 francs ; dans ce cas, le chiffre forfaitaire des dépenses d'exploitation est augmenté de 600 francs par chaque kilomètre, sur lequel le train supplémentaire régulier est mis en marche. Enfin le Ministre peut imposer un service de nuit avant que la recette brute ait atteint 15 000 francs, sous la condition que l'État prendra à sa charge les dépenses supplémentaires qui en résulteraient.

Des dispositions de même nature ont pris place dans les conventions des 13 juillet-11 septembre 1885, concernant les chemins du Cher, et des 13 avril-27 juillet 1886, concernant les chemins du Vivarais.

La convention des 9 juin 1883-21 juillet 1884 entre l'État et la Compagnie de l'Est-Algérien, pour la concession de la ligne de Batna à Biskra, limite à un seul train régulier par jour dans chaque sens les obligations de la Compagnie, tant que la recette brute n'atteint pas 7 460 fr. par kilomètre ; toutefois elle impose, pour chaque semaine, un, deux ou trois trains supplémentaires, suivant que la recette est comprise entre 5 000 et 6 000 francs, entre 6 000 et 6 800 francs, ou entre 6 800 et 7 460 francs.

On trouve des clauses peu différentes dans la convention des 23 mai-28 juillet 1885, relative au chemin de Souk-Arrhas à Tébessa (Cie de Bône à Guelma), et dans celle des 20 juin-7 août 1885, relative au chemin des Ouled-Ramoun à Aïn-Beïda (Cie de l'Est-Algérien).

Un certain nombre de contrats de concession de chemins de fer départementaux contiennent également des stipulations analogues. On pourra consulter, par exemple, les conventions conclues entre le département de la Gironde et la Compagnie des chemins de fer économiques, le département de l'Allier et la même Compagnie, le département de la Somme et la même Compagnie, le département de Seine-et-Marne et la Compagnie des chemins de fer départementaux (Lois des 22 août 1881, 20 août 1883, 17 janvier 1885, 12 août 1885). La première de ces conventions, après avoir fixé le mode d'évaluation forfaitaire des frais d'exploitation et rappelé qu'il s'applique au nombre minimum de trains prévu par le cahier des charges, réserve au département le droit d'exiger la mise en circulation de trains supplémentaires, moyennant une somme de 0 fr. 70 par kilomètre à l'aller et au retour. Il en est de même de la seconde convention. La troisième détermine d'une manière ferme le nombre de trains correspondant à l'évaluation des dépenses d'exploitation, sans rien prévoir pour l'augmentation éventuelle de ce nombre. La quatrième est analogue aux deux premières.

On peut critiquer, au moins théoriquement, les clauses contractuelles qui ont pour effet de dépouiller l'Administration d'une partie de ses pouvoirs. Si rien ne s'oppose à ce que l'exercice de ces pouvoirs soit subordonné à certaines conditions financières, il n'est pas sans inconvénient pour la puissance publique d'abdiquer complètement par des conventions les droits que des textes organiques lui avaient expressément attribués dans l'intérêt de la bonne exploitation des voies ferrées. Toutefois, en pratique, cette observation perd beaucoup de sa valeur, si la fixation du nombre maximum de trains susceptible d'être imposé à la Compagnie est assise sur des bases rationnelles et assez larges pour assurer une satisfaction suffisante aux besoins du public.

On comprend d'ailleurs que des Compagnies, qui acceptent la concession de lignes peu productives, désirent se mettre à l'abri d'exigences susceptibles de leur imposer de trop lourdes charges. On le comprend surtout, lorsqu'elles se soumettent au régime du forfait pour les dépenses d'exploitation admises au compte de la garantie d'intérêt : car la multiplicité des trains leur ferait supporter des frais sans compensation.

3. **Service postal.** — L'article 56 du cahier des charges des grandes Compagnies dispose qu'un train spécial régulier, dit train journalier de la poste, sera mis gratuitement, chaque jour, à l'aller et au retour, à la disposition du Ministre des postes et télégraphes, pour le transport des dépêches sur toute l'étendue de la ligne. Le parcours, les heures de départ et d'arrivée, la marche et les stationnements de ce convoi sont réglés par le Ministre des travaux publics et le Ministre des postes et télégraphes, la Compagnie entendue. Indépendamment de ce train, l'Administration peut exiger de la Compagnie, à charge de la prévenir par écrit quinze jours à l'avance, un ou plusieurs convois spéciaux dont le nombre est réglé dans les mêmes conditions et qui sont payés, pour chacun de ces convois, à raison de 0 fr. 60 par kilomètre pour la première voiture et 0 fr. 25 pour chacune des voitures en sus de la première. La Compagnie a d'ailleurs la faculté de placer dans les convois spéciaux de la poste des voitures de toutes classes pour le transport, à son profit, des voyageurs et des marchandises.

Toutes les fois qu'en dehors des services réguliers, l'Administration requiert l'expédition d'un convoi extraordinaire, de jour ou de nuit, cette expédition doit être faite immédiatement, sauf l'observation des règlements de police; le prix est ultérieurement réglé de gré à gré ou à dire d'experts.

La vitesse moyenne des trains mis à la disposition du service des postes ne peut être inférieure à 40 kilomètres par heure, temps d'arrêt compris; l'Administration peut consentir une vitesse moindre, à raison des pentes ou des courbes, ou exiger une vitesse plus grande, dans le cas où la Compagnie réaliserait plus tard des vitesses supérieures.

Telles sont les principales dispositions de l'article 56 du cahier des charges des grandes Compagnies. Elle s'appliquent également aux Compagnies secondaires de la métropole, ainsi qu'aux Compagnies algériennes, mais avec quelques modifications : les cahiers des charges de ces dernières Compagnies prévoient le paiement d'une rétribution pour tous les trains spéciaux, sans exception ; ils portent que la vitesse moyenne de ces trains ne pourra être inférieure à celle des trains les plus rapides dans chaque section.

Pour les chemins de fer d'intérêt local, la loi du 12 juillet 1865 exemptait déjà de tout service gratuit envers l'État ceux qui ne recevaient pas de subventions du Trésor. Cette exemption a été renouvelée par la loi du 11 juin 1880. Le cahier des charges type, approuvé par décret du 6 août 1881, n'en confère pas moins, dans tous les cas, au Ministre des postes le droit d'exiger, d'accord avec le Ministre des travaux publics, le concessionnaire et le département entendus, qu'un train spécial dans chaque sens soit ajouté au service ordinaire. La Compagnie doit être remboursée du montant intégral des dépenses supplémentaires qui lui sont imposées, déduction faite des produits qu'elle aura pu retirer du train spécial. Ce remboursement a lieu pour les chemins subventionnés comme pour les autres ; les différences de régime entre ces deux catégories de chemins ne portent que sur d'autres parties du service postal.

4. Instruction des propositions présentées par les Compagnies pour le tableau de la marche des trains. — Les Compagnies ont, en général, deux organisations de service distinctes : l'une pour l'hiver et l'autre pour l'été. Elles doivent soumettre en temps utile leurs propositions au Ministre des travaux publics. Ces propositions sont examinées par les ingénieurs des mines au point de vue technique, par les inspecteurs de l'exploitation au point de vue commercial, puis par l'inspecteur général du contrôle, enfin par le Comité de l'exploitation technique et, s'il y a lieu, par le Comité consultatif des chemins de fer ; le Ministre statue sur l'avis de ces Comités.

Quelle que soit la diligence apportée à cette instruction, il est facile de comprendre l'insuffisance du délai de quinzaine prévu par l'ordonnance du 15 novembre 1846. Aussi le Ministre a-t-il, par une circulaire du 7 juin 1878, demandé aux Compagnies de communiquer aux fonctionnaires du contrôle, aux préfets et à l'Administration supérieure, un mois avant la date fixée pour leur application, les ordres généraux de service destinés à régler la marche des trains pendant la saison d'été ou la saison d'hiver.

Le 19 août 1878, les Compagnies ont été invitées à annexer aux ordres de service des tableaux graphiques destinés à faciliter le travail de l'Administration.

Peu de jours après, le 27 août 1878, le Ministre a adressé aux inspecteurs généraux du contrôle une circulaire par laquelle il prescrivait aux fonctionnaires de ce service de réunir pendant l'été tous les éléments de leur étude sur le service d'hiver et réciproquement, en s'inspirant des vœux émis dans le courant de l'année par les Conseils généraux et les Chambres de commerce et en mettant à profit les enseignements de l'expérience. L'attention de ces fonctionnaires était d'ailleurs spécialement appelée sur les points suivants : 1° opportunité de mettre en marche des trains supplémentaires sur les grandes lignes, pour faire face aux besoins exceptionnels créés par l'affluence des voyageurs et des bagages à certaines époques de l'année et pour éviter ainsi les retards inévitables avec des trains trop chargés ; 2° amélioration du service des lignes transversales et des lignes secondaires, notamment en vue de supprimer ou de diminuer les changements de voiture et d'assurer la correspondance et le bon espacement des trains ; 3° établissement d'un train de voyageurs au moins, dans chaque sens, sur certains chemins n'ayant que des trains mixtes ; 4° réduction des arrêts trop prolongés et notamment des battements aux bifurcations.

Le 21 octobre 1878, le Ministre a invité les inspecteurs généraux du contrôle à faire une première application de ces règles et à lui présenter avant le 1ᵉʳ mars leurs propositions sur le service de l'été suivant, de manière à le mettre à même d'envoyer en temps utile les instructions nécessaires aux Compagnies.

Postérieurement à ces instructions, le Comité consultatif des chemins de fer a été réorganisé, par décret du 24 novembre 1880, et appelé à se prononcer sur toutes les réclamations relatives à la marche des trains (Vœux et plaintes des conseils généraux, des Chambres de commerce et du public). Le Ministre statuant ainsi sur ces réclamations, au fur et à mesure qu'elles se produisent, et notifiant sa décision aux Compagnies, avec invitation d'en tenir compte dans l'étude du plus prochain service d'hiver ou d'été, il y avait là un élément nouveau auquel il importait d'avoir égard dans l'étude des tableaux de marche semestriels. Une circulaire du 4 mai 1881, adressée aux Compagnies et aux inspecteurs généraux du contrôle, a, en conséquence, complété les circulaires antérieures. Il a été notamment décidé que le service central, indépendamment des communications particulières à chaque réclamation, enverrait périodiquement, le 1er mars et le 1er novembre, aux inspecteurs généraux du contrôle, pour être transmis aux Compagnies, un relevé des modifications et améliorations successivement prescrites par l'Administration. Les Compagnies devaient, grâce à cette mesure, se trouver en situation de combiner leur marche de trains pour chaque saison, de manière à satisfaire aux prescriptions ministérielles, et de la présenter sans difficulté un mois avant la date fixée pour la mise en vigueur du nouveau service. Les inspecteurs généraux étaient invités à produire leurs rapports dans la quinzaine. Le dossier ainsi complété devait être envoyé au Comité de l'exploitation technique, conformément à l'arrêté du 25 janvier 1879. Le Ministre exprimait l'espoir qu'ainsi les tableaux de marche pourraient être approuvés avant la date fixée pour l'ouverture et que l'Administration n'aurait plus à recourir, comme par le passé, aux autorisations provisoires.

Cet espoir ne s'étant pas réalisé complètement, le Ministre a arrêté, le 7 juillet 1884, de nouvelles dispositions destinées à hâter l'instruction. Aux termes d'une circulaire de cette date, les Compagnies doivent communiquer leurs propositions à tous les fonctionnaires du contrôle technique et commercial, en même temps qu'à l'Administration supérieure. Quand il s'agit des services d'été ou d'hiver, ou de modifications de quelque importance proposées en cours de saison, l'ingénieur en chef réunit les ingénieurs ordinaires placés sous ses ordres, dans les huit jours qui suivent la communication de la Compagnie, et examine, de concert avec eux, la nouvelle marche projetée; l'inspecteur principal de l'exploitation commerciale réunit de même les inspecteurs particuliers. Les résultats de ces conférences sont consignés dans des procès-verbaux qui sont immédiatement transmis à l'inspecteur général du contrôle. Cinq jours après, une conférence au second degré, dont le procès-verbal est envoyé d'urgence au Ministre, a lieu entre l'inspecteur général, l'ingénieur en chef et l'inspecteur principal. Le dossier est ensuite soumis, sans délai, au Comité de l'exploitation technique et, le cas échéant, au Comité consultatif des chemins de fer; l'inspecteur général du contrôle remplit les fonctions de rapporteur auprès de ces Comités. Une fois en possession de l'avis des Comités, le Ministre statue. Si le projet de la Compagnie comporte des modifications dans les correspondances des trains aux gares de bifurcation de deux réseaux voisins, les inspecteurs généraux examinent de concert ces modifications et produisent un rapport collectif indépendant des procès-verbaux de conférences.

Aux termes d'une circulaire ministérielle du 27 juillet 1884, quand les Compagnies croient devoir proposer de réduire le nombre des trains qui circulaient sur une ligne ou section de ligne, pendant la période correspondante de l'année précédente, elles doivent justifier cette réduction par l'évaluation approximative du produit brut kilométrique des trains qui seraient maintenus. Elles sont, en outre, tenues de produire des graphiques comparatifs.

Notons enfin une circulaire du 30 octobre 1886, qui a fixé définitivement comme il suit les règles à observer par les Compagnies :

a. Organisation du service d'été et d'hiver : envoi des propositions à l'Administration supérieure et au contrôle, un mois à l'avance.

b. Modification de trains réguliers en cours de saison : envoi des propositions à l'Administration supérieure et au contrôle, quinze jours à l'avance.

c. Transformation d'un train régulier de marchandises en train facultatif ou d'un train facultatif de marchandises en train régulier : envoi d'un avis à l'Administration supérieure et au contrôle, dès que le changement est décidé.

Tel est le dernier état de la procédure prescrite pour l'instruction à laquelle doivent être soumises les propositions des Compagnies (1).

Pour les chemins de fer d'intérêt local, il n'existe pas de réglementation générale. C'est le Préfet qui statue sur l'avis des fonctionnaires du contrôle.

5. Affichage des tableaux de marche des trains. — L'article 43 de l'ordonnance du 15 novembre 1846 prescrit, nous l'avons vu, la pose d'affiches placées dans les stations et faisant connaître au public les heures de départ des convois ordinaires de toute nature, les stations qu'ils doivent desservir, ainsi que les heures auxquelles ils doivent arriver à chaque station et en partir.

Dans des instructions spéciales, le Ministre a indiqué, comme un désidératum à réaliser, l'affichage huit jours au moins avant la mise à exétion des ordres de service.

Les Compagnies ayant parfois inséré dans leurs affiches des disposi-

---

(1) En Algérie, le Gouverneur général statue, par délégation du Ministre, sur les modifications partielles à la marche des trains en cours de saison (Décret du 19 mai 1882 ; circulaire du Ministre des travaux publics du 22 octobre 1884).

tions qui constituaient, soit des dérogations au cahier des charges, soit des interprétations de décisions ministérielles, une circulaire du 23 juin 1863 les a averties que, pour être licites, les insertions de cette nature devraient ne point avoir été frappées, dans un délai de huit jours, du veto de l'Administration à laquelle le texte devrait en être communiqué. En envoyant, le 30 juin 1863, ampliation de cette circulaire aux chefs de service du contrôle, le Ministre leur a recommandé de présenter, dans les trois jours à partir de la communication de la Compagnie, un rapport spécial sur les projets d'affiches contenant des dispositions susceptibles d'être soumises à l'appréciation de l'Administration.

Le tribunal de commerce d'Amiens (2 juillet 1867, Labattu contre Cie du Nord) et le tribunal civil de la Seine (10 juin 1868, Beslay et Loignon contre Cie du Nord) ont jugé que la marche exceptionnelle des trains soumis aux vicissitudes de la mer, par suite de leur correspondance avec des services de navigation maritime, devait faire l'objet d'une mention spéciale sur les affiches.

6. **Trains extraordinaires.** — L'article 30 de l'ordonnance du 15 novembre 1846 prévoit la mise en marche de convois extraordinaires. Ce n'est pas sans hésitation que l'auteur de l'ordonnance a attribué cette faculté aux Compagnies : il suffit, pour s'en convaincre, de se reporter aux termes du rapport de M. Dumon. Cependant, la nécessité des trains extraordinaires s'imposait trop manifestement pour ne pas être reconnue et constatée par le règlement : tel est, par exemple, le cas d'une correspondance manquée entre deux trains, par suite de retards prolongés dans la marche de l'un d'eux (1); tel est encore le cas d'une affluence extraordinaire de voyageurs.

D'après l'article 30, le Ministre des travaux publics prescrit, sur la proposition de la Compagnie, les mesures spéciales de précaution à prendre, pour l'expédition et la circulation des convois extraordinaires; dès que l'expédition d'un convoi de cette nature a été décidée, déclaration doit en être faite immédiatement au commissaire de surveillance administrative, avec indication des motifs qui ont déterminé la formation du train et de l'heure de son départ. Ainsi les trains extraordinaires sont généralement soustraits aux formalités d'autorisation préalable; la brièveté du délai séparant la constatation de leur nécessité et leur mise en circulation ne permettrait point, en effet, d'en subordonner la création à l'accomplissement

____

(1) La mise en marche des trains extraordinaires, par suite de retards dans la marche des trains réguliers, ne peut être requise par les voyageurs (Cour de cassation, 15 février 1868, Cie de P.-L.-M. contre Lolliot et Lucas).

de formalités administratives d'instruction, même réduites aux proportions les plus restreintes. Les Compagnies sont seulement tenues : 1° de se conformer aux mesures générales de précaution arrêtées par le Ministre ; 2° de remettre au commissaire de surveillance l'avis prescrit par l'article 30 de l'ordonnance du 15 novembre 1846.

Par une circulaire du 15 mai 1854, le Ministre des travaux publics a interprété le règlement de 1846 en ce sens, que tous les commissaires de surveillance administrative dont la circonscription doit être traversée par le train extraordinaire doivent en être avisés par les chefs de gare, dès que ceux-ci en ont été eux-mêmes avertis, soit au moyen des signaux du train précédent, soit au moyen du télégraphe électrique. Les agents du contrôle, échelonnés sur la ligne, sont mis ainsi à même de surveiller la marche de ce train.

Une deuxième circulaire interprétative, en date du 24 juillet 1863, a indiqué, comme types de trains extraordinaires, les trains de travaux ou de ballastage et les trains de troupes expédiés sur réquisition.

Enfin, une dernière circulaire du 30 octobre 1886 a prescrit indistinctement pour les trains extraordinaires ou les trains spéciaux des mesures que nous relaterons dans le paragraphe relatif aux trains de cette dernière catégorie, les seuls pour lesquels un avis préalable à l'Administration supérieure soit ordinairement possible.

7. Trains spéciaux. — On désigne en général sous le nom de trains spéciaux les trains extraordinaires dont la création peut être prévue à l'avance et qui ne répondent pas à des nécessités inattendues : tels sont les trains de plaisir ou les trains organisés à l'occasion des foires, pèlerinages, concours, expositions publiques, etc....

Par une circulaire du 29 mai 1852, le Ministre, désirant favoriser le développement des trains de plaisir, s'est montré disposé à ne pas exiger l'observation des règles fixées par l'article 43 de l'ordonnance du 15 novembre 1846 ; néanmoins il a prescrit aux Compagnies de lui soumettre par avance leurs ordres de service, pour le mettre à même de prescrire les mesures nécessaires à la sécurité publique.

Deux circulaires ultérieures, du 11 juin et du 24 juillet 1863, ont autorisé les Compagnies à se borner à communiquer leurs propositions au service du contrôle, les fonctionnaires de ce service ne devant en référer à l'Administration supérieure qu'au cas où il y aurait lieu à des mesures spéciales.

Ces instructions ont été modifiées par une dépêche du 22 novembre 1872, invitant les Compagnies à donner directement avis, huit jours à l'avance, au Ministre, en même temps qu'au service du contrôle, de l'organisation des trains spéciaux (trains de plaisir, trains de pèlerinage, trains pour concours et expositions publiques, etc...). Les Compagnies ont été rappelées, le 29 août 1884 et le 7 juin 1886, à la stricte observation des ordres qui leur avaient été donnés en 1872.

Enfin, le 30 octobre 1886, le Ministre a déterminé ainsi les règles à observer par les Compagnies :

a. Mise en marche de trains spéciaux ne contenant qu'une voiture à voyageurs : avis au contrôle dès que l'expédition est décidée.

b. Mise en marche de trains spéciaux contenant plus d'une voiture à voyageurs : envoi d'un avis à l'Administration supérieure et au contrôle, huit jours à l'avance.

8. Renseignements statistiques sur le nombre des trains. — Nous croyons utile de terminer ce chapitre par quelques renseignements statistiques sur le nombre des trains mis chaque jour en mouvement.

Nombre de trains en 1884 sur les chemins de fer d'intérêt général.

DÉSIGNATION DES CHEMINS	LONGUEUR MOYENNE exploitée	NOMBRE MOYEN ANNUEL par kilomètre		RECETTE BRUTE kilométrique (grande et petite vitesse)	NOMBRE DE TRAINS A TOUTE DISTANCE			NOMBRE DE TRAINS A LA DISTANCE ENTIÈRE par kilomètre		
		de voyageurs	de tonnes en petite vitesse		Grande vitesse	Petite vitesse	Total	Grande vitesse	Petite vitesse	Total
	km.			fr.						
1° CHEMINS DE FER DE LA FRANCE EUROPÉENNE										
Nord................................	3.343	318.830	557.201	49.033	408.248	233.652	644.900	17,6	12,6	30,2
Est.................................	3.852	235.867	343.908	33.403	382.332	219.434	601.766	13,7	9,1	22,8
Ouest..............................	4.021	308.400	221.070	33.111	444.806	140.624	585.430	14,4	8,1	22,5
Orléans............................	5.096	201.282	321.777	34.652	393.277	153.971	547.248	12,0	5,6	17,6
P.-L.-M............................	7.433	230.940	490.467	43 165	379.523	344.969	724.492	12,1	8,1	20,2
Midi...............................	2.502	222.631	322.239	36 359	132.343	82.113	214.456	11,6	6,4	18,0
Ceinture de Paris..................	32	2.519.296	836.084	208.755	96.350	49.299	145 649	83,3	29,8	113,1
Grande-Ceinture de Paris..........	122	62.339	341.526	27.074	11.840	22.663	34.503	10,9	13,4	24,3
Compagnies secondaires (ensemble).	217	138.371	137.195	18.916	27.691	45.938	73.629	7,9	3,4	11,3
ENSEMBLE des chemins concédés....	26.583	249.464	386.246	38.683	2.276.410	1.292.663	3.569.073	13,4	8,2	21,6
État...............................	2.164	116.086	97.372	10.974	92 683	36.232	128.915	7,9	2,7	10,6
ENSEMBLE des chemins de fer d'intérêt général de la France européenne.	28 722	239.632	364.818	36.629	2.369.093	1.328.895	3.697.988	13,0	7,8	20,8
2° CHEMINS ALGÉRIENS										
ENSEMBLE...........................	1.707	60.437	45.863	10.042	23.169	15.763	38.932	4,0	4,0	5,0

Quant aux chemins de fer d'intérêt local, les statistiques de 1884 accusent, pour 1 487 kilomètres, 223 115 trains à toute distance, dont 213 421 de grande vitesse et 9 694 de petite vitesse ; 7 trains 8 à la distance entière et par jour, dont 7,4 de grande vitesse et 0,4 de petite vitesse.

Le nombre des voyageurs à la distance entière est de 59 267 ; celui des tonnes de marchandises, de 30 286 ; et la recette kilométrique de 6 446 fr.

CHAPITRE VII

COMPOSITION, CHARGE ET UTILISATION DES TRAINS

§ 1. — COMPOSITION DES TRAINS DE VOYAGEURS

1. Nombre de voitures. Obligations des Compagnies. — D'après l'article 17 de l'ordonnance du 15 novembre 1846, tout convoi ordinaire de voyageurs doit contenir, en nombre suffisant, des voitures de chaque classe, à moins d'une autorisation spéciale du Ministre des travaux publics.

L'article 43 du cahier des charges reproduit, dans les termes suivants, cette disposition : « A moins d'une autorisation spéciale et révocable de « l'Administration, tout train régulier de voyageurs doit contenir des « voitures de toute classe, en nombre suffisant, pour toutes les personnes « qui se présenteraient dans les bureaux du chemin de fer ».

Ainsi, en principe, les voyageurs doivent être assurés de trouver des places dans le train auquel ils se présentent. Le but de cette obligation imposée aux Compagnies est d'éviter au public les pertes de temps et les dépenses frustratoires que leur imposerait un séjour prolongé dans les gares.

Les dérogations à la règle ne peuvent être justifiées que dans les cas suivants :

1° Autorisation du Ministre des travaux publics ;

2° Événement de force majeure, tel qu'un accident impossible à prévoir ;

3° Composition atteignant la limite assignée au nombre des voitures par l'article 18 de l'ordonnance.

De ces divers cas d'excuse, le premier et le troisième méritent quelques explications.

Comme l'indique le rapport au Roi, à l'appui de l'ordonnance du 15 novembre 1846, si l'obligation imposée aux Compagnies de former leurs trains d'un nombre suffisant de voitures de toutes classes est le corollaire du monopole de fait dont elles sont investies pour les transports, et si elle a dû, à ce titre, être inscrite au frontispice du titre II de l'ordonnance, elle ne saurait, sans dommage pour le public lui-même, être étendue aux convois à grande vitesse, qui ne s'arrêtent qu'à un petit nombre de stations, qui sont à peu près exclusivement destinés aux voyages à longue distance et auxquels il serait impossible d'imprimer la rapidité de marche nécessaire, si on ne restreignait pas le nombre de leurs véhicules. L'Administration a toujours encouragé et, au besoin, provoqué la création de trains de cette nature. On pourra consulter à cet égard la circulaire ministérielle du 1er février 1864, adressée aux Compagnies à la suite de l'enquête ouverte en 1861 sur la construction et l'exploitation des chemins de fer. Néanmoins, pour donner satisfaction aux intérêts des voyageurs qui n'ont pas les moyens d'acquitter le prix de la première classe, la Commission d'enquête de 1861 a conclu à établir, sur les lignes principales, pour le trajet entier et dans chaque sens, un train journalier direct, contenant des voitures de 2e et de 3e classes, sauf à excepter de cette mesure les chemins à fortes pentes ou à faible fréquentation. Dans sa circulaire du 1er février 1864, le Ministre a donné des instructions conformes à cette conclusion ; il a rappelé ses prescriptions par une seconde circulaire du 18 avril 1865.

Quant au nombre maximum des voitures, il a été limité à 24 par l'article 18 de l'ordonnance de 1846, dans l'hypothèse où les véhicules seraient à quatre roues et sous la réserve qu'il serait modifié par le Ministre, si le train devait comprendre des voitures à six roues. Le chiffre de vingt-quatre paraissait alors très élevé. Dans un rapport à l'appui de l'ordonnance, le Ministre explique que cette limite a été adoptée afin de ne pas constituer les Compagnies en contravention, lorsque l'affluence des voyageurs les obligerait à augmenter le nombre normal des véhicules ; il ajoute que la limite ainsi déterminée ne devra être qu'exceptionnellement atteinte et que, si elle l'était trop souvent, l'Administration y verrait la preuve d'une organisation défectueuse du service ne répondant pas aux besoins du public. Aujourd'hui, il est hors de doute que le maximum déterminé en 1846 n'est plus en rapport avec les nécessités du trafic sur certaines lignes et qu'il peut conduire à dédoubler inutilement des trains.

Sauf les exceptions que nous venons d'indiquer, les Compagnies seraient passibles des pénalités prévues par la loi de 1845, si elles ne se conformaient pas à l'article 17 de l'ordonnance du 15 novembre 1846 (Cour de cassation, 22 avril 1854, Audibert).

L'arrêt de cassation du 22 avril 1854 a été rendu dans un cas où il s'agissait d'un voyageur de 1re classe, obligé de monter dans une voiture de 2e classe et auquel la différence de prix avait été restituée. Le juge de paix du 8e arrondissement de Paris a d'ailleurs reconnu, le 22 février 1878, le droit à indemnité d'un voyageur de 1re classe que la Compagnie avait placé dans un compartiment de 2e classe (Arthus contre Cie de l'Ouest).

Les Compagnies peuvent-elles, inversement, placer des voyageurs d'une classe déterminée dans des compartiments d'une classe supérieure ? La question peut être envisagée au double point de vue : 1° de la réparation civile susceptible d'être réclamée par les voyageurs qui avaient acquitté le prix de la classe supérieure ; 2° de la contravention à l'ordonnance de 1846. En ce qui concerne le premier point de vue, on conçoit que des voyageurs, ayant payé le prix de la 1re ou de la 2e classe pour se trouver dans un milieu social à leur convenance, se plaignent d'être privés d'un avantage qu'ils avaient acheté à la Compagnie ; toutefois, nous ne croyons pas que l'autorité judiciaire ait eu à se prononcer ; il convient, d'ailleurs, de remarquer que les voyageurs n'ont aucun droit de contrôle sur les billets des personnes voyageant avec eux et que, par deux circulaires du 6 novembre 1858 et du 15 avril 1859, le Ministre a recommandé aux Compagnies d'expédier par le premier train, sans avoir égard à la nature de leur billet, les voyageurs oubliés dans les salles d'attente ou ayant manqué une correspondance, par suite d'irrégularités du service. En ce qui concerne la contravention, elle a été reconnue par un arrêt de la Cour de Colmar en date du 23 février 1848 (Polonceau), et par un arrêt de la Cour de Grenoble en date du 2 avril 1870 (Riffi).

Mais les voyageurs ne peuvent exiger d'une Compagnie qu'elle les réunisse eux et leur famille dans un même compartiment, si la place fait défaut ; ce principe incontestable a été appliqué, le 10 octobre 1856, par l'un des juges de paix de Paris, et le 24 mai 1877, par le juge de paix d'Amiens. Les Compagnies ne sont tenues, en effet, que d'assurer individuellement des places aux personnes qui ont pris des billets.

Pour ne rien omettre, nous devons signaler une réduction qui peut être apportée, en vertu de l'article 43 du cahier des charges, au nombre de places déterminé par le maximum de 24 voitures. Cet article permet, en effet, aux Compagnies de ménager dans chaque train de voyageurs des compartiments spéciaux, pour lesquels il est établi des prix particuliers fixés par l'Administration, sur leur proposition ; le nombre des places à donner dans ces compartiments est limité au cinquième du nombre total des places du train.

Enfin, les wagons affectés au service de la poste ou au transport des prisonniers, les compartiments réservés, soit pour le service du chemin de fer, soit pour les dames voyageant seules, soit pour les fumeurs, peuvent, le cas échéant, réduire le nombre de places disponibles dans les trains. C'est un point sur lequel nous reviendrons.

2. Nombre et position des locomotives. — Les convois de voyageurs ne doivent être remorqués que par une seule locomotive, sauf le cas où l'emploi d'une machine de renfort deviendrait nécessaire pour la montée d'une rampe de forte inclinaison, ou par suite d'une affluence extraordinaire de voyageurs, de l'état de l'atmosphère, d'un accident, d'un retard exigeant l'emploi de secours, et de tout autre cas analogue ou spécial, préalablement déterminé par le Ministre des travaux publics. Jamais le nombre des locomotives ne peut être de plus de deux (Article 20 de l'ordonnance du 15 novembre 1846). On le voit, l'auteur de l'ordonnance de 1846 se préoccupait des dangers que pouvait faire naître la discordance d'action des deux locomotives, en cas de double traction ; les craintes étaient telles, à cet égard, que certaines personnes compétentes avaient insisté pour l'interdiction absolue de la double locomotive.

Les locomotives doivent être en tête des trains ; il ne peut être dérogé à cette disposition que pour les manœuvres à exécuter dans le voisinage des stations ou pour le cas de secours, et la vitesse ne peut alors dépasser 25 kilomètres à l'heure (1). En double traction, l'ordonnance porte que la marche du train sera réglée par la locomotive de tête (Articles 19 et 20).

Ainsi que le fait observer M. Lamé Fleury, dans son Code annoté, il faut assimiler aux cas énumérés à l'article 20 de l'ordonnance de 1846 celui du retour des machines à voyageurs déplacées pour le service.

A la suite d'un accident produit par la rupture des chaînes d'attelage d'un train de marchandises, dont une partie, entraînée à la dérive, était venue se heurter contre un train de voyageurs, le Ministre, interprétant l'article 19 de l'ordonnance du 15 novembre 1846, a, par deux circulaires du 21 avril et du 18 juillet 1865, autorisé les Compagnies à atteler les machines de renfort en queue des trains de toute nature sur les sections en rampe ; il a considéré le cas de renfort comme rentrant dans le cas de secours visé au second paragraphe de l'article 19. Mais il s'est refusé, avec raison, à modifier la limite de vitesse fixée par l'ordonnance, comme il en était sollicité par les Compagnies : cette modification n'eût pu, en effet, être accomplie que par un décret rendu en la forme des règlements d'administration publique.

(1) Les règlements d'exploitation approuvés par le Ministre admettent, en général, la même dérogation pour les trains de ballastage.

Pendant assez longtemps, la double traction avec machine en tête et machine en queue a soulevé des préventions et des craintes. On redoutait que les mécaniciens ne pussent s'entendre pour arriver à une action commune, que le refoulement causât des déraillements dans les courbes, que les conséquences des accidents survenus en tête du train fussent aggravés par l'action à contre-temps de la machine de queue. L'expérience n'a pas justifié ces craintes. La traction avec machine en queue a, au contraire, rendu les plus grands services, en portant obstacle aux marches en dérive et aux collisions désastreuses qui peuvent en résulter. Du reste, les dangers que paraissait présenter ce mode de remorquage des trains sont singulièrement atténués par la faible longueur et la vitesse réduite des trains dans les fortes rampes.

D'après les règlements d'exploitation approuvés par le Ministre, les machines sont attelées la cheminée tournée en avant. Elles ne peuvent circuler tender en avant, soit en tête des trains, soit isolément, que sur des sections désignées spécialement et, pour l'ensemble du réseau, dans des cas particuliers, tels que secours d'un train en détresse, manœuvres, ballastage et transport de matériaux, envoi d'une machine pour aller chercher un train dans une station où il n'y a pas de grandes plaques tournantes, retour des machines de rampe, machines sortant des ateliers pour être essayées, machine allant du dépôt à la tête du train ou réciproquement, etc.

Aux termes des deux derniers paragraphes de l'article 20 de l'ordonnance du 15 novembre 1846, dans tous les cas où il est attelé plus d'une locomotive à un train, mention en est faite sur un registre à ce destiné, avec indication du motif de la mesure, de la station où elle a été jugée nécessaire et de l'heure à laquelle le train a quitté cette station. Le registre est représenté, à toute réquisition, aux fonctionnaires et agents chargés de la surveillance de l'exploitation. Il est coté et paraphé par le commissaire de surveillance (Article 77). La forme en a été réglée par une décision ministérielle du 21 juin 1847.

3. Interposition de voitures sans voyageurs en avant de la première voiture à voyageurs. — Il doit toujours y avoir, en tête de chaque train, entre le tender et la première voiture de voyageurs, autant de voitures ne portant pas de voyageurs qu'il y a de locomotives attelées (Article 20 de l'ordonnance de 1846). Cette disposition, édictée dans un but de sécurité, a pour objet de protéger les voitures à voyageurs contre les dangers immédiats d'incendie par les flammèches ou les escarbilles des machines et contre un choc trop direct, en cas de collision. Il n'y est dérogé

qu'au cas de double traction par suite d'accident, de retard ou de montée
en rampe.

L'Administration des chemins de fer de l'État ayant sollicité l'autorisation de mettre en circulation, sur les lignes peu fréquentées de son réseau, des voitures à vapeur portant leur moteur avec elles et des locomotives-tenders de faible poids, remorquant une ou plusieurs voitures, sans interposition de fourgon, un décret du 20 mai 1880, rendu en la forme des règlements d'administration publique, a donné au Ministre des travaux publics la faculté d'accorder cette autorisation et de régler les mesures de précaution à observer dans la marche et dans les gares, ainsi que les limites de vitesse à ne pas dépasser.

Nous nous bornons à mentionner ici ces trains légers, auxquels nous consacrerons plus loin quelques explications spéciales.

Par une circulaire du 2 novembre 1881, le Ministre a invité le service du contrôle à étudier l'addition d'un fourgon à la queue des trains qui en étaient alors dépourvus.

4. **Voitures à freins.** — L'article 18 de l'ordonnance du 15 novembre 1846 dispose que chaque train de voyageurs devra être accompagné du nombre de gardes-freins qui sera déterminé par le Ministre des travaux publics. sur la proposition de la Compagnie, suivant les pentes du chemin et suivant le nombre des voitures. En tout cas, il doit y avoir un frein sur la dernière voiture de chaque convoi ou sur l'une des voitures placées à l'arrière.

Comme nous l'avons déjà indiqué page 330, le Ministre a recommandé aux Compagnies, par une circulaire du 4 février 1865, mais sans en faire l'objet d'une prescription impérative, l'adaptation d'un frein aux locomotives et particulièrement aux machines à grande vitesse n'ayant qu'un essieu moteur.

Nous nous contentons de relater ici ces deux textes pour mémoire et nous renvoyons, pour le surplus, aux indications que nous avons précédemment données sur la question capitale des freins (page 324).

5. **Position à donner dans les trains aux bureaux ambulants de la poste.** — A la suite d'une collision survenue à Mézy (réseau de l'Est), le 9 janvier 1881, le Ministre des travaux publics, déférant au désir de son collègue des postes et télégraphes, a invité les Compagnies à placer, autant que possible, les bureaux ambulants de la poste au milieu des trains, dans le double but : 1° de donner plus de garanties de sécurité à des agents qui ont à s'acquitter d'un service public dans les conditions les plus rudes ;

2° de faciliter en outre leur travail, en amortissant les secousses qui résultent de l'arrêt et de la mise en marche.

6. Interdiction d'admettre dans les trains de voyageurs aucune matière pouvant donner lieu, soit à des explosions, soit à des incendies. — *a.* PRESCRIPTIONS DE L'ORDONNANCE DE 1846. — L'article 21 de l'ordonnance de 1846 prohibe le transport, par les trains de voyageurs, des matières susceptibles de donner lieu à des explosions ou à des incendies. Cette prohibition se justifie par la gravité des accidents auxquels seraient exposés les voyageurs et par la rapidité avec laquelle les incendies se propagent dans un train en marche.

Conformément à l'article 66, les personnes qui veulent expédier des marchandises de la nature de celles qui sont mentionnées à l'article 21 doivent les déclarer, quand elles les remettent à la Compagnie.

b. DISPOSITIONS GÉNÉRALES RELATIVES AUX MATIÈRES EXPLOSIBLES OU INFLAMMABLES. — La classification actuelle des matières explosibles ou inflammables résulte d'un arrêté du Ministre des travaux publics, en date du 20 novembre 1879. Ces matières sont divisées en quatre catégories, à savoir :

1re catégorie. — Poudres de guerre, de mine ou de chasse ; munitions de guerre autres celles qui sont spécifiées à la 2e catégorie ; fulminates, fulmi-coton, picrate de potasse, dynamite, acide nitrique monohydraté (ou fumant) ; artifices, mèches de mineurs munies d'amorces ou d'autres moyens d'inflammation, huile de pétrole non rectifiée, acide nitrique du commerce, chlorure de méthyle ; huiles dites essentielles, extraites par distillation du pétrole, des schistes bitumeux ou du goudron de houille (ces huiles émettent des vapeurs qui prennent feu au contact d'une allumette enflammée, même lorsque leur température ne dépasse pas 35 degrés centigrades).

2e catégorie. — Capsules, cartouches métalliques, allumettes chimiques, chlorates, mèches de mineurs non amorcées, phosphore, éther, collodion, sulfure de carbone, benzine ; huile de pétrole rectifiée et huile de schiste ou de goudron de houille, quand elles sont contenues dans des touries en verre ou en grès.

3e catégorie. — Pailles, foins, chiffons gras, résines liquides, brai gras, goudron liquide ; pétrole rectifié et huiles minérales dans des fûts de bois.

4e catégorie. — Bois de toute nature, charbon de bois, huiles végétales ; résines sèches, brai sec, goudron sec ; pétrole rectifié et huiles minérales dans des vases métalliques ; alcools, essence de térébenthine, et, en général, toutes les matières plus ou moins inflammables non dénommées dans les trois premières catégories.

Aux termes de l'article 7 de l'arrêté ministériel du 20 novembre 1879, le transport des matières comprises dans la première catégorie ne peut, en aucun cas, être effectué par les trains contenant des voyageurs.

Les matières de la 2ᵉ catégorie sont également exclues des trains portant des voyageurs, sur les sections où circulent des trains réguliers de marchandises. Il est fait toutefois exception pour les cartouches que les militaires voyageant en service peuvent porter dans leur giberne ou leur sac et pour les munitions que les chasseurs transportent sur leur personne ou dans un sac à main. Sur les sections où ne circulent pas de trains réguliers de marchandises, les matières de la 2ᵉ catégorie peuvent être transportées par trains mixtes, à la condition que les wagons qui les contiennent soient séparées des voitures de voyageurs par trois véhicules au moins, ne renfermant pas de matières facilement inflammables.

Les wagons contenant des matières de la troisième catégorie doivent être séparés des voitures de voyageurs par trois véhicules au moins, ne contenant pas de matières facilement inflammables, lorsqu'ils sont placés à l'avant des voitures de voyageurs, et par un véhicule au moins, lorsqu'ils sont placés à l'arrière de ces voitures.

Les wagons contenant des matières de la 4ᵉ catégorie doivent être séparés des voitures de voyageurs par un véhicule au moins, ne contenant pas de matières facilement inflammables.

Les wagons contenant des matières de la 2ᵉ et de la 3ᵉ catégories doivent être séparés de la machine par deux wagons au moins, ne contenant pas de matières facilement inflammables.

Quand les matières de la 3ᵉ ou de la 4ᵉ catégorie sont chargées dans des wagons couverts et à panneaux pleins, ces wagons peuvent occuper dans le train une place quelconque.

Ces dispositions ne sont pas applicables aux trains de marchandises dans lesquels se trouvent les agents de l'État ou de l'industrie privée qui doivent accompagner certaines expéditions et qui, aux termes d'une circulaire ministérielle du 21 mars 1874, peuvent être admis dans les trains de marchandises portant de la poudre ou de la dynamite et prendre place, soit dans les fourgons des conducteurs du train, soit dans une voiture spéciale, soit dans les véhicules chargés des expéditions accompagnées, à la condition que cette voiture ou ces véhicules soient séparés par trois wagons, au moins, des véhicules contenant la poudre ou la dynamite.

Les conditions d'emballage et de chargement sont soigneusement déterminées par les articles 2 à 5 de l'arrêté. Nous signalons notamment l'obligation : 1° de bâcher les wagons découverts portant de la paille, du foin ou du coton, de telle sorte que la surface supérieure du chargement au moins soit couverte ; 2° de bâcher complètement les wagons portant des chiffons gras.

Le règlement dont nous venons de rapporter les principales dispositions pourra être rapproché, à titre rétrospectif, de ceux des 30 mai 1862, 15 juillet 1863, 25 mars 1874, 1er décembre 1874 et 31 mars 1877.

Un arrêté du 21 juillet 1881 du Ministre des travaux publics a ajouté à la nomenclature des matières de la 3e catégorie les « cordonnets de soie « teints en noir », déterminé les règles relatives à leur conditionnement et à leur emballage, et prescrit de ne faire les expéditions qu'en grande vitesse pendant l'été. En effet, ces cordonnets sont particulièrement sujets à la combustion spontanée.

Un autre arrêté du 30 juin 1883 a reporté de la 3e à la 2e catégorie les chiffons gras et y a ajouté les déchets de coton ou de laine gras. Toutefois, divers négociants ayant protesté contre ce relèvement de catégorie et soutenu que les déchets de coton et de laine gras n'étaient pas spontanément inflammables, le Ministre a remis la question à l'étude et admis un régime provisoire de tolérance (3 mars 1884).

Nous avons encore à mentionner une circulaire ministérielle du 29 décembre 1883 recommandant de tenir fermement la main à l'exécution de l'arrêté ministériel du 20 novembre 1879, pour l'acide nitrique fumant (1) (2).

c. Exceptions pour les trains militaires. — L'interdiction de transporter de la poudre et de la dynamite par les trains de voyageurs ne s'applique pas aux trains militaires. L'article 1er de l'arrêté du 30 mars 1877, concerté entre le Ministre de la guerre et le Ministre des travaux publics, pour le transport de la poudre, porte que les munitions de guerre chargées dans des caissons d'artillerie peuvent être transportées par les trains spéciaux affectés au transport des troupes. D'autre part, l'article 18 de l'arrêté des Ministres des travaux publics et de la guerre, en date du 10 janvier 1879, dispose explicitement que « les munitions de guerre confec-

---

(1) Le nitrate de soude n'est point une des matières dangereuses soumises à des conditions particulières. Il suffit que son emballage soit conforme aux usages du commerce. C'est sans droit qu'une Compagnie se refuse à transporter du nitrate de soude en sacs (Cour de cassation, 6 décembre 1876, Cie du Midi contre Barbe).

(2) Aux termes de deux circulaires du Ministre des travaux publics, du 16 février et du 31 mars 1887, la mélinite peut être transportée jusqu'à nouvel ordre comme produit chimique ordinaire, sous la responsabilité du département de la Guerre.

« tionnées en dynamite peuvent être transportées par les trains militaires
« spéciaux affectés au transport des troupes » et que « ces mêmes trains
« peuvent recevoir des caisses d'amorces fulminantes, à la condition que
« ces caisses ne soient pas chargées sur les mêmes wagons que la dyna-
« mite ou la poudre ». Les six grandes Compagnies se sont pourvues
contre cet arrêté dont elles ont demandé l'annulation pour excès de pouvoirs ; mais le Conseil d'État, statuant au contentieux, a rejeté leur
requête par arrêt du 1er décembre 1882, en se fondant notamment sur ce
que les trains militaires spéciaux exclusivement affectés au transport des
troupes ne sauraient être considérés comme des trains de voyageurs dans
le sens de l'article 21 de l'ordonnance du 15 novembre 1846. Cet arrêt a
été critiqué au point de vue du droit et de l'humanité, tout au moins pour
le cas où des circonstances exceptionnelles, telles qu'un danger pressant, ne
justifient pas des dérogations aux règles ordinaires ; quelque fondées que
puissent paraître au premier abord les critiques dirigées contre la décision
du Conseil d'État, il faut cependant reconnaître la nécessité qui s'impose
souvent de ne point séparer les troupes de leurs munitions.

d. PRÉCAUTIONS CONTRE L'INCENDIE DES WAGONS-ÉCURIES. — Nous devons
encore mentionner ici un arrêté ministériel du 26 juillet 1880, interdisant
aux conducteurs et toucheurs de bestiaux, aux palefreniers et, en
général, à toute personne accompagnant certaines expéditions par voie
ferrée, de s'éclairer autrement qu'au moyen d'une lanterne dans l'intérieur des wagons-écuries ou autres véhicules mis à leur disposition par
les Compagnies de chemins de fer.

**7. Interdiction de transporter des matières infectes par les
trains de voyageurs ou les trains mixtes.** — A la suite de plaintes
et de réclamations, le Ministre des travaux publics a décidé, le 18
août 1858, qu'à l'avenir tout transport de matières infectes, dont
le dépôt, aux termes des règlements, formerait un établissement
incommode ou insalubre, devrait être interdit pour les trains de toute
nature contenant des voyageurs. Toutefois, la circulaire ministérielle
ajoute que des exceptions à cette mesure pourront être admises sur les
lignes dont le trafic ne comporte pas l'établissement de trains spéciaux de
marchandises et que, dans ce cas, le nombre et la situation des wagons
renfermant les matières infectes seront déterminés sur la proposition des
Compagnies.

Pour la nomenclature des établissements insalubres ou incommodes,
on aura à se reporter au décret du 3 mai 1886.

8. Voitures portant des bestiaux. — Pendant longtemps, l'Administration a résisté à l'introduction des wagons chargés de bestiaux dans les trains portant des voyageurs. Mais, par décision du 27 février 1856, le Ministre a admis ces wagons dans les trains mixtes, sous la réserve qu'ils seraient de construction très solide, fermés aux deux bouts, entourés sur les côtés par une cloison élevée et placés en queue des trains.

La position ainsi assignée aux wagons chargés de bestiaux ayant créé des difficultés pour les manœuvres, une deuxième décision du 23 juillet 1863 a autorisé les Compagnies à placer ces véhicules aussi bien en tête qu'en queue et à les introduire dans les trains mixtes. Toutefois, si les wagons transportent des animaux d'une odeur insupportable, ils doivent toujours être en queue.

Il convient d'ajouter que le cahier des charges, dans plusieurs de ses articles, prévoit le transport des animaux par les trains de voyageurs et que les délais d'expédition ont été réglés, pour ce cas, par des arrêtés ministériels du 12 juin 1866 et du 6 décembre 1878. Les animaux dangereux sont exclus des trains de voyageurs, aux termes d'un arrêté ministériel du 30 mai 1862 (1).

9. Transport des rails et autres objets divers. — Les transports de rails et d'autres objets divers ont fait l'objet de certaines prescriptions administratives; mais les indications que nous avons à donner à cet égard trouveront plus naturellement leur place dans le paragraphe consacré aux trains mixtes.

10. Dispositions relatives aux voitures des entrepreneurs de messageries. — D'après l'article 22, § 2, de l'ordonnance du 15 novembre 1846, les voitures des entrepreneurs de messageries ne peuvent être admises dans la composition des trains qu'avec l'autorisation du Ministre des travaux publics et moyennant les conditions indiquées dans l'acte d'autorisation.

Il y a là une disposition qui n'a plus d'intérêt pratique et sur laquelle nous n'insistons pas.

11. Compartiments réservés. — L'article 32 du cahier des charges donne à l'Administration le droit d'exiger qu'un compartiment de chaque classe soit réservé, dans les trains de voyageurs, aux femmes voyageant

---

(1) Les règlements d'exploitation des Compagnies excluent les wagons à bestiaux, comme les wagons à marchandises de toute nature, des trains de voyageurs animés d'une vitesse dépassant certaines limites déterminées.

seules. Par application de cette clause, le Ministre des travaux publics a invité les Compagnies, le 9 mars 1863, à mettre à la disposition de toute dame munie d'un billet de première ou de deuxième classe, qui en ferait la demande, un compartiment exclusivement affecté aux femmes seules. Plusieurs Compagnies ont insisté pour le retrait de cette prescription absolue, qui leur paraissait soulever de sérieuses difficultés pratiques sur les lignes peu étendues et à faible trafic et ne présentait à leurs yeux qu'une utilité contestable ; elles ont fait valoir que la stricte application de la circulaire du 9 mars 1863 aggravait inutilement les charges du service des trains mixtes, où il n'était souvent introduit qu'une voiture de 1re et de 2e classe. Reconnaissant ce qu'il pouvait y avoir de fondé dans ces observations, le Ministre des travaux publics en a prescrit l'étude, le 26 mai 1863 ; à la suite de cette étude, la plupart des Compagnies ont été autorisées à ne réserver de compartiments de dames que dans les trains de parcours entier sur les lignes principales, dans les trains formant le prolongement des convois en provenance ou à destination de Paris sur les embranchements principaux , et dans les trains-poste sur les embranchements secondaires. En revanche, une circulaire du 5 octobre 1863 a étendu à la troisième classe les prescriptions antérieures concernant la 1re et la 2e classes.

Les Compagnies sont tenues également de réserver des compartiments spéciaux pour le service de la poste (Art. 56 du cahier des charges) et pour le transport des prisonniers ou des jeunes délinquants (Art. 57). Nous y reviendrons en traitant des charges imposées aux Compagnies dans l'intérêt des divers services publics.

Il faut y ajouter les compartiments affectés par les Compagnies aux fumeurs. L'article 63 de l'ordonnance du 15 novembre 1846 interdit, en effet, de fumer dans les voitures et dans les gares ; mais il ajoute qu'à la demande de la Compagnie et moyennant des mesures spéciales de précaution, des dérogations à cette règle pourront être autorisées. Par une circulaire du 11 mars 1857, le Ministre a invité les Compagnies à rechercher, de concert avec l'Administration, les moyens de concilier les termes du règlement avec les nécessités résultant de l'usage de plus en plus répandu du tabac ; il leur a en même temps indiqué, comme l'une des mesures susceptibles d'être adoptées, l'affectation aux fumeurs d'un compartiment de chaque classe dans tous les trains. Cette indication a été reproduite dans deux circulaires du 2 août 1864 et du 11 novembre 1880.

Le 15 juin 1858, le Ministre a étendu aux aliénés accompagnés d'infirmiers ou de gendarmes les prescriptions des circulaires du 6 août 1857 et du 29 octobre de la même année, et a ainsi obligé les Compagnies à mettre à leur disposition des compartiments permettant de les isoler des autres voyageurs.

Enfin, les Compagnies peuvent avoir à réserver certains compartiments pour leur propre service.

Ce sont, comme nous l'avons dit page 376, autant de causes susceptibles de réduire le nombre des places disponibles dans les trains dont le nombre de véhicules atteindrait le maximum fixé par l'article 18 de l'ordonnance du 15 novembre 1846.

D'après un arrêté ministériel du 1ᵉʳ mars 1861, les compartiments spéciaux de toutes classes que les Compagnies de chemins de fer réservent dans les trains de voyageurs, soit pour l'exécution des obligations qui leur sont imposées par les cahiers de charges ou par les instructions de l'Administration, soit pour leur propre service, doivent être ostensiblement désignés au moyen de plaques appendues, pendant toute la durée du trajet des trains, à l'un des panneaux de ces compartiments. Les compartiments ainsi réservés sont interdits à toutes personnes autres que celles auxquelles ils sont affectés. Par un arrêt du 2 mai 1873 (Bisetzky), la Cour de cassation a jugé que l'enlèvement d'une de ces plaques par un agent constituait une contravention.

12. Caisses affectées aux chiens. — L'article 67 de l'ordonnance de 1846 défend d'admettre des chiens dans les voitures servant au transport des voyageurs. Mais les Compagnies peuvent placer dans des caisses de voitures spéciales les voyageurs qui ne voudraient pas se séparer de leurs chiens, pourvu que ces animaux soient muselés, en quelque saison que ce soit. Le Ministre a aussi admis pour les voyageurs la faculté de conserver avec eux les petits chiens en cage, avec l'assentiment unanime des personnes placées dans le même compartiment (Circulaire du 4 novembre 1886).

Sauf ces exceptions, les chiens sont placés dans des niches de fourgons. (Voir une circulaire ministérielle du 15 septembre 1854 prescrivant l'étude des améliorations à apporter à ces niches.)

13. Attelage des voitures. — Les voitures entrant dans la composition des trains de voyageurs doivent être reliées entre elles par des moyens d'attache tels que les tampons à ressort de ces voitures soient toujours en contact (Article 22 de l'ordonnance du 15 novembre 1846). Ce contact est assuré par des tendeurs à vis qui réunissent les manilles des véhicules.

Les Compagnies ont été invitées par une circulaire du 13 mars 1856 à se concerter pour l'adoption d'une hauteur uniforme des tampons, afin d'éviter les accidents qui peuvent résulter d'une inégalité de niveau. Cette invitation a été renouvelée, le 7 décembre 1859, par une dépêche ministérielle qui se fondait sur l'importance toujours croissante des échanges de matériel entre les Compagnies (Voir page 339).

L'attelage est complété par des chaînes de sûreté placées latéralement aux tendeurs et destinées à les remplacer en cas de rupture. Le but de ces chaînes est, non de soulager l'attelage principal, mais de le suppléer en cas de besoin.

A la suite d'accidents, le Ministre a invité les Compagnies, par circulaires du 13 mars 1856 et du 7 décembre 1859, à étudier diverses améliorations proposées pour les chaînes de sûreté.

14. Personnel préposé à la conduite des trains. — Tout train de voyageurs doit, aux termes de l'article 18 de l'ordonnance du 15 novembre 1846, être accompagné : 1° d'un mécanicien et d'un chauffeur par machine ; 2° du nombre de conducteurs gardes-freins qui est déterminé pour chaque chemin, suivant les pentes et suivant le nombre de voitures, par le Ministre des travaux publics sur la proposition de la Compagnie. Le chauffeur doit être capable d'arrêter la machine, en cas de besoin. Sur la dernière voiture ou sur l'une des voitures placées à l'arrière, il doit toujours y avoir un frein et un conducteur chargé de le manœuvrer. Quand il y a plusieurs conducteurs dans un convoi, l'un d'entre eux doit avoir autorité sur les autres.

A ces prescriptions de l'article 18 s'ajoute celle de l'article 74, d'après lequel « nul ne peut être employé en qualité de mécanicien-conducteur de « train, s'il ne produit des certificats de capacité délivrés dans les formes « déterminées par le Ministre des travaux publics ».

Un décret du 20 mai 1880, que nous avons déjà relaté, a donné au Ministre le droit d'autoriser la mise en circulation de voitures à vapeur portant leur moteur avec elles et de locomotives-tenders de faible poids, remorquant une ou plusieurs voitures sans interposition de fourgon. Dans le cas d'une seule voiture, le personnel peut être réduit à un mécanicien et à un conducteur garde-frein.

15. Mise en communication des conducteurs gardes-freins avec le mécanicien. — L'article 23 de l'ordonnance de 1846 porte que les conducteurs gardes-freins seront mis en communication avec le mécanicien pour donner, en cas d'accident, le signal d'alarme, par tel moyen qui sera autorisé par le Ministre des travaux publics, sur la proposition de la Compagnie.

Le 18 août 1857, le Ministre a invité les Compagnies, en exécution de cet article de l'ordonnance de 1846, à adapter au tender de chaque locomotive une cloche de 18 à 20 centimètres de diamètre, disposée de manière que le conducteur garde-frein, placé dans la vigie du fourgon à bagages, puisse mettre le battant en mouvement au moyen d'une corde allant de ce fourgon au tender. Par une autre circulaire du 8 octobre 1857, le Ministre a autorisé les Compagnies à restreindre l'application de cette mesure aux trains de voyageurs et aux trains mixtes, mais l'a déclarée néanmoins exigible pour les trains de marchandises auxquels serait attelé ne fût-ce qu'un seul véhicule à voyageurs.

Ces prescriptions ne satisfaisaient qu'imparfaitement à la règle impérative et générale posée par l'article 23 de l'ordonnance. Elles n'assuraient notamment que la communication de l'un des conducteurs avec le mécanicien. Aussi les Compagnies furent-elles invitées, par circulaire du 13 janvier 1860, à examiner s'il ne conviendrait pas d'adopter le système qui avait prévalu en Allemagne et qui consistait à faire courir le long du train une corde accessible à tous les conducteurs et leur permettant de mettre en jeu, soit la cloche installée sur le tender, soit un sifflet à vapeur spécial.

Le 7 octobre 1863, l'attention des Compagnies et des services de contrôle était appelée de nouveau sur la nécessité d'appliquer au plus tôt le système recommandé par la circulaire ministérielle du 18 août 1857 ou d'employer tout autre moyen propre à assurer l'exécution de l'article 23 de l'ordonnance de 1846. Le Ministre leur signalait, en outre, les résultats favorables des expériences auxquelles avaient été soumis, sur les réseaux du Nord, de l'Est et de Lyon, deux appareils inventés par MM. Spiller et Prud'homme.

L'insuffisance des moyens mis en œuvre jusqu'alors était reconnue par les Compagnies comme par l'Administration. Aussi la question fut-elle au nombre de celles dont se préoccupa spécialement la Commission instituée en 1861, pour procéder à une enquête sur la construction et l'exploitation des chemins de fer. Cette Commission, après avoir constaté que la communication par corde était elle-même, malgré sa rusticité, inapplicable pour les trains composés d'un grand nombre de voitures ou astreints en route à des remaniements dans leur composition, enregistra les essais des Compagnies du Nord et de l'Est sur les nouveaux systèmes de communication électrique Prud'homme et Achard, mais se borna à proposer de rendre obligatoire la communication entre les gardes-freins et le mécanicien, toutes les fois que la composition du train ne s'y opposerait pas.

A la suite de l'enquête dont nous venons de rappeler les résultats et d'événements qui avaient vivement impressionné l'opinion publique, le Ministre adressa aux Compagnies, le 1er février 1864, une circulaire par laquelle il leur réclamait, dans un délai de trois mois, des propositions définitives de nature à assurer la stricte exécution de l'ordonnance de 1846.

Appelée à délibérer sur les réponses des Compagnies, la Commission d'enquête reconnut que la communication par corde n'était pas d'une efficacité suffisante; que la communication par les marchepieds n'était pas possible sur toutes les lignes, eu égard à l'insuffisance du gabarit sur quelques-unes d'entre elles, et n'était d'ailleurs pas assez rapide en cas de danger imminent; qu'il fallait, par suite, demander la solution du problème à l'électricité ou à tout autre procédé qui viendrait à être révélé par l'expérience; et qu'en l'état, il y avait lieu d'attendre le résultat des essais tentés sur les réseaux du Nord et de l'Est. Conformément à cet avis, le Ministre consentit à attendre l'achèvement des expériences entreprises sur les appareils Prud'homme et Achard; toutefois, prévoyant le cas où ces expériences resteraient infructueuses, il invita les Compagnies, par circulaire du 21 avril 1865, à se mettre en mesure de formuler, à la première réquisition, telle proposition que de droit pour l'établissement d'une communication régulière et constante entre les conducteurs gardes-freins et le mécanicien.

Peu de mois après, le 29 novembre 1865, le Ministre, jugeant l'efficacité des appareils Prud'homme et Achard suffisamment démontrée, prescrivit aux Compagnies de prendre les dispositions nécessaires pour assurer, avant l'expiration d'un délai de quatre mois, la communication des gardes-freins avec les mécaniciens, dans les trains de voyageurs et les trains mixtes, soit au moyen de l'un de ces appareils, soit par tout autre procédé préférable et préalablement approuvé par l'Administration.

Malheureusement, les espérances qu'avaient fait concevoir les appareils électriques ne se réalisèrent pas immédiatement; les organes délicats qu'ils comportaient s'accommodaient difficilement du mouvement et de la trépidation des trains en marche. Malgré les rappels successifs adressés aux Compagnies par le Ministre, notamment à la date du 13 novembre 1866, les dispositions de l'ordonnance de 1846 continuèrent à ne pas être strictement observées.

En 1879, la situation ne s'était pas encore sensiblement modifiée. Presque toutes les Compagnies se contentaient de mettre le chef de train placé dans le fourgon de tête en relation avec le mécanicien, à l'aide d'un timbre placé sur le tender. D'autres, et notamment la Compagnie de l'Est, avaient complété ce système par l'addition d'une deuxième corde tendue du dernier fourgon au premier et communiquant également avec une cloche ou un timbre placé dans le fourgon; mais cette solution n'était considérée, ni comme assez complète, ni surtout comme assez sûre, pour être recommandée ni même imposée aux Compagnies. On avait en général renoncé aux expériences faites sur l'intercommunication électrique du système Prud'homme à laquelle on reprochait des irrégularités de fonctionnement : seules, les Compagnies du Nord et de Paris-Lyon-Méditerranée, plus familiarisées avec l'emploi des appareils électriques, avaient conservé ce mode de communication pour une partie de leurs trains.

La Commission d'enquête instituée à la fin de 1879, après le grave accident de Flers, émit l'avis que les essais persistants des Compagnies du Nord et de Paris-Lyon-Méditerranée démontraient suffisamment la possibilité du fonctionnement régulier de l'appareil Prud'homme. Elle conclut : 1° à mettre les Compagnies en demeure d'exécuter désormais, dans toute son étendue, la prescription de l'article 23 de l'ordonnance du 15 novembre 1846, en donnant aux conducteurs gardes-freins un moyen sûr et efficace de communiquer avec le mécanicien, soit directement, soit par l'intermédiaire de l'un d'entre eux ; 2° à les inviter en même temps à faire le nécessaire pour que l'un des agents au moins pût toujours circuler le long des trains de voyageurs, soit en adaptant des marchepieds et des mains courantes aux wagons à marchandises admis dans ces trains, soit en plaçant convenablement les wagons qui n'en seraient pas munis. Ces améliorations devaient être appliquées d'abord aux trains express et aux trains directs ou de long parcours, puis être étendues progressivement à tous les trains de voyageurs.

Par dépêche du 30 juillet 1880, le Ministre, se conformant à l'avis de la Commission, prescrivit aux Compagnies : 1° de réaliser la première mesure avant le 1ᵉʳ mai 1881, pour tous les trains express et directs ayant un parcours de 25 kilomètres ou davantage sans arrêts ; 2° de réaliser immédiatement la seconde, en tant qu'il s'agissait de grouper convenablement les véhicules dans les trains. Ces instructions furent confirmées le 13 septembre 1880.

Sur tous les réseaux, la circulation des agents fut assurée le long des voitures à voyageurs. La situation demeura moins satisfaisante pour la communication entre les conducteurs gardes-freins et le mécanicien. Comme le constata la circulaire ministérielle du 2 novembre 1881, plusieurs Compagnies crurent devoir encore entreprendre des essais sur des appareils autres que l'appareil Prud'homme et expérimenter notamment un mode d'intercommunication à l'air comprimé en relation avec le frein Westinghouse, un nouveau système à cordes, un autre système à pétards, etc...

Le Comité de l'exploitation technique, appelé à en délibérer, émit l'avis ci-après (1) :

(1) Cet avis portait, non seulement sur les communications entre les conducteurs et le mécanicien, mais aussi sur les communications entre les voyageurs et les agents.

« Il y a lieu d'inviter les Compagnies et l'Administration des chemins
« de fer de l'État à se mettre en mesure d'exécuter complètement, avant
« le 1er juillet 1885, la circulaire ministérielle du 30 juillet 1880. — Quel
« que soit l'appareil adopté par elles, les organes placés dans les voitures
« pour appeler les agents doivent remplir les conditions suivantes : être
« d'un fonctionnement sûr, d'un accès suffisamment facile ; se prêter à des
« vérifications fréquentes du bon fonctionnement ; et donner aux agents,
« par un signe placé de préférence à l'extérieur des voitures, le moyen de
« reconnaitre le compartiment d'où un appel est parti, sans qu'il soit
« possible au voyageur de supprimer l'indication. — Dans le cas où les
« appareils actuellement existants auraient besoin d'être modifiés pour
« remplir ces conditions, des délais pourraient être accordés. — Les Com-
« pagnies devront organiser l'entretien et la vérification des appareils, de
« manière à en assurer efficacement le bon fonctionnement ; les agents du
« contrôle de l'État devront faire à cet égard des vérifications fréquentes,
« dont il sera rendu compte à l'Administration dans les rapports du service.
« — Toute initiative est laissée aux Compagnies, quant aux règles à suivre
« par les agents en cas d'appel. » Cet avis fut approuvé et notifié aux Compagnies par circulaire du 15 avril 1884, avec invitation de terminer l'installation avant le 1er juillet 1885 pour tous les trains express et directs. La
circulaire constatait d'ailleurs que toutes les Compagnies s'étaient déci-
dées à employer l'appareil Prud'homme, sans modification ou avec des
perfectionnements, sauf la Compagnie de l'Ouest, qui avait préféré une
transmission pneumatique et utilisait la conduite du frein à air comprimé
Westinghouse.

Tel était l'état actuel de la question lorsqu'est survenu l'attentat dont
a été victime M. Barrème, préfet de l'Eure. Le vœu de l'article 23 de l'ordonnance du 15 novembre 1846 était loin d'être rempli. Même après l'exécution des mesures prescrites par les circulaires du Ministre des travaux
publics, la communication entre le mécanicien et les conducteurs gardes-
freins autres que celui du fourgon de tête ne devait être assurée que pour
les trains express et directs ; pour les trains semi-directs ou omnibus,
les agents placés en queue ou dans le corps du train devaient continuer à ne pouvoir communiquer soit entre eux, soit avec le mécanicien et
avec le conducteur de tête, que : 1° par des signaux visuels difficilement
perceptibles et sans effet en temps de brouillard ; 2° en circulant le long
des voitures et en abandonnant ainsi leur poste. A peine avons-nous besoin de faire observer que ce dernier moyen est beaucoup trop lent, en
cas de péril imminent.

Aussi le Ministre des travaux publics a-t-il décidé, le 10 juillet 1886, que tous les trains de voyageurs autres que les trains mixtes seraient pourvus, avant le 1er janvier 1888, du système d'intercommunication avec signaux d'alarme.

16. Mise en communication des voyageurs entre eux et avec les agents des trains. — L'ordonnance du 15 novembre 1846 ne contient, pour les communications entre les voyageurs et les agents des trains, aucune disposition explicite et analogue à celle de l'article 23 concernant les communications entre les conducteurs gardes-freins et le mécanicien. Mais l'Administration n'en est pas moins armée par les articles 12 et 13, qui obligent les Compagnies à ne mettre en circulation que des voitures pourvues de toutes les installations nécessaires à la sécurité des voyageurs.

A la suite d'un événement survenu sur le réseau de l'Est, une Commission de trois ingénieurs en chef fut chargée d'étudier spécialement la question de la sécurité des voyageurs dans les trains en marche. Elle se borna à demander que les Compagnies fussent invitées : « 1° à pratiquer, « avant l'expiration d'un délai de six mois, dans les compartiments de « 1re et de 2e classe, une ou deux ouvertures fermées par une glace trans-« parente et placées au-dessus des filets à bagages ; 2° à organiser, dans « le même délai, sur toutes les voitures composant les trains de voya-« geurs, un système de marchepieds et de mains courantes horizontales, « qui permit, soit aux agents du train, soit à des contrôleurs spéciaux, de « parcourir toute la longueur du convoi du côté des accotements du che-« min ; 3° à présenter au Ministre les ordres de service arrêtés par elles « pour ce contrôle de route. »

On le voit, il ne s'agissait pas encore de mettre à la disposition des voyageurs un moyen de faire appel aux agents. Les difficultés mécaniques de l'installation se compliquaient, en effet, de la crainte de voir les voyageurs donner le signal d'arrêt pour des causes futiles ou sans gravité réelle.

La Commission d'enquête de 1861, appelée à étudier à son tour ce grave problème, déclara, d'accord avec les représentants de l'Administration, avec la Commission d'enquête de 1857, avec la Commission d'ingénieurs en chef dont nous avons reproduit les conclusions, enfin avec les Compagnies, que la communication directe entre les voyageurs et les agents des trains présenterait de sérieux dangers et pourrait occasionner des arrêts imprudents, des pertes de temps et parfois des accidents. Elle conclut même à ne pas prescrire aux Compagnies les mesures proposées par la Commission d'ingénieurs en chef, mesures qui ne lui paraissaient pas de nature à amener des résultats efficaces ; elle considérait notamment comme impossible d'obliger les agents à circuler le long des trains, sans compromettre leur existence, par suite des dimensions insuffisantes des ponts, viaducs et souterrains, sur un grand nombre de lignes. Dans sa circulaire du 1er février 1864, le Ministre fit connaitre aux Compagnies qu'il approuvait l'avis de la Commission d'enquête, tout en se réservant de demander à l'expérience les moyens éventuels de réaliser plus tard la mise en communication des voyageurs, soit entre eux, soit avec les agents du chemin de fer.

Cependant, des attentats et des accidents qui eurent un certain retentissement ne tardèrent pas à démontrer combien il était dangereux de laisser les voyageurs dans un isolement tel qu'en cas de détresse leurs cris et leurs signaux fussent difficilement perceptibles pour les conducteurs gardes-freins. Le Ministre, poussé par l'opinion publique et jugeant démontrée l'efficacité des appareils électriques Prud'homme et Achard, prescrivit aux Compagnies de combiner un appareil de communication entre les voyageurs et les agents avec l'appareil destiné à établir la communication entre les gardes-freins et le mécanicien (Circulaire du 29 novembre 1865). Depuis lors, l'Administration a poursuivi simultanément la solution des problèmes soulevés par ces deux systèmes de communication. Nous ne reviendrons pas ici sur les indications que nous avons données relativement aux expériences prolongées des Compagnies et au long délai écoulé avant que ces expériences fussent considérées comme concluantes. Il suffira de rappeler que la circulaire du 30 juillet 1880 et les circulaires ultérieures, citées page 390 et suivantes, ont porté tout à la fois sur la mise en relation des agents entre eux et sur leur communication avec les voyageurs.

Le 30 juillet 1880, les Compagnies ont été invitées « à prendre les me-« sures nécessaires pour donner aux voyageurs, dans toutes les voitures à « cloisons séparatives complètes, le moyen de faire appel aux agents » ; sans exclure aucun des moyens en expérimentation sur les divers réseaux, le Ministre leur a recommandé l'appareil électrique Prud'homme ; il leur a prescrit, en outre, d'assurer la circulation de l'un des agents au moins le long des voitures à voyageurs ; enfin, il a appelé leur attention sur l'utilité qu'il y aurait, pour prévenir des tentatives criminelles, à établir des communications partielles entre les compartiments voisins d'une même voiture, par exemple au moyen d'ouvertures de dimensions restreintes fermées par des glaces. Les appareils destinés à permettre aux voyageurs d'appeler les agents devaient être en état de fonctionnement avant le 1er mai 1881, pour tous les trains express et directs ayant des parcours de 25 kilomètres ou plus sans arrêt ; un avis ultérieur devait informer les Compagnies de l'époque à laquelle l'installation serait exigée pour tous les trains de voyageurs. Ces instructions ont été confirmées le 13 septembre 1880.

Ainsi que nous l'avons dit précédemment, une circulaire du 15 avril 1884 a imparti aux Compagnies un délai expirant le 1er juillet 1885 pour se conformer aux prescriptions du 13 juillet 1880, en ce qui concernait les moyens d'appel aux agents. Quant à la continuité des marchepieds, il y a été pourvu sans retard (1).

Enfin, à la suite de l'attentat dont a été victime M. Barrême, préfet de l'Eure, le Ministre a décidé que tous les trains de voyageurs seraient pourvus, avant le 1er janvier 1888, d'un système d'intercommunication avec signaux d'alarmes. Les appareils doivent satisfaire aux conditions suivantes :

1° En aucun cas, la hauteur des boutons ou poignées d'appel au-dessus du plancher de la voiture ne doit dépasser 1 m. 80.

2° Chaque compartiment doit contenir un bouton ou une poignée placés vers le centre du plafond, ou, si cette condition ne peut être remplie, deux boutons ou deux poignées, placés sur les parois.

3° Les boutons ou poignées d'appel doivent être tout à fait libres, de telle sorte qu'il n'y ait rien à briser ou à déplacer avant de les mettre en jeu.

4° Les conditions d'emploi de l'appareil doivent être indiquées par des placards bien apparents et imprimés en caractères commodément lisibles.

5° Les appareils doivent être disposés, autant que possible, de telle sorte que la sonnerie ou le sifflement provoqués par leur manœuvre continuent à se faire entendre jusqu'à ce que les agents du train interviennent pour y mettre fin.

Le Ministre a, en même temps, prescrit aux Compagnies de munir les cloisons séparatives des compartiments de glaces dormantes, analogues à celles qui sont en usage sur les réseaux du Nord et de Paris-Lyon-Méditerranée, et permettant de voir tous les voyageurs de la banquette qui fait face à la cloison. Cette amélioration doit être réalisée pour

---

(1) Le 25 octobre 1883, le Ministre des travaux publics de Prusse a prescrit l'emploi d'une corde-signal le long des voitures des trains de voyageurs : les trains rapides devaient en être pourvus dans le délai d'un an et les autres trains dans le délai de deux ans. Cette corde est placée sur la droite du train dans le sens de la marche et passe au-dessus des portières, de telle sorte que le voyageur puisse la saisir en étendant le bras ; elle aboutit au sifflet de la locomotive ; en cas de danger imminent, les voyageurs sont autorisés à l'agiter et à donner ainsi le signal d'alarme. Nous n'avons pas besoin d'insister sur les défauts de ce système de communication, qui ne saurait offrir une protection efficace en cas d'agression : son seul mérite est d'être extrêmement simple et rustique.

les voitures neuves, lors de leur construction, et pour les voitures en service, lors de leur envoi en grosse réparation.

L'intercommunication existe, depuis quelque temps déjà, sur tous les trains express ou directs.

Afin de couper court aux abus que pouvait provoquer l'application des mesures ordonnées par le Ministre en ce qui concerne les appareils d'intercommunication, un décret réglementaire du 11 août 1883 a modifié et complété l'ordonnance du 15 novembre 1846, en ajoutant aux interdictions édictées par l'article 63 de cette ordonnance celle « de se servir, sans « motif plausible, du signal d'alarme mis à la disposition des voyageurs, « pour faire appel aux agents de la Compagnie ».

17. Éclairage des trains. — Aux termes de l'article 24 de l'ordonnance de 1846, les trains doivent être éclairés extérieurement pendant la nuit. En cas d'insuffisance du système d'éclairage, le Ministre des travaux publics prescrit, la Compagnie entendue, les dispositions qu'il juge nécessaires.

Cet article ne nécessite aucune explication spéciale.

18. Numérotage des trains. — Le Ministre des travaux publics a, par une circulaire du 4 novembre 1886, invité les Compagnies à munir, avant le 1er juillet 1887, le fourgon de tête et le fourgon de queue de tous les trains, d'une plaque indicatrice portant le numéro de ces trains.

19. Dispositions des règlements d'exploitation. — Conformément à l'article 60 de l'ordonnance de 1846, les Compagnies doivent soumettre à l'approbation du Ministre des travaux publics leurs règlements relatifs au service et à l'exploitation des chemins de fer. L'article 69 ajoute que, faute par les Compagnies de lui avoir présenté des propositions dans le délai déterminé, le Ministre pourra statuer directement.

La prescription de l'article 60 de l'ordonnance a été rappelée par l'article 33 du cahier des charges.

Les règlements ainsi revêtus de l'homologation ministérielle comblent les lacunes qui peuvent exister dans l'ordonnance du 15 novembre 1846 et y ajoutent les dispositions de détail qui n'étaient pas susceptibles de trouver place dans un texte de règlement d'administration publique applicable à toutes les voies ferrées. Nous ne saurions les passer en revue. Mais le lecteur qui voudra suivre de près l'étude des conditions d'exploitation d'un réseau devra s'y reporter et en examiner attentivement les divers articles.

§ 2. — COMPOSITION DES TRAINS MIXTES

1. Deux catégories de trains mixtes prévues par l'ordonnance du 15 novembre 1846 — L'ordonnance de 1846 prévoit, en son article 18, deux catégories de trains mixtes, à savoir :

1° les trains mixtes marchant à la vitesse des trains de voyageurs;

2° les trains mixtes ne marchant pas à la vitesse ordinaire des trains de voyageurs.

Pour la 1ʳᵉ catégorie, elle déclare applicables les dispositions de l'article 18 relatives aux mécaniciens, chauffeurs et gardes-freins, ainsi qu'au nombre maximum des véhicules. Pour la 2ᵉ catégorie, elle porte que les mesures spéciales et les conditions de sécurité auxquelles les trains devront être assujettis seront déterminées par le Ministre sur la proposition de la Compagnie.

Cette distinction était fondée théoriquement sur le degré de gravité du danger auquel pouvaient être exposés les voyageurs, suivant la vitesse des trains. Elle a été généralement maintenue dans les règlements d'exploitation approuvés par le Ministre : ces règlements contiennent en effet des règles spéciales pour les trains mixtes proprement dits et pour les trains de marchandises dans lesquels les Compagnies sont autorisées à admettre des voyageurs sur tout ou partie de leur parcours.

2. Place assignée aux véhicules à voyageurs dans les trains mixtes. — On a souvent discuté sur la meilleure place à assigner aux véhicules à voyageurs entrant dans la composition des trains mixtes. Habituellement, ces véhicules sont placés à la queue du train : 1° pour leur permettre de rester en place dans les gares, pendant les manœuvres qu'exige le service des marchandises; 2° pour moins fatiguer leurs attelages, qui ne sont pas en général aussi robustes que ceux des wagons. Néanmoins, il peut y avoir avantage à atteler en queue les wagons à parcours complet ou à long trajet, afin de donner aux voitures à voyageurs leur position normale au droit des quais, dans les stations.

La position des véhicules à voyageurs en queue a été critiquée comme les exposant davantage, au cas de tamponnement d'un train mixte par un train à marche plus rapide venant à le rejoindre en cours de route.

Consultée à deux reprises différentes, la Commission des règlements a fait observer que la statistique des accidents n'avait pas établi quel était l'emplacement où les voitures fussent le moins exposées; que telle position, plus sûre dans une circonstance déterminée, l'était moins dans une autre, selon la nature de l'accident ; et qu'il n'y avait dès lors aucun avantage, au point de vue de la sécurité, à poser à cet égard des règles fixes, qui auraient d'ailleurs l'inconvénient de gêner le service de l'exploitation. Adoptant cet avis, le Ministre a adressé, le 3 juillet 1872, aux chefs de service du contrôle une circulaire, par laquelle il leur annonçait son intention de ne point réglementer la matière et se bornait à leur demander des renseignements sur la pratique suivie par les Compagnies.

3. Renvoi à diverses règles déjà exposées pour la composition des trains de voyageurs. — Les trains de toute catégorie transportant des voyageurs et des marchandises sont explicitement soumis aux prescriptions que nous avons déjà exposées, à propos des trains de voyageurs, pour la position des locomotives (Article 19 de l'ordonnance du 15 novembre 1846), pour l'interdiction du transport des matières explosibles ou inflammables (Article 21 de l'ordonnance) (1), pour la mise en communication des conducteurs gardes-freins avec le mécanicien (Article 23) et pour l'éclairage des trains (Article 24).

On doit également considérer comme leur étant applicables celles des dispositions des autres articles du titre III de l'ordonnance de 1846 qui ont été édictées pour les convois de voyageurs, en vue de pourvoir à la sécurité des personnes transportées par ces convois, et qui ne sont pas essentiellement dépendantes de la composition et de la vitesse de marche du train. Nous citerons :

— l'article 17, par lequel les Compagnies sont tenues d'offrir des places en nombre suffisant et dont on ne pourrait contester l'application que pour les trains de marchandises auxquels le Ministre aurait autorisé l'adjonction de voitures en nombre limité ;

— le paragraphe de l'article 20, prescrivant aux Compagnies d'interposer en tête de chaque train, entre le tender et la première voiture de voyageurs, autant de voitures ne portant pas de voyageurs qu'il y a de locomotives attelées.

En ce qui concerne l'article 22, relatif aux moyens d'attache des véhicules, l'Administration, tenant compte des perfectionnements apportés au mode d'attelage des wagons à marchandises, a autorisé plusieurs Compagnies à se départir de la règle absolue contenue dans cet article et à introduire, en nombre limité, dans les trains portant des voyageurs, des wagons

---

(1) Voir, page 381, l'exception admise dans certains cas pour le transport des matières de 2ᵉ catégorie par train mixte.

à tampons secs armés de ressorts de traction et de tendeurs Lassalle. Des abus ayant été commis, le Ministre a invité les fonctionnaires du contrôle, par circulaire du 5 septembre 1885, à vérifier avec le plus grand soin la composition des trains mixtes et à constater les contraventions dans la forme réglementaire, au cas où les Compagnies donneraient à l'autorisation ci-dessus relatée une extension qu'elle ne comportait pas ou adjoindraient à des trains mixtes des wagons à marchandises à tampons secs, non munis des appareils prescrits.

La Cour de cassation, saisie d'un pourvoi de la Compagnie d'Orléans à Bordeaux contre un arrêt de la Cour d'Orléans qui avait condamné cette Compagnie pour introduction de wagons à tampons secs dans un train mixte, a maintenu la condamnation par arrêt du 19 février 1852. La décision de la Cour régulatrice s'appuie sur l'assimilation faite par l'article 18 entre les convois ordinaires de voyageurs et les trains mixtes marchant à la même vitesse et exposant, par suite, les voyageurs aux mêmes chances et aux mêmes dangers.

Les trains mixtes sont encore soumis aux règles posées par la décision du 18 août 1858, pour le transport des matières infectes, et par les décisions du 27 février 1856 et du 23 juillet 1873, concernant le transport des animaux, ainsi qu'aux prescriptions relatives aux compartiments réservés.

4. Transport des rails et des longues pièces de bois. — Le transport des rails devait, d'après une circulaire ministérielle du 20 mai 1856, être exclusivement effectué par les trains de marchandises, si ce n'est sur les sections où il ne circulait pas de trains de cette nature. Mais, l'expérience ayant révélé l'inutilité d'une prescription si absolue, le Ministre a autorisé, le 22 juin et le 23 juillet 1863, le transport des rails par les trains mixtes sur toutes les lignes, sous la double réserve : 1° que les rails seraient chargés sur des plateformes à rebords suffisamment relevés pour s'opposer efficacement à leur chute; 2° que les wagons seraient attelés immédiatement après le fourgon de tête et constamment séparés des voitures à voyageurs par un ou plusieurs wagons ordinaires à marchandises.

Une circulaire ministérielle du 14 décembre 1857 a formellement interdit de transporter par les trains contenant des voyageurs les longues pièces de bois exigeant un ou deux wagons pour leur chargement. Il n'a été admis d'exception que pour les chemins ou sections sur lesquels il ne circulerait pas de trains de marchandises : dans ce cas, les wagons portant les pièces de bois doivent être attelés à la queue des trains ou même après le dernier fourgon à frein et être séparés des véhicules à voyageurs par un ou plusieurs wagons à marchandises ordinaires. Les mêmes règles s'appliquent aux wagons chargés de longues barres de fer.

5. Règles admises par les Compagnies pour la détermination de la charge des trains. — Ces règles seront exposées à propos des trains de marchandises. Le lecteur voudra bien se reporter à la page 402.

§ 3. — COMPOSITION DES TRAINS DE MARCHANDISES

1. Prescriptions de l'ordonnance du 15 novembre 1846. — Les seules dispositions du titre III de l'ordonnance du 15 novembre 1846 qui s'appliquent aux trains de marchandises sont celles de l'article 19, relatif à la position des locomotives ; de l'article 23, relatif aux communications entre les conducteurs gardes-freins et le mécanicien ; et de l'article 24, relatif à l'éclairage des trains.

2. Circulaires ou décisions diverses. — Mais nous avons à mentionner un certain nombre de circulaires ou de décisions diverses qui touchent à la composition des trains de marchandises. Ce sont les suivantes :
— Circulaire du 30 octobre 1855, recommandant aux chefs de service du contrôle d'examiner s'il ne conviendrait pas d'édicter de nouvelles prescriptions au sujet du nombre des wagons et de la limite de charge des trains, afin de mieux assurer la régularité du service.
— Circulaire du 3 octobre 1856, invitant les Compagnies à régler la charge des trains de marchandises d'après la puissance des machines, en les supposant placés dans les circonstances atmosphériques les plus défavorables et sur les rampes les plus fortes de leur itinéraire.
— Circulaire du 22 octobre 1857, contenant des prescriptions analogues à celles de la circulaire précédente.
— Circulaire des 5 mars et 17 décembre 1860, invitant les Compagnies à prendre les mesures nécessaires pour que, dans les trains de marchandises, les voitures affectées au transport des toucheurs de bestiaux soient placées dans la seconde moitié du train et suivies d'au moins quatre wagons de marchandises.

3. Transport des matières explosibles ou inflammables. — Le transport des poudres et munitions de guerre a été réglementé par des arrêtés ministériels du 15 février 1861, du 25 juillet 1873 et du 30 mars 1877. Ce dernier règlement, modifié dans l'une de ses dispositions, à la date du 21 juin 1878, a complètement abrogé les précédents. Il détermine les conditions d'emballage, de chargement, de gardiennage et d'expédition. Mais nous n'avons à insister ici que sur les prescriptions relatives à la composition des trains : l'article 3 indique la nature des wagons à employer ; l'article 5, sans interdire l'usage des wagons munis de freins, prohibe l'utilisation de ces appareils ; l'article 6 ne permet pas de transporter à la fois plus de 10 wagons de poudre ou de dynamite (1) ; l'article 7 prescrit de faire toujours précéder et suivre les wagons chargés de poudre ou de munitions de guerre d'au moins trois wagons, non chargés de matières appartenant à la première catégorie.

Les conditions de transport de la dynamite ont été fixées par un arrêté concerté entre les Ministres des travaux publics, de la guerre et des finances, à la date du 10 janvier 1879, et remplaçant un règlement antérieur du 20 août 1873. Comme le règlement du 30 mars 1877, celui du 10 janvier 1879 limite à dix le nombre des wagons chargés de poudre et de dynamite, susceptibles d'entrer dans la composition d'un même train de marchandises. Ces wagons doivent être, autant que possible, placés au milieu du train ; ils sont précédés et suivis de trois véhicules au moins, ne contenant pas de matières classées dans la première catégorie des matières explosibles ou inflammables. Les trains portant de la dynamite ne peuvent pas recevoir de fulminates ou autres produits détonants, à moins qu'il ne soient spécialement affectés aux transports de troupes. Deux circulaires du Ministre des travaux publics, en date du 7 août 1879 et du 1er septembre de la même année, ont réglé divers détails d'application des mesures arrêtées le 10 janvier 1879.

A ces textes, il y a lieu d'ajouter l'arrêté du 20 novembre 1879 du Ministre des travaux publics, dont nous avons déjà relaté, page 380, les principales dispositions. Aux termes de l'article 9 de ce règlement, les wagons chargés de matières dela première catégorie doivent être précédés et suivis de trois wagons au moins ne portant pas de matières de la même catégorie. La position, dans les trains de marchandises, des wagons chargés de matières de la dernière catégorie n'est subordonnée à aucune prescription spéciale.

Quant au transport de la nitroglycérine, il est absolument interdit sur les chemins de fer par l'article 6 de l'arrêté ministériel du 20 novembre 1879.

Nous devons encore citer, à titre rétrospectif :

1° Le décret du 17 avril 1866 concernant l'huile de pétrole ;

2° Les arrêtés ministériels spéciaux du 20 août 1857 et du 22 mars 1870 concernant les allumettes chimiques, qui ont été abrogés par l'arrêté général du 15 juillet 1879, puis par celui du 20 novembre 1879 sur les matières dangereuses.

Enfin, nous rappelons : 1° l'arrêté du Ministre des travaux publics du 21 juillet 1881 sur le transport des cordonnets de soie teints en noir qui

____

(1) Voir la circulaire ministérielle interprétative du 1er septembre 1879.

sont sujets à une combustion spontanée ; 2° la circulaire du 31 mars 1887 sur le transport de la mélinite. (Voir page 382.)

4. Règles admises par les Compagnies pour la détermination de la charge des trains. — La charge des trains de marchandises est déterminée suivant la puissance des machines et le profil de la ligne à parcourir. Nous ne saurions passer en revue les règles suivies par les diverses Compagnies. Voici, à titre d'exemple, celles qui sont en vigueur sur le réseau de l'Est.

Ce réseau est divisé en *profils-types*, correspondant à des inclinaisons de la voie dans des limites déterminées. La charge maximum des trains est donnée, en simple traction, par des barèmes qui indiquent, non seulement le nombre d'unités de charge à enlever, mais encore le chiffre limite des véhicules qu'un train peut recevoir. L'unité de charge est de 10 tonnes, toute fraction comptant pour une unité.

Dans le décompte de la charge d'un train, on compte :

a. Le poids mort de chaque véhicule pour cinq tonnes ou une demi-unité (ce poids est exceptionnellement porté à 7 tonnes 5, pour les wagons à deux étages affectés au transport de certains animaux, et à 10 tonnes, pour les wagons à double train) ;

b. Le poids des marchandises, soit d'après son chiffre réel relevé sur les écritures, soit d'après un chiffre conventionnel de 3 tonnes pour les wagons à bestiaux, les fourgons et, s'il y a lieu, les voitures à voyageurs des trains mixtes.

La charge d'un train remorqué par deux machines peut être égale à la somme des charges autorisées pour chacune des deux machines ; il en est de même du nombre des véhicules, sans que ce nombre puisse dépasser 75. Toutefois, les règlements prévoient certaines réductions dans des cas déterminés, lorsque la double traction est continue et ne constitue pas seulement une mesure de renfort pour le passage de certaines sections à forte pente.

§ 4. — COMPOSITION DES TRAINS MILITAIRES

1. Nombre des voitures des trains de troupes. — La limitation à 24 du nombre des véhicules entrant dans la composition des trains de voyageurs n'est plus considérée, depuis de longues années, comme applicable aux trains de troupes.

Un arrêté ministériel du 15 juin 1855, intervenu à l'occasion de la guerre de Crimée, a décidé que ces trains pourraient, jusqu'à nouvel ordre, comprendre trente voitures et marcher à plus de 30 kilomètres par heure.

Un second arrêté a autorisé, en 1856, la Compagnie de Paris-Lyon-Méditerranée à porter le nombre des véhicules à 35 (1).

Le 9 février 1870, un nouvel arrêté, rendu à la demande d'une Commission instituée par le maréchal Niel, ministre de la guerre, a fixé uniformément à 40 le nombre maximum des véhicules, non compris la locomotive et son tender, sous la réserve que la vitesse de marche n'excéderait pas 30 kilomètres à l'heure. Cette décision avait pour objet de permettre de grouper dans un même train tout un bataillon ou tout un escadron et d'assurer ainsi la rapidité et le bon ordre des opérations.

La limitation à 40 véhicules a été reproduite dans le règlement général du 1ᵉʳ juillet 1874 sur les transports militaires, pour le cas où ces trains comprendraient plus de quatre voitures à voyageurs.

Mais, les effectifs des unités tactiques ayant été modifiés, notamment par la loi d'organisation du 13 mars 1875, le Ministre des travaux publics a élevé le maximum de 40 à 50 par une décision du 14 juillet 1876, en maintenant la réserve d'une vitesse de 30 kilomètres au plus. Dans l'avis qui a servi de base à cette décision, la Commission des règlements de chemins de fer a fait remarquer que, par leur composition et la lenteur de leur marche, les trains militaires offraient une grande analogie avec les trains de marchandises et que d'ailleurs les Compagnies de l'Est et de Paris-Lyon-Méditerranée avaient pu, en 1870-1871, former des trains de troupes contenant jusqu'à 75 véhicules, sans qu'il en fût résulté d'accident.

Le chiffre de 50 a été inscrit dans le règlement général du 1ᵉʳ juillet 1874, modifié par décret du 20 octobre 1884, règlement dont l'article 52 contient les dispositions suivantes : « Les trains militaires, dans la com-

____

(1) Ce chiffre a même été porté exceptionnellement à 39.

« position desquels il n'entre que quatre voitures à voyageurs, sont, au
« point de vue du nombre total des véhicules, considérés comme trains
« de marchandises. — Lorsque les trains militaires comprennent plus de
« quatre voitures à voyageurs, le nombre total des véhicules ne doit pas
« dépasser cinquante. »

2. **Place assignée aux véhicules des trains de troupes.** — L'article 52 du règlement du 1er juillet 1874, modifié par décret du 29 octobre 1884, détermine ainsi la place assignée aux divers véhicules des trains de troupes :

a. Train d'infanterie. — Locomotive et tender; fourgon du chef de train ; une partie des voitures de la troupe; voiture des officiers; seconde partie des voitures de la troupe; fourgon pour les bagages qui n'ont pu être chargés dans le fourgon du chef de train ; wagons pour les voitures régimentaires et les chevaux; voiture à frein.

b. Train de cavalerie. — Locomotive et tender; fourgon du chef de train ; wagon à selles; partie des wagons à chevaux; wagon à selles; partie des voitures de la troupe; voiture des officiers ; seconde partie des voitures de la troupe; seconde partie des wagons à chevaux; wagon à fourrages; wagon à selles; wagons pour les voitures régimentaires; voiture à frein.

c. Train d'artillerie. — Locomotive et tender; fourgon du chef de train; wagon à selles ; wagons à chevaux; wagon à fourrages ; wagon à selles; voiture des officiers; voitures de la troupe; wagons de matériel (les trois derniers sans munitions); voiture à frein.

Des règles précises, qu'il nous est impossible d'indiquer sous peine d'entrer dans des développements excessifs, sont également fixées par le règlement des 1er juillet 1874-29 octobre 1884, pour le transport des équipages de ponts.

La charge des trains de troupes peut atteindre 450 tonnes.

Si le profil de la ligne ne permet pas de former un train militaire complet pour le parcours entier, ou si le train complet formé au départ doit être fractionné en route, chacune des fractions du train doit contenir les officiers appartenant aux compagnies, pelotons ou sections qui s'y trouvent embarqués.

En cas de double traction, les Compagnies sont dispensées de l'obligation de mettre derrière les machines deux voitures ne contenant pas d'hommes.

3. **Matériel employé pour les transports militaires.** — *a*. TRANS-

PORT DES HOMMES. — Les hommes sont, autant que possible, transportés dans des voitures à voyageurs : les voitures de 1re classe sont réservées aux officiers supérieurs, et les voitures de 2e classe aux officiers inférieurs ; les sous-officiers et la troupe voyagent dans les voitures de 3e classe. Toutefois, cette règle comporte des exceptions, notamment en cas d'urgence.

Les hommes voyageant sans leur équipement occupent dans les voitures à voyageurs le nombre de places indiqué dans chaque compartiment pour les voyageurs ordinaires ; les hommes équipés ou armés n'occupent que huit ou neuf places sur dix, les places restantes étant destinées au rangement des effets et payées aux Compagnies comme si elles étaient réellement occupées.

Dans les mouvements de troupe importants et particulièrement dans les transports stratégiques, les sous-officiers et la troupe peuvent être embarqués dans des wagons à marchandises couverts (Article 48 du règlement de 1874-1884).

b. TRANSPORT DES CHEVAUX. — Les wagons-écuries sont affectés, par ordre de préférence, au transport des chevaux des officiers généraux, supérieurs ou inférieurs, et des chevaux difficiles ; mais leur fourniture n'est pas obligatoire pour les Compagnies.

Les chevaux de l'armée sont habituellement transportés dans les wagons couverts que les Compagnies emploient pour le transport des bestiaux et des marchandises ; ils sont placés parallèlement à la voie dans les wagons qui ont la longueur nécessaire (5 m. 40 au minimum).

Le nombre des chevaux est de six par wagon pour la cavalerie de réserve et de huit pour la cavalerie de ligne, la cavalerie légère, l'artillerie et les équipages de trait.

Quand les chevaux sont embarqués perpendiculairement à la voie, le nombre en est fixé d'après les indications des « règles militaires relatives « au transport de la cavalerie ».

En cas d'urgence, si les wagons couverts font défaut, on peut employer les wagons découverts à hautes ridelles.

c. TRANSPORT DES BAGAGES ET DU MATÉRIEL. — Les bagages des corps sont chargés dans les fourgons employés à cet usage dans le service de l'exploitation, ou, à défaut, dans des wagons couverts à marchandises.

Les voitures d'artillerie, les équipages militaires, les équipages de pont et généralement toutes les voitures employées par l'armée sont chargés sur des wagons plats. Les « règles militaires » font connaître le nombre des véhicules à placer sur chaque wagon et les mesures à prendre pour chaque nature de véhicules.

Les wagons doivent être, par les soins et aux frais des Compagnies, pourvus de prolonges et de cales en bois destinées à assujettir les chargements.

d. TRANSPORT DES APPROVISIONNEMENTS. — Les wagons employés pour le transport des approvisionnements de l'armée sont ceux qui sont affectés aux transports ordinaires de marchandises. Les wagons découverts doivent être munis de bâches ou prélarts pour abriter les denrées et matières qui craignent la mouille.

Le Ministre des travaux publics a fait connaître aux Compagnies, par dépêche du 12 juillet 1884, les conditions auxquelles les wagons à marchandises, à construire dans l'avenir, devraient satisfaire pour être facilement affectés au transport des troupes et du matériel de guerre.

4. **Transport de la poudre, de la dynamite et des munitions.** — Comme nous avons eu déjà l'occasion de le faire connaître, l'arrêté des Ministres de la guerre et des travaux publics, en date du 30 mars 1877, autorise le transport des munitions de guerre par les trains militaires spéciaux, chargés de troupes. En règle générale, les barils, caisses ou coffres d'artillerie, renfermant de la poudre et des munitions, sont placés dans des wagons couverts et fermés, à panneaux pleins, munis de ressorts de choc et ne contenant aucune autre espèce de marchandises ; cependant les munitions de guerre peuvent être transportées dans des caissons d'artillerie chargés sur des wagons plats. L'usage des wagons munis de freins n'est pas prohibé ; mais il est interdit de faire usage de ces appareils. La charge des wagons de poudre, y compris les emballages, est limitée à 5 000 kilogs : cette limitation n'est pas applicable aux cartouches métalliques. Un train ne peut recevoir plus de dix wagons de poudre ou de dynamite. Les wagons chargés de poudre et de munitions de guerre doivent toujours être précédés et suivis de trois wagons, au moins, non chargés de matières appartenant à la 1re catégorie des matières dangereuses.

Nous avons relaté précédemment les dispositions de l'arrêté des Ministres des travaux publics, de la guerre et des finances, concernant le transport de la dynamite ; il suffira de rappeler ici que les trains militaires spéciaux affectés au transport des troupes peuvent recevoir des munitions de guerre confectionnées en dynamite et des caisses d'amorces fulminantes.

§ 5. — RENSEIGNEMENTS STATISTIQUES
SUR LA COMPOSITION DES TRAINS

Nous résumons dans le tableau suivant les principaux renseignements statistiques relatifs à la composition et à la charge des trains en 1884, sur les chemins de fer d'intérêt général et sur les chemins de fer d'intérêt local.

DÉSIGNATION DES CHEMINS	NOMBRE MOYEN DE VÉHICULES PAR TRAIN DE VOYAGEURS					NOMBRE MOYEN PAR TRAIN DE VOYAGEURS		DE PLACES OCCUPÉES sur la distance entière				NOMBRE MOYEN de wagons par train de marchandises	NOMBRE MOYEN de tonnes à la distance entière d'un train de marchandises
	1re classe	2e classe	3e classe	Wagons divers	Total	de places offertes	de voyageurs ayant pris place	1re classe	2e classe	3e classe	Total		
1° CHEMINS DE FER DE LA FRANCE EUROPÉENNE (INTÉRÊT GÉNÉRAL)													
Nord................	2,21	2,12	2,24	3,42	9,99	251,5	70,4	11,3	15,2	22,8	49,3	33,51	121,1
Est................	2,00	2,31	3,16	3,08	10,55	308,7	88,7	5,2	11,2	30,5	46,9	31,25	103,3
Ouest...............	1,97	2,77	2,42	3,52	10,38	206,2	115,3	8,8	22,5	26,9	58,2	26,22	74,9
Orléans............	1,54	1,53	3,04	2,64	8,75	228,7	53,2	5,9	6,7	33,2	45,8	40,35	156,8
P.-L.-M.............	1,59	1,95	2,87	3,44	9,85	236,2	101,3	7,8	8,4	36,0	52,2	44,29	164,1
Midi................	1,32	1,94	2,83	3,00	9,09	238,2	92,3	5,3	9,0	38,3	52,6	40,96	136,8
Ceinture de Paris (R. D.)........	3,17	6,61	»	1,93	11,71	591,7	172,5	3,2	79,4	»	82,6	24,23	76,6
Grande ceinture.................	4,45			1,96	6,41	178,0	51,2	0,9	2,1	12,7	15,7	29.?8	69,3
Ensemble des Cies secondaires......	0,16	1,79	1,96	1,98	5,89	188,3	70,4	2,3	6,9	38,9	48,1	8,46	65,9
État................	0,82	1,84	2,63	2,50	7,79	228,4	77,6	1,4	5,3	33,7	40,4	38,30	98,2
ENSEMBLE des chemins de fer d'intérêt général de la France européenne...	1,73	2,09	2,67	3,15	9,64	236,9	89,4	7,2	12,2	31,0	50,5	36,11	127,8
2° CHEMINS ALGÉRIENS D'INTÉRÊT GÉNÉRAL													
ENSEMBLE................	0,23	1,48	2,02	1,69	5,12	135,1	97,0	1,6	8,4	30,9	40,9	7,77	25,0
3° CHEMINS D'INTÉRÊT LOCAL													
ENSEMBLE................	0,1	1,2	0,9	0,9	3,1	»	34,5	»	»	»	19,9	2,5	17,9

CHAPITRE VIII

DE LA CIRCULATION DES TRAINS

§ 1. — RÈGLES COMMUNES AUX LIGNES A DOUBLE VOIE
ET AUX LIGNES A VOIE UNIQUE.

1. Conduite des trains. — Conformément à l'article 18 de l'ordonnance du 15 novembre 1846, que nous avons déjà mentionné, chaque train de voyageurs doit être accompagné : 1° d'un mécanicien et d'un chauffeur par machine ; 2° du nombre de conducteurs gardes-freins qui est déterminé par le Ministre, sur la proposition de la Compagnie.

L'un des conducteurs doit toujours avoir autorité sur les autres.

A la suite d'une demande formée par l'Administration des chemins de fer de l'État, un décret du 20 mai 1880 a donné au Ministre des travaux publics la faculté d'autoriser à titre d'essai, pour le service des voyageurs, la mise en circulation de voitures à vapeur et de locomotives-tenders de faible poids, remorquant une ou plusieurs voitures, sans interposition de fourgon. L'article 2 de ce décret permet de réduire le personnel à un mécanicien et à un conducteur garde-frein.

2. Départ des trains. — Avant le départ, le mécanicien doit s'assurer que toutes les parties de la locomotive et du tender sont en bon état et que le frein de ce tender fonctionne convenablement. La même vérification est faite par les conducteurs gardes-freins, en ce qui concerne les voitures et leurs freins (Article 26 de l'ordonnance du 15 novembre 1846). Les règlements d'exploitation, approuvés par le Ministre, complètent en général ces dispositions. Ils portent que le chef de gare et le conducteur-chef vérifient la composition du train, notamment au point de vue du nombre des voitures à frein ; le bon état et le bon fonctionnement des freins ; l'attelage des véhicules ; la mise en place des signaux d'arrière et leur allumage la nuit ou en cas de brouillard ; la position des conducteurs à leur poste, avec les objets nécessaires pour faire les signaux de jour et de nuit ; les communications des agents du train avec le mécanicien ou avec les voyageurs. Toutefois cette inspection minutieuse n'est prescrite, dans tous ses détails, que pour les gares d'origine des trains et pour celles où la durée des arrêts permet d'y procéder.

Le signal du départ des trains de voyageurs n'est fait que lorsque les portières sont fermées (Article 26 de l'ordonnance). Divers accidents s'étant produits par suite d'ordres de départ que des hommes d'équipe avaient donnés mal à propos, une circulaire ministérielle du 4 juin 1866 a invité les Compagnies à prendre des mesures immédiates, pour confier exclusivement au chef de gare ou à son suppléant le soin de donner ces ordres.

Il est expressément interdit de mettre les trains en marche avant le signal du départ (Article 26 de l'ordonnance).

Nous n'avons pas à insister ici sur les dispositions adoptées pour ce signal. Il suffira de rappeler qu'avant d'ouvrir son régulateur, le mécanicien doit, aux termes des règlements d'exploitation, avertir par un coup de sifflet de sa machine qu'il va démarrer.

Aucun convoi ne peut partir d'une station avant l'heure déterminée par le tableau de la marche des trains, ni avant qu'il se soit écoulé, depuis le départ ou le passage du train précédent, le laps de temps fixé par le Ministre des travaux publics, sur la proposition de la Compagnie (Article 27 de l'ordonnance du 15 novembre 1846).

3. Espacement des trains. — L'espacement des trains est assuré dans les stations, par le maintien d'intervalles de temps convenablement déterminés. Cet intervalle est fixé comme il suit, pour les Compagnies :

a. *Nord.* — 10 minutes. Réduction à 5 minutes : 1° lorsque le premier train est plus rapide que le second ; 2° lorsqu'il s'agit d'un train de voyageurs suivant un autre train de même nature qui ne s'est pas arrêté à la station ou d'un train de marchandises suivant un autre train sans arrêt. (Un train devant se garer devant un autre train de marche plus rapide doit être en mesure d'arriver à son garage 10 ou 20 minutes avant le second, suivant les cas.)

b. *Est.* — 10 minutes. Réduction : 1° à 5 minutes, pour un train omnibus suivant un train express ou direct et pour un train de marchandises succédant à un train de voyageurs ; 2° à 2 minutes. pour deux trains partant d'une station d'embranchement, mais devant prendre des directions différentes à peu de distance de cette station, et pour les trains parcourant certaines sections fort courtes, exploitées avec le Block-System.(Toutes les fois que, par suite de retard ou pour une autre cause, un train marchant à une vitesse inférieure à celle du train qui le suit cesse d'avoir sur celui-ci une avance suffisante pour pouvoir atteindre son garage réglementaire 10 minutes au moins avant l'heure du passage du suivant, ou 20 minutes s'il s'agit d'un train de marchandises suivi d'un train express ou poste, il doit être garé pour laisser passer le train attendu. Ce dernier intervalle de 20 minutes est réduit à 10 sur les lignes exploitées par le Block-System.)

c. *Ouest.* — 10 minutes. Réduction à 5 minutes : 1° pour les trains marchant à une vitesse moindre que ceux qui les précèdent ; 2° pour les trains succédant à d'autres trains, au moins aussi rapides et qui ne se sont pas arrêtés à la station. (L'intervalle de temps peut même être réduit à 2 minutes, quand les deux trains qui se suivent n'ont pas à parcourir, avant d'atteindre la gare ou le poste suivant, plus de trois kilomètres, et à la condition que les agents du deuxième train soient prévenus par le chef de gare. Lorsque, par suite de retard, un train est expédié derrière un autre train moins rapide, à un intervalle qui ne permette pas au premier, conservant sa marche normale, d'arriver à la gare ou au poste suivant dix minutes avant le second, les agents de ce second train doivent être également prévenus par le chef de gare, qui le fait arrêter à cet effet, s'il doit franchir la gare sans arrêt.)

d. *Orléans.* — 10 minutes. (Quand un train arrive dans une gare après un train en retard ou un train extraordinaire, le chef de cette gare doit s'assurer, en l'arrêtant au besoin, qu'il n'arrivera que dix minutes après le premier à la station suivante.)

e. *Lyon.* — 10 minutes. Réduction : 1° à 5 minutes, quand le second train est moins rapide que le premier ou quand les deux trains n'ont pas à parcourir plus de 2 kilomètres sur la même voie, ou encore quand la circulation a lieu sur une ligne exploitée par le Block-System et divisée en cantons de 2 500 mètres de longueur au plus ; 2° à 3 minutes, pour les trains partant d'une gare d'embranchement et devant prendre des directions différentes, à moins d'un kilomètre de cette gare. (Un train de marche plus lente, suivi par un train de marche plus rapide, doit être garé s'il ne peut atteindre le garage suivant 15 minutes avant l'arrivée de ce second train, ou même 20 minutes s'il s'agit d'un train de marchandises suivi par un train rapide ou express passant sans arrêt au point réglementaire de garage du train de marchandises. Cependant cette règle souffre certaines exceptions ou modifications.

f. *Midi.* — 5 minutes, quand le premier train est un train de voyageurs, et 10 minutes, quand c'est un train de marchandises. (Dans ces deux cas, le signal d'arrêt est suivi pendant 5 minutes d'un signal de ralentissement soutenu.)

g. *État.* — 10 minutes. Réduction : 1° à 5 minutes, quand le premier train a une marche plus rapide que le deuxième ou quand la distance à parcourir sur la même voie n'est pas de plus de deux kilomètres ; 2° à 3 minutes, quand les deux trains doivent, à moins de 1000 mètres, prendre des voies différentes. (Le signal de ralentissement est fait, en outre, pendant 3 minutes dans ce dernier cas et pendant 5 minutes dans tous les autres. L'intervalle, pour les garages accidentels, est de 15 minutes et même de 20 minutes pour les trains de marchandises suivis d'un train express ou direct.)

Sur la plupart des réseaux, les lignes exploitées par le Block-System sont soustraites au régime des intervalles de temps, comme nous l'avons indiqué en traitant des signaux.

Les intervalles réglementaires que nous avons précédemment indiqués comme devant être ménagés au départ des stations doivent l'être également pendant le parcours : aux termes des règlements d'exploitation, les agents de la voie ont à faire les signaux nécessaires, dans le cas où ces intervalles ne seraient pas observés.

Si tous les trains cheminaient avec la même vitesse, le maintien du délai de sécurité, soit aux stations, soit en pleine voie, n'apporterait aucune difficulté à l'étude de leur marche et laisserait encore au chemin de fer une capacité de débit considérable. Mais les nécessités de l'exploitation ont conduit à donner aux trains des allures très différentes ; leur vitesse varie dans des limites très étendues ; le nombre et la durée de leurs arrêts présentent également de très grandes différences.

On comprend tout le soin et toute l'attention que comporte, par suite, la préparation des tableaux de marche, particulièrement pour les sections chargées de trafic. La difficulté se complique encore des convenances à respecter et des besoins à satisfaire, pour les heures de départ des trains de voyageurs, pour leur passage en des points déterminés, pour leurs correspondances avec les trains des embranchements ou des autres réseaux, pour le service postal.

L'usage introduit dans la pratique, depuis un grand nombre d'années déjà, est de recourir pour cette étude aux procédés graphiques. La marche des trains est rapportée à deux axes, dont l'un est l'axe des temps et l'autre l'axe des distances ; elle est représentée par une série de lignes droites, qui sont coupées par des paliers correspondant aux arrêts et dont l'inclinaison représente la vitesse moyenne de marche, arrêts déduits. En dressant un tableau graphique pour chaque ligne, on embrasse d'un coup d'œil toutes les circonstances de la marche des trains ; il est donc facile de vérifier que les heures de leur passage aux divers points de la ligne sont séparées par l'intervalle de temps réglementaire et d'apporter, le cas échéant, aux projets d'itinéraires les modifications et les améliorations indispensables. Il en est de même, au point de vue de l'intervalle de distance, pour les sections exploitées par le Block-System.

A peine avons-nous besoin d'ajouter que, pour les lignes à voie unique, ils servent, en outre, à étudier les croisements.

Les tableaux graphiques ne sont pas seulement des tableaux d'étude. Leur emploi est courant dans l'exploitation. A beaucoup d'égards, ils sont plus commodes que les tableaux numériques.

Ainsi que nous l'avons déjà indiqué dans un chapitre précédent, l'article 27 de l'ordonnance du 15 novembre 1846 dispose :

1° que des signaux seront placés à l'entrée des stations, pour faire connaître au mécanicien si le délai réglementaire est écoulé ;

2° que des signaux seront également faits dans l'intervalle des stations, pour donner le même avertissement au mécanicien, sur les points où il ne pourrait voir devant lui à une distance suffisante ;

3° que le mécanicien doit immédiatement ralentir la marche de son train, à la vue d'un signal l'avertissant que le délai n'est pas écoulé.

Aux termes de l'article 29 de la même ordonnance, le Ministre des travaux publics doit déterminer, sur la proposition de la Compagnie, les mesures spéciales de précaution relatives à la circulation sur les plans inclinés et dans les souterrains à une ou à deux voies, à raison de leur longueur et de leur tracé. Parmi ces mesures, l'une des plus essentielles et des plus générales consiste à interdire absolument la présence simultanée de deux trains sur la même voie dans les souterrains (1). En traitant des signaux, nous avons relaté les dispositions matérielles prises pour assurer l'exécution de cette prescription. On conçoit, en effet, que les accidents puissent avoir des conséquences plus graves à la traversée des tunnels qu'à ciel ouvert : cette aggravation du danger justifie pleinement la prévoyance de l'auteur de l'ordonnance de 1846.

4. Stationnement des trains. — Sauf le cas de force majeure ou de réparation de la voie, les trains ne peuvent s'arrêter qu'aux gares ou lieux de stationnement autorisés pour le service des voyageurs ou des marchandises. Les locomotives ou les voitures ne peuvent stationner sur les

---

(1) Nous notons au passage et pour mémoire une circulaire du 26 octobre 1857, prescrivant l'enlèvement des glaçons se formant sur la douelle des souterrains, et une autre circulaire du 31 janvier 1881, prescrivant une étude générale des mesures de sécurité pour les tunnels tracés en courbe ou présentant une longueur de plus de 1000 mètres.

voies du chemin de fer affectées à la circulation des trains (Article 28 de l'ordonnance du 15 novembre 1846).

Le Ministre seul a qualité pour régler les points de stationnement des trains; les prescriptions de l'article 28 de l'ordonnance de 1846 sont, d'ailleurs, exclusivement édictées en vue de la sécurité. La Cour de cassation a reconnu, par un arrêt du 16 décembre 1864, l'illégalité d'un arrêté du maire d'Étampes interdisant à la Compagnie d'Orléans « de faire station-« ner le long des promenades de la ville des trains ou convois pouvant « exhaler des odeurs incommodes ou insalubres, soit par la nature de « leur chargement, soit par celle des combustibles employés au chauffage « des locomotives ». Nous n'avons pas besoin d'insister sur les désordres et les dangers susceptibles d'être provoqués par la confusion de pouvoirs dont s'était rendu coupable le maire d'Étampes. Toutefois, nous devons ajouter que, dans ses considérants, la Cour de cassation a prévu l'éventualité de cas où le droit de l'autorité municipale, agissant en vertu de la délégation générale des lois de 1790 et 1791, au point de vue de la sûreté et de la santé des habitants, pourrait se concilier avec le droit exclusif de réglementation de l'administration supérieure, en ce qui concerne l'usage et le service d'exploitation du chemin de fer.

5. **Vitesse des trains.** — L'article 29, § 2, de l'ordonnance du 15 novembre 1846 charge le Ministre de déterminer, sur la proposition de la Compagnie, la vitesse maximum que peuvent prendre les trains sur les diverses parties de chaque ligne et la durée du trajet.

D'autre part, l'article 33, § 5, du cahier des charges porte que « le Mi-« nistre déterminera, sur la proposition de la Compagnie, le minimum « et le maximum de vitesse des convois de voyageurs et de marchandi-« ses et des convois spéciaux des postes, ainsi que la durée du trajet ».

La question de la rapidité de circulation étant l'une de celles qui préoccupent le plus l'opinion publique, il ne sera pas inutile de lui consacrer quelques développements.

a. DISTINCTION ENTRE LA VITESSE DE MARCHE ET LA VITESSE EFFECTIVE. — Il convient, tout d'abord, de distinguer entre la vitesse moyenne de marche et la vitesse moyenne effective.

La vitesse moyenne effective s'obtient en divisant la longueur parcourue par la durée du parcours, sans aucune déduction pour les arrêts aux stations et les ralentissements tant à l'arrivée qu'au départ.

La vitesse moyenne de marche s'obtient, au contraire, en éliminant les arrêts et les ralentissements à l'arrivée ou au départ des stations.

b. Variations de la vitesse de marche. — La vitesse de marche varie avec le tracé de la ligne, avec son profil en long, avec la nature et le chargement des trains, avec la puissance des machines. Elle subit, dans une certaine mesure, l'influence des circonstances atmosphériques ; elle peut être forcée, en certains cas, pour regagner un retard, ou au contraire, mais plus rarement, réduite pour perdre une avance sur l'heure réglementaire d'arrivée ou de passage en un point déterminé.

c. Variations de la vitesse effective. — La vitesse effective dépend, non seulement de la vitesse de marche, mais aussi du nombre et de la durée des arrêts.

Nous devons rappeler, à cet égard, que les trains se classent ainsi, au point de vue de leur vitesse et du nombre de leurs arrêts :

1° Trains rapides, express ou poste ;

2° Trains directs et semi-directs ;

3° Trains omnibus ;

4° Trains mixtes, contenant à la fois des voyageurs et des marchandises.

Toutes ces dénominations sont trop usuelles pour qu'il y ait lieu de les définir.

d. Indications concernant la vitesse de marche et la vitesse effective des trains sur les divers réseaux. — L'attention de la Commission d'enquête instituée en 1879 s'est portée tout spécialement sur la vitesse des trains. Elle a provoqué, à cet égard, la production de renseignements précis de la part des Compagnies. Bien que les réponses des Compagnies ne soient pas en complète harmonie, nous croyons intéressant de les résumer.

Nord. —Limite de vitesse de pleine marche des trains de voyageurs (Arrêté ministériel du 30 juillet 1853). . 120 km.

Limite de vitesse de pleine marche des trains de marchandises. . . . . non fixée

Vitesse écrite de pleine marche des trains de grande vitesse. 60   à 72 km.

Vitesse écrite de pleine marche des trains ordinaires de voyageurs. . . . . 45 à 60

Vitesse écrite de pleine marche des trains de voyageurs susceptibles d'être utilisés en même temps pour le transport des marchandises sur les embranchements. . . . . 35 à 40

Vitesse écrite de pleine marche des trains de marchandises sur les grandes lignes.................... 24 à 31

Vitesse écrite de pleine marche des trains de marchandises sur les embranchements.................. 20 à 30

Dans tous les cas, les mécaniciens sont autorisés, pour regagner les retards, à augmenter de 50 °/₀ la vitesse écrite.

Sur les sections offrant des pentes de 10 à 15 $^m/_m$, la règle est, non de réduire la vitesse, mais de diminuer la charge des trains. En fait, la vitesse adoptée pour les lignes de ce type varie de 35 à 50 kilomètres. Sur les rampes de 16 à 18 $^m/_m$, elle ne dépasse pas 45 kilomètres.

Est. — Maximum de la vitesse effective de marche, ne devant point être dépassé même en cas de retard :

	PENTES DE					
	0 à 4 $^m/_m$	5 à 7	8 à 10	11 à 15	16 à 18	20 à 25
	km.	km.	km.	km.	km.	km.
Trains de voyageurs..............	90	80	70	60	50	40
— mixtes....................	60	55	50	45	40	30
— de marchandises...........	50	45	40	35	30	20

Minima de la vitesse effective de marche, suivant les rampes :

Trains de voyageurs, poste ou express. . . . 50, 55 et 60 km.

    —   directs ou omnibus . . 35, 40 et 45 »

Trains mixtes ou de messageries . . . . 25 et 30 »

Trains de marchandises . . . . 12, 15 et 20 »

Ouest. — Limite de vitesse de pleine marche, dans les circonstances normales : 70 km. pour les lignes du Havre et de Dieppe et 65 km. pour les autres lignes.

Limite de vitesse en cas de retard : 50 °/₀ en sus de la vitesse normale, mais sans pouvoir excéder 80 kilomètres, chiffre qui est lui-même réduit à :

— 60 kilomètres, dans les courbes et contre-courbes se succédant sans alignement droit intermédiaire ou avec des alignements droits d'une longueur inférieure à 100 mètres ;

— 40 kilomètres, dans les courbes de rayon inférieur à 500 mètres, mais supérieur à 300 mètres, ainsi que dans les gares en courbe où les appareils spéciaux ne permettent pas de donner à la voie le dévers réglementaire et dans la descente des pentes de 0,010 à 0,015 et d'une longueur de 1 kilomètre au moins ;

— 30 kilomètres, dans les courbes d'un rayon de 300 mètres et au-dessous, et à la descente des pentes supérieures à 0,015.

Un ordre de service fixe, en outre, les maxima suivants :

Maximum de vitesse des machines isolées circulant tender en avant. . . . . 50 km.

Maximum de vitesse des machines attelées à un train et circulant tender en avant. . . . . 40 »

Maximum de vitesse des trains mixtes composés de plus de 24 véhicules. . . . . 38 »

Maximum de vitesse des trains de troupe comprenant plus de 30 véhicules. . . . . 30 »

Orléans. — Limite de vitesse normale des trains express et poste . . . . 60 à 70 »

Limite de vitesse normale des trains directs (toutes classes). 50 à 60 »

—   —   omnibus. . . . . 45 à 55 »

—   —   omnibus mixtes. . . . 40 à 50 »

—   —   marchandises mixtes . 30 à 35 »

—   —   marchandises . . . . . 20 à 30 »

Sur les rampes, la vitesse est déterminée par la puissance des machines et la charge des trains. Sur les pentes, elle est limitée par les moyens de ralentissement et d'arrêt dont on dispose, ainsi que par la résistance de la voie au déplacement dans les courbes.

Les mécaniciens peuvent, en cas de retard, dépasser les limites ci-dessus indiquées : 1° de 50 %, sur les profils à inclinaison de moins de 10 $^m/_m$; 2° de 1/3, sur les profils à inclinaison de plus de 10 $^m/_m$.

Paris-Lyon-Méditerranée. — Un ordre de service limite à des chiffres variant entre 45 et 90 kilomètres la vitesse que les machines peuvent atteindre, suivant leur type, mais ne sauraient dépasser même en cas de retard.

La vitesse des trains est, en outre, limitée aux maxima suivants :

1° — 50 % en sus de la vitesse normale ;

2° — Pour les trains de voyageurs contenant des wagons de marchandises expédiés en petite vitesse, 55 kilomètres ;

3° — Pour les trains mixtes composés de plus de 24 véhicules, 50 kilomètres ;

4° — Pour les trains de marchandises, 45 kilomètres ;

5° — Sur les déclivités de plus de 20 $^m/_m$:

Trains de voyageurs ou mixtes { déclivités de 20 à 26 $^m/_m$ . . . . . . 40 km.

{ déclivités de 26 à 31 $^m/_m$ . . . . . . 35 »

Trains de marchandises.................................. 25 km.

On peut encore déduire, soit de la pratique, soit des indications implicites des règlements, les limites ci-après :

Trains de voyageurs
$\begin{cases} \text{déclivités de moins de } 10\ ^m/_m.......... & 72\ \text{km.} \\ \text{déclivités de } 10\ \text{à } 15\ ^m/_m.............. & 55\ \text{»} \\ \text{déclivités de plus de } 15\ ^m/_m.......... & 45\ \text{»} \end{cases}$

Trains de marchandises, sur les déclivités de plus de 5 $^m/_m$..... 36 »

Midi. — Vitesse normale de marche des trains de voyageurs : 30 à 70 kilomètres (réduite exceptionnellement à 25 kilomètres, sur les fortes rampes).

Vitesse normale de marche des trains de marchandises : 20 à 25 kilomètres (réduite à 15 kilomètres sur les fortes rampes).

Ces vitesses sont diminuées au passage des courbes.

Limites de vitesse, en cas de retard :

	DÉCLIVITÉS DE			
	0 à 0,006	0,007 à 0.018	0.018 à 0,025	0,025 et au-dessus
Trains de voyageurs...	90 km.	75 km.	60 km.	50 km.
Trains mixtes.....................	60 —	60 —	50 —	45 —
Trains de marchandises portant des voyageurs......................	50 —	50 —	45 —	40 —

Des limites de vitesse ont, en outre, été fixées pour chaque type de locomotive, d'après la disposition de ses organes. Les mécaniciens doivent régler leur marche, de manière à ne jamais dépasser la plus faible des limites qui leur sont imposées, soit par le profil, soit par la nature de leur train, soit par le type de leur machine.

État. — La vitesse indiquée au tableau de marche peut être augmentée, en cas de retard, de 50 °/₀, mais sans excéder les maxima suivants :

	DÉCLIVITÉS NE DÉPASSANT PAS						
	5 $^m/_m$	7 $^m/_m$	11 $^m/_m$	15 $^m/_m$	20 $^m/_m$	26 $^m/_m$	31 $^m/_m$
Trains de voyageurs........	100 km.	95 km.	75 km.	60 km.	50 km.	40 km.	35 km.
Trains mixtes.............	60 —	55 —	50 —	45 —	40 —	30 —	25 —
Trains de marchandises....	50 —	45 —	40 —	35 —	30 —	25 —	20 —

Limite pour les trains de voyageurs contenant des wagons de mar-

chandises chargés à plus de 6 tonnes...................... 60 km.
    Limite pour les trains mixtes composés de plus de 24 véhicules   50 —
    Il est admis que les trains peuvent circuler dans les courbes avec des vitesses moyennes déterminées de manière à ne pas dépasser :
40 km. pour les courbes de 300 mètres et au-dessous ;
60 —   —   —   300 à 500 mètres ;
65 —   —   —   600 à 500   — ;
70 —   —   —   700 à 600   — .

    Voici, d'autre part, d'après une étude faite en 1883 par les bureaux du Ministère des travaux publics, quelles étaient les vitesses moyennes de marche et les vitesses moyennes effectives :

DÉSIGNATION DES TRAINS	NORD		EST		OUEST		ORLÉANS		P.-L.-M.		MIDI		ÉTAT	
	VITESSE MOYENNE		VITESSE MOYENNE		VITESSE MOYENNE		VITESSE MOYENNE		VITESSE MOYENNE		VITESSE MOYENNE		VITESSE MOYENNE	
	de marche	effective	de marche	effective	de marche	effective	de marche	effective	de marche	effective	de marche	effective	de marche	effective
	km.	km.	km.	km.	km.	km.	km.	km.	km.	km.	km.	km.	km.	km.
Rapides....................	69 à 74	55 à 59	65 à 70	52 à 56	70	56	(1) 70	56	70 à 72	56 à 58	70	56	62 à 63	50
Express....................					70	56	(1) 70	56	60 à 63	48 à 50				
Postes....................	62 à 64	50 à 51	55 à 60	44 à 48	59 à 65	47 à 52	70	56	60	48	70	56	62 à 63	50
Directs....................	62 à 64	47 à 48	50 à 55	38 à 41	59	44	55	41	60	45	55	41	60	45
Omnibus....................	30	33	45 à 50	30 à 33	44 à 59	29	50	33	50	33	50	33	50	33
Mixtes....................	28	19	25 à 30	17 à 20	38	22	40	27	50	33	50	33	40	27
Marchandises....................	28	»	25 à 30	»	20 à 30	»	25	»	25	»	25 à 30	»	25	»

(1) 65 kilomètres sur les lignes autres que celle de Paris au Havre.

On peut, à titre rétrospectif, citer encore les chiffres suivants extraits du rapport de la Commission d'enquête instituée en 1861, en ce qui concerne les vitesses moyennes effectives :

TRAINS	NORD	EST	OUEST	ORLÉANS	P.-L.-M.	MIDI
	km.	km.	km.	km.	km.	km.
Express ou rapides.	46 à 57	38 à 49	45 à 59	40 à 50	40 à 48	40
		(1)	(2)			
Omnibus..........	30 à 40	30 à 34	26 à 30	27 à 33	27 à 39	26 à 27

Le rapprochement des données statistiques qui précèdent fait ressortir les progrès réalisés depuis 20 ans, surtout pour les trains à grande vitesse.

On a pu remarquer que la limite réglementaire de vitesse est en général réduite au fur et à mesure que les déclivités augmentent. C'est qu'en effet, le mécanicien doit toujours rester maître de son train et pouvoir, soit le ramener à son allure normale lorsqu'elle est dépassée, soit même l'arrêter dans un parcours déterminé. Or, à la descente des pentes, le travail de la pesanteur s'ajoute à la force vive due à la vitesse acquise pour contre-balancer les effets du travail résistant développé par les freins. Sans doute, il est possible de faire varier la position des signaux fixes d'arrêt avec les déclivités; mais la difficulté est beaucoup plus grande pour les signaux mobiles : on peut craindre que la complication des règles admises jette le trouble dans l'esprit des agents; il faut, en outre, tenir compte des nécessités imprévues qui peuvent commander l'arrêt d'un train dans la plus courte distance possible, à défaut de tout signal fixe ou mobile. Le lecteur pourra consulter à cet égard l'ouvrage de M. Couche (tome III) et un intéressant mémoire de M. Vicaire, ingénieur des mines, publié en septembre 1879 par la « Revue générale des chemins de fer ».

c. Comparaison avec l'Angleterre. — En Angleterre, les vitesses moyennes sont les suivantes :

(1) Réduction à 26 kilomètres pour les trains de banlieue.
(2) Réduction à 24 kilomètres pour les trains de banlieue.

	VITESSE moyenne DE MARCHE	VITESSE moyenne EFFECTIVE
	km.	km.
Trains express pour voyageurs....................	59 à 74	52 à 66
Trains omnibus de voyageurs......................	42 à 52	36 à 43
Trains express de marchandises...................	32 à 43	26 à 37
Trains ordinaires de marchandises................	25 à 34	15 à 24

Ces vitesses sont sensiblement supérieures à celles des chemins de fer français. Elles ne constituent d'ailleurs que des moyennes ; dès 1874, M. Malézieux citait, dans son rapport de mission, des exemples de vitesses beaucoup plus considérables ; il relatait notamment des trains marchant à une vitesse moyenne de 80 à 85 kilomètres sur les deux lignes de Londres à Douvres, sur le Great-Northern entre Londres et Peterborough et sur le Great-Western, entre Londres et Exeter.

La supériorité des chemins anglais sur les chemins français tient à des causes multiples, dont les plus importantes sont :

1° la puissance de la voie, qui est extrèmement robuste ;

2° le tracé favorable d'un certain nombre de lignes à grand trafic, qui n'ont que de faibles déclivités et des courbes à grand rayon ;

3° la longueur des parcours sans arrêt que fournissent beaucoup de trains, par suite de l'intensité de la circulation (1);

1) M. Malézieux indiquait comme franchis dans ces conditions les 122 kilomètres de Londres à Douvres, de Londres à Peterborough et de Bristol à Exeter, et les 118 kilomètres de Carlisle à Carstairs. Ces renseignements peuvent être rectifiés et complétés comme il suit :

COMPAGNIES	INDICATION DES PARCOURS SANS ARRÊT	LONGUEUR DES PARCOURS
TRAINS DE VOYAGEURS		km.
London-Chatam and Dover.........	Herne-Hill (près Londres) à Douvres.	119
South-Eastern....................	Londres à Douvres...............	120
London and North-Western........	Willesden (près Londres) à Rugby..,	124
Midland..........................	Skipton à Carlisle..............	140
Great-Northern...................	Londres à York.................	170
TRAINS DE MARCHANDISES		
London and North-Western	Camden à Wolverton	82
North-Eastern ....,	Heaton à Berwick..............	104
Midland..........................	Settle à Appleby..............	66
London and South-Western........	Yeovil à Exemouth..............	77
Caledonian.......................	Carlisle à Beattock............	64

4° le développement des moyens de sécurité, le caractère peu restrictif des règlements intérieurs des Compagnies, la liberté dont elles jouissent, ce qui leur permet de passer à pleine vitesse sur les aiguilles en pointe et aux bifurcations et d'éviter ainsi les nombreux ralentissements dont nos lignes sont affectées (1).

L'exemple le plus frappant d'une vitesse considérable est celui du rapide d'Écosse. Dans une note très étudiée (Revue générale des chemins de fer — Août 1882), M. Gerhardt, ingénieur de la Compagnie de l'Est, donne les relevés auxquels il a procédé à l'aide du chronomètre, le 23 février 1881, c'est-à-dire à une époque de l'année où l'adhérence était défectueuse, et desquels il résulte que ce rapide a cependant atteint et dépassé 100 kilomètres de vitesse pendant plusieurs minutes.

Ce qu'il y a de plus frappant chez nos voisins d'outre-Manche, c'est peut-être moins la différence de vitesse moyenne de marche pour les trains de voyageurs (environ 10 °/₀), que le grand nombre de trains rapides de marchandises.

Le vieil adage « times is money » est appliqué en Angleterre pour l'exploitation des chemins de fer, comme dans la plupart des autres branches de l'activité nationale. On n'hésite pas à réduire la charge des trains de marchandises et à y atteler des machines à grandes roues, pour en améliorer la marche, toutes les fois qu'ils n'ont pas à faire un service de détail en cours de route.

Les conditions de tracé des chemins français et la moindre intensité de leur trafic ne permettent pas d'espérer qu'on arrive jamais à les doter de trains aussi rapides que ceux des chemins anglais. Cependant, nous ne devons pas nous dissimuler que nous avons de grands efforts à faire pour améliorer encore l'état de choses actuel, surtout en ce qui concerne le transit international des voyageurs. Il importe, en effet, de perfectionner sans relâche la voie et le matériel roulant, de réduire au strict minimum le nombre et la durée des arrêts des trains rapides et de transformer notre réglementation pour l'adapter à la véritable révolution survenue depuis quelques années dans les appareils de sécurité.

f. Comparaison avec les états-unis d'amérique. — Dans leur ouvrage sur les chemins de fer en Amérique, MM. Lavoinne et Pontzen donnent le tableau suivant, pour le service des voyageurs :

(1) Le grand express d'Écosse, qui marche à la vitesse de 78 kilomètres, franchit 12 bifurcation dans un trajet de 303 kilomètres, entre Londres et York.

DÉSIGNATION DES LIGNES	VITESSE MOYENNE EFFECTIVE	
	TRAINS DIRECTS	TRAINS OMNIBUS
	km.	km.
Pennsylvania R. R. { Philadelphie à New-York	42 à 76	30
Philadelphie à Pittsburg	45	23 à 27
Philadelphie à Érié	35 (mail train) (1)	30
Pittsburg, Fort-Wayne et Chicago	40 à 52 (fast) (2)	35
Lake Shore et Michigan	54	38
New-York, Lake Érié et Western R. R.	44 à 50	26
New-York Central et Hudson River R. R. : New-York à Albany	51	39
Baltimore et Ohio R. R. : Baltimore-Pittsburg-Chicago	44	32 à 36
Boston-Albany	49	37
Portland-Toronto Grand trunk)	»	28
Pittsburg-Cleveland	40	31
Atlantic-Great-Western	44	35
Pittsburg-Cincinnati	45	31
Indianopolis-St-Louis	47	32
Chicago, Milwaukee, St-Paul	40 à 45	32
Chicago, Rock-Island, Pacific	35	»
Louisville-Nashville	38	22 à 37
Nouvelle-Orléans, Mobile	42	»
Augusta-Atlanta	38	»
Cairo, Nouvelle-Orléans	33	»
Chicago et North-Western	36	»
Kansas Pacific	36	»
Union Pacific	30	18 (mixtes)
Central Pacific	30 à 32	15 mixtes)
St-Louis, Iron Mountain	32	»
Virginia, Truckee (Nevada)	27	43 (mixtes)

MM. Lavoinne et Pontzen évaluent la vitesse moyenne effective, pour l'ensemble des États-Unis, à :

24 à 30 km., pour les trains omnibus ;

35 à 56 km., pour les trains express, rapides et postaux.

La situation est donc moins bonne qu'en France; mais le fait s'explique par les défectuosités du tracé et de la voie sur beaucoup de lignes, ainsi que par le petit nombre de chemins sur lesquels l'importance de la circulation des voyageurs à grande distance a pu déterminer les Compagnies à créer des trains de très grande vitesse.

(1) Trains postaux.
(2) Trains rapides.

Parmi les exemples cités par MM. Lavoinne et Pontzen, à titre d'exception, nous relevons les suivants :

DÉSIGNATION DES LIGNES	LONGUEUR du PARCOURS	DURÉE du PARCOURS	NOMBRE des ARRÊTS	VITESSE MOYENNE effective
Pennsylvania R. R. — West-Philadelphia à Jersey-City............	143 km.	1 h. 50 m.	2	76 km.
Pennsylvania R. R. — Jersey-City à Pittsburg.....	715	13 »	3	55
Boston à Providence...............	17	1 »	»	71
Baltimore-Ohio R. R. — Baltimore à Pittsburg......................	550	12 10	11	44

En ce qui concerne les marchandises, comme les matières transportées ont le plus souvent une faible valeur, comme d'ailleurs les chemins de fer ont à lutter contre la navigation, les Compagnies sont conduites à rechercher avant tout l'économie des transports, sauf à sacrifier la vitesse de marche. Aussi cette vitesse est-elle très faible, si ce n'est pour certains trains tels que les trains de bestiaux, dont la vitesse moyenne de marche varie entre 35 et 48 kilomètres et la vitesse moyenne effective entre 27 et 32 kilomètres.

g. COMPARAISON AVEC LES CHEMINS DE FER ALLEMANDS. — Nous ne pourrions, sans entrer dans de très longs développements, passer en revue les autres pays et les comparer à la France. Nous nous bornons à faire connaître qu'en général ils n'offrent pas de supériorité relativement à la vitesse des trains ; le réseau allemand, en particulier, est actuellement exploité dans des conditions comparables, sinon inférieures à celles du réseau français.

h. APPAREILS DE CONTRÔLE DE LA MARCHE DES TRAINS. — Le plus généralement on se borne à contrôler la marche des trains par la constatation de l'heure de leur passage en des points déterminés, tels que les stations, les poteaux kilométriques. Cependant, il existe à cet effet certains appareils spéciaux, mobiles ou fixes.

Les appareils mobiles les plus connus sont le contrôleur Brunot, le contrôleur Guébhard et le chronotachymètre Pouget : ils enregistrent mécaniquement sur une feuille de papier les circonstances de la marche du train.

Parmi les appareils fixes, les plus simples sont les indicateurs de vitesse du Nord : ce sont des poteaux peints en damier noir et blanc, espacés de 100 mètres et destinés à contrôler la vitesse aux abords des bifurcations. Il convient de mentionner, en outre, le dromoscope imaginé par M. Le Boulangé, major de l'artillerie belge; le dromo-pétard du même inventeur; l'appareil Digney; l'appareil Brunot; les contrôleurs électriques Jousselin et Paul Garnier; les contrôleurs Guébhard et Tronchon. Le lecteur trouvera dans l'ouvrage de MM. Brame et Aguillon la description de ces appareils, qui reposent sur l'emploi de moyens purement mécaniques ou de l'électricité.

6. Circulation des trains. — Les conditions dans lesquelles les trains doivent circuler ne comportent pour ainsi dire pas d'explications générales. Le mécanicien a pour devoir de maintenir autant que possible la vitesse normale de marche. Il doit, le cas échéant, s'efforcer de regagner les retards, en accélérant la vitesse du train, mais sans sortir des limites prévues par les règlements. Il est tenu, aux termes de l'article 36 de l'ordonnance du 15 novembre 1846, de porter constamment son attention sur l'état de la voie, de ralentir ou d'arrêter la marche en cas d'obstacle, de se conformer aux signaux qui lui sont transmis, de surveiller toutes les parties de la machine, de ne point laisser s'exagérer la tension de la vapeur ni s'abaisser le niveau de l'eau dans la chaudière, et de veiller à ce que rien n'embarrasse la manœuvre du frein du tender. L'article 38 lui prescrit de faire jouer le sifflet à vapeur à l'approche des stations, des passages à niveau, des courbes, des tranchées et des souterrains, et de se servir également du sifflet, comme moyen d'avertissement, toutes les fois que la voie ne lui paraîtra pas complètement libre. Par une circulaire du 6 mai 1856, le Ministre a indiqué comment l'Administration entend l'application de cet article.

Comme nous l'avons déjà indiqué, la Compagnie doit, aux termes de l'article 31 de l'ordonnance du 15 novembre 1846, placer le long du chemin, pendant le jour et pendant la nuit, des agents en nombre suffisant pour assurer la libre circulation des trains. Ces agents sont pourvus de signaux, à l'aide desquels ils annoncent si la voie est libre et en bon état, si le mécanicien doit ralentir sa marche ou s'il doit arrêter immédiatement le train ; ils signalent, en outre, de proche en proche, l'arrivée des convois. L'article 31 du cahier des charges reproduit sous une autre forme les prescriptions de l'article 31 de l'ordonnance.

7. Passage des bifurcations. — Les bifurcations constituent des points particulièrement dangereux.

Sur les lignes à double voie, par exemple, deux trains descendants, c'est-à-dire venant l'un de la ligne principale, l'autre de l'embranchement, et se dirigeant vers l'aiguille, peuvent s'y présenter en même temps et se briser l'un sur l'autre ; un train montant de la ligne secondaire peut être coupé par un train descendant de la ligne principale, si l'aiguille est mal faite ; un train montant de la ligne principale peut être coupé par un train descendant de la même ligne.

On comprend donc que l'auteur de l'ordonnance de 1846 ait pris des précautions spéciales pour éviter ces accidents.

Aux termes de l'article 37, le mécanicien doit, à 500 mètres au moins de la bifurcation, modérer sa vitesse de manière à pouvoir arrêter complètement son train avant cette bifurcation, si les circonstances l'exigent. La direction des aiguilles doit, en outre, être indiquée par des signaux (1).

A ce texte il convient d'ajouter les suivants :

1° Circulaire ministérielle du 7 décembre 1858, décidant que les mécaniciens se dirigeant vers la voie de gauche devraient faire entendre un coup de sifflet prolongé et que la direction vers la voie de droite serait annoncée par trois coups de sifflet prolongés ;

2° Circulaire ministérielle du 13 septembre 1880, confirmant celles du 28 juin et du 12 juillet 1880 et invitant les Compagnies à étendre progressivement les enclenchements à toutes leurs bifurcations avant le 1er janvier 1882 ;

3° Circulaire du 2 novembre 1881, développant les indications de celles du 13 septembre 1880 ;

4° Dispositions précédemment relatées du Code des signaux.

Nous avons déjà mentionné, pages 235, 242, 257 et 269, les signaux adaptés aux bifurcations. Il nous reste à indiquer les principales dispositions des règlements qui ont été jusqu'ici en vigueur sur les divers réseaux.

a. *Nord.* — Chacune des trois directions est protégée par un disque à distance, par un signal fixe à damier vert ou indicateur de bifurcation placé à 800 mètres du signal d'arrêt absolu, enfin par un signal carré d'arrêt absolu doublé d'un pétard et placé à 60 mètres de la bifurcation. Les trois signaux d'arrêt absolu sont normalement tournés à l'arrêt ; les trois disques à distance sont, au contraire, normalement ouverts.

En passant devant l'indicateur de bifurcation, le mécanicien doit commencer à ralentir sa vitesse, de manière à s'arrêter au signal carré, si ce signal est fermé. Dans le cas où rien ne s'oppose au passage du train, l'ai-

(1) Cette prescription ne s'applique pas aux simples changements de voie (Cour de cassation, 15 avril 1853, Sevenery et Audibert).

guilleur attend, pour ouvrir le signal carré, que le train en soit à 100 ou 150 mètres ; le train franchit alors la bifurcation sans arrêt, avec une vitesse de 20 kilomètres au plus pour les trains de voyageurs et de 10 kilomètres au plus pour les trains de marchandises. Cette vitesse est contrôlée au moyen de poteaux indicateurs. Les disques d'arrêt absolu des bifurcations non enclenchées étaient disposés de telle sorte qu'ils se tournassent eux-mêmes à l'arrêt dès que l'aiguilleur abandonnait le levier de manœuvre.

La Compagnie du Nord a fait approuver récemment un règlement qui supprime, pour les bifurcations munies d'enclenchements, l'interdiction de livrer simultanément passage à plusieurs trains.

b. *Est.* — Les signaux de bifurcation du réseau de l'Est sont semblables à ceux du réseau du Nord, sauf l'absence des signaux fixes indicateurs de bifurcations. Mais les disques à distance sont normalement tournés à l'arrêt, comme les disques carrés. A l'annonce d'un train par les coups de sifflet de la machine, l'aiguilleur efface le disque avancé, si la voie est libre, puis le referme derrière le train. S'il y a plusieurs trains en vue, l'aiguilleur n'efface le disque avancé que pour un seul ; les autres, après s'être arrêtés aux disques avancés, continuent lentement leur marche jusqu'au disque spécial. En tout cas, le train s'arrête complètement à ce disque spécial, qui n'est ouvert par l'aiguilleur qu'après l'arrêt.

c. *Ouest.* — Sur le réseau de l'Ouest, l'organisation des signaux de bifurcation présente des caractères particuliers. On distingue la direction principale, sur laquelle les trains circulent librement, de la direction secondaire qui est normalement fermée. Les trains suivant la direction normalement ouverte se bornent à ralentir leur vitesse, pour la ramener à 20 kilomètres à l'heure.

C'est, en principe, la direction de gauche, pour les trains abordant l'aiguille par la pointe, qui est ouverte à l'état normal : il y a cependant des dérogations à cette règle, quand la circulation est beaucoup plus active sur la direction de droite.

Chacune des directions est protégée : 1° par des disques à distance, aux mâts desquels sont adaptés des signaux d'avertissement de bifurcation ; 2° des disques spéciaux d'arrêt absolu.

Des consignes spéciales régissent le passage de chaque bifurcation.

d. *Orléans.* — Les bifurcations sont couvertes dans les trois directions : 1° par un signal avancé, qui commande l'arrêt absolu comme tous les signaux analogues du réseau d'Orléans ; 2° par un signal fixe de ralentissement placé à 500 mètres plus loin.

Les trois disques sont, en principe, tournés à l'arrêt, sauf celui qui correspond à la direction du train attendu. Quand la voie est ouverte, le mécanicien ralentit sa vitesse, de manière à la ramener à la moitié de la vitesse normale, sans excéder en aucun cas 25 kilomètres. Quand la voie est fermée, il arrête le train, qui doit être couvert soit par des signaux mobiles, soit par un mât spécial dont le levier de manœuvre est au pied du mât à distance et que manœuvre le chef de train.

c. *Paris-Lyon-Méditerranée*. — La Compagnie de Paris-Lyon-Méditerranée avait deux règlements applicables : l'un aux bifurcations non enclenchées, l'autre aux bifurcations pourvues d'enclenchements. Le premier peut être aujourd'hui laissé de côté. Pour les bifurcations munies d'appareils d'enclenchement, chaque branche est protégée : 1° par un indicateur de bifurcation, placé dans un poste dont le stationnaire annonce à celui de la bifurcation, au moyen de l'appareil Jousselin, la direction que le train doit prendre : 2° par un disque à distance ; 3° par un signal carré d'arrêt absolu. Tous les signaux sont normalement tournés à l'arrêt quand aucun train n'est annoncé. A l'annonce d'un train, l'aiguilleur prépare les aiguilles et les signaux pour le recevoir. Si la voie est libre, le train trouve les disques ouverts et passe avec une vitesse réduite de 20 kilomètres au plus. Si la voie est fermée, le train trouve le disque avancé à l'arrêt ; sa vitesse est ramenée à celle d'un homme marchant au pas ; il est complètement arrêté au disque spécial.

f. *Midi*. — Les bifurcations sont protégées par des disques avancés et par des disques d'arrêt absolu placés à 200 mètres environ de la bifurcation. Les signaux sont ordinairement tournés à l'arrêt. La voie n'est ouverte, s'il y a lieu, qu'aux coups de sifflet annonçant l'arrivée et la direction du train.

Quand la voie est ouverte, le mécanicien se borne à ralentir. S'il doit suivre la ligne principale, un signal à main de couleur verte lui est présenté par l'aiguilleur ; s'il doit, au contraire, prendre la ligne d'embranchement, il est tenu de s'arrêter en tout état de cause au poteau indicateur placé en avant du disque intérieur. Quand le disque avancé est fermé, le mécanicien se rend maître de sa vitesse et avance jusqu'au poteau-limite de protection ; puis le train continue jusqu'au signal d'arrêt absolu, précédé d'un agent porteur d'un signal.

Dans tout ce qui précède, nous avons omis les signaux indicateurs de direction ; le lecteur voudra bien se reporter à la page 242. Nous avons également négligé les détails des enclenchements, qui présentent un caractère trop technique pour faire ici l'objet d'une étude minutieuse.

Les règlements en vigueur sur les divers réseaux assurent tous l'observation de l'article 37 de l'ordonnance du 15 novembre 1846. Quelques-uns même sont plus rigoureux, en ce qui concerne l'obligation de réduire la vitesse : la Compagnie de l'Est, notamment, fait arrêter tous ses trains en avant des bifurcations.

8. Passage des aiguilles en pointe ou des traversées de voies. — Ce n'est qu'à titre exceptionnel que les lignes à double voie comportent des aiguilles prises en pointe : quand il est nécessaire d'en établir, elles sont protégées par des signaux et les trains ralentissent leur marche pour les franchir. Il en est de même des traversées de voies.

9. Arrêts accidentels en pleine voie. — L'article 32 de l'ordonnance du 15 novembre 1846, prévoyant le cas d'arrêt des trains en pleine voie, pour cause d'accident, prescrit de les couvrir à 500 mètres au moins de distance et porte qu'à cet effet les conducteurs-chefs des trains et les mécaniciens des machines isolées devront être munis des signaux nécessaires.

L'obligation de couvrir les trains s'applique non seulement au cas d'arrêt absolu, mais encore au cas d'un ralentissement assez prononcé pour équivaloir à un stationnement (Arrêt de la Cour de cassation du 20 août 1847, Blouin).

D'après les règlements approuvés par les diverses Compagnies, les trains sont couverts aux distances suivantes :

Nord. — 1000 mètres, dans tous les cas.

Est. — 800 à 1 500 mètres, suivant les circonstances climatériques ou le profil de la voie.

Ouest. — 800 à 1 200 mètres, suivant les circonstances climatériques.

Orléans. — 800 mètres, dans tous les cas.

Paris-Lyon-Méditerranée. — Distances variables suivant les déclivités.

Midi. — 800 à 1 500 mètres, suivant les déclivités.

État. — 800 à 1 500 mètres, suivant le profil.

Beaucoup d'ingénieurs considèrent comme indispensable d'adopter une distance fixe, indépendante du tracé et des circonstances climatériques, afin de laisser moins de place aux erreurs d'appréciation des agents.

L'article 33 de l'ordonnance prévoit aussi les arrêts ou les ralentissements imposés aux trains par les travaux de réparation de la voie et dispose que les ateliers seront couverts par des signaux. Si les travaux doivent avoir une certaine durée, on installe des signaux fixes ; si au contraire, ce qui est le cas le plus fréquent, les ateliers n'ont pas de caractère de permanence, ils sont protégés par des signaux mobiles. Les dispositions des différents règlements sont les suivantes.

En ce qui concerne l'arrêt, le signal est fait à l'aide d'un drapeau ou d'un feu rouge à la distance que nous avons ci-dessus indiquée pour les trains stationnant en pleine voie.

Pour le ralentissement, la Compagnie du Nord place de 300 en 300 mètres des signaux verts et envoie en outre, à 500 mètres en avant du premier signal, un homme porteur d'un drapeau vert ou d'une lanterne verte ; le mécanicien réduit la vitesse de son train à la moitié de la vitesse normale.

Sur le réseau de l'Est, le signal de ralentissement est fait à la même distance que le signal d'arrêt ; la vitesse est réduite à 15 kilomètres, pour les trains mixtes et de marchandises, et à 25 kilomètres, pour les trains de voyageurs.

L'Ouest et le Midi emploient des drapeaux et des guidons verts ou des lanternes à feu vert placées normalement à 400 ou 500 mètres de l'origine de la section à couvrir ; la marche est ralentie à 20 kilomètres ; si la vitesse doit être inférieure à ce chiffre, les agents de la voie font le signal d'arrêt et donnent aux mécaniciens des avertissements verbaux.

Sur le Lyon, le signal de ralentissement est fait à une distance de 500 à 800 mètres, suivant le profil ; la vitesse est réduite, sauf instructions contraires, à 15 kilomètres, pour les trains de marchandises, et à 30 kilomètres, pour les trains de voyageurs ; un signal blanc indique le point à partir duquel les trains peuvent reprendre leur allure normale.

Sur l'Orléans, le ralentissement est ordonné à 500 mètres, et la vitesse réduite de moitié, sans pouvoir excéder 25 kilomètres.

Sur le réseau d'État, la distance varie de 500 à 1 000 mètres et la vitesse est réduite à 15 kilomètres, pour les trains de marchandises, et à 25 kilomètres, pour les trains de voyageurs ou mixtes.

10. Arrivée aux stations. — A l'arrivée aux stations, le mécanicien doit faire le nécessaire pour que la vitesse acquise du train soit complètement amortie avant le point où les voyageurs doivent descendre, de telle sorte qu'il soit nécessaire de remettre la machine en action pour atteindre ce point (Article 37 de l'ordonnance du 15 novembre 1846, § 3).

11. Retards. — Aux stations désignées par le Ministre, il est tenu des registres sur lesquels on mentionne les retards excédant 10 minutes, pour les parcours dont la longueur est inférieure à 50 kilomètres, et 15 minutes, pour les parcours de 50 kilomètres et au delà. Ces registres indiquent la nature et la composition des trains, le nom des locomotives qui les ont remorqués, les heures de départ et d'arrivée, les causes et la durée du retard. Ils sont cotés et paraphés par le commissaire de surveillance et représentés, à toute réquisition, aux fonctionnaires et agents chargés de la surveillance du matériel et de l'exploitation (Articles 42 et 77 de l'ordonnance du 15 novembre 1846).

Le service du contrôle doit dresser des états décadaires des retards, conformément à un modèle déterminé par la circulaire du 19 février 1856, et en envoyer un résumé au Ministre (circulaire du 25 mars 1887). Mais ces états ne portent que sur les trains de voyageurs : le Ministre a tout d'abord autorisé les directeurs du contrôle à y comprendre seulement les trains de marchandises arrivant avec un retard de plus de 30 minutes ou d'une heure, selon les cas (24 mars 1860) ; puis il a invité ces chefs de service, par circulaire du 5 janvier 1866, à éliminer complètement les trains ne transportant point de voyageurs. (Voir aussi une circulaire du 14 décembre 1860 pour la forme des états.)

Les chefs de gare doivent annoncer au préfet les retards de plus d'une heure ; ils doivent aussi en aviser les commissaires de surveillance administrative et faire placarder, le cas échéant, une affiche portant à la connaissance du public le retard et ses causes, quand cette mesure est justifiée par l'importance de la perturbation du service et par les alarmes qu'elle a pu provoquer. A Paris, l'affichage est seul obligatoire. (Circulaires ministérielles des 8 décembre 1855, 29 décembre 1855, 30 janvier 1856.)

12. Délais d'attente des trains en correspondance aux gares de bifurcation. — Le délai pendant lequel les trains en correspondance doivent s'attendre entre eux, aux gares de bifurcation, varie généralement avec la nature des lignes. D'après les règlements de l'Est, par exemple ce délai est de :

— 15 minutes, pour les trains de deux lignes principales ayant leur origine à Paris ;

— 15 minutes, pour les trains des lignes principales attendant les trains des lignes principales, c'est-à-dire des lignes reliant deux chemins principaux, ou ceux des embranchements se greffant, soit sur une ligne principale, soit sur une ligne transversale ;

— 20 minutes, pour les trains des lignes transversales attendant ceux des lignes principales ;

— 15 minutes, pour les trains de deux lignes transversales ;

— 15 minutes, pour les trains d'une ligne transversale attendant ceux d'un embranchement ;

— 30 minutes, pour les trains des embranchements attendant ceux des lignes transversales ou des lignes principales ;

— 15 minutes, pour les trains de deux embranchements ;

— 15 minutes, pour les trains d'un embranchement attendant ceux d'un sous-embranchement, c'est-à-dire d'un chemin se greffant sur un embranchement, ou d'une ligne d'intérêt local ;

— 30 minutes, pour les trains d'un sous-embranchement attendant ceux d'un embranchement.

Les trains-poste sont affranchis de ces délais.

Dans les gares de contact avec les chemins étrangers, la durée d'attente est de 10 minutes.

Si le chef de la gare dans laquelle séjourne un train apprend d'une manière certaine que le train attendu arrivera dans moins de 15 minutes, il est autorisé à prolonger d'autant le séjour du train retenu en gare.

Par une circulaire du 20 mai 1865, le Ministre a invité les Compagnies à annoncer, par voie d'affiches, les correspondances manquées. Une autre circulaire du 17 juillet 1872 a prescrit aux chefs de service du contrôle de les mentionner sur les états périodiques de retards.

Nous avons déjà relaté et nous rappelons ici une circulaire du 15 avril 1859, recommandant aux Compagnies d'expédier par le premier train, sans avoir égard à la nature de leur billet, les voyageurs ayant manqué une correspondance, par suite d'irrégularités du service.

13. **Observations sur les croisements sous rails.** — En traitant du passage des bifurcations, nous avons signalé les dangers que présentent ces points spéciaux, notamment sur les lignes à double voie, par suite du croisement à niveau entre la voie montante de l'une des lignes et la voie descendante de l'autre ligne. Sur certains chemins très chargés de trafic, on a cherché à remédier à cette situation en substituant aux croisements à niveau des croisements à des niveaux différents. On trouve notamment des exemples de croisements de cette nature sur plusieurs points du réseau du Nord.

La question a été examinée avec beaucoup d'attention, lors de l'enquête ouverte en 1879 sur les moyens de prévenir les accidents de chemins de fer. Plusieurs Compagnies se sont montrées favorables à la généralisation des croisements à niveaux différents, mais en faisant observer que, si cette disposition donne d'incontestables garanties au point de vue de la sécurité, elle entraîne à des dépenses considérables et doit, par suite, être réservée pour des cas exceptionnels.

§ 2. — RÈGLES SPÉCIALES AUX LIGNES A DOUBLE VOIE

1. Sens de la marche des trains. — Pour chaque chemin de fer, le Ministre des travaux publics détermine, sur la proposition de la Compagnie, le sens du mouvement des trains sur chacune des voies; il ne peut être dérogé, sous aucun prétexte, aux dispositions prescrites par l'Administration, si ce n'est dans le cas où la circulation serait interceptée sur l'une des voies (Article 25 de l'ordonnance du 15 novembre 1846).

Sauf une exception sur le chemin de fer de Strasbourg à Bâle (annexé à l'Allemagne depuis 1871), les trains prennent toujours la voie de gauche, dans le sens du mouvement. Cette règle est née en Angleterre de l'habitude de passer à gauche sur les routes de terre.

2. Circulation exceptionnelle à contre-voie. — Conformément aux dispositions de l'ordonnance de 1846 que nous venons de rappeler, les règlements d'exploitation des Compagnies interdisent expressément toute circulation à contre-voie. Ils ne prévoient de dérogations que dans des cas de force majeure (accident, réparation, secours), et n'autorisent la circulation à contre-voie que sous la condition absolue, que les agents entre lesquels le mouvement doit être concerté auront la certitude d'être à l'abri de toute collision. Les mécaniciens doivent marcher avec la plus grande prudence et être toujours en mesure d'arrêter dans l'espace visible devant eux.

Même lorsqu'il s'agit de porter secours à un train tombé en détresse, la machine envoyée à cet effet doit, en principe, continuer jusqu'à la station suivante et revenir ensuite par l'arrière, en suivant la voie normale, à moins que le chef du train arrêté en pleine voie n'ait formé une demande contraire et n'ait donné l'assurance de ne pas remettre ce train en mouvement avant l'arrivée de la machine de secours. C'est dans ce cas seulement que la machine peut changer de voie à la station précédente. Le train en détresse doit être alors couvert à l'avant comme à l'arrière.

3. Circulation temporaire sur une seule voie. — L'une des voies pouvant être obstruée accidentellement, il peut être nécessaire de reporter temporairement sur l'autre voie la circulation dans les deux sens, entre des points déterminés. Le cas est réglé par l'article 34 de l'ordonnance du 15 novembre 1846, qui est ainsi conçu : « Lorsque, par suite d'un acci- « dent, de réparation ou de toute autre cause, la circulation devra s'effec-

« tuer momentanément sur une voie, il devra être placé un garde auprès
« des aiguilles de chaque changement de voie. Les gardes ne laisseront les
« trains s'engager dans la voie unique, réservée à la circulation, qu'après
« s'être assurés qu'ils ne seront pas rencontrés par un train venant dans
« un sens opposé. Il sera donné connaissance au commissaire de sur-
« veillance administrative du signal ou de l'ordre de service adopté pour
« assurer la circulation sur la voie unique. »

En pratique, la circulation à voie unique est, autant que possible,
organisée entre les deux stations situées en deçà et au delà du point sur
lequel s'est produite l'obstruction. Les agents de ces stations et ceux des
trains doivent, sur certains réseaux, se conformer alors à toutes les
prescriptions du règlement pour la circulation des trains et des machines
sur les lignes à une voie; sur d'autres réseaux, on a recours au pilotage.

Si les deux stations entre lesquelles est établie la circulation accidentelle sur voie unique sont très éloignées l'une de l'autre et si la seconde
voie ne peut être rendue à l'exploitation dans un court délai, il peut être
placé des aiguilles en deçà et au delà du lieu de l'accident et la circulation
sur voie unique est organisée entre deux postes qui fonctionnent comme
des stations.

Comme nous l'avons exposé, dans le chapitre consacré aux signaux,
les principes du pilotage sont les suivants. Aucun train ne peut pénétrer
sur la section à voie unique qu'en présence et sur l'ordre d'un agent
spécial ou *pilote*. En règle générale, cet agent accompagne tous les trains
dans l'un et l'autre sens; cependant, si les nécessités du service conduisent
à expédier successivement plusieurs trains dans le même sens, il n'accompagne que le dernier. La section à voie unique est défendue à ses deux
extrémités par des signaux tournés normalement à l'arrêt.

Les Compagnies du Nord et d'Orléans ont inséré dans leurs règlements
une disposition aux termes de laquelle, en cas de retard et pour des
raisons majeures dont le pilote aura à justifier, cet agent pourra, au lieu
d'accompagner tous les trains, donner télégraphiquement au poste opposé
à celui où il se trouve l'ordre de lui expédier un train.

4. **Exploitation par le block-system.** — Dans le chapitre relatif
aux signaux, nous avons donné des indications complètes sur les divers
systèmes de cantonnement mis en pratique par les Compagnies françaises
pour assurer la sécurité de la circulation dans les parties les plus chargées
de leurs lignes à double voie.

Nous n'avons point à revenir sur ces indications et nous nous
bornons à rappeler les principes et les faits suivants.

On distingue deux block-systems différents, à savoir :

— le block-system absolu, dans lequel un train, trouvant à l'arrêt les signaux d'un poste devant lequel il se présente, est tenu de s'arrêter et doit attendre, pour partir, un avis du poste suivant, annonçant que la section est dégagée ;

— le block-system permissif, dans lequel le mécanicien est simplement tenu de se rendre maître de sa vitesse et n'est pas obligé de se mettre en rapport avec l'agent du poste qui lui a fait les signaux d'arrêt.

L'usage s'est établi en France, comme en Angleterre, de considérer comme block-system absolu celui qui, tout en forçant les trains à l'arrêt quand les signaux sont fermés, autorise néanmoins la remise en marche après un intervalle de temps déterminé. MM. Brame et Aguillon proposent de donner à ce block-system la qualification d' « ouvert », à l'inverse du block-system absolu proprement dit qui serait dit « fermé » (1).

Entre les deux systèmes opposés, on peut d'ailleurs concevoir des combinaisons variées.

En Angleterre, les opinions sont partagées sur leur valeur relative. Il est incontestable que le block-system absolu donne beaucoup plus de garanties que le block-system permissif ; mais il provoque plus d'arrêts et de pertes de temps et réduit, par conséquent, la capacité de transport du chemin de fer (2).

Lors de l'enquête ouverte en 1879, la Compagnie du Nord s'est prononcée en faveur du block-system absolu, avec le tempérament que nous avons indiqué ; la Compagnie de Paris-Lyon-Méditerranée s'est montrée, comme le Board of Trade anglais, opposée au système permissif, et plus rigoureuse même que la Compagnie du Nord ; la Compagnie de l'Ouest, au contraire, a exprimé ses préférences pour le block-system permissif.

Le Ministre des travaux publics a prescrit, par ses circulaires du 13 septembre 1880 et du 12 janvier 1882, l'application du block-system absolu sur toutes les sections à double voie livrant passage à plus de 5 trains par heure dans la même direction, ainsi qu'aux points de ramification ou de rebroussement.

---

(1) Le Congrès de Bruxelles l'a désigné sous le nom de Block-system absolu conditionnel.

(2) Pour le rendre applicable à des lignes de grande circulation, comme celles de l'Angleterre, on est conduit à multiplier les postes, ce qui n'est pas sans inconvénient au point de vue de la dépense de construction et d'exploitation, ainsi que de la fatigue imposée à l'attention des mécaniciens. Sur le Métropolitain de Londres, où l'intensité du mouvement atteint un train par deux minutes, la distance de certains postes descend jusqu'à 154 mètres.

§ 3. — RÉGLES SPÉCIALES AUX LIGNES A VOIE UNIQUE

1. Longueur des sections à voie unique. — Les sujétions du croisement des trains aux stations ou aux gares d'évitement restreignent naturellement la puissance de transport des lignes à voie unique et imposent parfois de fâcheuses sujétions au point de vue des horaires. Il suffit du retard d'un train pour affecter la marche de plusieurs autres convois et pour désorganiser le service de toute une journée.

On y obvie, dans une certaine mesure, en multipliant les voies d'évitement. Mais il est un parti plus radical, auquel on est obligé de recourir pour les lignes chargées, et qui consiste à intercaler entre les sections à voie unique des sections à double voie sur lesquelles les trains peuvent circuler simultanément dans les deux sens et regagner tout ou partie du temps perdu par suite des incidents de l'exploitation.

Nous ne reviendrons pas, à cette occasion, sur les développements dans lesquels nous sommes entré au sujet du nombre des voies et de la capacité de trafic des chemins de fer (tome II, page 716 et suivantes).

La section à voie unique la plus longue de France est celle de Brétigny à Notre-Dame-d'Oé.

2. Service en navette. — Quand une ligne n'a que peu de longueur et peu de trafic, on peut y organiser un service en navette ou de va-et-vient, avec une seule machine qui remorque les trains à l'aller et au retour. Ce système, en vigueur sur quelques chemins secondaires, donne les plus sérieuses garanties, au point de vue de la sécurité ; mais il n'est applicable que dans des cas particuliers.

3. Principes généraux des règlements actuels d'exploitation. — La seule prescription spéciale aux lignes à voie unique que comprenne l'ordonnance du 15 novembre 1846 est celle de l'article 25, qui charge le Ministre des travaux publics de déterminer les points de croisement.

Avant l'emploi de la télégraphie électrique, les croisements et les évitements étaient déterminés d'une manière absolue ; les chefs de station devaient observer strictement l'ordre de succession des trains, quelles que fussent les perturbations du service.

L'application du télégraphe électrique a permis de renoncer à cette règle rigoureuse. Deux systèmes d'exploitation sont en présence sur les chemins de fer français.

Le premier consiste à toujours demander la voie avant d'expédier un train. A toute station munie d'appareils télégraphiques, le départ des trains réguliers, facultatifs ou spéciaux, est annoncé au poste le plus voisin dans le sens de la marche, alors même que ce poste doit être franchi sans arrêt (1). Le train n'est lancé que lorsque ce poste a répondu en donnant la voie. Cette règle s'applique, non seulement aux trains qui s'arrêtent dans la station, mais encore aux trains directs ; les disques sont normalement fermés et ne doivent être effacés devant les trains de cette dernière catégorie que si le poste suivant a donné la voie (2).

Le second système dispense de demander la voie pour les trains réguliers et n'y oblige que pour les trains facultatifs ou spéciaux, conformément à une circulaire ministérielle du 21 septembre 1867.

De ces deux systèmes, le premier n'est adopté que par la Compagnie de l'Est et par l'Administration des chemins de l'État. Les autres Compagnies lui reprochent de multiplier les dépêches uniformes; de conduire peu à peu les agents à envoyer ces dépêches machinalement et souvent même quand le train annoncé a déjà été expédié; d'émousser leur attention et de la mettre en défaut pour les cas où elle devrait être tenue en éveil ; d'exiger, dans les petites stations, un personnel onéreux ou de surcharger les chefs de gare; d'occasionner des retards sans utilité sérieuse. Ces objections n'ont pas touché jusqu'ici la Compagnie de l'Est, qui a persisté dans ses errements antérieurs : elle répond notamment qu'une communication importante saurait difficilement échapper aux deux agents entre lesquels sont échangées les dépêches et que l'obligation pour le personnel de transmettre ces dépêches est une garantie pour les forcer de rester à leur poste. Elle invoque aussi les résultats d'une expérience de trente années, pendant lesquelles il n'y a eu qu'un nombre minime de collisions, malgré les difficultés et les complications du service sur plusieurs lignes ouvertes à la circulation de nuit comme de jour, et livrant passage à des trains de toute nature.

Quand le télégraphe ne fonctionne pas, on en revient aux règles antérieures à l'emploi de la télégraphie.

La Compagnie des chemins de fer du Midi, qui a recours au second des deux systèmes précédemment exposés, a cherché des garanties dans la tenue d'un *tableau diurne*. Tous les trains annoncés comme devant tra-

---

(1) Toutes les stations de croisement sont pourvues du télégraphe. Souvent même les autres stations ont aussi des appareils télégraphiques, pour l'échange des dépêches intéressant la marche du service.

(2) Pour les trains devant s'arrêter à la station, la voie est demandée quand ils sont en vue ; pour les trains directs, elle l'est de dix minutes avant leur passage.

verser une station sont inscrits, au commencement de la journée, dans leur ordre de succession. Au fur et à mesure de leur passage, leur numéro est effacé : le chef de la station et tous les agents ont ainsi le moyen de se rendre compte, à chaque instant, des trains qui ne sont pas encore passés ; leur souvenir est, en outre, fixé sur les trains facultatifs ou extraordinaires. Le tableau diurne du Midi est également en usage sur le réseau du Nord (pour les trains extraordinaires et facultatifs, et pour les retards) et sur les réseaux de Paris-Lyon-Méditerranée, d'Orléans et de l'Ouest.

En outre, sur le réseau du Nord, les agents des trains réguliers ou facultatifs devant croiser des trains facultatifs ou extraordinaires reçoivent, contre émargement, un avis écrit de la station qui précède celle où le croisement doit s'opérer. Sur le réseau de l'Ouest, depuis l'accident de Flers, les conducteurs-chefs sont munis d'un « Journal du train » portant, pour toutes les stations, l'indication des croisements et garages prévus ; les chefs de station visent ce journal et certifient que les croisements ou garages ont été effectués, ou y relatent les changements résultant des perturbations du service ; le mécanicien reçoit d'ailleurs du chef de train les communications nécessaires. Sur le réseau de l'État, les trains ont une feuille de marche sur laquelle on indique, à la gare de départ, les numéros des trains croiseurs réguliers, facultatifs ou spéciaux, et qui est visée par les chefs des gares où doivent s'effectuer les croisements.

Ajoutons encore que, sur le réseau de l'Ouest, la demande de la voie de gare à gare doit se faire, en dehors des circulations extraordinaires, pour tout train régulier ayant un retard de plus de 15 minutes ; les retards de cette importance doivent toujours être annoncés de poste en poste.

4. **Croisements.** — *a.* Croisements réguliers. — Comme nous l'avons expliqué en traitant des signaux, les disques sont fermés à l'approche des trains, dans les gares de croisement des réseaux du Nord, de l'Ouest, d'Orléans et de Lyon ; ils sont ouverts à l'état normal. Au contraire, ils sont habituellement fermés sur les réseaux de l'Est, du Midi et de l'État.

Nous ne pouvons que renvoyer le lecteur aux indications données, page 252 et suivantes, sur les conditions de manœuvre des signaux et d'introduction des trains croiseurs.

b. Changements de croisements. — Il est admis par toutes les Compagnies qu'en cas de retard de l'un des trains, le croisement peut être reporté à une autre station : c'est là l'un des principaux avantages de la télégraphie électrique. Mais les changements de cette nature sont subordonnés aux conditions suivantes :

1º La gare où devait avoir lieu le croisement normal et celle où ce croisement est reporté doivent échanger des dépêches leur donnant l'assurance qu'elles sont parfaitement d'accord et que la dernière de ces deux gares a retenu ou retiendra le train dont le retard a provoqué le changement de croisement ;

2º L'ordre écrit de continuer la marche doit être donné au conducteur-chef et au mécanicien par le chef de la gare où devait s'opérer le croisement, et cela sans préjudice des mentions à apposer sur les feuilles de marche ou journaux de trains ;

3º Il faut que le télégraphe fonctionne régulièrement : en cas d'interruptions télégraphiques ne permettant pas la transmission des dépêches réglementaires, les croisements ne peuvent être modifiés ; toutefois les Compagnies de l'Ouest et du Midi autorisent, le cas échéant, les communications par exprès.

De plus, sur le réseau de l'Est, les agents du train en retard, qui est retenu dans une station, doivent en être prévenus au moyen d'un bulletin dont ils ont le droit d'exiger la remise, si elle est différée ; il leur est interdit de donner le signal du départ avant l'arrivée du train avec lequel ils doivent se croiser.

Sur le réseau de l'Ouest, le mécanicien et le conducteur-chef du train en retard sont également prévenus par la remise d'un bulletin. Tout train en retard, qui a subi un changement de croisement, est assimilé à un train ayant plus de 15 minutes de retard et ne peut plus circuler que moyennant la demande de la voie de gare à gare. Les conducteurs-chefs des trains en retard doivent, dès leur arrivée dans les stations, demander si aucune mesure n'a été prise en vue d'un changement de croisement.

Le lecteur trouvera à la page 253 le complément des indications relatives aux mesures prises pour les changements de croisement.

5. Circulation des trains extraordinaires. — Sur la plupart des réseaux, les règlements prescrivent d'avoir, pour chaque section à voie unique, un agent spécial chargé, à l'exclusion de toute autre personne, de régler la circulation des trains extraordinaires. Aucun train facultatif ou extraordinaire, aucune machine isolée (sauf le cas de secours), aucun wagon manœuvré par le service de la voie, ne peuvent circuler sur la section sans un ordre écrit émanant de cet agent. Lorsque cette prescription n'est pas inscrite dans les règlements en termes formels, elle n'en est pas moins généralement appliquée en fait. Dès le 21 septembre 1867, d'ailleurs, le Ministre avait prescrit l'envoi d'un avis préalable à toutes les stations pour les trains facultatifs ou extraordinaires.

Il est même admis que l'agent qui a lancé l'ordre doit avoir reçu l'accusé de réception des chefs de station, cette réponse pouvant être envoyée par le télégraphe dans les cas extraordinaires.

Les trains de ballast ou de matériaux sont soumis aux mêmes règles que les trains extraordinaires. Leur circulation est formellement interdite en cas d'interruption des communications télégraphiques.

6. **Circulation des machines de secours.** — Tous les règlements contiennent des prescriptions détaillées pour éviter les accidents qui pourraient résulter de la mise en marche des machines de secours.

Les trains en détresse doivent se couvrir à la distance réglementaire dans les deux directions.

7. **Exploitation par le block-system.** — Malgré les garanties offertes par les règles que nous venons de rappeler sommairement, la Commission d'enquête instituée en 1879 a pensé que ces règles pouvaient encore laisser place à des distractions, à des erreurs, à des fautes lourdes, même de la part d'excellents agents. Il lui a paru nécessaire, au moins pour les lignes chargées de trafic, de chercher un complément de sécurité dans l'emploi d'appareils permettant de s'assurer mécaniquement contre les causes d'erreurs, ou de réparer les fautes commises.

Elle a tout d'abord indiqué les appareils de cantonnement, à savoir :

1º les électro-sémaphores Lartigue, modifiés par le doublement des enclenchements des bras sémaphoriques et complétés par quelques organes additionnels, qui ne permettent pas d'ouvrir une section sans qu'elle soit fermée à l'autre extrémité par un signal claveté à l'arrêt (Ces électro-sémaphores peuvent être appuyés par des pétards ou par des contacts fixes pour sifflet automoteur);

2º les appareils Regnault, perfectionnés et complétés par l'addition de serrures électriques normalement fermées par un aimant, conformément au type étudié par la Compagnie de l'Ouest.

Toutefois, la Commission a fait observer que le système du cantonnement pourrait introduire dans l'exploitation de gênantes et coûteuses complications et qu'il n'offrait pas, comme les cloches électriques, l'avantage de fournir le moyen de réparer les erreurs.

8. **Emploi des cloches électriques.** — Elle a tout particulièrement recommandé l'emploi des cloches électriques. Nous avons exposé, page 254, le mode d'emploi et de fonctionnement de ces appareils.

Il suffit de rappeler ici que, par une circulaire du 12 janvier 1882, le

Ministre des travaux publics a expressément invité les Compagnies à pourvoir de cloches toutes leurs lignes à voie unique.

9. Exploitation par le staff-system. — Nous avons décrit, page 256, ce système qui repose sur l'emploi d'un bâton-pilote et qui est en usage sur divers chemins de la Grande-Bretagne. C'est une sorte de pilotage donnant une sécurité absolue contre les chances de collision, sauf le cas de dérives, mais ne pouvant convenir qu'à des lignes de faible trafic.

10. Dangers des stations auxquelles aboutissent plus de deux sections à voie unique. — La Commission d'enquête de 1879 s'est inquiétée des dangers auxquels pourrait donner lieu la jonction de plus de deux sections à voie unique dans une même station. Elle s'est demandé s'il n'y aurait pas lieu, dans ce cas, de doubler chacune des autres lignes jusqu'à la station voisine ou jusqu'à un poste supplémentaire.

Les appréciations des Compagnies à cet égard ont été divergentes.

Quand la gare a un grand mouvement de trains, il peut être utile de la décharger des préoccupations que donne inévitablement l'exploitation de plusieurs lignes à voie unique : en reportant la tête des autres lignes à une station voisine ou à un poste intermédiaire, on assure mieux la sécurité, on facilite le service, on diminue les chances d'encombrement, on réduit les perturbations que les retards des trains circulant sur l'une des lignes peuvent infliger aux trains des autres lignes. La Compagnie du Nord a opéré, dans ce but, plusieurs dédoublements. On ne saurait, en pareille matière, poser des principes absolus : il y a lieu, dans chaque espèce, de tenir compte, d'une part de l'importance du trafic, et d'autre part des dépenses inhérentes au dédoublement, ainsi que des arrêts supplémentaires imposés aux trains par une station ou un poste supplémentaire.

§ 4. — OBSERVATIONS SUR LES SECTIONS
COMPORTANT PLUS DE DEUX VOIES PRINCIPALES

Ainsi que nous l'avons vu, tome II, page 729, l'importance de la circulation a conduit à exploiter sur plus de deux voies principales les lignes des environs de Paris.

C'est là un cas tout particulier sur lequel nous n'avons pas à insister.

Le mode d'utilisation des voies multiples peut se ramener à deux types principaux. Tantôt chacun des groupes de deux voies est considéré comme constituant une ligne distincte destinée à desservir une ou plusieurs directions déterminées. Tantôt, au contraire, l'affectation des voies est déterminée par la nature des trains.

Le lecteur que la question intéresserait, au point de vue technique, pourra étudier les dispositions prises par la Compagnie du Nord, entre Paris et Saint-Denis; par la Compagnie de l'Ouest, entre Paris et Asnières; par la Compagnie de Paris-Lyon-Méditerranée, entre Paris et Villeneuve-Saint-Georges.

CHAPITRE IX

DES TRAINS LÉGERS ET DES TRAINS-TRAMWAYS

1. Observations préliminaires. — Les trains ordinaires, avec leur composition, avec les règles auxquelles ils sont soumis pour leur personnel et leurs arrêts, avec le prix de revient de leur matériel, ne peuvent souvent être assez nombreux, ni s'arrêter en des points assez rapprochés, pour donner une complète satisfaction aux intérêts du public, surtout dans la banlieue des grandes villes et sur les lignes où les excursions provoquent un mouvement important à certaines époques de l'année, et où il importe de faciliter et de développer ce mouvement par tous les moyens compatibles avec la sécurité de l'exploitation. D'un autre côté, au fur et à mesure que le réseau s'étend et se ramifie davantage, les chemins nouveaux deviennent de moins en moins productifs et la nécessité d'y réduire le coût du train-kilomètre s'impose de plus en plus, pour permettre de les desservir par un nombre de trains suffisant, sans consacrer au service des sommes hors de proportion avec la recette brute.

Il y a là un problème délicat et difficile sur lequel se sont portées, depuis quelques années, l'attention des Pouvoirs publics et les recherches des ingénieurs.

Bien que ce problème ne soit pas encore complètement résolu, nous devons faire connaître les résultats des expériences tentées, soit en France, soit à l'étranger.

2. Allemagne. — *a.* Trains de la banlieue de Berlin, entre cette ville et Grünau. — Jusqu'au mois de septembre 1878, le service des voyageurs était fait, sur la ligne de Berlin à Gœrlitz, par trois trains réguliers dans chaque sens. Ce nombre étant insuffisant, la Compagnie a cherché à y pourvoir par la mise en marche de trains-tramways intercalés entre les trains réguliers. L'Administration y a consenti et a autorisé les dérogations suivantes aux règles ordinaires :

1° Les voitures des trains-tramways n'appartiennent qu'à la 3e classe;

2° Le transport des bagages a été supprimé;

3° Le wagon de sûreté, qui, d'après les règlements, doit être intercalé entre la machine et la 1re voiture, peut être laissé de côté, à la condition que la vitesse ne dépasse pas 30 kilomètres à l'heure, limite fixée par l'ordonnance du 12 juin 1878 pour les chemins de fer d'intérêt local;

4° Le service de la poste est restreint au transport des lettres.

La Compagnie avait proposé de réduire à un mécanicien le personnel de la machine; mais l'Administration a exigé un mécanicien et un chauffeur.

Les trains-tramways organisés dans ces conditions sont remorqués par une petite machine de tramways du type Krauss de Munich (2 essieux couplés; force de 20 chevaux; pression maxima de 12 atmosphères dans la chaudière; poids de 7 200 kilog.). Le combustible employé est du coke de gaz; il n'en faut qu'un hectolitre pour un voyage aller et retour. Ces locomotives peuvent remorquer sans difficulté cinq voitures à la vitesse de 30 kilomètres.

Le matériel de transport se compose :

— de voitures spéciales à deux étages et à 4 essieux, susceptibles de contenir 120 voyageurs;

— de voitures ordinaires de 3e classe.

Les voitures spéciales sont très lourdes. Elles ne sont généralement utilisées qu'en été.

Les trains-tramways les plus chargés sont formés de la voiture spéciale et de 4 voitures ordinaires; ils contiennent 286 personnes.

Le personnel comprend, outre le mécanicien et le chauffeur, un conducteur chargé de la distribution des billets et de la perception du prix des places. Ce dernier agent, responsable du mouvement du train, est placé sur la plate-forme de la première voiture.

Les trains-tramways circulent entre Berlin et Grünau, sur une longueur de 14 kilomètres : cette section est à double voie, presque rectiligne et à déclivités extrêmement faibles. Il existe trois stations ou haltes dans lesquelles les trains ne s'arrêtent qu'en cas de besoin.

En fixant les horaires, on a surtout égard à la fréquentation des écoles et aux besoins des commerçants.

La taxe perçue pour les trains ordinaires est de 4 à 5 pfennigs par kilomètre, soit 5 c. à 6 c. 25. Pour les trains-tramways, le prix total est de :

— 0 fr. 625 pour un billet simple ordinaire, sans distinction de destination ;

— de 0 fr. 875 pour un billet aller et retour ;

— de 0 fr. 3125 pour un billet simple de militaire ou d'enfant se rendant à l'école.

Des billets d'abonnement, valables pour 2, 3 et 6 mois, sont délivrés avec des réductions de prix de 50 à 70 %.

D'après un relevé détaillé que nous avons eu entre les mains et qui se rapportait à l'année 1879-1880, le nombre des trains mis en circulation a été de 1 688 pendant la période d'hiver (15 octobre 1879 au 14 mars 1880) et de 3 446 pendant la période d'été (15 mai au 14 octobre 1880) ; leur parcours a été respectivement de 23 632 kilomètres et de 48 244 kilomètres, durant ces deux périodes ; le nombre des essieux par train a été de 2 et de 4,33 ; le nombre des voyageurs a oscillé entre 10 et 25 (moyenne de 14) pour la période d'hiver et entre 19 et 45 (moyenne de 37) pour la période d'été.

La dépense kilométrique de traction et la dépense d'exploitation étaient évaluées aux chiffres ci-après, dans une note de M. Baum insérée à la Revue générale des chemins de fer, en juin 1879 :

Dépense de traction :   Été 0 fr. 32.   Hiver 0 fr. 40 ;
Dépense totale d'exploitation (1) —   0   54.   — 0   69.

Il résulterait du relevé auquel nous faisions précédemment allusion : 1° que, du 15 octobre 1879 au 14 octobre 1880, la dépense moyenne d'exploitation se serait abaissée à 0 fr. 49 en été et à 0 fr. 45 en hiver ; 2° que, pour une recette brute totale de 36 275 marcs, la recette nette aurait été de 18 140 marcs, soit de 22 500 francs environ ou encore de 50 %.

Toutefois, ces chiffres ne doivent être admis qu'avec les plus grandes réserves : l'estimation des dépenses, notamment, laisse de côté l'entretien et les réparations des locomotives et des wagons autres que ceux du type Krauss, les frais de surveillance et de contrôle du service, les frais généraux, etc.

b. Trains-tramways du chemin de ceinture de Berlin. — Un service de trains-tramways a été organisé en 1879 sur le chemin de ceinture de Berlin, de la gare de Dresde, par Charlottenbourg-Westend, à la gare de Lehrte (19 kilomètres), et sur le chemin de Berlin à Dresde, entre Berlin et Zossen (32 kilomètres). Ces sections ont l'une six stations intermédiaires et l'autre quatre dans lesquelles s'arrêtent tous les trains.

(1) Y compris l'intérêt à 5 % et l'amortissement à 3 % du matériel roulant.

L'exploitation se fait au moyen de quatre voitures à vapeur pesant 18 800 kilogs à vide et 23 500 kilogs en charge, avec 45 voyageurs, 500 kilogs de bagages, 100 kilogs de coke et 900 kilogs d'eau. Ces voitures laissent à désirer au point de vue de la construction et donnent lieu à des réparations fréquentes.

Le personnel se compose d'un mécanicien chef de train et d'un chauffeur chargé du contrôle des billets.

Le maximum de vitesse est de 30 kilomètres par heure.

Quand les voitures-vapeur sont en réparation, on fait le service avec une locomotive ordinaire, un wagon de sûreté et deux voitures, l'une de 1re et 2e classe, l'autre de 3e classe : dans ce cas le personnel est renforcé d'un conducteur.

Les billets sont délivrés, au prix ordinaire, par les stations.

c. TRAINS-TRAMWAYS DU CHEMIN DE BERLIN-HAMBOURG. — Des trains-tramways ont été mis en circulation entre Berlin et Spandau (12 kilomètres). Ils sont composés de locomotives pesant 18 400 kilogs à vide et 24 300 kilogs en charge et de voitures dont les unes comprennent des compartiments de 2e et 3e classe, d'autres des compartiments de 3e classe seulement, les autres enfin des compartiments de 3e classe et une caisse à bagages. Les voitures sont légères ; on les a pourvues de freins à vide. Le véhicule avec caisse à bagages est placé derrière la locomotive. Des communications existant entre les voitures, le personnel se compose exclusivement d'un mécanicien chef de train et d'un chauffeur chargé du contrôle des billets.

La vitesse maximum est de 30 kilomètres.

Les prix des billets sont les mêmes que pour les trains ordinaires.

d. ÉTAT DE L'OPINION EN ALLEMAGNE AU SUJET DES TRAINS-TRAMWAYS. — Au début, le public s'est montré extrêmement satisfait des trains-tramways. Mais, peu à peu, un revirement s'est produit dans l'opinion : on s'est plaint de l'insuffisance de vitesse, du manque de compartiments spéciaux pour les dames et pour les fumeurs, du défaut de chauffage des voitures en hiver, etc... Le public a paru perdre de vue le caractère exceptionnel du service des trains-tramways, qui exige impérieusement de la simplicité et une diminution de vitesse.

3. **Autriche-Hongrie.** — Plusieurs Compagnies autrichiennes ont organisé des trains-tramways destinés à des services locaux et de banlieue, composés d'un petit nombre de voitures, marchant à une vitesse modérée

et s'arrêtant, non seulement à toutes les stations, mais aussi en des points intermédiaires comme les passages à niveau pourvus de maisons de garde.

Elles n'ont point, en général, de matériel spécial. Elles emploient les voitures disponibles et font remorquer les trains, soit par une machine de manœuvre ou de réserve, soit par une machine arrivant à la gare de formation. Cette utilisation du matériel ordinaire évite des frais d'acquisition, simplifie l'entretien et les réparations, permet de tirer un meilleur parti du personnel, dispense de l'allumage et de la mise en pression d'une machine spéciale (1).

Voici, à titre d'exemple, quelles sont les dispositions en vigueur pour la composition des trains, leur vitesse, leurs arrêts, sur le réseau de la Société autrichienne des chemins de fer de l'État.

Sauf des circonstances exceptionnelles, la machine est placée tender en arrière. Quand le train ne comprend que 3 voitures à voyageurs à 2 essieux ou 2 voitures à 4 essieux, l'interposition d'un fourgon entre la locomotive et la 1re voiture n'est pas obligatoire ; s'il est nécessaire, dans ce cas, d'avoir un fourgon à bagages, ce fourgon peut être placé en queue du train.

La vitesse est limitée à 30 kilomètres, même en cas de retard.

Le nombre des freins est fixé d'après les mêmes règles que pour les trains réguliers de marchandises.

Le personnel comprend, outre le mécanicien et le chauffeur, un nombre de conducteurs déterminé d'après celui des freins. Il n'y a par suite, en général, qu'un conducteur chef de train. Cet agent est placé dans le wagon de queue et communique avec le mécanicien par une corde-signal.

Quand des voyageurs veulent descendre aux points d'arrêt autres que les stations, le chef de train en prévient le mécanicien à l'arrêt précédent. Quand, au contraire, des voyageurs s'y présentent pour y prendre le train, le garde fait le signal d'arrêt. Les billets sont délivrés à ces voyageurs par le chef de train.

Pendant leur stationnement aux points d'arrêt autres que les stations, les trains-tramways sont couverts par le garde-voie qu'ils viennent de dépasser.

A ces renseignements, concernant spécialement la Société autrichienne des chemins de fer de l'État, nous croyons devoir en ajouter d'autres empruntés à une note de M. Banderali, publiée en 1882 par la Revue géné-

(1) Cependant quelques Compagnies emploient des locomotives spécialement construites à cet effet.

rale des chemins de fer et relatifs à diverses lignes concédées, soit à la Compagnie de la « Südbahn », soit à d'autres Compagnies autrichiennes. Comme la Société des chemins de fer de l'État, ces Compagnies ont repoussé l'emploi de la voiture-vapeur et des véhicules spéciaux. Les trains sont remorqués par une locomotive-tender et comprennent une, deux, trois ou quatre voitures à couloir, suivant l'affluence des voyageurs. La locomotive est conduite par un seul homme; mais elle est mise en communication avec le train par un tablier qui joint la plate-forme d'avant de la première voiture. Quand le train ne comprend pas plus de trois voitures, il n'a qu'un conducteur; cet agent se tient sur la plate-forme d'arrière de la dernière voiture où est installé un timbre actionné par le mécanicien; il peut, de son côté, agir par une corde sur le sifflet de la machine; il doit être en état de conduire le train jusqu'à la station la plus proche, au cas où le mécanicien serait victime d'un accident. Quand le train comprend quatre voitures, le nombre des conducteurs est porté à deux : le chef de train est dans la voiture de tête; l'autre conducteur se tient dans le dernier véhicule. Des freins continus à vide, manœuvrés par le mécanicien, sont adaptés à tous les véhicules. Le poids de la machine est de 24 tonnes environ; elle peut remorquer une charge de 30 tonnes sur une rampe de 25$^m/_m$, avec une vitesse de 15 kilomètres par heure. Tantôt elle est munie d'un compartiment à bagages; tantôt ce compartiment est reporté dans l'un des véhicules.

On peut utilement rapprocher de l'organisation des trains-tramways sur certaines sections de grandes lignes, celle des trains économiques mis en mouvement sur des chemins secondaires de l'Autriche-Hongrie. Ces chemins, que nous avons eu déjà l'occasion de mentionner, tome II, page 695 et suivantes, ont été construits dans les conditions les plus modestes et sont exploités suivant les mêmes principes. La largeur de leur plate-forme a été réduite; les concessionnaires ont été autorisés à employer le bois dans les ouvrages d'art; le poids des rails, les dimensions des traverses et l'épaisseur du ballast ont également subi des diminutions; les dispositions des gares et stations on été simplifiées, tant pour les voies que pour les bâtiments et les signaux; les clôtures ont été supprimées; il en a été de même des barrières et des maisons de garde, pour la plupart des passages à niveau. Toutes ces économies dans la construction ont dû nécessairement déterminer une diminution dans le poids des machines et la vitesse des trains.

La traction peut aux termes du règlement du 1er août 1883, se faire machine en avant ou machine en arrière. Quand la vitesse maximum du train ne dépasse pas 25 kilomètres à l'heure, la Compagnie est dispensée d'intercaler un fourgon entre la machine et le 1er véhicule occupé par des voyageurs, si le train ne contient pas plus de douze essieux, sur les lignes dont les déclivités ne dépassent pas 0,010, et plus de huit essieux, sur les autres lignes. Il est loisible au chef de train de ne pas occuper le premier véhicule suivant la locomotive, pourvu qu'il puisse communiquer avec le mécanicien. Le dernier véhicule doit être muni de freins et monté par un conducteur; toutefois, l'addition d'un autre véhicule en arrière est tolérée. Encore ces règles peuvent-elles être tempérées avec le consentement exprès de l'inspection générale. Dans les trains mixtes, les véhicules à voyageurs doivent être placés autant que possible dans la seconde moitié du train; en aucun cas, ils ne peuvent être intercalés immédiatement après la machine. Les wagons attelés à l'aide de manilles et de tendeurs à vis peuvent être dépourvus de chaînes de sécurité. Le service de la machine peut être confié à un agent unique, si l'inspection générale y consent. Le nombre des agents accompagnant les trains de marchandises peut être réduit à un, si la charge et les déclivités n'exigent qu'un seul serre-frein. Il en est de même pour les trains de voyageurs et les trains mixtes, si les véhicules à voyageurs sont en queue et s'il existe une communication entre le premier et le dernier de ces véhicules. Les trains peuvent être arrêtés en pleine voie, à des points déterminés d'avance, pour prendre ou laisser soit des voyageurs, soit des wagons de marchandises à charger ou à décharger : ces wagons sont ensuite refoulés jusqu'à la station voisine par le premier train qui survient.

Pour les lignes concédées à la Société autrichienne des chemins de fer de l'État, qui a pris vers 1870 l'initiative des chemins vicinaux en Hongrie, le maximum de vitesse est de 23 à 24 kilomètres; la moyenne est de 19 kilomètres pour les trains mixtes et de 15 kilomètres pour les trains de marchandises; le nombre des essieux est limité à 60 pour les uns et 100 pour les autres. Les locomotives sont du type des machines employées aux manœuvres de gare, sauf diminution dans la chaudière et les cylindres, mais avec le maintien pur et simple des autres organes dont le changement aurait pu compliquer les réparations. Les véhicules sont également conformes aux types courants; toutefois, les fourgons ont été divisés en deux parties, dont l'une est affectée au conducteur chef de train et aux bagages, et l'autre au service de la poste. La Société autrichienne des chemins de fer de l'État serait arrivée à ne pas dépenser plus de 0 fr. 13 pour la traction proprement dite de 100 tonnes transportées à un kilomètre, alors que, pour l'ensemble de son réseau, la dépense correspondante s'élève en moyenne à 0 fr. 29; elle espérait obtenir encore une réduction sensible pour les trains-tramways n'ayant que 2 ou 3 voitures.

4. Belgique. — La Belgique a d'abord cherché la solution du problème des trains économiques dans l'emploi de voitures-vapeur dont les plus connues ont été établies sur les plans de M. Belpaire. Ces voitures étaient à trois essieux ; la machine était placée à l'avant.

La caisse proprement dite était divisée en trois compartiments, savoir : un compartiment de première classe et un compartiment de deuxième classe, séparés par une cloison longitudinale à hauteur d'homme et pouvant contenir chacun douze voyageurs ; un compartiment de troisième classe, renfermant trente-deux places et séparé des autres par des barrières roulantes. Une caisse à bagages pouvant porter cinq cents kilogs environ était disposée près de la machine. Le poids maximum des voitures en charge était de 26 tonnes, dont 9 sur l'essieu moteur, 10 sur l'essieu d'avant et 7 sur l'essieu d'arrière.

La vitesse moyenne de marche était de 25 à 30 kilomètres à l'heure (1).

Le Gouvernement belge a autorisé, d'autre part, en 1882, la Société anonyme du chemin de fer de Liège à Maestricht à organiser, entre Liège et Visé, de petits trains composés de voitures analogues à celles des tramways. Ces trains comprennent de 2 à 4 voitures à couloir, un fourgon de tête et un fourgon de queue (2) ; ils sont remorqués par des locomotives-tenders à 6 roues couplées, pesant 15 tonnes à charge. Les voitures, analogues à celles des tramways, comportent 48 places assises, d'une classe unique, taxées à 0 fr. 05 par kilomètre parcouru (3). La vitesse est

---

(1) On peut rapprocher de la voiture Belpaire d'autres voitures à vapeur, par exemple celle qui a été imaginée par M. Thomas, ingénieur civil, membre de la direction spéciale de la Compagnie des chemins de fer Louis de Hesse, à Mayence. Cette voiture-vapeur peut avoir des dimensions et une puissance appropriées au trafic et au profil de la ligne. Le modèle décrit dans la *Revue générale des chemins de fer* (1881, 1er semestre, p. 284) est à trois essieux et pèse en service environ 24 tonnes, dont 12 tonnes sur l'essieu moteur. La machine peut être facilement et rapidement séparée de la voiture proprement dite, en cas de réparation. (Dans certaines voitures, l'indépendance est complète ; mais il peut en résulter des mouvements de lacet dangereux, pour les grandes vitesses). La voiture peut contenir, à l'étage inférieur, 20 places de 1re et de 2e classe et 20 places de 3e classe, et à l'étage supérieur 38 à 40 places assises ; l'accès des places de 1re et 2e classes est séparé de celui des places de 3e classe ; 20 voyageurs peuvent être placés debout aux extrémités du véhicule, qui est par suite susceptible de recevoir une centaine de personnes. Un compartiment, entièrement clos, est disposé pour le transport de 5 m. c., 5 de bagages, ainsi que des boîtes à lettres et d'une caisse à outils. La machine est munie d'un frein à contre-vapeur et le véhicule de freins à main. Les deux étages sont chauffés à la vapeur. La voiture complètement chargée pourrait marcher à 50 km. sur une rampe de 10 ‰, à 40 km. sur une rampe de 14 ‰, et à 30 km. sur une rampe de 20 ‰. Sur de faibles rampes et à une vitesse moindre, elle pourrait remorquer un certain nombre de wagons.

(2) En principe les trains-tramways ne doivent pas servir au transport des bagages. L'introduction d'un fourgon de tête et d'un fourgon de queue constitue surtout une mesure de prudence. Accessoirement les voyageurs peuvent y déposer des colis pesant jusqu'à 25 kilos, mais à charge d'en opérer eux-mêmes le chargement et le déchargement à leurs risques et périls.

(3) Au commencement de 1884, il était question d'installer un coupé spécial où les voyageurs payeraient un supplément de 10 centimes pour toute distance.

de 35 kilomètres à l'heure. Les trains s'arrêtent, non seulement aux stations, mais encore aux principaux passages à niveau ; les points d'arrêt, en dehors des stations, sont couverts par des signaux ; des quais d'embarquement et de débarquement y ont été installés. C'est dans le train même que les coupons sont délivrés par un contrôleur. Le succès de ces trains-tramways a été sans cesse grandissant.

De son côté, la Compagnie du Nord est entrée dans la même voie pour son réseau belge.

5. Hollande. — Des trains légers ont été créés en Hollande, dans des conditions analogues à celles que nous venons de relater, pour faciliter les communications entre les grandes villes et les communes de leur banlieue. Ils sont remorqués par une locomotive-tender à quatre roues couplées, pesant 20 tonnes, et comprennent une ou plusieurs voitures de 2ᵉ classe, avec compartiment à bagages, ainsi qu'une ou plusieurs voitures de 3ᵉ classe. Toutes ces voitures sont à couloir central, avec plates-formes aux extrémités et tabliers se rabattant, pour permettre de passer d'un véhicule à l'autre. La vitesse a été limitée à 35 kilomètres au maximum par le Gouvernement. Le personnel comprend un contrôleur, un mécanicien et un jeune aide, remplissant les fonctions de chauffeur. Quand la composition des trains l'exige, on adjoint à ce personnel le nombre voulu de serre-freins.

6. Italie. — La question de l'exploitation économique des chemins de fer a été également l'objet d'essais heureux sur le réseau de la Haute-Italie, alors que ce réseau était exploité par l'État. A la suite de plusieurs missions à l'étranger et sous l'impulsion de M. Baccarini, ministre des travaux publics, des trains ont été organisés, les uns avec des voitures à vapeur Belpaire, les autres avec des locomotives-tenders Krauss, pesant 16 tonnes. Ce service, ayant satisfait le public, a reçu une extension considérable.

Les voitures à vapeur comprennent un compartiment à bagages et un grand compartiment de 3ᵉ classe. Elles remorquent une voiture américaine à quatre roues, pourvue d'un compartiment de 1ʳᵉ classe et d'un compartiment de seconde classe.

Les locomotives sont des machines-tenders pesant, suivant les cas, 16 ou 25 tonnes. Les trains comprennent généralement deux voitures américaines à quatre roues, l'une de 1ʳᵉ et 2ᵉ classes, l'autre de 3ᵉ classe, et, s'il y a lieu, des voitures du type ordinaire. On a utilisé aussi des voitures à étage. Les bagages sont placés, soit dans un compartiment spécial de la voiture américaine de 3ᵉ classe, soit dans un fourgon : cette dernière solution est jugée préférable par les ingénieurs, parce qu'elle évite le retournement du véhicule aux extrémités du parcours et, en outre, parce que le fourgon sert de wagon de sécurité.

Le maximum de vitesse de marche est fixé à 40 kilomètres à l'heure.

Des haltes supplémentaires ont été ouvertes aux passages à niveau les plus fréquentés, ou dans le voisinage des grands centres de population ; on a utilisé, le cas échéant, les maisons de garde.

7. **France**. — *a*. Premiers essais. — Nous avons déjà relaté à diverses reprises le décret du 20 mai 1880, par lequel le Ministre des travaux publics a été investi des pouvoirs nécessaires pour autoriser, à titre d'essai, la mise en circulation de voitures à vapeur portant leur moteur avec elles et de locomotives-tenders de faible poids, remorquant une ou plusieurs voitures à voyageurs sans interposition de fourgon. Aux termes de l'article 2 de ce décret, le personnel des agents accompagnant les voyageurs peut, dans le cas d'une seule voiture, être réduit à un mécanicien et à un conducteur garde-frein.

Usant de la faculté qui lui était conférée, le Ministre a autorisé l'Administration des chemins de fer de l'État à mettre en service des voitures à vapeur dont on trouvera la description dans la Revue générale des chemins de fer (1881, 1er semestre, page 275). Ces voitures sont à trois essieux ; elles pèsent, en charge, environ 28 tonnes, dont 12 tonnes sur l'essieu moteur et 8 tonnes sur chacun des autres essieux. Elles comportent un coupé de 1re classe à 4 places, un compartiment de 2e classe à 10 places, 1 coupé-poste et une impériale à 24 places de 3e classe.

Peu de temps après, le Ministre a conclu avec la Compagnie de l'Est, pour l'exploitation provisoire de lignes d'embranchement, deux conventions qui ont été approuvées par décret du 23 août 1880 et dans lesquelles a été insérée la clause suivante : « La Compagnie de l'Est s'engage à « transformer l'exploitation de la ligne de. . . . . . . , dans un délai « maximum de six mois, conformément aux dispositions du décret du « 20 mai 1880, autorisant la mise en circulation de voitures à vapeur « portant leur moteur avec elles et de locomotives-tenders de faible poids « remorquant une ou plusieurs voitures sans interposition de fourgon. » Des locomotives-tenders spéciales ont été acquises pour l'un des chemins qui faisaient l'objet de ces conventions.

Toutefois, il n'y a eu là, pendant plusieurs années, pour la Compagnie de l'Est comme pour l'Administration des chemins de fer de l'État, que des expériences qui n'ont point abouti à une application plus large des dispositions prévues par le décret du 20 mai 1880.

Récemment, diverses Compagnies et notamment celle du Nord ont tenté de nouveaux essais dont elles se montrent satisfaites et au sujet desquels nous donnerons plus loin quelques détails.

b. Étude faite en 1881 par le Comité de l'exploitation technique des chemins de fer. — Applications sur le réseau du nord. — La question des trains-tramways a fait, en 1881, l'objet d'une étude fort intéressante du Comité de l'exploitation technique.

Frappé du prix élevé des trains ordinaires, le Ministre des travaux publics pensait qu'il pouvait être opportun d'entrer plus largement dans la voie ouverte par le décret du 20 mai 1880. Il considérait comme utile d'y chercher le moyen :

1° D'améliorer le service des grandes lignes, en intercalant des trains de section légers entre les trains de grand parcours, ceux-ci ne pouvant pas toujours, en raison des sujétions auxquelles ils étaient soumis, desservir les gares intermédiaires dans des conditions qui répondissent le mieux aux besoins locaux ;

2° De doter de services de banlieue certaines grandes villes qui en étaient privées ;

3° De multiplier sans trop de frais le nombre des trains de voyageurs sur les lignes à faible trafic, telles que celles du 3ᵉ réseau, et d'y séparer le service des voyageurs de celui des marchandises, de manière à mieux desservir les relations locales et à épargner aux voyageurs les lenteurs des trains mixtes.

Le Ministre invita en conséquence le Comité, par dépêche du 14 mai 1881, à étudier l'organisation de trains légers et économiques pour voyageurs, dans des conditions analogues à celles qui avaient été déjà admises en Allemagne et en Autriche ; à rédiger dans ce but un programme ; et à arrêter les bases des propositions qu'il conviendrait de demander aux Compagnies, pour arriver à une solution satisfaisante du problème.

La Sous-Commission instituée par le Comité a tout d'abord porté ses investigations sur la valeur réelle des économies à réaliser. Laissant de côté les dépenses des gares et stations et celles de la voie, dont les variations n'ont qu'une influence secondaire et sont d'ailleurs difficilement appréciables, elle a fait entrer en ligne de compte les dépenses propres du train, à savoir :

1° la consommation de combustible, d'eau et de matières grasses ;

2° les frais de conduite du train, c'est-à-dire les appointements, primes et frais de déplacement des machinistes, chauffeurs, chefs de train et conducteurs ;

3° les frais de réparation et d'entretien des machines et wagons, ainsi que ceux d'éclairage et de chauffage des trains, frais qu'on s'accorde généralement en pratique à considérer comme proportionnels au parcours kilométrique.

D'après les statistiques officielles, la dépense moyenne d'exploitation par kilomètre de train sur l'ensemble du réseau des chemins de fer français s'était élevée, pendant les années précédentes, à 2 fr. 80 se décomposant ainsi :

	fr.
Administration centrale	0,15
Exploitation proprement dite	0,89
Traction et matériel roulant	0,96
Voie	0,68
Divers	0,12
Total	2,80

Parmi ces éléments de dépenses, la Sous-Commission indiquait les suivants comme susceptibles de subir des réductions, en les évaluant d'ailleurs non point d'après les résultats moyens de l'exploitation, mais d'après les résultats obtenus pour les trains peu chargés des lignes secondaires :

	fr.	fr.
Consommation de combustible et de matières	0,20 à	0,25
Personnel pour la conduite des machines	0,16	
Agents du train	0,11	
Réparation et entretien du matériel	0,21	
Total	0,68 à	0,73

Elle jugeait possible de réaliser des économies :

1° Sur la consommation de combustible, par la diminution de la vitesse et par la réduction du poids mort, grâce à la suppression du fourgon derrière la machine, à l'emploi de voitures ne comportant que deux classes et à l'adoption, dans certains cas, d'un type spécial de moteur ;

2° Sur le personnel, par l'application des dispositions du décret du 20 mai 1880, dans la mesure où elles seraient compatibles avec l'importance du trafic de la ligne et avec la nécessité d'avoir un personnel suffisant pour couvrir le train, en cas d'arrêt imprévu en pleine voie sur les chemins de fer à voie unique (1).

(1) La sous-commission faisait observer que le personnel du train devait être suffisant, non seulement pour manœuvrer les freins, mais encore pour couvrir le train en cas d'arrêt imprévu en pleine voie, et que cette nécessité conduisait généralement à pourvoir le train d'un conducteur au minimum sur les lignes à double voie, et de deux conducteurs sur les lignes à voie unique, non compris le conducteur-chef responsable de la sécurité et astreint

Elle évaluait ces économies à 7 ou 9 centimes pour le combustible, si on faisait usage d'un petit moteur spécial, et à 13 centimes environ pour le personnel, si on pouvait user complètement du bénéfice du décret du 20 mai 1880.

Elle n'admettait aucune diminution notable sur les dépenses d'entretien et de réparation du matériel, attendu que les économies afférentes aux voitures devaient être, le cas échéant, compensées, au moins dans une certaine mesure, par une augmentation sur le matériel spécial de traction.

Quelque faibles que fussent les chiffres d'économie auxquels elle arrivait, la Sous-Commission exprimait l'avis que ces chiffres étaient encore assez importants pour être pris en sérieuse considération, pour faciliter la création de nouveaux trains et pour permettre ainsi de donner plus aisément satisfaction aux vœux des populations. Mais elle avait soin d'ajouter que l'organisation des trains légers n'entraînerait jamais la suppression complète des trains mixtes, la dépense par unité de poids remorquée variant en raison inverse de la charge du train et l'adjonction de voitures à voyageurs aux trains de marchandises devant toujours présenter l'avantage de diminuer cette dépense, tout en multipliant les convois de voyageurs.

Examinant ensuite la question à un autre point de vue, la Sous-Commission émettait l'avis qu'on pourrait utilement créer dans la banlieue de certaines villes des trains-tramways de petit parcours, susceptibles de s'arrêter aux passages à niveau et même près des passages supérieurs ou inférieurs, soit sur la demande des voyageurs à y laisser, soit sur la présentation d'un signal d'arrêt, lorsqu'il y aurait des voyageurs à prendre. Ces arrêts devaient satisfaire des besoins réels et attirer au chemin de fer des courants de circulation que l'espacement des stations et le long intervalle des trains ne permettaient pas de desservir convenablement. Aucune installation ne devait être créée, si ce n'est une simple banquette-trottoir sur l'accotement de la voie, pour l'embarquement et le débarquement des voyageurs. Les trains devaient être couverts, soit par les gardes-lignes les plus voisins, suivant le système déjà autorisé pour le service des haltes du réseau de l'Ouest, soit même, sur les lignes à

à ne pas quitter son convoi. Le système autrichien, consistant à faire couvrir le train par le conducteur-chef, lui paraissait présenter les plus grands inconvénients pour les chemins à grande circulation, sur lesquels les trains-tramways seraient intercalés entre les trains ordinaires : il avait, en effet, l'inconvénient d'exposer, soit à abandonner le chef de train sur la voie, soit à prolonger inutilement le stationnement du convoi, ce qui pouvait compromettre la régularité du service et par conséquent, suivant la sous-commission, la sécurité. Le nombre des conducteurs ne se prêtait facilement à une réduction que sur les lignes exploitées en navette.

faible circulation, par les stations voisines, la marche des trains-tramways étant signalée de gare en gare par le télégraphe et la section comprise entre deux gares restant bloquée à l'arrière pour les lignes à double voie et aux deux extrémités pour les lignes à voie unique. La Sous-Commission conseillait d'ailleurs de n'admettre que les voyageurs sans bagages ; de faire délivrer et contrôler les billets par le chef de train ou par les gardes des passages à niveau, pour les voyageurs à prendre ou à laisser en dehors des stations ; de réduire au strict minimum la composition des trains ; d'autoriser, outre la suppression du fourgon, la diminution du nombre des classes et de tolérer la traction par des machines marchant tender en avant, de manière à réduire à un simple aiguillage les manœuvres à faire à la station extrême pour la mise en tête de la locomotive.

En résumé, la Sous-Commission concluait à faire connaître à l'Administration des chemins de fer de l'État et aux Compagnies que l'Administration supérieure était disposée à leur accorder les autorisations nécessaires pour la mise en marche de trains légers desservant les lignes secondaires ou intercalés entre les trains ordinaires sur les lignes principales. Ces autorisations devaient avoir pour objet :

1° D'étendre aux lignes sur lesquelles le nouveau service serait organisé le bénéfice des dispositions du décret du 20 mai 1880 relatives à la mise en circulation des voitures à vapeur, à la suppression du fourgon placé derrière la machine et à la réduction du personnel accompagnant les voyageurs, sous les conditions déterminées par l'article 2 de ce décret ;

2° De permettre l'arrêt facultatif des trains en certains points de la voie, sans installation spéciale, pour y prendre ou pour y laisser des voyageurs sans bagages et sans chiens ;

3° D'alléger les trains et de simplifier leur service, en autorisant la suppression d'une des trois classes ; en affranchissant certains trains de l'obligation de transporter les articles de messagerie, les chevaux, les voitures et les cercueils ; en restreignant la composition du train à un nombre de voitures à fixer dans chaque cas, mais toujours inférieur à la limite ordinaire de 24 voitures, l'Administration supérieure se réservant d'ailleurs la faculté de prescrire la mise en marche de trains supplémentaire, les jours d'affluence exceptionnelle ;

4° Enfin, d'autoriser la traction par des machines circulant tender en avant.

Ces conclusions ont été adoptées par le Comité, puis par le Ministre, qui a adressé aux Compagnies une communication conforme, le 31 octobre 1882. La plupart des Compagnies se sont tout d'abord montrées peu disposées à faire usage des trains-tramways et des trains légers. Cependant, la Compagnie du Nord les a expérimentés et paraît devoir en faire de nombreuses applications, tant dans la banlieue des grandes villes que sur les lignes secondaires. Dès aujourd'hui, le réseau du Nord compte 475 kilomètres exploités ainsi; ce nombre sera bientôt porté à 800, et, vers la fin de 1887, les trains-tramways feront, aux portes de Paris, le service des voyageurs entre la gare du Nord et Saint-Denis et entre Saint-Ouen et Pantin. La Compagnie de l'Est, celle de l'Ouest, celle du Midi, celle de Grande-Ceinture et l'Administration des chemins de fer de l'État ont agi ou vont agir de même; elles emploieront fréquemment, comme la Compagnie du Nord, de grandes voitures mixtes à couloir central.

L'un des arrêtés ministériels intervenus pour autoriser la mise en marche de voitures-vapeur porte les dispositions suivantes. Le personnel de chaque voiture comprend au moins un mécanicien et un conducteur garde frein. Les voitures à vapeur, qu'elles marchent seules ou qu'elles remorquent des voitures ordinaires, doivent être tournées de telle sorte que le mécanicien soit placé en avant dans le sens de la marche du train. La vitesse normale, sans tenir compte des arrêts, ne doit pas dépasser 40 kilomètres à l'heure. Quand, par suite d'accident ou de toute autre cause, il y a nécessité de faire marcher les voitures à vapeur dans un sens opposé, la vitesse est limitée à 20 kilomètres. En tout état de cause, elles sont placées à la tête du train. Lorsqu'elles remorquent plus d'un véhicule, celui qui est placé à l'arrière doit être muni d'un frein monté.

D'autres arrêtés, autorisant la mise en marche de trains-tramways ou de trains légers, contiennent les clauses suivantes. Les trains peuvent ne comprendre que des voitures de 2ᵉ et de 3ᵉ classe ; ils sont affranchis de l'obligation de transporter les articles de messagerie et les bagages. Ils sont composés, outre la locomotive, soit d'une seule voiture au plus sans interposition de fourgon, soit de plusieurs voitures, au nombre de 6 au plus. Au cas d'une voiture unique, le personnel peut être réduit à un mécanicien et à un conducteur garde-frein, sous la réserve qu'une communication sera établie entre la locomotive et la voiture et que le train sera muni d'un frein continu. Au cas de plusieurs véhicules, la voiture de choc peut être supprimée. Des arrêts ont lieu, sans installations spéciales et sans signaux fixes, à divers ponts ou passages à niveau. La vitesse normale, sans tenir compte des arrêts, est limitée à 53 kilomètres sur certaines lignes, à 57 sur d'autres. Dans les trains formés d'une seule voiture, le conducteur garde-frein arrêterait la machine, si le mécanicien venait à en tomber ou était hors d'état de continuer son service.

8. Observations sur les trains-tramways et les trains légers et sur le matériel entrant dans leur composition. — Pour bien juger la question, il faut avoir soin de distinguer entre des éléments que l'on a eu parfois le tort de réunir et de confondre.

Le but à poursuivre, le problème à résoudre, varient essentiellement avec la nature des lignes.

Sur les chemins secondaires, ce qu'il peut être utile de faire, c'est de réduire au strict minimum et d'une manière générale la composition des trains ; de s'affranchir des règles étroites et rigoureuses indispensables pour les lignes à grande circulation, mais inutiles pour les chemins à faible trafic ; de poursuivre toutes les économies compatibles avec la sécurité, sauf à sacrifier un peu de la vitesse ; d'éviter ainsi les dépenses frustratoires d'exploitation ; de simplifier en même temps et par voie de conséquence les installations de premier établissement ; de multiplier le nombre des trains, grâce à ces économies, si le chiffre de la population et l'importance des relations justifient cette mesure, ou, tout au moins, d'améliorer la situation financière des chemins peu fréquentés et n'offrant point un trafic rémunérateur. Quelques efforts ont été faits dans ce sens ; mais nous les croyons insuffisants.

Sur les chemins principaux, le problème est tout autre. Il consiste à activer et à améliorer le transport des voyageurs pour de courtes distances dans la banlieue des grandes villes, en intercalant entre les trains à grand parcours des trains spéciaux à faible parcours et à arrêts multiples, en utilisant la voie ferrée pour un véritable service de tramways à vapeur en attirant sur le chemin de fer des courants de circulation qu'il ne peu, convenablement desservir par les trains ordinaires, en simplifiant par suite les trains de transit et en les déchargeant au moins partiellement du service local. Sans doute, la création des trains-tramways avec leurs arrêts en pleine voie sur des lignes chargées de trafic peut présenter de réelles difficultés : cependant ces difficultés ne sont pas toujours insurmontables et l'on peut regretter, jusqu'à un certain point, que les Compagnies françaises n'aient pas suffisamment suivi l'exemple de plusieurs Administrations étrangères et n'aient pas complètement secondé l'initiative prise en 1880 par M. Varroy, ministre des travaux publics. C'est surtout à ce service spécial de banlieue que peuvent convenir les trains-tramways proprement dits. Comme les trains légers des chemins secondaires, les trains-tramways des grandes lignes doivent être soustraits à une réglementation trop absolue ; mais les immunités dont ils peuvent être appelés à bénéficier ne sont pas nécessairement du même ordre.

Les ingénieurs sont loin d'être d'accord sur la nature du matériel à employer pour les trains économiques; les uns préconisent un matériel spécial; les autres, au contraire, sont partisans convaincus du système inverse. Il faut, dans ces contradictions, faire la part du climat, des habitudes, des procédés d'exploitation, de la nature et de l'importance du trafic sur les lignes placées entre les mains de ceux qui professent l'une ou l'autre des deux doctrines; mais on doit y voir aussi, abstraction faite de toutes ces circonstances, l'application de principes opposés, déduits soit de la théorie, soit de la pratique de l'exploitation.

C'est surtout contre les voitures à vapeur qu'ont été dirigées les critiques les plus vives. Quelqu'ingénieuse que soit, en effet, l'idée de réunir en un même véhicule le moteur, les compartiments de voyageurs et la caisse à bagages, il est difficile de méconnaître les inconvénients de cette réunion. Les sujétions auxquelles on est astreint pour la construction de la machine, les conditions peu favorables dans lesquelles elle est placée, le peu d'espace susceptible de lui être affecté, ne permettent pas de lui donner toutes les qualités requises et en rendent l'entretien malaisé et peu commode. De leur côté, les compartiments de voyageurs n'ont pas tout le confortable voulu. Il importe aussi de ne point perdre de vue que les réparations sont bien plus fréquentes pour les locomotives que pour les voitures à voyageurs : on est obligé, à de courts intervalles, de visiter et de remplacer certains organes, de nettoyer la chaudière, de procéder à des opérations de lavage, etc... La réunion du moteur et de la voiture entraîne donc inutilement, dans beaucoup de cas, l'immobilisation de cette dernière et l'expose, en outre, à des détériorations lors du passage dans les ateliers ou les dépôts.

Il est toujours dangereux, en industrie et particulièrement en matière d'exploitation de chemins de fer, de multiplier les types, de trop spécialiser le matériel; l'utilisation est moins bonne; l'entretien est plus complexe et plus onéreux : c'est une observation que nous avons déjà formulée page 311, et qui ne rencontre plus de contradicteurs parmi les hommes rompus à la pratique des chemins de fer.

Est-ce à dire qu'il faille pousser cette thèse jusqu'à ses conséquences extrêmes, l'appliquer sans réserve, sans restriction, sans tempérament ? Incontestablement non. Pour les lignes secondaires, l'adoption de locomotives à faible poids s'impose d'elle-même : c'est la condition sine quâ non de l'économie dans la construction de la voie. Pour les lignes principales, tout en pensant que la Compagnie autrichienne des chemins de fer de l'État s'est efforcée avec raison d'utiliser son matériel ordinaire, on peut concevoir certaines circonstances où l'emploi de voitures-vapeur aurait des avantages susceptibles de compenser les inconvénients de ces véhicules spéciaux; tout en retenant la règle générale, on peut admettre des exceptions, dans certains cas déterminés.

Quel que soit d'ailleurs le parti auquel on s'arrête pour le matériel entrant dans la composition des trains légers et des trains-tramways, le principe même de l'organisation de ces trains mérite de fixer l'attention des ingénieurs français, comme il a fixé celle des ingénieurs de divers pays étrangers. Sans se faire d'illusions sur leur avenir, sans les considérer comme susceptibles d'une très large application, on ne saurait non plus leur refuser absolument le droit de cité en France.

CHAPITRE X

DES ACCIDENTS D'EXPLOITATION

§ 1. — DÉFINITION DES ACCIDENTS D'EXPLOITATION
INSTRUCTION ADMINISTRATIVE ET JUDICIAIRE.

1. Définition des accidents d'exploitation. — Une circulaire ministérielle du 8 novembre 1854, concernant la statistique des accidents, en donnait la définition suivante : « Les événements que l'on peut appeler « accidents de chemins de fer sont ceux qui ont lieu dans le cours de l'ex- « ploitation et par suite de l'exploitation de ces chemins, soit sur les voies « exploitées, soit dans les voies de garage et d'évitement, soit enfin dans « les gares et stations, à l'exclusion seulement des ateliers et magasins. « Ils doivent donc comprendre, non seulement les faits qui surviennent « dans la marche des convois, mais encore ceux qui se produisent dans « les manœuvres de gare et autres travaux se rapportant directement à « l'exploitation, qu'il y ait ou non des personnes atteintes. »

Toutefois l'auteur de la circulaire reconnaissait que certains incidents, à raison du peu de gravité de leurs effets, pouvaient ne point être assimilés à des accidents proprement dits et, par suite, ne pas être compris dans les statistiques. Il citait comme exemples :

— le cas d'un wagon déraillé dans une manœuvre de gare et n'ayant entraîné ni mort, ni blessures, ni avaries, ni retard dans le départ des trains ;

— celui d'un agent ou d'un ouvrier atteint, sans que ses meurtrissures ou contusions l'obligent à interrompre son travail ;

— celui d'un train ayant subi un accident de voiture ou de machine, mais sans mort, ni blessures, ni avaries graves, ni retard excédant les limites prévues par l'article 42 de l'ordonnance du 15 novembre 1846, à moins qu'il ait fallu appeler une locomotive de secours.

Bien que la statistique ait été modifiée depuis 1854, comme nous le verrons par la suite, on ne doit pas moins continuer à considérer comme accidents tous les faits de nature à influer sur la marche du service ; toutes les atteintes subies, soit par les voyageurs, soit par les agents des Compagnies, soit par toute autre personne se trouvant dans l'enceinte du chemin de fer ; tous les dommages causés au matériel fixe ou roulant et même aux propriétés riveraines, pourvu qu'ils se rattachent à l'exploitation et à moins que leurs conséquences ne soient extrêmement légères.

Sont seuls exclus les accidents d'ateliers.

Il est d'usage de ne point considérer comme accidents d'exploitation certains accidents survenus sur des chantiers, bien que les travaux s'exécutent sur des chemins ouverts à la circulation. La distinction n'est pas toujours facile. Cependant elle s'impose d'elle-même et ne peut donner lieu à aucune hésitation, dans certains cas tels que celui de l'établissement d'une deuxième voie ou d'autres travaux complémentaires, quand les accidents ne résultent pas de l'exploitation même de la ligne. Les accidents qui se produisent dans ces cas spéciaux restent sous le régime du droit commun. Les fonctionnaires du contrôle n'en doivent pas moins être prévenus par la Compagnie ; mais les obligations de l'exploitant n'ont pas la même sanction que dans les autres cas.

2. Déclarations et avis relatifs aux accidents. — *a.* DÉCLARATIONS A FAIRE PAR LES COMPAGNIES. — Aux termes de l'article 59 de l'ordonnance du 15 novembre 1846, « toutes les fois qu'il arrive un accident sur le che-
« min de fer, il en est fait immédiatement déclaration à l'autorité locale
« et au commissaire spécial de police (aujourd'hui le commissaire de
« surveillance administrative), à la diligence du chef du convoi. Le préfet
« du département, l'ingénieur des ponts et chaussées et l'ingénieur des
« mines, chargés de la surveillance, et le commissaire royal (aujourd'hui
« l'inspecteur général du contrôle) en sont immédiatement informés par
« la Compagnie. »

Le libellé de ce texte est des plus larges et s'applique aux accidents de toute nature. Des doutes se sont cependant élevés sur le caractère à attribuer à certains faits et, par suite, sur l'obligation où se trouvait la Compagnie de les dénoncer à l'autorité locale, au préfet et aux ingénieurs du contrôle. Nous ne pouvons que nous référer, sur ce point, aux indications du paragraphe précédent. Le lecteur pourra également consulter :

1° une circulaire ministérielle du 29 décembre 1860, invitant les Compagnies à se conformer strictement aux prescriptions de l'ordonnance du 15 novembre 1846 et à prendre les mesures nécessaires pour que les commissaires de surveillance administrative soient immédiatement avisés de tous les accidents survenus, soit sur la voie, soit dans l'intérieur des gares ou stations, quelles qu'en soient la nature et l'importance ;

2° deux arrêts de la Cour de cassation en date du 18 août 1859 et du 3 mai 1860 (Leroy), reconnaissant obligatoire la déclaration d'un accident dont un homme d'équipe avait été victime par suite d'une manœuvre de gare ;

3° un arrêt de la Cour de cassation, en date du 4 août 1870 (Lamouroux), statuant dans le même sens pour un déraillement de machine dans une manœuvre de gare, alors que ce déraillement avait causé un dérangement dans le service des trains (1).

Les détresses qui sont de nature à motiver le départ d'une machine de secours ou même simplement une demande de secours ont toujours été envisagées par l'Administration comme des accidents devant être portés à la connaissance des commissaires de surveillance. Une décision ministérielle a été notamment prise le 18 juin 1866, sur l'avis de la Commission des règlements et inventions, pour rappeler la Compagnie de Lyon à ses devoirs sur ce point.

En prenant à la lettre l'ordonnance du 15 novembre 1846, on devrait en induire que c'est toujours le chef du convoi qui doit faire la déclation et, par voie de conséquence, que l'article 59 s'applique exclusivement aux accidents de train. Nous avons déjà dit que cette dernière interprétation serait contraire à la nature des faits, à l'esprit de l'ordonnance et aussi à la jurisprudence de la Cour suprême.

Pour les accidents de trains eux-mêmes, le chef du convoi ne dispose généralement pas du temps et des moyens nécessaires à l'accomplissment des formalités réglementaires. Aussi est-il admis que le chef du convoi satisfait au vœu de la loi en remettant une déclaration entre les mains d'un autre agent de la Compagnie, qui en devient dépositaire et qui a à la transmettre à l'autorité locale, au préfet et aux fonctionnaires du contrôle : cet agent est en général un chef de gare et en particulier le chef de la première gare où stationne le train, lorsqu'il a pu continuer sa marche. Il y a lieu d'observer d'ailleurs que, pendant les arrêts des trains, le chef de station en prend le commandement et devient le véritable chef du convoi. Au surplus, l'important est que la déclaration soit faite immédiatement par la Compagnie, et il n'y a pas lieu de s'arrêter à la qualité de l'agent qui s'est acquitté de cette mission : ce ne serait qu'au cas d'omission qu'il pourrait

---

(1) Cette espèce présente une particularité intéressante à signaler. L'accident était survenu dans un dépôt de machines ; mais il s'agissait d'une locomotive qui n'avait fait qu'y pénétrer, pour tourner sur une plaque et prendre la tête du train. Contrairement à la prétention de la Compagnie, la Cour régulatrice n'a point voulu y voir un accident d'atelier sortant des prévisions de l'ordonnance du 15 novembre 1846.

être nécessaire d'appliquer la lettre de l'ordonnance ou de s'en rapprocher le plus possible, pour déterminer les responsabilités pénales.

En ce qui concerne les accidents survenus dans les gares, c'est incontestablement le chef de gare qui est appelé à les dénoncer à l'autorité (Arrêts de la Cour de cassation du 18 août 1859 et du 3 mai 1860, Leroy).

Quant aux autres accidents, le soin de la déclaration peut incomber à des agents de l'exploitation ou de la voie. Il appartient aux Compagnies de donner des instructions précises à leur personnel, pour qu'il n'y ait jamais d'hésitation de leur part, et de consigner ces instructions dans les règlements qu'elles soumettent à l'approbation ministérielle.

Les modifications apportées à l'organisation du service du contrôle ont entraîné ipso facto des changements dans la nomenclature des fonctionnaires auxquels doit être faite la déclaration : il faut y comprendre, outre l'inspecteur général et les ingénieurs ordinaires des ponts et chaussées et des mines, l'ingénieur en chef du contrôle de l'exploitation technique et l'ingénieur en chef du contrôle des travaux neufs et de l'entretien.

Les commissaires de surveillance administrative doivent veiller avec soin à ce que les Compagnies se conforment strictement aux prescriptions de l'ordonnance du 15 novembre 1846 ; le cas échéant, leur devoir est de constater les infractions commises à cet égard. Le Ministre des travaux publics le leur a rappelé par ses circulaires du 15 avril 1850, du 5 novembre 1852 et du 25 novembre 1853.

Indépendamment de leur déclaration au commissaire de surveillance, les Compagnies doivent faire parvenir un avis au Ministre des travaux publics, pour les accidents ayant atteint des personnes (Circulaires du 22 novembre 1854 et du 21 juin 1886).

b. Avis a donner par les commissaires de surveillance. — Les Commissaires de surveillance sont tenus de prévenir le préfet (Circulaire du 5 novembre 1852), les ingénieurs et inspecteurs de l'exploitation commerciale (Circulaire du 8 décembre 1852) et le procureur de la République (Circulaire du 25 novembre 1853). Toutefois les avis envoyés aux procureurs, en vertu de l'article 29 du Code d'instruction criminelle, sont limités aux accidents ayant occasionné la mort ou des blessures.

Primitivement les commissaires de surveillance n'avaient pas d'avis à adresser au Ministre des travaux publics ; aux termes de la circulaire précitée, du 22 novembre 1854, le soin de l'envoi de ces avis incombait aux Compagnies, d'une part, et aux ingénieurs en chef du contrôle, d'autre part. Mais, depuis, les actes relatifs à la franchise télégraphique, que nous relaterons ci-après, ont visé explicitement les communications entre le

Ministre et les commissaires de surveillance. Une circulaire ministérielle du 18 juillet 1864 a d'ailleurs invité à nouveau les ingénieurs en chef du contrôle à prendre les mesures nécessaires pour que tout accident, présentant quelque gravité, soit annoncé sans le moindre retard au Ministre, soit par correspondance, soit par la voie télégraphique, et une circulaire ultérieure du 6 décembre 1867 a disposé explicitement qu'il appartiendrait aux commissaires d'aviser immédiatement le Ministre par le télégraphe.

Le Ministre des travaux publics doit donc être placé aujourd'hui en tête de la liste des destinataires auxquels les commissaires ont à envoyer des avis télégraphiques (Circulaire du 21 juin 1886).

Ajoutons encore que les commissaires résidant dans un chef-lieu d'arrondissement peuvent avoir à donner avis au sous-préfet des accidents de quelque gravité (Circulaire du 30 octobre 1866).

Il ressort toutefois des textes précédemment cités que, pour les accidents de très minime importance, les commissaires peuvent se borner à prévenir les ingénieurs.

La forme des avis écrits a été réglée par la circulaire ministérielle du 8 décembre 1852.

Les chefs de gare doivent mettre à la disposition des commissaires de surveillance un agent subalterne pour porter les avis écrits aux autorités de leur résidence (Circulaire du 16 octobre 1856).

Quant aux avis télégraphiques, voici les règles qui les concernent.

Les commissaires de surveillance administrative peuvent expédier leurs dépêches en franchise, sans le visa du préfet ou du sous-préfet, au Ministre, au préfet, au procureur de la République et aux ingénieurs du contrôle (Circulaires du Ministre des travaux publics en date du 9 janvier 1855, du 30 janvier 1860 et du 15 octobre 1864 ; arrêté du Ministre de l'intérieur en date du 6 juin 1865). Ce dernier arrêté accorde d'ailleurs, dans des termes généraux, « la franchise télégraphique aux ingénieurs, « commissaires et autres agents préposés à la surveillance administrative « des chemins de fer, pour les correspondances, en cas d'accidents survenus « sur les voies ferrées, avec le Ministre des travaux publics, le préfet du « département, le procureur du ressort et les ingénieurs du contrôle (1). »

La forme des dépêches a fait l'objet d'une instruction ministérielle du 27 février 1855 et de diverses circulaires du 20 mars suivant, du 14 décembre 1865, du 5 mai 1870 et du 25 mai 1882, sur lesquelles nous n'avons pas à insister. Il nous suffit d'indiquer que, si un ingénieur se

____

(1) Les inspecteurs de l'exploitation commerciale ne sont pas compris parmi les fonctionnaires que les commissaires ont à aviser des accidents par la voie télégraphique.

trouve sur les lieux au moment de l'accident ou lors de l'arrivée de l'avis, c'est à ce fonctionnaire et non plus au commissaire de surveillance qu'incombe le soin de prévenir l'Administration; mais ce n'est là qu'un cas tout exceptionnel.

Il ne nous reste qu'à faire connaître le départ entre les accidents qui doivent donner lieu à un avis télégraphique et ceux pour lesquels un avis écrit est suffisant. D'après l'instruction ministérielle du 27 février 1855, devaient seuls être l'objet de communications télégraphiques les accidents occasionnés par des trains en marche ou les ayant atteints, soit en pleine voie, soit à l'entrée ou à la sortie des gares; à moins de circonstances exceptionnelles, les accidents ayant pour cause de simples manœuvres de gare ne devaient point être annoncés par dépêche, non plus que ceux qui n'avaient occasionné ni mort, ni blessures, et qui n'avaient apporté aucune perturbation dans la marche des trains. Les circulaires ministérielles du 15 octobre 1864 et du 21 juin 1886 sont beaucoup plus larges et visent explicitement les accidents de toute nature. Les commissaires de surveillance doivent donc recourir au télégraphe pour tous les accidents, à moins qu'il ne s'agisse de faits d'une minime importance.

3. Constatations sur place par les fonctionnaires du contrôle. — Au premier avis d'un accident ayant entraîné la mort ou des blessures, les commissaires de surveillance administrative se transportent le plus promptement possible sur le lieu de cet accident et en constatent les circonstances par un procès-verbal (Circulaire ministérielle du 15 avril 1850) ; s'il y a eu crime, délit ou contravention, ils verbalisent contre l'auteur présumé et, s'il y a flagrant délit, procèdent à son arrestation.

En cas d'accident de train, chacun des deux ingénieurs du contrôle doit se rendre immédiatement sur les lieux, sans se préoccuper de savoir si son collègue des ponts et chaussées ou des mines s'y rend de son côté. Lorsque l'avis annonce des morts ou des blessures, l'ingénieur en chef doit s'y transporter également, sans le moindre retard. Les premières constatations à faire par ces fonctionnaires portent sur les circonstances de l'accident, ses causes présumées, le nombre des victimes et, autant que possible, leur nom et leur domicile. Celui des ingénieurs qui est arrivé le premier adresse immédiatement au Ministre un rapport sommaire, dans lequel il rend compte de ses constatations et où il mentionne le jour et l'heure de son arrivée sur le théâtre de l'événement. Quand le commissaire de surveillance arrive avant les ingénieurs, c'est à lui qu'incombe le soin de l'envoi de ce rapport (Circulaires ministérielles du 6 décembre 1867 et du 5 mars 1873).

Il résulte d'une circulaire du 20 février 1868 aux inspecteurs généraux du contrôle, que l'envoi du rapport sommaire est limité aux cas d'accidents de trains (voyageurs ou marchandises), ayant eu des conséquences funestes pour les personnes.

Les fonctionnaires du contrôle poursuivent ensuite leurs constatations et les prolongent autant qu'il est nécessaire pour arriver à la découverte de la vérité.

Voici les mesures prises pour permettre à ces fonctionnaires de se rendre rapidement sur place.

Aux termes de l'article 39 de l'ordonnance du 15 novembre 1846, les ingénieurs et commissaires de surveillance ont le droit de monter sur les machines. Les commissaires doivent notamment profiter, le cas échéant, des machines de secours et sont avisés par la Compagnie du départ de ces machines (Circulaire ministérielle du 30 octobre 1856).

Les ingénieurs, conducteurs, gardes-mines et commissaires de surveillance sont en outre autorisés à requérir l'arrêt des trains qui les transportent, soit à une station que ces trains ne seraient pas appelés à desservir, d'après les ordres de service, soit même en un point quelconque de la voie situé entre deux stations (Circulaires ministérielles du 18 février et du 31 juillet 1868). La réquisition doit être donnée par écrit. Une circulaire du 15 juin 1868 a du reste recommandé de n'user de cette faculté qu'avec la plus grande réserve et pour des accidents de train ayant eu des conséquences funestes pour les personnes (voyageurs ou agents).

4. Instruction administrative et instruction judiciaire sur les accidents. — Ainsi que nous l'avons dit précédemment, les commissaires de surveillance administrative doivent, en conformité de la circulaire du 15 avril 1850, constater par un procès-verbal les circonstances des accidents ayant entraîné la mort ou des blessures.

Alors même qu'il n'y aurait eu ni mort, ni blessures, la loi du 27 février 1850 les oblige également à constater par des procès-verbaux les infractions aux règlements de l'exploitation ou les contraventions de grande voirie.

Enfin une circulaire ministérielle des 25-30 octobre 1855 a recommandé à tous les fonctionnaires et employés du contrôle, et particulièrement aux commissaires de surveillance, de relever avec soin tous les faits susceptibles d'affecter à un titre quelconque la sûreté de la circulation. Lorsque ces faits ne sont pas de nature à donner lieu à des poursuites, les constatations peuvent faire l'objet de simples rapports administratifs.

La loi du 27 février 1850 prescrit aux commissaires d'adresser : 1° aux ingénieurs les procès-verbaux constatant des contraventions de grande voirie; 2° en double original, aux procureurs et aux ingénieurs les procès-verbaux constatant des infractions aux règlements d'exploitation. Dans la huitaine du jour où ils ont reçu ces procès-verbaux, les ingénieurs les transmettent avec leur avis au préfet, s'il s'agit de contraventions de grande voirie, ou adressent leurs observations au procureur de la République, s'il s'agit d'infractions aux règlements d'exploitation.

Le service technique étant réparti entre les ingénieurs du contrôle de la voie et les ingénieurs du contrôle de l'exploitation technique, la question se pose de savoir quel est celui de ces fonctionnaires auquel les commissaires ont à adresser leurs procès-verbaux. Il est des cas où la compétence ne saurait faire doute. Dans les autres cas, il convient que les commissaires fassent l'envoi aux ingénieurs des deux services.

On pourra consulter utilement, à cet égard, l'instruction du 15 octobre 1881 et l'arrêté ministériel du 20 juillet 1886, qui définissent les attributions respectives des ingénieurs des ponts et chaussées et des mines, ainsi que les textes qui y sont relatés. On pourra aussi se reporter à une circulaire du 29 mai 1879, au sujet du service des aiguilles.

Les avis des ingénieurs sur les procès-verbaux doivent passer par l'intermédiaire de l'ingénieur en chef (Instruction ministérielle du 15 octobre 1881).

Les ingénieurs ont en outre à présenter un rapport administratif sur tous les accidents. Ce rapport est envoyé directement au Ministre par l'ingénieur en chef, pour les accidents de peu de gravité, portés au tableau B de la statistique (voir ci-après l'analyse de la circulaire du 8 septembre 1880); il l'est par l'inspecteur général, pour les accidents graves qui figurent au tableau A. Une circulaire du 21 juin 1886 a invité les directeurs du contrôle à prendre les dispositions nécessaires pour que les rapports définitifs sur les accidents lui parvinssent dans un délai de trois semaines au plus.

Le Comité de l'exploitation technique institué au Ministère des travaux publics est toujours consulté sur les conclusions des ingénieurs, en ce qui concerne les accidents du tableau A, quand ces fonctionnaires sont en désaccord ou soulèvent une question intéressante. Pour les accidents du tableau B et dans le même cas, l'inspecteur général est consulté et l'affaire est ensuite soumise, s'il y a lieu, au Comité de l'exploitation technique. Le Ministre prend ensuite telle décision que de droit sur la suite administrative à donner aux conclusions des ingénieurs et du Comité.

Conformément aux conclusions du Comité, le Ministre a, par une circulaire du 29 juillet 1879, prescrit aux fonctionnaires du contrôle de toujours provoquer des enquêtes judiciaires en cas d'accident et notamment de déraillement de train, dont la cause serait indéterminée. Il leur a recommandé, en outre, de prendre une part active à ces enquêtes et de seconder l'action de la justice par tous les moyens en leur pouvoir.

Les chefs de service du contrôle ont été invités par une circulaire du 18 juillet 1864 à suivre avec soin toutes les phases de l'instruction judiciaire, à assister aux débats ou à s'y faire représenter, et à envoyer au Ministre, soit l'avis des ordonnances de non-lieu avec les motifs à l'appui, soit une copie des jugements et arrêts, en y joignant un rapport circonstancié. Une circulaire ultérieure du 30 juin 1868 a limité l'envoi de la copie inextenso aux accidents de train ou aux accidents isolés ayant entraîné morts ou blessures. La forme des avis à adresser à l'Administration supérieure et les conditions dans lesquelles s'établissent les communications entre les ingénieurs et les parquets ont fait l'objet de divers règlements, qu'il serait oiseux de rappeler ici. Le lecteur pourra se reporter notamment à une circulaire du Ministre de la justice aux procureurs généraux, en date du 10 février 1862, et aux circulaires du Ministre des travaux publics, en date du 27 février 1862, du 27 janvier 1865 et du 30 juin 1868.

Pour les contraventions de grande voirie, le Ministre des travaux publics est avisé des décisions des Conseils de préfecture par des états trimestriels que lui font parvenir les préfets. Les ingénieurs en chef reçoivent en outre des préfets un état mensuel, qui les met à même de présenter, le cas échéant, des propositions de pourvoi (Circulaire ministérielle du 18 février 1854 et du 8 juillet 1862).

§ 2. — MESURES PRÉVENTIVES CONTRE LES ACCIDENTS
DISPOSITIONS RÉPRESSIVES

1. Mesures préventives contre les accidents. — Nous ne saurions donner une énumération complète des mesures préventives prescrites par l'Administration ou prises sur l'initiative des Compagnies, pour réduire le nombre et la gravité des accidents de chemins de fer. Il nous faudrait, en effet, passer une revue détaillée de toutes les parties de la construction et de l'exploitation technique ; revenir sur des indications que nous avons déjà données, chemin faisant, dans divers chapitres de ce volume et du volume précédent ; entrer dans des détails minutieux et des redites inutiles.

La sûreté de la circulation sur les voies ferrées et la sécurité du personnel ont été l'objet constant des études, des recherches et de la sollicitude de l'Administration. Ses préoccupations se sont traduites par des circulaires ou des instructions fort nombreuses, par des mesures multiples et diverses, dont une énumération analytique et détaillée nous ferait sortir des limites et du cadre dans lesquels nous devons nous renfermer.

Nous nous bornerons à quelques indications générales et essentielles.

Avant tout, nous devons rappeler les deux grandes enquêtes qui ont été ouvertes la première en 1853 « sur les moyens d'assurer la régularité et la « sûreté de l'exploitation sur les chemins de fer », la seconde en 1879 « sur les moyens de prévenir les accidents de chemins de fer ».

a. Enquête de 1853. — La Commission de 1853 était présidée en fait par M. de Parieu. Son secrétaire, M. Tourneux, chef du service de l'exploitation des chemins de fer au Ministère des travaux publics, a rédigé et présenté, le 1er décembre 1857, un très remarquable rapport que l'on peut encore aujourd'hui consulter utilement et lire avec fruit.

Elle a fait porter ses investigations sur les différents éléments de la voie et du matériel, sur les diverses parties du service, et particulièrement sur l'administration et le personnel des Compagnies. Comme conclusion de sa longue et laborieuse enquête, elle a insisté sur le soin que l'on devait mettre : 1° à réaliser de bons choix pour le personnel de toutes les branches du service ; 2° à perfectionner le matériel moteur, ainsi que les appareils répartis sur la voie pour donner mécaniquement les indications aux trains en marche ; 3° à poursuivre un bon système de règlements d'exploitation, clairs, simples et ne surchargeant pas la mémoire des agents, et à uniformiser ces règlements sur toutes les lignes de chemins de fer.

Elle a en outre soumis au Ministre des travaux publics un projet de règlement d'administration publique destiné à remplacer celui du 15 novembre 1846 sur la police, la sûreté et l'exploitation des chemins de fer. Ce projet de règlement comportait diverses améliorations dont l'expérience avait révélé l'opportunité, notamment l'obligation pour les Compagnies d'avoir à l'arrière des trains un véhicule ne portant pas de voyageurs. Il n'a pas reçu de suite.

b. Enquête de 1879. — La Commission de 1879, instituée par M. de Freycinet à la suite du grave accident de Flers, était présidée par M. Guillebot de Nerville, inspecteur général des mines, qui a rédigé lui-même et présenté, le 8 juillet 1880, un rapport très net et très complet sur les travaux et les conclusions de la Commission.

Les propositions consignées dans ce rapport tendaient :

1° à recommander aux Compagnies l'emploi d'appareils avertisseurs ou protecteurs aux passages à niveau, eu égard à leur fréquentation et à leur situation ;

2° à leur prescrire l'application progressive d'appareils d'enclenchement à toutes les bifurcations, à tous les groupes d'aiguilles intéressant la sécurité de la circulation sur les voies principales ;

3° à assurer l'exécution de l'article 23 de l'ordonnance de 1846, pour les communications des conducteurs gardes-freins avec le mécanicien, et à donner en outre aux voyageurs le moyen de faire appel aux agents du train ;

4° à signaler aux Compagnies l'utilité d'appliquer le block-system sur toutes les sections de lignes où le trafic atteindrait un mouvement de cinq trains à l'heure dans le même sens, à certaines heures de la journée;

à leur prescrire d'appliquer le système du cantonnement sur certains points particuliers de leurs réseaux, tels que les points de ramification ou de rebroussement de lignes ;

à leur recommander le block-system absolu comme offrant le plus de garanties de sécurité, en laissant à leur initiative le choix du système de cantonnement, ainsi que celui des appareils destinés à en effectuer la réalisation ;

5° à rendre obligatoire l'emploi des freins continus dans tous les trains de voyageurs dont la vitesse normale de pleine marche atteindrait 60 km. à l'heure, en y ajoutant, bien entendu, l'usage constant de la contre-vapeur ;

6° à exiger l'application progressive des cloches électriques ou du block-system à signaux extérieurs sur les sections à voie unique ayant plus de six trains réguliers dans chaque sens en vingt-quatre heures.

Le Ministre des travaux publics a adopté ces conclusions et adressé aux Compagnies des instructions conformes que nous rappellerons en reprenant la liste des principales circulaires relatives à la sécurité.

Indépendamment des enquêtes de 1853 et de 1879, dont l'objet spécial était l'étude des questions relatives à la sûreté de l'exploitation, nous devons encore mentionner l'enquête ouverte en 1861, sous la présidence de M. Michel Chevalier, « sur la construction et l'exploitation des che- « mins de fer ». La Commission instituée pour procéder à cette enquête a dû fixer son attention sur la « sécurité ». Sur ce point spécial, elle a formulé des recommandations au sujet des signaux de bifurcation et conclu à rendre obligatoires les communications entre les gardes-freins et le mécanicien, toutes les fois que la composition du train ne s'y opposerait pas. Des circulaires ont été envoyées aux Compagnies dans le sens de ces conclusions.

Les deux enquêtes solennelles de 1853 et de 1879, dont nous avons résumé brièvement les résultats, n'ont été en quelque sorte que deux points particulièrement saillants dans les travaux incessants des Conseils institués près du Ministre des travaux publics : jadis la Commission pour l'examen des règlements et inventions, aujourd'hui le Comité de l'exploitation technique des chemins de fer. Ce Comité est appelé, comme la commission qui l'a précédé, à donner son avis sur les règlements généraux et spéciaux de l'exploitation ; sur les perfectionnements du matériel fixe et du matériel roulant ; sur les accidents, la recherche de leurs causes et les mesures à prendre pour en éviter le retour ; sur les inventions concernant les chemins de fer, etc. Il ne se borne pas à un examen critique des faits ou des propositions renvoyés à son examen ; une initiative complète lui est laissée pour provoquer de la part du Ministre telle décision que de droit sur les améliorations de toute nature dont l'exploitation lui paraîtrait susceptible. Les savants, les habiles ingénieurs, les praticiens expérimentés qui le composent n'ont cessé d'apporter un zèle à toute épreuve à l'accomplissement de leur mission ; on ne saurait leur savoir trop de gré de leur dévouement à la chose publique, surtout quand on sait combien leur tâche est ingrate, notamment pour les inventions si multiples dont ils sont saisis.

Voici maintenant la liste sommaire des décrets, arrêtés et circulaires les plus importants, prescrivant des mesures en vue de prévenir les accidents :

1° Actes de malveillance.

Circulaire du 25 octobre 1854. — Invitation aux préfets de faire exercer une surveillance rigoureuse par les maires, la police locale et la gendarmerie.

Circulaire du 17 juillet 1882. — Rappel des instructions de 1854.

2° Voie et signaux.

Circulaire du 20 août 1847. — Précautions à prendre pour l'emploi des chevaux aux travaux de la voie.

Circulaire du 21 janvier 1854. — Précautions nécessitées par le pacage des bestiaux dans le voisinage des chemins de fer.

Circulaire du 14 juin 1855. — Prescriptions relatives à la fermeture des passages de piétons accolés aux barrières des passages à niveau.

Circulaire du 31 août 1855. — Garde-corps à placer sur les parapets des ponts.

Circulaire du 14 décembre 1855. — Usage des signaux détonants.

Circulaire du 13 mars 1856. — Mesures à prendre pour prévenir les dangers que présentent les fosses à piquer le feu des locomotives.

Arrêté du 15 mars 1856. — Emploi des signaux détonants.

Circulaire du 3 octobre 1856. — Recommandations diverses au sujet des signaux et de la surveillance de la voie.

Circulaire du 13 décembre 1856. — Mesures à prendre pour prévenir les dangers que présentent les fosses à piquer le feu des locomotives.

Circulaire du 2 mai 1857. — Retournement et rupture des rails.

Circulaire du 26 octobre 1857. — Enlèvement des glaçons formés à l'intrados des tunnels.

Circulaire du 20 mai 1858. — Moyens à employer pour prévenir la mise en mouvement spontanée du matériel stationnant dans les gares.

Circulaire du 17 juin 1858. — Disques répétiteurs. — Sonneries électriques.

Circulaire du 2 mars 1859. — Pose de contre-rails aux passages à niveau.

Circulaire du 31 janvier 1861. — Rupture des rails dans les souterrains.

Circulaire du 17 octobre 1863. — Précautions relatives aux outils et matériaux laissés sur la voie.

Circulaire du 1er février 1864. — Signaux aux bifurcations.

Circulaire du 4 juillet 1866. — Signaux pour couvrir les trains ou machines, au cas d'arrêt en pleine voie.

Circulaire du 25 mars 1876. — Recommandation des appareils électro-sémaphoriques Lartigue et Tesse.

Circulaire du 14 octobre 1876. — Rappel de la circulaire du 21 janvier 1854.

Circulaire du 31 janvier 1877. — Recommandation du block-system et des cloches allemandes pour les lignes à voie unique.

Circulaire du 13 mai 1879. — Recommandation des cloches allemandes pour les lignes à voie unique.

Circulaire du 3 septembre 1879. — Invitation aux Compagnies de procéder, d'accord avec le service du contrôle, à une revision générale des passages à niveau et à proposer les mesures spéciales de protection dont ce travail ferait reconnaître l'opportunité.

Circulaire du 28 juin 1880. — Emploi d'appareils d'enclenchement aux bifurcations.

Circulaire du 12 juillet 1880. — Dispositions à prendre pour assurer la fermeture complète des aiguilles prises en pointe par les trains.

Circulaire du 13 septembre 1880. — Rappel de la circulaire du 3 septembre 1879. — Prescriptions relatives à l'emploi des appareils d'enclenchement aux bifurcations, aux groupes d'aiguilles les plus importants et aux aiguilles isolées donnant accès sur les voies principales. — Invitation aux compagnies d'appliquer : 1° le block-system sur les sections de lignes comportant un mouvement de cinq trains à l'heure dans le même sens, à certaines heures de la journée, ainsi qu'aux points de ramification et de rebroussement ; 2° les cloches électriques sur les sections à voie unique comportant un mouvement de plus de six trains réguliers dans chaque sens par 24 heures, ou, à défaut des cloches électriques, le block-system à signaux extérieurs. — Recommandations relatives à l'emploi du bâton sur les sections à voie unique moins chargées.

Circulaire du 24 décembre 1880. — Rappel de la circulaire du 21 janvier 1854.

Circulaire du 28 février 1881. — Mesures hygiéniques, préventives et curatives, pour les soldats mis à la disposition des Compagnies et employés au déblaiement des voies en temps de neige.

Circulaire du 18 mai 1881. — Service des passages à niveau des lignes à circulation interrompue pendant la nuit.

Circulaire du 2 novembre 1881. — Inventaire des mesures prises en exécution de la circulaire du 13 septembre 1880. — Indications plus précises sur les aiguilles à enclencher. — Invitation d'étudier diverses améliorations nouvelles.

Arrêté du 12 décembre 1881. — Tirage des coups de mine dans les carrières situées à proximité du chemin de fer.

Circulaire du 12 janvier 1882. — Prescriptions diverses pour l'application du block-system. — Généralisation des cloches électriques sur toutes les lignes à voie unique.

Circulaire du 5 septembre 1882. — Tirage des coups de mine à proximité des chemins de fer.

Circulaire du 30 juin 1883. — Garnissage des cœurs de croisement et des talons d'aiguille.

Circulaire du 6 août 1883. — Prescriptions relatives aux enclenchements et au service des aiguilles non enclenchées. — Recommandations concernant les voies de sécurité.

Circulaire du 13 novembre 1883. — Suppression des poteaux hectométriques dans les gares.

Circulaire du 7 mai 1884. — Mesures préventives contre les incendies dans les forêts.

Circulaire du 4 mai 1885. — Rappel de la circulaire du 12 janvier 1882.

Circulaire du 10 juin 1885. — Évidements à ménager dans les piliers de façade des halles.

Arrêté du 15 novembre 1885. — Code des signaux échangés entre les agents des trains et les agents de la voie ou des gares.

Circulaire du 2 juin 1886. — Interprétation d'un article du Code des signaux.

Circulaire du 4 novembre 1886. — Prescriptions relatives à l'étude d'une amélioration des cloches électriques.

Circulaire du 11 novembre 1886. — Garnissage des cœurs de croisement et des talons d'aiguille.

3° Matériel. — Chargement. — Composition et circulation des trains.

Circulaire du 22 février 1848. — Mesures propres à prévenir le départ spontané des locomotives.

Décision du 16 avril 1849. — Nombre minimum de freins à comprendre dans les trains de voyageurs.

Circulaire du 11 janvier 1855. — Conduite des locomotives par des chauffeurs dans les manœuvres de gare.

Circulaire du 11 mai 1855. — Fermeture des portières des voitures à voyageurs.

Circulaire du 5 septembre 1855. — Exclusion des wagons à tampons secs dans les trains mixtes.

Circulaire du 30 octobre 1855. — Recommandations générales au sujet de la composition et de la régularité de marche des trains.

Circulaire du 26 février 1856. — Lestage des wagons munis de freins.

Circulaire du 13 mars 1856. — Hauteur uniforme des tampons de choc.

Circulaire du 6 mai 1856. — Usage du sifflet à vapeur.

Circulaire du 20 mai 1856. — Précautions à prendre pour le transport des rails.

Circulaire du 24 juin 1856. — Conduite des locomotives par des chauffeurs dans les manœuvres de gare.

Circulaire du 3 octobre 1856. — Recommandations diverses au sujet du chargement, de la composition et de la marche des trains.

Arrêté du 1er août 1857. — Prescriptions relatives aux cendriers et aux appareils destinés à arrêter les flammèches.

Circulaire du 18 août 1857. — Invitation concernant les communications entre le mécanicien et le conducteur.

Circulaire du 26 août 1857. — Cendriers et appareils destinés à arrêter les flammèches.

Circulaire du 8 octobre 1857 — Communications entre les conducteurs et le mécanicien.

Circulaire du 22 octobre 1857. — Composition, chargement et marche des trains.

Circulaire du 14 décembre 1857. — Transport des longues pièces de bois par les trains mixtes.

Circulaire du 7 décembre 1858. — Usage du sifflet à vapeur.

Circulaire du 7 décembre 1859. — Hauteur uniforme des tampons.

Circulaire du 26 décembre 1859. — Circulation des machines de secours, tender en avant.

Circulaire du 13 janvier 1860. — Communications entre les conducteurs et le mécanicien.

Circulaire du 5 mars 1860. — Places à occuper dans les trains par les toucheurs de bestiaux, les gendarmes et les douaniers.

Circulaire du 12 décembre 1860. — Contrôle de route. — Communications entre les voyageurs et le conducteur d'avant du train. — Adaptation de panneaux à glaces dormantes dans les cloisons séparatives des compartiments à voyageurs.

Règlement du 15 février 1861. — Transport des poudres.

Circulaire du 15 avril 1861. — Même objet.

Circulaire du 4 mai 1861. — Même objet. — Wagons à freins.

Circulaire du 15 juin 1861. — Même objet. — Wagons à freins.

Circulaire du 3 juillet 1861. — Transport des poudres.

Circulaire du 31 juillet 1861. — Même objet.

Circulaire du 17 décembre 1861. — Place des toucheurs de bestiaux dans les trains.

Arrêté du 15 avril 1863. — Manœuvre des wagons de poudre par locomotives.

Circulaire du 22 juin 1863. — Transport des rails par trains mixtes.

Arrêté du 15 juillet 1863. — Transport des matières explosibles ou inflammables.

Circulaire du 7 octobre 1863. — Communications entre le mécanicien et le conducteur de tête.

Circulaire du 23 octobre 1863. — Place assignée aux wagons chargés de matières dangereuses.

Circulaire du 1er février 1864. — Communications des agents du train avec le mécanicien.

Circulaire du 15 avril 1864. — Adaptation de freins et de boîtes à sable aux locomotives.

Circulaire du 21 décembre 1864. — Embarrage des wagons au repos dans les stations placées au sommet des fortes rampes.

Circulaire du 4 février 1865. — Adaptation de freins et de boîtes à sable aux locomotives.

Circulaire du 21 avril 1865. — Attelage des locomotives en queue des trains.

Circulaire du 21 avril 1865. — Communications entre les gardes-freins et le mécanicien.

Circulaire du 30 avril 1865. — Même objet.

Circulaire du 18 juillet 1865. — Attelage des machines de renfort en queue des trains.

Circulaire du 29 novembre 1865. — Communications entre les voyageurs et les agents des trains.

Circulaire du 31 décembre 1865. — Signal de départ des trains.

Circulaire du 5 avril 1866. — Communications des conducteurs avec le mécanicien et des voyageurs avec les agents des trains.

Décret du 18 avril 1866. — Transport des huiles de pétrole.

Circulaire du 16 mai 1866. — Mesures contre les incendies de voitures à voyageurs.

Circulaire du 21 juin 1866. — Communications des conducteurs avec le mécanicien et des voyageurs avec les agents des trains.

Circulaire du 13 novembre 1866. — Même objet.

Circulaire du 15 novembre 1866. — Transport des poudres.

Circulaire du 27 avril 1867. — Même objet.

Circulaire du 16 mai 1867. — Transport des capsules de guerre.

Circulaire du 21 septembre 1867. — Annonce par le télégraphe des trains facultatifs ou extraordinaires sur les lignes à voie unique.

Circulaire du 7 février 1870. — Précautions pour le transport des pierres de taille.

Circulaire du 12 mars 1870. — Freins de divers systèmes.

Arrêté du 18 juillet 1870. — Transport de cartouches pour revolver.

Circulaire du 21 juillet 1870. — Transport des poudres.

Circulaire du 24 août 1870. — Même objet.

Circulaire du 17 février 1871. — Même objet.

Arrêté du 25 juillet 1873. — Transport des poudres et munitions de guerre.

Arrête du 20 août 1873. — Transport de la dynamite.

Arrêté du 25 mars 1874. — Transport des matières explosibles ou inflammables.

Circulaire du 30 mars 1874. — Cendriers des locomotives.

Arrêté du 1er décembre 1874. — Transport des matières explosibles ou inflammables.

Circulaire du 26 janvier 1877. — Transports frauduleux de dynamite.

Arrêté du 30 mars 1877. — Transport des poudres et munitions de guerre.

Arrêté du 31 mars 1877. — Transport des matières explosibles ou inflammables.

Arrêté du 21 juin 1878. — Transport des poudres et munitions de guerre.

Arrêté du 10 janvier 1879. — Transport de la dynamite.

Circulaire du 21 juillet 1879. — Même objet.

Circulaire du 31 juillet 1879. — Descente des voyageurs sur les files de plaques.

Circulaire du 7 août 1879. — Transport de la dynamite.

Arrêté du 20 novembre 1879. — Transport des matières explosibles ou inflammables.

Circulaire du 19 décembre 1879. — Freins continus et automatiques.

Circulaire du 22 avril 1880. — Transport de la dynamite.

Circulaire du 21 juin 1880. — Transport des matières explosibles ou inflammables.

Arrêté du 26 juillet 1880. — Précautions à prendre pour éviter les incendies dans les wagons-écuries.

Circulaire du 30 juillet 1880. — Communications entre les voyageurs et les agents des trains.

Circulaire du 13 septembre 1880. — Communications des gardes-freins avec le mécanicien et des voyageurs avec les agents du train. — Moyens de communication entre les compartiments d'une même voiture. — Adaptation de freins continus aux trains dont la vitesse de pleine marche atteint 60 km. à l'heure.

Arrêté du 21 juillet 1881. — Transport des cordonnets de soie teints en noir.

Circulaire du 2 novembre 1881. — Inventaire des mesures prises en exécution de la circulaire du 13 septembre 1880. — Invitation d'étudier diverses améliorations nouvelles.

Arrêté du 31 octobre 1882. — Transport de la dynamite.

Circulaire du 7 décembre 1882. — Freins continus.

Circulaire du 15 avril 1884. — Mise en communication des agents entre eux et des voyageurs avec les agents des trains.

Circulaire du 10 janvier 1885. — Mode de fermeture des voitures à voyageurs.

Circulaire du 24 janvier 1885. — Adaptation de freins continus aux nouvelles voitures à voyageurs.

Circulaire du 16 mars 1885. — Protection des chantiers établis sous les tunnels à double voie.

Circulaire du 1er février 1886. — Même objet.

Circulaire du 29 mars 1886. — Adaptation de freins continus à tous les véhicules à voyageurs et autres véhicules de grande vitesse.

Circulaire du 10 juillet 1886. — Mesures de précaution contre les tentatives criminelles.

Circulaire du 4 novembre 1886. — Adaptation aux fourgons de tête et de queue des trains, de plaques indicatrices portant le numéro de ces trains.

Circulaire du 2 décembre 1886 — Confirmation de la circulaire du 29 mars 1886 sur les freins continus. — Limitation de la vitesse des trains omnibus non pourvus de ces freins.

4° Personnel des Compagnies et ouvriers étrangers employés à la manutention des wagons.

Circulaire du 11 janvier 1855. — Conduite des machines par des chauffeurs dans les manœuvres de gare.

Circulaire du 28 septembre 1855. — Service des aiguilleurs.

Circulaire du 29 septembre 1855. — Manœuvres dans les gares par des personnes étrangères au service du chemin de fer.

Circulaire du 30 octobre 1855. — Nombre des agents de l'exploitation et travail imposé à ces agents.

Circulaire du 24 juin 1856. — Conduite des machines par des chauffeurs dans les manœuvres de gare.

Circulaire du 3 octobre 1856. — Durée du travail journalier des agents.

Circulaire du 11 novembre 1857. — Service des équipes. — Introduction entre des véhicules en mouvement pour l'attelage et le décrochage.

Circulaire du 21 septembre 1858. — Interdiction aux agents de monter sur les marchepieds des machines en marche.

Circulaire du 25 janvier 1862. — Rappel des prescriptions du 11 novembre 1857.

Circulaire du 3 mai 1864. — Durée du travail des aiguilleurs.

Circulaire du 7 juin 1864. — Rappel des prescriptions du 11 novembre 1857 et du 25 janvier 1862.

Circulaire du 9 mai 1865. — Durée du travail des mécaniciens.

Circulaire du 12 octobre 1866. — Étude sur le système des primes accordées aux mécaniciens et aux chauffeurs.

Circulaire du 15 novembre 1879. — Manœuvres dans les gares par des personnes étrangères au service du chemin de fer.

Circulaire du 17 avril 1883. — Durée du travail journalier des mécaniciens, chauffeurs, conducteurs, gardes-freins et stationnaires des postes du block-system.

Circulaire du 28 juin 1884. — Rappel des prescriptions du 11 novembre 1857, du 25 janvier 1862 et du 7 juin 1864.

Circulaire du 26 décembre 1884. — Interdiction aux chefs d'équipe de faire eux-mêmes les manœuvres d'attelage et de décrochage.

A cette liste d'actes présentant un caractère général, il y aurait lieu d'ajouter les règlements spéciaux des Compagnies soumis à l'approbation ministérielle, en conformité de l'article 60 de l'ordonnance du 15 novembre 1846.

2. Secours. — L'article 40 de l'ordonnance du 15 novembre 1846

dispose que « des machines, dites de secours ou de réserve, devront être
« entretenues constamment en feu et prêtes à partir, sur les points de
« chaque ligne qui seront déterminés par le Ministre des travaux publics,
« sur la proposition de la Compagnie; les règles relatives au service de ces
« machines sont déterminées par le Ministre, sur la proposition de la
« Compagnie ».

En conformité de l'article 41, il doit y avoir constamment, au lieu de
dépôt des machines, un wagon chargé de tous les agrès et outils nécessaires en cas d'accident. Chaque train doit d'ailleurs être muni des outils
les plus indispensables.

Pour hâter le départ des machines de secours, le Ministre des travaux
publics a décidé, le 26 décembre 1859, que, lorsque ces machines seraient
isolées, elles pourraient circuler tender en avant à la vitesse de 45 kilomètres à l'heure. Il a en même temps limité à 35 kilomètres leur vitesse,
lorsqu'elles ramèneraient tender en avant un train resté en détresse.

Aux termes de l'ordonnance de 1846, les Compagnies doivent aussi
entretenir, aux stations désignées par le Ministre, les médicaments et
moyens de secours nécessaires en cas d'accident. Ces stations sont naturellement celles de quelque importance et particulièrement celles qui se
trouvent éloignées de tout centre de population agglomérée, qui forment
point de bifurcation de deux lignes ou qui renferment des ateliers.

Des boîtes à pansement sont en outre placées dans tous les trains de
voyageurs.

Deux circulaires ministérielles, du 12 août 1847 et du 5 juin 1866, ont
déterminé la composition des boîtes à pansement placées dans les trains,
des boîtes de secours installées dans les stations désignées par l'Administration supérieure et des boîtes à amputation déposées dans les stations
attenantes aux localités où réside un médecin de la Compagnie.

Les conducteurs chefs de train reçoivent des notions élémentaires sur
l'usage des médicaments et appareils renfermés dans les boîtes de secours.

Un médecin spécial est chargé par l'Administration supérieure de
l'inspection des boîtes et appareils de secours et rend compte au Ministre
de ses tournées périodiques, par l'intermédiaire des chefs de service du
contrôle.

**3. Pénalités encourues par les agents des Compagnies en cas
d'accident.** — En cas d'accident de personnes, les agents des Compagnies,
auxquels une faute peut être reprochée, sont passibles des peines prévues
par l'article 19 de la loi du 15 juillet 1845 : « Quiconque, par maladresse,
« imprudence, inattention, négligence ou inobservation des lois ou règle-

« ments, aura involontairement causé sur un chemin de fer, ou dans les
« gares ou stations, un accident qui aura occasionné des blessures, sera
« puni de huit jours à six mois d'emprisonnement et d'une amende de
« 50 à 1000 francs. Si l'accident a occasionné la mort d'une ou plusieurs
« personnes, l'emprisonnement sera de six mois à cinq ans et l'amende de
« 300 à 3000 francs. »

Ces dispositions peuvent être utilement rapprochées de celles des
articles 319 et 320 du Code pénal.

Article 319. — « Quiconque, par maladresse, imprudence, inattention,
« négligence ou inobservation des règlements, aura commis involontaire-
« ment un homicide ou en aura involontairement été la cause, sera puni
« d'un emprisonnement de trois mois à deux ans et d'une amende de
« 50 à 600 francs. »

Article 320. — « S'il n'est résulté du défaut d'adresse ou de précaution
« que des blessures ou coups, l'emprisonnement sera de six jours à deux
« mois et l'amende de 16 à 100 francs. »

On le voit, le législateur de 1845 a considérablement élevé les peines
prononcées par les articles 319 et 320 du Code pénal. Cette rigueur s'explique par le caractère particulier de gravité que présentent les accidents
de chemins de fer ; par le grand nombre de victimes que peuvent faire ces
accidents ; par la prudence, l'attention, l'absolue soumission aux règlements, qu'exigent impérieusement la sûreté de l'exploitation des voies
ferrées.

S'il n'y a pas eu d'accident de personne, mais si l'enquête a révélé
une contravention aux ordonnances ou décrets portant règlement d'administration publique sur la police, la sûreté et l'exploitation du chemin
de fer, aux décisions ministérielles intervenues pour l'exécution de ces
règlements ou aux arrêtés pris dans le même but par les préfets, sous
l'apppprobation du Ministre des travaux publics, les préposés des Compagnies sont passibles d'une amende de 16 à 3000 francs. En cas de récidive
dans l'année, l'amende est portée au double et le tribunal peut, selon les
circonstances, prononcer en outre un emprisonnement de trois jours à
un mois (Article 21 de la loi du 15 juillet 1845 et article 79 de l'ordonnance
du 15 novembre 1846).

L'article 463 du Code pénal est d'ailleurs applicable aux condamnations prononcées en exécution de la loi du 15 juillet 1845 : l'emprisonnement peut donc être réduit au-dessous de 6 jours et l'amende au-dessous
de 16 francs ; le tribunal peut aussi prononcer séparément l'une ou l'autre
de ces peines et même substituer l'amende à l'emprisonnement, sans descendre au-dessous des peines de simple police.

On pourrait citer un assez grand nombre de cas où les agents des Compagnies ont été condamnés à des peines correctionnelles, à la suite d'accidents. Nous en donnerons plusieurs exemples dans la courte monographie que nous consacrerons aux catastrophes les plus regrettables survenues depuis l'origine des chemins de fer. Le lecteur voudra bien se reporter à cette monographie. Voici, en outre, quelques indications extraites des recueils de jurisprudence.

a. ARRÊTS DE LA COUR DE CASSATION. — Arrêt du 7 mai 1868. — Condamnation d'un ingénieur de la voie attaché au service de la Compagnie de Paris-Lyon-Méditerranée. — Un train express avait déraillé sur la ligne de Paris à Marseille, à la station de Fleurville. Plusieurs voyageurs avaient reçu des contusions et des blessures. L'accident avait eu pour cause l'absence de signaux de ralentissement et l'insuffisance de garnissage des traverses dans une partie de voie en réfection. L'ingénieur, convaincu de négligence dans la surveillance du travail, avait été condamné à 500 francs d'amende, par application de l'article 19 de la loi du 15 juillet 1845. Cette condamnation a été maintenue par la Cour de cassation.

Arrêt du 26 juillet 1872. — Condamnation d'un chef de gare. — Une collision s'était produite à Vire, le 21 octobre 1871, entre un train de voyageurs et un train facultatif de marchandises, par suite du défaut de manœuvre des signaux. Cette collision avait entraîné des blessures. Le tribunal correctionnel de Vire condamna l'aiguilleur à trois mois d'emprisonnement et 50 francs d'amende, mais relaxa le chef de gare. Sur l'appel du ministère public, la cour de Caen condamna ce dernier agent pour négligence à 4 mois d'emprisonnement et 100 francs d'amende, et cet arrêt fut confirmé par la Cour suprême.

b. ARRÊTS DE COURS D'APPEL OU JUGEMENTS DE TRIBUNAUX. — Condamnation à 15 jours d'emprisonnement et à l'amende d'un conducteur de train qui avait écrasé le pouce d'un voyageur, en fermant brusquement une portière de voiture (Tribunal de la Seine, 19 décembre 1866; Cour d'appel de Paris, 9 janvier 1867).

Condamnation à 4 mois d'emprisonnement et 100 francs d'amende du chef de gare d'Antibes. — Cet agent ne s'était pas préoccupé du fonctionnement régulier du télégraphe de la Compagnie et s'était, par suite, trouvé dans l'impuissance de signaler aux chefs de gare intéressés l'écroulement d'un pont; il n'avait même pas songé à recourir au poste télégraphique de l'État et avait négligé d'aviser le maire. Un train allant de Nice à Antibes avait été, à la suite de cette accumulation de fautes, englouti, le 24 janvier 1872, dans le torrent de la Brague. — (Tribunal de Grasse et Cour d'Aix, 19 juin 1872.)

Condamnation d'un ingénieur en chef de la voie et d'un chef de section de la Compagnie de Paris-Lyon-Méditerranée à 1000 francs d'amende, à la suite d'un accident survenu près de Grenoble et dû au défaut d'entretien de la voie sur un pont. — Cet accident n'avait occasionné que de légères blessures. — (Tribunal de Grenoble, 23 janvier 1878.)

Condamnation d'un chef d'équipe et d'un homme d'équipe à huit jours d'emprisonnement, pour avoir causé par imprudence la mort d'un autre homme d'équipe, dans une manœuvre de gare (Tribunal de La Rochelle, 11 août 1881).

Condamnation d'un chef d'équipe à 80 francs d'amende, à la suite d'une collision entre un train de voyageurs et un train de marchandises en manœuvre dans la gare de Valence. — Cet accident était dû à un excès de vitesse de la machine du second train. (Tribunal de Valence, 6 juillet 1883, et Cour de Grenoble, 10 novembre 1883.)

Pour qu'il y ait lieu à l'application des peines prévues par la loi du 15 juillet 1845, il faut que la faute d'imprudence, de maladresse, de négligence ou de violation des lois ou règlements soit nettement établie (Cour de cassation, 26 février 1863, Schott). L'appréciation des circonstances susceptibles de constituer cette faute rentre dans le pouvoir souverain des juges du fait et échappe au contrôle de la Cour de cassation. (Voir un arrêt de la Cour de cassation du 12 décembre 1857, Docourt.)

Il faut aussi qu'il s'agisse d'un accident de chemin de fer proprement dit : la plupart des accidents d'ateliers et certains accidents de manœuvres ne pourraient motiver que l'application des articles 319 et 320 du Code pénal. Dans son code annoté, M. Lamé Fleury critique vivement la condamnation, en vertu de l'article 19 de la loi de 1845, d'un conducteur de train qui avait écrasé le pouce d'un voyageur, en fermant trop brusquement une portière (voir ci-dessus, page 482). Suivant lui, ce fait ne pouvait être régi que par le droit commun.

Les Compagnies peuvent être déclarées responsables des condamnations prononcées contre leurs agents : toutefois cette responsabilité ne peut s'entendre que des frais et non des amendes, qui ont un caractère exclusivement personnel.

4. **Pénalités encourues par les personnes étrangères au service du chemin de fer.** — Les personnes étrangères au service du chemin de fer peuvent être également condamnées par application des articles 19 et

21 de la loi du 15 juillet 1845, à l'occasion des accidents survenus sur les voies ferrées.

Nous citerons, à titre d'exemples, les deux décisions judiciaires suivantes :

a. Jugement du Tribunal correctionnel de Béziers, en date du 3 novembre 1871. — Un facteur de la poste, se trouvant sur la voie à la station de Nissan, avait voulu fermer, à l'approche d'un train, le disque protecteur qu'il croyait ouvert ; mais il avait fait la manœuvre inverse et provoqué ainsi un tamponnement entre un train de voyageurs et un train de marchandises. Quatorze voyageurs avaient reçu des blessures légères. Tout en admettant des circonstances atténuantes et en ayant égard aux bonnes intentions et aux antécédents irréprochables de l'inculpé, le tribunal le condamna à 15 jours d'emprisonnement.

b. Arrêt de la Cour d'appel d'Angers, en date du 3 mai 1875. — Une voiture attelée de deux chevaux s'était introduite, par la négligence du conducteur, sur un passage à niveau de chemin de fer d'intérêt local, régulièrement dépourvu de barrières. Un train était survenu et avait heurté la voiture ; trois wagons et la locomotive avaient été avariés. Le conducteur, poursuivi pour ce fait, fut relaxé par le tribunal de Saumur ; mais la cour d'Angers le condamna à 5) francs d'amende.

On pourra aussi consulter un arrêt de la cour de Caen, en date du 10 décembre 1873, infirmant un jugement par lequel le tribunal correctionnel de Cherbourg avait condamné un agent des télégraphes de l'État. Toutefois, il convient d'observer que des circonstances d'espèce ont seules conduit à décharger l'inculpé de toute part de responsabilité.

§ 3. — RESPONSABILITÉ CIVILE DES COMPAGNIES

1. Responsabilité civile des Compagnies à l'égard des voyageurs ou de leur famille. — *a.* BASE DES ACTIONS EN RESPONSABILITÉ DIRIGÉES CONTRE LES COMPAGNIES. — Le Code français a réglé avec rigueur et précision la responsabilité du voiturier en matière de transport des choses. Aux termes de l'article 1784 du Code civil, les voituriers par terre ou par eau « sont responsables de la perte et des avaries des choses qui leur sont « confiées, à moins qu'ils ne prouvent qu'elles ont été perdues et avariées « par cas fortuit ou force majeure ». L'article 98 du Code de commerce dispose que « le commissionnaire est garant des avaries ou pertes des marchan-« dises et effets, s'il n'y a stipulation contraire dans la lettre de voiture ou « force majeure ». Enfin, d'après l'article 103 du même Code, le voiturier « est garant de la perte des objets à transporter, hors le cas de force ma-« jeure ; il est garant des avaries autres que celles qui proviennent du vice « propre de la chose ou de la force majeure ».

Ainsi, pour les marchandises, la responsabilité des Compagnies est engagée ipso facto par la perte ou l'avarie de l'objet transporté. Il y a contre le transporteur une présomption de faute, dont il ne peut se dégager qu'en prouvant le vice propre, le cas fortuit ou la force majeure, et c'est exclusivement à lui qu'incombe le fardeau de cette preuve.

Les dispositions que nous venons de rappeler ne sont d'ailleurs que l'application à la matière spéciale des transports de marchandises, des principes généraux inscrits aux articles 1147 et suivants du Code civil pour l'inexécution des obligations, ainsi qu'à l'article 1315 pour la preuve de la libération.

Au contraire, le Code est muet, en ce qui concerne le transport des personnes. Ce silence s'explique par des considérations diverses, notamment par le petit nombre des voyageurs qui faisaient usage des voitures publiques au commencement du siècle. Quels sont donc les principes à appliquer ? La question divise les jurisconsultes et les tribunaux.

Suivant certains auteurs, la règle écrite dans le texte de l'article 1784 du Code civil, quoique non applicable aux personnes, si l'on s'en tient à la lettre, doit cependant leur être étendue, à titre de précepte de raison et de principe de droit naturel. En recevant un voyageur, le voiturier s'oblige, pour un prix déterminé, à le remettre sain et sauf à son point de destination ; si le voyageur est victime d'un accident, l'obligation n'est pas exécutée et ne peut être réputée telle, à moins que le voiturier ne prouve que l'accident provient d'une cause étrangère. Au surplus, rien n'est plus conforme à la raison et à l'équité que cette distribution du fardeau de la preuve : les transports se font en effet aujourd'hui dans des conditions qui rendraient le plus souvent impossible, surtout pour l'humble voyageur, la démonstration d'une faute précise imputable à un agent déterminé.

Cette thèse a été brillamment défendue par M. Sainctelette, ancien ministre des travaux publics de Belgique, dans son récent traité « de la « Responsabilité et de la Garantie ». M. Sourdat s'était déjà prononcé dans le même sens (Traité général de la responsabilité ou de l'action en dommages-intérêts en dehors des contrats) ; il s'était exprimé ainsi : « Si nous « nous plaçons, non plus au point de vue de l'action pénale dirigée par le « ministère public, mais de l'action civile des particuliers qui auraient « été victimes des accidents, nous trouverons la présomption de faute « inscrite dans la loi à la charge des Compagnies. En effet, l'article 1784, « qui les rend responsables de l'avarie ou de la perte des objets qu'elles « transportent, à moins qu'elles ne prouvent le cas fortuit ou la force majeure, s'applique à fortiori au transport des personnes. La protection « due à celles-ci ne peut être moindre que celle que l'on accorde aux « marchandises. Si donc des voyageurs sont blessés par suite du choc de « deux trains, de la fracture ou du déraillement d'un wagon, ce n'est pas « à eux de prouver que l'accident est le résultat d'une faute des agents « de l'entreprise. C'est au contraire à celle-ci d'établir les circonstances « qui la déchargeraient de la responsabilité qu'elle a encourue par le fait « de l'accident. »

Poussant sa théorie jusqu'à ses dernières limites et peut-être au delà de ses conséquences naturelles, M. Sainctelette considère les Compagnies comme devant garantir le voyageur, même contre les attaques criminelles dont il peut être victime ; les administrations de chemins de fer, ayant la la police de leurs voitures, doivent, selon lui, disposer leur matériel, choisir leur personnel, organiser leur contrôle, de manière à empêcher ces attentats.

A un autre point de vue, il soutient que les tribunaux doivent se borner à allouer les dommages-intérêts prévus ou susceptibles de l'être lors de la formation du contrat (Article 1150 du Code civil), sans avoir égard à la condition sociale du voyageur, à sa profession, au mouvement de ses affaires, à sa fortune, à la classe du compartiment dans lequel il était placé, pas plus que les contractants n'en ont tenu compte au moment de la délivrance du ticket. Les grosses indemnités accordées à certaines victimes ou à leur famille lui paraissent de véritables libéralités consenties aux frais des masses, au détriment du prix ou du progrès des transports, puisqu'elles se traduisent inévitablement par une augmentation des taxes.

Il tire en outre de l'article 1150 du Code civil cette conséquence que, sauf dans des circonstances exceptionnelles, le voyageur a tout intérêt à intenter l'action du contrat de préférence à l'action du délit, afin de ne pas se lier à l'action publique et d'obtenir plus promptement et plus sûrement satisfaction.

Les idées très absolues que M. Sainctelette a exposées avec tant de talent sont répudiées par d'autres jurisconsultes. Ces derniers font remarquer que la présomption de faute ainsi élevée contre les Compagnies ne résulte d'aucun texte; qu'elle n'est point conforme à l'esprit de la loi; que l'article 1784 du Code civil et l'article 103 du Code de commerce sont exclusivement applicables au transport des choses et ne sauraient être étendus au transport des personnes; et que, sauf disposition contraire, le fardeau de la preuve incombe toujours au demandeur. Ils considèrent d'ailleurs l'indemnité comme devant être réglée en exécution des article 1382 et suivants du Code civil, à savoir:

Art. 1382. — « Tout fait quelconque de l'homme, qui cause à autrui « un dommage, oblige celui par la faute duquel il est arrivé à le ré-« parer. »

Art. 1383. — « Chacun est responsable du dommage qu'il a causé « non seulement par son fait, mais encore par sa négligence ou par son « imprudence. »

Ainsi que nous le disions précédemment, les décisions judiciaires sont également divergentes. Dans quatre arrêts célèbres du 27 novembre 1866, la cour de Paris a admis la responsabilité du voiturier, à moins de cas fortuit ou de force majeure. D'après ces arrêts, le voyageur blessé ne serait pas tenu de prouver la faute de la Compagnie; à cette dernière incomberait l'obligation de prouver les faits qui la déchargeraient de sa responsabilité. L'accident à l'occasion duquel ils ont été rendus résultait de la rupture d'un bandage de roue, qui avait déterminé le déraillement de la dernière voiture d'un train de voyageurs et occasionné des blessures. L'instruction avait établi que la défectuosité du bandage n'était manifestée par aucun signe extérieur, que ce bandage présentait toutes les apparences d'une bonne fabrication et qu'il avait été reçu à la suite des épreuves d'usage. Néanmoins la cour de Paris, infirmant le jugement du tribunal de première instance, a repoussé l'exception de force majeure plaidée par la Compagnie et proclamé la responsabilité du transporteur pour le vice de matériel qui avait amené l'accident.

Au contraire, la cour d'Amiens, dans un arrêt du 29 décembre 1881 très vivement critiqué par M. Sainctelette, a décidé que l'article 1784 du Code civil n'était point applicable aux voyageurs, que ceux-ci restaient sous l'empire du droit commun, et que les articles 1382 et suivants pouvaient seuls régir les rapports entre le voiturier et les personnes transportées en cas d'accident.

La Cour de cassation s'est prononcée comme la cour d'Amiens. Voici la partie la plus intéressante de l'arrêt rendu, le 10 novembre 1884, par la Cour régulatrice :

« Attendu qu'en déclarant, dans l'article 1784 du Code civil, les « voituriers responsables de la perte et des avaries des choses qui leur « sont confiées, à moins qu'ils ne prouvent qu'elles ont été perdues ou « avariées par cas fortuit ou force majeure, le législateur a clairement in- « diqué, par les expressions mêmes dont il s'est servi, qu'il ne s'occupait « que du transport des choses et marchandises et non du transport des « personnes ;

« Attendu que la règle édictée par cet article 1784 n'est que l'application « au dépôt nécessaire de la chose transportée entre les mains du voiturier, « du principe général posé par les articles 1302 et 1315 du même Code « sur la preuve de la libération, principe d'après lequel le voiturier doit, « comme tout autre dépositaire d'un corps certain, le rendre en bon état « à celui qui le lui a remis, ou bien justifier de l'extinction de son obliga- « tion par paiement ou par cas fortuit ou force majeure ;

« Attendu que ce principe ne saurait être appliqué au transport des « personnes, par rapport auxquelles les règles de la responsabilité civile « sont exclusivement fixées par les articles 1382 et suivants du Code « civil ;

. . . .

« Attendu que les articles 1382 et 1383 ne limitent point la responsa- « bilité qu'ils prononcent contre celui par la faute duquel un accident est « arrivé, au seul cas où cette faute a été la cause unique et immédiate de « l'accident dommageable ; que, si la personne lésée a elle-même commis « une imprudence, cette circonstance peut sans doute autoriser les tribu- « naux à réduire le chiffre des dommages-intérêts, mais ne saurait per- « mettre d'affranchir de toute responsabilité celui dont la faute a contri- « bué, dans une certaine mesure, à déterminer l'accident ou à en aggraver « les circonstances . . . »

On le voit, la Cour suprême a nettement repoussé le système qui avait servi de base aux arrêts de la cour de Paris, du 27 novembre 1866, et qu'a récemment préconisé M. Sainctelette.

Sa décision est, à notre avis, tout à fait irréprochable. Sans doute les Compagnies, en délivrant les tickets aux voyageurs, concluent avec eux un véritable contrat dont l'inexécution peut donner ouverture à une action en garantie *ex contractu*. Mais il ne s'ensuit pas que ce contrat doive suivre le sort de la convention de transport des choses, dans toutes ses phases et toutes ses conséquences. Il ne s'ensuit pas que l'on puisse suppléer aux textes par une assimilation tirée des principes du droit naturel ; qu'il soit possible d'instituer, sans dispositions légales, une présomption de faute contre le voiturier ; qu'il faille se départir des règles du droit commun.

D'autre part, à côté de l'action en garantie *ex contractu*, naît toujours nécessairement une action en dommages-intérêts *ex delicto* ou *ex quasi-delicto*, qui prend un caractère prédominant et absorbe la première. Cette seconde action s'appuie sur l'article 1382 et les articles suivants du Code civil ; elle fait tomber la limitation des dommages-intérêts tirée de l'article 1150. Au surplus, comment apprécier les dommages prévus ou susceptibles de l'être, lors de la délivrance du billet ? Comment admettre qu'il soit rationnel de faire abstraction de la situation sociale des victimes et de l'étendue du préjudice effectif qui leur est causé, à elles ou à leur famille ?

Nous reconnaissons volontiers les difficultés que peut éprouver un voyageur à établir la faute de la Compagnie. Cependant il est permis de compter sur l'esprit libéral des tribunaux, sur la sagesse de la jurisprudence. Il faut aussi ne point perdre de vue que la plupart des accidents de voyageurs donnent lieu à une instruction judiciaire, en vue de la répression pénale, et que cette instruction vient singulièrement en aide aux victimes ou à leurs ayants droit.

Nous devons encore ajouter que la cour de Paris n'a jamais consacré complètement le système défendu par M. Sainctelette. Comme nous le verrons plus loin, elle a, par un arrêt du 16 décembre 1873, refusé de rendre une Compagnie responsable de la tentative d'assassinat commise contre un voyageur. Elle a considéré la responsabilité de cette Compagnie comme suffisamment dégagée par ce fait, que la voiture où le voyageur avait été attaqué satisfaisait aux prescriptions réglementaires ; elle n'a même pas voulu examiner si la sonnette d'alarme dont était pourvu le compartiment fonctionnait convenablement.

b. Responsabilité des compagnies pour les faits imputables a leurs agents. — L'article 22 de la loi du 15 juillet 1845 porte que « les conces-

« sionnaires ou fermiers d'un chemin de fer sont responsables, soit en-
« vers l'État, soit envers les particuliers, des dommages causés par les ad-
« ministrateurs, directeurs ou employés à un titre quelconque au service
« de l'exploitation du chemin de fer » et que « l'État sera soumis à la
« même responsabilité envers les particuliers , si le chemin de fer est
« exploité à ses frais et pour son compte ».

C'est l'application du principe général inscrit dans l'article 1384 du
Code civil : « On est responsable, non seulement du dommage que l'on
« cause par sa propre faute, mais encore de celui qui est causé par le fait
« des personnes dont on doit répondre ou des choses que l'on a sous sa
« garde. . . . . Les maîtres et les commettants sont responsables du dom-
« mage causé par leurs domestiques et préposés dans les fonctions aux-
« quelles ils les ont employés. »

La jurisprudence est toujours restée conforme à cette règle et il serait
tout à fait oiseux d'en relater les nombreux monuments.

L'action en responsabilité formée contre une Compagnie, en vertu de
l'article 1384 du Code civil, constitue une action principale, dont le sort
n'est pas subordonné à celui de l'action dirigée en même temps contre
la personne signalée comme ayant été l'agent direct du dommage. Le rejet
de cette dernière action n'entraîne pas nécessairement celui de la première. Il suffit, pour que celle-ci soit admissible, que le fait dommageable
soit résulté d'une faute commise par les préposés du commettant, dans
les fonctions auxquelles ils étaient employés, et cela lors même que ces
préposés n'auraient pas été mis en cause, la responsabilité édictée par l'article 1384 étant principale et non subsidiaire (Cour de cassation, 19 février 1866, Cie de P.-L.-M. contre Monnet).

c. RESPONSABILITÉ DES COMPAGNIES POUR LES FAITS IMPUTABLES A DES
PERSONNES ÉTRANGÈRES AU SERVICE DU CHEMIN DE FER. — En général, les
Compagnies ne peuvent être déclarées responsables du fait des personnes
étrangères à leur service.

Il est cependant des cas où leur responsabilité serait mise en jeu, si
on avait à leur reprocher une faute, par exemple un défaut de surveillance.
C'est ce qui a été reconnu par la cour de Montpellier, le 23 juillet 1873,
et par la Cour de cassation, le 13 juillet 1874, à l'occasion d'un accident
que nous avons déjà mentionné et qui résultait de la fausse manœuvre
d'un disque par un agent de la poste.

d. PERSONNES AYANT QUALITÉ POUR INTENTER LES ACTIONS EN RESPONSA-
BILITÉ CONTRE LES COMPAGNIES. — Les voyageurs blessés n'ont pas seuls

qualité pour demander en justice la réparation du dommage dont ils ont souffert.

Quand un individu succombe à ses blessures, l'action est ouverte à toute personne, héritière ou non, qui peut justifier d'un préjudice direct, personnel, actuel et certain. La qualité d'héritier n'est pas indispensable : au surplus, elle ne pourrait être invoquée comme constitutive d'un droit que si le décès n'avait pas été instantané et si la victime était morte, par suite, en possession d'une action personnelle entrant dans l'actif de la succession (1) ; en outre, les héritiers qui se borneraient à faire valoir cette qualité s'exposeraient, par cela même, à restreindre leur action à celle de leur auteur.

L'autorité judiciaire a fréquemment proclamé le principe de la recevabilité des demandes en réparation introduites, à l'occasion de la mort d'un voyageur victime d'un accident, par les personnes héritières ou non qui avaient souffert un préjudice direct par suite de cette mort. On pourra notamment consulter, à cet égard, un arrêt de la Cour de cassation du 21 juillet 1869 (Cie de P.-L.-M. contre Dombret) (2).

Les jugements et arrêts, portant allocation de dommages-intérêts à des voyageurs ou à des tiers, sont beaucoup trop nombreux pour être relatés, même succinctement. Il nous suffira d'en dégager quelques principes et quelques faits.

1. Voyageurs. — L'action n'est pas nécessairement immédiate. Si le mal ne se déclare que plus tard et si le délai de prescription (voir infra) n'est pas expiré, le droit du voyageur reste entier et il peut toujours obtenir des dommages-intérêts, à la condition de démontrer que sa maladie se rattache à l'événement dont la Compagnie doit répondre (Tribunal civil de Marseille, 8 août 1868, Magaud contre Cie de P.-L.-M.).

Le voyageur qui a été indemnisé une première fois peut obtenir ultérieurement de nouvelles indemnités, si une aggravation imprévue vient à se manifester dans son état. Peu importerait qu'il eût renoncé à toute revendication ultérieure : sa renonciation n'aurait pu, en effet, s'appliquer qu'aux conséquences susceptibles d'être prévues lorsqu'il l'a souscrite (Cour de Paris, 11 août 1868, Roche contre Cie d'Orléans ; Cour de Paris, 24 août 1868, et Cour de cassation, 23 mai 1870, Cie de l'Est contre Collichet).

---

(1) Cour de Paris, 15 juin 1868 (Cie de P.-L.-M. contre Godefroy de Cremeries) ; Cour de Besançon, 1er décembre 1880 (Boillon contre Cie de P.-L.-M.).

(2) Voir aussi, bien qu'il ne soit pas spécial à la matière des chemins de fer, l'arrêt très connu du 20 février 1863 (Caderousse-Gramont).

Les cas d'ouverture du droit à indemnité sont extrêmement divers : ce droit peut résulter, non seulement d'un accident de train proprement dit, mais encore d'une faute quelconque de la Compagnie. Nous citerons plus loin des espèces intéressantes.

La gratuité du parcours accordée à certains fonctionnaires, en vertu des clauses du cahier des charges, ne porte point obstacle à l'exercice éventuel du droit de ces fonctionnaires. Le conseil de préfecture de la Seine en a jugé ainsi, le 28 novembre 1867, contre la Compagnie d'Orléans et au profit d'un agent ambulant des postes blessé dans un déraillement. Ce tribunal a décidé qu'en prenant l'engagement de recevoir dans ses trains des voitures spéciales pour le transport des dépêches et des agents chargés de leur manipulation, la Compagnie avait contracté l'engagement de faire parvenir ces agents, sans accident, à leur destination. L'arrêté du conseil de préfecture a été confirmé par un décret au contentieux du 19 novembre 1868.

La gratuité accordée, à titre gracieux, à certains voyageurs, agents des chemins de fer ou autres, ne soustrairait pas non plus, le cas échéant, les Compagnies à toute responsabilité. Certaines Compagnies ou Administrations étrangères subordonnent, en pareil cas, la délivrance des permis à une renonciation des intéressés à leurs droits, en cas d'accident. Nous n'avons pas à examiner la valeur de cette condition, sous l'empire de la législation des autres pays : en France, elle nous paraîtrait contraire à l'ordre public.

2. Héritiers ou parents. — Des héritiers ou des parents peuvent prétendre à une indemnité en cas de décès d'un voyageur, alors même qu'ils auraient déjà été indemnisés de leur côté pour des blessures personnelles. Il y a là en effet de leur part une action distincte, un chef différent de préjudice susceptible de motiver une réparation (Tribunal de Marseille, 13 juillet 1868, Arbaud contre Cⁱᵉ de P.-L.-M.).

Leur droit ne saurait être atteint par l'allocation antérieure d'une indemnité au voyageur qui est depuis décédé, mais dont on ne pouvait prévoir la mort lorsque la Compagnie a traité avec lui ou a été condamnée à l'indemniser. L'exception de chose jugée ne leur est pas opposable : car il n'y a identité ni de personnes, ni de cause, ni d'objet, comme le veut l'article 1351 du Code civil. (Cour de Paris, 11 août 1868, Roche contre Cⁱᵉ d'Orléans; Cour de cassation, 4 mars 1872, Cⁱᵉ de P.-L.-M. contre Magaud; Cour de Paris, 15 juillet 1875, Cⁱᵉ de P.-L.-M. contre Bastien.)

Une renonciation à toute revendication nouvelle, souscrite par le voyageur antérieurement indemnisé, ne pourrait non plus, pour les motifs précédemment indiqués, porter atteinte à la recevabilité de l'action de ses héritiers ou parents.

3. *Tiers*. — Ainsi que nous l'avons dit, la responsabilité civile n'est pas limitée à la condition d'une parenté étroite, immédiate ou éloignée avec la victime. Elle s'étend à la communauté de vie ou d'affection, engendrant des obligations et des avantages réciproques. Il suffit même que le fait ait pu entraîner pour le demandeur, directement ou indirectement, des conséquences actuelles et dommageables.

Parmi les actions intentées par des tiers sans lien de parenté avec la victime, on peut citer celle d'un associé qui se prétendait lésé par la perte d'un collaborateur actif et intelligent (Cour de Paris, 27 mai 1876, Callemberg contre Cⁱᵉ d'Orléans). Dans l'espèce, le demandeur a été débouté, parce qu'il n'apportait pas la preuve d'un dommage matériel et qu'il avait même réussi à former presque aussitôt une nouvelle société plus prospère.

Notons encore une action introduite par un créancier (Tribunal civil de la Seine, 12 janvier 1882, Golfier contre Cⁱᵉ de l'Ouest). Le tribunal a rejeté comme non recevable la demande formée en ladite qualité, attendu que l'article 1166 du Code civil interdit au créancier l'exercice des droits et actions personnels à son débiteur. De plus, comme la demande était en outre soutenue à un autre titre, il l'a jugée et repoussée au fond pour des motifs tirés de la situation pécuniaire de la victime (1).

e. INDICATION DE QUELQUES CAS D'ALLOCATION. — Les accidents les plus fréquents, ceux qui résultent de déraillements ou de collisions, ne peuvent laisser place au doute.

Nous nous contenterons de citer quelques espèces plus particulières :

— Blessures éprouvées par un voyageur à la descente d'un train, que les agents du chemin de fer avaient remis imprudemment en mouvement pour le ramener en arrière, parce qu'il avait dépassé le point normal de stationnement (Tribunal de Compiègne, 20 décembre 1882, Leroy contre Cⁱᵉ du Nord).

— Mort d'un voyageur tué en traversant les voies par un train de sens contraire à celui dont il venait de descendre. Ce train était en retard, et ni le jugement du tribunal, ni l'arrêt de la Cour d'appel, ne constataient que la victime eût été avertie du danger, ni même que les signaux réglemen-

---

(1) Il s'agissait d'un employé tué et non d'un voyageur. Toutefois les principes sont les mêmes.

taires eussent été faits (Cour de cassation, 10 novembre 1884, Recullet contre Cie du Nord).

— Blessures reçues par un voyageur qui, à la descente du train, s'était rendu au water-closet dans la cour de la gare et s'était cassé la jambe en glissant sur de la glace formée par suite de la négligence des agents de la Compagnie (Cour de Rennes, 13 décembre 1869, Ménager contre Cie de l'Ouest).

— Aggravation de l'état maladif d'un voyageur, qui n'avait pas été blessé, mais dont la maladie (hypertrophie du cœur) avait été précipitée dans sa marche par « les troubles et l'innervation » résultant d'un déraillement (Tribunal civil de Marseille, 12 février 1870, héritiers Magaud contre Cie de P.-L.-M. ; Cour d'Aix, 14 juin 1870, mêmes parties).

— Mort d'un voyageur tué par une explosion de poudre dans un train (Cour d'Aix, 6 mai 1872, Cie de P.-L.-M. contre consorts Ollivier).

— Blessures reçues par un voyageur, à la descente d'un train, en un point insuffisamment éclairé et où il n'y avait pas de trottoir (Cour de Grenoble, 10 mai 1883, Cie de P.-L.-M. contre Monestier).

— Blessures éprouvées par un voyageur, par suite du choc du train contre un heurtoir (Tribunal civil de la Seine, 2 mai 1868, Mercier contre Cie de l'Ouest).

Ce ne sont là que des exemples qu'il serait facile de multiplier. Ils suffisent à montrer la très grande variété des accidents pouvant atteindre les voyageurs et leur ouvrir un droit à indemnité.

f. BASE DE LA LIQUIDATION DES INDEMNITÉS. — Les dommages-intérêts doivent assurer la réparation complète du préjudice causé. On comprend, dès lors, que les éléments à faire entrer en ligne de compte dans l'appréciation de ce préjudice présentent une variété pour ainsi dire infinie et qu'il soit impossible d'en donner une énumération même sommaire.

Nous citerons, à titre d'exemples :

— pour les voyageurs survivant à leurs blessures : l'incapacité temporaire de travail, les dépenses de maladie, les pertes éprouvées dans l'exercice d'une industrie ou d'un commerce par l'impossibilité de veiller aux affaires, les dépenses occasionnées dans le même cas par la nécessité de prendre un gérant ou un employé, les souffrances physiques, les infirmités permanentes, l'obligation de renoncer à une profession ou d'en réduire le champ d'action, etc.;

— pour les parents : la rupture du mariage et l'anéantissement d'une association fondée en vue de la famille ainsi que les espérances consacrées sous l'autorité de la loi, la perte d'un fils appelé à soutenir ses parents dans leur vieillesse, la cessation de la vie commune, celle des libéralités de la victime, le préjudice moral causé par la mort d'un parent, les dépenses et les pertes occasionnées par la maladie, la plupart des dommages que la victime aurait pu elle-même invoquer si elle avait survécu, etc.

g. FORME DE L'INDEMNITÉ. — L'indemnité peut consister, soit en une somme fixe, soit en une pension, soit tout à la fois en une somme fixe et une pension.

La pension peut être elle-même ou viagère ou temporaire : ainsi la veuve recevra généralement une pension viagère; les enfants recevront souvent une pension temporaire jusqu'à leur majorité.

La pension accordée à la veuve peut être, en cas de prédécès, reversible dans des conditions variables sur la tête de ses enfants.

Dans chaque cas particulier, les tribunaux ont à apprécier la forme la plus appropriée à la réparation complète du dommage et à la situation des demandeurs : il leur appartient de faire, à cet égard, acte de sagesse et de prudence.

h. EXCEPTIONS TIRÉES DE LA FORCE MAJEURE OU DE LA FAUTE DES VICTIMES. — PARTAGE DE RESPONSABILITÉ. — Le voyageur qui intente une action à la Compagnie sur le réseau de laquelle il a été blessé devant prouver la faute de cette Compagnie, sa démonstration devient impossible si le cas de force majeure ou le cas fortuit peuvent lui être opposés.

L'autorité judiciaire a admis cette exception dans un certain nombre d'espèces, savoir :

— Déraillement d'un train près de Narbonne, par suite d'une tempête exceptionnellement violente, sans qu'aucune imprudence dans la composition ou la marche du train pût être imputée aux agents de la Compagnie (Tribunal civil de la Seine, 13 novembre 1868, Riche contre Cie du Midi).

— Collision survenue, durant l'invasion allemande, entre une machine isolée et un train militaire que commandait un officier supérieur et qui marchait à contre-voie par ordre de ce dernier (Tribunal civil de la Seine, 14 février 1873, Sauzay contre Cie de l'Est).

— Voyageur blessé dans une voiture où il était seul, par suite de l'explosion de matières fulminantes dont la présence était restée inexpliquée (Cour de Lyon, 12 décembre 1879, Rosselly contre Cie de P.-L.-M.).

Pour que l'excuse tirée de la force majeure puisse être accueillie, il est indispensable que la Compagnie n'ait point commis une faute ou une imprudence sans laquelle elle aurait pu se soustraire aux effets de l'événement et préserver les voyageurs.

Lorsque le voyageur, loin d'établir la faute, l'imprudence ou la négligence de la Compagnie, est au contraire convaincu de n'avoir été victime que de son propre fait, il ne saurait, bien entendu, prétendre à une réparation. Tel est, par exemple, le cas d'un voyageur que l'on avait laissé pénétrer sur le quai, bien qu'il fût en retard, mais que le personnel de la gare avait ensuite cherché par tous les moyens à empêcher de monter dans un train en marche et qui, résistant à la force comme aux avertissements, avait persisté à pénétrer dans une voiture de ce train et s'était blessé (Tribunal de Villefranche, 27 février 1874, Baccot contre Cⁱᵉ de P.-L.-M.).

Tel est aussi le cas d'un voyageur qui s'était placé trop près de la voie pour attendre un train et avait été enlevé et tué par un autre train : les parents de la victime faisaient valoir que les agents de la Compagnie avaient eu le tort de laisser pénétrer trop tôt les voyageurs sur le quai et de ne pas les avoir avertis du danger ; ils arguaient aussi du retard des trains ; mais il a été reconnu qu'en donnant accès sur le quai le chef de gare s'était conformé aux ordres de l'Administration, que des affiches recommandaient aux voyageurs de se tenir toujours à distance des bordures de trottoirs, enfin que le retard des trains se justifiait par la violence du vent (Tribunal civil de la Seine, 24 mars 1885, Corgeron contre Cⁱᵉ de l'Est).

La cour de Douai (23 janvier 1883, Cⁱᵉ du Nord contre Mullet) a également débouté, comme ne pouvant s'en prendre qu'à sa propre imprudence, une femme âgée qui s'était brisé le col du fémur en descendant d'une voiture stationnant en dehors du quai : la cour a jugé que rien n'obligeait les Compagnies à donner aux quais de leurs gares une longueur égale à celle des trains et que, en outre, leur responsabilité était couverte par l'approbation ministérielle donnée aux dispositions de ces gares ; elle s'est ainsi prononcée dans un sens opposé à l'arrêt de la cour de Grenoble, du 10 mai 1883, que nous avons précédemment cité.

Tout récemment, le 7 juin 1886, la Cour de cassation a renvoyé une Compagnie des fins d'une action dirigée contre elle à la suite de la mort d'un voyageur qui, n'ayant pas répondu à l'appel, avait traversé tardivement les voies en lisant un journal et avait été écrasé, malgré les efforts des agents pour le sauver (de Laforest contre Cⁱᵉ d'Orléans).

Souvent, il y a tout à la fois faute ou imprudence de la part de la Compagnie et de la part de la victime. L'autorité judiciaire doit faire alors un partage équitable des responsabilités entre les deux parties. M. Féraud-Giraud cite, dans son excellent Code des transports, un grand nombre d'espèces où il a été fait application de ce principe. Nous nous bornons à en relater deux :

— Blessures causées, par le choc d'un train contre un heurtoir de la gare Saint-Lazare, à un voyageur qui avait eu le tort de se tenir debout sur l'impériale de la voiture avant l'arrêt du train (Tribunal civil de la Seine, 2 mai 1868, Mercier contre Cⁱᵉ de l'Ouest);

— Voyageur tué par un train express, croisant exceptionnellement à une station le train de sens contraire que ce voyageur venait de quitter et qui se trouvait en retard (Cour de cassation, 10 novembre 1884, Recullet contre Cⁱᵉ du Nord). Dans cette espèce, les agents de la Compagnie auraient dû avertir le voyageur du péril auquel l'exposait le croisement inusité de l'express; ce dernier aurait dû, de son côté, ne pas s'engager imprudemment sur la voie avant le départ du train dont il venait de descendre.

i. AUTORITÉ DE LA CHOSE JUGÉE AU CORRECTIONNEL. — Lorsque la responsabilité pénale des agents de la Compagnie a été reconnue par une sentence de la juridiction correctionnelle, les tribunaux civils doivent respecter l'autorité de la chose jugée et n'ont plus qu'à en déduire les conséquences au point de vue de l'allocation et de la liquidation des indemnités (Tribunal civil de Marseille, 3 juillet 1868, Dombret contre Cⁱᵉ de P.-L.-M.).

Mais ni l'ordonnance de non-lieu, ni l'acquittement des agents inculpés, ne peuvent constituer des fins de non-recevoir absolues à l'action civile dirigée contre une Compagnie. En effet, lorsqu'un employé est renvoyé des fins de la prévention, c'est exclusivement parce qu'il n'est relevé contre lui aucun fait susceptible de justifier l'application de la loi pénale; on ne saurait en tirer cette conséquence qu'il n'existe pas en la cause et à la charge de la Compagnie un quasi-délit pouvant mettre en jeu la responsabilité civile de cette dernière, aux termes des articles 1382 et suivants du Code civil (Cour de cassation, 9 juillet 1866, Cⁱᵒ de P.-L.-M. contre consorts Chapuis ; Cour d'Aix, 6 mai 1872, Cⁱᵉ de P.-L.-M. contre Ollivier; Cour de cassation, 13 juillet 1874, Cⁱᵉ du Midi et Barthélemy contre Larmet).

Toutefois si, en cas d'acquittement, la décision rendue au criminel ne lie pas le juge civil, quand elle porte exclusivement sur la qualification du fait incriminé et la culpabilité du prévenu envisagée au point de vue de la loi pénale, il en est autrement quand cette décision est fondée sur ce qu'il n'est pas établi, soit que le fait existe, soit que le prévenu en ait été l'auteur. Dans ce cas, en effet, remettre en question devant la juridiction civile ce qui a été définitivement jugé par le tribunal de répression, ce serait s'exposer à une contrariété de décisions qu'a eu pour but de prévenir l'article 3 du Code d'instruction criminelle en suspendant l'exercice de l'action civile jusqu'à ce qu'il ait été statué sur l'action publique (Cour de cassation, 10 janvier 1877, Audy contre Marquis et Cie d'Orléans).

j. PRESCRIPTION. — Aux termes des articles 2637 et 638 du Code d'instruction criminelle, l'action civile résultant d'un crime ou d'un délit se prescrit par le même laps de temps que l'action publique, sans qu'il y ait lieu de distinguer entre le cas où elle est dirigée contre l'auteur du fait délictueux et celui où elle l'est contre les personnes civilement responsables (Cour de cassation, 10 janvier 1877, Audy contre Marquis et Cie d'Orléans).

La durée de la prescription pour un fait de nature a être puni correctionnellement est de trois années révolues, à compter : 1° du jour du délit, si, dans cet intervalle, il n'a été fait aucun acte d'instruction ni de poursuite ; 2° dans le cas contraire, de la date du dernier acte d'instruction ou de poursuites.

La prescription triennale peut être invoquée, non seulement quand le délit a été dûment constaté, mais encore quand le fait sur lequel se fonde cette action constituerait un délit, s'il était établi (Tribunal civil de Valenciennes, 11 décembre 1878, Cie du Nord contre Hennecart).

Lorsque l'action civile n'est fondée que sur un quasi-délit, elle n'est prescriptible que par trente années (Cour de cassation, 12 mars 1878, Cie du Midi contre Citrain).

Conformément aux articles 2242 et suivants du Code civil, la prescription peut être interrompue par une citation en justice, même devant un juge incompétent, ou par la reconnaissance du droit de celui contre lequel le débiteur prescrivait. La cour de Paris a, dans un arrêt du 5 mai 1860, admis que l'allocation de secours et l'attribution d'un emploi constituaient une reconnaissance de la responsabilité et de la dette de la Compagnie et qu'il y avait dès lors interruption légale de la prescription. Il existe d'autres arrêts en sens inverse : c'est une question d'espèce, dont le juge a l'appréciation.

k. COMPÉTENCE. — Nous aurons à exposer plus loin, dans tous leurs détails, les règles de compétence en matière d'actions pour inexécution des conditions de transport (Voir tome IV).

Le lecteur voudra bien se reporter à cet exposé.

Il nous suffira, pour l'heure, de fournir quelques indications générales.

Lorsque l'accident donne lieu à des poursuites judiciaires pour délit ou contravention, l'action civile peut être jointe à l'action publique et portée en conséquence devant les tribunaux de répression. Dans le même cas, l'action civile peut être poursuivie séparément; mais l'exercice en est alors suspendu, tant qu'il n'a pas été prononcé définitivement sur l'action publique (Code d'instruction criminelle, art. 3).

Quand l'action publique n'est pas mise en mouvement ou quand l'auteur de l'action en responsabilité préfère ne pas s'adresser au tribunal de répression, quelle est, de la juridiction civile ou de la juridiction consulaire, celle qui est compétente?

Aux termes de l'article 632 du Code de commerce « toute entreprise de « transport est réputée acte de commerce »; l'article 631 attribue compétence aux tribunaux de commerce pour connaître des contestations relatives aux actes de commerce entre toutes personnes. D'autre part, la Cour de cassation a jugé à maintes reprises que les tribunaux de commerce étaient compétents pour connaître, non seulement des obligations conventionnelles, mais aussi de celles qui se forment sans convention par l'effet d'un quasi-contrat ou d'un quasi-délit, pourvu qu'elles dérivent de faits prenant leur source dans les rapports commerciaux entre les parties ou même simplement d'une faute commise par l'une des parties dans l'exercice de son commerce ou de son industrie (Cour de cassation, 24 août 1863, Cie des Grappins contre Éparvier; 11 mai 1868, Heiriès-Maurice contre Meynadier; 3 janvier 1872, Dufour, Cadet et Cie contre Destailleurs; 9 juillet 1873, Lebrun contre Cie transatlantique; 1er avril 1874, Cie du Midi contre Laurent; 20 janvier 1875, Marigo et Cie contre Cie de P.-L.-M.; 11 juillet 1877, Granger contre Turmann et Pardiac; 14 février 1882, époux Mareux contre Marcusot et Fénélon). La cour de Paris a rendu, le 18 février 1874, un arrêt analogue pour les obligations nées d'un délit : elle n'a d'ailleurs fait en cela que se conformer à une décision de principe de la Cour de cassation, en date du 26 mai 1869, d'après laquelle l'action civile intentée séparément de l'action publique doit être portée devant la juridiction qui lui est propre, selon sa nature civile ou commerciale.

La juridiction consulaire est donc incontestablement compétente pour statuer sur l'action intentée par un commerçant ayant voyagé pour les besoins de son commerce.

Elle est encore valablement investie, dans les autres cas, par les voyageurs et même par les tiers. Il est de règle, en effet, que la compétence suit la qualité du défendeur. Le demandeur peut choisir à son gré le tribunal civil ou le tribunal de commerce (Cour de cassation, 6 novembre 1843, 10 novembre 1858, 22 février 1859, 25 juillet 1864, 26 juin 1867, 11 janvier 1860, 21 juillet 1873, et spécialement en matière d'accidents, Cour de Paris, 20 décembre 1878, Cie de l'Est contre Lévy). Mais, nous le répétons, ce n'est là qu'une simple faculté : la victime reste libre de s'adresser à la juridiction civile.

Cette question de compétence des diverses juridictions résolue, quels sont, à raison du lieu, les tribunaux appelés à connaître de l'action civile ?

1. Tribunaux correctionnels. — Si l'action civile est jointe à l'action publique, la partie civile ne peut qu'adresser sa requête au tribunal correctionnel saisi de la poursuite. Ce tribunal peut être, soit celui du lieu du délit, soit celui de la résidence de l'inculpé, soit celui du lieu de l'arrestation (Articles 23 et 63 du Code d'instruction criminelle).

2. Tribunaux civils. — Lorsque le demandeur investit la juridiction civile, il doit, aux termes de l'article 59 du Code de procédure civile, assigner le défendeur devant le tribunal de son domicile. D'autre part, l'article 102 du Code civil dispose que le domicile de tout Français, quant à l'exercice de ses droits civils, est au lieu où il a son principal établissement, et l'article 69 que les Sociétés sont assignées en leur maison sociale. Mais l'article 42 du Code de commerce et l'article 59 de la loi du 24 juillet 1867 qui l'a remplacé portent que les Sociétés peuvent avoir plusieurs maisons situées en divers lieux et, par suite, plusieurs domiciles.

Comme nous le verrons, en traitant de la compétence en matière de transport de marchandises, la Cour de cassation a pendant longtemps maintenu le principe de l'unité de domicile pour les Compagnies de chemins de fer, en se prononçant, tantôt pour le siège social, tantôt pour le siège principal et effectif de leurs opérations. Mais sa jurisprudence a commencé à fléchir à partir de 1857 et, depuis 1861, elle a admis qu'une Compagnie devait être considérée comme ayant un domicile dans toute gare d'une importance suffisante pour la rendre assimilable à un établissement principal (Cour de cassation, 4 janvier 1861, 16 janvier 1861, 7 mai 1862, 17 avril 1866, 15 décembre 1869, 2 juillet 1872, 19 juin 1876, 7 août 1876, 3 février 1885). Elle s'est toutefois réservé le contrôle juridique des circonstances qui permettent cette assimilation (15 novembre 1875, Cⁱᵉ de P.-L.-M. contre Durand). En outre, elle n'a accepté la compétence des tribunaux des gares succursales que pour les faits se rattachant étroitement au service de ces gares (20 novembre 1867, 15 décembre 1869, 2 juillet 1872, 19 juin 1876, 3 février 1885) : tel est le cas d'avaries qui y seraient survenues et y auraient été constatées ou dont auraient souffert des marchandises expédiées par elles.

Ces règles que nous ne voulons pas développer davantage ici s'appliquent aux actions intentées par les voyageurs victimes d'accidents. La Cour de cassation a, par exemple, reconnu par un arrêt du 15 décembre 1869 (Cie du Midi contre Duffort) la compétence du tribunal civil de Toulouse pour statuer sur la demande en indemnité d'un voyageur se rendant de Bordeaux à Toulouse et blessé à Agen, attendu que les conséquences dommageables de l'accident s'étaient produites et avaient été constatées à Toulouse. La cour de Paris a, le 17 mai 1879 (Levallet-Jacquier contre Cie de l'Est), déclaré recevable devant le tribunal civil de Reims l'action d'un voyageur qui avait pris à la gare de cette ville un billet d'aller et retour et avait été blessé à Gagny. La cour de Nîmes est allée plus loin; elle a proclamé la validité d'une assignation devant le tribunal de Carpentras, par le motif que l'accident était survenu à la gare d'Entraigues, sur la section de Sorgues à Carpentras (31 mai 1870, Cie de P.-L.-M. contre Bertrand).

La jurisprudence, aujourd'hui fermement assise de la Cour de cassation, a l'avantage de rapprocher le demandeur du tribunal appelé à juger sa cause, puisqu'elle substitue au domicile unique des domiciles multiples et qu'elle reconnaît la compétence des tribunaux dans le ressort desquels sont situés ces domiciles, pour toutes les actions nées de faits se rattachant au service des gares correspondantes. Elle se justifie par cette considération que les Compagnies ont, soit dans leurs gares succursales, soit dans les centres où ces gares sont établies, un personnel apte à les représenter et à les défendre. Sans l'étendre outre mesure, nous croyons qu'il y a lieu de l'appliquer largement, de ne pas limiter strictement la juridiction des tribunaux aux faits ayant un lien étroit et direct avec le service propre des succursales, et de reconnaître leur compétence pour un certain rayon, toutes les fois que ces succursales ont un agent local de l'exploitation chargé de la surveillance d'une circonscription.

Nous avons jusqu'ici supposé que l'action émanait du voyageur lui-même. Les tiers et notamment les héritiers des victimes peuvent-ils bénéficier de la pluralité des domiciles ? La cour de Paris a répondu négativement, le 6 juillet 1878 (Cie de l'Est contre Fissier). Elle a décidé que la veuve d'un voyageur, qui avait pris un billet d'aller et retour à Reims et avait été tué en cours de route, n'était pas recevable à assigner la Compagnie devant le tribunal civil de Reims. Suivant elle, l'action de la demanderesse prenait sa source, non dans le contrat intervenu entre son mari et la Compagnie, mais dans le préjudice résultant pour elle de l'accident; cette action, exclusivement fondée sur l'article 1382 du Code civil, avait un caractère purement personnel. Aucun lien de droit n'existait entre la requérante et la succursale de Reims. Cette décision est quelque peu rigoureuse : car il s'agissait bien des suites d'un quasi-délit se rattachant à l'exécution d'un contrat de transport conclu à Reims.

3. Tribunaux de commerce. — Dans les litiges soumis à la juridiction consulaire, l'article 420 du Code de procédure civile autorise le demandeur à assigner : 1° devant le tribunal du domicile du défendeur ; 2° devant le tribunal de l'arrondissement duquel la promesse a été faite et la marchandise livrée ; 3° devant celui dans l'arrondissement duquel le paiement devait être effectué. En ce qui concerne spécialement le contrat de transport, il faut interpréter le mot « marchandise » comme désignant le transport lui-même (Cour de cassation, 26 février 1839, 15 mai 1854, 22 mai 1854, 29 avril 1856, 13 mai 1857, 18 juin 1867, etc.).

Nous n'avons rien à ajouter à ce que nous avons dit concernant le tribunal du domicile du défendeur.

Le lieu de la promesse et de la livraison serait, pour les voyageurs, le point d'origine du voyage.

Quant au lieu de paiement, des auteurs, s'appuyant sur plusieurs arrêts de cours d'appel (Angers, 29 juillet 1853 ; Poitiers, 12 février 1861) et considérant le mot « paiement » comme signifiant « accomplissement de l'obligation », ont soutenu que c'était le point de destination des voyageurs. Mais, ainsi que nous l'expliquerons à propos du transport des marchandises, d'autres cours ont au contraire admis que le lieu du paiement était celui où le prix du transport avait dû être acquitté entre les mains de la Compagnie, c'est-à-dire le point de départ des voyageurs.

Ainsi, lorsque la juridiction consulaire est investie, l'action peut être portée, non seulement devant le tribunal du domicile du défendeur, mais encore devant le tribunal du lieu où le voyageur a pris son billet.

Toutefois, la Cour de cassation a décidé, le 16 mars 1858, que l'article 420 du Code de procédure civile était inapplicable aux actions purement personnelles et civiles en réparation d'un quasi-délit.

Dans le cas où la Compagnie appellerait l'État en garantie, ainsi que cela a eu lieu à la suite de l'explosion de poudres transportées, sur réquisition, par un train de voyageurs, ce recours ne pourrait être jugé que par l'autorité administrative, seule compétente pour apprécier la régularité et les effets de la réquisition (Tribunal des conflits, 25 janvier 1873, mineurs Masson et Michel contre Cie de P.-L.-M.).

Le Conseil d'État statuant sur conflit, le 13 décembre 1866 (Cie d'Orléans), avait déjà décidé qu'il appartenait à la juridiction administrative de connaître d'un recours en garantie formé contre l'Administration des postes par la Compagnie d'Orléans, à la suite de blessures dont avait été atteint un employé de bureau ambulant et que la Compagnie attribuait à une disposition vicieuse du wagon-poste. Il s'agissait en effet d'apprécier les rapports entre l'Administration et la Compagnie pour l'exécution d'une des clauses du cahier des charges (Loi du 28 pluviôse an VIII).

l. Procédure. — Les questions de procédure seront traitées, notamment en ce qui concerne les assignations, à propos du transport des marchandises.

2. **Responsabilité civile des Compagnies à l'égard des agents ou de leur famille.** — *a.* Base des actions en responsabilité dirigées contre les compagnies. — Quand un employé est victime d'un accident, l'action intentée contre la Compagnie prend sa source dans les articles 1382 et suivants du Code civil.

Il faut qu'il y ait faute, imprudence ou négligence de la part de la Compagnie ou de ses préposés, et c'est au demandeur qu'incombe la charge de la preuve (1).

Cette règle n'est point spéciale aux agents et aux ouvriers employés à l'exploitation des chemins de fer. Elle est générale.

. Les Pouvoirs publics se sont préoccupés des difficultés que les victimes pouvaient ainsi éprouver à obtenir une indemnité et des lenteurs que présentait en tout cas la procédure. Après une série de propositions émanant de l'initiative parlementaire, le Gouvernement a lui-même saisi la Chambre des députés d'un projet de loi tendant : 1° à établir une présomption de faute contre les chefs des entreprises où il est fait usage d'un outillage à moteur mécanique ; 2° à ne les dégager de cette présomption qu'à charge par eux de prouver que l'accident est dû à la force majeure, au cas fortuit ou à l'imprudence exclusive de la victime ; 3° à faire juger les demandes en dommages-intérêts comme matière sommaire, conformément au titre 24 du livre II du Code de procédure civile.

Bien qu'admis par la majorité de la Commission extraparlementaire appelée à préparer le projet de loi, le renversement de la preuve a soulevé de vives objections de la part de la minorité et provoqué les protestations d'un grand nombre de Chambres de commerce, comme de nature à nuire aux progrès de l'industrie et parfois même au sort des ouvriers, qui seraient exposés à être congédiés sur leurs vieux jours, parce qu'ils seraient

______

(1) Voir, à titre d'exemple, l'arrêt du 13 février 1882 de la Cour de cassation (Vaurais contre Cⁱᵉ de l'Ouest) et celui du 14 mars 1882 (Leroy contre Cⁱᵉ de l'Ouest).

plus exposés aux accidents. Nous n'avons pas à discuter ici la valeur de ces observations. La majorité de la Commission et le Gouvernement ont passé outre, en faisant observer d'ailleurs que, si l'on plaçait, non dans l'article 1382 du Code civil, mais dans le contrat de louage d'ouvrage, le principe de l'indemnité due par les patrons, il n'y avait même plus d'innovation sur les règles édictées par le Code.

Quoi qu'il en soit, tant que ce projet de loi ne sera pas voté, les principes précédemment rappelés seront seuls applicables en droit. La théorie qui place dans le contrat de louage la base de la responsabilité, quoique soutenue par des esprits distingués, est loin d'être admise par la jurisprudence et par la plupart des jurisconsultes.

Mais il convient d'ajouter immédiatement qu'en fait les tribunaux et la Cour de cassation se montrent généralement larges pour les agents des Compagnies. Dans un assez grand nombre de décisions judiciaires, on trouve l'application au moins implicite de ce principe, que le patron doit protéger l'ouvrier contre sa propre imprudence.

Dans certains cas, on a cherché à étendre la responsabilité légale des Compagnies, en assimilant leurs agents à des mandataires (Art. 2000 du Code civil). Cette assimilation a été admise par le tribunal civil de Montélimar, dans un jugement du 3 août 1867 ; la cour de Grenoble, saisie d'un appel contre ce jugement, l'a annulé sans statuer toutefois sur la question (8 février 1868). Mais la Cour de cassation s'est prononcée, le 24 janvier 1882, contre l'applicabilité de l'article 2000, dans une espèce où il s'agissait d'un employé blessé par un voyageur (voir infra, page 511) ; la cour de Grenoble a statué dans le même sens, le 10 janvier 1883.

b. Personnes ayant qualité pour intenter les actions en responsabilité contre les compagnies. — Comme nous l'avons exposé, à propos des accidents de voyageurs, et pour les mêmes raisons, les victimes ne sont pas les seules personnes ayant qualité pour actionner les Compagnies. Sont également recevables à réclamer une indemnité les autres personnes qui peuvent justifier d'un préjudice direct et certain, notamment les veuves et enfants.

Des indemnités successives peuvent d'ailleurs être accordées, lorsque des circonstances nouvelles se sont produites depuis le règlement précédent et sont de nature à justifier une allocation supplémentaire.

c. Indication de quelques cas d'allocation. — Voici, à titre d'exemples, quelques cas d'allocation pris pour ainsi dire au hasard :

— Blessures à un garde-poseur blessé dans une gare par une machine dont le mécanicien avait manqué d'attention. (Cour de Grenoble, 6 décembre 1869, Cie de P.-L.-M. contre Félix.)

— Perte d'un œil par suite de la rupture d'un tube à niveau, alors que la Compagnie avait manqué de prévoyance et aurait pu mieux assurer la sécurité de ses employés. (Cour de Bordeaux, 28 février 1871, Cie du Midi contre Celsis.)

— Décès d'un mécanicien tué dans une collision imputable à deux chefs de gare. (Cour de Rennes, 17 août 1871, Cie d'Orléans contre Legal.)

— Décès du mécanicien d'un train englouti dans un torrent par la faute d'un chef de gare. (Cour d'Aix, 1er mai 1873, Cie de P.-L.-M. contre Crévoulin.)

— Blessures d'un aide-chauffeur intérimaire, tombé de la machine en allumant les fanaux : cet accident aurait été évité si l'allumage avait eu lieu à la station précédente. (Cour de Nîmes, 1er juillet 1874, Cie de P.-L.-M. contre Dumas.)

— Décès d'un homme d'équipe écrasé par une pièce de vin, dans un transbordement : l'accident était imputable à l'insuffisance des engins mis à la disposition de l'agent. (Cour de Paris, 12 août 1874, Cie d'Orléans à Châlons contre Paupy.)

— Décès d'un chauffeur tué sur une machine : cette machine était avariée ; pour y veiller, le chauffeur s'était penché et avait été atteint par un poteau télégraphique trop rapproché de la voie. (Cour de Bordeaux, 23 juin 1875, Rossard contre Cie de Barbezieux à Châteauneuf.)

— Décès d'un aiguilleur renversé par un wagon d'un type plus large que les véhicules ordinaires : l'accident résultait d'une manœuvre à laquelle avait donné lieu une irrégularité dans le service des trains. (Cour de Grenoble, 4 août 1875, Cie de P.-L.-M. contre Jolivet.)

— Mort d'un chef de train tué pendant l'occupation allemande : la direction de l'exploitation était bien entre les mains de l'Administration étrangère ; mais le personnel français avait manqué de précautions et engagé ainsi la responsabilité civile de la Compagnie. (Cour de cassation, 27 juin 1876, Cie de l'Ouest contre veuve Sautereau.)

— Mort d'un agent envoyé, en raison du brouillard, à un signal avancé et tamponné par un train : la Compagnie était en faute pour l'avoir exposé à un péril presque impossible à éviter. (Tribunal de Rouen, 27 mai 1879, Sadot contre Cie de l'Ouest.)

— Blessures d'un agent dans une manœuvre à l'anglaise : l'Administration des chemins de fer de l'État avait eu le tort de tolérer une manœuvre qui était interdite sur plusieurs réseaux et qui n'était pas prévue dans les règlements des Charentes. (Cour de Poitiers, 3 mars 1881, Administration des chemins de fer de l'État contre Arramy.)

— Blessures d'un homme d'équipe qui, ayant à gagner une voie où l'appelait son service et dont il était séparé par un train de 25 wagons non attelés à une machine, avait voulu passer par-dessus les tampons de l'un de ces véhicules et s'était blessé par suite d'une avarie invisible à une plaque métallique : on ne pouvait reprocher à la victime ni imprudence, ni violation des règlements; le fait de ne point interdire et même de tolérer constamment ce mode de passage enlevait à la Compagnie tout droit de le reprocher à l'agent. (Cour de Chambéry, 24 décembre 1883, Cie de P.-L.-M. contre Marjollet.)

— Blessures d'un chauffeur dans une collision imputable à la faute du personnel. (Cour de Caen, 15 juillet 1884, Cie de l'Ouest contre Amédée.)

— Blessures d'un agent pendant une manœuvre d'accrochage, par suite de la faute du personnel de la Compagnie. (Cour de Paris, 5 août 1885, Cie du Nord contre Ceschi.)

— Blessures éprouvées par un ouvrier qui, pour échapper à un péril imminent, avait exécuté, même contrairement aux règlements, un mouvement brusque ayant pour effet de l'exposer à un autre danger dû à la disposition vicieuse des lieux ou à une faute des autres employés de la Compagnie. (Cour de Paris, 5 août 1885, Cie des tramways de St-Etienne contre Giry.)

— Blessures d'un homme d'équipe qui s'était introduit entre deux wagons pour relier les deux tronçons d'un train, avait été surpris par un brusque mouvement de recul et avait eu le pied pris dans une patte de lièvre, appareil dont le danger avait été signalé à la Compagnie par le service du contrôle et le Ministre. (Cour de Paris, 5 août 1885, Cie de l'Est contre Devaux.)

d. BASES DE LA LIQUIDATION DES INDEMNITÉS. FORME DES INDEMNITÉS. AUTORITÉ DE LA CHOSE JUGÉE AU CORRECTIONNEL. PRESCRIPTION. — Sur ces divers points, nous n'avons rien à ajouter aux indications précédemment données, relativement à la responsabilité civile des Compagnies envers les voyageurs.

e. EXCEPTIONS TIRÉES DE LA FORCE MAJEURE OU DE LA FAUTE DES VICTIMES. FAUTES COMMUNES. — Les indications de la page 495 s'appliquent incontestablement aux accidents dont peuvent être victimes les agents des Compagnies.

Les tribunaux ont reconnu, par exemple, dans les espèces suivantes, que les victimes avaient commis des fautes ou des actes d'imprudence dégageant la responsabilité de la Compagnie :

— Décès d'un garde-barrières écrasé : cet agent avait à annoncer à peu près simultanément deux trains express et à assurer la fermeture des barrières d'un passage à niveau; mais, s'il avait obéi aux prescriptions réglementaires, l'accident n'aurait pu se produire. (Cour de Grenoble, 8 février 1868, Cie de P.-L.-M. contre Martin.)

— Décès d'un chef de gare tué dans une collision : cet agent avait pris à tort un train de marchandises et était ainsi en état de contravention aux règlements, lors du sinistre. (Cour de Paris, 15 juin 1868, Cie de P.-L.-M. contre Godefroy de Cremeries.)

— Blessures d'un homme d'équipe qui était passé entre deux wagons au moment où ils se mettaient en mouvement : les faits établissaient que l'accident était exclusivement imputable à son imprudence. (Cour de Riom, 1er juillet 1878, Moreau contre Cie d'Orléans.)

— Décès d'un chauffeur occupé à alimenter sa machine et écrasé, par suite de son imprudence, par une autre machine. (Cour de Chambéry, 2 juin 1879, Julien contre Cie de P.-L.-M.)

— Décès d'un menuisier accroché par un train sur un pont qu'il suivait pour se rendre à son travail : il avait manqué de prudence, en se rapprochant trop des rails. (Cour de Douai, 30 mars 1881, Cie du Nord contre Debroy.)

— Décès d'un agent qui avait glissé en voulant agir sur un levier de frein et qui avait été écrasé. (Cour de Caen, 25 juillet 1881, Cie de l'Ouest contre Lebossé.)

— Décès d'un chauffeur qui s'était penché en dehors de la machine contrairement aux prescriptions des règlements et avait été atteint par un montant de passerelle, placé cependant à 1^m 35 du rail. (Cour de Paris, 9 décembre 1881, Nicolas contre Cie de P.-L.-M.)

— Décès d'un ouvrier qui avait été écrasé en traversant la voie, après avoir indûment abandonné son travail. (Cour de Montpellier, 25 juillet 1882, Cie du Midi contre Marty.)

— Blessures d'un homme d'équipe qui était tombé dans la coupure d'un escalier : il connaissait parfaitement les lieux et aurait dû ne pas se trouver sur le quai auquel l'escalier donnait accès. (Cour de Paris, 17 août 1882, Picaud contre Cie de l'Ouest.)

— Blessures d'un sous-chef de manœuvre qui s'était introduit entre deux wagons sans en attendre le recul, au cours d'une manœuvre qu'il commandait. (Cour de cassation, 17 novembre 1884, Jouniaux contre Cie du Nord.)

Voici d'autres décisions concernant des espèces dans lesquelles il y avait eu faute de la part de l'agent et de la part de la Compagnie ou de ses préposés, et qui, tout en allouant des indemnités aux victimes, ont tenu compte de leur faute ou de leur imprudence :

— Blessures d'un ouvrier employé dans les ateliers de la Compagnie de l'Est : la Compagnie n'avait pas exercé la surveillance voulue; il y avait eu en même temps défaut de prévoyance de l'ouvrier, qui aurait pu être préservé, s'il avait déployé un peu plus de prudence. (Cour de Paris, 26 février 1870, Cie de l'Est contre Clérenne.)

— Blessures d'un homme d'équipe qui avait fait une chute en se hâtant trop pour un décrochage de wagons : la tâche de chaque agent était excessive, mais l'agent n'avait pas pris les précautions voulues. (Cour de Nîmes, 20 février 1872, Cie de P.-L.-M. contre Bertaud.)

— Blessures d'un chauffeur tombé dans une fosse en nettoyant une chaudière de locomotive : l'agent avait manqué de prudence, et la Compagnie ne lui avait pas donné des moyens suffisamment sûrs pour se livrer à ce nettoyage. (Cour de Paris, 26 août 1873, Cie du Nord contre Sturbois.)

— Blessures d'un homme d'équipe qui avait voulu s'introduire entre deux tronçons d'un convoi de marchandises, l'un au repos, l'autre en mouvement, pour procéder à l'accrochage, et qui, s'apercevant qu'il arrivait trop tard, s'était rejeté en arrière en s'appuyant sur un tampon et avait eu la main broyée : il y avait eu faute de la part des agents de la Compagnie, qui toléraient ou ordonnaient les manœuvres d'accrochage dans des conditions dangereuses, et imprudence de la victime. (Cour de cassation, 8 février 1875, Cie de P.-L.-M. contre Combe.)

— Décès d'un homme d'équipe tué dans une manœuvre de gare : il y avait eu défaut de vigilance du chef d'équipe et imprudence de la victime, qui ne s'était pas conformée aux règlements. (Cour de Pau, 26 février 1877, Citrain contre Cie du Midi.)

— Blessures d'un mécanicien qui devait traverser les voies pour se rendre à son service et qui les avait franchies en passant sous un groupe de wagons, au moment où une machine les mettait en mouvement : il y avait eu témérité et imprudence de l'agent; mais la Compagnie, de son côté, avait à se reprocher d'avoir créé le passage dangereux, de ne point avoir pris la précaution de couper les trains pour le faciliter, de ne point avoir eu égard aux observations réitérées du commissaire de surveillance, de ne point avoir tenu compte des accidents qui s'étaient déjà produits au même point. (Cour de cassation, 9 décembre 1879, Achard contre Cie de P.-L.-M.)

— Blessures d'un homme d'équipe atteint pendant qu'il réunissait les deux parties d'un train, au cours d'une manœuvre au lancer : il y avait eu imprudence de la victime et faute de l'agent qui dirigeait la manœuvre. (Tribunal civil de Lyon, 19 décembre 1883, Perrin contre Cie de P-L-M.)

f. COMPÉTENCE. — Quand l'accident donne lieu à des poursuites judiciaires pour délit, l'action civile peut être jointe à l'action publique et portée devant le tribunal de répression.

Lorsque l'action publique n'est pas mise en mouvement ou lorsque l'auteur de l'action civile ne s'adresse pas au tribunal de répression, la juridiction civile ou la juridiction consulaire peuvent-elles être indifféremment saisies?

La question doit être examinée successivement pour les employés ou ouvriers et pour les tiers.

1. Employés ou ouvriers. — Nous verrons plus loin, en traitant des rapports entre les Compagnies et leur personnel, que les difficultés relatives au contrat de louage d'industrie, entre patrons commerçants et employés, relèvent des tribunaux de commerce. Mais on peut se demander si un quasi-délit survenu au cours de l'exécution de ce contrat n'échappe pas à la juridiction consulaire. La Cour de cassation a affirmé la compétence de cette juridiction par un arrêt du 9 juillet 1873, à propos d'une action intentée contre un capitaine et un armateur par un matelot blessé dans la manœuvre d'un navire : l'accident était imputé à un ordre imprudent, dont la responsabilité incombait au capitaine.

Malgré ce précédent, le tribunal de commerce de la Seine, dans un jugement du 14 février 1883 (Roger contre Cie d'Orléans), a déclaré que, si la juridiction consulaire pouvait connaître des obligations nées de quasi-délits, c'était exclusivement dans le cas où l'acte donnant naissance à la contestation constituait un fait commercial de la part du défendeur ; qu'il était impossible d'attacher le caractère commercial, ni à un acte d'imprudence de la Compagnie ou d'inobservation des règlements, ni au préjudice résultant de cet acte; et que le quasi-délit reproché à la Compagnie était une faute de droit commun relevant des tribunaux ordinaires (1).

Cette déclaration est un peu absolue. Elle montre cependant que les employés agiront prudemment en s'adressant au tribunal civil.

A fortiori les agents non commissionnés et les ouvriers devront-ils investir la juridiction civile.

____

(1) Voir un arrêt dans le même sens de la cour de Caen du 15 juillet 1884 (Cie de l'Ouest contre Amédée).

Si l'action est portée devant cette dernière juridiction, le tribunal compétent sera celui du domicile du défendeur. Les indications précédemment données au sujet de la pluralité des domiciles d'une Compagnie de chemin de fer trouveront encore ici leur application. La Compagnie pourra être assignée, non seulement devant le tribunal de son principal établissement, mais encore devant celui d'une gare succursale, pourvu qu'un lien de droit se soit créé entre le demandeur et la Compagnie dans cette gare, que le contrat de louage d'industrie y ait été passé ou que l'accident y soit survenu. On pourra consulter un arrêt de la cour de Bordeaux du 28 août 1867 (Cie d'Orléans contre Lemaire), qui, tout en déclarant l'incompétence du tribunal investi dans l'espèce, a rappelé les principes en la matière et admis comme lien de droit le fait que le contrat de louage d'industrie aurait été conclu dans la gare succursale. On se reportera utilement aussi à un jugement récent du tribunal civil de Troyes (24 avril 1883, Chastraite contre Cie de l'Est).

Si l'action est portée devant la juridiction consulaire, l'article 420 du Code de procédure civile pourra être apliqué : après certaines hésitations, la Cour de cassation l'a déclaré par plusieurs arrêts. L'action sera donc recevable, non seulement devant le tribunal du domicile de la Compagnie, mais encore devant le tribunal où l'agent exerçait ses fonctions.

2. Tiers. — Par son jugement précité du 14 février 1883, le tribunal de commerce de la Seine s'est déclaré incompétent pour statuer sur une action intentée par la veuve d'un agent, en se fondant notamment sur le caractère purement personnel et individuel de cette action. Toutefois, il y a lieu de remarquer que la victime de l'accident était un ouvrier et non un agent commissionné. La compétence des tribunaux consulaires ayant été admise pour des actions émanant de veuves de voyageurs ne saurait être repoussée d'une manière absolue pour les actions analogues nées d'accidents d'employés. Cependant les demandeurs feront acte de prudence en investissant le tribunal civil. Ils devront s'adresser au tribunal du domicile de la Compagnie.

g. Procédure. Assignations. — Le lecteur voudra bien se reporter aux développements dans lesquels nous aurons à entrer à ce sujet, dans la partie de cet ouvrage consacrée au transport des marchandises.

h. Cas de blessures faites aux employés par des voyageurs ou d'autres personnes. — Il est arrivé assez fréquemment que des employés ont été blessés par des voyageurs, en voulant les astreindre à l'observation des règlements. Les Compagnies encourent-elles de ce chef une responsabilité? Bien qu'il ne s'agisse pas à proprement parler d'accidents d'exploitation, il ne sera pas sans intérêt d'examiner rapidement la question. Elle s'est posée devant la Cour de cassation pour un agent de service dans l'entrevoie et chargé, dans l'intérêt de la Compagnie comme dans l'intérêt des voyageurs, d'empêcher les infractions aux règlements et les actes d'imprudence, lors de l'arrivée et pendant le stationnement des trains. Cet agent avait été grièvement blessé par un voyageur qu'il voulait empêcher de descendre autrement que du côté extérieur de la voie. La cour de Chambéry, l'assimilant à un mandataire dans les termes de l'article 2000 du Code civil, avait condamné la Compagnie à lui servir une pension partiellement reversible sur sa femme et ses enfants, jusqu'à leur majorité (14 avril 1880, Choulet contre Cie de P.-L.-M.). Mais la Cour de cassation a, le 24 janvier 1882, annulé l'arrêt de la cour de Chambéry, en repoussant l'application de l'article 2000 du Code civil et en attribuant à l'agent la qualité d'homme de service à gages. Sur le renvoi qui lui a été fait de l'affaire, la cour de Chambéry a statué dans le sens indiqué par l'arrêt de la Cour de cassation.

Les Compagnies n'ont point, en effet, à répondre du fait des voyageurs, et, d'autre part, leurs agents sont des employés salariés pour un service déterminé, dont ils doivent s'acquitter à leurs risques et périls.

La responsabilité des Compagnies ne pourrait être mise en jeu que si elles avaient commis une faute dûment établie et ayant contribué, soit à provoquer, soit à aggraver les blessures reçues par leurs agents.

La Cour de cassation a récemment rendu deux nouveaux arrêts dans le même sens, le 14 avril 1886 (Tudury contre Cie de P.-L.-M.), à la suite du meurtre d'un agent par un voleur qui avait été surpris en flagrant délit et que cet agent conduisait au commissariat de police. Non seulement la victime n'avait pas reçu un mandat au sens juridique du mot, mais elle n'avait que rempli un devoir civique obligatoire aux termes de l'article 106 du Code d'instruction criminelle.

3. Responsabilité civile des Compagnies pour les accidents de personnes autres que les voyageurs ou les agents. — Des personnes autres que les voyageurs ou les agents peuvent être victimes d'accidents.

Les Compagnies ne sont exposées à supporter la responsabilité de ces accidents que si une faute peut leur être imputée.

Il serait absolument inutile d'entrer à cet égard dans de longs détails. Nous nous contenterons donc de donner des indications générales et de citer quelques décisions favorables et quelques décisions contraires à la prétention des victimes.

a. ACCIDENTS SUR LES PASSAGES A NIVEAU. — Il est arrivé assez fréquemment que des personnes ayant à franchir des passages à niveau fussent atteintes par un train et blessées ou tuées.

Quand les barrières ne sont pas fermées comme elles devraient l'être aux termes des règlements, quand leur type ou leur mode de fermeture ne sont pas conformes aux décisions ministérielles approbatives et quand cette circonstance a contribué à provoquer l'accident, la responsabilité des Compagnies est nécessairement engagée, puisqu'il y a faute de leur part. C'est ce qu'a jugé, par exemple, le tribunal civil de la Seine, le 21 avril 1875 (Briard contre Cie d'Orléans et Desroches) : une dame et son fils avaient été tués sur un passage à niveau d'une ligne en construction, alors que ce passage n'avait point ses barrières fermées conformément aux prescriptions administratives et que le garde avait abandonné son poste (1).

La responsabilité des Compagnies pourrait également être mise en jeu, si le garde-barrières n'était pas au point prescrit par les règlements et si ce fait était de nature à influer sur l'accident.

L'autorité judiciaire est allée plus loin. Elle a admis que, tout en se conformant aux ordres de l'Administration, les Compagnies pouvaient ne pas donner des garanties suffisantes de sécurité et commettre ainsi une imprudence tombant sous l'application de l'article 1382 du Code civil. C'est ainsi que, pour déclarer une Compagnie responsable de l'accident dont un piéton avait été victime, la cour de Grenoble (19 janvier 1863) s'est fondée sur le défaut de prudence dont cette Compagnie avait fait preuve, en se bornant à éclairer l'un des côtés du passage à niveau et à y placer un garde, sans prendre les mêmes mesures pour l'autre barrière, fermée par un simple crochet. Cet arrêt a été déféré à la Cour de cassation pour empiètement sur les attributions administratives ; mais la Cour suprême l'a maintenu (19 août 1863). Dans son Code annoté, M. Lamé Fleury critique la double décision que nous venons de rappeler : à ses yeux, il y a eu, sinon violation du principe de la séparation des pouvoirs, du moins critique indirecte des dispositions arrêtées par le Ministre des travaux publics ; en outre, il fait observer que la fermeture de la barrière indiquait suffisamment l'interdiction du passage. Au contraire, M. Féraud-

(1) Voir aussi un jugement du tribunal civil de la Seine du 20 décembre 1862 et un arrêt de la cour de Lyon du 12 juin 1881 (Cie de P. L. M. contre Palandre).

Giraud, dans son traité des « voies publiques et privées modifiées par les « chemins de fer », soutient qu'il ne suffit pas de ne point avoir violé une prescription administrative pour ne pas être en faute et que tout acte de négligence ou d'imprudence est susceptible d'engager la responsabilité de celui qui l'a commis et a ainsi causé un dommage à autrui.

Sans dénier à l'autorité judiciaire le droit de déclarer les Compagnies coupables de négligence ou d'imprudence, alors même qu'elles se seraient conformées aux prescriptions administratives, on doit néanmoins reconnaître avec M. Lamé Fleury que la Cour de Grenoble et la Cour de cassation sont entrées dans une voie dangereuse, au point de vue du respect de la séparation des pouvoirs. Dans l'espèce surtout, la victime avait eu le plus grand tort d'ouvrir la barrière qu'elle avait trouvée fermée, quel que fût du reste le système de fermeture. De plus, au point de vue pratique, le double gardiennage dont le défaut a été imputé à la Compagnie entraînerait des dépenses frustratoires extrêmement élevées.

Certaines lignes ou tout au moins certains passages à niveau de ces lignes sont soustraits légalement à l'obligation des barrières et du gardiennage. Il appartient aux passagers de s'informer des heures de passage des trains et de prendre les précautions voulues avant de s'engager sur la voie; ces précautions doivent même être prises en dehors des heures de circulation normale des trains : car des circonstances imprévues peuvent apporter des perturbations dans la marche des convois; des trains extraordinaires peuvent de plus être mis en mouvement. La question s'est posée pour un accident de voiture survenu à un passage à niveau d'un chemin de fer d'intérêt local ; le tribunal des Andelys a débouté le demandeur, en s'appuyant sur la dispense légale de barrières, sur l'imprudence commise par la victime et sur ce double fait, d'une part que le train était passé à l'heure réglementaire, et d'autre part qu'il pouvait être aperçu à une distance suffisante (1er mai 1872, Nozières contre Cie d'Orléans). La Cour d'Angers a statué dans le même sens, le 3 mai 1875 (Rocand).

b. Accidents divers. — Voici quelques autres exemples d'accidents de personnes ayant provoqué des litiges entre les victimes et les Compagnies :

— Homme tué en tombant dans une excavation. — Rejet de la demande en indemnité : la victime avait eu le tort de passer dans une partie de la gare dont l'accès n'était pas ouvert au public, et cela en pleine nuit, pour se rendre plus promptement à un bureau d'octroi. (Tribunal civil de la Seine, 12 mars 1867, et Cour de Paris, 7 décembre 1867, veuve Bruyat contre Cie du Nord.)

— Charretier blessé dans le déchargement d'un bloc de pierre. — Condamnation de la Compagnie : l'accident était attribué à un encombrement qu'elle aurait pu éviter; elle aurait dû, en outre, laisser une grue et des ouvriers à la disposition des expéditeurs. (Cour de cassation, 13 juillet 1868, Cie de P.-L.-M. contre Chanut.)

— Facteur rural blessé par un train auquel il allait porter des dépêches. — Condamnation de la Compagnie, fondée sur le retard apporté par le sous-chef de gare à l'ouverture de la salle d'attente. Il a été tenu compte toutefois, dans la fixation de l'indemnité, de ce que le facteur blessé connaissait l'heure de l'arrivée du train, avait le libre accès de la gare et aurait dû être plus prudent. (Cour de Paris, 25 juin 1873, Cie de l'Est contre Raulin.)

— Employé d'un destinataire, blessé pendant un déchargement par un wagon qu'un agent de la Compagnie avait imprudemment lancé. — Allocation d'une indemnité. (Tribunal d'Amiens, 24 février 1883, Domart contre Cie du Nord.)

— Destinataire grièvement blessé par une machine en traversant les voies pour se rendre près d'un wagon à bestiaux. — Rejet de la demande en indemnité : l'accident ne pouvait être imputé qu'à la faute et à l'imprudence de la victime. (Cour de cassation, 17 novembre 1886, Wormser contre Cie de l'Est.)

Les actions doivent être portées, en général, devant la juridiction civile à l'exclusion de la juridiction commerciale, qui ne serait valablement investie qu'en cas de faits se rattachant aux rapports commerciaux entre les parties (1).

Nous ne reviendrons pas sur les indications que nous avons données au sujet de la compétence, des exceptions, de la liquidation des indemnités, etc., dans l'article consacré aux accidents de personnel. Les principes et les règles applicables aux personnes autres que les agents sont les mêmes.

4. Responsabilité civile des Compagnies pour les accidents autres que ceux des personnes. — Nous laisserons de côté les accidents dont peuvent souffrir les animaux ou les objets transportés, nous réservant

---

(1) Toutefois le lecteur fera bien de se reporter aux décisions du Tribunal des conflits, en date du 22 avril 1882, qui seront relatées page 517 et qui pourraient recevoir leur application, dans certains cas exceptionnels, pour des accidents de personnes sur des passages à niveau.

Nous signalons aussi incidemment, bien que ne se rattachant pas étroitement à la question, un jugement du 17 juin 1870 (Frey contre Ministre de la guerre), par lequel le tribunal civil de la Seine a refusé à un militaire blessé dans un service commandé, en portant secours lors d'un accident, le droit d'actionner le Ministre de la guerre devant l'autorité judiciaire.

d'y revenir dans un chapitre plus général traitant de la responsabilité des Compagnies pour pertes et avaries.

Pour l'heure, nous n'examinerons que les dommages causés par les accidents à des animaux ou à des objets non transportés.

a. ACCIDENTS SUR LES PASSAGES A NIVEAU. — Les accidents sur les passages à niveau sont de beaucoup les plus nombreux. Trop souvent des animaux ou des voitures sont heurtés par des trains et tués ou blessés à la traversée de ces passages à niveau.

En cas d'accident à des bestiaux qui se sont introduits sur la voie, par une barrière restée indûment ouverte, la Compagnie est responsable des conséquences de cette faute; elle ne saurait exciper de l'imprudence du propriétaire ou du gardien à la surveillance duquel ces bestiaux auraient échappé (Cour de Poitiers, 20 juillet 1876, Cie d'Orléans et Bénétreau contre Bélian).

Le tribunal de Valence a également reconnu la responsabilité de la Compagnie, par un jugement du 12 mars 1883 (Dupuis contre Cie de P.-L.-M.), dans une espèce où il s'agissait d'un cheval tombé sur la voie et écrasé par un train, alors que l'accident eût été évité si le garde-barrière avait couvert le passage à niveau, comme il en avait le temps et le devoir.

Ainsi que nous l'avons expliqué pour les accidents de personnes, toute faute, toute contravention commise par la Compagnie ou par ses préposés, est de nature à engager sa responsabilité. Tout au plus, les tribunaux ont-ils à tenir compte, le cas échéant, dans la fixation de l'indemnité, de l'imprudence des conducteurs ou gardiens.

Mais il en est autrement, lorsque la Compagnie n'est pas en contravention. Si des chevaux, mis par exemple en pâture dans un domaine contigu au chemin de fer, pénètrent sur la voie par les barrières régulièrement ouvertes d'un passage à niveau et sont tués, le propriétaire de ces animaux, ne justifiant d'aucune faute de la Compagnie, d'aucune infraction commise par elle aux prescriptions administratives, serait mal fondé à lui réclamer une indemnité. C'est à lui qu'incombe le soin de prendre les mesures nécessaires pour empêcher ses bestiaux de sortir du pâturage et d'errer sur le domaine de la Compagnie, et il ne saurait s'en prendre qu'à lui-même des conséquences de son défaut de surveillance (Tribunal de commerce de la Seine, 3 février 1881, du Breil de Pontbriand et Collin contre Cie d'Orléans).

En ce qui concerne les passages à niveau régulièrement dépourvus de barrières, nous renvoyons aux principes rappelés page 512 et consacrés par un jugement du tribunal des Andelys (1er mai 1872, Nozières contre Cie d'Orléans).

b. ACCIDENTS DE BESTIAUX SUR LA VOIE. — Des bestiaux s'introduisent fréquemment sur la voie en franchissant les clôtures, en les brisant, ou en passant par des brèches.

Toujours, en pareil cas, l'autorité judiciaire a repoussé les actions en responsabilité. En effet, tandis que les barrières des passages à niveau ont pour objet de sauvegarder la sécurité de la circulation tout à la fois sur la voie ferrée et sur les routes ou chemins desservis par ces passages, les clôtures sont exclusivement établies dans l'intérêt de la sûreté de l'exploitation. L'obligation de clore, ainsi restreinte, ne peut créer, au profit des propriétaires riverains, un droit individuel de se plaindre de l'insuffisance ou du défaut d'entretien des clôtures, et de réclamer la réparation du préjudice qu'ils prétendraient en être la suite. Bien plus, elle laisse subsister à leur charge la surveillance de leur bétail et la responsabilité civile des accidents ou des dommages qui viendraient à se produire si, par leur fait ou leur négligence, leurs animaux venaient à s'introduire sur la voie ferrée. (Cour de Caen, 1er avril 1868, Cie de l'Ouest contre Bernard; tribunal de commerce de Montreuil-sur-Mer, 15 décembre 1869, Dégouy contre Cie du Nord; tribunal civil de Rouen, 28 juin 1878, Thomas contre Cie de l'Ouest; tribunal civil de la Seine, 20 décembre 1878, Godard contre Cie de l'Ouest; Cour de cassation, 29 août 1882, Gousseau contre Administration **des chemins de fer de l'État.**)

Il ne pourrait y avoir d'exception à cette règle absolue que si, lors des expropriations ou à toute autre époque, la Compagnie avait pris l'engagement d'établir des clôtures défensives d'un type déterminé et si, par suite d'un défaut de conformité avec ce type ou d'un défaut d'entretien, le propriétaire au regard duquel elle se serait engagée venait à subir un préjudice.

L'irresponsabilité de la Compagnie s'applique d'ailleurs évidemment aux lignes légalement dépourvues de clôtures.

c. ACCIDENTS DIVERS. — D'autres accidents peuvent encore se produire et engager la responsabilité de la Compagnie.

Nous nous bornons à signaler une espèce intéressante. **Un expéditeur** devait procéder lui-même au chargement de ses marchandises. La Compagnie mit gratuitement une grue à sa disposition. Un anneau de la chaîne se rompit pendant le chargement d'un bloc de pierre; la voiture de l'expéditeur fut brisée. Le tribunal renvoya la Compagnie des fins de l'action intentée contre elle : elle ne pouvait, en effet, être responsable, aux termes de l'article 1891 du Code civil, que si elle avait connu le vice de la chose prêtée et si elle n'en avait pas averti l'emprunteur. (Tribunal de commerce de Langres, 30 mars 1874, Miot contre Cⁱᵉ de l'Est.)

d. INCENDIES. — Les escarbilles ou les flammèches des locomotives peuvent provoquer des incendies dans les propriétés riveraines.

Quand cette éventualité se réalise, la Compagnie est soumise à la responsabilité de droit commun. Toutefois les intéressés seraient mal fondés à réclamer la réparation du dommage, s'ils étaient eux-mêmes en état de contravention à la loi du 15 juillet 1845 (Voir tome II, page 950). On pourra se reporter à divers arrêts de la Cour de cassation, 23 juin 1859 (Brassey) et 20 novembre 1866 (Teyssier et Rivière de la Mure); de la cour de Bordeaux, 21 juin 1859 et 25 janvier 1885; de la cour d'Alger, 16 mars 1868; de la cour de Paris, 14 décembre 1876.

e. COMPÉTENCE. — Les actions doivent, en général, être portées devant les tribunaux civils. Cependant les tribunaux de commerce pourraient être compétents pour les faits se rattachant aux rapports commerciaux entre les parties, par exemple pour des accidents survenus dans la manutention des marchandises au moyen d'engins appartenant à la Compagnie.

Exceptionnellement, la compétence pourrait appartenir exclusivement à la juridiction administrative. Nous devons relater, à cet égard, deux décisions du Tribunal des conflits du 22 avril 1882 (1° Boulery contre Cⁱᵉ de P.-L.-M. ; 2°. Martin et Merlin contre Cⁱᵉ de P.-L.-M.).

Dans la première affaire, il s'agissait d'un poulain et d'une pouliche; la demande était fondée sur la prétendue insuffisance de la clôture et sur une convention passée lors des acquisitions de terrains. Cette convention étant sans intérêt et sans application pour la partie de voie où avait eu lieu l'introduction dans l'enceinte du chemin de fer, le premier motif subsistait seul. Le Tribunal des conflits a décidé que le litige, ayant trait au dommage causé par le mode d'établissement ou d'entretien d'un ouvrage public, devait être porté devant la juridiction administrative, par application de la loi du 28 pluviôse an VIII, art. 4, § 3.

La décision du Tribunal a été la même dans la seconde affaire, où il s'agissait de chevaux écrasés et où la demande était fondée principalement sur le défaut d'entretien de la clôture.

Dans les cas plus fréquents d'actions basées sur une faute personnelle des agents, la juridiction administrative serait évidemment incompétente.

5. Responsabilité des Compagnies pour dommages divers causés par l'exploitation technique. — En traitant des dommages causés par l'exécution des travaux (Tome II, page 825 et suivantes), nous avons dû mentionner également certains dommages qui, tout en dérivant de l'exploitation technique, sont cependant la conséquence directe de l'usage du chemin de fer dans les conditions où il a été construit et que la jurisprudence a pour ce motif assimilés aux dommages de travaux. Tels sont : 1° les détériorations subies par des immeubles sous l'influence de l'ébranlement dû au passage des trains ou à la manœuvre de certains appareils, 2° le préjudice infligé à des riverains par la fumée, par le bruit, par la poussière de charbon. Le règlement des indemnités afférentes à ces dommages appartient à la juridiction administrative.

Dans d'autres cas, le lien qui avait permis cette assimilation n'a pas paru suffisant pour la justifier. Nous venons de citer les incendies allumés par des flammèches ou des escarbilles. Il convient d'y ajouter le préjudice causé par la poussière de charbon, pendant les manipulations de déchargement, lorsque ce préjudice est imputable à un mode d'opérer qui ne s'imposait pas à la Compagnie et surtout au cas particulier où les installations sont restées dans le domaine privé du concessionnaire (Cour de cassation, 1er août 1860, Cie de l'Est contre Thirion). Il appartient alors à l'autorité judiciaire de connaître des demandes en indemnité et d'imposer aux Compagnies telle réparation civile que de droit.

6. Indications sommaires sur les règles relatives à la responsabilité civile des Compagnies dans quelques pays étrangers. — *a.* Angleterre (1). — Les Compagnies sont responsables envers les voyageurs, sauf le cas de force majeure ; mais la victime doit faire la preuve de la faute commise par elles ou par leurs agents. Elles sont engagées jusqu'au point pour lequel elles ont délivré le billet, alors même que ce point serait situé sur un autre réseau.

Si un voyageur blessé intente une action et meurt avant le jugement, cette action est éteinte ipso facto et ne peut être reprise par ses héritiers.

Mais, aux termes de l'article 1er de l'acte du 26 août 1846, « dans tous « les cas où la mort d'une personne est causée par un acte délictueux, « négligence ou faute, qui aurait permis à la victime d'intenter une « action..., la personne qui aurait pu être poursuivie, si la mort n'était « pas survenue, peut être actionnée en dommages-intérêts, malgré la

---

(1) Voir : « Régime des travaux publics en Angleterre », par M. Ch. de Franqueville, et Bulletin de Législation comparée, 1883.

« mort de la victime, et même dans le cas où la mort aurait été causée
« par un acte qualifié crime par la loi ». L'action est alors intentée
au profit de l'époux survivant, du père, de la mère et des enfants de
la victime.

Le chiffre de l'indemnité est fixé par un jury, qui en fait en outre la répartition, après déduction des frais restant à la charge du demandeur. Toutefois, sur la demande écrite et formée en commun par la Compagnie et
par les autres intéressés, le jury peut être remplacé par un arbitre que
désigne le Board of Trade.

Il ne peut être intenté qu'une action pour le même fait.

Le délai de prescription est d'un an à compter du jour du décès de la
victime.

L'indemnité est proportionnée au préjudice causé, sauf pour les trains
d'ouvriers qui bénéficient de tarifs réduits imposés aux Compagnies :
le chiffre des dommages-intérêts pour les voyageurs utilisant ces trains
est limité à 2 525 fr. et fixé par un arbitre que désigne le Board of Trade.

Les agents des Compagnies ne paraissaient pas avoir légalement droit
à une indemnité, jusqu'en 1880, eu égard à leur risque professionnel.
Mais les Compagnies subventionnaient généralement les Caisses de secours
de ces agents et souscrivaient même à des Caisses d'assurances. Une loi du
7 août 1880 a ouvert aux ouvriers un recours contre le patron, en cas d'accident : l'indemnité à laquelle ils peuvent prétendre ou qui peut être
due à leurs ayants droit n'excède pas la somme des salaires que leur emploi leur aurait procurés pendant 3 ans; le délai de prescription est
d'une année en cas de mort et de 6 mois dans les autres cas.

b. ALLEMAGNE. — Quand, dans une exploitation de chemin de fer, un
homme est tué ou blessé, l'entrepreneur de l'exploitation est tenu de réparer le préjudice qui en résulte, s'il ne prouve pas que l'accident a été causé
par la force majeure ou par la propre faute de la personne tuée ou blessée.
Ainsi, il y a présomption de faute contre l'exploitant, alors que, pour toutes les autres industries, la loi oblige celui qui réclame une indemnité à
prouver la faute : le législateur allemand a voulu tenir compte de la difficulté qu'éprouve nécessairement le voyageur dans la constatation des causes des accidents de trains.

La loi du 7 juin 1871 (1), qui édicte cette importante disposition, détermine en outre les règles suivantes.

Les dommages-intérêts comprennent :

(1) Annuaire de Législation étrangère, 1872.

1° En cas de mort, les frais occasionnés par les soins donnés au blessé, les frais d'enterrement, et, de plus, la réparation du préjudice pécuniaire subi par la victime pendant sa maladie, par suite de son incapacité de travail (quand la victime était, lors de son décès, tenue d'une obligation alimentaire légale, le créancier des aliments peut réclamer une indemnité, si la mort du débiteur lui fait perdre sa pension);

2° En cas de blessures, les dépenses nécessitées par le traitement et la réparation du préjudice pécuniaire causé au blessé par son incapacité de travail totale ou partielle, temporaire ou permanente.

Lorsque la victime était assurée contre les accidents à une Compagnie d'assurances, à une Caisse pour les pauvres mineurs, à un établissement hospitalier ou de secours, ou à toute autre Caisse de ce genre, par l'entrepreneur de l'exploitation du chemin de fer, le montant de la contribution payée par cet entrepreneur doit être imputé sur les dommages-intérêts, pourvu qu'elle atteigne au moins le tiers du total des sommes à payer.

L'exploitant ne peut exclure par avance, ni limiter à son avantage l'application de ces dispositions. Tout règlement, toute convention contraire serait illicite.

L'indemnité doit être, en général, réglée sous forme de subside périodique, si les parties ne s'entendent pas pour la fixation de l'indemnité en capital.

Le débi-rentier peut, à toute époque, réclamer la suppression ou la diminution de la rente, si les circonstances qui l'avaient fait instituer et avaient servi de base à son règlement ont été essentiellement modifiées. De même la partie lésée, qui a fait valoir son droit à indemnité dans le délai de prescription, est toujours recevable à réclamer une augmentation de la rente ou le rétablissement de la rente supprimée, si les circonstances qui ont déterminé la concession, la diminution ou la suppression de la rente ont subi des modifications essentielles.

L'ayant droit à l'indemnité peut aussi réclamer, à titre de supplément, des garanties pour le paiement de cette indemnité et même provoquer ultérieurement l'augmentation des garanties qui lui avaient été primitivement accordées, si la situation pécuniaire du débiteur s'est aggravée.

Les demandes en indemnité se prescrivent par deux années à partir de l'accident : ce délai ne court que de la date du décès contre ceux envers qui la personne décédée était tenue d'une obligation alimentaire.

Il n'est pas dérogé aux lois particulières obligeant les exploitants à réparer le préjudice causé par leur faute personnelle.

Nous mentionnons pour mémoire une loi du 20 décembre 1875, spéciale aux accidents dont sont victimes les employés des postes. En vertu de cette loi, l'Administration de la poste est tenue envers l'exploitant au remboursement de l'indemnité, si elle ne prouve pas que l'accident résulte de sa faute (1).

c. HONGRIE. — Aux termes de la loi du 7 juillet 1874 (2), les Compagnies sont responsables, tant qu'elles ne prouvent pas que la mort ou les blessures ont été causées par la force majeure, par la faute de la victime, ou par le fait d'un tiers qu'elles ne pouvaient empêcher.

L'indemnité comprend : 1° en cas de blessures, les frais de guérison et le dommage pour incapacité de travail; 2° en cas de mort, les frais de maladie et de sépulture, ainsi que l'éducation et l'entretien de ceux pour lesquels la victime aurait dû y pourvoir.

La Compagnie peut réclamer ultérieurement la cessation ou l'abaissement de la pension, si les circonstances ont changé.

Elle peut exercer un recours contre les agents responsables.

Toute disposition ayant pour effet d'éluder la responsabilité établie par cette loi est nulle et non avenue.

d. PAYS-BAS. — En Hollande, la loi du 9 avril 1875 (1) déclare les entrepreneurs de transport par chemin de fer responsables du dommage éprouvé par les individus comme par les marchandises, à moins que ce dommage ait été causé sans leur faute ou celle de leurs fonctionnaires ou employés.

e. SUISSE. — D'après la loi fédérale du 1ᵉʳ juillet 1875 (1), les Compagnies sont responsables des accidents, à moins que ceux-ci ne soient dus, soit à un cas de force majeure, soit à la faute des voyageurs ou d'autres personnes non employées par elles, soit à la faute de la victime, ou à moins que la personne tuée ou blessée ne se soit mise en rapport avec l'entreprise en commettant un acte criminel ou contraire aux prescriptions de police.

En cas de mort, l'indemnité doit comprendre les frais de maladie, ainsi que le préjudice pécuniaire causé au défunt par l'incapacité de travail. Celui dont l'entretien au moment du décès était à la charge de la victime peut demander une indemnité.

Si les conséquences de la blessure ne peuvent être exactement appréciées lorsque le jugement est rendu, le juge peut réserver une revision ulté-

(1) Annuaire de Législation étrangère, 1876.
(2) Annuaire de Législation étrangère, 1875.

rieure de l'indemnité pour le cas de mort ou d'aggravation dans l'état du blessé.

Les actions en indemnité se prescrivent par deux années à compter du jour de l'accident. La prescription est interrompue par l'ouverture de l'action, par la présentation d'une réclamation écrite à l'entreprise. Dans ce dernier cas, l'origine du délai de deux années est reportée à la date de la réception de la réponse, mais sans qu'il soit possible de l'interrompre à nouveau par une seconde réclamation.

Il est interdit de déroger à ces dispositions : toute convention contraire est nulle et non avenue.

La législation spéciale aux rapports des patrons et ouvriers met le fardeau de la preuve à la charge du patron ou de l'exploitant. L'industriel est responsable du dommage causé, alors même qu'il n'y aurait pas faute de la part de ses mandataires, s'il ne prouve pas que l'accident provient d'un cas de force majeure.

f. Russie. — Suivant une décision du Conseil de l'Empire, approuvée par l'Empereur le 25 janvier 1878 (1), les Compagnies sont tenues d'indemniser quiconque aurait subi des pertes ou dommages par suite de mort ou blessures causées par des accidents ; elles ne peuvent être affranchies de cette obligation qu'au cas où elles peuvent établir la force majeure ou prouver qu'il n'y a eu faute ni de la part de l'Administration, ni de la part de ses agents.

Toute convention contraire avec des voyageurs est illicite.

L'indemnité est fixée d'après le préjudice éprouvé. Elle consiste, suivant le désir de la partie lésée, soit en une somme une fois payée, soit en un subside annuel ou une rente servie à des échéances déterminées.

Quand l'indemnité affecte la forme d'un subside périodique, le taux en peut être augmenté ou réduit, par décision du tribunal et à la requête de l'une des parties intéressées, si des circonstances nouvelles justifient cette revision.

Le délai de prescription pour l'exercice des actions en dommages-intérêts est d'un an à compter du jour de la mort ou de la blessure. Les demandes en revision du taux des subsides périodiques ne sont soumises à aucun délai.

Les Compagnies ont d'ailleurs le droit de réclamer aux agents dont la faute a provoqué l'accident le remboursement de l'indemnité à laquelle elles ont été condamnées.

(1) Annuaire de Législation étrangère, 1879.

g. ÉTATS-UNIS, MASSACHUSSETS. — La loi du 12 avril 1881 (1) met à la charge des Compagnies l'allocation de dommages-intérêts de 500 à 5 000 dollars. En cas de mort, l'indemnité est partagée entre la veuve et les enfants ; s'il n'y a pas d'enfants, elle revient au parent le plus proche.

h. OBSERVATIONS GÉNÉRALES. — Si l'on jette un coup d'œil d'ensemble sur les indications générales que nous venons de donner, on est conduit aux observations suivantes.

Dans beaucoup d'États, la législation a institué contre les Compagnies, en cas d'accident, une présomption de faute, dont elles ne peuvent se relever qu'en établissant la force majeure, le caractère fortuit du sinistre, ou la faute de la victime. Le législateur a voulu avoir égard aux difficultés qu'éprouvent les voyageurs, les agents ou les tiers, à prouver la faute de l'Administration du chemin de fer. Il y a là une considération puissante, de nature à justifier le renversement du fardeau de la preuve. En France, comme nous l'avons dit, la jurisprudence des tribunaux tempère en fait les difficultés qui ont déterminé plusieurs pays étrangers à admettre cette dérogation au droit commun. Le Parlement est en outre saisi d'un projet de loi tendant à créer une présomption de faute contre le patron, pour les accidents dont sont victimes les ouvriers employés à des entreprises où il est fait usage de la force mécanique.

Le délai de prescription est généralement plus court à l'étranger qu'en France, non seulement pour les actions fondées sur des quasi-délits, mais encore pour les actions fondées sur des délits prévus par les lois pénales. Cette abréviation de délai est un corollaire de la présomption de faute contre le transporteur.

(1) Annuaire de Législation étrangère. 1882,

§ 4. — STATISTIQUE DES ACCIDENTS

1. Tenue de la statistique des accidents. — La statistique des accidents est tenue aujourd'hui conformément aux dispositions arrêtées par une circulaire ministérielle du 8 septembre 1880.

Les accidents sont répartis en deux catégories.

La première catégorie comprend :

1° Les accidents de trains et de matériel survenus sur les voies principales, lorsqu'il s'ensuit mort ou blessures ou lorsque les avaries qui en ont été la conséquence nécessitent le renvoi du matériel aux ateliers ;

2° Les accidents de personnes qui ont occasionné une incapacité de travail de plus de huit jours.

Parmi ces derniers ne doivent pas figurer les accidents provenant de faits indépendants de l'exploitation proprement dite, tels que : agent tué ou blessé en opérant un chargement ou un déchargement, en tombant d'une échelle, en élaguant une haie, ou par suite de la chute d'un rail dans une réparation de la voie.

Pour les accidents de dépôt, on fait la distinction suivante: s'ils sont occasionnés par une machine prête à se mettre en tête d'un train, ils sont compris dans la statistique; si, au contraire, ils se produisent dans une simple opération de nettoyage ou d'entretien d'une machine froide, ils sont considérés comme des accidents d'atelier et n'y sont dès lors pas portés.

La deuxième catégorie comprend:

1° les chocs, collisions, déraillements survenus sur les voies principales, lorsque les conséquences en ont été assez légères pour que l'accident ne figure pas à la 1ʳᵉ catégorie; les accidents de même nature, lorsqu'ils se sont produits sur les voies de service, dans les manœuvres de gare ;

2° les faits tels que détresses, dérives, avaries au matériel roulant et à la voie, qui n'ont pas atteint les personnes ;

3° les accidents de personnes ne provenant pas du fait de l'exploitation proprement dite.

Les accidents de la 1ʳᵉ catégorie sont consignés dans un tableau A et ceux des autres catégories dans un tableau B.

Seul, le tableau A est livré à la publicité.

Les deux relevés sont fournis mensuellement par le service du contrôle.

Avant 1880, la nomenclature des accidents compris dans les publications périodiques était beaucoup plus large, ce qui nous plaçait dans des conditions d'infériorité au moins apparentes vis-à-vis d'autres pays.

2. **Résultats accusés par la statistique française depuis 1880.** — Nous récapitulons dans les tableaux ci-après les faits principaux accusés par les états statistiques qui ont été dressés depuis 1880 conformément aux règles précédentes.

1° *Nombre des Victimes.*

ANNÉES	VOYAGEURS				EMPLOYÉS				AUTRES PERSONNES				TOTAUX			
	SANS FAUTE des victimes		FAUTE ou imprudence des victimes		SANS FAUTE des victimes		FAUTE ou imprudence des victimes		SANS FAUTE des victimes		FAUTE ou imprudence des victimes		SANS FAUTE des victimes		FAUTE ou imprudence des victimes	
	Blessés	Tués	Blessés	Tués	Blessés	Tués	Blessés	Tués	Blessés	Tués	Blessés	Tués	Blessés	Tués	Blessés	Tués
A. — ACCIDENTS DE CHEMINS DE FER PROPREMENT DITS																
1880	266	16	111	19	131	9	805	260	19	2	58	121	416	27	974	400
1881	282	25	64	34	108	17	816	288	14	2	65	146	404	44	945	468
1882	95	»	74	23	67	10	705	302	13	»	61	176	175	10	840	501
1883	200	4	80	38	96	9	665	254	7	3	82	145	303	16	827	437
1884	222	2	55	30	74	7	586	201	27	6	75	184	323	15	716	415
B. — ACCIDENTS AUTRES QUE CEUX DE CHEMINS DE FER PROPREMENT DITS																
1880	1	»	65	3	29	1	3.358	10	7	»	138	64	37	1	3.361	77
1881	5	»	124	1	3	»	3.549	18	2	1	131	73	10	1	3.804	92
1882	16	1	142	6	22	2	3.839	27	1	»	163	46	39	3	4.144	79
1883	3	1	186	3	24	»	4.466	25	»	»	195	53	27	1	4.847	81
1884	»	»	182	16	4	»	4.506	27	»	»	182	50	4	»	4.870	83
C. — TOTAUX																
1880	267	16	176	22	160	10	4.163	270	26	2	196	185	453	28	4.535	477
1881	287	25	188	35	111	17	4.365	306	16	3	196	219	414	45	4.749	560
1882	111	1	216	29	89	12	4.544	329	14	»	224	222	214	13	4.984	580
1883	203	5	266	41	120	9	5.131	279	7	3	277	198	330	17	5.674	518
1884	222	2	237	46	78	7	5.092	218	27	6	257	234	327	15	5.586	498

L'examen de ce tableau montre qu'en moyenne, pendant la période de 1880 à 1884, le nombre des victimes s'est élevé annuellement à 6 003, pour une longueur moyenne exploitée de 23 720 km. Ce chiffre correspond à une victime pour 4 km. 3. Il se décompose comme il suit :

		Voyageurs.	Employés.	Autres personnes.	Totaux.
Tués.	—	44	291	214	549
Blessés.	—	435	4 771	248	5 454

Le nombre des victimes est de 16 par jour. Il y a trois tués en deux jours.

Les accidents frappant les voyageurs ne représentent que 8 °/₀ du total : ce sont les employés qui fournissent de beaucoup la plus forte part du contingent.

Il n'y a environ qu'un tué pour dix blessés.

Les accidents imputables à la faute ou à l'imprudence des victimes constituent environ 94 °/₀ de l'ensemble des accidents relatés au tableau précédent.

Enfin les accidents se rattachant directement à l'exploitation n'y entrent guère que pour un quart.

2° *Nombre et nature des accidents.*

	ANNÉE 1880	ANNÉE 1881	ANNÉE 1882	ANNÉE 1883	ANNÉE 1884	MOYENNES
	a. — CHOCS OU COLLISIONS					
Nature des trains. Trains de voyageurs entre eux ou avec des trains de marchandises ou des wagons isolés	122	165	156	132	119	139
Trains de marchandises entre eux ou avec des wagons isolés	294	316	312	284	253	292
Wagons isolés ou en manœuvre	1.133	1.132	975	1.010	897	1.029
(totaux)	1.549	1.613	1.443	1.426	1.269	1.460
Nature des chocs ou collisions. En pleine voie, entre des machines ou des trains circulant dans la même direction	24	64	37	39	41	41
Aux stations et aux gares	1.411	1.427	1.281	1.266	1.089	1.295
Aux bifurcations	8	13	10	11	26	14
Entre des trains ou machines circulant dans un sens opposé	7	12	14	11	14	12
Entre des trains et des wagons en dérive	31	15	24	26	28	25
Entre des trains et leur machine de renfort d'arrière	5	5	3	»	1	3
Entre des trains et des objets en saillie sur des trains suivant la voie parallèle	9	26	9	7	6	11
Contre des heurtoirs	54	51	65	66	64	60
(totaux)	1.549	1.613	1.443	1.426	1.269	1.460

	ANNÉE 1880	ANNÉE 1881	ANNÉE 1882	ANNÉE 1883	ANNÉE 1884	MOYENNES
a. — CHOCS OU COLLISIONS (suite)						
Nature des causes.						
Fausse direction d'aiguilles	276	203	227	202	203	222
Désobéissance aux signaux	101	117	108	91	84	100
Trains, machines ou wagons non couverts	101	134	139	93	72	108
Excès de vitesse d'un des trains	95	65	78	91	76	81
Autres causes	976	1.094	831	949	834	949
(totaux)	1.549	1.613	1.443	1.426	1.269	1.460
b. — DÉRAILLEMENTS						
Nature des trains.						
Trains de voyageurs	166	228	201	170	169	187
Trains de marchandises	552	579	502	435	386	495
Trains de ballast, parties de trains ou wagons en manœuvre	1.393	1.478	1.424	1.483	1.279	1.411
(totaux)	2.111	2.285	2.127	2.108	1.834	2.093
Nature des voies.						
Voies principales	581	762	661	681	604	658
Voies de garage ou de service	1.530	1.523	1.466	1.427	1.230	1.435
(totaux)	2.111	2.285	2.127	2.108	1.834	2.093
Nature des causes.						
Aiguilles mal faites	1.036	1.183	1.133	1.124	988	1.093
Mauvais état de la voie ou avaries	174	179	165	183	135	167
Essieux brisés ou faussés	88	76	49	65	44	64
Bandages rompus	34	30	22	21	18	25
Bris de rails	26	30	19	18	8	20
Chargement défectueux	45	23	17	24	8	17
Rencontre d'obstacles sur la voie	101	93	128	119	138	116
Excès de vitesse	16	30	24	22	26	24
Malveillance	2	1	»	»	6	2
Autres causes	619	640	570	532	463	565
(totaux)	2.111	2.285	2.127	2.108	1.834	2.093

	ANNÉE 1880	ANNÉE 1881	ANNÉE 1882	ANNÉE 1883	ANNÉE 1884	MOYENNES
c. — ACCIDENTS DIVERS						
Détresses	2.610	2.783	2.717	2.832	2.544	2.698
Dérives	37	85	79	65	67	67
Voitures et bestiaux atteints. — Négligence des gardes-barrières	28	27	24	23	17	25
Voitures et bestiaux atteints. — Autres causes	106	96	89	86	103	96
Voitures et bestiaux atteints. — (total)	134	123	113	114	120	121
Incendies. — Dans des trains en marche	32	30	32	22	27	29
Incendies. — Dans des wagons isolés	16	20	16	18	19	18
Incendies. — Dans les bâtiments d'exploitation	15	27	14	24	27	21
Incendies. — Dans les propriétés riveraines	68	71	34	60	111	69
Incendies. — (total)	131	148	96	124	184	137
Avaries au matériel roulant. — Ruptures d'essieux	51	56	41	54	29	46
Avaries au matériel roulant. — Ruptures d'attelage	119	159	169	168	166	156
Avaries au matériel roulant. — Bris de roues ou ruptures de bandages	9	16	9	5	5	9
Avaries au matériel roulant. — Autres causes	77	76	301	268	256	362
Avaries au matériel roulant. — (total)	256	937	720	495	456	573
(total général)	8.309	9.042	9.587	10.055	9.613	9.441
Accidents à la voie. — Éboulements	33	34	72	47	26	42
Accidents à la voie. — Inondations	3	3	14	3	6	6
Accidents à la voie. — Bris de rails	10	20	15	10	20	15
Accidents à la voie. — Aiguilles avariées au moment du passage des trains	54	185	210	170	133	150
Accidents à la voie. — Bris de barrières de passages à niveau par les trains	4	12	19	29	21	17
Accidents à la voie. — (total)	101	254	330	259	206	231
Explosion de chaudières	»	»	1	»	»	0,2
Accidents isolés ayant atteint les personnes	5.037	5.300	5.531	6.466	6.036	5.616
Totaux	11.969	13.540	13.457	13.589	12.716	12.994
Savoir : Accidents de chemins de fer proprement dits	1.907	2.065	1.841	1.724	1.593	1.820
Autres accidents ou incidents	10.062	11.475	11.346	11.865	11.123	11.174

Le nombre annuel moyen des accidents ou incidents a donc été de 13 000 environ pour une longueur moyenne exploitée de 25 720 kilomètres, soit d'un peu plus de 1 par 2 kilomètres.

Mais un septième seulement de ces accidents sont directement imputables à l'exploitation.

Au point de vue de leur nature, les accidents se répartissent dans la proportion suivante :

Chocs ou collisions.............................	11 %
Déraillements.............................	16
Détresses.............................	21
Dérives.............................	1
Voitures et bestiaux atteints...............	1
Incendies.............................	1
Avaries au matériel roulant...............	4
Accidents à la voie...............	2
Accidents isolés ayant atteint les personnes...	43
Total......	100 %

En examinant de près le tableau précédent, on constate que certaines causes autrefois très fréquentes d'accidents sont devenues aujourd'hui très rares, par suite des progrès réalisés dans la construction du matériel fixe ou roulant : telles sont les ruptures de rails, d'essieux, de bandages.

3° *Relation entre la circulation et le nombre des accidents et des voyageurs tués ou blessés.*

		1880	1881	1882	1883	1884	MOYENNES
Nombre de trains mis en circulation.....	de voyageurs...........	1.702.647	1.804.503	2.028.842	2.255.222	2.369.093	2.032.061
	de toute nature..........	2.938.228	3.189.724	3.454.635	3.745.120	3.697.988	3.405.139
Nombre d'accidents de trains.....................		74	78	53	68	41	63
Rapport entre le nombre des accidents de trains et celui des trains.. ...	de voyageurs...........	1/23.009	1/23.135	1/38.280	1/33.165	1/57.783	1/32.255
	de toute nature..........	1/39.706	1/40.894	1/65.182	1/55.075	1/90.195	1/54.050
Nombre de voyageurs transportés...............		165.105.603	179.729.597	194.872.097	207.171.029	211.893.225	191.754.310
Nombre de kilomètres parcourus par les voyageurs.		5.862.602.096	6.323.209.722	6.760.507.144	7.039.667.318	6.882.703.985	6.573.738.053
Rapport entre le nombre des voyageurs tués et celui......	des voyageurs transportés.	1/4.344.884	1/2.995.403	1/6.495.737	1/4.503.718	1/4.414.442	1/4.358.082
	des kilomètres parcourus..	1/154.279.003	1/105.386.829	1/225.350.238	1/153.036.246	1/143.389.666	1/149.403.137
Rapport entre le nombre des voyageurs blessés et celui....	des voyageurs transportés.	1/372.699	1/378.378	1/595.939	1/444.729	1/461.644	1/440.814
	des kilomètres parcourus..	1/13.233.864	1/13.312.020	1/20.674.334	1/15.074.234	1/14.994.997	1/15.525.834

Les chiffres proportionnels portés au tableau précédent pour les voyageurs tués ou blessés comprennent les accidents de toute nature, ceux qui ne se rattachent qu'indirectement à l'exploitation et ceux qui s'y rattachent au contraire directement, ceux qui résultent de la faute ou de l'imprudence des victimes et ceux qui sont imputables au service même du chemin de fer.

Si l'on ne considérait que les accidents du fait de l'exploitation et si l'on ne comptait que les voyageurs tués ou blessés sans avoir commis ni faute ni imprudence, on aurait les chiffres suivants :

	1880	1881	1882	1883	1884	MOYENNES
Rapport entre le nombre des voyageurs tués et celui des voyageurs transportés.......	1/10.319.100	1/7.189.184	»	1/51.792.757	1/105.946.612	1/19.175.431
Rapport entre le nombre des voyageurs tués et celui des kilomètres parcourus.........	1/366.412.631	1/252.928.389	»	1/17.39.916.829	1/3.441.351.092	1/657.373.805
Rapport entre le nombre des voyageurs blessés et celui des voyageurs transportés.......	1/620.697	1/637.339	1/2.051.285	1/1.035.855	1/934.474	1/879.607
Rapport entre le nombre des voyageurs blessés et celui des kilomètres parcourus.......	1/22.039.850	1/22.422.730	1/71.163.233	1/35.488.337	1/31.003.117	1/30.154.762

Il ne sera pas sans intérêt de rapprocher les chiffres accusés par les tableaux précédents pour les victimes d'accidents de chemins de fer, de ceux qui sont relatés dans les comptes généraux de l'administration de la Justice criminelle, pour les individus tués par des voitures ou des chevaux.

Ces derniers chiffres s'élèvent :

pour 1882, à.......... 1 324

pour 1883, à.......... 1 266

pour 1884, à.......... 1 352

Ils ne se réfèrent d'ailleurs qu'aux accidents dont le ministère public a eu à vérifier les causes et les conséquences : c'est dire qu'ils sont de beaucoup inférieurs aux chiffres réels.

3. Résultats généraux accusés par la statistique française depuis l'origine. — Après avoir donné des renseignements détaillés sur les accidents survenus pendant la période de 1880 à 1884, nous allons fournir quelques indications plus sommaires sur l'ensemble des accidents depuis l'origine des chemins de fer, notamment en ce qui concerne les voyageurs.

ANNÉES	LONGUEUR MOYENNE exploitée	NOMBRE DE TRAINS kilométriques de toute nature	NOMBRE D'ACCIDENTS de trains ayant occasionné des morts ou des blessures	RAPPORT ENTRE LE NOMBRE des accidents de trains et celui des trains kilométriques	NOMBRE DE VOYAGEURS kilométriques	NOMBRE DE VOYAGEURS par le fait de l'exploitation		RAPPORT ENTRE LE NOMBRE DE VOYAGEURS par le fait de l'exploitation et le nombre de voyageurs kilométriques	
	km.					TUÉS	BLESSÉS	TUÉS	BLESSÉS
1835 à 1853	....		....	....	....	77	292	....	....
1854	4.530	32.000.000	....	....	1.380.313.432	4	27	1/345.078.358	1/51.122.719
1855	5.039	40.251.711	....	....	1.821.835.333	30	74	60.727.844	24.619.396
1856	5.854	46.388.411	....	....	1.844.653.744	0	9	»	204.961.527
1857	6.875	52.026.487	19	1/2.738.220	1.993.573.921	0	145	»	13.748.785
1858	8.112	56.666.042	13	4.358.926	2.405.642.343	2	73	1.053.321.171	23.858.114
1859	8.861	63.475.165	52	1.220.676	2.706.793.853	3	66	902.264.618	41.012.028
1860	9.297	68.217.386	40	1.705.434	2.521.201.667	4	137	630.300.416	18.402.932
1861	9.647	75.307.731	62	1.214.641	2.689.153.634	7	140	384.164.804	19.208.240
1862	10.533	82.341.448	40	2.058.536	2.852.592.553	1	53	2.852.592.553	53.822.501
1863	11.544	84.987.815	39	2.179.175	3.005.755.305	8	61	375.719.413	49.274.677
1864	12.373	90.065.963	65	1.385.630	3.163.633.315	6	125	527.272.219	25.319.066
1865	13.245	95.255.507	57	1.671.149	3.328.442.292	5	137	665.688.458	24.295.199
1866	13.929	102.585.252	66	1.554.322	3.407.469.190	17	300	200.439.364	34.074.692
1867	15.018	111.404.664	72	1.547.286	4.301.017.864	8	187	537.627.233	23.000.695

ANNÉES	LONGUEUR MOYENNE exploitée	NOMBRE DE TRAINS kilométriques de toute nature	NOMBRE D'ACCIDENTS de trains ayant occasionné des morts ou des blessures	RAPPORT ENTRE LE NOMBRE des accidents de trains et celui des trains kilométriques	NOMBRE DE VOYAGEURS kilométriques	NOMBRE DE VOYAGEURS par le fait de l'exploitation		RAPPORT ENTRE LE NOMBRE DES VOYAGEURS par le fait de l'exploitation et le nombre de voyageurs kilométriques	
						TUÉS	BLESSÉS	TUÉS	BLESSÉS
1868	15.833	116.970.395	64	1/1.827.662	3.898.525.660	4	144	1/974.631.415	1/27.073.095
1869	16.441	117.974.289	76	1.552.293	4.107.404.108	2	135	2.053.702.054	30.425.216
1870 1)	15.343	. . . .	. . . .	. . . .	. . . .	. .	. .	. . . .	. . . .
1871	15.644	104.045.784	136	765.042	4.588.741.816	15	678	305.916.121	6.768.055
1872	17.442	128.863.227	74	1.741.394	4.278.065.487	7	109	611.452.212	39.248.307
1873	18.131	138.595.580	101	1 372.233	4.347.162.368	0	140	»	31.051.159
1874	18.725	139.611.685	76	1 836.995	4.443.891.560	1	155	4.445.891.560	28.683.471
1875	19.349	143.234.837	68	2.106.388	4.786.059.579	3	82	1.595.350.193	58.366.470
1876	20.036	151.457.616	78	1.941.764	4.961.810.659	6	131	826.968.443	37.876.417
1877	20.536	154.792.001	74	2.091.784	4.870.231.682	5	203	974.046.336	23.9 91.289
1878	21.446	163 807.480	69	2.374.021	5.779.387.262	6	144	963.231.210	40.134.634
1879	22.413	168.975.933	77	2.194.492	5.253.508.369	11	266	477.591.669	19.750.031
1880	23.108	185.678.645	74	2.509.171	5.862.602.096	16	266	366.412.631	22.039.857
1881	24.400	198.319.596	78	2.542.559	6.323.209 722	23	282	252.928.388	22.422.729
1882	25.678	212.406.227	53	4.007.664	6.760.507.144	0	95	»	71.463.233
1883	26.692	220.008.410	68	3.235.417	7.039.667.318	4	200	1.759.916.829	35.498.336
1884	28.722	218.438.595	41	5.327.771	6.882.703.985	2	222	3.441.351.992	31.003.471

(1) L'année 1870 est une année exceptionnelle, pour laquelle les renseignements statistiques sont incomplets.

Le tableau précédent ne donne que les accidents de voyageurs, ne devant point être imputés à la faute ou à l'imprudence des victimes. C'est là en effet l'élément essentiel, celui qui doit fixer l'attention constante de l'Administration et des Compagnies, celui qui caractérise en quelque sorte le degré de sécurité de l'exploitation.

Si, au lieu d'envisager les chiffres annuels, on les groupe par périodes, si l'on considère par exemple les deux périodes décennales de 1860 à 1869 et de 1874 à 1883, on trouve que, pour la première période, il y a eu un tué sur 537 millions et 1 blessé sur 27 millions de voyageurs kilométriques et que, pour la dernière période, les chiffres correspondants ont été de 719 et de 46 millions.

Cette réduction doit être surtout attribuée aux progrès apportés dans la construction et l'exploitation des chemins de fer, notamment en ce qui touche les moyens de sécurité.

La diminution semble même s'être encore sensiblement accusée durant ces dernières années, grâce à l'application progressive des sages mesures prescrites à la suite de l'enquête de 1879-1880. Toutefois, il ne faudrait pas attacher à cette observation plus d'importance qu'elle n'en comporte; en matière d'accidents, les déductions fondées sur une trop courte expérience manquent de bases solides et il suffit d'une catastrophe pour les détruire.

Pour les employés, la situation est moins bonne. D'après les tableaux annexés au rapport de la Commission d'enquête de 1853, le nombre des victimes (tués ou blessés) n'était guère que de 1 pour 13 ou 14 kilomètres. Aujourd'hui il est de 1 pour 5 kilomètres environ. Cette majoration s'explique jusqu'à un certain point par l'augmentation numérique du personnel, qui est passé de 7,92 par kilomètre en 1855 à 8,92 en 1882. Mais elle tient aussi à d'autres causes, spécialement à l'imprudence des agents qui se sont familiarisés avec le danger, au point de ne pas prendre toujours les précautions nécessaires.

Il y a lieu d'ailleurs d'ajouter que, si l'on relève une augmentation sur le nombre total des victimes par kilomètre, le nombre des agents tués ou morts des suites de leurs blessures a au contraire diminué.

4. **Comparaison avec les pays étrangers.** — Il nous a paru intéressant de comparer les statistiques françaises à celles des principaux pays étrangers. Ces statistiques ne sont malheureusement pas toutes dressées d'après les mêmes principes. Néanmoins, en les étudiant minutieusement, nous avons pu établir des tableaux annuels susceptibles d'être utilement consultés.

La reproduction intégrale de ces tableaux serait beaucoup trop longue et donnerait un développement excessif au chapitre que nous avons cru devoir consacrer aux accidents.

Il suffira de relater les résultats d'ensemble que nous en avons extraits pour les deux périodes de 1860 à 1869 et de 1874 à 1883, déjà envisagées dans le paragraphe précédent.

DÉSIGNATION DES PAYS	LONGUEUR MOYENNE EXPLOITÉE (km.)	NOMBRE ANNUEL moyen de trains kilométriques de toute nature	NOMBRE ANNUEL MOYEN D'ACCIDENTS ayant occasionné des morts ou des blessures	RAPPORT entre le nombre des accidents de trains et celui des trains kilométriques	NOMBRE ANNUEL MOYEN DE VOYAGEURS à toute distance	NOMBRE ANNUEL MOYEN DE VOYAGEURS kilométriques	NOMBRE de voyageurs tués par le fait de l'exploitation	NOMBRE de voyageurs blessés par le fait de l'exploitation	TUÉS PAR LE FAIT D'EXPLOITATION et le nombre des voyageurs à toute distance	TUÉS kilométriques	BLESSÉS PAR LE FAIT DE L'EXPLOITATION et le nombre des voyageurs à toute distance	BLESSÉS kilométriques
1ᵉ PÉRIODE DE 1860 A 1869.												
Allemagne	13.595	76.735.171	65	1/1.180.541	75.133.818	2.617.442.506	1,8	15	1/41.741.010	1/1.454.134.726	1/4.975.749	1/173.340.563
Autriche-Hongrie	5.823	24.038.050	41	1/586.294	13.782.179	884.650.482	3,7	10,6	1/3.724.913	1/239.094.724	1/1.300.206	1/83.457.592
Belgique (État)	787	7.902.766	2,8	1/2.822.416	10.296.791	....	0,1	1,5	1/102.967.910	....	1/6.864.527	....
Royaume-Uni (a)	21.323	213.499.352	......	....	246.396.304	....	24	693	1/10.314.264	....	1/355.379	....
Italie	»	....	......	....	....	....	»	»	....	....	....	....
Espagne (a)	4.247	....	......	....	10.181.624	....	7,3	28	1/1.388.403	....	1/357.947	....
2ᵉ PÉRIODE DE 1874 A 1883.												
Allemagne	30.580	195.710.489	......	....	214.227.947	6.357.908.472	8,9	84	1/23.733.477	1/714.371.736	1/2.517.615	1/75.779.600
Autriche-Hongrie	17.627	66.656.169	......	....	42.031.922	2.003.933.811	3	17.7	1/14.010.644	1/667.977.937	1/2.374.685	1/113.216.599
Belgique (État)	2.465	25.984.261	......	....	40.605.710	852.233.914	0,7	24	1/58.008.157	1/1.217.477.020	1/1.684.884	1/35.362.403
Royaume-Uni	28.253	371.700.312	......	....	576.794.348	....	33	990	1/17.373.323	....	1/582.738	....
Italie	8.215	34.747.917	......	....	30.792.366	1.460.215.414	1,3	28,5	1/23.693.359	1/1.123.242.396	1/1.080.431	1/51.235.615
Espagne (b)	6.565	....	......	....	13.343.877	»	8,4	53	1/1.588.556	....	1/253.685	....

(a) Période de 9 années de 1861 à 1869.
(b) Période de 10 années de 1873 à 1882.

Les chiffres consignés à la page précédente sont, nous le répétons, difficilement comparables.

En effet, les règles adoptées dans les divers pays pour la classification des accidents et de leurs causes sont loin d'être identiques : cette identité tend aujourd'hui à s'établir, grâce aux travaux du congrès de statistique internationale des chemins de fer ; mais elle n'existait point pour les périodes sur lesquelles portent nos comparaisons.

Nous devons, en particulier, mettre le lecteur en garde contre les conséquences qu'il voudrait tirer des chiffres donnant le rapport entre le nombre des victimes et celui des voyageurs à toute distance : ces voyageurs sont généralement comptés autant de fois qu'ils rencontrent de Compagnies ou d'Administrations différentes sur leur trajet, de telle sorte que, pour un même parcours moyen, la proportion dépend de la division du réseau.

Les conditions de circulation des trains, leur vitesse, l'intensité de la fréquentation, l'enchevêtrement des lignes, varient, en outre, avec les pays, et ce sont des éléments de la plus haute importance au point de vue de la sécurité.

Enfin, il y a lieu d'observer que l'exploitation des chemins allemands et des chemins austro-hongrois a été soumise à de graves perturbations, lors de la campagne de Bohême, et que ces perturbations ont nécessairement pesé sur le compte des accidents pour ces deux groupes de voies ferrées, durant la période de 1860 à 1869.

Sous le bénéfice de ces réserves, nous devons constater que la France ne semble pas occuper le premier rang au point de vue de la sécurité, si l'on tient compte tout à la fois des tués et des blessés : il est juste cependant d'ajouter que la vitesse des trains y est relativement élevée, que la circulation y est intense, et, en outre, que la situation paraît s'y être sensiblement améliorée depuis quelques années.

L'Allemagne et l'Autriche paraissent tenir la tête.

Au contraire, le Royaume-Uni semble être l'un des pays où les voyageurs sont le plus exposés : le fait s'explique suffisamment par la grande fréquentation des lignes, par leur enchevêtrement et par la vitesse des trains.

Quoi qu'il en soit de ces rapprochements et en ne considérant que les résultats de la statistique française pour la période de 1874 à 1883, on voit combien les chances d'accident sont faibles aujourd'hui sur les chemins de fer.

Si l'on suppose, par exemple, une voie ferrée faisant le tour de la terre en suivant un de ses méridiens et présentant par suite un développement de 40 000 kilomètres, il faudrait la parcourir 18 000 fois pour y périr dans un accident : le voyage, à raison de 50 kilomètres par heure, durerait 16 siècles et demi.

Pour être blessé, il faudrait parcourir 1 150 fois la ligne et le voyage durerait encore plus d'un siècle.

Nous ne pousserons pas plus loin ces supputations fantaisistes. Leur seul objet était de faire pour ainsi dire toucher du doigt le peu de gravité du péril auquel sont exposés les voyageurs. Elles n'en laissent pas moins subsister le caractère douloureux des catastrophes encore trop fréquentes, soit en France, soit à l'étranger, et ne sauraient justifier le moindre relâchement dans les efforts qui s'imposent à l'Administration et aux Compagnies pour perfectionner les méthodes d'exploitation et pour accroître la sécurité des voyageurs et du personnel.

§ 5. — NOTICES

SUR LES PRINCIPAUX ACCIDENTS SURVENUS EN FRANCE

DEPUIS L'ORIGINE DES CHEMINS DE FER

1. Accident de la ligne de Versailles, rive gauche (8 mai 1842). — Un certain nombre d'accidents sont restés célèbres, soit par la gravité de leurs conséquences, soit par l'influence qu'ils ont exercée sur les progrès de l'exploitation. Nous croyons utile d'en rappeler sommairement les circonstances et les suites.

La locomotive venait à peine de faire son apparition en France. C'était jour de grandes eaux à Versailles. Les trains de retour étaient bondés de voyageurs. L'un d'eux partit de Versailles à 5 heures 1/2 du soir : il était composé de 17 voitures et remorqué par deux machines, dont la première à quatre et la deuxième à six roues. A mi-chemin entre Versailles et Paris, dans la tranchée de Bellevue, l'essieu d'avant de la première machine se brisa net à ses deux collets (1) et tomba sur la voie ; la machine dérailla, continua à cheminer sur une longueur de 65 mètres, puis donna du nez et s'arrêta brusquement. Son tender fut broyé entre les deux locomotives. La seconde machine se renversa sur le flanc. Les cinq premières voitures, entraînées par la vitesse acquise, furent lancées pêle-mêle sur les locomotives et prirent feu : les portières des compartiments étant fermées à clef, les voyageurs ne purent s'échapper. Quarante personnes, parmi lesquelles l'illustre amiral Dumont d'Urville, furent tuées ou brûlées vives ; quarante autres furent blessées très grièvement.

Cette affreuse catastrophe, qui eut un si grand retentissement, surtout à une époque où le nouveau mode de locomotion n'avait pas encore fait ses preuves dans notre pays, fut attribuée : 1° à la rupture de l'essieu d'avant de la première machine ; 2° à l'excès de vitesse du train, qui marchait à plus de 40 kilomètres à l'heure ; 3° à l'accouplement de deux machines, dont l'une à 4 roues, suivie d'une seconde machine plus forte à six roues.

Quelques jours plus tard, une décision ministérielle prescrivit provisoirement aux Compagnies, en attendant une réglementation plus complète, un ensemble de mesures de sécurité qui peuvent se résumer comme il suit :

a. — Prohibition des locomotives à 4 roues pour les trains de voyageurs ;

---

(1) L'ingénieur de la ligne a soutenu que la cause réelle du déraillement avait été la rupture de l'un des ressorts et l'affaissement de la plaque de garde, et que la rupture de l'essieu avait été seulement un accident consécutif.

b. — Défense d'atteler des machines en queue ;

c. — Obligation de placer en tête des trains 2, 3 ou 4 voitures vides, suivant que le nombre des voitures ouvertes aux voyageurs serait inférieur ou égal à 10, compris entre 11 et 14, égal ou supérieur à 15 ;

d. — Interdiction de fermer les voitures à clef ;

e. — Tenue de registres indiquant, pour chaque essieu de locomotive, la date de son entrée en service et la longueur parcourue par lui depuis cette époque ;

f. — Détermination par un arrêté préfectoral, pris sous l'approbation du Ministre, de l'intervalle minimum à ménager entre deux départs consécutifs sur une même ligne.

Le 26 mai 1842, un arrêté ministériel instituait une Commission spéciale d'ingénieurs, de constructeurs et d'industriels divers, pour étudier : 1° le mode de fabrication des essieux de locomotive et leur force de résistance; 2° les différents moyens de diminuer les effets des chocs et collisions. Cette Commission fut saisie, par la suite, de toutes les questions intéressant l'exploitation des chemins de fer. Elle présenta, le 29 octobre 1844, un rapport dont l'Administration supérieure s'inspira pour la préparation du règlement d'administration publique du 15 novembre 1846.

Des poursuites judiciaires avaient été en outre exercées contre six administrateurs ou fonctionnaires de la Compagnie : mais, dans son audience du 10 décembre 1842, le tribunal correctionnel de Paris renvoya les prévenus des fins de ces poursuites (Gazette des Tribunaux, 11 décembre 1842).

2. Accident de Fampoux (Nord. — 8 juillet 1846). — La Compagnie avait fait partir de Paris, à 7 heures du matin, un train portant 220 voyageurs, remorqué par deux locomotives et comprenant 28 véhicules, dont 5 fourgons à bagages, 12 voitures de diverses classes et 11 trucks chargés de diligences et de chaises de poste (entre autres celle du général Oudinot).

Ce train descendait une pente de $4^m|_m$ sur un remblai jeté au travers d'une ancienne tourbière, au delà du pont de la Scarpe et à 8 kilomètres d'Arras, lorsque se produisirent un déraillement et une rupture d'attelages. Huit véhicules, parmi lesquels cinq voitures à voyageurs, un truck portant une diligence et un autre truck servant au transport de la chaise de poste du général Oudinot, furent précipités dans la tourbière. Quatorze personnes périrent, presque toutes par submersion; il y eut 30 blessés, dont 10 grièvement. Le général Oudinot eut la vie sauve.

On n'a pu établir avec précision la cause de l'accident : il est cependant probable qu'un tassement s'était produit dans le remblai.

Comme la précédente, cette catastrophe a provoqué d'ardentes discussions et de violentes attaques contre les chemins de fer et contre leur mode d'exploitation. L'Administration a puisé dans les études auxquelles elle a donné lieu d'utiles enseignements pour la rédaction de l'ordonnance du 15 novembre 1846.

L'enquête avait révélé que le train marchait à la vitesse de 50 kilomètres à l'heure. Or, un arrêté préfectoral du 11 mai 1846, pris en exécution d'une décision ministérielle, avait limité à 24 kilomètres la vitesse des trains remorqués par deux machines. M. Petiet, ingénieur de la Compagnie, fut en conséquence poursuivi pour avoir tracé la marche du train à 38 kilomètres; les deux mécaniciens et l'inspecteur du train le furent également, les deux premiers pour avoir dépassé cette limite et le dernier pour avoir toléré cet abus. Les quatre prévenus furent renvoyés des fins de la poursuite, par un jugement du tribunal correctionnel de Lille, en date du 14 novembre 1846 : ce tribunal considérait l'arrêté préfectoral comme n'ayant pas de sanction pénale. Mais, sur l'appel du ministère public, la cour de Douai rendit, le 26 décembre, un arrêt condamnant : 1° M. Petiet à 15 jours d'emprisonnement et 3 000 francs d'amende; 2° le mécanicien de tête à 15 jours d'emprisonnement et 100 francs d'amende. La Cour de cassation confirma cet arrêt, le 24 avril 1847 (Gazette des Tribunaux, 16 et 17 novembre 1846, 30 décembre 1846, 25 avril 1847).

3. **Accident d'Orsay (Orléans.—3 août 1854).**— Le 3 août 1854, une collision eut lieu, sur le chemin à voie unique de Paris à Sceaux, entre une locomotive partie de Paris et un train parti de Sceaux, en un point où la ligne présentait deux courbes en sens contraire et était ouverte en déblai, et où la distance de visibilité ne dépassait pas 50 mètres.

Dix voyageurs et quatre employés de la Compagnie furent blessés; deux des victimes succombèrent à leurs blessures.

Des poursuites furent dirigées contre M. Arnadeau, ingénieur civil, chargé de la direction du matériel, qui montait la locomotive isolée. Par un jugement du tribunal correctionnel de Paris du 29 août 1854, cet ingénieur fut condamné à 2 ans de prison et 3 000 francs d'amende (Gazette des Tribunaux, 30 août 1854). La Compagnie eut à subir, de son côté, plusieurs condamnations en réparation civile envers les victimes.

4. **Accident de Peltre (Est.—21 avril 1855).**— Le 21 avril 1855, le train omnibus 142 venant de Forbach et remorqué par deux machines tamponna, près de Peltre, sur l'embranchement à voie unique de Frouard

à Forbach, le train de marchandises 167 venant de Nancy. La collision eut lieu dans une section en courbe et en déblai. Quatre personnes furent tuées et dix-sept blessées.

L'accident fut attribué à diverses fautes commises dans un changement de croisement.

Par jugement du tribunal correctionnel de Metz, en date du 4 juin 1855, six agents, dont les chefs de gare de Peltre et de Courcelles, un aiguilleur de Montigny, un facteur de la gare de Courcelles, ainsi que le chef et le mécanicien du train 167, furent condamnés à un emprisonnement variant entre 1 mois et 10 jours ; une amende de 300 francs fut en outre infligée à deux d'entre eux (Gazette des Tribunaux, 6 juin 1855).

5. Accident de Vaugirard (Ouest. — 9 septembre 1855). — Le 9 septembre 1855, une collision se produisit à l'entrée de la gare de Vaugirard, entre un train de voyageurs arrivant de Versailles et un train de marchandises marchant en sens opposé. Neuf voyageurs furent tués, dix-sept blessés et un certain nombre contusionnés : parmi ces derniers se trouvaient les mécaniciens et les deux chauffeurs.

Ce grave accident avait eu pour cause l'ouverture intempestive d'une aiguille donnant accès sur la voie de départ du train de marchandises. D'un autre côté, les falots du train de Versailles n'étaient pas allumés et il est à présumer que, si cette précaution avait été prise, l'aiguilleur aurait pu réparer en temps utile sa fausse manœuvre.

Plusieurs agents furent poursuivis, à savoir :

— le mécanicien du train de Versailles, pour n'avoir pas allumé les feux de sa machine ;

— le chef de gare de Clamart, pour avoir laissé monter des voyageurs dans un fourgon à bagages qui subit plus particulièrement l'effet de la collision ;

— l'aiguilleur de Vaugirard, qui avait donné intempestivement la voie au train de Versailles ;

— le chef de gare de Vaugirard, pour avoir manqué de surveillance et donné le signal du départ au train de marchandises.

Le mécanicien bénéficia d'une ordonnance de non-lieu, attendu qu'il avait quitté Versailles avant l'heure réglementaire d'allumage des feux.

Par jugement du tribunal correctionnel de la Seine, en date du 19 décembre 1855, le chef de gare et l'aiguilleur de Vaugirard furent condamnés à 5 ans d'emprisonnement et 300 francs d'amende, et le chef de gare de Clamart à 2 mois d'emprisonnement et 50 francs d'amende.

Appel fut formé par l'aiguilleur. Mais, par arrêt du 6 février 1855, la cour de Paris confirma le jugement du tribunal de première instance (Gazette des Tribunaux, 20 décembre 1855 et 7 février 1856).

6. Accident de Moret (P.-L.-M. — 21 octobre 1855). — Le train de bestiaux 210, allant de Châlon à Paris, fut rejoint près de Moret, le 21 octobre 1855, par le train express 30 venant de Lyon. Le fourgon de service du train 210, où se trouvait le graisseur, et le wagon des toucheurs intercalé entre ce fourgon et le dernier wagon de bestiaux furent broyés par la machine du train express. Le graisseur et quinze toucheurs furent tués sur le coup; cinq toucheurs furent blessés grièvement et deux reçurent des contusions.

Deux causes déterminèrent cet accident. Le train 210, quoique remorqué par deux machines, avait une charge excessive (68 wagons, 1 voiture de 3ᵉ classe et 2 fourgons à freins formant un total de 500 tonnes environ). Arrivé près du théâtre de l'accident, il ne marchait plus qu'à la vitesse d'un homme au pas ; les conducteurs se décidèrent trop tard à l'arrêter complètement pour aller ensuite le couvrir à l'arrière. D'autre part, la gare de Montereau n'avait pas prévenu le mécanicien de l'express que le train de bestiaux, qui le précédait, avait du retard et un lourd chargement.

Par jugement du tribunal correctionnel de Fontainebleau, en date du 26 novembre 1855, le chef du train de bestiaux fut condamné à deux années d'emprisonnement et à 500 francs d'amende. Quant au sous-chef de gare de Montereau, il fut acquitté.

L'accident de Moret et ceux qui l'ont précédé immédiatement ont fait l'objet d'une étude particulière au cours de l'enquête de 1859 à 1863. Cette enquête a abouti à l'importante circulaire du 1ᵉʳ février 1864, qui a prescrit et recommandé aux Compagnies tout un ensemble de mesures concernant l'exploitation technique et l'exploitation commerciale.

7. Accident de Rilly (Est. — 8 octobre 1860). — Le 8 octobre 1860, le train mixte 120 allant de Reims à Épernay fut tamponné par un train de ballast, dans le souterrain de Rilly-la-Montagne, long de 3 450 mètres. Vingt personnes furent plus ou moins grièvement blessées.

L'instruction démontra que plusieurs fautes avaient été commises.

Aux termes d'une décision ministérielle du 20 janvier 1860, des appareils télégraphiques devaient être installés à l'entrée et à la sortie des tunnels de plus de 1 kilomètre de longueur et des tunnels en courbe, afin d'empêcher deux trains de même sens de s'y engager simultanément : or le souterrain de Rilly n'était pas pourvu de ces appareils.

Le chef de gare de Rilly avait eu le tort de laisser partir le train de ballast dix ou douze minutes après le train 120 qui était en retard, sans avoir prévenu les agents de ce dernier train.

Le chef et le garde-frein du train 120 avaient négligé de le couvrir à l'arrière par des pétards, dès qu'ils s'étaient aperçus du patinage de la machine.

Enfin le conducteur du train de ballast était également incriminé.

Par jugement du 2 janvier 1861, le tribunal correctionnel de Reims condamna M. Vuigner, chef d'exploitation, à un mois de prison et 1000 fr. d'amende pour inexécution de la décision ministérielle du 20 janvier 1860 ; le chef du train 120 fut condamné à un mois de prison et 200 fr. d'amende. Quant aux trois autres inculpés, ils furent acquittés.

Deux appels furent interjetés, l'un par M. Vuigner, l'autre par le procureur. La Cour d'appel confirma, par arrêt du 8 mars 1861, le jugement de première instance en ce qui concernait M. Vuigner et le chef du train 120. Elle y ajouta deux condamnations nouvelles, celle du chef de gare de Rilly à un mois de prison et 200 francs d'amende, et celle du garde-frein du train 120 à 8 jours de prison et 50 francs d'amende.

Au point de vue administratif, la Compagnie fut mise en demeure d'installer, dans un délai de 20 jours, la communication télégraphique entre les deux têtes du souterrain.

8. Accident de Rognac (P.-L.-M. — 6 juillet 1865). — Le 6 juillet 1865, le train express n° 2, venant de Marseille, et le train-omnibus n° 69, venant de Valence, se rencontrèrent entre Berre et Rognac, sur la voie principale descendante où était établi un service de pilotage pour cause de réparation de la voie. Un voyageur et deux agents furent tués ; soixante voyageurs et quinze agents furent blessés.

La responsabilité de cet accident incombait : 1° au chef et au sous-chef de la station de Rognac, qui, au lieu de retenir l'express jusqu'à l'arrivée du train 69 sur lequel se trouvait le pilote, avaient donné le signal du départ ; 2° au mécanicien de l'express, qui n'aurait pas dû obéir à cet ordre et qui d'ailleurs avait été la première victime ; 3° à un garde-aiguilleur de Rognac, qui aurait dû arrêter le train express en constatant que le pilote n'était pas sur la machine pour lui présenter le laissez-passer.

Par jugement du 12 août 1865, le tribunal correctionnel d'Aix condamna le sous-chef de gare à 15 mois de prison et 300 francs d'amende, le chef de gare à 2 mois d'emprisonnement et le garde-aiguilleur à six mois de la même peine (Gazette des Tribunaux, 16-17 août 1865). De son côté, le Ministre envoya aux Compagnies, le 26 juillet 1865 et le 19 mai 1866, deux circulaires relatives au service de pilotage sur voie unique.

9. Accident de Bandol (P.-L.-M. — 5 février 1871). — Le 5 février 1871, le train omnibus 481 quittait Marseille à 7 h. 47 du matin pour se rendre à Toulon. Il était composé de vingt véhicules, dont onze destinés aux voyageurs et les neuf autres aux marchandises. Quatre de ces derniers renfermaient 25 000 kg. de poudre expédiés de Bordeaux à Toulon. En effet, les nécessités de la guerre avaient déterminé le Ministre des travaux publics à déroger aux prescriptions de l'article 21 de l'ordonnance du 15 novembre 1846 et à prendre, le 24 août 1870, une décision qui autorisait la Compagnie de la Méditerranée à transporter en grande vitesse, au cas d'urgence, les munitions de guerre par des trains contenant ou non des voyageurs.

Le train 481 venait à peine de quitter Bandol et de s'engager dans la tranchée de la Gorguette, lorsqu'une explosion terrible se produisit. Les quatre wagons de poudre avaient pris feu. Soixante personnes périrent sur le coup ; il y eut, en outre, plus de 80 blessés, dont 10 succombèrent par la suite.

On attribua l'accident à un défaut de chargement des barils de poudre à Bordeaux. On supposa que la poudre s'était échappée des barils et répandue sur le plancher des wagons et de là sur la voie où elle se serait enflammée au contact des escarbilles, ou bien que, les barils étant à découvert, une étincelle de la machine avait pu les atteindre et provoquer l'explosion.

Des poursuites correctionnelles furent exercées contre le chef de gare de Bordeaux-Bastide, contre un gardien de batterie aux magasins généraux de Bordeaux et contre un sous-chef de gare de Marseille. Faute de preuves suffisantes, les inculpés furent relaxés par un arrêt de la Cour d'appel d'Aix, en date du 6 juillet 1871.

Une action civile fut d'ailleurs dirigée contre la Compagnie par les familles des victimes, devant les tribunaux de la Seine, de Lyon, de Villefranche, de Marseille, de Toulon et de Draguignan.

La Compagnie appela l'État en garantie. Les préfets de la Seine, du Rhône, des Bouches-du-Rhône et du Var présentèrent le déclinatoire d'incompétence qui fut accueilli par tous les tribunaux, sauf celui de Lyon. Le préfet du Rhône prit alors un arrêté de conflit qui fut confirmé par une décision du Tribunal des conflits, en date du 25 janvier 1873.

Appelée à porter ainsi son action en garantie devant la juridiction administrative, la Compagnie obtint du Conseil d'État une décision du 17 décembre 1875, qui condamnait le Ministre de la guerre à lui rembourser les deux tiers du montant des indemnités mises à sa charge.

Au point de vue administratif, la décision ministérielle du 24 août 1870 fut rapportée le 17 février 1871, c'est-à-dire 12 jours après l'accident.

10. Accident de Champigny (P.-L.-M. — 16 septembre 1871). Le 16 septembre 1871, le train de voyageurs 24 partait de Sens à 8 h. 59 du matin; il comprenait 19 véhicules, dont 9 wagons à messagerie placés en tête. Entre les stations de Pont-sur-Yonne et de Champigny, l'essieu d'arrière du dernier wagon à messagerie se rompit; il en résulta une rupture d'attelage en avant des voitures à voyageurs. La tête du train continua sa marche; mais bientôt l'une des roues du wagon dont l'essieu s'était rompu se détacha au contact du contre-rail d'un passage à niveau. Les voitures à voyageurs qui suivaient, en vertu de la vitesse acquise, se brisèrent les unes contre les autres. Neuf voyageurs furent tués sur le coup, vingt autres furent blessés et deux d'entre eux moururent dans les 24 heures.

Il fut impossible de déterminer nettement la cause de la rupture de l'essieu. On constata néanmoins qu'il présentait une légère fissure déjà ancienne et qu'il était d'un type réformé par la Compagnie elle-même. D'autre part, le train marchait à 60 kilomètres environ à l'heure, alors que la Compagnie avait pris, auprès de l'Administration, l'engagement d'exclure les wagons de petite vitesse des trains de voyageurs marchant à plus de 45 kilomètres à l'heure.

Sur les propositions du service du contrôle, M. Audibert, directeur de la Compagnie, fut poursuivi correctionnellement, sous l'inculpation :

1° de n'avoir pas, depuis un certain temps, tenu ou fait tenir le registre des essieux prescrit par l'article 9 de l'ordonnance du 15 novembre 1846;

2° de n'avoir pas maintenu ou fait maintenir en bon état d'entretien le matériel d'exploitation;

3° d'avoir causé l'accident par maladresse, imprudence, négligence et inobservation des règlements.

Par jugement du 27 mars 1872, le tribunal correctionnel de Sens écarta les deux premiers chefs de la prévention, mais retint le troisième et prononça une condamnation à un mois de prison et 3000 francs d'amende.

Un arrêt de la cour d'appel de Paris, du 18 mai 1872, infirma le jugement de première instance.

L'accident ne donna d'ailleurs lieu à aucune suite administrative.

11. Accident de Châtillon (P.-L.-M. — 17 décembre 1876). —
Une collision s'était produite à Montereau, le 16 décembre, entre le train 27
et la machine du train de marchandises 2009. Il s'en était suivi un encombrement des voies et un retard de 10 heures dans la marche du train
express 265, qui devait normalement arriver à Aix-les-Bains le lendemain
à 9 h. 43 du matin.

Le 17, vers 7 heures du soir, le chef de gare d'Aix-les-Bains, n'ayant
pas encore reçu le train 265 et ayant à faire partir en sens opposé le train
272 sur la ligne à voie unique du Rhône au Mont-Cenis, se renseigna près
de son collègue de Châtillon. Celui-ci lui répondit qu'il arrêterait le train
265 et qu'en conséquence le train 272 pouvait être expédié. Avant de faire
cette réponse, il avait négligé de mettre les signaux à l'arrêt dans la direction de Culoz, comme le prescrivaient les règlements. Il sortait de son
bureau pour opérer cette manœuvre, quand le train 265 franchit à toute
vitesse la station. Aussitôt il chercha à donner contre-ordre à la gare
d'Aix; mais le train 272 était déjà parti. Une épouvantable collision eut
lieu à la sortie du tunnel de Grisine (dans une profonde tranchée et sur
une courbe à faible rayon ne permettant pas de voir à plus de 40 mètres),
entre les deux trains, qui marchaient l'un à 60 et l'autre à 50 kilomètres
à l'heure. Sept personnes, parmi lesquelles les deux mécaniciens et les
deux conducteurs-chefs, furent tués; deux autres succombèrent dans la
suite; quatorze furent blessées.

Le chef de gare de Châtillon fut condamné à trois années d'emprisonnement et 300 francs d'amende par un jugement du tribunal correctionnel
de Chambéry, en date du 17 février 1877.

La Compagnie fut d'ailleurs invitée par une dépêche du 4 janvier 1877
à se conformer à certaines recommandations, au sujet des règlements relatifs à la voie unique et au recrutement du personnel employé sur les
lignes à simple voie. Elle répondit le 13, en annonçant l'étude de l'application des cloches autrichiennes sur son réseau. Ces cloches ont été mises
en usage le 15 juin 1877, sur la section de Culoz à Montmélian.

12. Accident de Flers (Ouest. —15 août 1879).—Le 15 août 1879, vers
7 heures du matin, entre les gares de Flers et de Monsecret-Tinchebray,
le train de voyageurs 51 parti de Flers et le train de marchandises
280 marchant en sens opposé se rencontrèrent sur la voie unique, dans
une section en remblai et en courbe, comprise entre deux tranchées et où
les conditions de visibilité étaient très mauvaises. Dix personnes furent
tuées et cinquante-deux blessées.

La responsabilité de cet accident incombait tout entière au sous-chef de gare de Flers, qui, après avoir reçu le train 54, avait expédié le train 51 avant l'arrivée du train 280, sans tenir compte de ce que ce dernier train avait dû être garé à Viessoix, pour laisser passer le train 54 qu'il précédait habituellement. Cet agent fut condamné à deux ans de prison et 300 francs d'amende par un jugement du tribunal correctionnel de Domfront, en date du 13 septembre 1879.

A la suite de la collision de Flers, une décision ministérielle du 26 août 1879 institua une Commission d'enquête sur les moyens de prévenir les accidents de chemins de fer. Cette enquête a abouti à l'importante circulaire ministérielle du 13 septembre 1880, relative à la sécurité.

13. Accident de Clichy-Levallois (Ouest.— 3 février 1880).—Dans la soirée du 3 février 1880, par un brouillard très intense, le train 23, parti de la gare Saint-Lazare dix minutes après le train 127, rejoignit et culbuta ce train sur la voie descendante de Saint-Germain, près de la gare de Clichy-Levallois. Treize personnes furent tuées, quarante-quatre blessées et trente-huit contusionnées (Journal officiel du 14 février 1880).

La vitesse réglementaire des deux trains était la même; mais le train 127 avait été notablement retardé par divers signaux placés à l'arrêt, tandis que le train 23 marchait à sa vitesse réglementaire.

L'enquête révéla les fautes suivantes :

1° le mécanicien du train 23, tué lors de l'accident, avait eu le tort de ne pas ralentir entre les fortifications et le pont de la Révolte (ordre de service n° 217);

2° le conducteur-chef et un autre conducteur du train 127 avaient négligé de couvrir ce train arrêté en pleine voie (toutefois cette contravention n'avait pas influé sur la catastrophe);

3° deux aiguilleurs avaient également commis une infraction aux règlements, en ne faisant pas garder certains signaux par des agents spéciaux, comme ils auraient dû le faire à raison du brouillard.

Si cette dernière faute n'avait pas été commise, il est à peu près certain que la collision n'aurait pas eu lieu.

Les deux aiguilleurs furent poursuivis et condamnés à trois mois de prison et 50 francs d'amende.

La catastrophe de Clichy n'a pas reçu de suite administrative immédiate; mais la Commission d'enquête y a puisé des enseignements pour les propositions qui ont abouti à la circulaire ministérielle du 13 septembre 1880. De son côté, la Compagnie de l'Ouest y a eu égard dans la préparation de ses nouveaux règlements généraux d'exploitation, qui ont été approuvés par décision ministérielle du 14 janvier 1881.

14. Accident de Charenton (P.-L.-M. — 5 septembre 1881). — Le 5 septembre 1881, vers 9 h. 3/4 du matin, le train 584, de Montargis à Paris, allait quitter la gare de Charenton, où il s'était arrêté exceptionnellement en vertu de l'avis-circulaire n° 28 du chef de l'exploitation, lorsque survint, marchant à une vitesse de 70 kilomètres à l'heure, le train rapide n° 10 venant de Marseille. Ce dernier train, qui avait 4 minutes de retard, avait trouvé voie libre au poste Tyer précédent ; il avait également trouvé ouvert le disque avancé de la gare de Charenton. Dès qu'ils l'aperçurent, les agents de cette dernière gare s'empressèrent de faire partir le train 584 : mais ce train n'avait encore pris qu'une allure de 10 à 12 kilomètres, quand il fut rejoint par le rapide. Les deux voitures d'arrière du train 584, dont le châssis était en bois et dans lesquelles un grand nombre de voyageurs avaient pris place, furent brisées. Il y eut vingt-un morts et quatre-vingt-un blessés.

Cette terrible catastrophe fut attribuée à un concours malheureux de fautes accumulées :

1° le stationnaire du poste Tyer de Charenton avait eu le tort grave de ne pas fermer le disque avancé de la station, derrière le train 584 ;

2° le chef de gare de Maisons-Alfort avait omis d'arrêter le train rapide n° 10, qui suivait à peu de distance, avec une vitesse de beaucoup supérieure, le train omnibus 584 en retard sur son horaire normal ;

3° le stationnaire du poste Tyer de la même gare n'avait pas ménagé entre les deux trains l'intervalle minimum de cinq minutes qui devait les séparer.

Ces trois agents furent condamnés, le premier à un an de prison, le second à huit mois de prison et 300 francs d'amende, le troisième à six mois de prison et 300 francs d'amende.

Le Ministre des travaux publics adressa aux Compagnies, le 2 novembre 1881, une invitation pressante de hâter la réalisation des mesures de sécurité prescrites par la circulaire ministérielle du 13 septembre 1880.

En outre, il prescrivit spécialement à la Compagnie de Paris-Lyon-Méditerranée, le 1er décembre 1881 :

1° de n'employer, autant que possible, les voitures à châssis en bois que sur les petits embranchements, le service des grandes lignes devant être fait au moyen de voitures à châssis en fer ;

2° de poursuivre activement les modifications des disques avancés ;

3° d'exécuter rapidement le doublement des voies entre Paris et Villeneuve-Saint-Georges ;

4° d'apporter le plus grand soin au recrutement des agents préposés à la manœuvre des appareils de sécurité ;

5° enfin, de ne pas perdre de vue les prescriptions et indications contenues dans la circulaire ministérielle du 2 novembre 1881, concernant :

— la généralisation de l'emploi du fourgon de queue dans les trains de voyageurs ;

— la solidarité à établir entre les signaux visuels et les avertisseurs électriques ;

— les modifications à apporter aux appareils Tyer, pour leur faire enregistrer les signaux transmis par eux ;

— l'emploi des freins continus dans les trains rapides.

Conformément à une autre décision ministérielle du 9 mars 1882, la Compagnie inséra dans ses réglements généraux une disposition portant que, désormais, tout ordre de service, circulaire, etc., prescrivant un changement dans le service des trains approuvé par le Ministre ou une dérogation aux règles suivies pour le garage des trains, serait porté sans retard à la connaissance de l'Administration supérieure.

15. Accident de La Ferté-Bernard (Ouest.— 1-2 novembre 1883).— Dans la nuit du 1ᵉʳ au 2 novembre 1883, une machine isolée regagnait le dépôt du Mans. A son passage à Nogent-le Rotrou, le mécanicien fut averti que le train-poste numéro 19 le précédait de 5 minutes seulement. Il n'en marcha pas moins avec une vitesse excessive (60 kilomètres au moins à l'heure), franchit sans précaution la gare du Theil et vint tamponner à La Ferté-Bernard le train 19, qui y était arrêté depuis une minute à peine. Un voyageur fut tué, 19 autres furent blessés plus ou moins grièvement.

Le mécanicien coupable fut condamné à 3 mois d'emprisonnement.

La Compagnie de l'Ouest fut d'ailleurs invitée :

1° à présenter un projet pour l'établissement d'un disque répétiteur à La Ferté, du côté de Paris, entre le disque avancé et son levier de manœuvre ;

2° à apporter à son règlement général certaines modifications de nature à donner toutes garanties pour la circulation des machines hautle-pied.

16. Accident de Monte-Carlo (P.-L.-M. — 10 mars 1886). — Le 10 mars 1886, vers 5 heures du soir, le train mixte 502 et le train omnibus 483 se sont rencontrés sur la voie unique, entre les gares de Monte-Carlo et de Cabbé-Roquebrune (ligne de Nice à Vintimille). Il y a eu 6 morts, dont 3 voyageurs et 3 agents, et 47 blessés, dont 41 voyageurs et 6 agents.

Cet accident s'est produit à la suite d'un changement de croisement.

Le train 502, allant de Menton vers Nice, devait régulièrement croiser à Menton le train 479 et à Roquebrune le train 483; comme le train 479 était en retard, son croisement fut reporté à Roquebrune.

Le facteur remplaçant le chef de gare à Roquebrune commit la faute de laisser partir le train 502 sans attendre le train 483, après avoir lancé le signal des cloches électriques, mais sans avoir passé les dépêches prescrites.

De son côté, le chef de gare de Monte-Carlo, entendant le signal que lui envoyait la gare de Roquebrune, confondit ce signal avec celui de départ du train 483 et fit partir ce dernier train. Reconnaissant bientôt son erreur, il fit le signal d'arrêt général par les cloches; malheureusement il était trop tard.

Par une fatalité inouïe, une femme garde-barrière qui aurait pu atténuer l'accident, si elle avait obéi à ce signal, ne le comprit pas.

Au dernier moment, des ouvriers de la voie purent avertir les mécaniciens en élevant les bras. Le mécanicien du train 483 réduisit sa vitesse; mais celui du train 502, au contraire, perdit son sang-froid et manœuvra dans le sens de la marche en avant. Ce dernier agent, de même que le chef du train 502, avaient d'ailleurs commis la faute de partir sans avoir reçu du chef de gare de Roquebrune le bulletin réglementaire en cas de changement de croisement; le conducteur-chef et le mécanicien du train 483 avaient eu aussi le tort de quitter Monte-Carlo, sans s'assurer de la transmission à Roquebrune du signal annonçant leur départ.

Le conducteur-chef et le mécanicien du train 502 ont été tués.

Le facteur de Roquebrune a été condamné à 15 mois de prison, par jugement du tribunal de Nice du 16 avril 1886. Ce jugement a été infirmé le 20 mai 1886 par la cour d'Aix, qui a acquitté le prévenu. La cour de cassation a, sur la requête du ministère public, annulé divers considérants de l'arrêt de la cour d'Aix, qui avaient mis en cause la Compagnie de Paris-Lyon-Méditerranée, étrangère au débat, et critiqué indirectement le contrôle de l'État.

Le tribunal supérieur de Monaco a, par jugement du 4 juin 1886, condamné le chef de gare de Monte-Carlo à deux mois de prison et le conducteur-chef du train 483 à 50 francs d'amende et acquitté la femme garde-barrière.

Les Compagnies ont été invitées, par circulaire du 29 mars 1886, à étendre les freins continus à toutes les voitures à voyageurs et à tous les véhicules annexes de la grande vitesse. Une légère modification a été apportée au règlement des cloches en vigueur sur le réseau de Paris-Lyon-Méditerranée.

17. Observations sur les accidents à l'Étranger. — Quelque regrettables que soient les accidents que nous venons de relater sommairement, leur gravité ne dépasse pas celle de catastrophes analogues survenues sur les réseaux étrangers.

En consultant les statistiques, on peut en effet relever, par exemple, les faits suivants :

a. Sur les chemins de fer *Allemands :* en 1870, 3 tués (1) et 26 blessés (1), dans un déraillement entre Breslau et Glogau ; 7 tués et 48 blessés, dans deux accidents entre Hesse et Cassel ; en 1871, 19 tués et 56 blessés, dans un déraillement entre Berlin et Anhalt ; en 1882, 60 tués et 271 blessés dans le grand duché de Bade ;

b. Sur les chemins de fer *Austro-Hongrois :* en 1868, 31 tués et 52 blessés, dans une collision près de Horowitz ; en 1872, 22 tués et 25 blessés, dans une collision et un déraillement (Réseau de la Société des chemins de fer de l'État Autrichien) ; en 1882, 26 tués et 18 blessés, dans des déraillements de la ligne d'Alföld-Fiume ;

c. Sur les chemins de fer du *Royaume-Uni :* en 1874, 71 voyageurs tués à Bolness-Junction ; en 1875, 7 tués à Kildwick ; en 1876, 13 tués à Foxcate ; en 1877, 5 tués et 17 blessés à Morpeth, 3 tués et 20 blessés dans un accident du London and North Western ; en 1878, 5 tués et 80 blessés à Sittingbourne, 3 tués et 50 blessés à Ballincollig ; en 1879, la catastrophe bien connue du pont de la Tay ; en 1880, 5 tués et 48 blessés, dans un accident du Lancashire and Yorkshire ; en 1881, 7 tués et 64 blessés à Blackburn ; en 1882, 5 tués et 45 blessés à Old Ford, 3 tués et 68 blessés à Hornsey ; en 1883, 5 tués et 23 blessés à Lockerbie, 4 tués et 53 blessés à Hornsey ; en 1884, 24 tués et 62 blessés à Bullnouse ;

d. Sur les chemins de fer *Russes :* en 1882, 35 tués et 34 blessés, dans un déraillement de la ligne Moscou-Koursk.

---

(1) Ces chiffres, comme les suivants, ne comprennent pas les employés de la Compagnie.

CHAPITRE XI

DES ATTENTATS SUR LES VOYAGEURS

1. **Récapitulation des tentatives criminelles signalées sur les chemins de fer français de 1860 à 1886.** — Bien que les attentats commis sur la personne des voyageurs ne constituent pas des accidents d'exploitation, la légitime émotion qu'ils ont toujours provoquée, le devoir qui s'impose aux Compagnies et à l'Administration de prendre toutes les mesures propres à les éviter, l'influence que peuvent exercer sur leur nombre et sur leur gravité la structure du matériel roulant et les moyens de sécurité, nous déterminent à leur consacrer ici quelques développements.

Il importe, avant tout, pour bien préciser l'importance de la question, de récapituler les tentatives criminelles qui ont été signalées sur les chemins de fer français de 1860 à 1886. Tel est le but du tableau suivant, préparé par les soins du Ministère des travaux publics.

| | | | | LIEU de L'ATTENTAT | TRAIN | | VOITURE | | |
DATE	HEURE	RÉSEAU	LIGNE		NUMÉRO	NATURE	CLASSE	SITUATION dans le train	AMÉNAG app de s
12 septembre 1860	Vers 10 h. ½ du soir.	Est.	Paris-Mulhouse.	Entre Illfurth et Zillisheim.	505	Omnibus.	2ᵉ		
6 décembre 1860	Entre minuit et 4 h. du matin.	Est.	Paris-Mulhouse.	Probable-ment près de Nogent-s.-Seine.	530	Express.	1ʳᵒ	Première voiture en tête.	
4 juillet 1868	Minuit 38ᵐ.	Nord.	Paris-Calais.	A 1 kilom. au-delà de la station d'Ailly-s.-Noye, où le train s'était arrêté.	2	Poste.	2ᵉ		Le t. éta muni l'app Pru. hom me non la turi

...TURE ...bde ...TENTAT	NOM et QUALITÉ de la victime	PARCOURS que le train avait à franchir sans arrêt		CIRCONSTANCES PRINCIPALES DE L'ATTENTAT	SUITE JUDICIAIRE	OBSERVATIONS
		DÉSIGNATION	LONGUEUR			
...iive cri- ...le dou- ...nse. ...tre sim- ...nte d'un ...ageur ...a voie.	HEPPÉ, se disant mé- decin militaire russe.	Illfurth- Zillisheim.	3 km.	M. Heppé a toujours soutenu que, seul dans son compartiment, il s'était endormi et était tombé sur le plancher du wagon, puis que, pris d'hallucination, il aurait ouvert la portière et serait tombé sur la voie. Quoique assez grièvement blessé, il a gagné à pied la première maison de garde. Malgré cette déposition sur la sincérité de laquelle on avait des doutes, on a admis que M. Heppé avait été la victime d'un assassin qui aurait sauté du train vers l'entrevoie, au ralentissement de la bifurcation de Mulhouse.		
...ssinat ...vol ou ...eance.	POINSOT, président de chambre à la Cour de Paris.			M. Poinsot a dû être assassiné pendant son sommeil, pour vol ou vengeance. Il a été trouvé mort à l'arrivée à Paris, à 5 h. du matin : il avait la tête fracassée par des coups de revolver.	Resté inconnu	
...ative ...ssinat ...vol.	LHERMITTE, négociant.	Ailly- Breteuil.	17	M. Lhermitte était seul dans son compartiment. Guyot, homme d'équipe à Amiens, qui s'était caché dans un fourgon, pénétra dans le compartiment par le marchepied, y resta après explication avec le contrôleur de route qui était passé peu après, puis frappa M. Lhermitte pendant son sommeil à l'aide du stylet d'un parapluie à épée. Une lutte violente s'engagea. Guyot sauta du train et revint à pied à Ailly. Quant à M. Lhermitte, il gagna par les marchepieds le coupé voisin, chercha sans succès à faire fonctionner l'appareil d'appel Prud'homme (1), rentra dans son compartiment et descendit à Breteuil. Guyot, de son côté, avait pris à Ailly le train n° 8, qui l'amena à Breteuil où il fut immédiatement arrêté. Il avoua son intention de vol.	Condamnation aux travaux forcés à perpétuité.	On a supposé que M. Lhermitte n'avait pas exercé une traction suffisante sur l'appareil d'appel.

| | | | | LIEU | TRAIN | | VOITURE | | |
DATE	HEURE	RÉSEAU	LIGNE	de L'ATTENTAT	NUMÉRO	NATURE	CLASSE	SITUATION dans le train	AMÉNA… app de …
12 décembre 1869	Vers 11 h. du soir.	P. L. M.	Paris-Marseille.	Entre Rognac et Miramas.	6	Express.	1re	Comparti- ment d'avant de la voiture de tête.	Vc mul l'ap Pr hoi q été être é m a i qu Dr pa n e ar pen d il n pu resto us
21 mars 1870	Entre 1 h. et 1 h. 55 du matin.	P. L. M.	Paris-Marseille.	Entre Valence et Montéli-mar.	1	Express.	Coupé.	Première voiture. (Le train ne compre-nait que trois voitures à voya-geurs.)	Ti mui l'inte mu ti Pr hoi
3 décembre 1871	Vers 10 h. 20 du matin.	P. L. M.	Paris-Lyon	Entre Brienon et St-Floren-tin.	26	Omnibus.	3e		Voi ai séll ti hau d'ai

ATURE de TTENTAT	NOM et QUALITÉ de la victime	PARCOURS que le train avait à franchir sans arrêt		CIRCONSTANCES PRINCIPALES DE L'ATTENTAT	SUITE JUDICIAIRE	OBSERVATIONS
		DÉSIGNATION	LONGUEUR			
ntative ssassinat ur vol.	Docteur JAMES (Constantin).	Rognac-Miramas.	26 km.	Le docteur James était resté seul depuis Marseille dans son compartiment, qui avait été réservé au départ. Humbert, qui n'avait pu être admis dans ce compartiment à Marseille, y monta à Rognac et frappa le docteur James d'une canne plombée, pour le voler. Une lutte violente s'engagea. Le docteur James put maintenir l'agresseur jusqu'à Miramas. Celui-ci put fuir par l'entrevoie, pendant que sa victime descendait sur le quai ; il fut arrêté six jours plus tard à Marseille.	Condamnation aux travaux forcés à perpétuité.	
assinat ur vol.	LUBANSKI, négociant.	Valence-Montélimar.	44	M. Lubanski était seul dans le coupé. Bayon, récidiviste, monta à Vienne avec un billet de 1re classe dans ce coupé, frappa de plusieurs coups de poignard M. Lubanski pendant son sommeil, le tua sur le coup, jeta le cadavre au point 643 km., sauta par l'entrevoie au point 651 km., se blessa légèrement dans sa chute et fut arrêté le lendemain par la gendarmerie, blotti dans un fourré des environs. Les voyageurs du compartiment voisin n'avaient rien entendu. La portière de l'entrevoie ayant été laissée ouverte, le crime fut découvert à Montélimar.	Condamnation à mort.	
ageur é d'un rain été par marades tué.	BOFFA, émigrant italien.	Brienon à Saint-Florentin.	9	Boffa qui voyageait avec d'autres émigrants dans un compartiment d'une voiture de 3e classe, dans laquelle se trouvaient d'autres personnes, a été trouvé sur la voie et est mort quelques heures après, sans avoir pu donner d'explications. Ses camarades ont été soupçonnés de l'avoir jeté par la portière pour le voler.	Affaire classée sans suite par le parquet.	

| DATE | HEURE | RÉSEAU | LIGNE | LIEU de L'ATTENTAT | TRAIN | | VOITURE | | |
					NUMÉRO	NATURE	CLASSE	SITUATION dans le train	AMÉNAG... et appar... de sé...
19 janvier 1872	Entre 7 h. 50 et 8 h. 10 du soir.	Midi.	Toulouse-Cette.	Entre Bram et Pexiora.	116	Omnibus.	3e		Voit... avc sépara... à haut... d'app...
18 février 1875	10 h. 10 à 10 h. 30 du matin.	P. L. M.	Paris-Marseille.	Entre Tarascon et Arles.	69	Omnibus.	2e		Trai... san... interc... mun... catio...
22 juillet 1876	8 h. du matin.	P. L. M.	Toulon-Marseille.	Entre Cassis et la Ciotat.	479	Omnibus.	2e		

NATURE de l'ATTENTAT	NOM et QUALITÉ de la victime	PARCOURS que le train avait à franchir sans arrêt		CIRCONSTANCES PRINCIPALES DE L'ATTENTAT	SUITE JUDICIAIRE	OBSERVATIONS
		DÉSIGNATION	LONGUEUR			
Agression d'un fou, suivie de mort.	Marcel.	Bram - Pexiora.	8 km.	Guirvoch, atteint d'aliénation mentale, poursuivit Marcel d'un compartiment à l'autre et le blessa mortellement d'un coup de couteau. Des huit voyageurs de la voiture, un seul essaya de l'arrêter. Deux, pris de peur, sautèrent du train et se blessèrent. D'autres allèrent par le marchepied chercher les conducteurs.	Condamnation à un an de prison pour homicide involontaire.	
Agression d'un fou. Violences sans blessures.	de Bouchony, garde-général des forêts.	Tarascon — Arles.	13	M. de Bouchony et sa belle-sœur, Melle de la Barège, avaient changé de compartiment à Tarascon, pour ne pas se trouver seuls avec Suzan qui les suivait obstinément. M. de Bouchony ayant violemment enlevé à Suzan une bouteille qu'il offrait à Melle de la Barège, Suzan se précipita sur lui et le dépouilla de ses vêtements qu'il jeta sur la voie. Melle de la Barège alla, par les marchepieds, chercher du secours aux compartiments voisins, d'où on n'avait pas entendu la lutte. Le conducteur-chef, averti par les cris, fit arrêter le train et l'on se rendit maître du fou.	Pas de poursuites contre Suzan, dont l'aliénation mentale fut constatée, et qui fut remis à l'autorité administrative.	
Empoisonnement d'un voyageur pour vol.	J. Rozès-Salles.	Cassis- la Ciotat.	10	De Bouyn, monté à Cassis avec M. Rozès-Salles, l'empoisonna par une insufflation d'acide prussique pour le voler. Les voyageurs d'une voiture de 1re classe, qui suivait celle où l'attentat avait été commis, entendirent des cris et jetèrent l'alarme à la station suivante. On trouva la victime morte entre les banquettes et on arrêta l'assassin.	Condamnation à 20 ans de travaux forcés.	L'assassin ne jouissait pas de toutes ses facultés.

| DATE | HEURE | RÉSEAU | LIGNE | LIEU de L'ATTENTAT | TRAIN | | VOITURE | | |
					NUMÉRO	NATURE	CLASSE	SITUATION dans le train	AMÉNAGE et appa de sé
30 avril 1880	11 h. du soir.	P. L. M.	Marseille-Lyon.	Entre Rognac et Miramas.	12	Express.	1re		Tra mun l'app Pru hom.
10 septembre 1880	Entre 9 h. 3 et 9 h. 21 du matin.	Ouest.	Paris-Cherbourg	Entre Beaumont-le-Royer et Romilly-la Puthenaye.	12	Omnibus.	3e		Voit ave clois partie
25 janvier 1882	Entre minuit et 1 h. du matin.	P. L. M.	Lyon-Marseille.	Entre Avignon et Tarascon.	63	Omnibus.	2e	Neuvième voiture.	Train inte comm catio
15 mars 1882	Vers 1 h. 25 du matin.	P. L. M.	Lyon-Marseille.	Entre la gare de Tarascon et le poste n° 6 de ladite gare	63	Omnibus.	Coupé.		Train inte comm catio

[NA]TURE de [l'A]TTENTAT	NOM et QUALITÉ de la victime	PARCOURS que le train avait à franchir sans arrêt		CIRCONSTANCES PRINCIPALES DE L'ATTENTAT	SUITE JUDICIAIRE	OBSERVATIONS
		DÉSIGNATION	LONGUEUR			
[As]sassinat [po]ur vol.	Poulangeau, entrepreneur de travaux publics.	Rognac à Miramas.	26 km.	Martel, parti de Marseille dans le même compartiment que M. Poulangeau, frappa ce dernier d'un coup de stylet pendant son sommeil, puis le blessa d'un coup de revolver pendant la lutte qui s'ensuivit. Malgré ses blessures, M. Poulangeau put maintenir Martel jusqu'à Miramas et l'y faire arrêter. En cours de route, il avait vainement appelé et cassé les carreaux; il n'avait pas songé à l'appareil d'intercommunication, qu'il n'aurait d'ailleurs pu atteindre. Il mourut peu après.	L'assassin se pendit dans la prison, pendant le cours de l'instruction.	
[Agr]ession [d'u]n fou, [bles]sures.	Doray.	Beaumont-Romilly.	11	Atteint d'un accès de folie, Giraud frappa de plusieurs coups de couteau M. Doray, qu'il ne connaissait pas. La voiture contenait plusieurs autres personnes.	Pas de suites judiciaires. Remise à l'autorité administrative de l'agresseur reconnu aliéné.	
[Assa]ssinat [pou]r vol.	Depeyre.	Avignon-Tarascon.	22	M. Depeyre a été frappé de deux balles dans la tête pendant son sommeil. Le cadavre a été trouvé à l'arrivée en gare de Tarascon. Il n'y avait pas trace de lutte. Le compartiment était fermé, mais la glace abaissée. Un voyageur, placé dans le compartiment voisin, n'avait rien entendu. On a supposé que l'assassin avait sauté du train pendant un ralentissement à Graveson.	Auteur resté inconnu.	
[Ten]tative [d'a]ssassinat [pou]r vol. [bles]sures.	Sovignol, inspecteur d'assurances à Béziers.	Tarascon-Arles.	13	L'agresseur, entré par le marchepied, tira trois coups de revolver sur M. Sovignol, accepta une somme de 200 francs que lui offrait ce dernier, tira un quatrième coup de revolver sur lui, puis fila par la portière. Les voyageurs des compartiments voisins avaient entendu les cris de la victime; l'aiguilleur du poste n° 6, averti par eux, fit arrêter le train trois minutes après son départ de Tarascon.	Auteur resté inconnu.	

| DATE | HEURE | RÉSEAU | LIGNE | LIEU de L'ATTENTAT | TRAIN | | VOITURE | | |
					NUMÉRO	NATURE	CLASSE	SITUATION dans le train	AMÉNAGE e appa de séc
24 décembre 1882	Vers 6 h. 45 du matin.	P. L. M.	Marseille-Paris.	Entre Marseille et St-Chamas	10	Rapide.	1re		Voit muni l'int comm cati
26 janvier 1883	Vers 8 h. ½ du soir.	Est.	Paris-Vincennes	Sous le tunnel de Vincennes	115	Omnibus.	2e	Comparti-ment de dames seules.	
5 mars 1883	Vers 4 h. 10 du soir.	Orléans.	Nantes-Lander-neau.	Entre Dirinon et Lander-neau.	17	Poste.	3e		Voit av cloi sé rati ö hau d'ap

NATURE de l'ATTENTAT	NOM et QUALITÉ de la victime	PARCOURS que le train avait à franchir sans arrêt		CIRCONSTANCES PRINCIPALES DE L'ATTENTAT	SUITE JUDICIAIRE	OBSERVATIONS
		DÉSIGNATION	LONGUEUR			
...assinat [pour] vol.	Létu (Paul).	Marseille-Avignon.	121km.	Le cadavre de M. Létu, bâillonné, étranglé avec une corde et dévalisé, fut trouvé dans le fossé extérieur au kilomètre 815, près St-Chamas, où il avait été jeté du train 10. Il fut aperçu du train 1178, à 9h.30, deux heures environ après l'attentat. Les voyageurs des compartiments voisins n'avaient rien entendu.	Auteur resté inconnu.	
...gression [pour] [cau]se inconnue, [n]on suivie [d']effet.	Dlle Guibert.	Vincennes-Fontenay.	2	Mlle Guibert était seule au départ de Vincennes dans le compartiment des dames. Sous le tunnel, un individu pénétra dans le compartiment, chercha à étrangler Mlle Guibert et sortit après le tunnel, à l'arrivée à Fontenay ; la portière du côté de l'entrevoie fut trouvée ouverte. Deux jeunes gens, placés dans les compartiments voisins, déclarèrent avoir entendu des cris.	Auteur resté inconnu.	
[vo]yageur d'un train [blessé.	Pendelec	Dirinon Landerneau.	11	Le Rolland, matelot, et Pendelec, cultivateur, quelque peu gris, étaient partis ensemble. Ce dernier s'étant endormi, Le Rolland le poussa sur la voie par la portière ouverte ou par le vasistas. Un voyageur qui se trouvait dans la voiture ne s'aperçut de rien. Mais le conducteur de queue, ayant vu Pendelec roulant dans le fossé, fit arrêter le train. Pendelec ne fut trouvé qu'ultérieurement par les agents de la voie. Le Rolland, qui n'avait pas quitté le train, fut arrêté à son arrivée à Landerneau.	Condamnation à 20 mois de prison, pour coups et blessures volontaires.	

DATE	NATURE	RÉSEAU	LIGNE	LIEU de L'ATTENTAT	TRAIN		VOITURE		
					NUMÉRO	NATURE	CLASSE	SITUATION dans le train	AMÉNAGEMENT et appareils de sécu...
2 juin 1883	Vers 11 h. 30 du soir.	Midi.	Cette-Bordeaux.	Entre Béziers et Narbonne, probablement sous un tunnel près de Nissan.	122	Express.	1re	Premier compartiment de la première voiture, derrière le fourgon.	Trai muni l'inte commu catio Prud homm mai celle ne foncti nait p
27 juin 1883	Vers 3 h. 30 du matin.	Nord.	Paris-Calais.	Près d'Ailly-s.-Somme.	10	Express.	1re		Voitu munie l'inte commu catio Prud homm
21 décembre 1883	9 h. 30 du soir.	Midi.	Perpignan à la frontière.	Entre Collioure et Argelès.	812	Express.	1re		Voitur munie l'inte commu cation

TTURE b de TTENTAT	NOM et QUALITÉ de la victime	PARCOURS que le train avait à franchir sans arrêt		CIRCONSTANCES PRINCIPALES DE L'ATTENTAT	SUITE JUDICIAIRE	OBSERVATIONS
		DÉSIGNATION	LONGUEUR			
ssinat ur vol.	BLANC (Jules), engagé conditionnel d'un an.	Béziers-Narbonne.	26 km.	La victime a été assaillie sans doute pendant son sommeil, tuée et jetée sur la voie. Un surveillant de nuit a trouvé le cadavre, deux heures environ après l'assassinat, à 400 mètres au delà de la gare de Nissan. L'assassin a jeté sur la voie, après le crime, les objets appartenant à la victime. Aucun indice n'a révélé l'attentat aux agents du train, avant l'arrivée à destination. Le compartiment voisin était occupé par des voyageurs qui n'ont rien entendu. On ignore comment le malfaiteur s'est introduit dans le compartiment et en est sorti.	Auteur resté inconnu.	
tative ssinat r vol.	Sir GEORGE WHIDBORNE, clergyman.	Abbeville-Amiens.	45	Sir George était seul dans un compartiment avec Cochois, architecte à Cayeux-sur-mer. Frappé à la tête pendant son sommeil d'un coup de ciseau à bois, il désarma son adversaire et passa par le marchepied à la voiture voisine, d'où l'on fit fonctionner l'appareil Prud'homme. Cochois, gardé à vue par deux gardes-freins, dans le compartiment où avait été commis l'attentat, sauta sur la voie, mais fut repris, le train s'étant de nouveau arrêté sur un second appel par l'appareil Prud'homme.	Condamnation aux travaux forcés à perpétuité.	
tative ssinat suivie ffet.	DE LA GUERRONNIÈRE, sous-officier de cavalerie.	Port-Vendres-Perpignan.	29	La victime, qui avait la tête à la portière, fut légèrement atteinte d'un coup de revolver tiré par Lévy, de l'extérieur du compartiment. M. de la Guerronnière ne s'était pas aperçu d'où venait le coup. Lévy, arrivant par les marchepieds, entra dans le compartiment en se donnant comme agent de la sûreté, et continua jusqu'à Perpignan avec la victime, qui quitta la gare sans prévenir personne.	Condamnation aux travaux forcés à perpétuité. (Voir l'attentat suivant.)	

| DATE | HEURE | RÉSEAU | LIGNE | LIEU de L'ATTENTAT | TRAIN | | VOITURE | | |
					NUMÉRO	NATURE	CLASSE	SITUATION dans le train	AMÉNAG... appa... de sé...
22 décembre 1883	3 h. 10 du matin.	Midi.	Perpignan à la frontière.	Entre Perpignan et Elne.	44	Express.	1re		Voit muni l'int comm cati
29 septembre 1884	Vers 10 h. 50 du matin.	P. L. M.	Ligne du Bourbonnais.	Près St-Gérand-le-Puy.	751	Omnibus.	3e		Comp me d'ar d'une ture à comp ment lui d lieu cloi plei avec ch mun glace mar les autr cha extré sépar une é à ha d'ap
13 janvier 1886	Entre 7 h. et 7 h. 20 du soir.	Ouest.	Paris au Havre.	Entre Paris et Maisons-Laffitte.	53	Express.	1re	Deuxième voiture après le fourgon.	Tr pour l'in com ca Wee ho

...TTURE de l'...TENTAT	NOM et QUALITÉ de la victime	PARCOURS que le train avait à franchir sans arrêt		CIRCONSTANCES PRINCIPALES DE L'ATTENTAT	SUITE JUDICIAIRE	OBSERVATIONS
		DÉSIGNATION	LONGUEUR			
...ntative ...sassinat ...a suivie ...'effet.	LAUMES, négociant.	Perpignan-Cerbère.	41 km.	Lévy, l'auteur de l'agression précédente, reprit le train 812 à Perpignan, à 3 h. 2 du matin. Il pénétra par les marchepieds dans un compartiment où M. Laumes se trouvait seul, tira un revolver de sa poche et visa ce négociant. Celui-ci le menaçant d'une canne à épée, Lévy quitta le compartiment, décrocha le fil d'intercommunication, défit l'accouplement du frein Westinghouse, provoqua ainsi l'arrêt du train et put descendre et disparaître. Il fut arrêté le lendemain par la gendarmerie, en gare de Narbonne, sur le signalement qu'en avait donné M. Laumes.	Condamnation aux travaux forcés à perpétuité	
...ntative ...sassinat ...ur vol ...ures sans ...avité.	LEBRUN, receveur de l'enregistrement.	St-Gérand-le-Puy à la Palisse	11	M. Lebrun, porteur d'une somme de 8 000 francs, était monté avec l'assassin dans le compartiment extrême à St-Germain-des-Fossés. Un peu au delà de St-Gérand-le-Puy, il était à la portière et venait de s'entretenir avec le conducteur qui avait circulé sur les marchepieds, lorsqu'il fut assailli par derrière et frappé de plusieurs coups de couteau. Il s'évanouit. Un voyageur, monté dans le compartiment voisin, à Arfeuilles, le vit étendu sans mouvement sous la banquette et donna l'éveil à la station suivante, celle de Saint-Martin d'Estréaud.	Auteur resté inconnu.	
...sassinat ...ur vol ...ngeance.	BARRÊME, préfet de l'Eure	Paris-Mantes.	58	M. Barrême fut tué d'un coup de revolver à la tête, probablement pendant son sommeil, dans le compartiment du milieu. Son cadavre, jeté du côté de l'entrevoie, au pont de Maisons-Laffitte, fut aperçu et signalé à la gare de Maisons-Laffitte par les agents du train 635, à 8 h. 5 du soir.	Auteur resté inconnu.	

| DATE | HEURE | RÉSEAU | LIGNE | LIEU de L'ATTENTAT | TRAIN | | VOITURE | | |
					NUMÉRO	NATURE	CLASSE	SITUATION dans le train	AMÉNAGEMENT et appareils de séc...
10 juin 1886	Vers minuit 15.	Ouest.	Paris St-Lazare à Versailles	Entre Viroflay et Versailles (r. d.)	39	Omnibus.	2ᵉ		Train inte comm catio
29 juin 1886	Vers 3 h. du matin.	Nord.	Paris-Soissons.	Entre Crépy-en-Valois et Villers-Cotterets.	219	Mixte.	2ᵉ		
5 novembre 1886	Vers 10 h. du soir.	P. L. M.	Vintimille-Cannes.	Entre Golfe-Jouan et Cannes.	94	Mixte.	2ᵉ		Train a inte commu catio

TTURE b de TTENTAT	NOM et QUALITÉ de la victime	PARCOURS que le train avait à franchir sans arrêt		CIRCONSTANCES PRINCIPALES DE L'ATTENTAT	SUITE JUDICIAIRE	OBSERVATIONS
		DÉSIGNATION	LONGUEUR			
ltative sassinat.	COLLOMB, gardien du Palais de Versailles.	Viroflay — Versailles.	2 km.	M. Collomb, parti de Paris à 11 h. 30 du soir, se trouvait seul, à partir de Ville-d'Avray, avec Bernard, qui était monté dans son compartiment à Asnières. Il fut frappé à la tête, pendant qu'il regardait vers l'entrevoie, et tomba aveuglé par le sang. L'assassin sauta sur la voie.	Bernard, auteur de cette tentative criminelle, fut condamné à mort, le 13 juillet 1886, par la Cour d'assises de Seine-et-Oise.	
ltative ssinat. ssures ves.	BROIZARD, marchand de peaux, à Soissons.	Crépy-en-Valois — Villers-Cotterets.	17	M. Broizard fut frappé, pendant son sommeil, de plusieurs coups de marteau par un voyageur, Benoît (Ulysse), qui était monté dans son compartiment à Crépy-en-Valois. M. Broizard eut la force de sortir du compartiment et de gagner une voiture voisine; pendant ce temps, l'assassin sauta sur la voie.	Benoît a été retrouvé le même jour, vers 6 h. du soir, pendu dans la forêt de Villers-Cotterets.	
ive d'as- at pour ol. sures ves.	BRIARDE (James), artiste-peintre à Cannes.	Golfe-Jouan - Cannes.	9	M. Briarde a été attaqué, pendant son sommeil, par deux malfaiteurs qui l'ont frappé de plusieurs coups de couteau et qui l'ont dévalisé d'une somme de 800 francs.		La voiture était munie d'un appareil d'intercommunication; mais ce signal ne fonctionnait pas et n'avait pas à fonctionner, puisqu'il s'agissait d'un train *mixte* de petit parcours. Il y avait une glace dormante.

Les 25 attentats ou accidents relatés au tableau précédent se classent ainsi :

3 agressions de fous,
1 tentative de caractère inconnu,
3 chutes par les portières pour causes douteuses ou inconnues,
18 assassinats ou tentatives d'assassinat

Total... 25

Sur les 18 assassinats ou tentatives d'assassinat, 16 ont été commis de nuit et 2 de jour ; 11 en 1re classe, 6 en 2e classe et 1 en 3e classe ; 11 en train express ou poste et 7 en train omnibus ou mixte.

Parmi les 11 attentats perpétrés en 1re classe, 8 l'ont été dans des voitures munies de moyens d'appel par intercommunication en état de fonctionnement ; une seule fois, il a été fait usage de l'appareil et l'agresseur a été arrêté.

Cinq agressions, dont une tentative d'assassinat, ont eu lieu dans des voitures de 3e classe à cloisons séparatives à hauteur d'appui.

Sur les 18 assassins, 9 ont été arrêtés, un dixième s'est suicidé, 8 sont restés inconnus.

2. Mesures préventives prescrites par l'Administration. — A la suite du meurtre de M. le président Poinsot, sur le réseau de l'Est, une Commission composée d'un ingénieur en chef des ponts et chaussées et de deux ingénieurs en chef des mines fut chargée spécialement d'étudier la question de la sécurité des voyageurs, dans les trains en marche, et de se prononcer sur les résultats d'une instruction que le Ministre avait prescrite aux ingénieurs du contrôle, relativement :

1° au contrôle de route, par les agents des trains circulant sur les marchepieds des voitures ;

2° à l'installation de signaux visuels mis, pour chaque voiture, à la portée des voyageurs ;

3° à la mise en relation des divers compartiments d'une même voiture par des panneaux à glaces dormantes ;

4° à l'exercice d'une surveillance spéciale aux points de ralentissement des trains.

Cette Commission repoussa l'emploi des voitures du type américain, qui était préconisé par certaines personnes, mais qui ne répondait ni au goût d'isolement, ni aux habitudes des voyageurs français.

Elle se borna à demander que les Compagnies fussent invitées :

1° à pratiquer, dans le délai de 6 mois, dans les compartiments de 1re et de 2e classe, une ou deux ouvertures fermées par des glaces transparentes et placées au dessous des filets à bagages ;

2° à organiser, dans le même délai, sur toutes les voitures composant les trains de voyageurs, un système de marchepieds et de mains-courantes horizontales, qui permît, soit aux agents du train, soit à des contrôleurs spéciaux, de parcourir toute la longueur du convoi, du côté des accotements du chemin ;

3° à présenter au Ministre les ordres de service préparés par elles pour ce contrôle de route, en exécution des prescriptions précédentes.

La grande Commission d'enquête, instituée par arrêté ministériel du 5 novembre 1861, pensa que ces mesures n'étaient pas de nature à amener des résultats efficaces et qu'il ne convenait pas d'en ordonner l'application. Elle exprima notamment l'avis que la circulation extérieure des agents les exposerait aux plus graves périls.

Dans sa circulaire du 1er février 1864, le Ministre informa les Compagnies qu'il approuvait l'avis de la Commission d'enquête, mais se réservait de demander à l'expérience les moyens éventuels de mettre plus tard les voyageurs en communication entre eux ou avec les agents du train.

Depuis, diverses mesures ont été prescrites. Nous les avons indiquées, page 392 ; il nous suffira donc de les rappeler sommairement ici :

— Circulaire du 29 novembre 1865, enjoignant aux Compagnies de combiner un appareil de communication entre les voyageurs et les agents avec l'appareil destiné à établir la communication entre les gardes-freins et les mécaniciens.

— Circulaire du 30 juillet 1880, prescrivant aux Compagnies de donner aux voyageurs, dans toutes les voitures à cloisons séparatives, le moyen de faire appel aux agents et leur enjoignant de réaliser cette amélioration avant le 1er mai 1881, pour tous les trains express et directs ayant un parcours de 25 kilomètres ou davantage sans arrêt ; leur recommandant, à cet effet, le système de communication électrique en usage sur les réseaux du Nord et de la Méditerranée ; les invitant à faire le nécessaire pour que, dans tous les trains, l'un des agents au moins pût circuler le long des voitures offertes aux voyageurs ; et appelant, en outre, leur attention sur l'utilité d'établir des communications partielles entre les compartiments voisins d'une même voiture, par exemple au moyen d'ouvertures de dimensions restreintes fermées par des glaces.

— Circulaire du 13 septembre 1880, confirmant les instructions du 30 juillet 1880.

— Circulaires ultérieures, de dates diverses, rappelant les précédentes.

Telle était la situation lorsque survint l'assassinat de M. Barrême, préfet de l'Eure, le 13 janvier 1886.

A la suite de cet attentat et d'une interpellation à laquelle il avait donné lieu devant la Chambre des députés, le Ministre des travaux publics a institué le 23 janvier 1886, sous la présidence d'un inspecteur général des ponts et chaussées, une Commission composée de quatre inspecteurs généraux, quatre ingénieurs en chef de l'État et sept ingénieurs civils, et chargée d'étudier les perfectionnements dont seraient susceptibles le matériel roulant et le service des agents des trains.

Les investigations de cette Commission devaient principalement porter sur les points suivants:

1° Signaux d'appel en France et à l'étranger; leur fonctionnement, leur réglementation; les moyens d'en faciliter l'usage au public;

2° Modifications à apporter aux types des voitures à voyageurs, pour établir des communications permanentes ou facultatives, par l'emploi de glaces dormantes ou par tout autre moyen, soit entre les compartiments contigus d'un même véhicule, soit entre toutes les voitures d'un même train;

3° Surveillance du train et des voyageurs, en cours de route, par les agents des Compagnies.

Le programme détaillé qui a servi de base à ces études ne comprenait pas moins de 26 questions concernant:

— la nature, les conditions d'emploi et les résultats des systèmes d'intercommunication en usage;

— les dépenses à faire pour en munir tous les trains de voyageurs;

— les améliorations à y apporter, en vue de signaler immédiatement aux agents le compartiment d'où serait parti l'appel;

— les dispositions pénales, en cas d'usage intempestif des signaux d'alarme;

— l'opportunité de mettre les voyageurs à même d'arrêter ou de ralentir eux-mêmes les trains pourvus de freins continus, et les peines correctionnelles à édicter pour réprimer les arrêts non justifiés;

— l'utilité d'établir des moyens d'appel d'un compartiment aux compartiments adjacents d'une même voiture;

— les dispositifs susceptibles d'être employés pour signaler acoustiquement l'ouverture des portières en cours de route;

— les changements que pourrait comporter le système actuel du libre jeu des portières en cours de route; les procédés les meilleurs pour le bloquage des portières pendant la marche;

— les types de véhicules différents du type normal de voitures à compartiments isolés;

— les modifications à réaliser, à l'avenir, dans les véhicules à compartiments isolés, pour permettre éventuellement, en cours de route, la circulation des voyageurs d'un compartiment à un autre d'une même voiture, ou même d'une voiture à l'autre ;

— les charges devant en résulter, au point de vue des dépenses d'établissement ou des frais d'exploitation ;

— l'intérêt qu'il y aurait tout au moins à pratiquer dans les cloisons séparatives des compartiments des ouvertures restreintes, fermées par des glaces dormantes ou mobiles, des persiennes, etc. ;

— les dispositifs de nature à rendre plus efficace et plus continue la surveillance du train par les agents ;

— la circulation de ces agents sur les marchepieds ;

— la consistance du personnel préposé à la conduite des trains.

Conformément aux conclusions de la Commission, le Ministre des travaux publics a arrêté, le 10 juillet 1886, les dispositions suivantes :

1° Tous les trains de voyageurs devront être munis, avant le 1er janvier 1888, d'appareils d'intercommunication avec signaux d'alarme.

La hauteur des boutons ou poignées d'appel au-dessus du plancher de la voiture ne devra pas dépasser 1 m. 80.

Chaque compartiment contiendra un bouton ou une poignée placés vers le centre du plafond, ou, si cette condition ne pouvait être remplie, deux boutons ou deux poignées placés sur les parois.

Les boutons ou poignées d'appel seront tout à fait libres, de telle sorte qu'il n'y ait rien à briser ni à déplacer, avant de les mettre en jeu.

Les conditions d'emploi de l'appareil seront indiquées par des placards bien apparents et imprimés en caractères commodément lisibles.

Les appareils seront disposés, autant que possible, de telle sorte que la sonnerie ou le sifflement provoqués par leur manœuvre continuent à se faire entendre, jusqu'à ce que les agents du train interviennent pour y mettre fin.

2° Les Compagnies poursuivront et développeront les expériences déjà entreprises par certaines d'entre elles, en mettant en service régulier divers types de voitures à intercirculation.

Toutes les voitures à construire seront munies de glaces dormantes ; il en sera de même des voitures actuellement en service, au fur et à mesure de leur envoi en grosse réparation.

Ces glaces devront avoir des dimensions suffisantes pour permettre de voir, dans le compartiment adjacent, tous les voyageurs de la banquette opposée.

3. Responsabilité des Compagnies. — La responsabilité civile des Compagnies, en cas d'attentat, ne pourrait être engagée que si une faute commise par elles avait contribué à faciliter cet attentat. Ce principe a été rappelé dans un arrêt du 16 décembre 1873, par lequel la cour de Paris a débouté le docteur James d'une action en indemnité intentée par lui contre la Compagnie de Paris-Lyon-Méditerranée.

Dans une autre espèce (Tribunal civil de Tarascon, 21 juillet 1875, de Bonchony contre Cie de P.-L.-M.), à la suite d'un attentat commis par un fou, la Compagnie a été condamnée parce que les agents, dont l'attention avait été appelée et la protection invoquée à la station de départ, avaient négligé de prendre les précautions nécessaires.

CHAPITRE XII

DES DÉPENSES D'EXPLOITATION

1. **Énumération des dépenses d'exploitation.** — Les statistiques officielles du Ministère des travaux publics décomposent ainsi les frais d'exploitation :

1° *Frais d'administration* (tels que dépenses du Conseil d'administration, du secrétariat général, de la direction, de la comptabilité générale, du contentieux, du service médical, etc...), qui se subdivisent eux-mêmes en frais de personnel et dépenses diverses ;

2° *Dépenses de l'exploitation* proprement dite, c'est-à-dire du mouvement et du trafic, tant pour le service central que pour celui des gares et des rains, qui se subdivisent, comme les précédentes, en dépenses de personnel et dépenses diverses ;

3° *Dépenses de la traction et du matériel*, tant pour le service central que pour les services locaux, qui se subdivisent en frais de personnel, dépenses de combustible consommé par les machines, frais d'entretien des machines et tenders, frais d'entretien des voitures et wagons, et dépenses diverses ;

4° *Dépenses de la voie* (y compris les réfections et le renouvellement) tant pour le service central que pour les services locaux, qui se subdivisent en dépenses de personnel, frais d'entretien de la voie et des bâtiments et dépenses diverses ;

5° *Dépenses d'ordre et diverses*, comprenant notamment les dépenses des services extérieurs, les frais de factage et de camionnage, la participation des employés dans les bénéfices, les charges des caisses de retraite et de secours, les subventions aux correspondances, etc...

Le tableau ci-après donne la décomposition détaillée des états élémentaires fournis annuellement au Ministère des travaux publics par les Compagnies, pour la préparation des statistiques imprimées et livrées à la publicité.

ADMINISTRATION.

- Administration centrale, traitements, jetons de présence, frais de déplacement, salaires, etc.
- Assurances, loyers, mobiliers, habillements.
- Frais de bureau, chauffage, éclairage, imprimés, publicité, etc.
- Charges de l'administration publique, surveillance, police, contributions (1), patentes, permis.
- Contentieux, frais judiciaires, dommages-intérêts, indemnités, pensions, secours.
- Économat, magasin central et succursales.
  - Personnel.
  - Matériel (2).
- Dépenses extraordinaires et diverses, service médical, secours, réceptions, etc.

EXPLOITATION COMMERCIALE.

- Service central.
  - Chefs de service et de section, mouvement, contrôle, comptabilité, etc.
  - Frais de bureau, chauffage, éclairage, imprimés, ports de lettres, etc.
- Gares et stations.
  - Personnel.
    - Chefs de gares et stations, inspecteurs, employés.
    - Surveillants, gardiens, portiers, nettoyeurs.
    - Receveurs, préposés, facteurs, peseurs, etc.
      - Service des voyageurs.
      - *Idem* des bagages et articles de messageries.
      - *Idem* des marchandises.
      - *Idem* commun.
  - Consommation.
    - Frais de bureau, éclairage, chauffage, etc.
    - Entretien du mobilier et de l'outillage, habillement.
  - Dépenses accessoires.
    - Restitutions pour surtaxes, rectifications, timbres pour lettres de voiture (3).
    - Indemnités d'accidents, pertes et avaries.
- Service des trains.
  - Manœuvres locales. — Hommes d'équipe, aiguilleurs.
  - Conduite. — Conducteurs, contrôleurs, gardes-freins, facteurs de route.
  - Consommation. — Inspecteurs. Éclairage, chauffage, entretien des bâches, fournitures, etc.
- Dépenses diverses.

TRACTION ET MATÉRIEL.

- Service central.
  - Chefs de service et de section, inspecteurs, employés, surveillants.
  - Frais de bureau, chauffage, éclairage, imprimés, entretien.
- Traction.
  - Conduite.
    - Mécaniciens, chauffeurs et aides.
    - Primes d'économie de coke ou graisse, de parcours ou de régularité.
  - Combustible. (4)
    - Service des voyageurs.
    - *Idem* des marchandises.
  - Dépôts.
    - Personnel, surveillants, comptables.
    - Allumage.
      - Main-d'œuvre.
      - Bois, fagots, charbons, coke, etc.
    - Petit entretien des machines et véhicules.
      - Visiteurs, nettoyeurs, graisseurs.
      - Huile, graisse, étoupes, chiffons.
    - Service de l'eau et du coke.
      - Gardiens, distributeurs, chargeurs.
      - Entretien des machines, grues, conduites, etc.

---

(1) Non compris l'impôt du 10⁰, ainsi que l'abonnement annuel pour le timbre des actions et obligations. (Voir Dépenses annexes.)

(2) Non compris la valeur des objets entrés comme approvisionnements, et dont la dépense est portée dans les chapitres auxquels se rapporte leur consommation.

(3) Déduction faite des détaxes et remises, etc., dont le montant se trouve déjà retranché des recettes en cours d'exercice.

(4) Comprenant le prix d'achat, de transport et de fabrication.

TRACTION ET MATÉRIEL.

- Matériel.
  - Ingénieurs, mécaniciens, inspecteurs, dessinateurs, employés.
  - Frais de bureau, chauffage, éclairage, etc.
  - Entretien et réparations aux ateliers.
    - Locomotives et tenders. — Main-d'œuvre. / Fournitures.
    - Voitures et wagons. — Main-d'œuvre. / Fournitures.
    - Roues et essieux, pièces de rechange, outillage, etc.
- Services à l'entreprise ou sur commande, totaux ou partiels.
- Dépenses diverses (1).

VOIE.

- Service central.
  - Ingénieurs, architectes, chefs de section, dessinateurs, employés, etc.
  - Frais de bureau, imprimés, éclairage, chauffage, etc.
- Surveillance.
  - Inspecteurs, piqueurs, gardes, aiguilleurs, cantonniers, etc.
  - Éclairage de la ligne, consommations diverses.
- Entretien
  - de la voie.
    - Ballast.
    - Rails, coussinets, chevilles, aiguilles, plaques tournantes.
    - Supports, traverses, coins, cales.
    - Main-d'œuvre de pose et d'entretien.
    - Clôtures, haies, barrières, poteaux.
    - Terrassements, talus, fossés, plantations, gazonnements.
    - Petit outillage et objets divers.
  - des bâtiments
    - Maison d'administration, gares, stations, ateliers, dépôts remises.
    - Maisons de gardes, guérites, hangars.
  - des ouvrages d'art.
    - Ponts, viaducs, aqueducs, tunnels, etc.
    - Conduites d'eau, réservoirs, puits.
    - Système atmosphérique.
  - des signaux et du télégraphe électrique.
- Service à l'entreprise ou par abonnement.
- Dépenses diverses (2).

DÉPENSES DIVERSES.

- Location de matériel, solde de parcours réciproques.
- Participation dans les frais d'exploitation des gares ou des sections communes.
- Dépenses d'omnibus, subventions de correspondances, etc.
- Factage et camionnage à domicile.
- Dépenses du domaine de la ligne (3).
- Participation des employés dans les bénéfices, caisses de retraite, de secours, de prévoyance, etc.
- Divers (4).

DÉPENSES D'ORDRE et annexes.

- Impôt du 10°.
- Redevances, péages, participation (5).
- Loyer des gares communes (6).
- Domaine en dehors de la ligne, spéculations particulières (7).
- Intérêts des comptes courants, dépenses d'exercices clos (8).
- Timbre des actions et obligations.
- Fonds fixe d'amortissement des actions.
- Réserve statutaire.
- Divers (9).

(1 et 2) Y compris les dépenses de renouvellement dont la division n'aura pu être opérée plus haut.

(3) Frais de culture des terrains et fossés, entretien des bâtiments, location de terrains, etc.

(4) C'est-à-dire dépenses qui n'ont pu être classées ci-dessus, et qui appartiennent à l'exploitation proprement dite, comme supplément temporaire de traitement, etc.

(5) Droits de parcours, part de bénéfices attribuée à d'autres lignes.

(6) Non compris les frais incombant à l'exploitation, portés aux recettes diverses.

(7) Terrains, carrières, canaux, usines, bâtiments, etc.

(8) Commissions de banque, comptes de profits et pertes, etc.

(9) Frais extraordinaires d'inondation, dépenses accidentelles et imprévues en dehors de l'exploitation et non classées ci-dessus.

2. Montant des dépenses d'exploitation et proportion de leurs divers éléments. — Le chiffre total des dépenses d'exploitation d'un réseau ne présente pour ainsi dire aucun intérêt. Celui de la dépense kilométrique, quoique plus intéressant à connaître, n'a lui-même de signification et de portée qu'autant qu'on le rapproche du chiffre des recettes ou plutôt de celui du mouvement des voyageurs et des marchandises. Quoi qu'il en soit, nous croyons devoir le donner en nombre rond pour les trois dernières années dont les résultats ont été publiés par le Ministère des travaux publics.

Dépenses par kilomètre exploité (France européenne)

DÉSIGNATION DES LIGNES	ANNÉE 1882						ANNÉE 1883						ANNÉE 1884					
	Administration	Mouvement et trafic	Traction et matériel	Voie	Dépenses diverses	Ensemble	Administration	Mouvement et trafic	Traction et matériel	Voie	Dépenses diverses	Ensemble	Administration	Mouvement et trafic	Traction et matériel	Voie	Dépenses diverses	Ensemble
	fr.	fr.	fr.	fr.	fr.	fr.	fr.	fr.	fr.	fr.	fr.	fr.	fr.	fr.	fr.	fr.	fr.	fr.
Nord..............	1.499	12.868	14.544	6.962	2.116	37.989	1.415	11.601	12.777	6.775	1.764	33.732	1.071	8.599	9.998	4.530	1.760	25.058
Est..............	1.017	9.887	9.360	5.135	1.835	27.234	887	8.222	8.311	4.451	1.411	23.282	860	7.752	7.363	4.177	1.430	21.282
Ouest..............	956	8.282	8.649	5.196	601	23.984	887	7.081	7.645	4.103	563	20.279	853	6.796	7.401	3.892	500	19.444
Orléans............	1.042	5.453	6.024	5.253	1.155	18.927	1.060	5.452	6.039	5.702	1.605	19.858	1.109	5.106	6.498	5.094	1.369	19.176
P.-L.-M............	1.452	9.790	9.150	4.726	876	25.994	976	9.476	9.257	4.750	804	25.263	928	8.418	7.560	3.969	745	21.620
Midi	1.486	7.902	6.632	4.373	713	21.106	1.443	7.384	6.824	4.896	765	21.312	1.485	6.965	6.490	5.507	648	21.095
État..............	582	2.424	2.859	2.137	828	8.830	544	2.420	2.749	2.029	895	8.628	652	2.796	2.772	2.544	833	9.594
Ensemble des chemins de fer d'intérêt général............	1.112	7.628	7.713	4.655	1.069	22.177	1.011	7.570	7.888	4.729	1.129	22.327	990	7.041	7.212	4.293	1.060	20.596
Ensemble des chemins de fer d'intérêt local.	399	1.964	2.034	1.523	288	6.208	410	1.884	2.210	1.497	275	6.276	455	1.748	1.774	1.196	232	5.405
Ensemble des chemins de fer de la métropole............	1.058	7.194	7.279	4.416	1.009	20.956	964	7.119	7.437	4.473	1.061	21.054	964	6.787	6.952	4.146	1.021	19.870

La dépense par kilomètre parcouru par les trains offre une base d'appréciation plus utile.

En voici l'indication pour les trois années 1882, 1883 et 1884.

Dépenses par kilomètre parcouru par les trains (France européenne)

DÉSIGNATION DES LIGNES	ANNÉE 1882						ANNÉE 1883						ANNÉE 1884					
	Administration	Mouvement et trafic	Traction et matériel	Voie	Dépenses diverses	Ensemble	Administration	Mouvement et trafic	Traction et matériel	Voie	Dépenses diverses	Ensemble	Administration	Mouvement et trafic	Traction et matériel	Voie	Dépenses diverses	Ensemble
	fr.	fr.	fr.	fr.	fr.	fr.	fr.	fr.	fr.	fr.	fr.	fr.	fr.	fr.	fr.	fr.	fr.	fr.
Nord	0,10	0,81	0,92	0,44	0,13	2,40	0,14	0,80	0,93	0,50	0,12	2,46	0,10	0,78	0,90	0,41	0,16	2,35
Est	0,10	0,98	0,93	0,51	0,18	2,70	0,10	0,92	0,93	0,49	0,16	2,60	0,10	0,93	0,88	0,50	0,13	2,54
Ouest	0,10	0,85	0,89	0,56	0,06	2,46	0,10	0,82	0,89	0,48	0,07	2,36	0,10	0,83	0,90	0,47	0,06	2,36
Orléans	0,15	0,78	0,86	0,75	0,16	2,70	0,15	0,78	0,86	0,82	0,23	2,84	0,17	0,79	1,01	0,79	0,21	2,97
P.-L.-M	0,16	1,11	1,04	0,54	0,10	2,95	0,12	1,12	1,10	0,56	0,09	2,99	0,12	1,14	1,02	0,54	0,10	2,92
Midi	0,22	1,15	0,96	0,64	0,10	3,07	0,21	1,07	0,99	0,71	0,11	3,09	0,22	1,06	0,98	0,84	0,10	3,20
État	0,13	0,56	0,65	0,49	0,19	2,02	0,14	0,60	0,68	0,51	0,22	2,15	0,17	0,72	0,72	0,66	0,21	2,48
Ensemble des chemins de fer d'intérêt général	0,13	0,92	0,93	0,56	0,13	2,67	0,12	0,92	0,96	0,57	0,14	2,71	0,13	0,93	0,95	0,56	0,14	2,71
Ensemble des chemins de fer d'intérêt local	0,13	0,63	0,66	0,49	0,09	2 »	0,12	0,54	0,63	0,43	0,08	1,80	0,16	0,61	0,61	0,42	0,08	1,88
Ensemble des chemins de fer de la métropole	0,13	0,91	0,92	0,56	0,13	2,65	0,12	0,90	0,95	0,57	0,14	2,68	0,13	0,92	0,94	0,56	0,14	2,69

Nous terminerons ce paragraphe par un tableau récapitulatif de la quote-part pour laquelle les divers éléments de dépenses précédemment énumérés entrent dans la composition du chiffre total.

Proportion des divers éléments de dépenses (France européenne)

DÉSIGNATION DES LIGNES	ANNÉE 1882						ANNÉE 1883						ANNÉE 1884					
	Administration	Mouvement et trafic	Traction et matériel	Voie	Dépenses diverses	Ensemble	Administration	Mouvement et trafic	Traction et matériel	Voie	Dépenses diverses	Ensemble	Administration	Mouvement et trafic	Traction et matériel	Voie	Dépenses diverses	Ensemble
	p. %	p. %	p. %	p. %	p. %	p. %	p. %	p. %	p. %	p. %	p. %	p. %	p. %	p. %	p. %	p. %	p. %	p. %
Nord	3,9	33,9	38,3	18,3	5,6	100	4,2	32,4	37,6	20,0	5,8	100	4,1	33,1	38,5	17,5	6,8	100
Est	3,7	36,3	34,4	18,9	6,7	100	3,8	35,3	35,7	19,1	6,1	100	4,0	36,4	34,6	19,7	5,3	100
Ouest	4 »	34,5	36,1	22,9	2,5	100	4,4	34,9	37,7	20,2	2,8	100	4,4	34,9	38,1	20,0	2,6	100
Orléans	5,5	28,8	31,8	27,8	6,1	100	5,2	27 »	29,9	28,2	9,7	100	5,8	26,6	33,9	26,6	7,1	100
P.-L.-M.	5,6	37,6	35,2	18,2	3,4	100	3,9	37,5	36,6	18,8	3,2	100	4,3	38,9	35,0	18,4	3,4	100
Midi	7,1	37,4	31,4	20,7	3,4	100	6,8	34,6	32 »	23 »	3,6	100	7,0	33,0	30,8	26,1	3,1	100
État	6,6	27,4	32,4	24,2	9,4	100	6,3	28 »	31,8	23,5	10,4	100	6,8	29,1	28,9	26,5	8,7	100
Ensemble des chemins de fer d'intérêt général	5 »	34,4	34,8	21 »	4,8	100	4,5	33,8	35,2	21,1	5,4	100	4,8	34,2	35,0	20,9	5,1	100
Ensemble des chemins de fer d'intérêt local	6,4	31,6	32,8	24,5	4,7	100	6,5	30 »	35,2	23,9	4,4	100	8,4	32,4	32,8	22,1	4,3	100
Ensemble des chemins de fer de la métropole	5,1	34,3	34,7	21,1	4,8	100	4,6	33,8	35,3	21.3	5 »	100	4,8	34,2	35,0	20,9	5,1	100

3. **Principales circonstances qui influent sur les dépenses d'exploitation.** — Les principales circonstances qui influent sur le montant des dépenses d'exploitation sont les suivantes.

a. Importance du trafic. — Cet élément est incontestablement le plus important de ceux qui déterminent le montant des frais d'exploitation.

Les dépenses sont d'ailleurs loin de croître proportionnellement au mouvement des voyageurs et des marchandises; mais c'est un point sur lequel nous n'insistons pas actuellement, nous réservant d'y revenir dans quelques instants.

b. Nature du trafic. — Sans avoir la même importance, la nature du trafic ne saurait être négligée.

Il y a lieu de tenir compte de la proportion entre le trafic-voyageurs et le trafic-marchandises.

Pour les marchandises elle-mêmes, les dépenses d'exploitation peuvent être moindres si les matières pondéreuses dominent. Ces matières sont, en effet, expédiées par grandes masses; elles sont susceptibles de fournir des wagons et même des trains complets; le matériel et la traction sont mieux utilisés; il y a moins de poids mort, moins de manœuvres et de manutentions en cours de route ; les opérations de chargement et de déchargement exigent généralement moins de soins et sont moins coûteuses; le plus souvent même, il y est procédé par les expéditeurs ou les destinataires. Tel est, par exemple, le cas des expéditions de charbon provenant des bassins houillers du Nord et du Pas-de-Calais, comme nous avons eu déjà l'occasion de le faire remarquer, tome I, page 327.

c. Répartition du trafic entre les deux directions. — Un chemin qui donne du trafic de retour se prête à une exploitation plus économique qu'un chemin où il y a un écart considérable entre les courants de circulation dans les deux sens. Car on n'a pas à y subir les dépenses frustratoires du retour à vide. C'est ce qui a permis aux Compagnies de consentir, dans certains cas, des tarifs spéciaux extrêmement réduits pour le transport de marchandises qu'elles devaient chercher à attirer dans ce but sur leurs rails.

d. Structure du réseau. — Un réseau bien compact, bien homogène, bien confiné dans une région déterminée, est, sans conteste, beaucoup plus facile à exploiter qu'un réseau mal distribué et formé de tronçons imparfaitement reliés entre eux. Cette circonstance seule suffirait à expliquer les graves embarras qu'a éprouvés, surtout à l'origine, l'Administration des chemins de fer de l'État français et auxquels on n'a pas eu assez égard dans les imputations dirigées contre cette Administration.

Le nombre des bifurcations et par suite l'enchevêtrement des mailles du réseau peuvent constituer des facteurs de dépenses : les passages aux embranchements donnent souvent lieu, en effet, à des opérations de triage et de classement qui pèsent lourdement sur les transports.

e. TRACÉ ET PROFIL EN LONG DES LIGNES. — A peine avons-nous besoin de rappeler l'influence considérable du tracé et du profil en long. On ne saurait établir aucune assimilation entre des voies ferrées ouvertes dans un pays tourmenté et accidenté et des voies ferrées ouvertes en pays de plaine. Nous avons eu déjà l'occasion de nous expliquer sur l'accroissement des frais d'exploitation par le fait des déclivités ; nous ne croyons pas devoir revenir sur les explications que nous avons fournies à cet égard dans le deuxième volume de cet ouvrage, page 737.

f. CONDITIONS DANS LESQUELLES S'EFFECTUENT LES TRANSPORTS. — Le confort donné aux voyageurs augmente dans une certaine mesure les frais d'exploitation.

Il en est de même de la rapidité des transports. En Angleterre, par exemple, la promptitude avec laquelle les marchandises sont expédiées et livrées aux destinataires entraîne inévitablement, toutes choses égales d'ailleurs, une augmentation des frais de traction, une utilisation moins bonne du matériel (1), ainsi que des dépenses plus élevées de personnel, pour avoir le nombre d'agents et d'ouvriers nécessaires à la manutention extrêmement rapide des colis ou des marchandises au départ et à l'arrivée.

g. LONGUEUR DES PARCOURS. — La longueur des parcours est également un élément d'une réelle importance.

On le sait, en effet, parmi les dépenses afférentes au transport des voyageurs et des marchandises, il en est qui restent constantes, quelle que soit la longueur du parcours. Ce sont les dépenses de gare, soit au départ, soit à l'arrivée, soit dans les gares intermédiaires où ont lieu des changements de voiture, des transbordements, des transmissions, des remaniements de trains.

Les voyageurs ont à prendre leur billet, à faire peser et enregistrer

---

(1) Il est juste d'ajouter que, si les chargements sont moins complets, le matériel est moins longtemps immobilisé et roule avec plus de continuité.

leurs bagages ; ils sont reçus dans des salles d'attente surveillées, éclairées et chauffées ; leurs bagages sont transportés au fourgon et chargés. A l'arrivée, on reprend leur billet et on leur délivre leurs bagages, après les avoir déchargés et transportés dans des salles spéciales. S'ils changent de voiture en cours de route, ils sont admis dans des salles d'attente, toutes les fois que le nouveau train dans lequel ils doivent monter n'est pas prêt à les recevoir ; leurs bagages sont transbordés d'un fourgon dans l'autre, après avoir été vérifiés, triés et reconnus.

De même les marchandises sont reçues, vérifiées, pesées, enregistrées, emmagasinées et chargées à la gare de départ. En cours de route, elles sont accompagnées de bulletins qu'il a fallu dresser avant leur expédition. A l'arrivée, elles sont déchargées, mises en dépôt, puis livrées au destinataire auquel un avis a été précédemment envoyé. Entre le point de départ et le point d'arrivée, elles peuvent avoir à subir un ou plusieurs transbordements, notamment aux bifurcations. Les trains doivent être, comme nous l'avons expliqué, composés, décomposés et souvent remaniés pendant le trajet.

Ces opérations et d'autres qui s'y rattachent, mais qu'il serait trop long d'énumérer, sont indépendantes de la longueur du parcours.

Il est, au contraire, d'autres dépenses qui sont proportionnelles à la distance de transport ou qui augmentent tout au moins avec elle. Ce sont presque toutes les dépenses afférentes au transport proprement dit.

D'après une note publiée par M. Baum dans les Annales des ponts et chaussées (1875, 2ᵉ semestre), les dépenses indépendantes du parcours constitueraient 20 °/₀ de la dépense totale, les quatre autres cinquièmes étant fournis par les dépenses dépendant du parcours. Cette évaluation ne s'applique d'ailleurs qu'aux chemins exploités par la Société autrichienne des chemins de fer de l'État. La proportion varie évidemment avec la longueur moyenne du parcours et avec la structure du réseau.

Plus le parcours moyen est long, moins les frais d'exploitation sont élevés par kilomètre. Telle est, d'ailleurs, la justification des tarifs à base décroissante.

h. PRIX DE REVIENT DE LA MAIN-D'ŒUVRE. — NATURE ET PRIX DES MATÉRIAUX. — CLIMAT. — A peine avons-nous besoin de mentionner le prix de la main-d'œuvre et des matériaux comme un élément essentiel de la dépense d'exploitation. Le fer ou l'acier pour les rails, le bois pour les traverses, la pierre cassée ou le gravier pour le ballast, le charbon pour les générateurs des locomotives, sont des matières dont le prix peut varier dans des limites assez étendues.

Les conditions climatériques dans lesquelles est placée la ligne sont susceptibles d'influer puissamment sur le chiffre de la dépense, en hâtant la désagrégation du ballast et la destruction des traverses.

La nature du ballast et les qualités des bois employés à la confection des traverses sont également des facteurs d'une importance réelle.

i. RÉGIME ADMINISTRATIF DES CHEMINS DE FER. — PROCÉDÉS D'EXPLOITA-. TION. — Notons encore le régime administratif des chemins de fer et les procédés. d'exploitation.

Des voies ferrées soumises à un régime administratif très rigoureux, astreintes à des obligations onéreuses pour le nombre des trains, le confort offert aux voyageurs, la consistance du personnel des gares ou des trains, seront d'une exploitation plus coûteuse que des voies ferrées placées sous un régime moins sévère.

L'influence des procédés d'exploitation est manifeste. En la matière des chemins de fer comme en toute autre, l'habileté de la gestion joue un grand rôle. Les efforts de tous les instants d'une bonne administration doivent tendre à profiter de l'expérience acquise et des progrès de la science, pour réaliser des économies sans sacrifier l'intérêt public et la sécurité, et à proportionner les moyens mis en œuvre aux besoins à desservir.

Nous ne développerons pas plus longuement ces quelques considérations; elles montrent surabondamment avec quelle réserve il faut agir, quand on veut établir un parallèle entre des exploitations s'effectuant dans des conditions différentes.

4. Relation entre les dépenses d'exploitation et la recette brute. — On a souvent cherché des formules donnant la relation entre les dépenses d'exploitation et le mouvement de la circulation; plusieurs formules de ce genre ont même pris place dans les actes de concession de chemins de fer d'intérêt général ou d'intérêt local.

Le terme ordinaire de comparaison est la recette brute. Il serait plus rationnel de considérer le mouvement en voyageurs et en marchandises, puisque la recette dépend essentiellement des tarifs en vigueur et que, par suite, telle formule applicable dans un pays déterminé, pour certaines lignes et avec leur tarification, peut être absolument inexacte dans un autre pays ou même pour d'autres lignes dotées d'une tarification différente. Toutefois, on ne doit pas attacher à cette observation plus d'importance qu'elle n'en comporte. En effet, les formules algébriques exprimant la valeur de la dépense d'exploitation en fonction de l'importance du trafic ont un caractère purement empirique; elles ne sont qu'approchées, ne répondent qu'à des résultats moyens, et sont établies d'après des relevés de comptabilité dont certains éléments résultent de ventilations conventionnelles et arbitraires entre les diverses lignes d'un même réseau. Ce serait faire fausse route que de chercher à leur attribuer une précision mathématique dont elles ne sont pas susceptibles. Nous ne croyons donc pas devoir nous écarter de l'usage qui a prévalu jusqu'ici. Les ingénieurs ou les économistes qui voudront se livrer à l'étude du rapport entre la dépense d'exploitation et le nombre d'unités de trafic pourront aisément le faire, à l'aide des chiffres consignés dans les statistiques officielles du Ministère des travaux publics. Au surplus, nous corrigerons dans une certaine mesure ce que nos indications auraient d'incomplet ou d'imparfait, en recherchant par la suite quel est le prix de revient moyen du transport des voyageurs et des marchandises sur les principaux réseaux et sur l'ensemble des chemins de fer français.

Le procédé le plus simple pour trouver l'expression de la dépense en fonction de la recette, sur un réseau déterminé, consiste à recourir à un diagramme. Il suffit de porter en abscisses les produits kilométriques bruts des diverses lignes dont se compose ce réseau et en ordonnées les dépenses correspondantes, puis à tracer une courbe qui épouse autant que possible les sommets de ces ordonnées.

Nous avons fait ce travail pour chacun des réseaux concédés aux grandes Compagnies françaises sur le territoire de la métropole, pour le réseau d'État et pour les lignes secondaires placées en dehors de ces réseaux.

Les résultats n'ont pas été absolument concordants; leurs divergences s'expliquent aisément, ne fût-ce que par la différence de situation des réseaux, par les variations des charges afférentes aux travaux de réfection des voies et de renouvellement du matériel roulant, par les écarts dans le mode d'imputation de certaines dépenses au compte de premier établissement et au compte d'exploitation.

Dans leur ensemble, les courbes tracées comme nous l'avons dit précédemment affectent une forme parabolique. On pouvait le pressentir en remarquant, comme nous l'avons déjà fait, que les dépenses comprennent des éléments indépendants de la recette et que les autres éléments ne croissent pas tous proportionnellement au trafic. Parmi les éléments de la première catégorie, on peut ranger l'entretien des terrassements et des ouvrages d'art, et, sans grande erreur, l'entretien et le renouvellement du ballast et des traverses. Les frais de traction et d'exploitation proprement dite, c'est-à-dire ceux du service des trains et des gares, quoique plus sensibles à l'influence de la progression du trafic, ne lui sont cependant pas proportionnels : car les dépenses de formation et de conduite des trains ne diffèrent pas beaucoup pour les trains vides et les trains chargés, et, d'un autre côté, le personnel et la dépense des stations, ainsi que le nombre des trains, ne peuvent pas descendre au-dessous de minima déterminés. Toutefois, comme les lignes très productives sont en général celles sur lesquelles les taxes sont le plus réduites, il y a un fait qui contre-balance jusqu'à un certain point l'influence de l'accroissement de circulation. Aussi la courbure est-elle assez peu prononcée pour que l'on puisse, sans inconvénient, admettre une formule linéaire du premier degré, surtout eu égard au caractère approché des appréciations auxquelles on est forcé de se livrer.

L'expression moyenne qui paraît se dégager des tableaux statistiques, pour les chemins de fer d'intérêt général du continent, est la suivante :

$$D = 4\ 500\ \text{fr.} + 0{,}40\ R,$$

dans laquelle D désigne la dépense kilométrique moyenne et R la recette correspondante, impôt déduit.

La limite assignée aux dépenses à rembourser aux Compagnies dans les traités conclus en 1879 et 1880 entre l'État, d'une part, les Compagnies de l'Est et de l'Ouest, d'autre part, pour l'exploitation provisoire des lignes de Lérouville à Sedan, de Nançois-le-Petit à Gondrecourt et de Sainte-Gauburge à Gacé (conventions annexées aux décrets du 24 octobre 1879, du 23 et du 30 août 1880), n'était que de 6 000 fr. $+ 0\ 40\ (R - 6\ 000\ \text{fr.})$ ou $3\ 600 + 0\ 40\ R$; elle était donc plus faible.

La formule que nous venons de donner conduit, en raison de sa forme linéaire, à des chiffres un peu trop forts pour les lignes très productives et à des chiffres un peu trop faibles pour les autres lignes. Cependant, nous le répétons, l'approximation est très satisfaisante en pratique.

Il ne sera pas sans intérêt de comparer les résultats de l'application de cette formule aux chiffres donnés par le regretté M. Sévène dans son Cours de chemins de fer à l'École des ponts et chaussées, pour des chemins ayant respectivement une recette brute de 25 000 francs et de 60 000 francs par kilomètre.

a. *Recette brute de 25 000 francs.*
Dépense kilométrique d'après la formule .... 14 500 fr.
Évaluation de M. Sévène :

Administration... 900 fr.
Exploitation proprement dite (mouvement et trafic) 4 000

A reporter. . .   4 900 fr.

	Report. . .	4 900 fr.
Traction et entretien du matériel (1) .. 4 500		
Renouvellement du matériel 900	5 400	
Entretien et surveillance de la voie 2 500		
Renouvellement de la voie 1 400	4 200	
Travaux d'amélioration 300		
Total........................ 14 500		14 500 fr.

b. *Recette brute de 60 000 fr.*
Dépense kilométrique d'après la formule.............. 28 500 fr.

Évaluation de M. Sévène :

Administration............................	1 300 fr.
Exploitation proprement dite (mouvement et trafic)	7 500
Traction et entretien du matériel (2)... 9 000	
Renouvellement du matériel......... 2 000	11 000
Entretien et surveillance de la voie.... 3 600	
Renouvellement de la voie........... 2 600	6 700
Travaux d'amélioration 500	
Total........................ 26 500	26 500 fr.

En moyenne, on le voit, les chiffres de M. Sévène sont un peu inférieurs à ceux de la formule ; ils se rapprochent davantage de la limite fixée par les traités d'exploitation provisoire de 1879 et 1880, qui était de 13 600 francs pour une recette brute de 25 000 francs et de 27 600 francs pour une recette brute de 60 000 francs. Mais il ne faut pas oublier que M. Sévène était directeur de la Compagnie d'Orléans, c'est-à-dire de celle qui avait le moindre coefficient d'exploitation.

Voici, du reste, à titre de renseignement, un tableau récapitulatif des résultats donnés par la formule et des résultats effectifs pour les lignes d'intérêt général pendant les années 1882, 1883 et 1884 :

---

(1) Pour 6 trains par jour, dans chaque sens, à raison de 1 franc par kilomètre de train.
(2) Pour 12 trains par jour dans chaque sens.

DÉSIGNATION des CHEMINS	ANNÉE 1882			ANNÉE 1883			ANNÉE 1884		
	RECETTE brute	DÉPENSE d'après la formule	DÉPENSE effective	RECETTE brute	DÉPENSE d'après la formule	DÉPENSE effective	RECETTE brute	DÉPENSE d'après la formule	DÉPENSE effective
	fr.	fr.	fr.	fr.	fr.	fr.	fr.	fr.	fr.
Nord	77.330	35.430	37.990	64.055	30.120	33.730	50.275	24.610	25.960
Est	47.440	23.480	27.230	37.995	19.700	23.280	34.300	18.220	21.280
Ouest	42.940	21.680	23.980	35.780	18.810	20.280	33.800	18.020	19.440
Orléans	41.185	20.970	18.930	40.390	20.660	19.860	36.000	18.900	19.180
P.-L.-M	54.440	26.280	25.990	50.400	24.660	25.260	44.090	22.140	21.620
Midi	42.310	21.420	21.440	41.380	21.050	21.310	37.010	19.300	21.095
Ensemble des chemins concédés....	48.870	24.050	24.640	44.960	22.480	23.850	39.700	20.380	21.470
Réseau de l'État...	10.410	8.660	8.830	9.640	8.460	8.630	11.625	9.150	9.590
Ensemble des chemins d'intérêt général	42.990	21.700	22.180	41.400	21.060	22.330	37.620	19.550	20.600

Comme le montre ce tableau, il y a une concordance assez satisfaisante entre les résultats effectifs et les chiffres calculés par la formule, pour l'ensemble des chemins concédés et pour l'ensemble des chemins d'intérêt général du continent.

Nous avons eu l'occasion de faire connaître, dans le tome II de cet ouvrage, que, pour le fonctionnement de la garantie d'intérêt accordée aux Compagnies algériennes, les frais d'exploitation sont généralement fixés à forfait suivant des barèmes à gradins. Nous rappellerons sommairement les principales stipulations des contrats passés avec ces Compagnies.

a. COMPAGNIE DE BÔNE A GUELMA. — 1° *Ligne à voie large de Bône à Guelma (Barème de 1876)* :

Au-dessous de 11 000 fr. de recette brute................ 7 000 fr.
de 11 000 fr. à 12 000 fr. de recette brute, 64 %, sans excéder. 7 440 »
de 12 000 fr. à 13 000 fr.   —   62 %,   —   7 800 »
de 13 000 fr. à 14 000 fr.   —   60 %,   —   8 120 »
de 14 000 fr. à 15 000 fr.   —   58 %,   —   8 400 »
de 15 000 fr. à 16 000 fr.   —   56 %,   —   8 640 »
de 16 000 fr. à 20 000 fr.   —   55 %,   —   10 400 »
au delà de.. 20 000 fr.   —   52 %.

2° *Autres lignes à voie large (Barème de 1877)* :
au-dessous de 11 000 fr. de recette brute................ 7 700 »

de 11 000 fr. à 12 000 fr. de recette brute, 70 °/₀ sans excéder.   8 040 fr.
de 12 000 fr. à 13 000 fr.   —   67 °/₀,   —   8 320 »
de 13 000 fr. à 14 000 fr.   —   64 °/₀,   —   8 540 »
de 14 000 fr. à 15 000 fr.   —   61 °/₀,   —   8 700 »
de 15 000 fr. à 16 000 fr.   —   58 °/₀,   —   8 800 »
au 16 000 fr. à 20 000 fr.   —   55 °/₀,   —   10 400 »
au delà de.... 20 000 fr.   —   52 °/₀.

     3° *Ligne à voie étroite de Souk-Arrhas à Tébessa :*
au-dessous de 5 000 fr. de recette brute................   5 000 fr.
de 5 000 fr. à 6 000, de recette brute, chiffre de la recette,
     sans excéder..................................   5 520 »
de 6 000 fr. à 7 000 fr. de recette brute, 92 °/₀ sans excéder.   5 950 »
de 7 000 fr. à 8 000 fr.   —   85 °/₀,   —   6 240 »
de 8 000 fr. à 9 000 fr.   —   78 °/₀,   —   6 570 »
de 9 000 fr. à 10 000 fr.   —   73 °/₀,   —   6 900 »
de 10 000 fr. à 11 000 fr.   —   69 °/₀,   —   7 260 »
de 11 000 fr. à 12 000 fr.   —   66 °/₀,   —   7 560 »
de 12 000 fr. à 13 000 fr.   —   63 °/₀,   —   7 800 »
de 13 000 fr. à 14 000 fr.   —   60 °/₀,   —   7 980 »
de 14 000 fr. à 15 000 fr.   —   57 °/₀,   —   8 250 »
de 15 000 fr. à 16 000 fr.   —   55 °/₀,   —   8 320 »
de 16 000 fr. à 20 000 fr.   —   52 °/₀,   —   10 000 »
au delà de.... 20 000 fr.   —   50 °/₀.

     b. COMPAGNIE DE L'EST-ALGÉRIEN. — 1° *Ligne de Constantine à Alger :*
au-dessous de 11 000 fr. de recette brute................   7 460 fr.
de 11 000 fr. à 12 000 fr. de recette brute, 60 °/₀, sans excéder   7 920 »
de 12 000 fr. à 13 000 fr.   —   66 °/₀,   —   8 190 »
de 13 000 fr. à 14 000 fr.   —   63 °/₀,   —   8 400 »
de 14 000 fr. à 15 000 fr.   —   60 °/₀,   —   8 550 »
de 15 000 fr. à 16 000 fr.   —   57 °/₀,   —   8 640 »
de 16 000 fr. à 20 000 fr.   —   54 °/₀,   —   10 400 »
au delà de.... 20 000 fr.   —   52 °/₀.

     2° *Ligne d'El-Guerrah à Batna :*
au-dessous de 11 000 fr. de recette brute................   7 000 fr.
de 11 000 fr. à 12 000 fr. de recette brute, 64 °/₀, sans excéder   7 440 »
de 12 000 fr. à 13 000 fr.   —   62 °/₀,   —   7 800 »
de 13 000 fr. à 14 000 fr.   —   60 °/₀,   —   8 120 »
de 14 000 fr. à 15 000 fr.   —   58 °/₀,   —   8 400 »
de 15 000 fr. à 16 000 fr.   —   56 °/₀,   —   8 640 »
de 16 000 fr. à 20 000 fr.   —   55 °/₀,   —   10 400 »

au delà de 20 000 fr. de recette brute, 52 °/₀.

3° *Lignes de Ménerville à Tizi-Ouzou et de Bougie à Beni-Mançour :*
Même barême que pour la ligne de Constantine à Alger, si ce n'est qu'au-dessous de 7 460 fr. de recette brute, la dépense est comptée pour son chiffre réel, sans pouvoir excéder 7 460 francs.

4° *Ligne de Batna à Biskra :*
au-dessous de 5 000 fr. de recette brute.................. 5 000 fr.
de 5 000 fr. à 7 460 fr. de recette brute, chiffre réel ;
au-dessous de 7 460 fr., mêmes bases que pour la ligne de Constantine à Alger.

5° *Ligne à voie étroite des Ouled-Ramoun à Aïn-Beïda :*
Au-dessous de 5 000 fr. de recette brute, chiffre réel, sans excéder   5 000 fr.
de 5 000 fr. à 6 000 fr.   —   chiffre de la recette,
      sans excéder....................................   5 520 »
de 6 000 fr. à 7 000 fr.   —   92 °/₀, sans excéder.   5 950 »
de 7 000 fr. à 8 000 fr.   —   85 °/₀,   —   6 248 »
de 8 000 fr. à 9 000 fr.   —   78 °/₀,   —   6 570 »
de 9 000 fr. à 10 000 fr. —   73 °/₀,   —   6 900 »
de 10 000 fr. à 11 000 fr. —   69 °/₀,   —   7 260 »
de 11 000 fr. à 12 000 fr. —   66 °/₀,   —   7 560 »
de 12 000 fr. à 13 000 fr. —   63 °/₀,   —   7 800 »
de 13 000 fr. à 14 000 fr. —   60 °/₀,   —   7 980 »
de 14 000 fr. à 15 000 fr. —   57 °/₀,   —   8 250 »
de 15 000 fr. à 16 000 fr. —   55 °/₀,   —   8 320 »
de 16 000 fr. à 20 000 fr. —   52 °/₀,   —   10 000 »
au-dessus de 20 000 fr.   —   50 °/₀,

c. COMPAGNIE DE L'OUEST-ALGÉRIEN. — 1° *Lignes de Sainte-Barbe-du-Tlélat à Sidi-Bel-Abbès et de Sidi-Bel-Abbès à Ras-el-Ma :*
Même barême que pour la ligne de Constantine à Alger.

2° *Lignes de La Sénia à Aïn-Temouchent et de Tabia à Tlemcen :*
au-dessous de 9 000 fr. de recette brute..................   7 000 fr.
de 9 000 fr. à 11 000 fr. de recette brute................   7 460 »
de 11 000 fr. à 12 000 fr. de recette brute...............   7 820 »
de 12 000 fr. à 13 000 fr. de recette brute, 66 °/₀, sans excéder   8 190 »
de 13 000 fr. à 14 000 fr.   —   63 °/₀,   —   8 400 »
de 14 000 fr. à 15 000 fr.   —   60 °/₀,   —   8 550 »
de 15 000 fr. à 16 000 fr.   —   57 °/₀,   —   8 460 »
de 16 000 fr. à 20 000 fr.   —   54 °/₀,   —   10 400 »
au delà de.... 20 000 fr.   —   52 °/₀.

3° *Ligne à voie étroite de Blidah à Berrouaghia :*
3 500 francs, plus le tiers de la recette brute.

d. COMPAGNIE FRANCO-ALGÉRIENNE. — 1° *Lignes à voie étroite d'Aïn-Thizy à Mascara, de Mostaganem à Thiaret et de Modzbah à Mécheria :*

au-dessous 9 000 fr. de recette brute.................			6 500 fr.
de 9 000 fr. à 10 000 fr. de recette brute, 73 %, sans excéder			6 900 »
de 10 000 fr. à 11 000 fr.	—	69 %, —	7 260 »
de 11 000 fr. à 12 000 fr.	—	66 %, —	7 560 »
de 12 000 fr. à 13 000 fr.	—	63 %, —	7 800 »
de 13 000 fr. à 14 000 fr.	—	60 %, —	7 980 »
de 14 000 fr. à 15 000 fr.	—	57 %, —	8 250 »
de 15 000 fr. à 16 000 fr.	—	55 %, —	8 320 »
de 16 000 fr. à 20 000 fr.	—	52 %, —	10 000 »
au-dessus de 20 000 fr.	—	50 %.	

2° *Ligne de Mécheria à Aïn-Sefra.* — 3 500 francs, plus le tiers de la recette brute, avec minimum de 5 000 francs.

Les barèmes précédents donnent, en moyenne, une dépense de 7 400 francs pour une recette brute de 10 000 francs par kilomètre, de 10 400 francs pour une recette brute de 20 000 francs et de 15 300 francs pour une recette brute de 30 000 francs, en ce qui concerne les lignes à voie large; et de 6 900, 10 000 et 15 000 francs pour les lignes à voie étroite, tandis que la formule 4 500 $+$ 0,40 R donnerait respectivement 8 500, 12 500 et 16 500 francs. Mais il convient de remarquer, d'une part, que les tarifs des chemins de fer algériens sont notablement supérieurs à ceux des chemins de fer de la Métropole et que, par suite, une recette déterminée correspond à un trafic moindre, et d'autre part, que les satisfactions données au public, particulièrement au point de vue du nombre des trains, sont moins larges dans la colonie.

Dans des conventions récemment approuvées par les Chambres, pour la concession avec garantie d'intérêt des chemins à voie étroite du Var (Loi du 17 août 1885), de ceux de Sancoins à Lapeyrouse et de Châteaumeillant à la Guerche (Loi du 11 septembre 1885) et de ceux du Vivarais (Loi du 27 juillet 1886), les frais d'exploitation ont été évalués à forfait : pour les chemins Var, à 2 500 francs, plus le tiers de la recette brute, sans pouvoir descendre au-dessous de 4 500 francs ou de 55 % de la recette ; — pour les chemins du Cher, à 2 300 francs, plus le tiers de la recette brute, sans pouvoir descendre au-dessous de 3 700 frans ou de 55 % de la recette ; — pour les chemins du Vivarais, à 3 000 francs, plus le tiers de la recette brute, sans pouvoir descendre au-dessous de 4 500 francs.

Cette évaluation, notablement moindre que celle de la formule $(4\,500 + 0{,}40\ R)$, s'explique par la réduction de largeur de la voie et par les principes de simplicité et d'économie qui présideront à l'exploitation.

Quant aux chemins de fer d'intérêt local, si l'on compulse les actes de concession intervenus sous le régime de la loi organique du 11 juin 1880, on y trouve les formules suivantes : $1\,800$ francs $+ \dfrac{R}{4}$ avec minimum de $3\,700$ francs, $1\,800$ francs $+ 0{,}3\ R$, $2\,000$ francs $+ \dfrac{R}{4}$, même formule avec minimum de $6\,000$ francs, $2\,000$ francs $+ 0\,3\ R$, $2\,000$ francs $+ \dfrac{R}{3}$, $2\,300$ francs $+ \dfrac{R}{3}$, même formule avec minimum de $3\,686$ francs pour les recettes inférieures à $5\,500$ francs et de $4\,300$ francs pour les recettes supérieures, même formule avec minimum de $4\,300$ francs dans tous les cas. Ici encore, la modicité de ces chiffres s'explique par les conditions dans lesquelles aura lieu l'exploitation et, de plus, par l'élévation des taxes pour la plupart des lignes.

Dans une étude inédite portant sur $6\,630$ kilomètres de chemins d'intérêt local appartenant à 128 Compagnies, M. Cheysson, alors directeur des cartes et plans au Ministère des travaux publics, avait établi pour les voies de cette catégorie la formule $1\,800 + 0{,}48\ R$, qui donne des chiffres sensiblement plus élevés.

En résumé, on peut admettre actuellement que les frais d'exploitation s'élèvent :

— pour l'ensemble des chemins de fer d'intérêt général, à $4\,500$ francs $+ 0{,}40\ R$;

— pour l'ensemble des chemins de fer d'intérêt local, à un chiffre oscillant entre $(1\,800$ francs $+ 0{,}30\ R)$ et $(2\,300$ francs $+ 0{,}30\ R)$ suivant la largeur de la voie, le développement du chemin et les conditions de l'exploitation.

Mais, nous ne saurions trop le redire, ce sont là des formules empiriques dont l'application doit être faite avec réserve et clairvoyance.

5. **Minimum des dépenses d'exploitation.** — L'expression $(4\,500$ francs $+ 0{,}40\ R)$ peut se mettre sous la forme $(7\,500$ francs $+ 0\,40\ R - 7\,500_j)$. Si l'on admet que le second terme ne puisse prendre une valeur négative, on voit que le minimum des frais d'exploitation serait de $7\,500$ francs ; telle a été à peu près, en effet, jusqu'en 1883, la limite inférieure des dépenses effectives sur les chemins de fer d'intérêt général.

Dans le cours de chemins de fer qu'il professait à l'École des ponts et chaussées, M. Sévène indiquait un minimum de 8 000 francs à savoir :

Administration		300 fr.
Exploitation		2 200
Matériel et traction	2 500 fr.	
Renouvellement du matériel	600	3 100
Surveillance et entretien de la voie	1 500	
Renouvellement de la voie	800	2 400
Amélioration	100	
Total		8 000 fr.

Cette évaluation était faite dans l'hypothèse d'un mouvement journalier de cinq trains peu chargés dans chaque sens.

D'un autre côté, M. Jacqmin, dans son Traité d'exploitation, arrivait à un minimum de 8 500 francs, d'après l'expérience de divers chemins exploités par la Compagnie de l'Est en Alsace et en Lorraine; mais il y comprenait l'annuité d'intérêt et d'amortissement du matériel roulant.

Lors de l'enquête ouverte en 1876 par le Sénat, M. Jacqmin a relaté les chiffres suivants. pour 13 lignes d'intérêt local ayant ensemble 327 kilomètres et placées entre les mains de la Compagnie de l'Est :

Saint-Dizier à Vassy	Recette	15 000 fr.	Dépense	9 270 fr.
Avricourt à Cirey	—	7 450	—	4 070 »
Charmes à Rambervillers	—	5 195	—	5 190 »
Bazancourt à Béthenville	—	5 800	—	4 880 »
Épernay à Romilly	—	8 360	—	7 620 »
Nancy à Vézelise	—	9 970	—	6 270 »
Nancy à Château-Salins et à Vic	—	4 540	—	5 590 »
Carignan à Messemprè	—	5 845	—	4 120 »
Monthermé à Monthermé	—	12 760	—	14 245 »
Vrigne-Meuse à Vrigne-aux-Bois	—	4 820	—	4 660 »
Pont-Maugis à Raucourt	—	4 540	—	5 830 »
Amagne à Vouziers	—	8 430	—	7 380 »

Mais il a eu soin de faire observer que. sur aucune de ces lignes, il n'avait été rien compté pour les gares d'embranchement, non plus que pour le renouvellement de la voie, et que, de plus, elles avaient bénéficié d'une réduction de frais généraux, de dépenses de personnel. de frais d'atelier. De son côté. M. Solacroup, directeur de la Compagnie d'Orléans, estimait le minimum des frais d'exploitation à 7 000 ou 7 500 fr., y compris le renouvellement de la voie et du matériel roulant, pour un mouvement de trois trains dans chaque sens.

L'estimation de M. Tourangin était également de 7 000 fr. pour les lignes d'intérêt général.

A la vérité, si l'on consulte les statistiques officielles, on trouve, pour certaines de ces lignes, des chiffres plus faibles, par exemple : 1° pour le chemin de Vitré à Fougères : en 1879, 4 260 fr. (recette 6 430 fr.); en 1880, 4 195 fr. (recette 6 550 fr.); en 1881, 4 470 fr. (recette 6 920 fr.); 2° pour la ligne du Médoc, en 1879, 6 320 fr. (recette 11 230 fr.); en 1880, 6 490 fr. (recette 11 020 fr.); en 1881, 6 040 fr. (recette 11 230 fr.); en 1882, 6 060 fr. (recette 11 780 fr.); en 1883, 6 190 fr. (recette 11 730 fr.); 3° pour divers chemins exploités en régie par l'État ou pour son compte par les Compagnies, des chiffres qui descendent jusqu'à 4 290 fr. en 1880, 3 740 fr. en 1881 et 4 160 fr. en 1882. Mais ces données statistiques ne doivent être acceptées que sous bénéfice d'inventaire. Plusieurs des lignes auxquelles elles sont relatives étaient absolument neuves; leur voie ne nécessitait aucune réfection; certaines charges d'entretien étaient imputées au compte de premier établissement. D'autres lignes n'étaient point entretenues comme elles auraient dû l'être et vivaient en usant leur matériel, en consommant leur capital de construction.

Est-ce à dire que le minimum de 7 à 8 000 francs soit une limite au-dessous de laquelle il soit impossible de descendre? Nous ne le croyons pas.

Il importe que l'Administration et les Compagnies fassent tous leurs efforts pour ne pas atteindre cette limite sur les lignes du troisième réseau, qui seront, en général, fort peu productives et qui doivent être exploitées dans les conditions les plus économiques. Pour cela, il ne faut point y appliquer les mêmes procédés d'exploitation que sur le second réseau et, à plus forte raison, que sur le premier réseau. Il faut proportionner les dépenses aux besoins à desservir et au rendement de ces chemins nouveaux. Il faut savoir résister aux exigences injustifiées qui viendraient à surgir de la part des populations; ne pas imposer aux Compagnies de charges trop lourdes pour les services publics, par exemple pour le service des postes; se contenter d'un petit nombre de trains, ainsi que d'installations modestes et d'un personnel restreint dans les gares; réduire au besoin le nombre des agents des trains; ne pas exiger tout le luxe de signaux et d'appareils que l'on rencontre sur les grandes artères; donner des facilités pour le gardiennage de la voie, etc... Tout cela peut se faire sans compromettre la sécurité. Les populations, comme les Compagnies, doivent comprendre que, malgré leur classement officiel dans le réseau d'intérêt général, beaucoup de chemins du troisième réseau n'ont qu'une utilité purement locale. Il y va de l'équilibre du budget et de l'avenir financier des Compagnies, si intimement lié à celui du pays. La garantie d'intérêt fonctionne en effet dans des conditions inquiétantes, et, si le chiffre élevé des avances auxquelles l'État a actuellement à faire face s'explique jusqu'à un certain point par la crise industrielle et commerciale, il tient aussi à l'ouverture progressive des chemins du troisième réseau, dont beaucoup cependant restent encore à livrer à la circulation.

Sans doute, les grandes Compagnies n'arriveront pas sans peine à satisfaire aux désiderata que nous venons de formuler. Leur champ d'action est aujourd'hui si étendu qu'elles éprouvent quelques difficultés à apporter à la solution de ce grave problème tous les soins qu'elle comporte. Leur attention continuera inévitablement à se porter sur les artères nourricières de leur réseau. Le public sera toujours tenté de voir en elles de puissants organes, dont il est permis d'exiger des satisfactions plus complètes. Mais, nous le répétons, il est indispensable que l'éducation du pays, des Compagnies et de l'Administration se fasse à cet égard. Il y a là pour tous une grande et belle tâche à accomplir.

Déjà les Pouvoirs publics ont affirmé leurs intentions par certaines mesures, telles que la dispense de clôtures et de barrières aux passages à niveau, dans des cas déterminés (Loi du 27 décembre 1880; voir tome II, page 788), et l'autorisation de déroger aux règles édictées par l'ordonnance du 15 novembre 1846 pour la composition et la conduite des trains (Décret du 20 mai 1880; voir tome III, page 453).

De leur côté, les grandes Compagnies ne sont pas restées dans l'expectative. Il en est qui ont fait de louables efforts pour atténuer leurs dépenses d'exploitation ; elles y ont été poussées d'ailleurs par l'affaissement de leurs recettes.

Notons encore que l'État a accordé à des Compagnies secondaires des concessions de lignes à voie étroite, pour lesquelles, comme nous l'avons dit, page 596, le minimum des dépenses d'exploitation a été arrêté à 4 500 francs et même à 3 700 francs. Des chiffres notablement inférieurs à 7 000 francs ont été également admis pour des lignes à voie étroite et même à voie large concédées récemment en Algérie : le minimum a été abaissé jusqu'à 5 000 francs.

A peine est-il utile de rappeler que le minimum des frais d'exploitation ne saurait être le même pour toutes les lignes et qu'il dépend essentiellement de leur tracé, de leur développement, des conditions dans lesquelles elles se raccordent avec les lignes voisines, de l'étendue du réseau auquel elles appartiennent, de la quote-part de frais généraux qui pèse par suite sur elles, de l'époque plus ou moins éloignée à laquelle remonte leur construction, des dépenses de réfection qu'elles ont en conséquence à supporter.

Le chiffre de 7 à 8 000 francs auquel nous sommes arrivé s'applique exclusivement à la moyenne des chemins exploités jusqu'en 1883 par les grandes Compagnies et compris dans le réseau d'intérêt général.

Pour les lignes d'intérêt local, la limite inférieure des frais d'exploitation est plus basse. Ces lignes jouissent, en effet, aux termes de la loi du 11 juin 1880 et des actes qui la complètent, d'immunités dont ne profitent pas ordinairement les lignes d'intérêt général. Le public est habitué à les considérer comme des instruments plus simples et plus modestes ; il est moins exigeant pour le nombre des trains, pour le confort des véhicules à voyageurs, pour les installations et le personnel des gares. Les trains sont moins nombreux ; ils comprennent moins de voitures et de wagons et la traction en est moins onéreuse ; généralement ces trains servent à la fois au transport des personnes et des choses. Parfois, le directeur de la Compagnie est sur place ; l'exploitation se fait davantage sous l'œil du maître, qui peut veiller à l'économie et ne négliger aucun détail. Souvent aussi les capitaux sont réalisés dans la région même où est installée la voie ferrée ; le chemin de fer appartient en quelque sorte à ceux qui s'en servent et qui sont les premiers intéressés à le voir gérer suivant les principes d'un bon père de famille. Ces observations s'appliquent surtout au cas où la ligne est entre les mains d'une Compagnie distincte et locale.

Toutefois, il est juste de remarquer que si, à beaucoup d'égards, les grandes Compagnies sont placées dans une moins bonne situation pour exploiter économiquement, en revanche elles ont certains avantages au point de vue du recrutement du personnel qui a plus de chances d'avenir et qui bénéficie d'institutions de prévoyance difficiles à créer et à faire fonctionner pour un personnel restreint. Elles en ont également au point de vue de l'entretien et de la réparation du matériel roulant, pour lesquels elles peuvent recourir aux ateliers de leurs lignes principales sans avoir à établir d'ateliers spéciaux. Elles en ont encore au point de vue de l'élasticité de leur parc de machines et de véhicules, qui peut être, toutes choses égales d'ailleurs, d'autant plus restreint que le réseau est plus étendu, puisqu'il leur est facile de déverser des locomotives, des voitures et des wagons, d'une ligne sur l'autre, pour faire face aux besoins exceptionnels ; elles en ont enfin, au point de vue de leur crédit. Mais, tout compte fait, la supériorité nous paraît appartenir aux sociétés locales. Elle ne saurait surtout leur être contestée si, au lieu de vivre en état d'hostilité avec les grandes Compagnies, elles gravitent dans l'orbite de ces Compagnies et ont leur appui matériel ou même seulement leur appui moral. C'est une combinaison de cette nature qui a été expérimentée avec succès dans la région du Nord, où un habile promoteur de chemins de fer secondaires a su se concilier les sympathies de la grande Compagnie et obtenir le secours de ses finances et de son crédit. Nous avons entendu plus d'une fois les directeurs d'autres Compagnies principales vanter les mérites de cette combinaison et regretter qu'elle n'ait pas reçu plus d'applications. La Compagnie du Midi vient d'ailleurs d'y recourir à son tour, pour assurer la création de chemins de fer d'intérêt local dans le département des Landes. Il en est de même de la Compagnie de l'Ouest pour diverses lignes de Bretagne.

Sous le bénéfice de ces considérations générales, voici quels sont les minima constatés par l'expérience.

Les statistiques officielles de 1881, 1882 et 1883, par exemple, accusent des dépenses kilométriques qui descendent à 5 000 francs et même notablement au-dessous, savoir :

DÉSIGNATION DES CHEMINS	ANNÉE 1881		ANNÉE 1882		ANNÉE 1883	
	Recettes	Dépenses	Recettes	Dépenses	Recettes	Dépenses
	fr.	fr.	fr.	fr.	fr.	fr.
1° CHEMINS A VOIE LARGE						
Alais au Rhône	»	»	»	»	4.150	4.480
Achiet à Bapaume et à Marcoing (32 km.)	8.890	4.690	»	»	»	»
Crécy-Mortiers à La Fère (21 km.)	5.570	4.450	5.800	3.730	7.030	3.510
Avricourt à Blamont et Cirey (18 km.)	8.670	4.110	8.310	4.210	7.850	3.510
Rambervillers à Charmes (28 km.)	6.190	4.660	6.090	4.980	6.370	5.000
Falaise à Berjou (28 km.)	»	»	2.110	4.470	2.210	3.380
Alençon à Condé (66 km.)	5.610	4.530	4.920	4.700	»	»
Mamers à Saint-Calais (77 km.)	4.105	3.870	4.050	3.950	4.060	4.480
Briouze à la Ferté-Macé (14 km.)	8.400	4.350	»	»	»	»
Lignes de la Sarthe (96 km.)	3.570	3.200	3.810	4.720	3.910	4.800
Barbezieux à Châteauneuf (19 km.)	5.330	3.960	4.840	3.950	5.060	4.255
Miramas à Port-de-Bouc (11 km.)	»	»	5.110	4.320	5.490	4.400
Nizan à St-Symphorien et à Sore (31 km.)	4.800	2.970	2.950	2.230	5.710	2.830
Boisleux à Marquion (26 km.)	4.510	4.010	5.030	3.660	5.610	3.980
Velu-Bertincourt à St-Quentin (51 km.)	5.570	4.470	5.790	4.420	5.800	4.160
Compagnie des Dombes et du Sud-Est (222 k.)	9.260	4.630	8.225	4.610	8.350	4.640
Chemins des Bouches-du-Rhône (44 km.)	5.770	4.070	5.820	4.180	6.090	3.970
La Teste à l'Étang-de-Cazaux (13 km.)	1.410	1.600	1.070	2.065	1.100	1.595
Cours à St-Victor (13 km.)	»	»	5.560	3.880	7.400	4.920
2° CHEMINS A VOIE ÉTROITE						
Anvin à Calais (94 km.)	»	»	»	»	2.550	2.890
Beaumont-Persan à Hermes (31 km.)	4.240	2.930	5.070	3.330	5.480	3.750
Haironville à Triancourt (43 km.)	2.590	1.970	2.520	2.610	2.580	3.010
Gray à Gy (22 km.)	5.360	4.980	3.040	4.195	3.430	4.230
Marlieux à Châtillon (11 km.)	2.760	1.960	2.800	2.070	3.030	2.140
Le Mans au Grand-Lucé (31 km.)	»	»	»	»	3.070	2.770

La dépense kilométrique moyenne d'exploitation des chemins de fer d'intérêt local ne s'est d'ailleurs élevée qu'à :

5 680 fr. en 1881, pour une recette de 7 740 fr. ;

6 210 fr. en 1882, pour une recette de 7 650 fr. ;

6 280 fr. en 1883, pour une recette de 8 130 fr. ;

5 405 fr. en 1884, pour une recette de 6 630 fr. ;

Nous ne saurions trop le redire, on ne peut tirer d'enseignements précis des chiffres consignés au tableau précédent qu'en examinant de très près la comptabilité des concessionnaires, en vérifiant l'imputation des dépenses, en s'assurant qu'une partie des frais d'exploitation n'est pas indûment portée au compte de premier établissement, en constatant que l'entretien est convenablement assuré. Il faudrait aussi tenir compte des réfections du matériel fixe et du matériel roulant, qui ne donnent lieu à aucune charge dans l'origine, mais qui pèsent plus tard sur le budget annuel. A l'état normal, il est certainement difficile de descendre au-dessous de 4 000 francs pour les chemins à voie large et de 3 500 fr. pour les chemins à voie étroite (1).

Les minima les plus réduits qui aient été fixés jusqu'ici dans les actes de concession des chemins de fer d'intérêt local sont de 3 700 fr. pour les chemins à voie étroite et de 3 800 fr. environ pour les chemins à voie large (Réseau de l'Allier, loi du 20 août 1883, et réseau du Blayais, loi du 22 août 1881). Ces chiffres ont été déterminés dans l'hypothèse d'un mouvement de trois trains par jour dans chaque sens, sur la plus grande partie du réseau de l'Allier, et de deux trains, sur le réseau de la Gironde.

Dans une étude sur les chemins de fer d'intérêt local publiée en 1878 par M. Baum (Annales des ponts-et-chaussées), cet ingénieur à évalué la dépense kilométrique annuelle d'une ligne agricole d'ordre secondaire à 3 400 fr. ou 3 900 fr., suivant que le nombre des trains réguliers dans chaque sens serait de deux ou de trois ; il a d'ailleurs supposé une extrême simplicité de construction et d'exploitation ; il a, en outre, admis que la ligne serait à voie étroite, tout en contestant que la réduction de la largeur de la voie pût amener une diminution notable des frais d'exploitation. Les évaluations de M. Baum, qui comprennent une somme de 500 fr. pour les réfections de la voie et du matériel, ne s'écartent pas sensiblement de celles que nous venons de donner nous-même.

____

(1) Dans des tableaux annexés au rapport de M. Labiche, sénateur, sur le projet de loi relatif aux chemins de fer d'intérêt local, le minimum des frais d'exploitation était évalué à 4 000 fr. pour les lignes à voie étroite et à 5 000 fr. pour les lignes à voie de $1^m 45$.

6. Coefficient d'exploitation. — On désigne par *coefficient d'exploitation* le rapport entre la dépense et la recette brute.

Ce coefficient est, toutes choses égales d'ailleurs, d'autant plus élevé que la recette est plus faible. Voici quelle en serait la valeur d'après les formules que nous avons données aux paragraphes précédents :

MONTANT de la RECETTE	CHEMINS DE FER D'INTÉRÊT GÉNÉRAL		CHEMINS DE FER D'INTÉRÊT LOCAL À VOIE LARGE		À VOIE ÉTROITE	
	Dépense	Coefficient	Dépense	Coefficient	Dépense	Coefficient
fr.	fr.		fr.		fr.	
1.000	7.500	750 %	4.000	400 %	3 500	350 %
2.000	7.500	375	4.000	200	3.500	175
3.000	7.500	250	4.000	133	3.500	117
4.000	7.500	187,5	4 000	100	3 500	87,5
5.0 0	7.500	150	4.000	80	3.500	70
6.000	7.500	125	4.100	68	3.600	60
7.000	7.500	107	4.400	63	3.900	56
8.000	7.700	96	4 700	59	4.200	52,5
9.000	8.100	90	5 000	56	4.500	50
10.000	8.500	85	5.300	53	4.800	48
12.500	9.500	76	6.050	48	5.550	44
15.000	10.500	70	6.800	45	6 300	42
17.500	11.500	66	7.550	43	7.050	40
20.000	12.500	62,5	8.300	41,5	7.800	39
25.000	14.500	58	»	»	»	»
30.000	16.500	55	»	»	»	»
40.000	20 500	51	»	»	»	»
50.000	24.500	49	»	»	»	»
60.000	28.500	47,5	»	»	»	»
70.000	32.500	46	»	»	»	»
80.000	36.500	46	»	»	»	»
90.000	40.500	45	»	»	»	»
100.000	44.500	44,5	»	»	»	»
125.000	54.500	44	»	»	»	»
150.000	64.500	43	»	»	»	»
200.000	84.500	42	»	»	»	»

Les statistiques officielles accusent en fait les chiffres consignés ci-après pour les trois années 1882, 1883 et 1884 :

1° CHEMINS D'INTÉRÊT GÉNÉRAL

a. — *(D'après les documents statistiques du Ministère des travaux publics.)*

	ANNÉE 1882		ANNÉE 1883		ANNÉE 1884	
	RECETTE	COEFFICIENT	RECETTE	COEFFICIENT	RECETTE	COEFFICIENT
	fr.		fr.		fr.	
Nord	77.330	49,1 %	64.055	52,7 %	50.275	51,6 %
Est	47.440	57,4	37.995	61,3	34.300	62,0
Ouest	42.940	55,9	35.780	56,7	33.890	57,5
Orléans	41.485	46,0	40.390	49,2	35.600	53,3
P.-L.-M.	54.440	47,7	50.400	50,1	44.090	49,0
Midi	49.025	53,0	41.380	54,5	37.040	57,0
Ensemble des chemins d'intérêt général de la métropole	42.990	51,6	41.400	53,9	37.020	54,7
Chemins algériens	11.270	75,2	10.470	76,3	10.251	77,9

b. — *(D'après les documents publiés par les Compagnies et Administrations de chemins de fer pour l'année 1883.)*

RECETTE	NORD	EST	OUEST	ORLÉANS	P.-L.-M.	MIDI	LIGNES SECONDAIRES	ÉTAT	ENSEMBLE
De 0 à 5.000 fr.	»	193	»	»	177	263	112	160	172
5.000 à 10.000	132	118	92	89	128	107	96	104	110
10.000 à 15.000	104	78	80	75	91	85	70	80	81
15.000 à 20.000	»	88	78	91	77	66	»	64	81
20.000 à 25.000	»	61	78	64	65	58	74	105	67
25.000 à 30.000	»	71	53	57	62	68	79	55	64
30.000 à 40.000	60	58	63	57	63	70	50	»	62
40.000 à 50.000	48	51	71	47	54	65	63	»	54
50.000 à 60.000	62	»	53	»	50	48	62	»	50
60.000 à 70.000	»	62	47	48	28	39	»	»	49
70.000 à 80.000	50	70	42	»	70	»	»	»	49
80.000 à 90.000	49	»	80	»	42	»	44	»	48
90.000 à 100.000	»	»	»	»	»	39	»	»	39
100.000 à 125.000	51	53	»	35	50	39	»	»	45
125.000 à 150.000	41	»	»	»	»	»	»	»	41
150.000 à 200.000	»	»	41	»	38	»	»	»	38
Plus de 200.000	»	»	56	»	»	»	74	»	(1) 63

2° CHEMINS DE FER D'INTÉRÊT LOCAL

Année 1882. — Recette moyenne de 7.650 francs .... 84,1 %

Année 1883. — id. 8.130 francs 77,2

Année 1884. — id. 6.630 francs 81,5

(1) Ceinture (rive droite) et banlieue de l'Ouest.

Il convient de ne pas attacher aux chiffres des tableaux précédents, surtout aux chiffres de détail, plus d'importance qu'ils n'en comportent, Quelques-uns d'entre eux s'appliquent, en effet, à des lignes d'une faible longueur ou à des chemins de fer placés dans des circonstances exceptionnelles au point de vue de l'exploitation.

Nous compléterons ces données par les principaux résultats statistiques des chemins de fer étrangers, en 1884 :

PAYS	RÉSEAUX	LONGUEUR		RECETTE BRUTE kilométrique	DÉPENSE KILOMÉTRIQUE	COEFFICIENT d'exploitation
		TOTALE	MOYENNE			
		km.	km.	fr.	fr.	
ALLEMAGNE......	Réseau de l'État........................	32.235	31.985	36.700	20.490	55,8 %
	Chemins concédés, exploités par l'État..........	466	466	20.420	12.420	60,8
	Chemins concédés, exploités par les Compagnies..	4.081	4.003	20.460	11.150	54,5
	Totaux et moyennes..............	36.782	36.454	34.710	19.360	55,8
AUTRICHE-HONGRIE	1. Chemins Autrichiens :					
	a. Chemins de l'État exploités par l'État.........	3.603	3.058	23.490	13.207	64,7
	b. Chemins concédés, exploités par l'État.........	1.499	1.485			
	c. Chemins de l'État exploités par les Compagnies.	84	84	5.822	5.035	86,4
	d. Chemins concédés, exploités par les Compagnies.	5.197	5.075	44.560	28.795	64,6
	2. Chemins Austro-Hongrois.........	5.641	5.641	37.645	19.160	50,9
	3. Chemins Hongrois :					
	a. Chemins de l'État...................	3.753	3.614	48.787	12.630	67,2
	b. Chemins concédés, exploités par l'État.........	498	466	12.165	11.870	97,6
	c. Chemins concédés, exploités par les Compagnies.	1.658	1.593	12.395	8.087	65,3
	Totaux et moyennes..............	21.933	21.045	30.063	18.198	60,5
BELGIQUE........	Chemins exploités par l'État..................	3.110	3.100	37.973	23.155	64,0
	Chemins concédés et exploités par les Compagnies.	1.472	1.472	24.887	14.051	56,5
	Totaux et moyennes..............	4.582	4.572	34.282	20.224	59,0
ESPAGNE.........	....	8.681	8.253	22.228	9.071	40,8

PAYS	RÉSEAUX	LONGUEUR		RECETTE BRUTE kilométrique	DÉPENSE KILOMÉTRIQUE	COEFFICIENT d'exploitation
		TOTALE	MOYENNE			
		km.	km.	fr.	fr.	
GRANDE-BRETAGNE	Angleterre et pays de Galles..............	21.464	21.393	(1) 66.839	(2) 35.660	53,4 %
	Écosse....................................	4.825	4.791	(1) 38.251	(2) 19.997	52,3
	Irlande...................................	4.063	4.047	(1) 17.211	(2) 9.675	56,2
	Totaux et moyennes..............	30.352	30.230	(1) 55.639	(2) 29.699	53,4
ITALIE	Lignes exploitées par l'État..............	(3) 5.667	5.571	(4) 28.980	20.000	62,1
	Lignes appartenant à l'État et exploitées par les Cᵢᵉˢ.	(3) 1.622	1.552	(4) 8.940	12.440	139,0
	Lignes concédées et exploitées par les Compagnies.	(3) 2.778	2.695	(4) 13.450	10.360	78,8
	Totaux et moyennes..............	(3) 10.067	9.818	(4) 21.470	16.160	75,3
PAYS-BAS	Chemins de l'État exploités par une Compagnie...	1.374	1.337	18.706	13.385	71,5
	Chemins concédés, exploités par les Compagnies...	921	864	32.420	18.626	57,4
	Totaux et moyennes..............	2.295	2.221	24.041	15.424	64,2
ROUMANIE	Chemins de fer de l'État..................	1.308	1.281	16.920	10.530	62,3
	Compagnie de Lemberg Czernowitz-Jassy..........	224	224	15.644	14.481	90,0
	Totaux et moyennes..............	1.532	1.505	16.730	11.121	66,4
RUSSIE	Chemins de fer de l'État..................	2.449	1.908	20.847	16.592	79,6
	Chemins concédés, exploités par des Compagnies...	22.134	22.134	39.726	24.504	61,7
	Totaux et moyennes..............	24.583	24.042	(5) 38.271	23.904	62,5

(1) Déduction faite de l'impôt sur la grande vitesse.
(2) Chiffres approximatifs.
(3) Y compris les parcours communs.
(4) Y compris les recettes diverses.
(5) Y compris les recettes accessoires.

PAYS	RÉSEAUX	LONGUEUR		RECETTE BRUTE kilométrique	DÉPENSE KILOMÉTRIQUE	COEFFICIENT d'exploitation
		TOTALE	MOYENNE			
		km.	km.	fr.	fr.	
ÉTATS-SCANDINAVES.........	Danemark { Chemins de l'État exploités par l'État..	1.128	1.119	8.668	6.741	77,8 %
	Chemins de l'État exploités par des C***.	391	388	19.752	12.411	62,8
	Norvège { Chemins de l'État exploités par l'État...	1.494	1.510	5.282	4.299	84,4
	Chemins concédés et exploités par des C***	68	68	26.239	14.015	53,1
	Suède.... { Chemins de l'État exploités par l'État..	2.312	2.300	11.970	7.329	61,2
	Chemins concédés et exploités par des C***	4.251	4.138	6.431	3.207	49,8
	TOTAUX ET MOYENNES.....................	9.644	9.513	8.543	5.264	61,6
SUISSE	Lignes normales.....................	2.795	2.793	23.940	11.990	50,1
	Lignes spéciales....................	95	89	11.150	7.400	66,4
	TOTAUX ET MOYENNES.....................	2.890	2.885	23.540	11.850	50.3
ÉTATS-UNIS D'AMÉRIQUE	Nouvelle-Angleterre.................	10.302	(1) 10.144	28.872	20.732	71,8
	États du Centre....................	28.716	(1) 27.523	40.647	26.372	64,9
	— du Sud.........................	28.788	(1) 27.128	13.246	8.483	64.0
	— de l'Ouest et du Sud-Ouest........	108.472	(1)107.572	17.751	12.212	68,8
	— du Pacifique.....................	9.812	(1) 9.523	18.176	10.929	6,01
	TOTAUX ET MOYENNES.....................	185.710	181.887	21.186	13.660	64,5
CANADA.........	....	»	15.408	11.270	8.630	76,6

(1) Non compris les dépenses relatives aux canaux, ports, etc.

7. Dépense par kilomètre de train. — La dépense d'exploitation est fréquemment rapportée, dans les statistiques, au nombre de kilomètres parcourus par les trains. Nous avons déjà relaté et nous récapitulons dans le tableau suivant les chiffres auxquels se sont élevés les frais par train kilométrique en 1882, 1883 et 1884, sur les chemins de fer français :

DÉSIGNATION DES CHEMINS	ANNÉES		
	1882	1883	1884
	fr.	fr.	fr.
Nord....................................	2,40	2,46	2,35
Est.....................................	2,70	2,60	2,54
Ouest...................................	2,46	2,36	2,36
Orléans	2,70	2,84	2,97
P.-L.-M.................................	2,95	2,99	2,92
Midi....................................	3,07	3,09	3,20
Ensemble des chemins concédés d'intérêt général..	2,72	2,75	2,72
État....................................	2,02	2,15	2,48
Ensemble des chemins d'intérêt général de la métropole....................................	2,67	2,71	2,71
Chemins algériens d'intérêt général.............	4,15	3,93	4,35
Chemins d'intérêt local	2, »	1,80	1,88

Comme le montre ce tableau, la dépense par train kilométrique est en moyenne de 2 fr. 70 environ sur les chemins de fer d'intérêt général de la métropole et de 1 fr. 90 sur les chemins de fer d'intérêt local.

Cette dépense varie dans des limites assez étendues avec les diverses circonstances que nous avons indiquées précédemment comme susceptibles d'influer sur les frais d'exploitation, notamment avec la fréquentation et avec le profil de la ligne.

Au premier abord, il semble que plus la circulation est intense, plus la dépense du train kilométrique doit être réduite, puisque les frais généraux se répartissent sur un plus grand nombre de trains ; en fait, sur les lignes à faible trafic, telles que les lignes d'intérêt local, la dépense est moindre : les trains sont, en effet, beaucoup moins chargés, beaucoup plus légers, et l'effet de cette diminution de la charge est plus que suffisant pour compenser celui de l'augmentation relative de plusieurs autres éléments de dépense.

En ce qui concerne le tracé, nous avons traité précédemment, tome II, page 737, de l'influence des déclivités sur le prix de revient des transports. Rappelons que, sur les lignes fortement accidentées, l'usure des rails et du matériel roulant est plus considérable, par suite de l'emploi des freins, et la traction plus coûteuse, par suite de l'accroissement de la consommation de combustible.

Nous y reviendrons d'ailleurs à propos du prix de revient des transports par rails.

Dans les premières conventions provisoires conclues entre l'État et les grandes Compagnies pour l'exploitation des lignes non concédées, le maximum de la dépense par kilomètre de train avait été fixé à 2 fr. 60 ; ce maximum a été abaissé à 2 fr. 50 dans les traités postérieurs ; c'est également le chiffre de 2 fr. 50 qui avait été admis dans le projet de convention de 1882 avec la Compagnie d'Orléans.

La dépense par kilomètre de train a peu varié depuis de longues années. En consultant les statistiques officielles, on y trouve des chiffres de 2 fr. 72 en 1866, 2 fr. 65 en 1869, 3 francs en 1872, 2 fr. 81 en 1876, 2 fr. 82 en 1879.

Les statistiques étrangères accusent, en 1884, une moyenne de :

2 fr. 22 pour l'Allemagne ;
3   00 pour l'Autriche-Hongrie ;
2   15 pour la Belgique ;
2   05 pour la Grande-Bretagne ;
2   50 pour les États Scandinaves ;
3   50 pour l'Italie ;
1   95 pour les Pays-Bas ;
3   90 pour la Roumanie ;
2   65 pour la Suisse.

Il importe de remarquer que les statistiques présentent certaines divergences, au point de vue de l'évaluation du nombre de trains-kilométriques, et que ces divergences exercent nécessairement leur contre-coup sur la dépense unitaire. Cette observation ne doit pas être perdue de vue, si l'on veut faire un parallèle entre les frais d'exploitation dans les différents pays.

Le chiffre moyen de 2 fr. 70, que nous avons indiqué pour les chemins de fer d'intérêt général, peut assez exactement se décomposer comme il suit :

Administration	0 fr. 13
Mouvement et trafic	0 92
Matériel et traction	0 95
Voie	0 56
Dépenses diverses	0 14
Total pareil	2 fr. 70

Le combustible entre lui-même pour près d'un quart dans le montant des frais spéciaux au matériel et à la traction, c'est-à-dire pour près d'un douzième dans le prix total. On voit donc toute l'importance qu'il y a pour les Compagnies à réduire la consommation et à brûler des charbons économiques : aucun progrès, aucun perfectionnement du matériel à cet égard ne saurait être négligé.

8. Observations sur le renouvellement des voies et du matériel.

a. Renouvellement des voies. — Les frais de renouvellemet des voies entrent pour une large part dans les dépenses d'entretien.

Ce renouvellement porte sur les traverses et sur les rails.

La durée des traverses en bois dépend de leur essence, de la nature du sol sur lequel elles reposent, de la nature du ballast, du climat, des procédés de préparation, du mode d'attache des rails, etc.... Suivant les données fournies par M. Sévène, dans son Cours de chemins de fer, les traverses en chêne se paient 5 francs et durent en moyenne de 12 à 15 ans, dans les pays à climat tempéré, comme la France ou l'Allemagne ; les traverses en hêtre préparé se paient 4 fr. 80 et durent de 9 à 12 ans ; quant aux traverses en pin également préparé, elles coûtent 3 fr. 25 et durent de 9 à 10 ans. Dans une réunion tenue à Dresde, les ingénieurs allemands, dont la statistique à cet égard est plus complète que la nôtre, ont admis une durée de 14 à 16 ans pour le chêne naturel, de 9 à 10 ans pour le hêtre ou le pin injecté : ces chiffres ne diffèrent pas sensiblement de ceux que nous venons de relater. M. Funk, dans un intéressant article publié par l'*Organ*, donne, pour la vie des traverses, les évaluations suivantes :

1° traverses non préparées : 13 années, 6 pour le chêne ; 7 années, 2 pour le sapin ; 5 années, 1 pour le pin ; 3 années pour le hêtre ;

2° traverses préparées : 19 années, 5 pour le chêne ; 14 à 16 ans pour le sapin ; 8 à 10 ans pour le pin ; 15 à 18 ans pour le hêtre.

On peut, au moins quant à présent, prendre comme base les indications de M. Sévène, sauf à les réduire notablement pour l'Algérie.

La durée des rails dépend de la nature de leur métal, des soins apportés à leur fabrication, de leur position en alignement droit ou en courbe, en palier ou en rampe, de l'importance de la circulation à laquelle ils livrent passage, de la vitesse des trains. La circulation peut elle-même se rapporter, soit au nombre des trains, soit à la recette kilométrique, soit au tonnage : de ces trois unités, celle dont l'adoption paraît le plus rationnelle est le nombre des trains, attendu que c'est le passage des machines qui fatigue le plus les rails.

La Compagnie de Lyon a été la première à donner une formule de durée. Elle admettait qu'un rail pouvait résister au passage de 80 000 trains, ce qui lui assignait une vie de :

37 ans, pour une circulation journalière de 6 trains ;
22   —   —   — ·   —   10   —
11   —   —   —   —   20   —
7,3 —   —   —   —   30   —
5,5 —   —   —   —   40   —
4,4 —   —   —   —   50   —
2,2 —   —   —   —   100   —

Mais les rails en acier durent beaucoup plus que ceux qui ont servi à la fixation de cette formule. On admet assez généralement en France que, dans l'état actuel, l'acier peut supporter une circulation huit fois plus considérable, non seulement parce qu'il est plus résistant, mais aussi par ce qu'il n'est pas exposé, comme le fer, aux arrachements longitudinaux. Voici, du reste, les principales appréciations à ce sujet.

a. D'après un mémoire publié par M. Price Williams, sur le régime économique de l'exploitation des chemins de fer, et analysé dans la Revue générale des chemins de fer (janvier 1879), les rails à double champignon en fer des lignes à grand trafic seraient mis hors de service après le passage de 17, 3/4 millions de tonnes ; pour les rails en acier, ce chiffre s'élèverait à 163 millions de tonnes.

b. Les ingénieurs allemands, dans la réunion générale qu'ils ont tenue à Dresde en 1878, ont estimé le tonnage déterminant une usure de 1 millimètre dans le champignon des rails en acier :
— entre 10 et 20 millions de tonnes, sur les lignes ne présentant que de faibles déclivités (moins de 0,006) et des courbes de grand rayon ;
— entre 6 et 7 millions de tonnes, sur les lignes à courbe de grand rayon, présentant des déclivités de 0,007 à 0,008 ;
— à 4 millions de tonnes, sur les lignes à courbes de 500 mètres de rayon, présentant des déclivités de 0,010 à 0,017 ;
— entre 1 et 2 millions de tonnes sur les lignes de montagne, avec rampes de 0,025 et courbes de 500 mètres de rayon.

c. M. Dudley, agent de la Compagnie du Pennsylvania Railway, considérant les rails d'acier de 33 kilogs comme hors de service lorsqu'ils avaient perdu 4 kilogs par mètre, a évalué, en 1882, à 208 millions de tonnes la circulation correspondant à cette usure pour les voies en alignement droit et en palier.

d. Enfin, dans une note insérée au numéro de janvier 1884 de la Revue générale des chemins de fer, M. Connesson, ingénieur principal de la Compagnie de l'Est, après avoir rendu compte des observations faites sur les rails en acier de 36 kilogs posés entre Paris et Bondy, a exprimé l'avis que les rails d'acier pouvaient supporter un tonnage de 100 à 200 millions de tonnes. Il a ajouté que l'usure serait beaucoup plus rapide dans les gares et stations, aux abords des disques et sur tous les points où l'on faisait un fréquent usage des freins.

Quelle que soit la valeur de ces diverses appréciations, on peut admettre, nous le répétons, que la substitution de l'acier au fer a augmenté la durée des rails dans la proportion de 1 à 8. Comme la différence entre les cours des deux métaux est relativement faible aujourd'hui, on voit quelle économie cette substitution a permis de réaliser sur la dépense de renouvellement des voies.

Ces explications fournies sur les principaux éléments constitutifs de la voie, nous devons revenir à l'évaluation d'ensemble des frais annuels de réfection.

Dans son Cours de chemins de fer, M. Sévène évaluait ces frais comme il suit :

1° *Ligne rapportant 60 000 francs par kilomètre.*

Renouvellement des traverses. — 1/16 par an, pour une durée moyenne de 16 années.

Renouvellement des rails. — 1/16 par an également, en admettant leur usure sous l'action du passage de 80 000 trains et en supposant une circulation de 12 trains par jour dans chaque sens.

Dépense correspondante. — Par kilomètre de simple voie, 1 375 francs, et par kilomètre de chemin à double voie, 2 750 francs.

2° *Lignes rapportant 25 000 francs par kilomètre.*

Mouvement de 5 trains dans chaque sens.

Dépense annuelle correspondante. — 1 400 francs.

3° *Lignes d'ordre secondaire à faible fréquentation.*

Dépense annuelle. — 800 francs.

Les dépouillements auxquels nous nous sommes livré de notre côté, au moyen des renseignements statistiques fournis à l'Administration centrale des travaux publics, nous ont donné les résultats suivants pour la période quinquennale de 1878 à 1882, en ce qui concerne quatre de nos grands réseaux.

ANNÉES	LONGUEUR TOTALE EXPLOITÉE			LONGUEUR MOYENNE exploitée	MOUVEMENT DIURNE	DÉPENSE TOTALE de la voie	PART AFFÉRENTE aux réfections
	à DOUBLE VOIE	à SIMPLE VOIE	ENSEMBLE				
	km.	km.	km.	k.n.	trains	fr.	fr.

COMPAGNIE DE L'EST

a. — ANCIEN RÉSEAU

ANNÉES	à DOUBLE VOIE	à SIMPLE VOIE	ENSEMBLE	LONGUEUR MOYENNE exploitée	MOUVEMENT DIURNE	DÉPENSE TOTALE de la voie	PART AFFÉRENTE aux réfections
1878	540	38	578	578	39,1	8.340	4.180
1879	563	38	601	579	41,1	8.920	5.310
1880	563	38	601	602	42,2	8.170	4.940
1881	581	20	601	602	44,4	8.860	5.470
1882	586	15	601	601	46,4	7.860	4.670

b. — NOUVEAU RÉSEAU

ANNÉES	à DOUBLE VOIE	à SIMPLE VOIE	ENSEMBLE	LONGUEUR MOYENNE exploitée	MOUVEMENT DIURNE	DÉPENSE TOTALE de la voie	PART AFFÉRENTE aux réfections
1878	1.151	789	1.940	1.845	19,0	3.670	1.340
1879	1.278	713	1.991	1.952	19,0	4.480	2.360
1880	1.344	664	2.008	1.993	20,6	4.310	2.370
1881	1.347	707	2.054	2.033	21,4	4.400	2.360
1882	1.362	845	2.207	2.066	22,2	4.340	2.490

COMPAGNIE DE L'OUEST

a. — ANCIEN RÉSEAU

ANNÉES	à DOUBLE VOIE	à SIMPLE VOIE	ENSEMBLE	LONGUEUR MOYENNE exploitée	MOUVEMENT DIURNE	DÉPENSE TOTALE de la voie	PART AFFÉRENTE aux réfections
1878	880	20	900	900	48,4	13.000	10.140
1879	880	20	900	900	48,9	12.300	7.780
1880	880	20	900	900	50,7	11.510	6.540
1881	880	20	900	900	49,8	8.740	4.330
1882	880	20	900	900	51,1	7.220	2.630

b. — NOUVEAU RÉSEAU

ANNÉES	à DOUBLE VOIE	à SIMPLE VOIE	ENSEMBLE	LONGUEUR MOYENNE exploitée	MOUVEMENT DIURNE	DÉPENSE TOTALE de la voie	PART AFFÉRENTE aux réfections
1878	373	1.569	1.942	1.771	16,4	4.210	1.260
1879	373	1.680	2.053	1.900	16,3	4.400	1.440
1880	376	1.739	2.115	2.037	16,0	4.480	1.500
1881	465	1.758	2.223	2.135	16,1	4.710	1.990
1882	496	1.750	2.246	2.189	16,6	4.790	2.430

COMPAGNIE D'ORLÉANS

a. — ANCIEN RÉSEAU

ANNÉES	à DOUBLE VOIE	à SIMPLE VOIE	ENSEMBLE	LONGUEUR MOYENNE exploitée	MOUVEMENT DIURNE	DÉPENSE TOTALE de la voie	PART AFFÉRENTE aux réfections
1878	1.083	934	2.017	2.017	22,3	6.740	3.130
1879	1.083	934	2.017	2.017	22,3	6.850	3.330
1880	1.130	887	2.017	2.017	22,7	6.420	3.140
1881	1.161	856	2.017	2.017	23,3	6.420	2.870
1882	1.161	856	2.017	2.017	25,0	6.520	3.030
1883	1.161	856	2.017	2.017	25,1	6.910	3 300

b. — NOUVEAU RÉSEAU

ANNÉES	à DOUBLE VOIE	à SIMPLE VOIE	ENSEMBLE	LONGUEUR MOYENNE exploitée	MOUVEMENT DIURNE	DÉPENSE TOTALE de la voie	PART AFFÉRENTE aux réfections
1878	164	2.142	2.306	2.306	12,8	4.950	2.270
1879	164	2.178	2.342	2.324	12,8	5.150	2.370
1880	164	2.178	2.342	2.342	13,2	4.810	2.250
1881	164	2.178	2.342	2.342	13,5	4.370	1.920
1882	164	2.178	2.342	2.342	14,2	4.160	1.735
1883	164	2.178	2.342	2.342	14,7	4.870	2.230

ANNÉES	LONGUEUR TOTALE EXPLOITÉE			LONGUEUR MOYENNE exploitée	MOUVEMENT DIURNE	DÉPENSE TOTALE de la voie	PART AFFÉRENTE aux réfections
	à DOUBLE VOIE	à SIMPLE VOIE	ENSEMBLE				
	km.	km.	km.	km.	trains	fr.	fr.
COMPAGNIE DE P.-L.-M.							
a. — ANCIEN RÉSEAU							
1878	2.312	1.736	4.048	4.048	25,0	4.900	2.360
1879	2.545	1.635	4.180	4.104	25,7	4.980	2.120
1880	2.667	1.797	4.464	4.279	27,2	5.015	2.140
1881	2.867	1.649	4.516	4.504	27,7	4.940	2.060
1882	3.059	1.688	4.747	4.628	28,5	5.240	2.170
1883	3.150	1.772	4.922	4.830	27,6	5.390	2.320
b. — NOUVEAU RÉSEAU							
1878	139	1.404	1.543	1.439	9,9	2.800	1.120
1879	175	1.368	1.543	1.543	10,6	3.110	1.290
1880	181	1.362	1.543	1.543	11,0	3.110	1.190
1881	181	1.395	1.576	1.549	11,1	3.170	1.290
1882	181	1.395	1.576	1.576	11,5	3.230	1.260
1883	230	1.423	1.653	1.614	11,5	2.930	1.150

D'après ce tableau, la dépense kilométrique de réfection et de renouvellement serait, en moyenne :

— de 115 à 120 francs par train journalier ;

— de 1 675 francs par kilomètre de simple voie, pour une circulation moyenne de 15 trains sur chacune des voies.

Il y a lieu toutefois de remarquer :

1° que la durée des traverses est, sinon complètement, du moins presque indépendante de la circulation, et que dès lors l'évaluation par kilomètre de train ne saurait fournir une base invariable, même toutes choses égales d'ailleurs ;

2° que les chiffres de dépense ci-dessus relatés comprennent certains frais accessoires confondus avec les frais de réfection dans les documents fournis par les Compagnies à l'Administration centrale des travaux publics et que par suite ils sont un peu trop élevés ;

3° que, pour certaines Compagnies, ils sont grevés de dépenses exceptionnelles de réfection qui ne se reproduiront pas normalement dans l'avenir.

Quoi qu'il en soit, ils cadrent assez bien avec les estimations de M. Sévène.

L'emploi de l'acier permettra de les réduire sensiblement. Mais la réfection des voies n'en restera pas moins un facteur important des dépenses.

C'est en négligeant ce facteur, en s'appuyant exclusivement sur le chiffre réduit des dépenses d'entretien pendant les premières années d'exploitation, que l'on s'est trop souvent fait illusion et surtout que l'on a fait illusion au public sur le rendement et l'avenir financier des lignes secondaires. Opérant sur des chemins complétement neufs, n'ayant par suite à y faire que des travaux de petit entretien, certains concessionnaires ont cru ou laissé croire que cette situation favorable pourrait se prolonger indéfiniment. Ils n'ont pas compris ou n'ont pas dit qu'ils vivaient sur leur capital et qu'un jour viendrait où il faudrait reconstituer ce capital. Si l'on veut éviter les déceptions, la sagesse commande de prélever chaque année sur les bénéfices une annuité destinée à pourvoir ultérieurement aux réfections, quand le jour sera venu d'y procéder. Il convient d'avoir toujours son capital intact, soit dans la valeur des ouvrages, soit dans la réserve. Le seul tempérament, le seul correctif à admettre dans l'application de cette mesure de prévoyance, consiste à tenir compte, au début, de la progression probable des recettes et à modérer ainsi les prélèvements sur les premiers exercices, c'est-à-dire sur les exercices les moins productifs. Il ne faut d'ailleurs y recourir qu'avec une extrême prudence.

La constitution de réserves pour les renouvellements ne perd de son importance que pour les Compagnies qui sont dotées d'un réseau étendu et qui ont pu arriver à aménager leurs réfections, de manière à les répartir à peu près également sur chaque exercice. Encore est-il prudent de prévoir l'éventualité de réfections extraordinaires.

On trouve d'assez nombreux exemples de contrats de fermage rendant ces prélèvements obligatoires. C'est ainsi que la convention des 24-25 mai 1876, entre l'État néerlandais et la Société d'exploitation des chemins de fer de l'État, prévoyait la mise en réserve annuelle de 500 florins ou 1 058 fr. par kilomètre de simple voie et de 1 000 florins ou 2 116 fr. par kilomètre de double voie. Des stipulations analogues ont pris place dans les contrats récemment conclus par le Gouvernement italien pour l'exploitation des réseaux de la Méditerranée, de l'Adriatique et de la Sicile.

b. Renouvellement du matériel roulant. — Les considérations que nous venons de présenter pour le renouvellement des voies s'appliquent au renouvellement du matériel roulant. On estime assez généralement la charge correspondante à 3 % de la valeur de ce matériel, soit à 2 000 fr. pour une ligne rapportant 60 000 francs, à 900 fr. pour une ligne rapportant 25 000 fr., à 600 fr. pour les lignes secondaires d'intérêt général.

D'après les statistiques officielles, les dépenses annuelles faites durant

ces dernières années par quatre de nos grandes Compagnies ont été les
suivantes :

ANNÉES	LONGUEUR MOYENNE exploitée	DÉPENSE TOTALE du matériel	PART AFFÉRENTE au renouvellement	ANNÉES	LONGUEUR MOYENNE exploitée	DÉPENSE TOTALE du matériel	PART AFFÉRENTE au renouvellement
	km.	fr.	fr.		km.	fr.	fr.
ANCIEN RÉSEAU				NOUVEAU RÉSEAU			
COMPAGNIE DE L'EST							
1878	578	16.510	1.580	1878	1.845	7.350	510
1879	579	16.180	2.020	1879	1.952	7.150	630
1880	602	15.600	2.210	1880	1.993	7.295	770
1881	602	14.740	1.960	1881	2.033	6.880	370
1882	601	16.060	1.380	1882	2.066	7.410	600
COMPAGNIE DE L'OUEST							
1878	900	15.170	1.880	1878	1.771	5.120	660
1879	900	15.370	1.490	1879	1.900	5.070	510
1880	900	17.270	1.410	1880	2.037	5.260	420
1881	900	16.570	860	1881	2.135	5.230	290
1882	900	16.910	610	1882	2.189	5.230	170
COMPAGNIE D'ORLÉANS							
1878	2.017	6.830	360	1878	2.306	3.790	220
1879	2.017	7.350	450	1879	2.324	4.080	260
1880	2.017	7.830	470	1880	2.342	3.695	270
1881	2.017	7.910	420	1881	2.342	3.700	240
1882	2.017	8.440	480	1882	2.342	3.910	270
1883	2.017	8.510	490	1883	2.342	4.090	280
COMPAGNIE DE P.-L.-M.							
1878	4.048	9.820	770	1878	1.439	3.845	300
1879	4.104	9.960	690	1879	1.543	4.040	280
1880	4.279	10.920	810	1880	1.543	4.340	320
1881	4.504	10.490	730	1881	1.549	4.170	290
1882	4.628	10.795	570	1882	1.576	4.320	230
1883	4.830	11.110	900	1883	1.614	4.630	375

CHAPITRE XIII

DU PRIX DE REVIENT DES TRANSPORTS

1. Observation préliminaire. — Il est, sinon impossible, du moins extrêmement difficile de supputer avec une approximation suffisante le prix de revient du transport d'une unité de trafic déterminée : ce prix dépend en effet d'une foule d'éléments, qui en rendent le calcul fort complexe et dont quelques-uns même ne peuvent se dégager d'une manière précise de la masse des dépenses d'exploitation.

Mais il en est autrement du prix de revient moyen pour un réseau ou pour un ensemble de réseaux : à la vérité, on n'établit ainsi qu'un chiffre de statistique ; mais il est fort intéressant de connaître ce chiffre, pour le rapprocher ensuite de la taxe moyenne perçue par les Administrations de chemins de fer.

Nous nous proposons d'indiquer ici le prix de revient moyen d'un voyageur et d'une tonne de marchandises par kilomètre parcouru, tant en France que dans quelques pays étrangers.

2. Dépenses entrant dans la composition du prix de revient. — Ces dépenses se divisent en deux groupes principaux, savoir :

1° Charges du capital de premier établissement;

2° Frais d'exploitation.

Il est évident, en effet, que, dans l'évaluation du coût des transports, on doit tenir compte, non seulement des dépenses d'exploitation proprement dites, mais encore de l'intérêt et de l'amortissement des dépenses de construction de la voie ferrée ainsi que de fourniture du matériel roulant.

Les frais d'exploitation ont fait l'objet d'un chapitre spécial : nous n'avons pas à y revenir.

Quant aux charges du capital de premier établissement, elles ne nécessitent que de courtes observations.

Pour les chemins de fer concédés, l'amortissement se calcule sur le délai compris entre la date à laquelle les dépenses ont été consommées et celle à laquelle doit expirer la concession. On obtient bien ainsi le prix de revient pour les Sociétés concessionnaires. Mais on n'a pas le prix de revient réel : car les chemins de fer auront encore une valeur considérable lorsqu'ils feront retour à la communauté. Cette valeur sera d'autant plus grande que les Compagnies sont tenues d'entretenir constamment en bon état la voie et le matériel et que tous les frais d'entretien et de renouvellement sont imputés au compte annuel d'exploitation. En se plaçant à un point de vue plus élevé que celui de la vie financière des Compagnies, en envisageant seulement le capital engagé dans les chemins de fer sans se préoccuper de celui qui le détient, en ne considérant point les combinaisons qui le font passer d'une main dans l'autre, en n'ayant égard qu'à la valeur intrinsèque de l'outil, on ne devrait faire entrer en ligne de compte, à titre d'amortissement, que la dépréciation effective du chemin. Toutefois, il ne faut pas attacher à cette observation plus d'importance qu'elle n'en comporte. D'une part, en effet, le terme des concessions est généralement encore assez éloigné pour que le taux de l'amortissement soit relativement faible ; d'autre part, les Compagnies, ayant en fait à rembourser intégralement leurs capitaux avant l'époque à laquelle elles sont appelées à disparaître, sont bien obligées de calculer leurs taxes de manière à y trouver une rémunération suffisante pour faire face à cette nécessité. Il est donc naturel de prendre la même base pour le prix de revient.

Pour les chemins de fer de l'État, le régime varie suivant les pays : cette variété résulte de la diversité des conditions dans lesquelles ont été réunis les fonds de premier établissement et des règles qui président à la comptabilité publique. Si l'on veut rendre les résultats comparables sur les chemins concédés et sur les chemins non concédés, il convient d'adopter à peu près la même période d'amortissement : c'est, du reste, ce qui a lieu en France par suite du délai admis pour le remboursement des titres de rente amortissable.

3. Dépenses indépendantes et dépenses dépendant du parcours. Ainsi que nous l'avons exposé en traitant des frais d'exploitation (page 587), parmi les dépenses entrant dans la composition du prix de revient des transports, il en est qui sont indépendantes de la distance parcourue par les voyageurs ou les marchandises, et d'autres, au contraire, qui varient avec cette distance.

A la suite de calculs fort longs et fort minutieux sur les résultats de l'exploitation de la société Austro-Hongroise des chemins de fer de l'État, M. l'ingénieur en chef Baum est arrivé aux chiffres suivants pour ces deux catégories de dépenses :

RÉSEAUX		DÉPENSE INDÉPENDANTE de la distance parcourue			DÉPENSE KILOMÉTRIQUE dépendant du parcours			DÉPENSE KILOMÉTRIQUE totale (1)		
		Charges des capitaux	Exploitation	Total	Charges des capitaux	Exploitation	Total	Charges des capitaux	Exploitation	Total
		fr.	fr.	fr.	c.	c.	c.	c.	c.	c.
ANCIEN RÉSEAU	Voyageurs	0,37	0,42	0,79	1,80	2,00	3,80	2,40	2,60	5,00
	Marchandises..	»	»	1,41	2,14	1,89	4,03	2,75	2,42	5,17
NOUVEAU RÉSEAU	Voyageurs	»	»	1,47	»	»	6,05	»	»	8,81
	Marchandises..	»	»	1,50	3,43	2,37	5,80	4,53	3,22	7,75

Nous n'entrons dans le détail, ni des procédés de calcul auxquels M. Baum a eu recours pour arriver à ces chiffres, ni des éléments de comptabilité ou de statistique sur lesquels il s'est appuyé. Ses évaluations ont trait, en effet, à un réseau étranger qui n'est pas placé dans des conditions identiques à celles du réseau français. Le lecteur que la question intéresserait pourra, du reste, se reporter : 1° à un mémoire inséré par M. Baum dans les Annales des ponts et chaussées, 1875, 2ᵉ semestre ; 2° au texte d'une conférence faite par cet ingénieur, le 14 janvier 1885, dans une réunion de la Société de statistique de Paris.

Il nous suffira de relater les données suivantes, afin de permettre d'apprécier la mesure dans laquelle les résultats auxquels est arrivé M. Baum peuvent être considérés comme applicables aux chemins de fer français :
— proportion entre la dépense afférente au service des voyageurs et la dépense totale. . . . . 27 °/₀ ;
— proportion entre la dépense afférente au service de la petite vitesse et la dépense totale . . . . 73 °/₀ ;
— poids moyen d'un voyageur et de ses bagages . . . . . . 100 kg.;
— poids mort moyen traîné par voyageur : 555 kg., soit 5,55 fois le poids du voyageur ;
— coefficient d'utilisation des voitures à voyageurs, c'est-à-dire rapport entre le nombre des places occupées et celui des places offertes : sur

(1) Calculée d'après un parcours moyen de 70 km. sur l'ancien réseau et 50 km. sur le nouveau, pour les voyageurs, et d'après un parcours de 137 km. sur l'ancien réseau et de 81 km. sur le nouveau, pour les marchandises.

l'ancien réseau, 36,35 °/₀, et sur le nouveau réseau, 35,58 °/₀;
— dépense moyenne par kilomètre de train de grande vitesse : sur l'ancien réseau, 4 fr. 81, et sur le nouveau, 6 fr. 26;
— nombre moyen de voyageurs transportés par les trains de grande vitesse : sur l'ancien réseau, 96,62, et sur le nouveau, 71,03;
— poids mort moyen traîné par tonne nette de marchandises: sur l'ancien réseau, 1 tonne 524, et sur le nouveau, 1 tonne 638;
— coefficient d'utilisation du matériel à marchandises : 43 p. °/₀;
— dépense moyenne par kilomètre de train de petite vitesse : sur l'ancien réseau, 7 fr. 41, et sur le nouveau, 8 fr. 90
— charge nette moyenne d'un train de marchandises : sur l'ancien réseau, 143 tonnes 25, et sur le nouveau, 114 tonnes 81.

Parmi les faits qui se dégagent de l'étude de M. Baum, il en est deux à retenir.

Le premier, c'est que les dépenses indépendantes du parcours constituent le 1/5 environ de la dépense totale.

Le second, sur lequel nous allons revenir, c'est que le transport d'un voyageur coûte à peu près autant que le transport d'une tonne de marchandises en petite vitesse.

4. Égalité entre le prix kilométrique du transport d'un voyageur et celui du transport d'une tonne de marchandises. — Le fait que nous venons de signaler comme résultant du travail de M. Baum sur les chemins de la Staatsbahn est confirmé, pour la France, notamment par des calculs auxquels s'est livrée la Compagnie de Paris-Lyon-Méditerranée et qui ont fait ressortir les prix suivants en 1877 :

Prix de revient de l'exploitation par voyageur kilométrique.. 2 c. 55
Prix de revient de l'exploitation par tonne kilométrique..... 2 66

On le voit, l'égalité n'est pas absolue. Le voyageur coûte un peu moins; mais l'écart est peu sensible et peut être négligé dans des évaluations approximatives.

Sous une autre forme, on peut dire qu'à égalité de poids le transport des voyageurs coûte dix fois plus que le transport en petite vitesse des marchandises, si l'on admet, avec M. Baum, que le poids d'un voyageur avec ses bagages est de 100 kilogs ou d'un dixième de tonne.

5. Procédé sommaire pour le calcul du prix moyen de revient des transports sur un réseau déterminé. — Voici, dès lors, le procédé sommaire auquel on a recours pour établir le prix moyen de revient des transports sur un réseau déterminé.

On assimile chaque voyageur à une tonne de marchandises.

On transforme également les transports de messageries et de bestiaux et les accessoires de la petite vitesse, ainsi que les produits divers, en tonnage de petite vitesse. A cet effet, on multiplie le nombre de tonnes kilométriques de marchandises transportées en petite vitesse par le rapport entre la recette de la messagerie, de la grande vitesse et des accessoires de la petite vitesse, d'une part, et la recette totale de la petite vitesse, d'autre part. Quelque critiquables que soient les bases de cette transformation, comme elle ne porte que sur une faible part des transports, elle ne saurait influer sur les résultats d'ensemble dans une mesure suffisante pour les altérer profondément.

En ajoutant le nombre ainsi obtenu à celui des voyageurs et des tonnes kilométriques, on a le nombre total des unités de trafic.

Il ne reste qu'à diviser par ce chiffre le total des dépenses (charge des capitaux et frais d'exploitation).

6. Application de ce procédé à l'ensemble des chemins de fer français. — L'application de ce procédé aux chemins de fer français donne les résultats consignés dans les tableaux ci-après :

1° *Ensemble des chemins de fer d'intérêt général.*

ANNÉES	LONGUEUR MOYENNE exploitée	RECETTE BRUTE kilométrique	NOMBRE de		NOMBRE DE TONNES correspondant aux recettes accessoires	NOMBRE TOTAL d'unités de trafic	DÉPENSE D'EXPLOITATION	CHARGES DES CAPITAUX DÉPENSÉS par (1)		PRIX DE REVIENT PAR UNITÉ DE TRAFIC			Total	
			voyageurs à la distance entière	tonnes de marchandises en petite vitesse				l'État et divers	les Compagnies	Dépenses d'exploitation	Charges des capitaux dépensés par l'État	les Compagnies	non compris les charges des capitaux dépensés par l'État	y compris les charges des capitaux dépensés par l'État
	km.	fr.					fr.	fr.	fr.	c.	c.	c.	c.	c.
1866	13.915	44.044	244.877	418.684	90.689	754.250	20.061	3.534	18.018	2,66	0,47	2,39	5,05	5,52
1869	16.465	42.295	254.929	381.014	85.250	721.193	19.012	3.280	17.957	2,64	0,45	2,49	5,13	5,58
1872	17.438	44.718	245.330	443.003	93.282	781.645	22.167	3.311	20.401	2,84	0,42	2,57	5,41	5,83
1875	19.357	43.815	247.252	420.328	90.341	757.921	22.003	3 230	20.312	2,90	0,43	2,68	5,58	6,01
1877	20.534	44.330	237.479	398.611	87.525	723 315	21.353	3.397	19.912	2,95	0,47	2,75	5,70	6,17
1879	22.249	41.491	235.635	404.472	87.395	727.502	21.396	4.261	18.434	2,94	0,59	2,53	5,47	6,06
1880	23.089	44.823	254.342	448.274	89.614	792.230	21.329	4.411	18.370	2,82	0,56	2,32	5,14	5,70
1881	24.249	44.503	260.762	443.431	92.410	796.606	22.141	4.620	17.748	2,78	0,58	2,22	5,00	5,58
1882	25.576	42.986	264.330	423.665	87.894	775.889	22.177	4.835	16.929	2,86	0,62	2,18	5,04	5,66
1883	26.692	41.400	263.737	414.533	88.661	766.931	22.407	4.951	16.674	2,92	0,65	2,17	5,09	5,74
1884	28.722	37.620	239.632	364.818	80.901	685.351	20.596	5.162	15.599	3,00	0,75	2,28	5,28	6,03

(1) Le taux des charges afférentes aux capitaux de subvention a été évalué à 5 °/₀. Pour les capitaux dépensés par les Compagnies, on a pris les charges réelles des emprunts.

2° *Ancien réseau des grandes Compagnies.*

ANNÉES	NORD						EST						OUEST					
	RECETTE brute kilométrique	Frais d'exploitation	PRIX DE REVIENT PAR UNITÉ DE TRAFIC				RECETTE brute kilométrique	Frais d'exploitation	PRIX DE REVIENT PAR UNITÉ DE TRAFIC				RECETTE brute kilométrique	Frais d'exploitation	PRIX DE REVIENT PAR UNITÉ DE TRAFIC			
			Charges des capitaux dépensés par		Total				Charges des capitaux dépensés par		Total				Charges des capitaux dépensés par		Total	
			l'État	les Compagnies	non compris les charges des capitaux dépensés par l'État	y compris les charges des capitaux dépensés par l'État			l'État	les Compagnies	non compris les charges des capitaux dépensés par l'État	y compris les charges des capitaux dépensés par l'État			l'État	les Compagnies	non compris les charges des capitaux dépensés par l'État	y compris les charges des capitaux dépensés par l'État
	fr.	c.	c.	c.	c.	c.	fr.	c.	c.	c.	c.	c.	fr.	c.	c.	c.	c.	c.
1866	75.423	2,50	0,01	1,42	3,92	3,93	58.174	2,39	0,54	1,13	3,52	4,06	67.129	2,86	0,51	2,05	4,91	5,42
1869	80.951	2,42	0,01	1,44	3,86	3,87	63.753	2,31	0,50	1,12	3,43	3,93	69.278	2,90	0,47	2,00	4,90	5,37
1872	90.056	2,70	0,01	1,35	4,05	4,06	80.009	2,78	0,62	1,71	4,49	5,11	73.640	2,86	0,45	1,81	4,67	5,12
1875	93.790	2,77	0,01	1,51	4,28	4,29	78.193	2,91	0,63	1,82	4,73	5,36	78.088	2,97	0,43	1,71	4,68	5,11
1877	83.488	2,66	0,01	1,76	4,42	4,43	73.849	3,02	0,63	1,86	4,88	5,51	78.913	2,99	0,11	1,64	4,63	5,04
1879	90.069	2,55	0,02	1,58	4,13	4,15	76.960	2,98	0,59	1,85	4,83	5,42	89.653	2,87	0,36	1,41	4,28	4,64
1880	99.607	2,42	0,02	1,32	3,74	3,76	84.100	2,63	0,51	1,61	4,24	4,75	95.207	2,64	0,33	1,29	3,93	4,26
1881	102.351	2,53	0,02	1,31	3,84	3,86	88.279	2,63	0,51	1,61	4,24	4,75	95.580	2,53	0,33	1,32	3,85	4,18
1882	103.954	2,40	0,02	1,29	3,69	3,71	89.226	2,67	0,49	1,60	4,27	4,76	97.345	2,42	0,32	1,28	3,70	4,02
1883	100.142	2,53	0,02	1,38	3,91	3,93	»	»	»	»	»	»	»	»	»	»	»	»

2o *Ancien réseau des grandes Compagnies.*

ANNÉES	PARIS A ORLÉANS						P.-L.-M.						MIDI					
	PRIX DE REVIENT PAR UNITÉ DE TRAFIC							PRIX DE REVIENT PAR UNITÉ DE TRAFIC						PRIX DE REVIENT PAR UNITÉ DE TRAFIC				
	RECETTE brute kilométrique	Frais d'exploitation	Charges des capitaux dépensés par l'État	Charges des capitaux dépensés par les Compagnies	Total non compris les charges des capitaux dépensés par l'État	Total y compris les charges des capitaux dépensés par l'État	RECETTE brute kilométrique	Frais d'exploitation	Charges des capitaux dépensés par l'État	Charges des capitaux dépensés par les Compagnies	Total non compris les charges des capitaux dépensés par l'État	Total y compris les charges des capitaux dépensés par l'État	RECETTE brute kilométrique	Frais d'exploitation	Charges des capitaux dépensés par l'État	Charges des capitaux dépensés par les Compagnies	Total non compris les charges des capitaux dépensés par l'État	Total y compris les charges des capitaux dépensés par l'État
	fr.	c.	c.	c.	c.	c.	fr.	c.	c.	c.	c.	c.	fr.	c.	c.	c.	c.	c.
1866	47.642	2,63	0,69	1,25	3,88	4,57	78.278	2,15	0,41	1,67	3,82	4,23	43.853	2,37	0,46	2,43	4,80	5,26
1869	45.640	2,64	0,78	1,35	3,99	4,77	59.648	2,26	0,46	2,46	4,72	5,18	45.003	2,29	0,43	2,42	4,71	5,16
1872	49.508	2,52	0,72	1,17	3,69	4,41	66.956	2,15	0,32	2,15	4,60	4,92	54.769	2,52	0,38	2,28	4,80	5,18
1873	51.401	2,50	0,69	1,16	3,66	4,35	69.431	2,38	0,31	2,17	4,35	4,86	60.324	2,49	0,35	2,15	4,64	4,99
1877	51.987	2,51	0,68	1,17	3,68	4,36	64.723	2,32	0,32	2,33	4,65	4,97	59.748	2,64	0,35	2,22	4,86	5,21
1879	54.926	2,38	0,63	1,11	3,69	4,32	65.294	2,28	0,32	2,34	4,62	4,94	67.484	2,45	0,30	1,99	4,44	4,74
1880	59.516	2,54	0,60	1,11	3,65	4,25	71.082	2,29	0,31	2,16	4,45	4,76	80.412	2,41	0,27	1,72	4,13	4,40
1881	61.749	2,37	0,56	1,02	3,39	3,95	70.470	2,28	0,31	2,05	4,33	4,64	84.682	2,42	0,25	1,65	4,07	4,32
1882	62.810	2,42	0,53	0,95	3,37	3,90	67.689	2,51	0,32	2,09	4,60	4,92	85.819	2,65	0,24	1,61	4,26	4,50
1883	63.567	2,49	0,53	0,96	3,45	3,98	63.949	2,50	0,31	1,90	4,40	4,71	83.187	2,66	0,35	1,70	4,36	4,71

3° *Nouveau réseau des grandes Compagnies.*

ANNÉES	NORD						EST						OUEST					
	RECETTE brute kilométrique	Frais d'exploitation	Charges des capitaux dépensés par l'État	Charges des capitaux dépensés par les Compagnies	Total non compris	Total y compris (les charges des capitaux dépensés par l'État)	RECETTE brute kilométrique	Frais d'exploitation	Charges des capitaux dépensés par l'État	Charges des capitaux dépensés par les Compagnies	Total non compris	Total y compris (les charges des capitaux dépensés par l'État)	RECETTE brute kilométrique	Frais d'exploitation	Charges des capitaux dépensés par l'État	Charges des capitaux dépensés par les Compagnies	Total non compris	Total y compris (les charges des capitaux dépensés par l'État)
	fr.	c.	c.	c.	c.	c.	fr.	c.	c.	c.	c.	c.	fr.	c.	c.	c.	c.	c.
1866	24.458	3,58	»	4,66	8,24	8,24	26.955	3,40	0,08	5,14	8,84	8,92	16.848	3,77	1,36	6,99	10,76	12,12
1860	24.118	3,64	0,04	5,64	9,28	9,32	27.818	3,06	0,13	4,68	7,74	7,87	19.583	3,70	1,41	6,59	10,29	11,70
1872	23.266	3,23	»	3,73	6,96	6,96	31.617	3,59	0,13	4,38	7,97	8,10	20.470	3,94	1,25	6,21	10,15	11,40
1875	27.188	3,45	0,05	4,12	7,57	7,62	31.106	3,62	0,19	4,51	8,13	8,32	19.995	4,08	1,34	6,41	10,49	11,83
1877	24.023	3,81	0,17	4,96	8,77	8,94	30.526	3,87	0,24	4,60	8,47	8,71	20.034	4,15	1,33	6,38	10,53	11,86
1879	25.475	3,55	0,25	4,49	8,04	8,29	30.443	3,57	0,39	4,22	7,79	8,18	19.672	4,76	1,46	5,90	10,66	12,12
1880	26.322	3,78	0,29	3,54	7,32	7,61	34.353	3,25	0,35	3,54	6,79	7,14	19.719	4,65	1,46	5,65	10,30	11,76
1881	27.527	3,79	0,27	3,43	7,22	7,49	34.596	3,29	0,35	3,57	6,86	7,21	19.880	4,69	1,44	5,73	10,42	11,86
1882	27.367	3,54	0,26	3,44	6,98	7,24	35.281	3,28	0,35	3,44	6,72	7,07	20.567	4,57	1,38	5,63	10,20	11,58
1883	32.460	3,23	0,20	2,74	5,97	6,17	»	»	»	»	»	»	»	»	»	»	»	»

3° *Nouveau réseau des grandes Compagnies* (Suite).

ANNÉES	ORLÉANS						P.-L.-M.						MIDI					
	RECETTE	PRIX DE REVIENT PAR UNITÉ DE TRAFIC					RECETTE	PRIX DE REVIENT PAR UNITÉ DE TRAFIC					RECETTE	PRIX DE REVIENT PAR UNITÉ DE TRAFIC				
		Frais	Charges des capitaux dépensés par		Total			Frais	Charges des capitaux dépensés par		Total			Frais	Charges des capitaux dépensés par		Total	
	brute kilométrique	d'exploitation	l'État	les Compagnies	non compris les charges des capitaux dépensés par l'État	y compris	brute kilométrique	d'exploitation	l'État	les Compagnies	non compris les charges des capitaux dépensés par l'État	y compris	brute kilométrique	d'exploitation	l'État	les Compagnies	non compris les charges des capitaux dépensés par l'État	y compris
	fr.	c.	c.	c.	c.	c.	fr.	c.	c.	c.	c.	c.	fr.	c.	c.	c.	c.	c.
1866	16.513	3,29	0,79	8,08	11,37	12,16	28.264	3,20	0,48	6,99	10,19	10,67	10.216	4,81	2,25	8,13	12,94	15,19
1869	16.903	3,63	0,74	7,40	11,03	11,77	16.104	4,05	0,37	10,08	14,13	14,50	12.420	4,24	1,66	7,56	12,80	13,46
1872	18.040	3,34	0,84	5,93	9,27	10,11	14.417	4,82	0,55	9,34	14,36	14,91	15.509	4,11	0,83	5,78	9,89	10,72
1875	19.610	3,40	0,74	5,44	8,84	9,58	15.685	4,49	0,37	7,65	12,14	12,51	15.288	4,38	0,93	6,13	10,51	11,44
1877	18.801	3,78	0,80	5,69	9,47	10,27	14.078	4,70	0,64	8,63	13,33	13,94	16.074	4,53	1,51	6,04	10,57	12,08
1879	19.955	3,88	0,79	5,34	9,22	10,01	14.187	4,61	1,73	7,18	11,79	13,52	16.253	4,41	1,47	5,58	9,99	11,46
1880	21.735	3,44	0,75	4,90	8,34	9,09	16.062	4,50	1,65	6,70	11,20	12,85	17.736	4,31	1,43	5,13	9,44	10,89
1881	22.233	2,88	0,70	4,61	7,49	8,19	15.298	4,60	1,70	6,85	11,45	13,15	18.739	4,45	1,46	4,75	9,20	10,66
1882	22.560	2,83	0,67	4,41	7,24	7,91	15.545	4,58	1,66	6,65	11,23	12,89	19.354	4,20	1,39	4,59	8,79	10,18
1883	22.924	3,27	0,66	4,32	7,59	8,23	15.386	4,20	1,52	6,02	10,22	11,74	19.933	4,24	1,45	4,41	8,64	10,09

4° *Ancien et nouveau réseaux réunis des grandes Compagnies.*

ANNÉES	NORD						EST						OUEST					
		PRIX DE REVIENT PAR UNITÉ DE TRAFIC						PRIX DE REVIENT PAR UNITÉ DE TRAFIC						PRIX DE REVIENT PAR UNITÉ DE TRAFIC				
	RECETTE brute kilométrique	Frais d'exploitation	charges des capitaux dépensés par l'État	charges des capitaux dépensés par les Compagnies	TOTAL non compris les charges des capitaux dépensés par l'État	TOTAL y compris	RECETTE brute kilométrique	Frais d'exploitation	charges des capitaux dépensés par l'État	charges des capitaux dépensés par les Compagnies	TOTAL non compris les charges des capitaux dépensés par l'État	TOTAL y compris	RECETTE brute kilométrique	Frais d'exploitation	charges des capitaux dépensés par l'État	charges des capitaux dépensés par les Compagnies	TOTAL non compris les charges des capitaux dépensés par l'État	TOTAL y compris
	fr.	c.	c.	c.	c.	c.	fr.	c.	c.	c.	c.	c.	fr.	c.	c.	c.	c.	c.
1866	68.591	2,54	0,01	1,56	4,10	4,11	39.011	2,79	0.36	2,83	5.62	5,98	40.640	3,06	0,70	3,21	6,27	6,97
1869	64.895	2,54	0,02	1,84	4,38	4,40	40.669	2,63	0,34	2,60	5.23	5,57	40.175	3,25	0,74	3,36	6,61	7,35
1872	69.067	2,76	0,01	1,65	4,41	4,42	43.253	3,24	0,36	3,17	6,41	6,77	41.239	3,19	0,69	3,13	6,32	7,01
1875	73.378	2,85	0,02	1,82	4,67	4,69	42.091	3,31	0,39	3,33	6,64	7,03	40.866	3,31	0,70	3,15	6,46	7,16
1877	64.675	2,79	0,03	2,13	4,92	4,95	41.145	3.49	0,41	3,35	6,84	7,25	40.674	3,35	0,70	3,11	6,46	7,16
1879	68.082	2,67	0,05	1,97	4,64	4,69	41.085	3,31	0,48	3,18	6,49	6,97	42.166	3,44	0,69	2,76	6,20	6,89
1880	74.095	2.57	0,05	1,58	4,15	4,20	45.893	3,01	0.43	2,72	5,73	6,46	42.851	3,24	0,66	2,59	5,83	6,49
1881	76.368	2,67	0,05	1,57	4,24	4,29	46.860	3,00	0,42	2,69	5,69	6,11	42.329	3,21	0,68	2,72	5,93	6,61
1882	77.331	2,52	0,05	1,55	4,07	4,12	47.437	3,01	0,41	2,63	5,64	6,05	42.936	3,11	0,66	2,69	5,80	6,46
1883	75.293	2,64	0,05	1,62	4,26	4,31	39.281	3,19	0,57	2,84	6,00	6,57	42.672	3,05	0,67	2,77	5,82	6,49
1884	50.275	2,63	0,10	2,16	4,79	4,89	35.429	3,24	0,77	3,02	6,26	7.03	33.800	3,22	0,93	2,78·	6,00	6,93

4° Ancien et nouveau réseaux réunis des grandes Compagnies.

ANNÉES	PARIS A ORLÉANS						PARIS-LYON-MÉDITERRANÉE						MIDI					
	RECETTE	PRIX DE REVIENT PAR UNITÉ DE TRAFIC					RECETTE	PRIX DE REVIENT PAR UNITÉ DE TRAFIC					RECETTE	PRIX DE REVIENT PAR UNITÉ DE TRAFIC				
	brute kilométrique	Frais d'exploitation	charges des capitaux dépensés par l'État	charges des capitaux dépensés par les Compagnies	TOTAL non compris les charges des capitaux dépensés par l'État	TOTAL y compris les charges des capitaux dépensés par l'État	brute kilométrique	Frais d'exploitation	charges des capitaux dépensés par l'État	charges des capitaux dépensés par les Compagnies	TOTAL non compris les charges des capitaux dépensés par l'État	TOTAL y compris les charges des capitaux dépensés par l'État	brute kilométrique	Frais d'exploitation	charges des capitaux dépensés par l'État	charges des capitaux dépensés par les Compagnies	TOTAL non compris les charges des capitaux dépensés par l'État	TOTAL y compris les charges des capitaux dépensés par l'État
	fr.	c.	c.	c.	c.	c.	fr.	c.	c.	c.	c.	c.	fr.	c.	c.	c.	c.	c.
1866	34.408	2,77	0,72	2,70	5,47	6,19	57.974	2,34	0,43	2,58	4,92	5,35	27.184	2,82	0,79	4,70	7,52	8,31
1869	32.443	2,89	0,76	2,90	5,79	6,55	55.025	2,32	0,38	2,73	5,05	5,43	27.283	2,77	0,75	4,27	7,04	7,79
1872	33.778	2,75	0,75	2,54	5,29	6,04	58.495	2,54	0,32	2,48	5,02	5,34	31.992	3,00	0,51	3,34	6,34	6,85
1875	35.035	2,83	0,72	2,51	5,34	6,06	57.364	2,51	0,32	2,51	5,02	5,34	32.991	3,06	0,53	3,38	6,44	6,97
1877	34.510	2,95	0,72	2,54	5,49	6,21	52.485	2,47	0,34	2,73	5,20	5,54	32.723	3,24	0,72	3,46	6,70	7,42
1879	36.204	3,06	0,70	2,48	5,54	6,24	51.329	2,45	0,42	2,68	5,13	5,55	34.781	3,06	0,67	3,10	6,46	6,83
1880	39.217	2,82	0,63	2,31	5,13	5,78	56.500	2,45	0,40	2,48	4,93	5,33	39.714	3,00	0,63	2,78	5,78	6,41
1881	40.518	2,53	0 60	2,15	4,68	5,28	56.351	2,43	0,40	2,37	4,80	5,20	41.423	3,05	0,63	2,62	5,67	6,30
1882	41.185	2,62	0,59	2,10	4,72	5,31	54.443	2,66	0,42	2,42	5,08	5,50	42.314	3,04	0,58	2,47	5,51	6,39
1883	41.730	2,73	0,57	2,02	4,75	5,32	51.786	2,63	0,41	2,48	5,11	5,52	41.865	3,18	0,64	2,56	5,74	6,38
1884	35.999	3,12	0,87	2,26	5,38	6,25	44.138	2,64	0,53	3,05	5,69	6,22	37.006	3,56	0,80	2,87	6,43	7,23

5° Chemins de fer non concédés aux grandes Compagnies.

ANNÉES	RECETTE brute KILOMÉTRIQUE	FRAIS d'exploitation	CHARGES DES CAPITAUX dépensés par		TOTAL	
			l'État	les Compagnies	non compris les charges des capitaux dépensés par l'État	y compris les charges des capitaux dépensés par l'État
	fr.	c.	c.	c.	c.	c.
1866	31.134	5,22	0,09	3,54	8,76	8,85
1869	13.413	4,59	1,03	4,29	8,88	9,91
1872	12.749	4,63	1,40	4,78	9,41	10,81
1875	11.107	5,02	1,26	5,69	10,71	11,97
1877	11.438	4,84	1,77	5,69	10,53	12,30
1879	14.224	4,17	0,96	4,31	8,48	9,44
1880	16.579	4,01	0,81	3,70	7,71	8,52
1881	17.420	3,83	0,77	3,42	7,25	8,02
1882	18.189	3,64	0,72	3,24	6,88	7,60
1883	24.035	3,28	0,49	5,37	8,65	9,14
1884	22.597	3,83	0,44	6,22	10,05	10,49

6° Chemins de fer d'intérêt local.

ANNÉES	LONGUEUR MOYENNE exploitée	RECETTE brute KILOMÉTRIQUE	FRAIS d'exploitation	CHARGES DES CAPITAUX dépensés par		TOTAL	
				l'État, les départements ou les communes	les Compagnies	non compris les charges des capitaux de subvention	y compris les charges des capitaux de subvention
	k.	fr.	c.	c.	c.	c.	c.
1880	2.105	7.639	5,30	1,79	5,45	10,75	12,54
1881	1.860	7.736	5,06	1,63	5,17	10,23	11,86
1882	2.163	7.633	5,59	1,60	5,28	10,87	12,47
1883	2.330	8.128	5,11	1,41	4,74	9,85	11,26
1884	1.561	6.632	5,66	1,89	5,02	10,68	12,57

L'examen des tableaux précédents conduit aux observations que voici :

1° *Pour l'ensemble des chemins de fer d'intérêt général*, le prix de revient moyen total par unité de trafic a oscillé : *a.* entre 5 c. 52 et 6 c. 17, y compris les charges des capitaux dépensés par l'État ; *b.* entre 5 c. et 5 c. 70, non compris ces charges.

Il a atteint son maximum en 1877, année correspondant à une recette brute kilométrique relativement faible.

Depuis 1881, il s'est sensiblement accru. Cette regrettable augmentation s'explique, d'un côté par la crise industrielle que nous traversons et qui pèse si lourdement sur les transports, de l'autre par l'ouverture progressive de lignes à faible trafic et par les dépenses que l'État a dû consacrer à ces lignes.

Quant aux frais d'exploitation proprement dits, ils ont oscillé entre 2ᶜ 64 et 3ᶜ. Ils représentent, à très peu près, les cinquantes centièmes du prix de revient total.

Ils ont atteint leur maximum en 1884, année du minimum de recette brute kilométrique. Après s'être abaissés à 2ᶜ 78 en 1881, ils se sont relevés à 3ᶜ en 1884 : cette augmentation résulte de la réduction du trafic.

Les charges des capitaux dépensés par l'État se sont sensiblement accrues. Le Trésor a dû faire, en effet, des sacrifices de plus en plus grands, au fur et à mesure qu'il concédait aux Compagnies des chemins moins productifs. La part supportée par le budget n'a pas été de moins de 0ᶜ 75 en 1884.

Les charges des capitaux dépensés par les Compagnies ont oscillé entre 2ᶜ 17 et 2ᶜ 75. Elles ont atteint leur maximum en 1877. Depuis, elles ont diminué, par suite de la décroissance de la participation financière des Compagnies dans la construction des lignes nouvelles et aussi des conditions plus économiques dans lesquelles ces lignes ont été établies. La crise industrielle les a cependant un peu relevées en 1884.

Aujourd'hui, les charges des capitaux se répartissent à peu près dans la proportion du 1/4 et des 3/4 entre l'État et les Compagnies.

2° *Sur l'ancien réseau des grandes Compagnies*, tel qu'il était constitué avant les conventions de 1883, le prix de revient moyen total par unité de trafic, en 1882, variait, suivant les Compagnies, entre 3ᶜ 7 et 4ᶜ 5, y compris les charges des capitaux dépensés par l'État.

Les frais d'exploitation en 1882 ont varié entre 2ᶜ 4 et 2ᶜ 67. Ils n'ont généralement pas subi de diminution appréciable depuis 20 ans, malgré le développement du trafic. C'est qu'en effet les perfectionnements apportés à l'exploitation, le développement de la circulation et les économies qui en sont résultées ont eu leur contre-partie dans les satisfactions plus larges données au public et particulièrement dans l'augmentation du nombre des trains.

3° *Sur le nouveau réseau des grandes Compagnies*, le prix moyen total par unité de trafic, en 1882, variait, suivant les Compagnies, entre 7ᶜ 07 et 11ᶜ 74 ; il était notablement supérieur à celui de l'ancien réseau, par suite de l'infériorité du trafic.

Quant aux frais d'exploitation, ils ont varié entre 3ᶜ 27 et 4ᶜ 57.

Le rapport entre cet élément de dépense et le prix de revient total est, on le voit, d'autant plus faible que les lignes sont moins productives : l'outil est, en effet, moins complètement utilisé, et, quelque économie que l'on apporte à sa création, les charges des capitaux de premier établissement sont plus élevées par unité de trafic, voyageur ou tonne de marchandises.

De même que sur l'ancien réseau et pour les mêmes causes, les frais d'exploitation n'ont pas sensiblement décrû depuis une vingtaine d'années. Il en a été autrement du prix total, grâce à l'accroissement notable du trafic.

4° Parmi les six grandes Compagnies, c'est celle d'Orléans qui a l'exploitation la moins coûteuse, bien qu'elle ne soit pas mieux partagée que plusieurs autres, au point de vue de l'intensité de la circulation.

Sa réputation, à cet égard, est d'ailleurs bien assise et nous ne faisons qu'en donner une preuve au passage.

5° Sur les chemins de fer secondaires non concédés aux grandes Compagnies, le prix de revient moyen varie entre 8ᶜ et 11 ou 12ᶜ ; les frais d'exploitation y entrent pour une part variant de 3ᶜ 3 à 5ᶜ 2.

7. Principaux éléments influant sur le prix de revient des transports. — Les charges des capitaux de premier établissement varient en raison inverse du trafic, puisqu'elles se calculent en divisant l'intérêt et l'amortissement de la dépense totale par le nombre des unités de grande ou de petite vitesse. Quant à la part afférente aux frais d'exploitation, elle dépend de tous les éléments que nous avons indiqués, page 586 et suivantes, et dont nous nous bornons à reproduire ici l'énumération : intensité de la circulation ; nature du trafic ; répartition du trafic entre les deux directions ; structure du réseau ; tracé et profil en long des lignes ; conditions dans lesquelles s'effectuent les transports, au point de vue du confort et de la rapidité ; longueur des parcours ; prix de revient de la main-d'œuvre ; nature et prix des matériaux ; climat ; régime administratif des chemins de fer ; procédés d'exploitation.

Nous n'avons pas à revenir sur les explications détaillées que nous avons consacrées à ces divers éléments. Le lecteur voudra bien s'y reporter et consulter notamment les tableaux insérés au tome II, page 738 et suivantes.

Ces tableaux reproduisent les évaluations empiriques de divers ingénieurs autorisés, tels que MM. Amiot, Baum et Schlemmer, concernant l'influence de la fréquentation et du profil en long sur les dépenses d'exploitation par unité de trafic.

Nous ne voulons insister pour l'instant que sur deux faits.

1° Le premier est l'énorme disproportion entre les frais d'exploitation sur les lignes de plaine, à tracé facile et à fréquentation intense, et les mêmes frais sur les lignes de montagne, à tracé tourmenté et à faible circulation.

Si l'on envisage, par exemple, deux chemins dont l'un ait un tonnage journalier de 2 000 tonnes à la distance entière et ne comporte pas de rampes appréciables et dont l'autre transporte seulement 150 tonnes par jour et comporte une rampe fictive moyenne de 10 millimètres, on voit que le prix de revient (non compris les dépenses de réfection de la voie) ne dépasse pas 1ᶜ 8 pour le premier et atteint au contraire 6ᶜ 8 pour l'autre, c'est-à-dire qu'il passe presque du simple au quadruple.

Nous établirons, par la suite, que la taxe moyenne perçue n'est pas notablement plus élevée sur les lignes secondaires que sur les lignes principales; aussi les Compagnies et, par contre-coup, le Trésor supportent-ils de très lourdes charges pour l'exploitation du 2ᵉ et surtout du 3ᵉ réseau ; d'autre part, la rémunération du capital de premier établissement étant d'autant moindre que le trafic est plus faible, on conçoit aisément combien le développement progressif du réseau par l'adjonction des lignes nouvelles, peu productives et à tracé souvent difficile, grève le budget annuel des chemins de fer.

Lorsqu'un ingénieur étudie le tracé d'un chemin nouveau, il doit toujours se préoccuper, non seulement des dépenses de premier établissement auxquelles conduira telle ou telle solution, mais encore de l'influence que cette solution pourra exercer sur le prix de revient des transports eu égard au trafic probable. En effet, le but à poursuivre, sauf dans des circonstances spéciales, est de réduire au minimum le prix de revient, y compris les charges des capitaux de premier établissement. Tantôt il peut être avantageux de se résoudre à une amélioration du tracé, si elle ne doit entraîner qu'une faible augmentation des dépenses de construction et si elle est susceptible de provoquer une diminution sensible des frais d'exploitation, par exemple s'il s'agit d'éviter une rampe exptionnelle qui diminuerait outre mesure la charge des trains; tantôt, au contraire, il vaut mieux prendre son parti d'une augmentation des frais d'exploitation, pour éviter un accroissement excessif des dépenses de premier établissement. Ce sont questions d'espèce à résoudre dans chaque cas particulier, et l'on a maintenant des données suffisantes pour le faire, sinon avec certitude, du moins avec toute l'approximation nécessaire.

D'une manière générale, on le sait, les lignes secondaires doivent être établies dans des conditions économiques. Les diminutions que l'on réaliserait sur les frais d'exploitation, en violentant à l'excès la nature, ne compenseraient nullement les charges supplémentaires du capital de construction.

2° La seconde observation, la seule qui nous reste à formuler sur les tableaux des pages 738 et suivantes du tome II, est la suivante :

Les dépenses que nous avons qualifiées dans ce chapitre sous la dénomination générale de frais d'exploitation peuvent se décomposer en trois groupes, à savoir : dépenses du mouvement et du trafic ou de l'exploitation proprement dite; dépenses du matériel et de la traction; dépenses de la voie.

La fréquentation et le profil en long n'exercent pas une égale influence sur les dépenses de ces divers groupes.

C'est ainsi que les dépenses du mouvement et du trafic ne sont pas profondément affectées par l'augmentation des rampes; cette augmentation n'entraîne guère qu'un accroissement du nombre des conducteurs et gardes-freins. Au contraire, les variations de la fréquentation diurne peuvent exercer une action très appréciable sur les mêmes dépenses, en faisant peser sur un nombre plus ou moins grand d'unités l'ensemble des charges constantes et indépendantes du trafic auxquelles l'exploitant doit pourvoir pour le personnel indispensable au service des gares et des trains.

Les dépenses du matériel et de la traction augmentent avec les rampes : les frais de personnel et d'entretien de la machine se répartissent sur un plus petit nombre d'unités, puisque la charge des trains diminue. La diminution du trafic produit le même résultat : le matériel est moins bien utilisé; le poids remorqué est moindre; on a plus souvent recours aux trains mixtes pour lesquels le prix de revient de la tonne de marchandises transportée à un kilomètre est supérieur, eu égard à la vitesse de marche.

Les frais totaux d'entretien de la voie croissent avec la circulation, mais dans une proportion beaucoup moindre, de sorte que ces frais, rapportés à l'unité de trafic, diminuent au fur et à mesure que la fréquentation augmente. Les rampes ne les affectent guère que par l'action destructive des freins.

L'inégalité d'influence des rampes et de la circulation sur les divers groupes de dépenses qui constituent dans leur ensemble les frais d'exploitation conduit aux résultats que voici :

L'augmentation des rampes accroît beaucoup plus les frais d'exploitation rapportés à l'unité de trafic sur les lignes peu fréquentées que sur les lignes à grande circulation. Mais, quoique moindre pour ces dernières lignes, l'accroissement, portant sur un nombre considérable d'unités, conduit nécessairement à éviter les tracés tourmentés.

Pour une ligne déterminée, la diminution proportionnelle des frais d'exploitation par le développement du trafic est d'autant plus grande que cette ligne comporte des déclivités plus fortes.

8. Observations sur le prix de revient des transports supplémentaires. — Les chiffres donnés au tome II, ainsi qu'aux pages 624 et suivantes de ce volume, ne sont que des chiffres moyens, des chiffres de statistique, nous ne saurions trop le répéter.

C'est là une considération qu'il ne faut pas perdre de vue, lorsqu'on étudie la création de taxes nouvelles et réduites pour attirer à la voie ferrée des transports supplémentaires.

Tout d'abord ces transports exercent sur le prix de revient l'influence générale que révèlent les tableaux. Mais ils peuvent souvent revenir à un prix de beaucoup inférieur à celui que feraient ressortir la statistique générale et les formules déduites de cette statistique.

Par exemple, sur une ligne dont les trains sont trop imparfaitement utilisés, l'addition d'unités de trafic et particulièrement de voyageurs venant prendre des places inoccupées n'augmente pas d'une manière appréciable les dépenses totales d'exploitation ; la perception des taxes correspondantes constitue presque un bénéfice net venant soulager d'autant le bilan de l'exploitation.

Il est certains chemins où le trafic est très inégalement réparti entre les deux directions et où les retours à vide sont très fréquents. L'utilisation des véhicules n'entraîne pas une dépense relativement élevée et se prête à l'établissement de taxes réduites et néanmoins rémunératrices.

Le transport des marchandises susceptibles de fournir des trains complets peut se faire à un prix relativement minime, surtout si la distance est considérable et si le mouvement est régulier. On tire alors le maximum d'effet utile du personnel et du matériel. Tel est le cas des houilles du Nord transportées sur Paris. Dans le tome Ier de cet ouvrage, page 327, en faisant la comparaison des prix de transport par les voies navigables et les voies ferrées, nous avons dit que le prix de revient de la tonne kilométrique pour ces transports par la Compagnie du Nord pouvait descendre à 1 c. 5. Il nous suffira de rappeler ici cette indication, sans la justifier à nouveau.

Tel est le secret de certains tarifs spéciaux extrêmement bas, qui, au premier abord, peuvent sembler trop faibles et qui cependant laissent certainement un produit net à la Compagnie.

A peine est-il utile de faire remarquer que, sur une ligne déterminée, les charges du capital de premier établissement sont invariables ou du moins n'augmentent généralement que dans une très faible proportion avec l'intensité de la circulation, et que, dès lors, dans l'appréciation des taxes à mettre en vigueur pour provoquer des transports supplémentaires, les Compagnies doivent envisager à peu près exclusivement leurs frais d'exploitation.

Ce qui les fait souvent reculer devant des abaissements qui, cependant à ce point de vue, leur assureraient encore un bénéfice, c'est de voir ces abaissements réagir sur l'ensemble de leur tarification; c'est de voir l'opinion s'en emparer pour réclamer également une diminution des taxes appliquées aux transports dont elles étaient déjà dotées; c'est de voir le public réclamer cette diminution au nom des principes d'unification et d'harmonie, qui sont excellents si on les applique avec sagesse, mais qui peuvent être désastreux si on les pousse à l'extrême et si on les applique aveuglément.

9. Comparaison entre le prix de revient moyen par unité de trafic et la recette correspondante. — Après cette étude sur le prix moyen de revient par unité de trafic, il sera intéressant d'en rapprocher la recette moyenne correspondante, obtenue en divisant la recette kilométrique par le nombre d'unités de trafic.

1° Ensemble des chemins de fer d'intérêt général.

	1866	1869	1872	1875	1877	1879	1880	1881	1882	1883	1884
	c.	c.	c.	c.	c.	c.	c.	c.	c.	c.	c.
Prix de revient, non compris les charges des capitaux dépensés par l'État.	5,03	5,13	5,41	5,58	5,70	5,47	5,14	5, »	5,04	5,09	5,28
Prix de revient, y compris ces charges......	5,52	5,58	5,83	6,01	6,17	6,06	5,70	5,58	5,66	5,74	6,03
Recette...............	5,83	5,86	5,72	5,77	5,71	5,70	5,66	5,59	5,54	5,40	5,49

2° *Ancien réseau des grandes Compagnies.*

		1866	1869	1872	1875	1877	1879	1880	1881	1882	1883
		c.	c.	c.	c.	c.	c.	c.	c.	c.	c.
Prix de revient, non compris les charges des capitaux dépensés par l'État	Nord...	3,92	3,86	4,05	4,28	4,42	4,13	3,74	3,84	3,69	3,91
	Est.....	3,52	3,43	4,49	4,73	4,88	4,83	4,24	4,24	4,27	»
	Ouest...	4,91	4,90	4,67	4,68	4,63	4,28	3,93	3,85	3,70	»
	Orléans.	3,88	3,99	3,69	3,66	3,68	3,69	3,65	3,39	3,37	3,45
	P.-L.-M.	3,82	4,72	4,60	4,55	4,65	4,62	4,45	4,33	4,60	4,40
	Midi....	4,80	4,71	4,80	4,64	4,86	4,44	4,13	4,07	4,26	4,36
Prix de revient, y compris ces charges	Nord...	3,93	3,87	4,06	4,29	4,43	4,15	3,76	3,86	3,71	3,93
	Est.....	4,06	3,93	5,11	5,36	5,51	5,42	4,75	4,75	4,76	»
	Ouest...	5,42	5,37	5,12	5,11	5,04	4,64	4,26	4,18	4,02	»
	Orléans.	4,57	4,77	4,41	4,35	4,36	4,32	4,25	3,95	3,90	3,98
	P.-L.-M.	4,23	5,18	4,92	4,86	4,97	4,94	4,76	4,64	4,92	4,71
	Midi....	5,26	5,16	5,18	4,99	5,21	4,74	4,40	4,32	4,50	4,71
Recette...	Nord...	5,94	5,79	5,66	5,65	5,54	5,55	5,23	5,28	5,07	5,05
	Est.....	5,21	5,23	5,34	5,36	5,27	5,24	5,19	5,14	5,10	»
	Ouest...	5,92	5,95	5,73	5,76	5,64	5,51	5,35	5,51	5,43	»
	Orléans.	6,24	6,55	6,12	6,04	6,00	5,91	6,12	5,85	5,71	5,74
	P.-L.-M.	5,57	5,79	5,38	5,59	5,52	5,54	5,60	5,50	5,57	5,30
	Midi....	6,28	6,26	6,40	6,58	6,51	6,43	6,61	6,55	6,44	6,38

3ᵉ *Nouveau réseau des grandes Compagnies.*

		1866	1869	1872	1875	1877	1879	1880	1881	1882	1883
		c.	c.	c.	c.	c.	c.	c.	c.	c.	c.
Prix de revient, non compris les charges des capitaux dépensés par l'État	Nord...	8,24	9,28	6,96	7,57	8,77	8,04	7,32	7,22	6,98	5,97
	Est.....	8,84	7,74	7,97	8,13	8,47	7,79	6,79	6,86	6,72	»
	Ouest...	10,76	10,29	10,15	10,49	10,53	10,06	10,30	10,42	10,20	»
	Orléans.	11,37	11,03	9,27	8,84	9,47	9,22	8,34	7,49	7,24	7,59
	P.-L.-M.	10,19	14,13	14,36	12,14	13,33	11,79	11,20	11,45	11,23	10,22
	Midi....	12,94	11,80	9,89	10,51	10,57	9,99	9,44	9,20	8,79	8,64
Prix de revient, y compris ces charges	Nord...	8,24	9,32	6,96	7,62	8,94	8,29	7,61	7,49	7,24	6,17
	Est.....	8,92	7,87	8,10	8,32	8,71	8,18	7,14	7,21	7,07	»
	Ouest...	12,12	11,70	11,40	11,83	11,86	12,12	11,76	11,86	11,58	»
	Orléans.	12,16	11,77	10,14	9,58	10,27	10,01	9,09	8,19	7,91	8,25
	P.-L.-M.	10,67	14,50	14,91	12,51	13,94	13,52	12,85	13,15	12,89	11,74
	Midi....	15,19	13,46	10,72	11,14	12,08	11,46	10,89	10,66	10,18	10,09
Recette...	Nord...	7,02	6,48	4,85	5,60	5,95	5,84	5,80	5,78	5,68	5,41
	Est.....	5,90	5,79	4,61	5,70	5,65	5,51	5,43	5,47	5,36	»
	Ouest...	5,65	5,84	5,89	5,99	5,94	5,93	5,89	5,91	5,88	»
	Orléans.	5,54	5,93	5,47	5,49	5,53	5,54	5,57	5,35	5,19	5,17
	P.-L.-M.	6,04	5,83	5,94	5,80	5,75	5,73	5,95	5,73	5,64	5,11
	Midi....	6,43	6,28	5,80	5,92	6,11	6,05	6;05	6,10	5,97	5,88

4° Ancien et nouveau réseaux réunis des grandes Compagnies.

		1866	1869	1872	1875	1877	1879	1880	1881	1882	1883	1884
		c.	c.	c.	c.	c.	c.	c.	c.	c.	c.	c.
Prix de revient, non compris les charges des capitaux dépensés par l'État	Nord	4,10	4,38	4,41	4,67	4,92	4,64	4,15	4,24	4,07	4,26	4,79
	Est......	5,62	5,23	6,41	6,64	6,84	6,49	5,73	5,69	5,64	6,00	6,26
	Ouest....	6,27	6,61	6,32	6,46	6,46	6,20	5,83	5,93	5,80	5,82	6,00
	Orléans..	5,47	5,79	5,29	5,34	5,49	5,54	5,43	4,68	4,72	4,75	5,38
	P.-L.-M.	4,92	5,05	5,02	5,02	5,20	5,13	4,93	4,80	5,08	5,11	5,69
	Midi	7,52	7,04	6,34	6,44	6,70	6,16	5,78	5,67	5,51	5,74	6,43
Prix de revient, y compris ces charges	Nord	4,11	4,40	4,42	4,69	4,95	4,69	4,20	4,29	4,12	4,31	4,89
	Est	5,98	5,57	6,77	7,03	7,25	6,97	6,16	6,11	6,03	6,57	7,03
	Ouest....	6,97	7,35	7,01	7,16	7,16	6,89	6,49	6,61	6,46	6,49	6,93
	Orléans..	6,19	6,55	6,04	6,06	6,21	6,24	5,78	5,28	5,31	5,32	6,25
	P.-L.-M.	5,35	5,43	5,34	5,34	5,54	5,55	5,33	5,20	5,50	5,52	6,22
	Midi	8,31	7,79	6,85	6,97	7,42	6,83	6,41	6,30	6,39	6 38	7,23
Recette....	Nord	6,00	5,86	5,56	5,64	5,51	5,58	5,34	5,34	5,14	5,11	5,10
	Est	5,49	5,50	5,52	5,55	5,48	5,40	5,33	5,33	5,25	5,25	5,28
	Ouest ...	5,86	5,92	5,76	5,83	5,73	5,64	5,40	5,63	5,58	5,56	5,60
	Orléans..	6,06	6,38	5,92	5,98	5,85	5,95	5,93	5,68	5,71	5,53	5,86
	P.-L.-M.	5,66	5,79	5,55	5,60	5,54	5,54	5,62	5,52	5,37	5,29	5,42
	Midi	6,30	6,26	6,21	6,38	6,39	6,31	6,44	6,41	6,10	6,21	6,25

5° Chemins de fer d'intérêt local.

	1880	1881	1882	1883	1884
	c.	c.	c.	c.	c.
Prix de revient, non compris les charges des subventions	10,75	10,23	10,87	9,85	10,68
— y compris — —	12,54	11,86	12,47	11,26	12,57
Recette................	7,29	6,89	6,89	6,62	6,94

Il ne faudrait pas attacher une importance excessive aux chiffres de détail contenus dans les tableaux 2 et 3. Les bases de la répartition de la recette entre l'ancien et le nouveau réseau comprennent, en effet, certains éléments conventionnels; les principes d'après lesquels a été dressée la statistique ne sont pas restés absolument invariables; le chevauchement de l'inscription de certains produits sur deux ou plusieurs exercices a pu altérer un peu les résultats annuels; les modifications survenues dans la composition de chacun des deux réseaux, par suite des conventions successives conclues entre l'État et les Compagnies, ont nécessairement provoqué certaines anomalies apparentes dans le produit de l'un et de l'autre de ces réseaux par unité de trafic; les variations dans l'importance de la circulation et dans la part proportionnelle des diverses catégories de marchandises ont également déterminé des oscillations et des irrégularités indépendantes de celles qui résultaient des causes précédemment énumérées.

Aussi convient-il de n'envisager les tableaux des pages 637 et suivantes que dans leur ensemble,

A ce point de vue, ils donnent lieu aux observations suivantes :

1° Tandis que le prix de revient moyen sur les chemins de fer d'intérêt général est aujourd'hui à peu près le même qu'il y a vingt ans, abstraction faite des subventions de l'État, et s'est même sensiblement accru, en y comprenant ces subventions, la recette moyenne par unité de trafic a diminué de 6 à 7 °/₀ pendant la même période.

2° Cette recette n'a cessé d'être notablement supérieure au prix de revient, sans tenir compte des subventions.

La plupart des Compagnies n'en ont pas moins fait largement appel à la garantie d'intérêt : d'une part, en effet, les actions reçoivent un dividende qui dépasse de beaucoup le taux normal d'intérêt et d'amortissement du capital versé par les premiers souscripteurs, et, d'autre part, les recettes aussi bien que les dépenses sont inégalement réparties entre les divers réseaux.

3° Depuis 1872, le prix de revient, y compris les subventions, dépasse la recette. Cela tient à l'ouverture progressive de lignes peu productives ainsi qu'à des diminutions de tarifs.

4° Pour l'ancien réseau des grandes Compagnies, l'excédent de la recette sur le prix de revient a toujours été considérable. Il était de plus de 41 °/₀ du prix de revient en 1866 et de plus de 39 °/₀ en 1882, abstraction faite des subventions.

Pour le nouveau réseau, au contraire, le prix de revient dépassait de beaucoup la recette. L'écart était de 70 °/₀ de la recette en 1866 et de plus de 51 °/₀ en 1882. Cette perte a été compensée, pour partie, par le déversement de l'ancien réseau sur le nouveau, et, pour le surplus, par les avances du Trésor au titre de la garantie d'intérêt.

5° Quant aux chemins de fer d'intérêt local, bien que leurs tarifs soient plus élevés, ils sont encore moins bien partagés que les lignes du nouveau réseau des grandes Compagnies. Le déficit, abstraction faites des charges afférentes aux capitaux de subvention, était, en 1884, de plus de 50 °/₀ de la recette.

6° La recette du nouveau réseau des grandes Compagnies est supérieure à celle de l'ancien réseau. Cela tient à ce que les tarifs spéciaux à base réduite y sont moins souvent appliqués et aussi à ce que les matières pondéreuses, bénéficiant de taxes modiques, y entrent pour une moindre part dans le mouvement général de la circulation.

7° De toutes les Compagnies, celle qui a la recette la plus élevée par unité de trafic est la Compagnie du Midi : elle transporte, en effet, relativement moins de matières pondéreuses que les autres Compagnies.

10. Du parcours minimum rémunérateur. — Même en laissant de côté la manutention des marchandises qui donne lieu à des perceptions spéciales de frais accessoires, les dépenses d'exploitation comprennent, nous l'avons dit précédemment, des dépenses indépendantes du parcours et d'autres, au contraire, qui dépendent essentiellement de la distance de transport.

Si donc on répartit la dépense totale que nécessite le déplacement d'une unité de trafic entre deux points déterminés sur la distance séparant ces deux points, le prix kilométrique que fera ressortir ce calcul diminuera au fur et à mesure que la longueur du parcours augmentera : pour de courts trajets, il sera supérieur à la recette ; pour de longs trajets, il lui sera inférieur.

Dans ses mémoires, auxquels nous avons déjà fait allusion, M. Baum a recherché la distance à laquelle correspondait l'équivalence entre la recette et la dépense (y compris les charges des capitaux dépensés par les Compagnies) : c'est ce qu'il a appelé le parcours minimum rémunérateur. Il a trouvé les chiffres suivants, pour la période de 1872 à 1874, en ce qui concerne les grandes Compagnies :

	VOYAGEURS		MARCHANDISES	
	ANCIEN RÉSEAU	NOUVEAU RÉSEAU	ANCIEN RÉSEAU	NOUVEAU RÉSEAU
	km.	km.	km.	km.
Parcours rémunérateur..........	32	70	64,4	193,2
Parcours moyen effectif........	37	31	152,2	88,5

Mais nous n'insistons pas sur ces chiffres qui, tout au moins pour les marchandises, sont purement théoriques : ils sont basés en effet sur une recette kilométrique moyenne par unité de trafic, tandis que la plus grande partie des transports sont soumis à des tarifs différentiels à base décroissante, ce qui augmente la recette pour les petits parcours et réduit le minimum de distance rémunératrice.

Nous n'en retenons que la nouvelle démonstration des pertes subies sur le nouveau réseau, où le parcours moyen effectif est de beaucoup inférieur au parcours minimum rémunérateur.

CHAPITRE XIV

POLICE DE L'EXPLOITATION DES CHEMINS DE FER [1]

§ 1. — CRIMES ET DÉLITS PRÉVUS

PAR LES ARTICLES 16 A 20 DE LA LOI DU 15 JUILLET 1845 ET LA LOI DU 13 MAI 1863.

1. Destruction ou dérangement de la voie de fer. — Entraves à la marche des convois. — Aux termes de l'article 16 de la loi du 15 juillet 1845, « quiconque aura volontairement détruit ou dérangé la voie « de fer, placé sur la voie un objet faisant obstacle à la circulation, ou « employé un moyen quelconque pour entraver la marche des convois « ou les faire sortir des rails, sera puni de la réclusion. — S'il y a eu « homicide ou blessures, le coupable sera, dans le premier cas, puni de « mort, et dans le second, de la peine des travaux forcés à temps ».

Ainsi que nous l'avons déjà indiqué, le Ministre des travaux publics, préoccupé de la multiplicité des actes de malveillance, a invité les préfets, par une circulaire du 25 octobre 1854, à adresser les instructions les plus pressantes aux maires des communes traversées par le chemin de fer, au service de la police et à la gendarmerie, pour que les coupables soient activement recherchés et livrés à la justice. Les prescriptions de cette circulaire ont été rappelées, le 17 juillet 1882.

Il arrive le plus souvent que les auteurs des crimes prévus par l'article 16 de la loi de 1845 sont des enfants de moins de seize ans agissant sans discernement. L'autorité judiciaire doit alors appliquer l'article 66 du Code pénal, c'est-à-dire acquitter les prévenus; mais elle a la faculté de les envoyer dans une maison de correction, pour y être détenus pendant le nombre d'années déterminé par le jugement.

Si le crime est commis en réunion séditieuse, avec rébellion et pillage, il est imputable aux chefs, auteurs, instigateurs et provocateurs de la réunion, qui sont punis comme coupables du crime et condamnés aux mêmes peines que ceux qui l'ont personnellement commis, lors même

---

(1) Il n'est question dans ce chapitre que de l'exploitation proprement dite. Voir le tome II, page 974 et suivantes, en ce qui concerne la police de la conservation des chemins de fer et les contraventions de voirie commises par les concessionnaires.

que la réunion séditieuse n'aurait pas eu pour but direct et principal la destruction de la voie de fer ; toutefois, dans ce dernier cas, lorsque la peine de mort est applicable aux auteurs du crime, elle est remplacée, à l'égard des chefs, auteurs, instigateurs et provocateurs, par la peine des travaux forcés à perpétuité (Art. 17).

2. Menace des crimes prévus à l'article 16. — Quiconque a menacé, par écrit anonyme ou signé, de commettre un des crimes prévus en l'article 16, est puni d'un emprisonnement de 3 à 5 ans, dans le cas où la menace aurait été faite avec ordre de déposer une somme d'argent dans un lieu indiqué ou de remplir toute autre condition. Si la menace n'a été accompagnée d'aucun ordre ou condition, la peine est d'un emprisonnement de 3 mois à 2 ans et d'une amende de 100 à 500 francs. Si la menace avec ordre ou condition a été verbale, le coupable est puni d'un emprisonnement de 15 jours à 6 mois et d'une amende de 25 à 300 francs. L'article 18 de la loi du 15 juillet 1845 portait que, dans tous les cas, le coupable pourrait être mis par le jugement sous la surveillance de la haute police, pour un temps qui ne pourrait être moindre de 2 ans ni excéder 5 ans : cette disposition a été modifiée par l'article 19 de la loi du 27 mai 1885 sur les récidivistes.

3. Accidents causés par maladresse, imprudence, inattention, négligence ou inobservation des lois et règlements. — Nous avons indiqué, dans le chapitre relatif aux accidents, les pénalités encourues par les individus qui, par maladresse, imprudence, inattention, négligence ou inobservation des lois et règlements, causent des accidents entraînant mort d'hommes ou blessures.

Le lecteur voudra bien se reporter aux pages 480 et suivantes de ce volume.

4. Abandon de poste par les mécaniciens et gardes-freins. — Tout mécanicien ou conducteur garde-frein qui abandonne son poste pendant la marche du convoi est puni d'un emprisonnement de 6 mois à 2 ans (Art. 20 de la loi du 15 juillet 1845). On comprend en effet l'influence désastreuse que les faits de cette nature peuvent exercer sur la sécurité de l'exploitation et sur le sort des voyageurs.

L'appréciation des cas d'abandon de poste a parfois donné lieu à des hésitations.

En 1852, un chef de train préposé à la conduite d'un convoi de marchandises tombé en détresse descendit de son fourgon, sans en serrer le frein, prit les mesures nécessaires pour la protection à l'arrière et pour la demande d'une machine de secours, puis alla se tenir près de la locomotive. Le mécanicien tenta de se remettre en route et provoqua une secousse qui rompit les attelages ; 14 wagons, dont le fourgon du chef de train, partirent à la dérive. Le parquet de Versailles dirigea des poursuites contre le chef de train pour abandon de son poste, et le tribunal le condamna par application de l'article 20 de la loi de 1845. Mais la cour de Paris infirma le jugement de première instance, par un arrêt du 7 janvier 1853. Le chef de train avait certainement commis une faute en ne serrant pas le frein de son fourgon ou, si le train devait se remettre en marche, en ne restant pas dans le fourgon pour faire, le cas échéant, la manœuvre de serrage ; mais il n'était évidemment pas coupable du délit pour lequel il avait été poursuivi.

La Cour de cassation a décidé également, par un arrêt du 27 juin 1876 (Cie de l'Ouest contre Ve Sautereau), qu'un conducteur sautant d'un train pour échapper aux conséquences d'une collision inévitable ne pouvait être considéré comme ayant abandonné son poste, dans le sens de l'article 20 de la loi du 15 juillet 1845.

Par deux circulaires du 3 février 1855, le Ministre des travaux publics a invité : 1° les Compagnies à prendre les mesures nécessaires pour que les conducteurs gardes-freins ne quittent pas leur poste pendant la marche des trains ; 2° les ingénieurs en chef du contrôle à surveiller la stricte application de ces mesures.

5. Attaque, résistance avec violence et voies de fait envers les agents du chemin de fer dans l'exercice de leurs fonctions. — Nous avons déjà indiqué et commenté, page 91, les dispositions de l'article 25 de la loi du 15 juillet 1845, en ce qui touche les outrages et violences envers les agents des chemins de fer dans l'exercice de leurs fonctions : nous ne reviendrons donc pas sur ce point spécial de la législation.

6. Incendie de wagons. — Il importe encore de rappeler les termes de l'article 434 du Code pénal, modifié par la loi du 13 mai 1863 : « Quiconque aura volontairement mis le feu, soit à des wagons contenant des « personnes, soit à des wagons ne contenant pas des personnes, mais faisant partie d'un convoi qui en contient, sera puni de mort. »

« Quiconque aura volontairement mis le feu... à des voitures ou wagons chargés ou non chargés de marchandises ou autres objets mobiliers, « et ne faisant point partie d'un convoi contenant des personnes, si ces « objets ne lui appartiennent pas, sera puni des travaux forcés à temps... » (Voir un arrêt de la Cour de cassation du 9 juin 1864, Bourgerie.)

§ 2. — CONTRAVENTIONS AUX RÈGLEMENTS
D'ADMINISTRATION PUBLIQUE AINSI QU'AUX DÉCISIONS MINISTÉRIELLES
ET AUX ARRÊTÉS PRÉFECTORAUX PRIS POUR L'EXÉCUTION
DE CES RÈGLEMENTS

1. Dispositions de l'article 9 de la loi du 11 juin 1842 et de l'article 21 de la loi du 15 juillet 1845. — Aux termes de l'article 9 de la loi du 11 juin 1842, « des règlements d'administration publique doivent « déterminer les mesures et dispositions nécessaires pour garantir la po- « lice, la sûreté, l'usage et la conservation des chemins de fer et de leurs « dépendances (1). »

C'est en exécution de cet article qu'est intervenue l'ordonnance du 15 novembre 1846, modifiée sur quelques points de détail par deux décrets du 20 mai 1880 et du 11 août 1883.

L'article 21 de la loi du 15 juillet 1845 permet de punir d'une amende de 16 à 3 000 fr. toute contravention aux ordonnances ou décrets édictés en vertu de la loi de 1842, ainsi qu'aux arrêtés pris par les préfets, sous l'approbation du Ministre des travaux publics, pour en assurer l'exécution. En cas de récidive dans l'année, l'amende est portée au double et le tribunal peut, selon les circonstances, prononcer en outre un emprisonnement de trois jours à un mois.

2. Objets divers de l'ordonnance du 15 novembre 1846. Contestations sur la légalité de certaines de ses dispositions. — L'ordonnance du 15 novembre 1846 touche à des objets très divers, savoir : police des cours des stations ; entretien et surveillance de la voie, manœuvre des aiguilles, fermeture et gardiennage des passages à niveau, etc. ; dispositions, mise en service, emploi et entretien du matériel roulant ; composition et conduite des trains ; règles relatives au départ, à la circulation et à l'arrivée des convois, aux signaux, aux accidents ; transports, perception des taxes et des frais accessoires ; surveillance de l'exploitation ; prohibitions aux personnes étrangères au service du chemin de fer et aux voyageurs ; prescriptions concernant les règlements d'exploitation, les crieurs ou vendeurs, le personnel, etc.

Soit pendant l'élaboration de l'ordonnance du 15 novembre 1846, soit postérieurement à sa mise en vigueur, les Compagnies ont contesté la

_____

(1) Cette prescription est rappelée à l'art. 33 du cahier des charges.

légalité de certaines de ses dispositions, qu'elles considéraient comme sortant du domaine des mesures de police et contraires aux actes de concession. Elles ont notamment présenté, le 1er février 1847, une protestation et une consultation délibérée par d'illustres avocats : Duvergier, Baroche, Paillet, Chaix d'Est-Ange, Berryer, Odilon Barrot, Billault et Fabre. Leurs critiques portaient plus spécialement sur les points suivants :

a. Droit attribué aux préfets de réglementer l'entrée et le stationnement des voitures dans les cours des stations et obligation imposée aux crieurs, vendeurs et distributeurs d'objets quelconques de se pourvoir d'une autorisation pour exercer leur profession dans les cours et salles d'attente. — Les Compagnies y voyaient une atteinte à leur droit de diriger et d'organiser l'exploitation.

b. Pouvoir conféré à l'Administration d'arrêter le nombre, l'horaire et la composition des trains, non seulement dans un but de sécurité, mais encore pour donner satisfaction aux besoins du public. — Les Compagnies attaquaient très vivement cette intervention administrative dans l'une des matières de pure exploitation dont dépendait le plus directement le succès de leur entreprise; elles exprimaient la crainte que, sous la pression des influences politiques ou locales, le Gouvernement eût des exigences injustifiées.

c. Homologation des taxes. — Les Compagnies soutenaient que l'homologation devait avoir pour objet exclusif de constater la conformité des taxes avec les prescriptions du cahier des charges et ne pouvait être refusée quand cette condition était remplie.

e. Égalité de traitement des expéditeurs. — Ici encore, les Compagnies s'élevaient contre l'insertion dans un règlement de police, de clauses concernant le service commercial, et contre l'institution de pénalités sévères pour des infractions à des obligations purement civiles ou commerciales.

f. Rôle des commissaires du Roi. — Les Compagnies contestaient qu'un règlement de police pût donner les mêmes droits sur tous les concessionnaires à des agents de surveillance institués en vertu de cahier des charges essentiellement différents. Elles paraissaient admettre un contrôle étroit sur la gestion des concessionnaires subventionnés, mais le repoussaient pour les concessionnaires sans lien financier avec le Trésor. Elles considéraient la vérification de leurs livres et écritures comme une ingérence outrageante dans leurs affaires privées.

Les Compagnies demandaient un article additionnel spécifiant que « l'ordonnance de 1846 et les arrêtés pris par les préfets, sous l'approbation « du Ministre des travaux publics, pour l'exécution des dispositions de

« cette ordonnance, ne pouvaient en rien préjudicier aux droits résultant
« pour chaque Compagnie des lois, cahiers des charges et ordonnances
« réglementaires la concernant. »

Ces observations ne reçurent aucune suite. L'Administration jugea,
avec raison, qu'elle n'était pas sortie des limites de la délégation contenue
dans l'article 9 de la loi du 11 juin 1842 et qu'elle avait exercé un droit indé-
niable, en édictant des mesures embrassant tout à la fois la sécurité de
l'exploitation et l'*usage* des chemins de fer.

Les Compagnies cherchèrent alors, mais sans succès, à obtenir de
l'autorité judiciaire ce qu'elles n'avaient pu obtenir de l'autorité administrative.

Un arrêté préfectoral, rendu en exécution des articles 12 et 13 de l'ordonnance du 15 novembre 1846 et sur le rapport d'une Commission, avait
enjoint à la Compagnie d'Orléans d'apporter certaines modifications à
des voitures à voyageurs. Cette injonction n'ayant pas été suivie d'effet,
procès-verbal avait été dressé contre la Compagnie pour contravention à
l'ordonnance du 15 novembre 1846. Contrairement à l'arrêt de la cour
d'Orléans, qui avait déclaré son incompétence pour des faits intéressant
exclusivement la commodité des voyageurs et non la sûreté, la police
ou l'exploitation du chemin de fer, la Cour de cassation proclama,
le 6 janvier 1848, l'applicabilité de l'article 21 de la loi du 15 juillet 1845.
Voici les considérants utiles à retenir dans la décision de la Cour suprême :

« Attendu que la loi du 11 juin 1842, qui avait pour objet la création
« de grandes lignes de chemins de fer, a attribué au Gouvernement le
« droit de déterminer, par des règlements d'administration publique, les
« mesures nécessaires pour maintenir la police, la sûreté, l'usage et la
« conservation de ces chemins ;

« Que l'insertion d'une semblable clause dans le cahier des charges de
« tous les lieux d'exploitation des chemins de fer démontre que, nonob-
« stant les stipulations qui pouvaient y être contenues, le législateur avait
« entendu se réserver le droit d'exiger toutes les modifications que l'expé-
« rience, après la mise en service de ces voies de communication
« nouvelles, indiquerait comme nécessaires dans l'intérêt de la sûreté, de
« la police, de l'usage et de la conservation de ces chemins ;

« Attendu que l'article 21 de la loi du 15 juillet 1845 sur la police des
« chemins de fer qualifie d'infractions punissables des peines portées au-
« dit article toutes contraventions aux ordonnances portant règlement
« d'administration publique sur la police, la sûreté et l'exploitation de
« ces chemins, et aux arrêtés pris par les préfets, sous l'approbation du
« Ministre des travaux publics, pour l'exécution desdites ordonnances ;

« Attendu que, dans cette dernière loi, le législateur ayant employé le
« mot d'exploitation comme identique avec ceux d'usage et de conserva-
« tion des chemins de fer de la précédente loi du 11 juin 1842, la géné-
« ralité de cette expression ne permet pas de douter que la délégation
« légale faite au Gouvernement ne comprenne le droit et même le devoir
« de réglementer tout ce qui intéresse l'établissement des divers modes de
« transport, la forme, les dimensions, la construction des diverses espèces
« de voitures, enfin toutes les mesures qui peuvent assurer la complète
« exécution des lois de concession quant aux garanties données aux
« diverses classes de voyageurs ;

« Attendu qu'une ordonnance rendue le 15 novembre 1846, dans la
« forme des règlements d'administration publique, a déterminé les mesures
« et modifications qui étaient utiles dans le sens de la réserve contenue
« dans l'article 9 de la loi du 11 juin 1842 ;

« Attendu que l'article 12 de cette ordonnance veut que les voitures
« destinées au transport des voyageurs soient d'une construction solide,
« qu'elles soient commodes et pourvues de tout ce qui est nécessaire à la
« sûreté des voyageurs ;

« Que, suivant l'article 13 de cette]ordonnance, aucune des voitures
« destinées aux voyageurs ne peut être mise en service sans une autorisa-
« tion du préfet, donnée sur le rapport d'une Commission constatant que
« cette voiture satisfait aux conditions de l'article qui précède, et qu'il
« résulte des termes du même article que l'autorisation exigée concerne
« les voitures à établir comme celles actuellement employées ;

« Qu'enfin l'article 79, qui termine cette ordonnance, rappelle en
« termes exprès que les contraventions aux prescriptions qu'elle renferme
« seront réprimées et poursuivies conformément au titre III de la loi du
« 15 juillet 1845 et donneront lieu, dès lors, à l'application de l'article 21
« de cette loi ;

« Attendu qu'il résulte de ce qui précède, d'une part, qu'en ce qui
« concerne particulièrement les voitures destinées aux voyageurs l'usage
« qui a pu en être fait jusqu'à la publication de l'ordonnance du 15 no-
« vembre 1846 était le résultat d'une autorisation purement provisoire ;

« D'autre part, que les arrêtés des préfets qui interviennent pour
« l'exécution des articles 12 et 13 de l'ordonnance précitée, sous l'appro-
« bation du Ministre, après rapport d'une Commission, et qui subor-
« donnent la mise définitive en service des voitures dont il s'agit à des
« conditions fixées suivant les termes de l'article 12 de l'ordonnance,
« constituent des actes légaux de l'autorité administrative ; que, sous ce
« rapport, il est du devoir des tribunaux de répression d'en procurer

« l'exécution, tant que la réformation de ces arrêtés n'a pas été prononcée
« par l'autorité administrative supérieure et compétente ;

« Qu'enfin les arrêtés rendus en cette matière par les préfets, ayant été
« pris pour l'exécution d'une ordonnance qui, en conformité de l'article 9
« de la loi du 11 juin 1842, réglemente ce qui est nécessaire pour garantir
« la police, la sûreté et l'exploitation du chemin de fer, l'inobservation des
« prescriptions que ces arrêtés renferment et la mise en service de voi-
« tures, au mépris de ces dispositions, entraine l'application de la pénalité
« déterminée par l'article 21 de la loi du 15 juillet 1845... »

Une Compagnie avait, dans une autre espèce, contesté toute sanction
pénale à l'article 17 de l'ordonnance du 15 novembre 1846, aux termes
duquel « tout convoi ordinaire de voyageurs devra contenir, en nombre
« suffisant, des voitures de chaque classe, à moins d'une autorisation spé-
« ciale du Ministre des travaux publics ». La Cour de cassation n'en a pas
moins maintenu la condamnation prononcée en vertu de l'article 21 de la
loi du 15 juillet 1845 (22 avril 1854, Audibert) (1).

**3. Sanction des décisions du Ministre des travaux publics pour
l'exécution des règlements d'administration publique sur la sûreté
et l'exploitation du chemin de fer. Sanction des règlements proposés
par les Compagnies et approuvés par le Ministre.** — L'article 21 de
la loi du 15 juillet 1845 ne vise que les ordonnances portant règlement
d'administration publique et les arrêtés pris par les préfets, sous l'approbation du Ministre des travaux publics, pour l'exécution de ces ordonnances. Il passe sous silence les décisions prises directement par le Ministre.

Le secret de cet oubli apparent doit être cherché dans l'organisation
du contrôle, telle qu'elle existait en 1845 : le Ministre n'intervenait pas
directement dans la surveillance, comme il le fait aujourd'hui.

Quoi qu'il en soit, en prenant le texte à la lettre, il aurait fallu, pour
donner aux décisions ministérielles la sanction des peines prévues en l'article 21, transformer ces décisions en arrêtés préfectoraux revêtus de
l'approbation du Ministre des travaux publics. Cette interprétation littérale
eût été évidemment contraire à l'intention du législateur. Aussi l'auteur de
l'ordonnance du 15 novembre 1846 a-t-il pu, sans excéder ses pouvoirs,
libeller ainsi l'article 79 de cette ordonnance : « Seront constatées, pour-
« suivies et réprimées, conformément au titre III de la loi du 15 juil-
« let 1845 sur la police des chemins de fer, les contraventions au présent

(1) Voir aussi, page 665, l'arrêt de la Cour de cassation en date du 23 juin 1864.

« règlement, *aux décisions rendues par le Ministre des travaux publics* et
« aux arrêtés pris, sous son approbation, par les préfets, pour l'exécution
« dudit réglement. » Malgré son respect pour le caractère de droit étroit que
présentent toujours les dispositions pénales, l'autorité judiciaire n'a jamais hésité à appliquer les peines prévues en l'article 21 de la loi du 15 juillet 1845, en cas de contravention aux arrêtés ministériels intervenus pour l'exécution de l'ordonnance de 1846. De nombreuses décisions ont été rendues dans ce sens.

L'article 60 de l'ordonnance du 15 novembre 1846 oblige les Compagnies à « soumettre à l'approbation du Ministre des travaux publics leurs « règlements relatifs à l'exploitation des chemins de fer ». L'article 69 complète ainsi cette disposition : « Dans tous les cas où, conformément « aux dispositions du présent règlement, le Ministre des travaux publics « devra statuer sur la proposition d'une Compagnie, la Compagnie sera « tenue de lui soumettre cette proposition dans le délai qu'il aura déter- « miné, faute de quoi le Ministre pourra statuer directement. — Si le Mi- « nistre pense qu'il y a lieu de modifier la proposition de la Compagnie, « il devra, sauf le cas d'urgence, entendre la Compagnie avant de pres- « crire les modifications. » Les règlements ainsi approuvés ont-ils pour sanction les peines prévues par l'article 21 de la loi du 15 juillet 1845 ? Les infractions à ces règlements sont-elles des infractions à des décisions du Ministre des travaux publics pour l'exécution de l'ordonnance du 15 novembre 1846 ?

L'autorité judiciaire n'a pas hésité à l'admettre en mainte occasion. D'éminents auteurs ont critiqué cette jurisprudence. Ils ont fait remarquer que l'effet de l'article 60 de l'ordonnance de 1846, qui oblige les Compagnies à soumettre leurs règlements d'exploitation à l'approbation du Ministre des travaux publics, était de rendre les Compagnies passibles des peines édictées par l'article 21 de la loi du 15 juillet 1845, si elles ne se conformaient pas à cette obligation, mais nullement d'assurer la même sanction à toutes les dispositions des règlements approuvés, soit au regard de l'exploitant, soit au regard du public. Ces critiques ont une valeur et une portée qu'on ne saurait méconnaître. Mais, nous le répétons, elles n'ont point amené l'autorité judiciaire à modifier sa jurisprudence.

La Cour de cassation est très large dans l'appréciation du sens qui doit être attribué au mot « exploitation », lorsqu'elle a à statuer sur des contraventions à des arrêtés ministériels. C'est ainsi que, le 23 juin 1864, elle a rendu (affaire Pigneau) un arrêt qui a été fort critiqué par M. Lamé Fleury et qui a confirmé la condamnation prononcée contre l'auteur d'une contravention à l'arrêté du Ministre des travaux publics, en date du 3 avril

1862, sur le transport des matières d'or et d'argent (1). Après avoir rappelé l'article 21 de la loi du 15 juillet 1845 et l'article 79 de l'ordonnance du 15 novembre 1846, cet arrêt ajoute : « Attendu que les mots *exploitation des chemins de fer*, dont se servent tant la loi de 1845 que le règlement de 1846, ne sauraient avoir la même signification que ceux de police et de sûreté qui les précèdent et que, par leur généralité, ils s'appliquent aussi bien aux décisions prises par l'autorité pour le transport des marchandises qu'à celles concernant le transport des personnes ; que la preuve s'en tire non seulement des termes mêmes de ces lois et règlements, mais aussi de la référence des art. 21 de la loi de 1845 et 79 du règlement de 1846 avec le titre V de ce dernier règlement, dont les dispositions ont spécialement pour objet le transport des marchandises, puisque l'article 79 du règlement de 1846 punit des peines portées en l'article 21 de la loi de 1845 les contraventions aux diverses prescriptions de ce règlement, sans distinguer celles relatives à la police et à la sûreté de la circulation ou des personnes de celles qui se rapportent au transport des marchandises et à la perception des tarifs ;

« Attendu que ces prescriptions, ainsi que les décisions prises pour en assurer l'exécution, constituent des obligations réciproques, et que les mesures ordonnées par l'autorité compétente pour garantir la fidèle perception des tarifs doivent être obéies aussi bien par les expéditeurs que par les Compagnies fermières ou concessionnaires et sont également protégées par la loi pénale ;

« Attendu qu'un arrêté du Ministre des travaux publics du 3 avril 1862 porte que chaque expédition de finances doit être accompagnée, de la part de l'expéditeur, d'un bulletin de remise mentionnant la valeur de l'article à transporter ;

« Attendu que cette obligation doit s'entendre de la valeur réelle des finances à transporter, puisque c'est sur cette valeur que doit être faite la perception du prix de transport fixé par les tarifs approuvés par le Ministre.... ;

« Attendu que, par sa déclaration frauduleuse dans le bulletin remis par lui pour déterminer la valeur réelle des finances à destination du Havre, Pigneau a formellement contrevenu aux obligations que lui imposait la décision de M. le Ministre des travaux publics, laquelle était obligatoire sous les peines portées par l'article 21 de la loi du 15 juillet 1845.... »

____

(1) Nous employons ici la désignation d'« arrêté » dont s'est servie la Cour de cassation. En fait, le document dont il s'agit n'avait pas la forme d'un arrêté : c'était un type sans signature joint à une circulaire ministérielle.

Les pénalités édictées par l'article 21 de la loi de 1845 protègent-elles également les décisions par lesquelles le Ministre des travaux publics homologue les tarifs et leurs conditions d'application? Peuvent-elles être appliquées contre les voyageurs, les expéditeurs et les destinataires qui violeraient ces conditions d'application? L'autorité judiciaire s'est prononcée très fermement pour l'affirmative. Parmi les nombreux monuments de sa jurisprudence, nous citerons spécialement les suivants:

— Cour de cassation, 11 avril 1868 (Michaud). — Arrêt relaxant un expéditeur de la poursuite dont il était l'objet pour une déclaration prétendue fausse de la nature des marchandises expédiées par lui (1), mais déclarant dans l'un de ses considérants que « les contraventions aux dis-« positions des règlements régulièrement pris, relatives au transport des « marchandises sur les chemins de fer, ainsi qu'à la perception des tarifs, « sont de la compétence de la juridiction correctionnelle ».

— Cour d'Aix, 26 novembre 1869 (Albanès). — Arrêt appliquant l'art. 21 de la loi de 1845 à un expéditeur, qui avait fait une fausse déclaration de poids et enfreint ainsi un article des conditions d'application du tarif général pour les transports à petite vitesse.

— Cour de Paris, 2 août 1870 (Société du Crédit Lyonnais). — Arrêt proclamant que l'expéditeur de titres industriels ou de finances, qui déclare faussement une valeur inférieure à la valeur réelle, commet une contravention aux règlements prévus par l'article 79 de l'ordonnance du 15 novembre 1846 et par l'article 21 de la loi du 15 juillet 1845.

— Cour de cassation, 9 août 1872 (Rondel). — Arrêt analogue à celui de la cour d'Aix du 26 novembre 1869.

— Cour de cassation, 12 mars 1875 (Couturier et autres). — Arrêt analogue à celui du 11 avril 1868.

— Cour de cassation, 12 mars 1875 (Marthe et Chirat). — Arrêt annulant une décision de la cour de Lyon, qui avait relaxé l'auteur d'une fausse déclaration de la nature des marchandises.

— Cour de cassation, 12 mars 1875 (Marcet et Cⁱᵉ). — Arrêt semblable.

— Cour de cassation, 8 août 1877 (Riboulet). — Arrêt confirmant un jugement de tribunal correctionnel, qui avait relaxé un expéditeur prévenu de fausse déclaration.

— Cour de Bordeaux, 4 juillet 1883 (Lamazerolle). — Arrêt relaxant pour des raisons d'espèce l'auteur d'une déclaration prétendue fausse, mais déclarant que les faits de cette nature tombent sous le coup de l'article 21 de la loi du 15 juillet 1845.

(1) Il s'agissait de savoir si des cuirs étaient tannés ou corroyés, la distinction entre ces deux natures de cuirs correspondant à une différence de tarifs.

Nous pourrions multiplier ces citations. Elles suffisent à montrer combien la jurisprudence est constante, par combien d'arrêts elle s'est affirmée.

Cette jurisprudence est combattue par beaucoup d'auteurs, notamment par MM. Aucoc, Lamé Fleury, Sarrut et Bédarride. Parmi les arguments qui lui sont opposés, il en est auxquels on ne saurait accorder grand crédit : ce sont ceux qui tendent à restreindre l'application de l'article 21 de la loi de 1845 aux cas de violation d'une disposition intéressant la police de la voie ferrée et la sûreté de circulation ; ils sont en opposition avec les termes beaucoup plus généraux de l'article 9 de la loi du 11 juin 1842 et de l'article 21 de la loi de 1845, ainsi qu'avec les termes mêmes de l'ordonnance du 15 novembre 1846, qui contient de nombreuses prescriptions relatives à l'exploitation commerciale.

Mais, à côté de ces arguments peu solides, il en est qui ont beaucoup plus de valeur et de portée. On fait valoir, non sans raison, que, pour trouver leur sanction dans l'article 21 de la loi du 15 juillet 1845, les décisions ministérielles doivent être prises en vue de l'exécution de l'ordonnance de 1846 et avoir au moins leur germe dans l'un des articles de cette ordonnance. Or, si l'article 44 de l'ordonnance de 1846 interdit la perception d'aucune taxe de transport sans une homologation ministérielle et donne ainsi au Ministre le droit de donner ou de refuser son exequatur aux tarifs et à leurs conditions d'application, cette disposition ne peut avoir d'autre conséquence que de rendre les Compagnies passibles des peines édictées par l'article 21 de la loi de 1845, pour le cas où elles percevraient des taxes non homologuées ; elle ne saurait avoir pour effet d'instituer les mêmes pénalités contre les voyageurs, les expéditeurs ou les destinataires qui enfreindraient les clauses des tarifs. Les déclarations inexactes de la nature des marchandises, par exemple, échapperaient à la sanction de la loi de 1845, parce que l'ordonnance de 1846 n'a prévu ni implicitement, ni explicitement, que le public aurait à observer des conditions à déterminer par le Ministre pour ces déclarations, si ce n'est en ce qui concerne les matières explosibles ou inflammables. Peu importerait d'ailleurs que les conditions d'application des taxes fussent annexées à ces taxes et homologuées avec elles ou qu'elles fissent l'objet, soit de règlements distincts proposés par les Compagnies et revêtus de l'approbation ministérielle, soit même d'arrêtés émanant de l'initiative de l'Administration.

L'autorité judiciaire n'a pas cédé à ces objections. Elle a considéré que les tarifs homologués, comme les règlements approuvés, devenaient de véritables décisions ministérielles dans le sens de l'article 79 de l'ordonnance du 15 novembre 1846, et que toutes les dispositions de ces tarifs ou règlements étaient par suite obligatoires pour le public et pour les Compagnies, sous les peines portées par l'article 21 de la loi du 15 juillet 1845.

On s'est parfois demandé si, pour avoir la sanction de l'article 21 de la loi du 15 juillet 1845, les décisions du Ministre des travaux publics doivent être prises en forme d'arrêté et si elles peuvent, par exemple, comporter la forme de circulaires. La réponse n'est pas douteuse. L'article 79 de l'ordonnance du 15 novembre 1846 n'a imposé aucune forme spéciale; il suffit qu'il y ait décision et que cette décision s'appuie sur l'une des dispositions de l'ordonnance. Tel est le cas des prescriptions relatives aux freins et aux signaux, qui ont fait l'objet de diverses circulaires depuis 1880.

Une dépêche par laquelle le Ministre des travaux publics accuserait réception d'une lettre manifestant l'intention de la Compagnie de réaliser certaines mesures ne saurait être considérée comme équivalente à une décision. La cour de Paris en a jugé ainsi, le 18 mai 1872, à propos du grave accident de Champigny sur le réseau de Paris-Lyon-Méditerranée (Voir page 549).

A peine avons-nous besoin de rappeler que, le cahier des charges ayant un caractère purement contractuel, les décisions exclusivement basées sur son texte et ne s'appuyant point en même temps sur l'ordonnance de 1846 ne pourraient donner lieu à l'application de l'article 21 de la loi du 15 juillet 1845.

4. **Exemples d'application des peines prévues par l'article 21 de la loi du 15 juillet 1845 pour des contraventions aux règlements, décisions ministérielles ou arrêtés préfectoraux.** — Au lieu de réunir ici ces exemples, nous avons jugé préférable de les citer dans les divers chapitres de ce volume ou du suivant, en traitant des matières auxquelles ils se rapportent plus spécialement. Le lecteur pourra ainsi, dans chaque espèce, trouver facilement les indications relatives à la jurisprudence.

§ 3. — RÈGLES SPÉCIALES

A LA POLICE DES COURS DES GARES ET STATIONS

1. **Entrée, stationnement et circulation des voitures dans les cours des stations.** — *a.* DISPOSITIONS DE L'ORDONNANCE DU 15 NO-
VEMBRE 1846. — Aux termes de l'article 1er de l'ordonnance du 15 no-
vembre 1846, « l'entrée, le stationnement et la circulation des voitures
« publiques ou particulières destinées, soit au transport des personnes,
« soit au transport des marchandises, dans les cours dépendant des sta-
« tions des chemins de fer, doivent être réglés par des arrêtés du préfet
« du département; ces arrêtés ne sont exécutoires qu'en vertu de l'appro-
« bation du Ministre des travaux publics. »

Le rapport présenté au Roi par M. Dumon, ministre des travaux publics, à l'appui de l'ordonnance de 1846, rappelle que les cours des stations
font, comme le chemin de fer, partie du domaine public et qu'à ce titre
l'usage doit en être réglé par l'Administration supérieure. Il constate que
cette doctrine a été consacrée par plusieurs décisions judiciaires (1). Il fait
enfin remarquer que l'application de l'article 1er de l'ordonnance prévien-
dra le retour des conflits survenus, à diverses reprises, entre des Compagnies et des entrepreneurs de voitures publiques.

L'auteur de la circulaire ministérielle du 31 décembre 1846 indique,
en outre, que l'article 1er de l'ordonnance de 1846 a eu exclusivement
en vue des mesures d'ordre et de police extérieure.

Nous n'avons pas besoin d'insister sur le but et l'utilité des prescriptions de l'ordonnance de 1846. Bien que faisant partie du domaine public, les cours des gares ne peuvent être ouvertes à tous sans une réglementation qui y assure l'ordre dans l'intérêt de la circulation des piétons et des voitures, comme dans l'intérêt de la bonne exploitation du
chemin de fer. La nécessité de cette réglementation est d'autant plus manifeste que les espaces disponibles sont généralement très exigus et que
les rivalités entre les entreprises concurrentes sont souvent très vives.

Le Ministre des travaux publics, en rappelant aux préfets l'obligation
de soumettre leurs arrêtés à son approbation, leur a recommandé de toujours motiver les dérogations que la faible étendue et la configuration des

---

(1) Voir un arrêt de la Cour de cassation, en date du 17 mars 1866 (Hanou), proclamant
l'incompétence de l'autorité municipale pour prescrire des mesures d'ordre dans les gares.

gares ou les nécessités d'ordre se rattachant à l'exploitation du chemin de fer les conduiraient à apporter aux principes de libre concurrence, c'est-à-dire au droit commun de l'industrie des transports (1) (2).

b. Limites des pouvoirs de l'Administration. — Les arrêtés préfectoraux réglementant l'entrée, le stationnement et la circulation des voitures dans les cours des stations, doivent avoir exclusivement en vue l'ordre et la police. La question a été jugée, en ce sens, par une série d'arrêts du Conseil d'État.

Désireux de mieux assurer les relations de la ville de Fontainebleau avec le chemin de fer et se conformant d'ailleurs aux instructions du Ministre des travaux publics, le préfet de Seine-et-Marne avait subordonné l'accès des voitures des hôteliers dans la cour de la gare à un engagement de desservir les trains de nuit comme les trains de jour. Sur le refus des hôteliers de souscrire cet engagement, la Compagnie avait passé avec le sieur Richard, entrepreneur de voitures publiques, un traité qui assurait le service de tous les trains et qui concédait à cet entrepreneur le monopole de l'usage de la cour. Le privilège ainsi conféré reçut sa confirmation d'une décision ministérielle du 20 décembre 1861, qui approuvait le traité, et d'une autre décision du 11 janvier 1862, approbative de l'arrêté préfectoral du 24 décembre 1861 par lequel le sieur Richard avait été autorisé à faire entrer, stationner et circuler ses voitures dans la cour. Par un autre arrêté du 16 septembre 1862, le préfet décida que les omnibus de l'entreprise Richard continueraient à stationner seuls dans la cour d'arrivée, mais que cependant les voitures venant déposer au chemin de fer des voyageurs ou des colis auraient droit d'entrée dans la cour de départ et qu'il en serait de même des omnibus exclusivement affectés au service des hôtels, à la condition que chaque omnibus transporterait les seuls voyageurs de l'hôtel auquel il appartenait.

Le sieur Lesbats, entrepreneur de voitures publiques à Fontainebleau, ayant persisté à user de la cour de la gare, fut poursuivi pour infraction à un ancien arrêté préfectoral du 5 mars 1853, lequel portait en son arti-

---

(1) L'exercice des pouvoirs conférés à l'Administration s'impose au public et aux Compagnies. La Cour de cassation a, par exemple, décidé, le 3 mars 1847, que l'exécution d'un arrêté préfectoral régulièrement pris, *fondé sur des motifs généraux de police et de sûreté publique*, et obligeant une Compagnie à livrer à l'usage commun de plusieurs entreprises de voitures un terrain précédemment loué à un particulier, constituait, au point de vue de la rupture du contrat de louage, un cas de force majeure empêchant l'allocation de dommages-intérêts au locataire. (Art. 1148 du Code civil.)

(2) En Algérie, le Gouverneur général statue par délégation du Ministre. (Décret du 19 août 1882.)

cle : « L'accès des gares est interdit à toute voiture publique, à moins
« d'une autorisation spéciale délivrée par nous, la Compagnie entendu;
« la même interdiction s'applique aux omnibus établis ou à établir par les
« maîtres d'hôtel pour leur service particulier et par des entrepreneurs
« pour le transport des voyageurs et des bagages, de la gare à la ville et
« vice versa. » Condamné par le tribunal correctionnel de Fontainebleau,
il forma inutilement appel devant la cour de Paris. Il se pourvut alors en
cassation. Mais la Cour suprême le débouta, en se fondant : 1° sur ce que
l'arrêté préfectoral du 5 mars 1853, dûment approuvé par le Ministre
le 16 du même mois, ne renfermait la clause d'aucun monopole ou privilège et se bornait à prescrire une mesure d'ordre et de sûreté, rentrant
dans les prévisions de l'article 1ᵉʳ de l'ordonnance du 15 novembre 1846;
2° sur ce que les tribunaux ne pouvaient se refuser à reconnaître la force
obligatoire de l'arrêté, sous le prétexte que des décisions ultérieures prises
pour son exécution et des traités passés par la Compagnie en auraient
altéré le caractère. En effet, il ne pouvait appartenir qu'à l'autorité administrative supérieure ou au Conseil d'État de réformer, le cas échéant, ces
décisions ou traités (6 décembre 1862).

Pendant que la procédure judiciaire suivait son cours, le sieur Lesbats
avait adressé une réclamation au préfet, mais s'était vu refuser l'autorisation de faire entrer et stationner ses omnibus et autres voitures de louage
dans la cour de la gare, par un arrêté préfectoral du 27 janvier 1862 et
une décision confirmative du Ministre des travaux publics en date du
15 février 1862. Il déféra l'arrêté du préfet et la décision ministérielle à la
censure du Conseil d'État, comme entachés d'excès de pouvoirs. Le Conseil reconnut que l'arrêté préfectoral avait eu pour objet d'assurer au sieur
Richard le bénéfice de son traité avec la Compagnie. Il annula en conséquence cet arrêté et la décision ministérielle, en rappelant que « si l'arti-
« cle 1ᵉʳ de l'ordonnance du 15 novembre 1846 donnait aux préfets le droit
« de régler l'entrée, le stationnement et la circulation des voitures publi-
« ques dans les cours dépendantes des stations de chemins de fer, cette
« attribution ne devait s'exercer que dans *un intérêt de police et de ser-*
« *vice public.* » (Décret au contentieux du 25 février 1864.)

Fort de ce décret, le sieur Lesbats sollicita de nouveau l'autorisation
administrative dont il avait besoin. Cette autorisation lui fut accordée,
par arrêté préfectoral du 1ᵉʳ avril 1864 et décision ministérielle du 24 avril,
mais sous la réserve expresse qu'il desservirait tous les trains de jour et
de nuit s'arrêtant à la station de Fontainebleau. Comme il s'abstenait
d'envoyer des omnibus aux trains de nuit, un procès-verbal de contravention fut dressé contre lui et déféré à la juridiction correctionnelle. Le

tribunal de Fontainebleau et la cour de Paris refusèrent de le condamner. Mais la Cour de cassation se prononça dans un sens contraire (Arrêt du 25 août 1864). Elle considéra que la réserve insérée dans l'acte d'autorisation avait pour objet les nécessités impérieuses du service, qu'elle se rattachait essentiellement à l'ensemble de l'exploitation générale, et que l'autorité administrative n'était pas sortie des limites de ses attributions.

Le sieur Lesbats introduisit devant le Conseil d'État un nouveau recours en excès de pouvoirs : 1° contre l'arrêté préfectoral du 1er avril et la décision ministérielle du 24 avril 1864 ; 2° contre un autre arrêté préfectoral du 1er août et une décision ministérielle du 28 novembre 1864, qui, en lui permettant de faire entrer, circuler et stationner les omnibus et autres voitures destinées au service de l'hôtel de l'Europe dont il était propriétaire, ne lui avaient accordé cette autorisation que sous la réserve expresse de transporter les seuls voyageurs appartenant audit hôtel. Un décret au contentieux du 7 juin 1865 lui donna gain de cause. Ce décret contient les considérants suivants : « Considérant que, si l'ordonnance du « 15 novembre 1846 donne aux préfets le droit de régler, sous l'approba- « tion du Ministre des travaux publics, l'entrée, le stationnement et la « circulation des voitures publiques ou particulières dans les cours dépen- « dant des stations, cette attribution n'a été dévolue aux préfets que « *dans un intérêt de police, à l'effet de maintenir le bon ordre dans un* « *lieu destiné à un usage public....* ;

« Considérant que les dispositions des arrêtés attaqués, par lesquelles « le préfet de Seine-et-Marne n'a autorisé le sieur Lesbats à faire entrer, « circuler et stationner ses omnibus et autres voitures de louage dans les « cours attenantes à la gare de Fontainebleau que sous la condition de « desservir tous les trains et lui a interdit de recevoir dans ses omnibus « des voyageurs autres que ceux à destination de son hôtel, ne sont fon- « dées ni sur les besoins de la surveillance de ladite gare ni sur la néces- « sité des mesures à prendre pour y maintenir l'ordre et prévenir le danger « des encombrements, mais qu'elles ont pour objet d'intervenir dans les « conditions de la concurrence entre les diverses entreprises qui font le ser- « vice des correspondances de la station à la ville et réciproquement ;

« Que, dans ces circonstances, les dispositions desdits arrêtés n'ont pas « été prises dans l'exercice des pouvoirs de police qui ont été conférés au « préfet et au Ministre par l'article 1er de l'ordonnance du 15 novembre 1846 ; « que, dès lors, elles doivent être annulées pour excès de pouvoirs..... »

S'inclinant devant l'interprétation du Conseil d'État, le Ministre des travaux publics fit connaître aux préfets, par une circulaire du 19 août 1865, qu'ils n'auraient plus désormais à délivrer des autorisations spéciales pour l'admission des voitures dans les cours des gares, cette admission étant de plein droit et devant seulement être limitée par l'étendue des cours des gares. L'action des préfets devait se borner à surveiller l'exécution des arrêtés généraux. Le Ministre manifestait d'ailleurs son intention de reviser ces arrêtés généraux, pour en mettre les dispositions d'accord avec la jurisprudence du Conseil d'État. Enfin, il recommandait de ne provoquer aucune mesure de répression contre les voituriers qui n'observeraient pas les clauses conditionnelles insérées dans les arrêtés spéciaux d'autorisation alors en vigueur.

Après avoir recueilli les observations des Compagnies et des ingénieurs du contrôle, et sur l'avis de la Commission des règlements de chemins de fer, le Ministre adopta un texte modèle d'arrêté général, qu'il envoya le 25 septembre 1866 aux préfets et aux ingénieurs en chef du contrôle, avec invitation de prendre des arrêtés conformes et de les soumettre à son approbation conformément à l'article 1ᵉʳ de l'ordonnance du 15 novembre 1846.

Ce type, que nous reproduirons plus loin, avec une légère modification qui y a été apportée depuis, portait à l'article 2 : « Partout où cela sera « jugé nécessaire, les lieux de stationnement des différentes sortes de voi= « tures, telles que diligences à diverses destinations, voitures de messa- « gerie, omnibus, fiacres, voitures à volonté, voitures particulières, seront « désignés par le chef de gare, de concert avec le commissaire de surveil- « lance administrative. A défaut de concert, l'ingénieur en chef du con- « trôle statuera. »

Les Compagnies interprétaient cet article en ce sens que, dans les cours des gares, sur les emplacements affectés aux différentes sortes de véhicules, une place spéciale devait être assignée à *chaque voiture*. Elles pouvaient ainsi réclamer les places les plus favorables pour les voitures de leurs correspondants, à titre de compensation des charges qu'imposait à ces derniers l'obligation de fournir aux voyageurs des moyens de transport réguliers et certains.

Quelques fonctionnaires du contrôle admettaient au contraire que la seule mesure à prendre par l'autorité était la désignation d'emplacements pour les *différentes catégories de véhicules*, les places les plus favorables, sur chaque emplacement, devant appartenir, d'après l'ordre d'arrivée, aux voitures pénétrant les premières dans la cour, sans distinction aucune entre celles qui desservaient régulièrement tous les trains et celles qui desservaient seulement un certain nombre de trains, réputés les plus productifs.

Pour éviter le retour de ce désaccord, le Ministre des travaux publics adressa aux préfets, le 22 février 1868, une circulaire par laquelle il les informait, conformément à l'avis de la Commission des règlements de chemins de fer, que l'interprétation à admettre était la suivante :

1° Les voitures de toute nature, que leurs propriétaires fussent ou non correspondants de la Compagnie, devaient se ranger dans la cour, d'après leur ordre d'arrivée, sur l'emplacement affecté à la catégorie à laquelle elles appartenaient ;

2° Les fonctionnaires du contrôle pouvaient, toutes les fois qu'ils en reconnaissaient l'utilité, attribuer aux voitures publiques effectuant un même service deux emplacements distincts, selon qu'elles desservaient tous les trains ou un certain nombre de trains seulement.

Cette interprétation, malgré sa sagesse, avait la portée d'une véritable modification à l'article 2 du type. Elle ne pouvait donc lier les tribunaux répressifs. Aussi fut-elle contestée et rejetée par la Cour de cassation.

Le chef de gare et le commissaire de surveillance de Cette, station desservie par un entrepreneur libre et par un correspondant de la Compagnie, avaient assigné à ces deux entrepreneurs deux emplacements distincts. La place attribuée au correspondant mettait ses voitures en face de la porte de sortie, en vue et à la disposition immédiate des voyageurs. Les voitures de l'entrepreneur libre (le sieur Vors) étaient au contraire reléguées du côté opposé du péristyle, à une distance et dans une situation qui en permettaient difficilement la vue et l'accès à ces mêmes voyageurs. Le sieur Vors, ayant refusé de se conformer à l'ordre de service approuvé par l'inspecteur général du contrôle, fut traduit devant le tribunal correctionnel de Montpellier. L'affaire alla jusqu'à la Cour de cassation qui, par un arrêt du 31 mars 1877, statua ainsi : « L'article 2 de l'arrêté préfectoral, loin de
« prêter à l'interprétation (qui a servi de base à la poursuite), est clair et
« précis dans son texte. Pris en vue de maintenir une utile concurrence
« entre les diverses espèces de voitures publiques admises dans les gares
« pour le service des voyageurs, il n'a entendu confier aux agents y
« dénommés d'autre faculté que celle de déterminer l'emplacement que
« les différentes catégories de véhicules doivent occuper, et cela suivant
« l'ordre de leur arrivée, sans distinction entre les voitures du service
« libre et celles du correspondant, et sans considération du plus ou moins
« de régularité que ces voitures mettraient à desservir les trains. — La
« circulaire ministérielle du 22 février 1868 ne peut, quelle que soit l'au-
« torité dont elle émane, substituer aux dispositions restrictives de l'arrêté
« préfectoral un pouvoir de réglementation au profit des agents y désignés,
« qui en dénature le caractère et en modifie complètement la portée. Une
« circulaire interprétative, relative à la réglementation du service des
« gares légalement conférée au préfet dans chaque département, ne peut

« être assimilée à un règlement d'administration publique (1) et jouir de
« la même sanction pénale. Si le Ministre des travaux publics, éclairé par
« l'expérience, pensait que les règles précédemment établies devaient être
« modifiées et que l'emplacement à assigner aux voitures publiques
« devait être déterminé, non d'après les catégories auxquelles elles appar-
« tiennent, mais suivant qu'elles desservent ou non tous les trains, rien
« ne s'opposait à ce qu'il fît prendre, en ce sens, par les préfets des dépar-
« tements, de nouveaux arrêtés. Mais, en l'absence de toute mesure de ce
« genre, l'arrêté préfectoral reste avec le sens limité que lui assignent tout
« à la fois son esprit et son texte. L'ordre de service manque de base
« légale et, à ce titre, aucune sanction pénale ne peut être attachée à
« l'inexécution de ses prescriptions. »

A la suite de cet arrêt de la Cour suprême et après avis du Comité consultatif, le Ministre a invité les préfets, par une circulaire du 22 juin 1878,
à prendre de nouveaux arrêtés dont l'article 2 fût libellé comme l'indique
le texte ci-après reproduit et qui assurât ainsi une sanction aux dispositions interprétatives de la circulaire de 1868.

Une ordonnance du préfet de police, du 18 mai 1882, conforme aux
principes admis par le Ministre des travaux publics, a donné lieu récemment à un recours sur lequel il importe de donner quelques indications,
parce que la décision du Conseil d'État met hors de conteste les pouvoirs
de l'Administration, tels qu'ils sont définis dans les circulaires de 1868 et
de 1878.

Depuis longtemps, on était frappé de l'insuffisance des voitures de place
à l'arrivée des trains à la gare du Nord : le service n'était fait que par des
loueurs libres, dont le matériel laissait beaucoup à désirer ; dans le jour,
le transport des voyageurs était à peine assuré ; la nuit, il était encore plus
défectueux. Pour remédier à cette situation, la Compagnie proposa de
créer elle-même un service de voitures de place ; elle s'engagea à fournir
16 véhicules à l'arrivée de chaque train et à en tenir en réserve un nombre suffisant. Cette proposition fut agréée. Bientôt après intervint, avec
l'approbation ministérielle, l'ordonnance de police en date du 18 mai 1882
qui plaçait :

— les omnibus de la Compagnie, près du trottoir de la cour d'arrivée ;
— les voitures de place de la Compagnie, en face de l'issue des voyageurs sans bagages ;
— les autres voitures de place, en face de l'issue des voyageurs avec
bagages.

____

(1) Terme impropre.

Ces dispositions étaient absolument rationnelles. Les omnibus ayant à recevoir une grande quantité de bagages, il convenait de leur donner la place la plus favorable. Quant aux deux catégories de voitures de place, elles recevaient des emplacements en rapport avec leur provenance : celles de la Compagnie étaient placées du côté des remises ; les autres, venant de l'extérieur, se tenaient du côté de la cour le plus proche de la voie publique.

Les sieurs Paul, Vasseur et autres se pourvurent devant le Conseil d'État en annulation de l'ordonnance du 18 mai 1882 et d'une décision confirmative rendue le 1er février 1884 par le Ministre des travaux publics. Ils firent valoir que le préfet de police avait excédé ses pouvoirs en conférant un privilège aux voitures de la Compagnie, sous prétexte que ces voitures desservaient tous les trains. Ils ne manquèrent pas d'ailleurs d'invoquer les arrêts du Conseil du 25 février 1864 et du 7 juin 1865.

Mais le Conseil d'État rejeta leur requête, le 20 mars 1885, et déclara « qu'en réglant l'emplacement réservé, dans la cour d'arrivée de la gare « du chemin de fer du Nord, à chacune des diverses catégories de voitures « desservant cette gare, le préfet de police avait agi dans l'exercice des « pouvoirs à lui conférés par l'article 1er de l'ordonnance du 15 novembre « 1846 ; que les requérants n'établissaient pas qu'il eût statué en vue d'un « intérêt autre qu'un intérêt de police et de service public ; et que, par « suite, le Ministre des travaux publics avait, avec raison, refusé de pro- « noncer l'annulation de l'ordonnance préfectorale. »

Il y avait, en effet, une différence profonde entre l'espèce Lesbats et l'espèce Paul, Vasseur et autres. Dans la première, en effet, l'autorité administrative avait d'abord refusé l'accès de la cour aux voitures du requérant, puis avait subordonné l'autorisation à diverses conditions, notamment à celle de desservir tous les trains de jour et de nuit. Dans la seconde, au contraire, elle s'était bornée à assigner des places différentes aux diverses catégories de voitures, en ayant égard à leur provenance, ainsi qu'à leur nature et à la régularité de leur service ; elle n'avait pris ainsi que des mesures d'ordre et de police sainement entendues.

Tel est l'état actuel de la jurisprudence sur l'étendue des pouvoirs de l'Administration. Elle peut se résumer ainsi : illégalité de toute décision tendant à refuser l'accès de la cour à des voitures déterminées ou à subordonner l'autorisation à des conditions telles que l'obligation de desservir tous les trains ; légalité des décisions tendant à assigner aux diverses catégories de voitures des emplacements justifiés par leur provenance et la nature de leur service.

2. Type de règlement concernant la police des cours. — Voici le type de règlement arrêté par le Ministre, à la date des 22 février 1868 et 22 juin 1878.

TITRE I. — GARES ET STATIONS DE VOYAGEURS.

« ARTICLE PREMIER. — Les cours des gares et stations seront ouvertes une « demi-heure au moins avant le départ ou l'arrivée du premier train du matin. « Elles pourront être fermées après le départ ou l'arrivée du dernier train du soir.

« ART. 2 — Partout où cela sera jugé nécessaire, les lieux de stationnement « des différentes sortes de voitures, telles que diligences à diverses destinations, « voitures de messageries, omnibus, fiacres, voitures à volonté, voitures parti- « culières, seront désignés par le chef de gare, de concert avec le commissaire « de surveillance administrative. A défaut de concert, l'inspecteur général, direc- « teur du contrôle, statuera.

« Les fonctionnaires du contrôle peuvent, toutes les fois qu'ils en recon- « naissent l'utilité, attribuer aux voitures publiques effectuant un même service « deux emplacements distincts, selon qu'elles desservent tous les trains ou un « certain nombre de trains seulement.

« ART. 3 — La mendicité et toute sollicitation importune pour l'indication « d'hôtels, pour transport de bagages, pour offres de service, etc., sont interdites « dans les cours des gares et stations, et, en général, dans toutes les dépendances « du chemin de fer.

« Ceux qui troubleront l'ordre par des cris, des injures, des rixes, ou par des « attroupements gênant la circulation, seront poursuivis conformément aux lois.

« ART. 4 — A l'exception des voyageurs et des personnes qui les servent ou « qui les accompagnent, les préposés de la Compagnie et les agents des services « de correspondance agréés par elle, peuvent seuls prendre et porter les bagages « des voitures à l'intérieur de la station et de l'intérieur de la station aux voitures. « Aucune rétribution ne devra être exigée pour ce service.

« Les cochers ne pourront quitter leurs chevaux pour s'occuper des bagages « qu'en se conformant aux dispositions de l'article suivant.

« ART. 5 — Les voitures qui entrent dans les cours des gares et stations « doivent y circuler avec prudence et n'y stationner que sur les emplacements « indiqués. Quand plusieurs voitures arrivent ou partent en même temps, elles « doivent prendre la file sans essayer de se dépasser.

« Il est interdit à tous charretiers, cochers ou postillons de voitures publiques « ou particulières en stationnement dans ces cours : 1° de quitter leurs chevaux « à moins qu'ils ne soient solidement attachés ou tenus à la main, ou à moins « que les roues de leur voiture ne soient maintenus au moyen d'une chaîne ou « d'une forte corde les reliant à la caisse; 2° de débrider entièrement leurs chevaux, « pour leur donner à boire ou à manger ; ils peuvent seulement leur enlever le « mors de la bouche, et ils doivent alors se tenir à leur tête.

« ART. 6 — Les diligences et les voitures de messageries porteront sur les « côtés extérieurs l'inscription apparente des localités qu'elles desservent et le « nom de leurs propriétaires.

« Il en sera de même des omnibus, qui porteront également à l'extérieur « l'inscription de leur service.

« ART. 7 — A l'intérieur de chaque compartiment de voiture publique seront
« inscrits, d'une manière très apparente, le nombre des places qu'il comporte,
« le prix de chacune d'elles, ainsi que celui du transport des bagages.

« Si le transport des voyageurs ou de tout ou partie des bagages a lieu
« gratuitement, un avis constamment affiché dans la voiture doit faire connaître
« cette gratuité aux voyageurs.

« ART. 8. — Les cochers et conducteurs de voitures publiques devront
« porter un uniforme, ou tout autre signe distinctif.

TITRE II. — GARES DE MARCHANDISES.

« ART. 9. — L'entrée des gares de marchandises n'est permise qu'aux expé-
« diteurs, destinataires et autres personnes venant pour affaires concernant le
« service du chemin de fer.

« Ne seront admises dans les cours de ces gares que les voitures venant y
« prendre ou y laisser leur chargement, et celles des personnes ci-dessus men-
« tionnées.

« ART. 10. — Pour le stationnement, le chargement et le déchargement, les
« voitures se placeront le long des quais ou des voies de débord, de la manière
« et sur les points qui seront déterminés par les Compagnies.

« ART. 11. — Les animaux, à l'arrivée et au départ, devront entrer ou sortir
« par la barrière désignée par le chef de gare.

« L'entrée des gares, pour les animaux, ne peut être requise par les expé-
« diteurs qu'une demi-heure au plus avant le moment où doit commencer le
« chargement.

« Il est interdit d'introduire dans les gares des animaux vicieux, dangereux
« ou malades, qui pourraient compromettre la sécurité publique ou la santé des
« autres animaux à transporter par le chemin de fer.

TITRE III. — DISPOSITIONS GÉNÉRALES.

« ART. 12. — Après le coucher du soleil, toutes les voitures qui entreront
« dans les gares ou stations devront être éclairées.

« ART. 13. — Toute infraction au présent arrêté, rendu en exécution de
« l'article 1er de l'ordonnance du 15 novembre 1846, sera réprimée conformé-
« ment à l'article 21 de la loi du 15 juillet 1845.

« ART. 14. — (Rapportant les arrêtés antérieurs).

« ART. 15. — Le présent arrêté sera soumis à l'approbation du Ministre des
« travaux publics. Il sera constamment affiché aux frais de la Compagnie, dans
« les cours des gares et stations et dans les salles d'attente.

« ART. 16. — Les commissaires de surveillance administrative, les agents
« assermentés de la Compagnie et la gendarmerie sont chargés, chacun en ce
« qui le concerne, de l'exécution du présent arrêté dont ampliation sera trans-
« mise à l'ingénieur en chef du contrôle, au directeur de la Compagnie et au
« commandant de gendarmerie. »

Ce n'est, bien entendu, qu'un type dont les préfets doivent chercher à
se rapprocher autant que possible, mais qu'ils peuvent cependant

modifier suivant les circonstances, sauf approbation du Ministre des travaux publics.

Outre les dispositions concernant spécialement l'entrée, la circulation et le stationnement des voitures, il en contient quelques autres qui ne se rattachent qu'indirectement à l'article 1er de l'ordonnance du 15 novembre 1846 ou qui n'ont même aucun lien avec cet article.

Parmi ces dispositions, il en est pour lesquelles l'applicabilité de l'article 21 de la loi de 1845 a été contestée.

En ce qui concerne l'article 4, il convient de remarquer que, si les agents des services de correspondance non agréés par les Compagnies n'ont pas le droit de prendre et de porter les bagages des voitures à l'intérieur des stations et inversement, rien ne leur interdit cependant de se faire délivrer les bagages, quand ils sont nantis des bulletins et les représentent au bureau de distribution. La Cour de cassation a décidé, le 18 janvier 1870 (Cie de l'Ouest contre Morice et Cie), qu'en refusant de livrer des bagages dans ces conditions, la Compagnie avait porté atteinte à la libre concurrence et encouru une condamnation à des dommages-intérêts, par application de l'article 1382 du Code civil.

Au sujet de l'article 7, nous devons signaler un jugement rendu par le tribunal correctionnel de Baume-les-Dames, le 3 juillet 1867 (Hugonnot). Le tribunal a réprimé une infraction audit article en appliquant, non point les peines portées en l'article 21 de la loi du 15 juillet 1845, mais celles de la loi de 1851 sur la police du roulage. Dans son bulletin annoté, M. Lamé Fleury se demande s'il y a là une inadvertance ou une intention du juge; il exprime l'avis que l'applicabilité de l'article 21 de la loi de 1845 était douteuse.

3. Responsabilité civile des agents des Compagnies en cas d'infraction aux arrêtés sur la police des cours des gares. — Les infractions aux arrêtés réglementant la police des cours des gares peuvent engager la responsabilité civile des agents et des Compagnies. C'est ainsi qu'un chef de gare a été condamné à payer des dommages-intérêts à des voituriers, pour réparer le préjudice qu'il leur avait causé en favorisant un de leurs concurrents par l'apposition d'affiches à côté de son guichet. La Cour de cassation a d'ailleurs jugé que la condamnation avait pu être prononcée sans violation de l'article 1384 du Code civil et des règles sur le mandat (17 juillet 1876, Sébire contre Horgues et Bazillac).

4. Affichage des arrêtés sur la police des cours. — Ces arrêtés doivent, conformément aux principes posés dans l'avis du Conseil d'État du 25 prairial an XIII, être réputés suffisamment publiés, lorsqu'ils ont été affichés dans les cours, vestibules et salles d'attente des gares auxquelles ils s'appliquent (Cour de cassation 6 décembre 1862, Lesbats).

5. Application de l'article 3 de l'arrêté sur la police des gares à un cas de vente de billets. — Un individu surpris dans une gare, offrant avec insistance et importunité des billets de place à des voyageurs, a été puni, en vertu de l'article 21 de la loi de 1845, pour sollicitations importunes (Tribunal correctionnel de Bordeaux, 17 août 1868, Marvil). Bien que le tribunal n'ait pas visé l'arrêté sur la police des cours de la gare, il parait certain que cet arrêté a servi de base à son jugement, d'ailleurs fort critiqué par M. Lamé Fleury (1).

Le tribunal correctionnel de Melun a rendu une décision semblable, le 7 mai 1878 (Robert).

(1) Voir un arrêt du 17 mars 1866, déjà cité page 655, par lequel la Cour de cassation a reconnu l'applicabilité de l'art. 21 de la loi du 15 juillet 1845 au cas de sollicitations importunes et déclaré le tribunal de simple police incompétent pour connaître de la contravention ainsi commise à un arrêté du préfet sur la police de la gare.

§ 4. — RÈGLES DE POLICE CONCERNANT LA VENTE
OU LA DISTRIBUTION D'OBJETS QUELCONQUES
DANS LES GARES ET STATIONS. — AFFICHES D'ANNONCES DANS LES WAGONS.

1. Dispositions de l'article 70 de l'ordonnance du 15 novembre 1846. — Aux termes de l'article 70 de l'ordonnance du 15 novembre 1846, « aucun crieur, vendeur ou distributeur d'objets quelconques, ne peut « être admis par les Compagnies à exercer sa profession, dans les cours « ou bâtiments des stations et dans les salles d'attente destinées aux « voyageurs, qu'en vertu de l'autorisation spéciale du préfet du départe- « ment. »

Le principe général est l'interdiction à toute personne étrangère au service du chemin de fer ou non munie d'un billet de place de pénétrer dans l'enceinte du chemin de fer. Ce principe devait souffrir des exceptions, dans l'intérêt même des voyageurs qui doivent pouvoir se procurer, soit au départ, soit en cours de route, certains objets de première nécessité. Toutefois ces exceptions devaient être soumises à une réglementation étroite, afin d'éviter des abus regrettables. Tel a été l'objet de l'article 70 de l'ordonnance de 1846, qui d'ailleurs, dans un but de police et de bon ordre, porte, non seulement sur les bâtiments et les quais des stations, mais encore sur les cours.

Il convient de rapprocher du texte précédent :

1° la circulaire du Ministre des travaux publics, en date du 16 août 1861, qui recommande aux préfets de toujours consulter les ingénieurs en chef du contrôle sur les demandes en autorisation d'exploiter des buffets, de colporter et de vendre des livres et imprimés, ou d'exercer toute autre industrie ;

2° une seconde circulaire du 29 juillet 1863, faisant remarquer aux préfets que l'Administration des travaux publics n'a pas à s'immiscer dans les questions de concurrence ou de monopole se rattachant aux autorisations de l'espèce, et que sa mission se borne à prévenir les troubles et les entraves à l'exploitation et à s'assurer que le transport des marchandises destinées à être débitées dans les gares est effectué aux conditions des tarifs et sans aucune faveur ;

3° une dernière circulaire du 24 juin 1874, confirmant les précédentes en ce qui concerne l'instruction préalable des demandes par le service du contrôle, et ajoutant que l'initiative doit toujours être laissée à la Compagnie.

Les circulaires de 1861 et 1863 réservent l'une et l'autre les formalités que peut comporter l'exercice de la police générale.

2. Buffets. — *a.* CIRCULATION DES BUFFETIERS ET DE LEURS AIDES. APPEL AUX VOYAGEURS. — L'établissement et l'exploitation des buffets font partie des objets auxquels se réfère l'article 70 de l'ordonnance de 1846. Il appartient donc aux préfets de délivrer les autorisations, sur la demande des Compagnies et après avis du service du contrôle (Circulaire ministérielle du 15 avril 1850).

Les préposés des buffets et des buvettes peuvent-ils circuler sur les quais des gares et appeler par des cris l'attention des voyageurs ? La Cour de cassation, saisie d'une difficulté à cet égard, a repoussé l'application de l'article 64 de l'ordonnance de 1846, qui interdit aux personnes étrangères de pénétrer dans l'enceinte des chemins de fer (29 décembre 1860, Brunet); elle a considéré que l'exploitation des buffets constitue l'un des services de la Compagnie, que les buffetiers sont les représentants du concessionnaire, et que d'ailleurs la loi a remis dans les mains de l'autorité tous les moyens nécessaires pour réprimer les abus.

Il est certain que les fermiers des buffets ou leurs aides doivent, dans l'intérêt même du public, avoir accès sur les trottoirs, soit pour diriger les voyageurs, soit pour servir ceux qu'une maladie ou tout autre motif obligerait à ne pas quitter leur compartiment. Des restrictions excessives imposées aux relations des voyageurs avec les buffetiers créeraient une gêne préjudiciable à l'exploitation et seraient absolument contraires aux intentions de l'auteur de l'ordonnance de 1846. La présence sur le quai de deux ou trois personnes parfaitement connues des agents de la Compagnie ne peut être une cause d'encombrement, ni de désordre. Le Ministre des travaux publics a statué dans ce sens, le 7 octobre 1874, conformément à l'avis de la Commission des règlements, en faisant supprimer d'un projet d'arrêté une disposition portant que « le permissionnaire s'abstien-« drait d'importuner les voyageurs et de circuler sur les trottoirs inté-« rieurs de la gare ».

Néanmoins, si les buffetiers commettaient des abus, ils s'exposeraient, soit à se voir punis pour contravention aux prescriptions que contiennent en général les arrêtés d'autorisation à cet égard, soit à voir les Compagnies user des clauses résolutoires insérées dans leurs contrats de location.

b. RÉGIME AU POINT DE VUE DES MESURES DE POLICE LOCALE. — Les maires et les préfets peuvent prendre des arrêtés de police déterminant les heures de fermeture des cafés, cabarets et autres débits de boissons.

La question s'est posée de savoir si les buffets des gares pouvaient être soumis à ces arrêtés. Un sieur Geyer, gérant du buffet de Reims, a été poursuivi devant le tribunal de simple police, pour avoir conservé dans son établissement des personnes non munies de billets de voyageurs, après l'heure de 11 h. 1/2 que le préfet de la Marne avait fixée pour la fermeture des cafés dans diverses villes du département, notamment dans celle de Reims : la contravention avait été relevée par deux agents de la police municipale et la poursuite tendait à l'application de l'article 471, § 15, du Code pénal. A la suite de l'acquittement du sieur Geyer, la Cour de cassation a été saisie d'un pourvoi du commissaire de police remplissant les fonctions du ministère public ; mais elle a rejeté ce pourvoi par un arrêt ainsi motivé :
« Attendu que le buffet dont Geyer est le fermier est situé dans l'enceinte
« de la gare ; qu'il constitue un des services nécessaires à l'exploitation
« de la voie ferrée, soit que la gestion en reste confiée aux agents de la
« Compagnie, soit qu'elle ait été cédée à un fermier qui représente en ce
« point la Compagnie ;
« Attendu qu'aux termes des articles 1 et 21 de la loi du 15 juillet
« 1845, les chemins de fer construits ou concédés par l'État font partie de
« la grande voirie, et que leur police, leur sûreté et leur exploitation
« doivent être réglées par des décrets ou par des arrêtés pris par les pré-
« fets, sous l'approbation du Ministre des travaux publics ; que, dès lors,
« un arrêté préfectoral pris en vertu des lois des 16-24 août 1790, 19-22 juil-
« let 1791 et 18 juillet 1837, et dépourvu, d'ailleurs, de l'approbation du
« Ministre des travaux publics, n'a d'autre caractère que celui d'un arrêté
« de police municipale et ne peut s'appliquer ni à la police, ni à l'exploi-
« tation du buffet de la gare de Reims, faisant partie d'un chemin de fer
« concédé par l'État ; qu'en outre, aux termes de l'article 57 de l'ordon-
« nance du 15 novembre 1846, la surveillance relative à l'admission du
« public dans les gares est confiée aux commissaires de surveillance admi-
« nistrative et à leurs agents, d'où il suit que l'arrêté de police du préfet
« de la Marne ne pouvait être invoqué contre le fermier du buffet.... »
(2 juillet 1870).

M. Lamé Fleury a émis, dans son Bulletin annoté, des doutes sur la valeur de cet arrêt de la Cour de cassation. Invoquant l'autorité des deux circulaires ministérielles du 16 août 1861 et du 29 juillet 1863, il a expri-mé l'opinion que le classement des chemins de fer dans la grande voirie n'était nullement exclusif des mesures de police générale et admis la coexistence : 1º d'un régime spécial, pour le public accédant au buffet par l'intérieur des gares ; 2º du régime général, pour le public s'y introduisant par l'extérieur.

A vrai dire, la question est complexe. Les buffets sont généralement accessibles de l'extérieur et de l'intérieur de la gare; on ne saurait, sans imposer une gêne excessive au public, ne les ouvrir qu'aux personnes munies de billets : tel voyageur arrivé à destination doit pouvoir y consommer, après avoir remis son ticket, mais avant de se rendre à son domicile; tel autre se préparant à partir doit avoir la faculté d'y prendre un repas ou une consommation en attendant l'ouverture du guichet. Les gares ne sont pas toutes dans la même situation : les unes ont un service de nuit; les autres n'ont qu'un service de jour; si, pour ces dernières, l'applicabilité des arrêtés de police générale ne présente pas de difficultés matérielles, il en est tout autrement de celles de la 1re catégorie, puisqu'il faudrait distinguer entre les personnes qui sont amenées au buffet par un voyage personnel ou par le voyage, soit d'un parent, soit d'un ami, et celles qui n'y viennent, au contraire, que pour consommer.

D'un autre côté, on ne peut méconnaître que certains buffetiers, abusant de leurs immunités, ont transformé leurs établissements en restaurants ou cafés de nuit et ont ainsi, non seulement violé les arrêtés de police générale, mais profité même de ces arrêtés en recueillant la clientèle locale qui était empêchée de se rendre ou de rester dans les autres établissements. Dans ce cas, il est incontestable qu'ils agissaient, non plus comme buffetiers, mais bien comme restaurateurs ou cafetiers.

Quelle que soit la liberté d'allures que l'Administration laisse aux gérants des buffets, il importe cependant de pouvoir réprimer ces abus.

Mais la coexistence de deux régimes de police ne nous parait pas le meilleur moyen d'atteindre ce but : pratique dans certains cas et pour certaines gares, elle soulèverait le plus souvent des difficultés inextricables; elle aurait l'inconvénient, toujours très grave, de mettre en présence et d'amener sur le même terrain deux autorités différentes. Ce sont ces objections qui ont certainement déterminé la Cour de cassation et qui l'ont conduite à affirmer une doctrine, peut-être un peu trop exclusive. Sans nous arrêter à la lettre même de son arrêt, nous croyons qu'elle a sagement agi, en considérant les buffets comme ne pouvant être régis que par des arrêtés pris par le préfet dans l'exercice de ses attributions de surveillance sur les chemins de fer et après avis du service du contrôle. Ces arrêtés peuvent contenir toutes les dispositions nécessaires pour sauvegarder le bon ordre et cependant comporter des règles assez larges et assez élastiques pour ne point gêner inutilement le public. Ils ont d'ailleurs, au regard des buffetiers, la sanction très efficace de l'article 21 de la loi de 1845.

c. PRIX PERÇUS DANS LES BUFFETS. — Les arrêtés préfectoraux d'autorisation portent ordinairement que le tarif de consommation sera ostensiblement affiché.

d. PLAINTES SUR LE SERVICE DES BUFFETS. — Les plaintes motivées, soit par la mauvaise qualité des consommations, soit par les perceptions supérieures au tarif, soit par les défectuosités du service, sont instruites au même titre que les autres réclamations. Elles peuvent entraîner le retrait de l'autorisation.

3. **Bibliothèques. Vente de livres et de journaux.** — *a*. NÉCESSITÉ D'UNE AUTORISATION MALGRÉ LA LOI DU 29 JUILLET 1881. — La liberté de la librairie a été proclamée par un décret du 10 septembre 1870, qui a substitué au régime de l'autorisation celui de la simple déclaration.

Une loi du 9 mars 1878 a permis de même de colporter et de distribuer librement les journaux moyennant une déclaration préalable.

Enfin la loi du 29 juillet 1881, remplaçant tous les textes antérieurs sur la presse, a confirmé, en son article premier, la liberté de la librairie et réglé ainsi, en son article 18, le colportage et la distribution des livres et journaux : « Quiconque voudra exercer la profession de colporteur ou de
« distributeur, sur la voie publique ou en tout autre lieu public ou privé,
« des livres, écrits, brochures, journaux, dessins, gravures, lithographies
« et photographies, sera tenu d'en faire la déclaration à la préfecture du
« département où il a son domicile. Toutefois, en ce qui concerne les
« journaux et autres feuilles périodiques, la déclaration pourra être faite,
« soit à la mairie de la commune dans laquelle doit se faire la distribu-
« tion, soit à la sous-préfecture.... »

On s'est demandé si l'article 70 de l'ordonnance du 15 novembre 1846 était toujours en vigueur et ne se trouvait pas implicitement abrogé par la loi du 29 juillet 1881, en ce qui concerne les bibliothèques des gares.

Il ne saurait exister aucun doute sur le maintien des prescriptions de l'ordonnance de 1846. Cette ordonnance appartient à une législation spéciale sur les chemins de fer et n'a pu être abrogée implicitement par une loi sur la presse. Il n'y a aucune relation à établir entre la déclaration nécessaire pour faire du colportage et vendre des livres sur la voie publique, et l'autorisation indispensable pour pénétrer dans les dépendances intérieures d'une gare et exercer une industrie dans des lieux dont l'accès est interdit en principe par l'article 61 de l'ordonnance de 1846.

La faculté ouverte par la loi de 1881 ne peut évidemment s'exercer, s'il s'agit d'un lieu privé, qu'avec l'autorisation du propriétaire, et s'il s'agit d'un lieu public affecté à un servic spécial, qu'avec les restrictions commandées par la destination de ce lieu.

A la vérité, les gares font partie du domaine public. Mais elles sont exploitées pour un usage déterminé par des Compagnies, sous le contrôle de l'État; l'accès n'en est ouvert au public que sous certaines conditions; si les crieurs, vendeurs de journaux, de livres ou de tous autres objets y sont exceptionnellement admis, ce n'est que pour la commodité des voyageurs et dans la mesure compatible avec les intérêts du service. Reconnaître à ces industriels un prétendu droit puisé dans la loi générale sur la presse, ce serait ouvrir les gares, y provoquer des désordres et des encombrements, s'exposer aux plus graves dangers. Il faut donc s'en tenir exclusivement à la réglementation de l'article 70 de l'ordonnance du 15 novembre 1846.

C'est dans ce sens que le Ministre des travaux publics a répondu, le 29 mai 1883, à une interpellation de M. de Janzé, député, et donné des instructions aux préfets par une circulaire ministérielle du 24 mai 1884 (1).

b. Monopole de fait. Contrôle des compagnies sur les livres et autres écrits vendus dans les gares. Exclusion de certains livres ou journaux, soit par les compagnies, soit par les permissionnaires. — Depuis de longues années, les Compagnies ont concédé à MM. Hachette et Cie le droit exclusif de faire vendre dans les gares et stations de leur réseau les ouvrages littéraires, historiques, scientifiques ou artistiques, publiés, soit par ces éditeurs, soit par d'autres, ainsi que les journaux, publications périodiques, indicateurs, livrets, guides, itinéraires, gravures, cartes, plans, photographies et autres articles de librairie susceptibles d'être achetés par les voyageurs.

En échange de ce privilège, elles ont stipulé à leur profit une redevance annuelle ; elles se sont en outre réservé le droit :

1° d'autoriser les surveillants, les concierges des stations, les employés des bureaux de renseignement, à fournir au public l'indicateur et le livret Chaix ainsi que d'autres publications analogues et des guides ;

2° de fixer et de modifier à leur gré les emplacements mis à la disposition de MM. Hachette et Cie, et même de les supprimer sur les points où elles jugeraient cette mesure nécessaire, sans que cette suppression puisse avoir pour effet une réduction de la redevance ;

3° d'agréer les préposés à la vente et d'exiger au besoin leur renvoi

---

(1) Le Ministre des travaux publics avait eu le soin de s'assurer qu'il était d'accord avec ses collègues de la Justice et de l'Intérieur.

(ces agents devant d'ailleurs être pris, autant que possible, parmi les femmes et enfants des employés ou anciens employés de la Compagnie;

4° d'interdire le dépôt et la mise en vente de tout ouvrage qu'elles trouveraient dangereux ou nuisible à leurs intérêts, cette interdiction ne pouvant motiver ni l'allocation d'une indemnité, ni la résiliation du contrat ;

5° de résilier la convention avant son terme normal, sans autre obligation que de ne point laisser établir et de ne pas établir elles-mêmes des dépôts semblables jusqu'à l'expiration du délai restant à courir sur la durée du contrat.

Des plaintes très vives ont été formulées contre le monopole de fait attribué à MM. Hachette et Cⁱᵉ (1). Ce monopole est la conséquence de l'impossibilité dans laquelle se trouvent l'Administration et les Compagnies de concéder des espaces considérables dans les gares pour le commerce de librairie ; il résulte aussi de la nécessité de ne délivrer les autorisations qu'à des industriels offrant toutes les garanties voulues au point de vue du bon ordre. Sans doute les Compagnies, au lieu de traiter avec une seule maison de librairie, soit pour l'ensemble des réseaux, soit pour toutes les gares d'un même réseau, auraient pu fractionner leurs contrats, les répartir entre plusieurs maisons. Mais, alors même qu'elles se seraient arrêtées à ce dernier parti, elles n'en auraient pas moins constitué des privilèges et des monopoles ; elles auraient toujours été contraintes de limiter les autorisations et de les restreindre à un seul libraire dans la plupart de leurs gares. En traitant avec la plus grande maison de librairie de France, elles ont cru faire une chose utile et sage, assurer un choix meilleur et plus complet de livres ou d'autres publications, et servir ainsi les intérêts des voyageurs tout en rendant leur surveillance plus facile et plus simple.

A la suite du refus de vente d'un journal et d'un livre, des critiques ont été dirigées contre le droit d'exclusion qu'exerçaient les permissionnaires et contre le droit d'interdiction que les Compagnies elles-mêmes s'étaient réservé. On y a vu tout à la fois la résurrection de la censure et une violation de la loi du 29 décembre 1875, dont l'article 3 est ainsi conçu : « L'interdiction de vente et de distribution sur la voie publique ne pourra « plus être édictée par l'autorité administrative comme mesure particu- « lière contre un journal déterminé. » Il y a lieu, tout d'abord, d'observer que la loi du 29 décembre 1875 a été entièrement abrogée et qu'au sur-

(1) Voir les débats auxquels a donné lieu l'interpellation adressée au Gouvernement par M. de Janzé, député, le 29 mai 1883. Ces débats se sont terminés par l'ordre du jour pur et simple.

plus elle s'appliquait exclusivement à l'autorité administrative et ne pouvait par suite être opposée aux Compagnies. D'un autre côté, on ne voit point sur quel texte un éditeur ou un auteur pourraient s'appuyer pour contraindre un libraire à vendre un ouvrage déterminé ; la liberté absolue dont jouissent à cet égard tous les libraires et les colporteurs ne saurait être refusée aux concessionnaires des bibliothèques des chemins de fer ; l'exiguïté des emplacements mis à la disposition de ces industriels dans les gares les oblige d'ailleurs à restreindre leurs dépôts et à faire une sélection qui concilie cette difficulté matérielle avec l'intérêt et les convenances des voyageurs. Enfin, comme le consentement des Compagnies est indispensable pour la création de bibliothèques dans les gares, comme elles ont à passer des traités dans ce but, il est difficile de leur dénier la faculté de contrôle sur la vente, de leur méconnaître le droit de proscrire les publications qu'elles jugeraient par exemple de nature à jeter dans leur personnel le désordre et l'indiscipline (1).

Est-ce à dire que l'Administration soit désarmée contre les abus que pourraient commettre les permissionnaires ou les Compagnies ? Elle reste, au contraire, suffisamment armée. L'installation des bibliothèques constitue nécessairement une gêne pour la circulation ; l'introduction de personnes étrangères dans l'enceinte du chemin de fer est une dérogation au principe général posé par l'article 61 de l'ordonnance du 15 novembre 1846 ; ces mesures doivent être compensées par des services réels rendus aux voyageurs. S'il était établi que les permissionnaires manquassent habituellement des publications particulièrement utiles aux usagers du chemin de fer, qu'ils ne missent en vente que des ouvrages peu demandés, qu'en un mot les avantages procurés au public ne fussent pas en rapport avec les inconvénients de la permission, l'Administration aurait le droit incontestable de retirer cette autorisation. Toutefois elle ne pourrait, sans commettre un véritable détournement de pouvoir, user de ce droit pour des considérations tirées du refus de vente de tel ou tel ouvrage, de tel ou tel journal, de telle ou telle catégorie de publications, s'il était d'ailleurs démontré que, dans l'ensemble, l'exploitation des bibliothèques répondit aux besoins du public. Sans doute l'Administration échapperait aux effets éventuels d'un recours contentieux, si elle ne motivait pas dans ce cas sa décision de retrait ; mais le détournement de pouvoir n'en existerait pas moins.

____

(1) Par un jugement du 28 juillet 1884, le tribunal de commerce de la Seine a repoussé une action intentée contre MM. Hachette et les six grandes Compagnies pour refus de vente d'un livre. Ce jugement a été confirmé, le 12 mars 1886, par la Cour d'appel.

c. Examen des traités passés par les Compagnies avec les libraires.
— On a soutenu que les traités passés entre les Compagnies et les permissionnaires devaient être revêtus de l'approbation ministérielle, aucune taxe ne devant être perçue sans l'homologation du Ministre.

A peine est-il nécessaire de faire remarquer que l'article 44 de l'ordonnance du 15 novembre 1846, sur lequel cette théorie serait étayée, est inapplicable en l'espèce. Le prix des livres, brochures, journaux, etc., ne rentre nullement dans la catégorie des taxes de transport à percevoir par les Compagnies.

L'Administration a néanmoins le droit de se faire représenter les traités avant de délivrer les autorisations, afin d'apprécier si ces contrats sont conformes à l'intérêt public. Elle a aussi le droit d'exiger que toutes les modifications qui y seraient apportées soient soumises à son examen. A un autre point de vue, elle peut également se les faire communiquer à l'appui des comptes des Compagnies.

4. Affichage d'annonces dans les voitures. — La Compagnie de l'Ouest a récemment conclu avec un publiciste un traité qui lui concède le droit exclusif d'apposer et d'entretenir des annonces à l'intérieur des compartiments de 2ᵉ et de 3ᵉ classe des voitures à voyageurs. Des cadres doivent être placés à cet effet : 1° sur les cloisons séparatives et sur les cloisons extrêmes des voitures à compartiments isolés ; 2° sur les cloisons extrêmes et les faces latérales des compartiments à cloisons non séparatives. Nous n'entrerons pas dans le détail des dispositions de ce traité, et nous nous bornerons à indiquer : 1° que la Compagnie s'est réservé le droit d'éliminer les annonces qui lui paraîtraient de nature à lui porter préjudice, à lui susciter des difficultés ou à blesser la morale ; 2° que l'apposition des cadres ne doit point faire obstacle à la pose des filets, ni aux améliorations du matériel ; 3° que l'exécution du contrat reste en tout temps subordonnée à l'autorisation du Ministre.

Appelé à émettre son avis sur l'affaire, le Comité consultatif des chemins de fer, tout en admettant le principe de l'expérience en raison de la redevance à servir par le concessionnaire, a pensé qu'il convenait de ne pas associer, même en apparence, la responsabilité du Ministre à celle de la Compagnie, dans l'exercice du droit de censure sur les annonces, et qu'en conséquence il y avait lieu seulement : 1° d'exiger l'autorisation préfectorale pour l'introduction des agents du concessionnaire dans l'enceinte des gares et stations, en conformité de l'article 70 de l'ordonnance de 1846 ; 2° de réserver le contrôle ordinaire de l'Administration sur les dispositions du matériel.

§ 5. — RÈGLES DE POLICE

CONCERNANT LES PERSONNES ÉTRANGÈRES AU SERVICE DU CHEMIN DE FER

1. Dispositions des articles 61, 62 et 68 de l'ordonnance du 15 novembre 1846. — Aux termes de l'article 61 de l'ordonnance du 15 novembre 1846, il est défendu à toute personne étrangère au service du chemin de fer :

1° de s'introduire dans l'enceinte du chemin de fer, d'y circuler ou stationner ;

2° d'y jeter ou déposer aucuns matériaux ni objets quelconques ;

3° d'y introduire des chevaux, bestiaux ou animaux d'aucune espèce ;

4° d'y faire circuler ou stationner aucunes voitures, wagons ou machines étrangères au service.

L'article 62 excepte de la défense portée au § 1er de l'article précédent les maires et adjoints, les commissaires de police, les officiers de gendarmerie, les gendarmes et autres agents de la force publique, les préposés aux douanes, aux contributions indirectes et aux octrois, les gardes-champêtres et forestiers, dans l'exercice de leurs fonctions et revêtus de leur uniforme ou de leurs insignes. Dans tous les cas, ces fonctionnaires et agents sont tenus de se conformer aux mesures spéciales de précaution déterminées par le Ministre, la Compagnie entendue.

Enfin, d'après l'article 68, les cantonniers, gardes-barrières et autres agents du chemin de fer, doivent faire sortir immédiatement toute personne qui se serait introduite dans l'enceinte du chemin de fer ou dans quelque portion que ce soit de ses dépendances où elle n'aurait pas le droit d'entrer. En cas de résistance des contrevenants, tout employé du chemin de fer peut requérir l'assistance des agents de l'Administration et de la force publique. Les chevaux ou bestiaux abandonnés dans l'enceinte du chemin de fer sont saisis et mis en fourrière.

2. Portée de l'article 61, § 1er, de l'ordonnance du 15 novembre 1846. — L'interdiction édictée par l'article 61 de l'ordonnance de 1846 s'applique à l'enceinte du chemin de fer. Quand le chemin est pourvu de clôtures, cette disposition ne peut soulever aucune difficulté d'interprétation : elle embrasse tout ce qui est compris à l'intérieur des clôtures. Lorsque le chemin n'est pas clos, on doit la considérer comme applicable à la voie ferrée, à toutes ses dépendances et notamment aux bâtiments, à l'exclusion des cours et avenues ou chemins extérieurs.

Malgré ses termes absolus et impératifs, elle comporte, soit en droit, soit en fait, certaines exceptions indépendantes de celles qui sont énumérées à l'article 62 au profit de certains fonctionnaires ou dépositaires de la force publique.

a. Personnes nanties d'une autorisation de la compagnie. — La cour de Montpellier a jugé, le 24 juin 1850, que ni les agents du contrôle, ni ceux de la Compagnie, n'avaient le droit de déroger aux prescriptions de l'article 61 de l'ordonnance, en autorisant des personnes étrangères au service du chemin de fer à pénétrer, soit sur la voie, soit à l'intérieur des gares.

Cependant, il est entré dans la pratique de reconnaître aux agents supérieurs et même aux chefs de gare la faculté de délivrer des autorisations écrites ou verbales à des personnes connues, qui ont à accompagner ou à attendre des voyageurs et qui désirent par suite pénétrer sur les quais, et même à des personnes qui ont à circuler sur la voie, par exemple pour s'y livrer à des études géologiques. Dans ce dernier cas, la Compagnie prend généralement la précaution de faire accompagner les permissionnaires par un agent.

Cette pratique a reçu une consécration dans les règlements des gardes, qui ont été approuvés par le Ministre et qui, tout en rappelant les articles 61, 62 et 68 de l'ordonnance, exceptent les personnes nanties d'autorisations. La cour d'Aix, dans les considérants d'un arrêt du 14 juin 1862 (1), et M. Féraud-Giraud, dans son Code des transports, se sont efforcés de concilier la disposition introduite dans le règlement des gardes avec celles de l'article 61, § 1er, de l'ordonnance de 1846, en faisant remarquer que l'une est relative au service et à l'exploitation du chemin de fer et l'autre à la sécurité des voyageurs, et que d'ailleurs les chefs de gare restent responsables des conséquences des autorisations par eux délivrées. Comme M. Lamé Fleury, nous avons peine à admettre cette justification, au point de vue juridique. Les règlements approuvés par le Ministre, en vertu de l'article 60 de l'ordonnance, doivent être en harmonie avec les prescriptions générales de cet acte organique; ils ont le même objet et tendent au même but, à savoir la sécurité et le bon ordre dans l'exploitation. Pour notre part, nous n'attribuons pas à l'article 61 toute la rigueur que la cour

---

(1) Un voyageur qui avait laissé tomber son chapeau sur la voie avait demandé l'autorisation d'aller le chercher ; le chef de gare l'y avait autorisé et l'avait fait accompagner par un homme d'équipe ; néanmoins, effrayé par le bruit d'une locomotive, il s'était jeté sous les roues d'un convoi et avait été écrasé. Le chef de gare, poursuivi pour homicide par imprudence, fut acquitté.

de Montpellier a cru devoir lui reconnaître dans son arrêt du 24 juin 1850. S'il défend à toute personne étrangère au service du chemin de fer de s'introduire d'elle-même dans l'enceinte de la voie ferrée, il ne prohibe nullement aux agents des Compagnies de l'y introduire pour des motifs légitimes, sous réserve, bien entendu, du droit de contrôle exercé par l'Administration dans l'intérêt supérieur de la sécurité. Il est donc inutile de chercher à expliquer la divergence apparente entre les règlements d'exploitation et l'ordonnance de 1846 par des raisons tirées d'une différence d'origine et de but; sainement entendu, l'article 61 de l'ordonnance ne s'opposait nullement à l'interprétation admise dans la rédaction des règlements.

b. Personnes nanties de billets. — Les voyageurs pourvus de leurs billets ne contreviennent évidemment point à l'article 61 de l'ordonnance du 15 novembre 1846, lorsque, trouvant les portes ouvertes, ils pénètrent sur les quais (Cour de cassation, 31 mars 1864, Lœw).

Mais il n'en serait pas de même d'un voyageur s'introduisant en des points du chemin de fer où il n'a pas besoin d'accéder pour prendre le train qui doit l'emmener.

Nous signalerons particulièrement :

— un jugement du tribunal correctionnel de Mulhouse, en date du 4 août 1868, condamnant un voyageur qui avait brisé la porte d'une salle d'attente et escaladé une fenêtre, et visant, entre autres textes, l'article 61 de l'ordonnance ;

— un arrêt de la cour d'Aix, en date du 6 mars 1884 (Sambucy), condamnant un individu qui, malgré l'opposition des employés, avait escaladé la banquette de la salle des bagages.

c. Expéditeurs et destinataires. — Les expéditeurs ou destinataires qui sont appelés à l'intérieur des gares pour l'envoi ou la réception de leurs marchandises sont évidemment dans une situation régulière.

Il en est également ainsi des ouvriers que les expéditeurs ou destinataires emploient pour le chargement et le déchargement, ainsi que pour la manœuvre des wagons, en vertu de tarifs dûment homologués. Comme nous l'avons déjà fait connaître, page 351, un arrêté ministériel du 15 novembre 1879, rappelant et complétant les prescriptions de la circulaire du 29 septembre 1855, a déterminé les mesures de précaution à prendre en pareil cas :

1° Les manœuvres sont surveillées et dirigées par les agents des Compagnies et sous leur responsabilité ;

2° Elles sont interdites sur les voies principales et sur les voies qui les longent ou y aboutissent directement, à moins qu'elles ne soient exécutées sous la direction immédiate du chef de gare ou de son représentant;

3° Le chef de gare peut désigner certaines portions de voies, sur lesquelles les expéditeurs ou destinataires sont autorisés à exécuter les manœuvres sous leur propre responsabilité.

Toute manœuvre faite dans d'autres conditions, sur des voies où les expéditeurs ou destinataires n'auraient pas été autorisés à se rendre, pourrait donner lieu à l'application de l'article 61 de l'ordonnance. Plusieurs tribunaux de répression ont rendu des jugements dans ce sens.

3. **Magistrats ou fonctionnaires autorisés à pénétrer dans l'enceinte du chemin de fer.** — Nous avons énuméré précédemment les magistrats, fonctionnaires et agents de la force publique, que l'auteur de l'ordonnance de 1846 a exceptés de l'interdiction générale édictée par l'article 61.

Cette énumération n'est pas complète. Il faut y ajouter:

— les préfets, qui concourent au contrôle de l'exploitation et ont même droit au transport gratuit dans l'étendue de leur département, dès qu'ils se déclarent en tournée de service (Circulaire ministérielle du 6 octobre 1847);

— les fonctionnaires du contrôle, dans l'étendue de leur circonscription;

— les officiers de police judiciaire qui ne sont pas dénommés dans l'article 62 de l'ordonnance, mais que l'article 23 de la loi de 1845 charge de constater les crimes, délits ou contraventions, prévus par les titres I et III de ladite loi, notamment les procureurs et leurs substituts (Le droit de pénétrer dans l'enceinte du chemin de fer résulte évidemment du rôle attribué par la loi de 1845 aux officiers de police judiciaire; une circulaire du Ministre des travaux publics, en date du 18 août 1853, a invité les Compagnies à assurer le libre exercice de ce droit; de son côté, le Ministre de la justice a recommandé, le 15 septembre 1853, aux procureurs généraux et à leurs substituts, de n'en user que dans un intérêt réel d'action ou de surveillance) (1);

— les employés chargés de la surveillance du service postal, ainsi que les agents préposés à l'échange ou à l'entrepôt des dépêches, mais seulement pour les gares et stations (Art. 56, 17°, du cahier des charges);

— les inspecteurs et agents des lignes télégraphiques (Art. 58 du cahier

____

(1) Voir un arrêt rendu par la cour de Nancy, le 13 août 1853 : condamnation d'un chef de gare et d'un surveillant qui avaient violemment expulsé un substitut.

des charges et décret du 27 décembre 1851 sur l'établissement et la police de ces lignes);

— les préposés de l'enregistrement, qui sont autorisés à prendre communication des registres des Compagnies pour surveiller l'exécution des lois sur le timbre et qui doivent par suite pouvoir pénétrer dans les bâtiments des gares ou stations affectés aux transports en grande et en petite vitesse (Loi du 13 mai 1863 ; circulaire du Ministre des travaux publics, en date du 31 juillet 1863; loi du 23 août 1871 ; loi du 30 mars 1872; loi du 29 juin et décret du 6 décembre 1872);

— les agents des contributions directes, qui ont de même à procéder à des vérifications pour l'assiette du droit de patente (Loi du 15 juillet 1880);

— les inspecteurs des finances, qui ont à vérifier les écritures, soit au point de vue de l'application des lois et règlements de finances, soit au point de vue du fonctionnement de la garantie d'intérêt et du partage des bénéfices (Règlements sur les justifications financières à fournir par les Compagnies).

Ainsi que nous l'avons déjà dit, les magistrats, fonctionnaires ou agents ainsi autorisés à pénétrer dans l'enceinte du chemin de fer ne doivent en user qu'avec réserve et pour les besoins du service. Le Ministre de la justice a invité les membres des parquets à se conformer à cette règle (Circulaire du 15 septembre 1853); le Ministre de la guerre a adressé une invitation semblable aux officiers de gendarmerie (16 janvier 1865).

Le règlement des chemins de fer de l'État, pour l'entretien et la surveillance de la voie, désigne comme pouvant entrer dans l'enceinte du chemin de fer, outre les magistrats, fonctionnaires et agents précédemment indiqués, les sous-préfets, les généraux de division ou de brigade commandant les divisions ou subdivisions régionales. Malgré le défaut de textes généraux prévoyant ces exceptions supplémentaires, elles se justifient pleinement, pour les sous-préfets par leur caractère d'auxiliaires du préfet, pour les généraux par l'autorité qui s'attache à leur situation et aussi par la surveillance qu'ils peuvent avoir à exercer sur les transports militaires.

4. Incompétence des tribunaux administratifs ou judiciaires pour autoriser des particuliers à pénétrer dans l'enceinte du chemin de fer. Nullité des conventions tendant au même but. — Les Conseils de préfecture excéderaient les limites de leurs pouvoirs en autorisant des particuliers à pénétrer dans l'enceinte du chemin de fer. Aussi le Conseil d'État a-t-il annulé comme contraire à l'article 61 de l'ordonnance du 15 novembre 1846 un arrêté du Conseil de préfecture du Doubs, qui avait reconnu à des riverains le droit de visiter en tout temps des ouvrages compris dans les limites du chemin de fer et servant au rétablissement d'irrigations (18 mars 1869, Cⁱᵉ de P.-L.-M. contre Bouquet).

Il en est de même des tribunaux ordinaires.

Une convention par laquelle une Compagnie céderait un droit d'accès serait également illicite et de nul effet; l'intéressé ne pourrait en réclamer le bénéfice (Cour de cassation, 21 juillet 1874, Cⁱᵉ du Midi contre Noël et Montperney).

5. **Jet ou dépôt d'objets dans l'enceinte du chemin de fer.** — Le second paragraphe de l'article 61 de l'ordonnance du 15 novembre 1846 ne comporte pour ainsi dire aucune explication.

Les tribunaux l'ont fréquemment appliqué au cas de jet de pierres sur des trains, sans préjudice des peines plus rigoureuses prévues par l'article 25 de la loi du 15 juillet 1845 pour toute attaque contre les agents du chemin de fer.

Souvent les coupables sont des enfants. Il peut alors, comme nous l'avons déjà dit, être fait application de l'article 66 du Code pénal.

6. **Introduction de chevaux, bestiaux ou animaux. Circulation ou stationnement des voitures.** — Le lecteur voudra bien se reporter aux développements dans lesquels nous sommes entré précédemment, au sujet des derniers paragraphes de l'article 61 (tome II, page 977).

§ 6. — RÈGLES DE POLICE CONCERNANT LES VOYAGEURS

1. Dispositions des articles 63, 64, 65 et 67 de l'ordonnance du 15 novembre 1846. — Aux termes de l'article 63 de l'ordonnance du 15 novembre 1846, il est défendu :

1° d'entrer dans les voitures sans avoir pris un billet et de se placer dans une voiture d'une autre classe que celle qui est indiquée par le billet;

2° d'entrer dans les voitures ou d'en sortir autrement que par la portière qui fait face au côté extérieur de la ligne du chemin de fer;

3° de passer d'une voiture dans une autre, de se pencher au dehors;

4° de se servir, sans motif plausible, du signal d'alarme mis à la disposition des voyageurs, pour faire appel aux agents de la Compagnie (Addition faite par décret du 11 août 1883).

Les voyageurs ne doivent sortir des voitures qu'aux stations et lorsque le train est complètement arrêté.

Il est défendu de fumer dans les voitures, sur les voitures et dans les gares; toutefois, à la demande de la Compagnie et moyennant des mesures spéciales de précaution, des dérogations à cette disposition peuvent être autorisées.

Les voyageurs sont tenus d'obtempérer aux injonctions des agents de la Compagnie, pour l'observation des dispositions précédentes.

L'article 64 prohibe l'admission dans les voitures d'un nombre de voyageurs supérieur à celui des places, indiqué conformément à l'article 14.

L'article 65 interdit l'entrée des voitures : 1° à toute personne en état d'ivresse; 2° à tous individus porteurs d'armes à feu chargées ou de paquets qui, par leur nature, leur volume ou leur odeur, pourraient gêner ou incommoder les voyageurs. Tout porteur d'une arme à feu doit, avant son admission sur les quais d'embarquement, faire constater que son arme n'est point chargée.

Enfin, l'article 67 défend d'admettre des chiens dans les voitures servant au transport des voyageurs. Toutefois, la Compagnie peut placer dans des caisses de voitures spéciales les voyageurs qui ne voudraient pas se séparer de leurs chiens, pourvu que ces animaux soient muselés, en quelque saison que ce soit. En outre, une circulaire ministérielle du 4 novembre 1886 a autorisé les voyageurs à conserver avec eux les animaux en cage ou en panier, lorsque les personnes placées dans le même compartiment y donneraient leur assentiment unanime.

2. Entrée dans les voitures sans billet. Cas assimilables. — *a.* Voyage sans billet. — C'est le cas le plus simple. Les tribunaux de répression ont fait de fréquentes applications de l'article 63 de l'ordonnance de 1846 à des voyageurs dépourvus de billets : une condamnation a été notamment prononcée contre des ouvriers du chemin de fer, qui avaient voyagé indûment dans une vigie de garde-frein (Tribunal correctionnel de Dax, 13 août 1868, Langa et autres).

Une prétendue autorisation des agents de la Compagnie ne saurait être admise comme excuse et justifier un acquittement. D'une part, en effet, les Compagnies ne peuvent délivrer des autorisations de cette nature ; d'autre part, en matière de contravention, les tribunaux n'ont ni à rechercher l'intention, ni à en admettre la preuve.

Il peut arriver que le voyageur, à la descente d'un train, cherche à échapper au contrôle, en passant par exemple au travers des clôtures de la gare. L'article 63 de l'ordonnance de 1846 et l'article 21 de la loi de 1845 restent seuls applicables. Le fait n'a ni le caractère du délit d'escroquerie, qui suppose l'emploi des manœuvres frauduleuses spécifiées dans l'article 405 du Code pénal et la remise des objets énumérés au même article, ni le caractère du larcin qui, aux termes de l'article 401 du Code pénal, suppose la soustraction frauduleuse de la chose d'autrui (Cour de cassation, 8 décembre 1870, Vergnault).

Le Ministre de la justice, consulté par le Ministre de travaux publics sur la question de savoir si l'individu ayant voyagé sans billet et sans argent pouvait être mis en état d'arrestation préventive, a répondu négativement. Il a fait remarquer toutefois que, si le contrevenant ne pouvait pas justifier de son identité, l'autorité administrative avait le droit de le détenir en vertu de la loi du 10 vendémiaire an IV (Circulaire du Ministre des travaux publics du 3 juillet 1854) (1).

b. Refus de présentation ou de remise du billet. — Le voyageur qui refuse de présenter son billet doit être réputé n'en point avoir (Tribunal de Compiègne, 24 juin 1857).

Il en est de même de celui qui, à l'arrivée, refuse de remettre son ticket

---

(1) On pourra consulter un arrêt de la cour de Toulouse du 26 décembre 1873 (Bourges), confirmatif d'un jugement du tribunal de Toulouse qui reconnaissait aux Compagnies le droit d'empêcher la sortie d'un voyageur, avant qu'il eût acquitté sa dette ou au moins fait constater son identité.

à l'agent chargé de le recevoir (Cour de Poitiers, 1er juin 1878, Gaultier). Toutefois, dans cette espèce, il paraissait établi que le voyageur avait effectivement pris un billet ; la Cour l'a condamné à tort pour infraction à l'une des conditions d'application des tarifs généraux, aux termes de laquelle tout voyageur qui ne peut présenter son billet à l'arrivée doit solder, avant de sortir de la station, le prix de la place qu'il a occupée.

c. Voyage avec un billet périmé. — Les conditions générales d'application des tarifs du Nord spécifient que les billets sont exlusivement valables pour la date et le train qui y sont indiqués. Sur les autres réseaux, cette disposition n'est pas explicitement reproduite ; mais les billets portent néanmoins le timbre du jour et le numéro du train.

Doit-on considérer comme périmé le billet qu'un voyageur tenterait d'utiliser, soit un autre jour, soit pour un autre train du même jour ?

Les tribunaux se sont divisés à cet égard. C'est ainsi que le tribunal correctionnel de Narbonne a refusé de voir dans l'usage d'un billet délivré pour un train précédent autre chose qu'une infraction aux conditions du tarif (18 mai 1867, Carle). Au contraire, le tribunal correctionnel de la Seine a condamné le porteur d'un billet délivré l'avant-veille (6 mai 1868, Bertringer) ; le tribunal de commerce de Nevers a considéré l'usage d'un billet délivré pour tout autre train comme constituant une contravention à l'article 63 de l'ordonnance de 1846 (19 juillet 1869, Legrain contre Cie de P.-L.M.).

Au point de vue juridique, soit que les conditions générales d'application des tarifs généraux contiennent la disposition ci-dessus relatée pour le réseau du Nord, soit que les billets portent l'indication de la date et du train, le contrat de transport doit être rompu dès qu'il est dérogé à l'une de ces clauses et le voyageur auquel cette dérogation est imputable doit être considéré comme dépourvu de billet et, par suite, comme passible des pénalités de la loi de 1845. Il ne pourrait en être autrement, sans dommage pour la régularité de l'exploitation : les Compagnies ont en effet à tenir compte, dans la composition de leurs trains, du nombre des billets délivrés, surtout dans les gares importantes, et leurs caculs pourraient être déjoués à la dernière heure, si des voyageurs sur lesquels elles n'auraient pas compté avaient le droit d'exiger des places et de rendre nécessaire l'addition de voitures supplémentaires.

Au point de vue pratique, cette règle doit être toujours tempérée ; elle l'est effectivement. Les Compagnies sont dans l'usage de reprendre ou d'accepter les billets ainsi périmés, quand le voyageur n'est point en faute et quand il prévient immédiatement les agents locaux des circontances qui l'ont empêché de partir.

Ce qui vient d'être dit des billets simples s'applique évidemment : 1° aux coupons de retour des billets d'aller et retour, quand le délai de validité de ces coupons est expiré (Tribunal correctionnel de la Seine, 26 novembre 1868, Leprieur) ; 2° aux coupons de retour des trains de plaisir, dans le même cas.

A fortiori un billet qui a déjà servi est-il sans valeur pour un second voyage (Tribunal correctionnel de la Seine, 6 mai 1868, Bertringer).

d. PROLONGATION DU VOYAGE AU DELA DU POINT DE DESTINATION. — La défense d'entrer dans une voiture sans avoir pris un billet implique celle d'y rester au delà de la station pour laquelle le billet a été pris. Tout voyageur qui dépasse ainsi son point de destination contrevient à l'article 63 de l'ordonnance du 15 novembre 1846 (Cour de cassation, 7 avril 1870, Abrivard).

Le tribunal correctionnel de Falaise a cependant acquitté, le 10 novembre 1876, un prévenu qui s'était endormi, n'avait pas entendu les appels du conducteur et avait ainsi dépassé inconsciemment la gare à laquelle il aurait dû descendre. La cour de Dijon a prononcé un arrêt, dans le même sens, le 9 mai 1877, au profit d'un voyageur qui avait par inadvertance négligé de descendre et qui s'était spontanément présenté à la station suivante pour payer le supplément. Ces deux décisions ont été critiquées comme contraires aux principes qui régissent la matière des contraventions et qui s'opposent à la recherche de l'intention : on peut cependant les justifier, en remarquant qu'il s'agissait d'actes inconscients, d'erreurs matérielles.

Le voyageur qui, après avoir parcouru indûment un certain trajet supplémentaire, prend un billet à la gare précédant celle d'arrivée, afin de dissimuler sa fraude, ne peut être poursuivi que pour infraction à l'article 63 de l'ordonnance de 1846 ; il ne commet ni escroquerie, ni larcin ou filouterie, comme nous l'avons déjà expliqué, page 683 (Cour de Bordeaux, 27 juin 1862).

e. USAGE D'UN PERMIS DE CIRCULATION GRATUITE OU A PRIX RÉDUIT DÉLIVRÉ A UN TIERS. — Le voyageur qui use indûment d'un permis de circulation gratuite ou à prix réduit délivré à un tiers doit être considéré comme dépourvu de billet (Cour de Toulouse, 26 juillet 1862, Barbot ; **Cour de cassation**, 6 mai 1865, Laforgue ; tribunal correctionnel de Carcassonne, 31 janvier 1868, Carol, et 7 février 1868, Valette ; tribunal correctionnel de la Seine, 10 juin 1869, Combes ; tribunal correctionnel de Ruffec, 6 août 1884, Epardeau).

Mais les peines de l'article 405 du Code pénal ne peuvent lui être appliquées : l'escroquerie n'existe en effet que lorsqu'il y a tout à la fois à la charge du coupable, avec l'usurpation de faux nom, de fausses qualités, ou les manœuvres frauduleuses définies à l'article 405, la remise ou la tentative de se faire remettre des fonds, des meubles, des obligations, dispositions, billets, promesses, quittances ou décharges (Cour de cassation, 6 mai 1865, Laforgue ; cour de Paris, 15 mars 1867 ; tribunal correctionnel de la Seine, 10 juin 1869, Combes ; cour d'Aix, 5 février 1873, Faivre). Nous devons reconnaître que, sur ce dernier point, la jurisprudence a varié : le tribunal correctionnel de la Seine a rendu, le 12 février 1867, un jugement par lequel il reconnaissait la possibilité d'assimilation entre le fait qui nous occupe et le délit d'escroquerie ; il en est de même de la cour de Poitiers (17 janvier 1873, Rocher). Cette assimilation nous semble des plus contestables.

f. Usurpation de qualités pour voyager gratuitement ou a prix réduit. — Les individus qui excipent de prétendues qualités pour obtenir le parcours gratuit ou à prix réduit contreviennent à l'article 63 de l'ordonnance de 1846 (Cour de Toulouse, 26 juillet 1862, Barbot).

Contrairement au principe posé par l'arrêt que nous venons de rappeler, la cour de Nîmes (30 janvier 1873, Jacquemond) et le tribunal correctionnel de la Seine (26 avril 1876, Besançon et Coignet) ont condamné en vertu de l'article 405 du Code pénal des voyageurs, dont l'un s'était dit mensongèrement supérieur d'une communauté religieuse et avait obtenu des billets à prix réduit pour lui et les membres de sa prétendue association, et dont l'autre avait exhibé une permission militaire qui lui avait été prêtée. Ici, en effet, les circonstances constitutives de l'escroquerie nous paraissent réunies.

g. Usage de billets falsifiés. — A diverses reprises, des voyageurs ont surchargé des billets, de manière à les faire servir à des parcours plus longs que ceux pour lesquels ils avaient été délivrés.

Les tribunaux se sont divisés sur la qualification du fait.

La cour de Paris, par exemple, l'a considéré comme constituant un délit d'escroquerie (5 juillet 1878, Moreau et femme Barret), tandis que la cour d'Aix et la cour de Bordeaux se sont prononcées dans un sens inverse (5 février 1873, Faivre ; 15 novembre 1833, Jouannet). Cette dernière solution est plus conforme à l'interprétation ordinaire de l'article 405 du Code pénal, telle qu'elle résulte notamment de l'arrêt de la Cour de cassation en date du 8 décembre 1870, que nous avons précédemment relaté.

h. USAGE DE COUPONS DE RETOUR DÉLIVRÉS A DES TIERS. — Nous nous réservons de traiter plus loin avec détails la question très controversée des billets d'aller et retour et de faire, à cette occasion, l'exposé de la jurisprudence et de la doctrine, en ce qui concerne l'usage des coupons de retour par des personnes autres que celles qui ont utilisé le coupon d'aller. Le lecteur voudra bien se reporter à cet exposé (1).

i. DÉCLARATION MENSONGÈRE DE L'AGE D'UN ENFANT. — Aux termes du cahier des charges, les enfants âgés de moins de trois ans sont transportés gratuitement, à la condition d'être portés sur les genoux des personnes qui les accompagnent; les enfants de 3 à 7 ans paient demi-place.

Les parents qui déclarent inexactement l'âge d'un enfant ou qui ne prennent pas pour lui le billet dont il devrait être nanti peuvent-ils être poursuivis pour contravention à l'article 63 de l'ordonnance du 15 novembre 1846? Le tribunal de Neufchâtel a répondu négativement (22 janvier 1875); mais la cour de Rouen a réformé ce jugement (25 mars 1875): elle a considéré que, dans l'espèce, le soin de pourvoir aux charges et aux nécessités du voyage incombait à la mère et que celle-ci, ayant fait entrer l'enfant dans la voiture sans billet, était coupable de contravention à l'article précité de l'ordonnance. Le tribunal correctionnel de la Seine a statué dans le même sens que la cour de Rouen, le 27 janvier 1885 (Morel).

M. Lamé Fleury fait observer, avec raison, que les termes de l'ordonnance de 1846 ne permettent pas l'application de l'article 21 de la loi de 1845 contre les parents qui sont eux-mêmes munis de billets et que l'action civile peut seule réprimer leur faute.

3. Voyage dans un compartiment d'une classe autre que celle qui est indiquée sur le billet. Voyage illicite dans un compartiment réservé. — *a.* VOYAGE DANS UNE VOITURE D'UNE CLASSE SUPÉRIEURE. — Les tribunaux correctionnels ont eu plusieurs fois à condamner des individus qui avaient voyagé dans des compartiments d'une classe supérieure à celle à laquelle ils avaient droit d'après leur billet.

Cependant la cour d'Aix (6 mars 1884, Sambucy) et la cour de Nancy (1er mai 1884, Haut) ont relaxé des porteurs de cartes d'abonnement, dont l'un était parfaitement connu des agents, s'était fait voir du chef de

____

(1) Voir tome IV.

gare et n'avait nullement refusé de payer un supplément, et dont l'autre avait spontanément offert au contrôleur la taxe supplémentaire, avant la fermeture de la portière et la mise en marche du train. Ces décisions sont conformes à l'usage. Les tarifs spéciaux des deux Compagnies pour lesquelles elles ont été rendues prévoient d'ailleurs le déclassement, à charge par l'abonné de payer le prix de la place entière, s'il n'a pas prévenu les agents avant de monter, ou seulement le supplément dans le cas contraire.

b. Voyage dans une voiture d'une classe inférieure. — Bien que le libellé de l'article 63 de l'ordonnance de 1846 semble interdire de voyager dans des voitures d'une classe inférieure, il est certain que telle n'a pas dû être l'intention de l'auteur de ce règlement. Le tribunal correctionnel de Bagnères (28 novembre 1868, Brun-Faulquier) et la cour de Pau (14 janvier 1869) ont renvoyé des fins de la poursuite un prévenu qui, étant descendu d'un train pour chercher un verre d'eau, avait dû se jeter dans un fourgon pour ne pas manquer le départ.

Sans doute, les déclassements d'une classe supérieure à une classe inférieure pourraient, s'ils étaient trop nombreux, déjouer les combinaisons de la Compagnie, au point de vue de la composition des trains. Mais c'est là un inconvénient purement théorique, qui n'est point à redouter en fait et qui, nous le répétons, n'a pas dû éveiller l'attention de l'auteur de l'ordonnance du 15 novembre 1846.

c. Voyage illicite dans un compartiment réservé. — L'article 2 de l'arrêté ministériel du 1er mars 1861 sur la police des compartiments réservés interdit l'accès de ces compartiments à toute personne autre que celles auxquelles ils sont affectés. Par un jugement du 29 juin 1875, le tribunal correctionnel de la Seine a appliqué les peines prévues par l'article 21 de la loi du 15 juillet 1845 à un voyageur qui avait enfreint cette disposition. Il nous paraît y avoir là une extension non justifiée de la loi pénale. Ni la loi de 1845, ni l'ordonnance de 1846, ne prévoient les compartiments réservés; l'arrêté ministériel de 1861 n'est intervenu que pour l'exécution des clauses du cahier des charges et ne peut avoir la sanction édictée par l'article 21 de la loi de 1845, bien que mention en ait été faite dans l'article 4 de cet arrêté. Nous devons cependant constater que la Cour de cassation a proclamé, dans une espèce anologue, l'applicabilité de l'article 21 de la loi de 1845 (2 mai 1873, Bisetzky).

4. **Sortie par l'entrevoie**. — Les prescriptions de l'ordonnance de 1846 à cet égard ne nécessitent aucune explication.

5. Passage d'une voiture dans une autre. — Certaines voitures sont pourvues d'impériales. Le tribunal correctionnel de la Seine a jugé, le 16 juin 1868 (Lorette), qu'un voyageur descendant de l'impériale pendant la marche du train pour prendre place dans un compartiment fermé commettait une contravention au 3ᵉ § de l'article 63 de l'ordonnance. Ce compartiment faisait d'ailleurs partie de la même voiture. Il est certain, en effet, que le mot « voiture » a dû être employé comme synonyme du mot « compartiment » dans cette disposition du règlement comme dans plusieurs autres. Étant donnée la structure des véhicules français qui n'ont que des entrées latérales, le passage d'un compartiment à l'autre présente de graves dangers ; il offre en outre des inconvénients sur lesquels nous n'avons pas à insister, pour les voyageurs dont le compartiment est ainsi envahi en cours de route sans aucun contrôle des agents. Ce sont ces dangers et ces inconvénients que l'ordonnance a voulu conjurer.

6. Interdiction de l'usage abusif du signal d'alarme. — Nous avons indiqué, pages 392 et 575, les motifs qui ont déterminé l'établissement de signaux d'alarme permettant aux voyageurs de faire appel aux agents et de provoquer l'arrêt du train. L'abus dans l'emploi de ces signaux pouvant entraver la marche du service et créer même des dangers, il y a été pourvu par le décret réglementaire du 11 août 1883, qui a complété l'article 63 de l'ordonnance du 15 novembre 1846.

7. Sortie ou entrée en cours de route. — L'ordonnance du 15 novembre 1846 interdit de sortir d'un train pendant sa marche.

Elle a omis de prohiber l'entrée des voitures, après la mise en marche. Les dispositions pénales étant de droit étroit, l'autorité judiciaire s'est refusée, avec raison, à considérer le fait comme comportant l'application de l'article 63 de l'ordonnance et de l'article 21 de la loi du 15 juillet 1845 (Cour de cassation, 31 mars 1864, Loew ; cour de Pau, 14 janvier 1869, Brun-Faulquier).

8. Interdiction de fumer. — Conformément aux prévisions de l'ordonnance, les Compagnies réservent dans leurs trains des compartiments pour les fumeurs.

L'usage du tabac s'étant de plus en plus répandu, le Ministre des travaux publics a pensé qu'il était impossible d'appliquer littéralement l'article 63 ; par une circulaire du 2 août 1864, il a fait connaître que le parti le plus sage, à son avis, serait de ne considérer comme étant en contravention que les voyageurs persistant à fumer, malgré les recommandations de leurs compagnons de voyage.

Des abus s'étant produits, le Comité consultatif des chemins de fer a été consulté sur les mesures à prendre. Il a conclu à rappeler au public, par des affiches placardées dans les gares et les voitures, les dispositions de l'ordonnance du 15 novembre 1846, l'exception faite pour les compartiments spéciaux affectés aux fumeurs, l'interdiction de fumer dans les autres compartiments sans le consentement explicite et préalable de toutes les personnes présentes, et les instructions données aux commissaires de surveillance administrative et aux agents assermentés des Compagnies pour verbaliser contre les voyageurs qui persisteraient à fumer, malgré l'opposition d'un de leurs voisins. Ces conclusions ont été adoptées par le Ministre et portées à la connaissance des Compagnies à la date du 11 novembre 1880.

9. Interdiction de placer dans un compartiment un nombre de voyageurs supérieur au nombre de places indiqué conformément à l'article 14 de l'ordonnance de 1846. — Cette interdiction, édictée en vue d'assurer la commodité des voyageurs, ne nécessite aucune indication spéciale.

10. Interdiction des armes à feu chargées. — Nous n'avons à signaler, à ce sujet, qu'une circulaire du 15 septembre 1860, adressée par le Ministre des travaux publics aux directeurs du contrôle, pour leur faire connaître que les prescriptions de l'article 65 ne pouvaient être appliquées strictement aux gendarmes, mais que ces militaires avaient reçu les instructions les plus précises pour redoubler de précautions.

11. Libre accès des quais d'embarquement pour les voyageurs munis de billets. — A l'inverse de ce qui se passait dans plusieurs pays étrangers, notamment en Angleterre, les Compagnies françaises ont pris le parti de parquer les voyageurs dans les salles d'attente et de ne les introduire sur les quais d'embarquement que quelques minutes avant le départ du train. Ce mode de faire, inspiré par des considérations d'ordre et de sécurité, n'était pas sans inconvénient :

1º Au moment de l'ouverture des salles d'attente, les voyageurs se précipitaient sur le quai, afin de pouvoir choisir des places à leur convenance. Les femmes, les enfants et les personnes infirmes avaient souvent à souffrir de la violence avec laquelle s'écoulait ce flot de voyageurs; arrivant les derniers, ils trouvaient les meilleures places occupées.

2° Certains voyageurs, admis par tolérance à pénétrer directement sur les quais en passant par des entrées interdites au public, prenaient également les places les plus confortables.

3° Les voyageurs devant être introduits en même temps sur les quais n'étaient point intéressés à se présenter à l'avance, pour prendre leurs billets et faire enregistrer leurs bagages. Il en résultait, au dernier moment, des encombrements préjudiciables à l'exploitation.

Frappé de ces inconvénients, le Ministre des travaux publics a demandé aux Compagnies, par une circulaire du 22 juin 1863, d'expérimenter l'accès immédiat des quais pour tout voyageur muni de son billet. Il exprimait l'espoir que cette mesure ferait cesser le trouble dans le classement des voyageurs, assurerait les meilleures places aux plus diligents, amènerait le calme et permettrait d'éviter beaucoup d'erreurs dans l'enregistrement des bagages ; il ajoutait que le public apprendrait certainement à se conduire lui-même, à veiller à ses propres intérêts et à se prémunir contre les chances d'accident. Enfin, il faisait observer qu'en procédant à un contrôle au moment du départ, les Compagnies empêcheraient facilement les voyageurs de monter dans des voitures auxquelles leur billet ne leur donnerait point droit.

Une seconde circulaire du 22 décembre 1866 a rappelé celle de 1863.

Le régime ainsi recommandé ayant été appliqué sur le réseau d'État et dans diverses gares d'autres réseaux et n'ayant révélé, après une longue expérience, aucun inconvénient qui fût de nature à en contre-balancer les avantages, le Ministre a invité, le 10 janvier 1885, les Compagnies à le généraliser à partir du 1er avril 1885.

Plusieurs Compagnies ayant formulé des objections tirées des difficultés que présenterait, dans la pratique, la stricte application de ce régime dans toutes les gares, une étude complémentaire a été prescrite aux fonctionnaires du contrôle, puis au Comité de l'exploitation technique. Conformément aux conclusions du Comité, le Ministre a décidé, le 10 mars 1886, que la circulaire de 1885 recevrait son application immédiate, sous deux réserves destinées à permettre aux Compagnies : 1° de faire exception pour certaines gares placées dans des conditions particulièrement difficiles ; 2° de suspendre momentanément le libre accès des quais, pour une gare quelconque, dans des circonstances exceptionnelles, telles qu'affluence inusitée de voyageurs ou incidents imprévus. Les Compagnies ont été invitées à soumettre à l'approbation du Ministre la liste des gares pour lesquelles il leur paraîtrait indispensable d'admettre une exception à la règle générale, en indiquant, pour chacune d'elles, les raisons susceptibles de justifier cette exception.

12. Arrêt temporaire d'un voyageur dans une station intermédiaire. — Le voyageur qui, ayant pris un billet pour une destination déterminée et ayant entrepris son voyage, croit devoir s'arrêter en cours de route, fût-ce même à une station d'embranchement, commet une contravention s'il veut ensuite utiliser son billet pour un autre train que celui par lequel il est parti ou que le train en correspondance.

C'est la conséquence de la spécialisation des billets pour des trains déterminés.

13. Arrêt en deçà de la localité pour laquelle le billet a été délivré. — Le porteur d'un billet a le droit incontestable (sauf stipulation contraire) de renoncer à une partie du parcours auquel son billet lui donnait droit et par suite de quitter le train à une station intermédiaire.

Ce principe a été appliqué dans les circonstances suivantes. Un train de voyageurs était express entre Paris et le Mans et omnibus au delà du Mans ; il ne recevait de voyageurs de 2e et de 3e classe que pour les stations de cette seconde partie de son parcours. Un voyageur prit un billet de 2e classe pour la station qui suivait immédiatement le Mans et descendit néanmoins à cette dernière gare; il put ainsi, tout en profitant de l'express, réaliser une économie sur son voyage. Poursuivi pour contravention à l'article 63-1°, de l'ordonnance de 1846, il fut acquitté par le tribunal correctionnel du Mans (26 juillet 1872). La cour d'Angers rendit un arrêt dans le même sens, le 10 mars 1873 (Dangeard).

14. Observations sur les places marquées par les voyageurs dans les voitures. — Il est d'usage que les voyageurs, quittant momentanément la voiture dans laquelle ils sont montés, marquent leur place et se la réservent ainsi par un signe apparent.

Les nouveaux venus qui usurperaient les places ainsi marquées ne se rendraient pas coupables d'une contravention aux règlements sur la police de l'exploitation. Néanmoins, il est du devoir des représentants de l'autorité et des agents de la Compagnie d'intervenir dans l'intérêt du bon ordre et de s'opposer aux actes de cette nature (Dépêche en date du 30 septembre 1869 du Ministre des travaux publics à l'inspecteur général chargé du contrôle du réseau du Midi).

§ 7. — RÈGLES DIVERSES DE POLICE
CONCERNANT L'EXPLOITATION TECHNIQUE OU COMMERCIALE

1. Renvoi à d'autres chapitres. — Au cours des chapitres précédents, nous avons été nécessairement amené à faire l'exposé de la plupart des règles inscrites dans l'ordonnance du 15 novembre 1846 concernant l'entretien de la voie, la manœuvre des aiguilles, le gardiennage des passages à niveau, les dispositions et l'entretien du matériel roulant, la composition des trains, la circulation des convois, les signaux, la surveillance de l'exploitation. Les règles concernant la perception des taxes seront relatées dans le tome IV.

Nous ne pouvons que renvoyer à ces diverses parties de notre ouvrage, où se trouvent ainsi groupées pour chaque objet les indications utiles à consulter.

Il suffira donc de rappeler ici quelques règles spéciales dont nous n'avons pas encore eu et dont nous n'aurons pas ailleurs l'occasion d'entretenir le lecteur.

2. Approbation des règlements d'exploitation. Régime relatif aux consignes et ordres de service. — L'article 60 de l'ordonnance du 15 novembre 1846 oblige les Compagnies à soumettre à l'approbation du Ministre des travaux publics leurs règlements relatifs au service et à l'exploitation du chemin de fer. Aux termes de l'article 69, si le Ministre pense qu'il y a lieu de modifier les propositions de la Compagnie, il doit, sauf les cas d'urgence, entendre la Compagnie avant de prescrire les modifications. De plus, dans tous les cas où, conformément aux dispositions de l'ordonnance, le Ministre doit statuer sur la proposition de la Compagnie, celle-ci est tenue de lui présenter ladite proposition dans le délai qu'il aura déterminé, faute de quoi le Ministre pourra statuer directement.

A côté des règlements généraux, toutes les Compagnies ont des ordres de service, consignes, avis, etc., qui, le plus souvent, ne font que reproduire les dispositions des règlements généraux déjà revêtus de la sanction ministérielle. Conformément à l'avis du Comité de l'exploitation technique, le Ministre a décidé, le 15 mai 1880, que ces documents ne seraient pas soumis à son approbation. Ils doivent seulement être communiqués au contrôle et il n'en est référé au Ministre que dans le cas : 1° de désaccord entre ce service et la Compagnie, au sujet de l'application des règlements généraux ; 2° de dérogation à ces règlements.

3. Interdiction de monter sur la locomotive ou le tender. — L'article 36 de l'ordonnance du 15 novembre 1846 interdit à toute personne autre que le mécanicien et le chauffeur de monter sur la locomotive ou sur le tender, à moins d'une permission spéciale et écrite du directeur de l'exploitation du chemin de fer. Sont exceptés de cette interdiction les ingénieurs des ponts et chaussées ou des mines, attachés au contrôle, et les commissaires de surveillance administrative. Toutefois, ces derniers doivent remettre au chef de la station ou au conducteur principal du convoi une réquisition écrite et motivée.

La Cour de cassation a décidé, le 6 août 1847 (Anspach), qu'un ordre verbal donné par le directeur et exécuté même en sa présence ne pouvait suppléer la permission écrite. Cette décision, rendue contre un sous-inspecteur de la Compagnie du Nord, est extrêmement rigoureuse.

L'article 39 a toujours été interprété en ce sens, que l'exception prévue pour les ingénieurs du contrôle s'appliquait à leurs collaborateurs, les conducteurs des ponts et chaussées et les gardes-mines.

4. Interdiction d'expédier sans déclaration des matières pouvant donner lieu à des explosions ou à des incendies. — Toute personne qui veut expédier des marchandises susceptibles de donner lieu à des explosions ou à des incendies doit les déclarer au moment où elle les apporte à la station. Des mesures spéciales sont prescrites, s'il y a lieu, la Compagnie entendue, pour le transport de ces marchandises (Art. 66 de l'ordonnance du 15 novembre 1846).

L'auteur d'une déclaration inexacte serait passible des peines édictées par la loi du 15 juillet 1845 (Art. 21).

En traitant de la composition des trains, nous avons relaté les principales dispositions prises par l'Administration en vertu de l'article 66 de l'ordonnance du 15 novembre 1846. Il suffira de les rappeler brièvement et de compléter les indications des pages 380 et 400, sur les points qui n'ont pas été abordés dans cette partie de notre ouvrage.

a. Dispositions générales. Les dispositions générales relatives aux matières explosibles ou inflammables ont fait l'objet d'un arrêté du Ministre des travaux publics en date du 20 novembre 1879, légèrement modifié le 21 juillet 1881 et le 30 juin 1883.

L'arrêté de 1879 divise les matières explosibles ou inflammables en quatre catégories, règle les conditions de leur emballage et de leur chargement, spécifie celles qui doivent être exclues des trains de voyageurs ou des trains mixtes par application de l'article 21 de l'ordonnance de

1846, détermine la place à assigner aux wagons. Il porte, en son article 7, que la prohibition pour les trains de voyageurs ou mixtes ne s'étend ni aux cartouches emmagasinées dans la giberne ou le sac des militaires, ni aux munitions de chasse transportées par les voyageurs sur leur personne ou dans un sac à main.

Un nouveau règlement général sur les explosifs est à l'étude (1) (2).

b Dispositions spéciales aux poudres. — Le texte à consulter est un arrêté du 30 mars 1877, concerté entre le Ministre de la guerre et le Ministre des travaux publics et remplaçant un arrêté antérieur du 25 juillet 1873.

L'arrêté de 1877 interdit le transport des poudres de guerre, de mine ou de chasse, par les trains de voyageurs. Toutefois, il excepte de cette interdiction les cartouches que les militaires voyageant pour le service sont autorisés à porter dans la giberne ou le sac. Il autorise le transport des munitions de guerre chargées dans des caissons d'artillerie par les trains militaires spéciaux.

Il fixe les conditions d'emballage et de chargement, recommande de n'employer que des wagons sans frein, indique les précautions à prendre pour l'usage des wagons à frein, limite la charge des wagons et le nombre des véhicules chargés de poudre qui peuvent entrer dans la composition d'un même train, règle la place à assigner aux wagons, détermine les mesures relatives aux manœuvres.

Aux termes de l'article 8, les expéditions de poudres ou de munitions de guerre sont surveillées comme il suit dans les gares de départ et d'arrivée. Au départ, l'escorte qui accompagne l'envoi jusqu'à la gare expéditrice est tenue de le garder jusqu'au départ du train. A l'arrivée, les Compagnies doivent demander une garde à l'autorité militaire, si l'enlèvement n'a pas lieu dans un délai de 3 heures. Les Compagnies sont prévenues vingt-quatre heures ou trois jours à l'avance, suivant les cas, des transports qu'elles auront à effectuer. Chaque expédition de poudres ou de munitions de guerre doit être faite par le plus prochain train susceptible de recevoir cette nature de chargement; elle doit être enlevée de la gare destinataire dans les 12 heures de jour qui suivent son arrivée, faute de quoi la Compagnie est autorisée à faire cet enlèvement aux frais, risques et périls du destinataire.

(1) La nitro-glycérine est exclue du transport sur rails, même par trains de marchandises (Arrêté du 20 novembre 1879, art. 6).

(2) Par deux décisions du 16 février et du 31 mars 1887, le Ministre des travaux publics a admis que la mélinite pourrait, jusqu'à nouvel ordre, être transportée comme produit chimique ordinaire, sous la responsabilité du Ministre de la guerre.

Ces règles ne sont pas applicables aux expéditions de poudre de moins de 200 kg. Les expéditions restreintes au-dessous de cette limite sont placées dans des wagons fermés et couverts, ne contenant aucune matière explosible ou facilement inflammable et signalées à l'attention du chef de train ; elles sont d'ailleurs exclues des trains de voyageurs.

Un arrêté du 21 juin 1878 a apporté une légère modification à celui du 30 mars 1877.

La Chambre de commerce de Paris, préoccupée de la décroissance que subissait notre commerce d'exportation des poudres et munitions de chasse, a proposé diverses mesures pour y remédier ; elle a notamment demandé le retrait des dispositions restrictives imposées pour le transport de ces matières sur les voies ferrées ; elle s'appuyait sur le résultat des études d'une Commission spéciale instituée le 21 mars 1883 par le Ministre de la guerre. Le Ministre des travaux publics a mis la question à l'étude. Les Compagnies ont conclu au statu quo, sauf pour les douilles simplement amorcées. Jusqu'ici, les arrêtés du 30 mars 1877 et du 20 novembre 1879 ont été maintenus.

c. Dispositions spéciales a la dynamite. — Les règles relatives au transport de la dynamite sont contenues dans un arrêté du 10 janvier 1879, concerté entre le Ministre des finances, le Ministre de la guerre et le Ministre des travaux publics, sauf une légère modification résultant d'un arrêté du 31 octobre 1882.

Sont admises au transport par rails les dynamites provenant, soit des manufactures de l'État, soit des manufactures françaises dûment autorisées et satisfaisant à certaines conditions au point de vue de la surveillance par un agent des poudres et salpêtres, ou, à défaut, soit par un garde-mines, soit par un conducteur des ponts et chaussées.

Comme la poudre, la dynamite est strictement exclue des trains de voyageurs.

L'arrêté du 10 janvier 1879 détermine les conditions d'emballage et de chargement, reproduit les recommandations de l'arrêté du 30 mars 1877 sur l'emploi des wagons à frein, limite la charge des wagons et le nombre des véhicules chargés de dynamite susceptibles d'être admis dans un même train, interdit de porter par le même convoi des fulminates ou autres matières détonantes (1), réglemente les manœuvres et le stationnement des wagons. Les dispositions concernant la surveillance au

(1) La poudre n'est pas comprise dans cette dénomination générique. (Circulaire du Ministre des travaux publics du 1er septembre 1879, conforme à un avis du Ministre de la guerre.)

départ et à l'arrivée, ainsi que l'enlèvement à la station de destination, sont calquées sur celles de l'arrêté du 30 mars 1877 pour les poudres (1).

d. EXCEPTION POUR LES TRAINS MILITAIRES SPÉCIAUX. — Comme nous l'avons exposé page 382, les Compagnies ont attaqué pour excès de pouvoirs la disposition de l'arrêté du 10 janvier 1879 qui autorise le transport de la dynamite par les trains spéciaux de troupes. Mais leur requête a été rejetée par arrêt du Conseil d'État, en date du 1er décembre 1882.

e. ESCORTES. — Les arrêtés du 30 mars 1877 et du 10 janvier 1879 obligent les Compagnies à demander à l'autorité militaire une garde pour veiller sur les wagons de poudre et de dynamite dont le chargement n'est pas enlevé dans les trois heures. Ils prescrivent en outre la garde au départ.

Les formalités à remplir, la quotité des frais de garde et leur paiement ont fait l'objet des circulaires suivantes, que nous nous contentons d'énumérer :

— Circulaire du 7 août 1879 du Ministre des travaux publics aux Compagnies ;

— Circulaire du 21 juin 1880 du Ministre des travaux publics, conforme à une dépêche du Ministre de la guerre du 22 avril 1880 ;

— Circulaire du 31 août 1882 du Ministre de l'intérieur aux préfets ;

— Circulaire du 22 octobre 1882 du Ministre de la guerre aux gouverneurs de Paris et de Lyon et aux commandants de corps d'armée, et circulaire conforme du Ministre des travaux publics, en date du 21 novembre 1882, aux inspecteurs généraux du contrôle ;

— Circulaire du 25 janvier 1883 du Ministre des travaux publics aux Compagnies ;

— Circulaire du 25 janvier 1884 du Ministre des travaux publics aux Compagnies.

Les frais de garde à l'arrivée sont acquittés par les destinataires, avant livraison du chargement.

Les escortes au départ, pour la dynamite provenant de l'industrie privée, sont exclusivement civiles.

L'autorité militaire ne peut être requise de fournir une garde, en cas d'arrêt imprévu en cours de route.

(1) Pour le plombage des colis, voir les circulaires du Ministre des travaux publics du 7 août 1879 et du 1er septembre 1879.

Les envois de poudre ou de dynamite, soit aux établissements de la guerre ou de la marine, soit aux entrepôts des contributions indirectes, sont faits en vertu de traités qui obligent les Compagnies à assurer le transport jusqu'à destination définitive, au moyen d'un camionnage de la gare d'arrivée à l'établissement destinataire. Dans ce cas, la Compagnie est seule responsable du séjour que le convoi peut faire à l'arrivée, au delà du délai de trois heures.

Nous croyons devoir rappeler encore que les convois de poudres, de munitions de guerre, de dynamite et autres explosifs, doivent être escortés sur les voies de terre. Cette escorte est obligatoire, quelle que soit la distance à parcourir ; aucune distinction ne doit être faite entre les expéditions qui donnent lieu à un simple camionnage et celles qui sont transportées par roulage proprement dit.

5. **Transport des matières infectes.** — Une circulaire ministérielle du 18 août 1858, que nous avons déjà mentionnée, a interdit aux Compagnies le transport, par les trains contenant des voyageurs, de toutes les matières infectes dont le dépôt, aux termes des règlements, formerait un établissement incommode ou insalubre. Toutefois, elle a prévu des exceptions pour les lignes qui n'auraient pas de trains spéciaux de marchandises : les wagons doivent alors être placés à l'arrière des trains et séparés des voitures à voyageurs par un ou plusieurs véhicules ordinaires à marchandises (Circulaire ministérielle du 15 mars 1881).

A la suite de réclamations formulées par diverses municipalités de la banlieue de Paris et après une instruction approfondie faite de concert avec le Ministre du commerce, le Ministre des travaux publics a pris, le 14 janvier 1884, un arrêté réglementant le chargement, le transport et le déchargement de certaines matières : gadoues vertes, gadoues noires, résidus de fonte de suif, etc. Cet arrêté est sur le point de recevoir quelques remaniements de détail, conformément à l'avis du Comité consultatif des chemins de fer.

En ce qui concerne le stationnement dans les gares des wagons chargés de matières infectes, le Ministre avait prescrit, le 15 mars 1881 : 1º de ne pas faire séjourner les trains dans les stations de passage, au delà du temps réglementaire ; 2º de ne point faire stationner les wagons chargés en face du bâtiment des voyageurs ou des autres trains. L'arrêté du 14 janvier 1884, que nous avons mentionné, a fixé dans des limites très étroites la durée du chargement, du déchargement et de l'enlèvement. Au cas où la gare d'arrivée ne posséderait pas de service de camionnage pour l'enlèvement d'office et où les délais réglementaires seraient dépassés, les wagons devraient être remisés sur une voie de garage distance de 1 kilomètre au moins de tout centre d'habitation.

Il convient toutefois d'observer que, sur l'avis du Ministre du commerce, le Ministre des travaux publics a dû apporter certains tempéraments à l'arrêté de 1884 (Circulaire du 6 octobre 1884). Le but principal du nouvel arrêté en préparation est d'atténuer ce que les prescriptions antérieures avaient de trop rigoureux, sans compromettre cependant l'intérêt supérieur de l'hygiène publique.

Notons encore que, pendant l'épidémie cholérique de 1884, les Compagnies ont été invitées à désinfecter les wagons après le transport.

Les prescriptions que nous venons de rappeler ne résultent pas de l'ordonnance du 15 novembre 1846 et n'ont point, par suite, la sanction de l'article 21 de la loi du 15 juillet 1845. Mais, outre les peines ordinaires de police, les Compagnies peuvent être condamnées, le cas échéant, à indemniser les riverains du préjudice qui leur serait causé par un séjour trop prolongé de matières infectes (Cour d'Alger, 18 décembre 1871, Rias contre Jaubert et Cie des chemins de fer algériens).

L'autorité municipale serait-elle compétente pour intervenir dans la police du transport des matières infectes ? La question s'est posée, dans un cas particulier, devant la Cour de cassation : le maire d'Étampes avait pris, le 19 mai 1864, un arrêté interdisant temporairement à la Compagnie d'Orléans de faire stationner le long des promenades de la ville les trains ou convois pouvant exhaler des odeurs incommodes ou insalubres, soit par la nature de leur chargement, soit par celle des combustibles employés au chauffage des locomotives. Par arrêt du 16 décembre 1864, la Cour suprême a déclaré cet arrêté illégal et non exécutoire, attendu que « d'après « les articles 9 de la loi du 11 juin 1842, 1er et 4 de la loi du 15 juillet 1845, « et 28 de l'ordonnance du 15 novembre 1846, il appartenait exclusivement « à l'Administration supérieure des travaux publics de réglementer la « police du chemin de fer, et que, s'il n'était pas impossible de concevoir « des cas où le droit de l'autorité municipale, agissant en vertu de la délé- « gation générale des lois de 1790 et de 1791, au point de vue de la sûreté « et de la santé des habitants, pourrait se concilier avec le droit exclusif « de réglementation de l'Administration supérieure en ce qui concernait « l'usage et le service d'exploitation du chemin de fer, il n'en était point « ainsi dans l'espèce ». On le voit, tout en proclamant l'illégalité de l'arrêté pris par le maire d'Étampes, la Cour de cassation a cependant admis l'hypothèse de cas où les municipalités pourraient user de leur pouvoir de police générale. Nous nous bornons à enregistrer cette réserve et l'hypothèse sur laquelle elle est fondée : sans contester leur valeur, sans méconnaître que l'autorité municipale puisse utilement intervenir dans certaines circonstances particulières, pour sauvegarder la salubrité publique, nous devons faire remarquer que l'action de la police municipale serait rarement compatible avec celle de l'Administration des travaux publics.

6. Mesures préventives en cas d'épidémie. — Les mesures préventives contre les épidémies n'ont rien de spécial aux chemins de fer. Toutefois, ces voies de communication étant les principaux véhicules des épidémies, par les facilités qu'elles donnent aux rapports entre les centres contaminés et les autres points du territoire doivent faire l'objet d'une surveillance et de précautions particulièrement attentives. Les Ministres du commerce et des travaux publics se concertent à cet égard, quand il en est besoin.

Une loi du 3 mars 1822, notamment, a donné au Gouvernement les pouvoirs nécessaires et a chargé le chef du pouvoir exécutif de déterminer par des décrets : 1° les pays dont les provenances devraient être soumises au régime sanitaire ; 2° les mesures que l'invasion ou la crainte d'une épidémie rendrait nécessaires sur les frontières de terre ou dans l'intérieur.

Il en a été fait plusieurs applications au cours de la dernière épidémie cholérique (1).

7. Police sanitaire des animaux. — La police sanitaire des animaux a fait l'objet d'une loi du 21 juillet 1881. Il serait trop long de passer en revue toutes les dispositions de cette loi. Nous rappelons seulement : 1° l'article 5, prévoyant l'interdiction de transport ; 2° l'article 16, aux termes duquel « tout entrepreneur de transport par terre ou par eau qui « aura transporté des bestiaux devra, en tout temps, désinfecter, dans les « conditions prescrites par un règlement d'administration publique à in- « tervenir, les véhicules ayant servi à cet usage » ; 3° l'article 33, édictant une pénalité de 100 à 1000 francs contre les entrepreneurs de transport qui auraient contrevenu à l'obligation de désinfecter, et prévoyant même un emprisonnement de 6 jours à deux mois, en cas d'infraction ayant propagé la contagion ; 4° l'article 34, rendant passible d'une amende de 1 franc à 200 francs les auteurs des contraventions au règlement d'administration publique ; 5° l'article 37, décidant que là désinfection des wagons de chemins de fer aura lieu par les soins des Compagnies et que les frais de

____

(1) Voir un décret du 30 juillet 1884 et un arrêté du Ministre du commerce du 30 juillet 1884.

l'opération seront fixés par le Ministre des travaux publics, les Compagnies entendues.

Le règlement d'administration publique destiné à compléter la loi a été rendu le 22 juin 1882.

Un arrêté des Ministres des travaux publics et de l'agriculture, du 30 avril 1883, a déterminé les mesures de détail que comporte la désinfection des wagons. En exécution de l'article 1er, tout wagon ou box ayant servi à transporter des bêtes bovines et autres espèces de ruminants (moutons, chèvres, etc.), des chevaux, ânes, mulets et porcs, doit être désinfecté. Il en est de même pour les hangars et emplacements servant à recevoir ces animaux ; les voies qu'ils ont parcourues dans l'intérieur des gares ; les rampes et quais, les ponts mobiles et tout le matériel ayant servi à l'embarquement et au débarquement (Art. 5). La désinfection comprend le nettoyage et la désinfection proprement dite au moyen d'une solution à 2 % de chlorure de zinc, de sulfate de zinc, de nitro-sulfate de zinc ou d'acide phénique (Art. 4). Les Compagnies sont autorisées à percevoir, à titre de frais de désinfection :

0 fr. 40 par cheval, poulain, âne, mulet ;

0 fr. 30 par bœuf, taureau, vache, génisse ;

0 fr. 15 par veau ou porc ;

0 fr. 05 par mouton, brebis, agneau ou chèvre,

sans excéder 2 fr. par wagon à simple plancher et 3 fr. par wagon à double plancher. Ces maxima sont dus, quel que soit le nombre des animaux transportés, quand ils sont placés en complète liberté dans le wagon. Les taxes sont exigibles, quelle que soit l'étendue du parcours. Elles ne sont d'ailleurs perçues qu'une fois, à moins qu'il n'y ait transbordement. Le transbordement ne peut être imposé aux expéditeurs qu'aux gares-frontières et aux gares de jonction avec un chemin de fer d'intérêt local.

En transmettant cet arrêté aux fonctionnaires du contrôle et aux Compagnies, le Ministre des travaux publics en a recommandé la stricte application (Circulaire du 30 mai 1883).

Une circulaire du 18 juillet 1883 du Ministre des travaux publics a exempté de la désinfection les véhicules ayant servi à des exercices d'embarquement des chevaux de troupe. En effet, on ne se trouve pas dans le cas du transport visé par la loi de 1881 ; de plus, les exercices d'embarquement sont beaucoup trop courts et les chevaux de l'armée sont soumis à une surveillance trop continue, pour que l'on ait à redouter le dépôt de germes d'affection contagieuse.

Les fonctionnaires du contrôle et spécialement les commissaires de surveillance administrative sont chargés de veiller à l'exécution des règlements sur la désinfection (Arrêté du 30 avril 1883 ; circulaire du Ministre des travaux publics, du 10 septembre 1883). Les Commissaires doivent fournir un relevé mensuel constatant les résultats de leur surveillance et relatant les procès-verbaux dressés par eux, ainsi que la suite judiciaire reçue par ces procès-verbaux.

Le juge de répression est, suivant les cas, le tribunal correctionnel ou le juge de paix. (Voir l'article 34 de la loi du 21 juillet 1881.) (1)

8. Mesures contre la propagation du phylloxera et du doryphora. — Les mesures à prendre pour empêcher la propagation du phylloxera et du doryphora ont fait l'objet de deux lois du 15 juillet 1878 et du 2 août 1879 et d'une série de décrets ou d'arrêtés du Ministre de l'agriculture. En cas d'infraction, des peines consistant en une amende ou même un emprisonnement peuvent être prononcées contre les coupables (Voir deux circulaires du Ministre des travaux publics, en date du 13 juillet 1883 et du 22 juillet 1885).

9. Dégradation du matériel roulant. — Indépendamment de la réparation civile, les dégradations causées au matériel roulant des chemins de fer peuvent donner lieu à des pénalités. C'est ainsi, par exemple, que des voyageurs ont été condamnés par application de l'article 479, § 1, du Code pénal, pour avoir avarié les coussins d'un compartiment de 1re classe (dans lequel ils s'étaient d'ailleurs introduits avec des billets de 3e classe).

10. Registre des plaintes. — L'article 76 de l'ordonnance du 15 novembre 1846 prescrit la tenue, dans chaque station, d'un registre destiné à recevoir les plaintes, soit contre la Compagnie, soit contre ses agents. Ce registre doit être présenté à toute réquisition des voyageurs.

Bien que cette prescription fût spéciale aux voyageurs, le Ministre des travaux publics a pensé qu'il y avait lieu de l'appliquer dans son sens le plus large, d'ouvrir par suite les registres de plaintes à toute personne que son industrie ou des circonstances particulières mettraient en relation avec les agents, et de déposer à cet effet des registres spéciaux

---

(1) Au point de vue historique, le lecteur pourra consulter divers arrêtés ou circulaires antérieurs à la loi de 1881 et insérés dans le Code ou le Bulletin annoté de M. Lamé Fleury, ainsi que dans le dictionnaire de M. Palaa.

Voir aussi un arrêt de la Cour de cassation du 25 janvier 1873 (Pelletier et Gervais), déclarant des agents en état de contravention à un arrêté préfectoral, pour avoir expédié des vaches sans se faire représenter le certificat d'origine, fait punissable en vertu de l'art. 471, n° 15, du Code pénal.

dans les gares de marchandises éloignées des gares des voyageurs (Circulaire ministérielle du 10 août 1858).

Les commissaires de surveillance administrative relèvent les plaintes consignées sur les registres, les instruisent et adressent un rapport à leur chef hiérarchique; le Ministre statue (1). Des tableaux périodiques sont d'ailleurs envoyés à l'Administration supérieure (Voir page 158).

Le refus de présentation du registre à un voyageur qui en ferait la demande constituerait une contravention à l'ordonnance du 15 novembre 1846 (Tribunal de Fontainebleau, 8 avril 1859). Les commissaires de surveillance doivent, le cas échéant, verbaliser contre les agents récalcitrants (Circulaire ministérielle du 18 juin 1866).

(1) En Algérie, la décision appartient au Gouverneur général. (Décret du 19 mai 1882.)

§8.— CONSTATATION DES CRIMES, DÉLITS OU CONTRAVENTIONS
COMPÉTENCE, PROCÉDURE, APPLICATION DES PEINES

1. Constatation des crimes, délits ou contraventions. — Les crimes, délits ou contraventions prévus dans le titre III de la loi du 15 juillet 1845 peuvent être constatés par les officiers de police judiciaire, les ingénieurs des ponts et chaussées, les ingénieurs des mines, les conducteurs, les gardes-mines, les commissaires de surveillance administrative, les agents des Compagnies agréés par l'Administration et dûment assermentés (Art. 23 de la loi du 15 juillet 1845).

Nous ne pouvons que renvoyer aux indications du tome II, page 984 et suivantes, en ce qui concerne ces divers fonctionnaires ou agents ; leur assermentation ; la rédaction, l'affirmation, l'enregistrement et la valeur des procès-verbaux. Toutefois, nous devons ajouter que, contrairement à la règle en vigueur pour les procès-verbaux de grande voirie, les procès-verbaux à déférer aux tribunaux de police doivent être clos dans les trois jours, en exécution des articles 15 et 18 du Code d'instruction criminelle.

Les contraventions aux règlements qui ne se rattachent pas directement à la loi du 15 juillet 1845, par exemple aux règlements sur la désinfection des wagons, sur le transport des plants de vigne, etc., sont constatés suivant les règles du droit commun. Les commissaires de surveillance administrative, ayant la qualité d'officiers de police judiciaire, sont plus particulièrement appelés à verbaliser en cas d'infraction.

2. Remise des procès-verbaux. — Dans la plupart des cas, les procès-verbaux sont dressés par les commissaires de surveillance administrative. Aux termes de la loi du 27 février 1850, article 4, ces fonctionnaires adressent « en double original, aux procureurs de la République et aux « ingénieurs, les procès-verbaux qui constatent des infractions aux « règlements de l'exploitation ». Par une circulaire du 15 janvier 1885, le Ministre a rappelé les prescriptions de la loi de 1850 et l'obligation qu'elle impose aux commissaires de toujours envoyer directement leurs procès-verbaux au procureur de la République. La remise des procès-verbaux dressés par les autres agents est réglée par le Code d'instruction criminelle.

3. Avis des ingénieurs du contrôle sur les procès-verbaux. —

Conformément aux prescriptions de l'article 4 de la loi du 27 février 1850, les ingénieurs doivent transmettre leurs observations au procureur, dans la huitaine du jour où ils ont reçu les procès-verbaux. Leurs observations sont en effet nécessaires pour éclairer le ministère public avant la poursuite, sur des faits dont l'appréciation est souvent fort délicate et peut soulever des questions techniques (Circulaire du Ministre des travaux publics, du 15 avril 1850).

Les procès-verbaux dressés par les agents des Compagnies n'étant pas soumis à la loi du 27 février 1850, le Garde des sceaux, d'accord avec le Ministre des travaux publics, a prescrit aux officiers du ministère public :

1° de communiquer très exactement aux ingénieurs en chef du contrôle tous les procès-verbaux constatant des infractions aux règlements d'exploitation, qui, ayant été dressés par des agents des Compagnies, n'auraient pas passé sous les yeux de ces fonctionnaires ;

2° d'enjoindre aux commissaires de police et aux maires de communiquer également aux ingénieurs les procès-verbaux de même nature dont ils seraient saisis en vertu de l'article 20 du Code d'instruction criminelle (Circulaire du Garde des sceaux, du 29 juin 1852, et circulaire du Ministre des travaux publics, du 29 novembre 1852).

Par sa circulaire précitée du 15 janvier 1885, le Ministre des travaux publics a fait connaître aux inspecteurs généraux du contrôle, qu'en dehors des cas prévus par l'article 4 de la loi de 1850, les ingénieurs n'avaient pas à formuler d'avis, à moins d'une demande expresse du procureur. Cette indication se réfère particulièrement aux procès-verbaux dressés en matière de police sanitaire des animaux ou de police du transport des plantes.

4. Règles de compétence. — Les faits qualifiés crimes doivent être déférés à la Cour d'assises.

Pour les délits et les contraventions prévus par le titre III de la loi du 15 juillet 1845, ce sont les tribunaux de police correctionnelle qui sont compétents.

Les contraventions aux règlements qui ne puiseraient pas leur source dans la loi de 1845 ou l'ordonnance de 1846 devraient être réprimés par les tribunaux de simple police.

Quant aux infractions aux lois, décrets ou arrêtés concernant la police sanitaire des animaux et les mesures contre la propagation du phylloxera, la compétence est déterminée, soit par la pénalité encourue, soit par le texte des lois relatives à ces divers objets.

5. Intervention des Compagnies. — Si les faits qui motivent la poursuite ont causé un préjudice à la Compagnie, celle-ci peut intervenir et se porter partie civile devant le tribunal de répression, conformément à l'article 3 du Code d'instruction criminelle.

Il suffit d'ouvrir un recueil quelconque de décisions judiciaires pour trouver des applications de ce principe, par exemple à l'occasion de procès-verbaux dressés contre des voyageurs dépourvus de billets.

6. Caractère des faits qualifiés contraventions par la loi du 15 juillet 1845. — La loi de 1845, en son article 21, qualifie « contraven-« tions » les infractions aux ordonnances royales portant règlement d'administration publique sur la police, la sûreté et l'exploitation des chemins de fer, et aux arrêtés pris par les préfets, sous l'approbation du Ministre des travaux publics, pour l'exécution de ces ordonnances. C'est encore la même qualification qui est employée dans l'article 79 de l'ordonnance de 1846, bien que les peines édictées par l'article 21 de la loi de 1845 soient supérieures aux peines de simple police.

Les conséquences à en déduire sont les suivantes :

a. — La constatation matérielle de l'infraction suffit, sans que le juge ait à rechercher l'intention du prévenu (Cour de cassation, 7 avril 1870, Abrivard ; 12 mars 1875, Cie de P.-L.-M. contre Couturier et autres).

b. — Les personnes convaincues de plusieurs contraventions ne peuvent invoquer l'article 365 du Code d'instruction criminelle, aux termes duquel « en cas de conviction de plusieurs crimes ou délits, la peine la plus « forte sera seule prononcée ». Les peines se cumulent au contraire (Cour de cassation, 2 mai 1873, Bisetzki ; 27 janvier 1883, Soulié).

c. — Les dispositions des article 59 et 60 du Code pénal, relatives à la complicité en matière de crimes et délits, ne peuvent recevoir leur application (Cour de cassation, 7 avril 1870, Abrivard ; cour de Chambéry, 16 mai 1879, Faguani).

7. Circonstances atténuantes. — Aux termes de l'article 26 de la loi du 15 juillet 1845, l'article 463 du Code pénal est applicable aux condamnations prononcées en exécution de cette loi. Il peut donc être tenu compte des circonstances atténuantes, aussi bien pour les contraventions que pour les crimes ou délits.

8. Cas de plusieurs crimes ou délits à la charge d'un même prévenu. — A l'inverse de ce que nous venons de rappeler pour les contraventions, les peines relatives aux crimes et délits ne se cumulent pas.

L'article 27 de la loi du 15 juillet 1845 confirme ce principe général :
« En cas de conviction de plusieurs crimes ou délits prévus par la pré-
« sente loi ou par le Code pénal, la peine la plus forte sera seule pronon-
« cée ». Toutefois il ajoute que « les peines encourues pour des faits
« postérieurs à la poursuite pourront être cumulées, sans préjudice des
« peines de la récidive ».

9. Prescription. — L'action publique et l'action civile se prescrivent
dans les délais déterminés par les articles 635 et suivants du Code d'instruction criminelle ; il en est de même des peines prononcées au criminel
et au correctionnel (Les faits qualifiés contraventions par la loi de 1845
sont assimilables aux contraventions de simple police).

Quant aux condamnations civiles, elles se prescrivent d'après les règles
établies par le Code civil (Art. 2244 et suivants, 2251 et suivants, 2262).

10. Publicité des condamnations. — L'un des moyens les plus
efficaces pour éviter le retour des contraventions et même des crimes ou
délits consiste à donner, par voie d'affichage ou d'insertion dans les journaux, de la publicité aux condamnations.

Même pour les contraventions, cette publicité peut être ordonnée,
suivant les cas, sinon comme pénalité, du moins comme mesure de réparation civile (Cour d'Aix, 26 novembre 1869, Albanès ; cour d'Angers,
4 juillet 1870, Vergnault; cour de Paris, 15 juillet 1878, Moreau et femme
Barret; cour de Paris, 20 mai 1882).

11. Relevé des suites judiciaires données aux procès-verbaux. —
L'Administration a le plus grand intérêt à être régulièrement informée des
décisions judiciaires qui interviennent sur les procès-verbaux dressés en
matière de délits ou de contraventions commis sur les chemins de fer.

A cet effet, le Ministre des travaux publics s'est concerté avec le Ministre de la justice. Conformément à une circulaire du 17 juillet 1860, les
ingénieurs en chef du contrôle dressent des états récapitulatifs, rappelant
les procès-verbaux, et les envoient au procureur général, qui les leur retourne avec l'indication de la suite donnée à ces procès-verbaux.

Les commissaires de surveillance administrative peuvent prendre copie,
sans frais, des arrêts et jugements, toutes les fois qu'ils en reçoivent l'ordre
de l'ingénieur en chef : cette disposition présente un intérêt particulier,
quand le réquisitoire du Ministère public et le jugement sont contraires à
l'avis exprimé par les ingénieurs, en conformité de la loi du 27 février 1850

(Circulaire du Garde des sceaux du 10 février 1862 et circulaire du Ministre des travaux publics du 27 février 1862).

Une circulaire du Ministre des travaux publics, du 18 juillet 1864, a même invité les ingénieurs en chef du contrôle : 1° à suivre les débats judiciaires, soit en personne, soit par un délégué, et à en faire l'objet d'un rapport, avec copie de l'arrêt ou du jugement; 2° à aviser immédiatement l'Administration supérieure des ordonnances de non-lieu, en reproduisant autant que possible les motifs de ces ordonnances. Par une circulaire ultérieure du 30 juin 1868, le Ministre des travaux publics a limité l'envoi de la copie textuelle du jugement et de l'arrêt aux contraventions graves ou offrant quelque intérêt.

A ces prescriptions générales s'en ajoutent quelques autres qui sont spéciales aux accidents et que nous avons relatées page 470.

12. Citation des ingénieurs en chef du contrôle — Le Ministre de la justice a adressé aux procureurs généraux, le 19 avril 1867, une circulaire par laquelle il a invité les juges d'instruction à ne citer les ingénieurs en chef du contrôle, dans les procédures relatives aux réglements de l'exploitation et de la police des chemins de fer, que lorsque les renseignements écrits fournis par ces chefs de service, conformément à l'article 4 de la loi du 27 février 1850, sont insuffisants au point de vue des nécessités judiciaires.

13. Responsabilité civile des parents des enfants mineurs. — En conformité de l'article 1384 du Code civil, le père et la mère, après le décès du mari, sont responsables du dommage causé par leurs enfants mineurs habitant avec eux, à moins qu'ils ne prouvent qu'ils n'ont pu empêcher le fait.

Le cas échéant, les maîtres et commettants encourent la même responsabilité, pour les domestiques et préposés, dans les fonctions auxquelles ils les ont employés.

Cette responsabilité s'étend aux frais des procès.

14. Responsabilité civile des compagnies. — Aux termes de l'article 22 de la loi du 15 juillet 1845, les concessionnaires ou fermiers du chemin de fer sont responsables, soit envers l'État, soit envers les particuliers, du dommage causé par les administrateurs, directeurs ou employés à un titre quelconque au service de l'exploitation. L'État est soumis à la même responsabilité envers les particuliers, si le chemin est exploité à ses frais et pour son compte.

Ce n'est, du moins pour les Compagnies, que l'application de l'article 1384 du Code civil.

La responsabilité civile établie par la loi de 1845 s'applique aux frais des procès (Cour de cassation, 20 mars 1868, Petit et Surell).

§ 9. — APPLICABILITÉ DE LA LOI DE 1845 ET DE L'ORDONNANCE DE 1846

AUX CHEMINS DE FER NON ENCORE RÉGULIÈREMENT OUVERTS A L'EXPLOITATION
ET AUX CHEMINS DE FER INDUSTRIELS OU D'INTÉRÊT LOCAL

1. Applicabilité de la loi de 1845 et de l'ordonnance de 1846 aux chemins non régulièrement ouverts à l'exploitation. — Dès qu'un chemin de fer est effectivement livré à l'exploitation, il est ipso facto soumis aux lois et règlements qui règlent la police des voies ferrées dans l'intérêt de la sécurité publique. On ne saurait en effet admettre qu'un concessionnaire éludât les dispositions de ces lois et règlements, en contrevenant aux prescriptions du cahier des charges qui lui interdit d'ouvrir la ligne au public avant la réception des travaux et l'autorisation de l'Administration. La Cour de cassation a, en conséquence, condamné le directeur d'un chemin de fer d'intérêt local qui avait perçu des taxes et effectué des transports sur un chemin indûment ouvert à la circulation (27 janvier 1883, Soulié).

Mais il en serait autrement si le chemin de fer était encore en construction (Cour de cassation, 2 juin 1886, Caisse générale des familles contre Astruc et Cazelle). Ainsi, une caisse d'assurances garantissant les accidents, hors les cas d'infraction aux lois et règlements, ne pourrait décharger sa responsabilité en se fondant sur l'inobservation de l'ordonnance du 15 novembre 1846.

2. Applicabilité aux chemins industriels. — Avant la loi du 27 juillet 1880 portant modification de la loi du 21 avril 1810 sur les mines, la déclaration d'utilité publique des chemins de fer destinés à desservir des exploitations particulières était toujours subordonnée à l'obligation immédiate ou éventuelle de faire un service public : cette condition justifiait l'application de la loi du 3 mai 1841 sur l'expropriation.

La conséquence en était que les chemins de fer industriels étaient soumis à la loi du 15 juillet 1845 et à l'ordonnance du 15 novembre 1846.

Cette déduction implicite des conditions dans lesquelles les travaux étaient déclarés d'utilité publique a été explicitement confirmée par la loi du 12 juillet 1865 sur les chemins de fer d'intérêt local. En effet, l'article 4 de cette loi porte que « les chemins d'intérêt local sont soumis aux dispositions de la loi du 15 juillet 1845 », sauf deux modifications relatives à la dispense éventuelle de clôtures et de barrières, et l'article 7 étend les prescriptions de l'article 4 « aux chemins de fer destinés à desservir des exploitations industrielles ». La loi du 11 juin 1880, qui a remplacé celle du 12 juillet 1865, l'a maintenue sur ce point, quoique dans des termes moins précis (Articles 20 et 22).

L'ordonnance du 15 novembre 1846 doit être considérée comme suivant le sort de la loi de 1845.

Le tribunal correctionnel de Châlon-sur-Saône en a jugé ainsi, le 3 juillet 1879 (Débrosse), à propos d'une introduction illicite dans l'enceinte du chemin de fer.

Comme nous l'indiquions précédemment, la loi du 27 juillet 1880 sur les mines permet de déclarer d'utilité publique des chemins de fer miniers, sans prescrire, même éventuellement, leur affectation à la circulation publique. Ces voies ferrées échappent-elles à la loi de 1845 et à l'ordonnance de 1846? La question n'a pas encore été soulevée. Il serait cependant difficile de la résoudre affirmativement, en présence de l'expression générale de « chemins de fer industriels destinés à desservir des exploita-« tions particulières », qu'a employée le législateur du 12 juillet 1865 et du 11 juin 1880. Le caractère d'intérêt public ne se comprendrait point d'ailleurs, s'il n'entraînait avec lui les mesures de police et les mesures de protection édictées par la loi de 1845 et l'ordonnance de 1846.

3. Applicabilité aux chemins de fer d'intérêt local. — L'applicabilité de la loi de 1845 et par suite de l'ordonnance de 1846 aux chemins de fer d'intérêt local résulte, nous l'avons dit, du texte même des lois du 12 juillet 1865 et du 11 juin 1880, sauf les dérogations apportées à l'ordonnance de 1846 par cette dernière loi, notamment pour la compétence des diverses autorités administratives.

Elle a été reconnue par les décisions judiciaires suivantes : Cour d'Angers, 3 mai 1875, Rocand; cour d'Alger, 20 décembre 1877, Cⁱᵒ de Bône à Guelma; Cour de cassation, 27 janvier 1883, Soulié (1).

Des doutes se sont élevés sur une question de compétence qu'il importe de signaler. Aux termes de l'article 21 de la loi du 15 juillet 1845, les arrêtés pris par les préfets pour l'exécution des règlements d'administration publique sur la police, la sûreté et l'exploitation des chemins de fer doivent, pour obtenir la sanction de l'amende de 16 à 3 000 francs édictée par cet article, être revêtus de l'approbation du Ministre des travaux publics. Cette approbation est-elle nécessaire pour les chemins de fer d'intérêt local? La Section des travaux publics du Conseil d'État, consultée par le Ministre, s'est prononcée pour la négative.

---

(1) Pour les tramways, l'ordonnance du 15 novembre 1846 est remplacée par le décret réglementaire du 6 août 1881.

Le libellé de l'article 21 de la loi du 11 juin 1880 justifie cet avis. Il porte en effet que « la construction, l'entretien et la réparation des voies « ferrées avec leurs dépendances, l'entretien du matériel et le service de « *l'exploitation* sont soumis au contrôle et à la surveillance des préfets, « sous *l'autorité* du Ministre des travaux publics ». En employant le mot « autorité », le législateur a nettement exprimé sa volonté de ne pas exiger l'approbation du Ministre, comme il l'a fait explicitement dans plusieurs autres dispositions de la loi et notamment dans le second paragraphe de l'article 21. Il y a lieu de l'entendre en ce sens que les arrêtés préfectoraux, en matière de police des chemins de fer d'intérêt local, peuvent, comme en toute autre matière, être déférés administrativement au Ministre des travaux publics, mais qu'ils ont force légale par euxmêmes, tant qu'ils ne sont pas annulés par le Ministre.

Cette interprétation, portée à la connaissance des préfets par une circulaire ministérielle du 14 août 1886, est conforme à l'esprit général de la loi du 11 juin 1880, qui a donné un pouvoir propre au préfet, toutes les fois que la décision à prendre n'intéresse que le département : ainsi, en vertu des articles 3, 5 et 20, c'est le préfet seul qui, sans l'approbation du Ministre, adopte les projets de détail pour la construction, homologue les tarifs, dispense de poser des clôtures sur tout ou partie de la voie ferrée.

Il convient en outre de remarquer que le Conseil d'État, qui a pris part à l'élaboration de la loi de 1880, a manisfesté ses intentions à cet égard, lorsqu'au lendemain du vote de la loi, il a arrêté le cahier des charges type des chemins de fer d'intérêt local et le règlement d'administration publique du 6 août 1881. Il suffit, pour s'en convaincre, de se reporter à l'article 33 du cahier des charges et aux articles 40 et 56 du règlement.

§ 10. — CRIMES ET DÉLITS DE DROIT COMMUN
COMMIS DANS L'ENCEINTE DU CHEMIN DE FER

1. Constatàtion, poursuite et répression. — Nous n'avons pas à revenir sur ce que nous avons dit, page 171 et suivantes, du rôle que les commissaires de surveillance administrative peuvent avoir à remplir, en leur qualité d'officiers de police judiciaire, pour la constatation des crimes et délits de droit commun et pour l'arrestation des coupables.

Nous ne pouvons, d'autre part, que renvoyer aux règles générales du Code d'instruction criminelle et du Code pénal, pour la poursuite et la répression.

Il est toutefois quelques points particuliers sur lesquels nous devons de courtes explications.

2. Fraudes, infidélités ou vols commis par les agents. — L'article 386 du Code pénal peut, dans certains cas, être appliqué pour des vols se rattachant à l'exercice même des fonctions du coupable. La Cour de cassation en a repoussé l'application contre un ouvrier poseur, qui avait commis un vol au préjudice d'un voyageur : le service de cet agent n'avait rien de commun avec la surveillance et la garde des marchandises et, dès lors, le lien de confiance déterminé par le dernier paragraphe de l'article 386 n'existait pas (19 juillet 1872, Roudot).

3. Non-assimilation des chemins de fer à des chemins publics dans le sens de l'article 383 du Code pénal. — Dans un but de protection. pour les voyageurs qui sont souvent isolés sur les routes, l'article 383 du Code pénal a puni de peines rigoureuses les vols commis sur ces voies de communication. Cet article ne s'applique pas aux chemins de fer, sur lesquels les voyageurs ne circulent qu'en nombre et sous la protection des agents de la Compagnie (Cour de cassation, 19 juillet 1872, Roudot).

4. Caractère de publicité des outrages à la pudeur commis dans une voiture à voyageurs. — Il appartient, dans chaque espèce, aux tribunaux de répression de juger si le fait est revêtu du caractère de publicité requis pour motiver l'application de l'article 330 du Code pénal.

La Cour de cassation a eu à se prononcer, le 19 août 1869, sur le fait d'un employé de chemin de fer qui, se trouvant seul avec une enfant de 13 ans, dans un compartiment de 2ᵉ classe, s'était livré à des actes susceptibles d'être aperçus du dehors. Elle a confirmé la condamnation du prévenu à 6 mois de prison. Son arrêt contient les considérants suivants : « Attendu qu'en matière d'outrage à la pudeur, la publicité existe non « seulement lorsque l'acte immoral a été commis dans un lieu public, « mais aussi lorsqu'il a été offert aux regards du public ou que, par l'ef- « fet des circonstances qui l'ont accompagné, il a pu être aperçu du public, « même fortuitement..... Attendu que les glaces du compartiment étaient « baissées..., qu'on pouvait voir du dehors ce qui se passait dans l'inté- « rieur du wagon et que les actes incriminés ont pu être aperçus du public, « sur un ou plusieurs points du trajet.... ».

On peut encore citer, comme ayant fait l'application de l'article 330 du Code pénal, un arrêt du 31 décembre 1860 de la cour d'Angers (Dessaps, conducteur de train) et un jugement du 2 juillet 1869 du tribunal correctionnel de Langres (Berger).

Au contraire, le tribunal correctionnel de Brest a, dans une affaire qui a fait grand bruit, acquitté deux prévenus (10 septembre 1872, Dufour et Valmont). Dans les motifs du jugement, à côté de certains considérants fort contestables, il en est d'autres qui méritent d'être retenus. Les deux coupables étaient seuls; le compartiment était plongé dans l'obscurité et, de la voie ferrée comme des hauteurs qui la dominent, il était impossible de voir, même accidentellement et fortuitement, ce qui se passait à l'intérieur. Les faits incriminés, survenus pendant la marche du train, n'avaient eu d'autre témoin qu'un conducteur qui, poussé par un sentiment de curiosité, avait épié les deux voyageurs et s'était empressé de divulguer leur conduite.

5. Publicité des propos diffamatoires tenus en présence d'autres voyageurs. — Des propos diffamatoires tenus dans un compartiment, en présence de personnes étrangères, ont un caractère incontestable de publicité constituant le délit de diffamation prévu par la loi du 29 juillet 1881 (Cour d'Angers, 25 mai 1881, Maligne contre Charbonneaux).

FIN DU TOME TROISIÈME

§ 2. Contraventions aux règlements d'administration publique ainsi qu'aux décisions ministérielles et aux arrêtés préfectoraux pris pour l'exécution de ces règlements.

§ 3. — Règles spéciales a la police des cours des gares et stations.

§ 4. — Règles de police concernant la vente ou la distribution d'objets quelconques dans les gares et stations. Affiches d'annonces dans les voitures.

§ 5. — RÈGLES DE POLICE

CONCERNANT LES PERSONNES ÉTRANGÈRES AU SERVICE DU CHEMIN DE FER.

Pages.

§ 6. — RÈGLES DE POLICE CONCERNANT LES VOYAGEURS.